中国古老克拉通深层油气地质理论与技术新进展

赵文智　主编

石油工业出版社

内 容 提 要

中国古老克拉通深层是油气勘探的重要领域。本书精选国家油气专项"下古生界—前寒武系碳酸盐岩油气成藏规律、关键技术及目标评价"(编号:2016ZX05004)研究成果35篇论文。全书分上、下两篇,内容涵盖中—新元古界原型盆地、油气地质理论与勘探技术等方面研究进展,可为深层油气勘探开发提供理论参考和方法借鉴。

本书可供从事克拉通盆地深层油气地质研究的科研人员与勘探决策者使用,也可以作为高等院校相关专业师生的参考用书。

图书在版编目(CIP)数据

中国古老克拉通深层油气地质理论与技术新进展 /
赵文智主编 . —北京:石油工业出版社,2021.3
ISBN 978-7-5183-4687-5

Ⅰ.① 中… Ⅱ.① 赵… Ⅲ.①克拉通 – 深层开采 – 石
油天然气地质 – 研究 – 中国 Ⅳ.① P618.130.2

中国版本图书馆 CIP 数据核字(2021)第 226919 号

出版发行:石油工业出版社
    (北京安定门外安华里 2 区 1 号   100011)
    网   址:www.petropub.com
    编辑部:(010)64523708   图书营销中心:(010)64523633
经   销:全国新华书店
印   刷:北京中石油彩色印刷有限责任公司

2021 年 3 月第 1 版   2021 年 3 月第 1 次印刷
787×1092 毫米   开本:1/16   印张:32.5
字数:800 千字

定价:350.00 元

目　录

下　篇　古老碳酸盐岩勘探评价新技术

上　篇

油气地质研究进展

中国元古宇烃源岩成烃特征及勘探前景

赵文智　王晓梅　胡素云　张水昌　王华建　管树巍　任　荣　叶云涛　王铜山

（中国石油勘探开发研究院，北京　100083）

摘　要： 世界范围已发现大量元古宇油气藏。中国元古宇分布面积广，四川盆地震旦系大型气藏和华北中元古界大量液态油苗的发现，证实中国元古宇油气勘探潜力值得高度重视。文章探讨了元古宇烃源岩发育主控因素，指出活跃的大气环流、天文旋回驱动上升洋流和陆表径流提供营养源，海洋表层氧化水体为生物勃发提供适宜生存环境；大陆开裂导致的火山活动和陆地风化作用向海洋注入大量营养物质，导致低等生物繁盛；海洋深部广泛的厌氧水体为有机质保存创造了良好条件。真核生物的出现，使得烃源岩生烃母质构成呈多样性，有效提升了油气生成潜力。通过跨克拉通地层对比，明确中国元古宇发育7套富含有机质优质烃源岩，主要发育在间冰期，具全球可比性。华北地区洪水庄组和下马岭组是已证实的中元古界烃源岩，古元古界长城系有可能成为鄂尔多斯盆地潜在气源岩；新元古界大塘坡组和陡山沱组烃源岩在上扬子地区广泛分布，是四川盆地震旦系大型气藏和鄂湘黔地区新元古界页岩气藏的主要气源之一。南华系在塔里木盆地可能存在高有机质丰度页岩，但仍需证实。中国三大克拉通地块可能皆发育元古宇烃源岩，是值得高度关注的主要接替勘探领域。

关键词： 中—新元古界；烃源岩；成烃特征；接替领域

1　引言

　　早期研究认为，显生宙以前的烃源岩沉积相当有限，大范围有效烃源岩只分布在寒武纪以后的地层中。90% 以上的油气资源分布在显生宙，而历时长达 20 亿年之久的元古宇，其油气资源量不足 0.2%[1]。已发现的前寒武系油气藏为数不多，且多为"新生古储"型，如华北油田雾迷山组碳酸盐岩油藏，就是源于古近系沙河街组泥质页岩[2]。

　　近年来，随着勘探不断深入，全球范围内除南极洲外，几乎所有大陆的元古宇都发现商业性原生油气聚集，如俄罗斯西伯利亚地台和伏尔加—乌拉尔地区、阿曼 Salt 盆地、印度和巴基斯坦等地区的中—新元古界至下寒武统油气已经得到工业开发[3-5]。澳大利亚北部 McArthur 盆地和南部 Adelaide 地区、西非 Taoudeni 盆地、北美五大湖区和巴西 São Francisco 盆地等地区的元古宇也成为近年来的勘探重点[3-4, 6]。在 McArthur 盆地，目前已发现古元古代 Barney Creek（16.4 亿年）页岩气区的地质储量达 4000 多亿立方米[7]，

基金项目：国家重点研发计划项目（2017YFC0603101）；国家自然科学基金项目（41530317，41602144）；国家重大科技专项项目（2016ZX05004001）；中国石油天然气集团公司项目（2016A-0200）。

中元古代 Middle Velkerra（14.0 亿年）页岩气区的地质储量超百亿吨油气当量[8]。中国四川盆地威远气田灯影组迄今已累计生产天然气 150 多亿立方米，安岳大型气田的发现使得川中磨溪—高石梯等地区震旦系—寒武系探明储量不断增加，达 $8102×10^8m^3$，其中灯影组 $3698×10^8m^3$[9-10]。最近在宜昌地区陡山沱组页岩也发现活跃的天然气显示。在华北克拉通燕山地区，中元古代地层中的油苗多达 200 余处[2]，其中下马岭组沥青砂岩古油藏的估算规模高达（7～10）$×10^8t$[11]。由此看来，古老的元古宙地层不但具有生油气潜力，也可以形成工业性油气聚集。

本质上讲，沉积盆地中烃源岩发育程度决定了油气资源潜力，而烃源岩发育与初级生产力和有机质富集密切相关。显生宙以来，大气海洋环境适宜，各种海相浮游生物和细菌是有机碳的主要母质来源；中泥盆世以后，陆地植物出现，并广泛分布，成为陆源有机质提供者。然而，在漫长的前寒武纪，尤其是在中元古代，极低的大气氧含量（有学者认为小于目前的 0.1%）和广泛发育的硫化—铁化海洋环境[12-15]，决定了有机质的主要制造者可能并不是真核藻类，而是蓝细菌等厌氧光合细菌和营化能自养作用的古细菌[16-18]。微生物种类相对单一，且生油气的类脂物含量极低，生烃潜力明显异于显生宙[19-20]。因此，如何认识前寒武纪有机质富集条件、烃源岩发育环境、生烃母质构成及生油气潜力，显然需要运用不同于显生宙的视角和方法来加以研究和评价。

本文拟在探讨元古宇烃源岩形成的构造、大气、海洋和微生物背景的基础上，探索地球早期环境和生物演化与烃源岩及油气系统形成的耦合关系，为元古宇烃源岩发育及生油气潜力评价提供理论依据，明确其勘探现实性和成藏规模性，为古老油气勘探提供指导方向。

2 元古宇烃源岩的发育与分布

2.1 从全球古大陆演化看中国三大克拉通烃源岩的发育

纵观地球发展演化史，周期性张开（超大陆裂解成小大陆）和闭合（小大陆会聚成超大陆）是地壳构造运动的主要表现[21]。25 亿年以来，已知至少有五次超大陆的汇聚和裂解[22]。其中，Columbia 超大陆（2.1—1.4Ga）和 Rodinia 超大陆（1.2—0.6Ga）的聚散[23-24]，明显控制着中国华北、扬子和塔里木三大克拉通的基底拼合及之后的裂解，在克拉通边缘和内部形成规模巨大的中—新元古代裂谷系（图 1）[25]。

华北克拉通在整个元古宙时期均有裂谷发育，南缘熊耳（1.8Ga）、北部燕辽（1.67Ga）与白云鄂博（1.35Ga）、东南缘徐淮（0.9Ga）裂谷盆地依次打开，且克拉通内部目前尚未发现与聚合事件有关的岩浆记录，暗示华北克拉通可能在整个中元古代一直处于拉伸构造背景[25]。在燕辽裂谷，自常州沟组至下马岭组的连续沉积厚达万米（图2a），与 Columbia 超大陆的裂解进程几乎一致，表现为早期裂谷发育时的长城系海相碎屑岩沉积、中期裂谷扩展期的蓟县系碳酸盐岩沉积和晚期裂谷稳定时的下马岭组泥岩沉积等三个阶段，并依次形成串岭沟组砂质泥页岩（1.64Ga）、高于庄组灰质泥岩（1.56Ga）、洪水庄组云质和硅质页岩（～1.45Ga）、下马岭组硅质泥页岩（1.40Ga）等四套富有机质沉积[26]。南缘熊耳裂谷发育崔庄组黑色页岩（1.64Ga），应为串岭沟组同期沉积（图 2b）。该套烃源岩极有可能在鄂尔多斯盆地西缘和南缘的晋陕、定边和贺兰裂陷槽内也有发育。

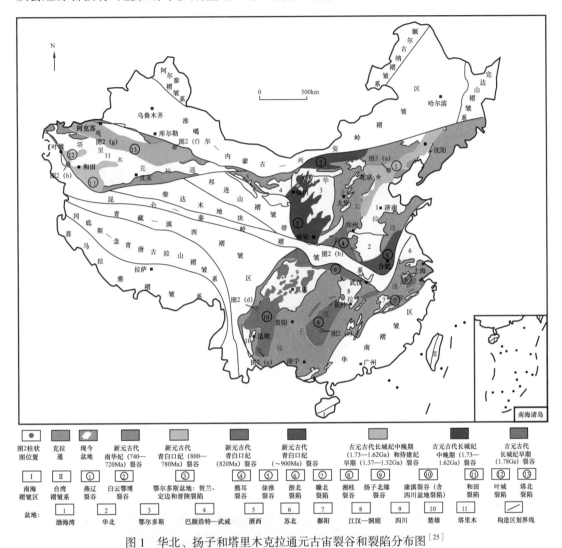

图 1　华北、扬子和塔里木克拉通元古宙裂谷和裂陷分布图[25]

　　扬子克拉通形成于中元古代末期—新元古代早期（1.1—0.85Ga），裂谷盆地则主要发育在 820—635Ma 之间。南华纪以板内拉张活动为主、震旦纪为克拉通坳陷沉积[31]。南华纪裂陷盆地主要分布在上扬子克拉通东侧，呈北东向延展，具地垒、地堑式结构。湘桂、康滇裂谷内沉积的一套由粗变细的裂陷层序（图 2c，d，e），代表了 Rodinia 超大陆新元古代中后期裂解在扬子克拉通的响应[26]。Sturtian 和 Marinoan 两次全球性冰期事件将湘黔桂等地的原裂谷、坳陷盆地依次"填平补齐"，形成大塘坡组、陡山沱组两套新元古界烃源岩，代表了间冰期、冰后期的富有机质沉积。有证据显示，四川盆地内部深层也可能存在南华纪裂陷盆地，同样为北东向展布且受基底断裂控制，并目前已有少量钻井钻遇陡山沱组暗色泥岩[31]。至震旦纪末，全球性冰期结束，快速海侵使整个扬子连成一片，广泛发育早寒武世优质烃源岩。

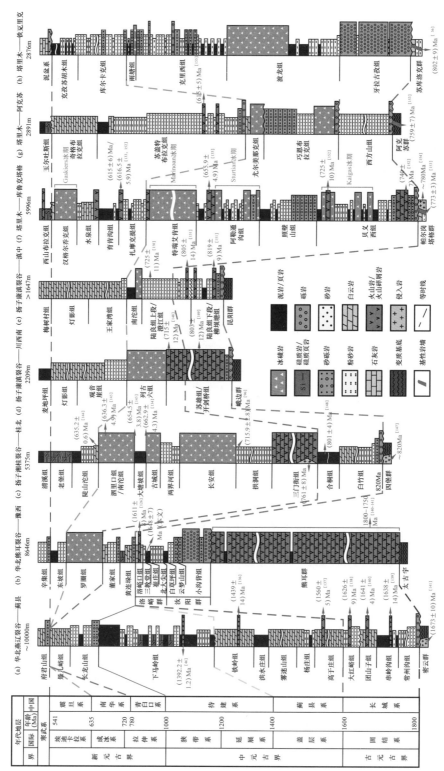

图 2 三大克拉通中新元古代古代裂谷代表剖面（剖面位置见图 1；华北地区参考文献 [27-28]；扬子地区参考文献 [29]；塔里木地区参考文献 [30]）

塔里木与扬子较为类似，在新元古代早期形成统一的克拉通基底[32-33]；之后，进入克拉通内演化阶段。东北缘库鲁克塔格（图2f）、塔西北阿克苏（图2g）和塔西南铁克里克地区（图2h）均发育由粗到细快速变化的裂谷早期充填序列，指示塔里木克拉通依次经历了南华纪断陷、震旦纪坳陷阶段，最终演化成被动陆缘。但南部裂谷的发育与南华纪早期全球性超级地幔柱活动密切相关，表现为北东走向深入克拉通内部的拗拉槽；北部裂谷则主要受控于超大陆边缘大洋洋壳俯冲产生的弧后伸展作用，呈东西向狭长带状贯穿整个盆地，呈现出明显的南北差异[34]。塔里木克拉通裂谷盆地的演化不仅决定了同裂谷期烃源岩的分布，更有可能控制了早寒武世玉尔吐斯组烃源岩的展布，使后者呈现"向前相似"的特点[34]。

由此来看，中国三大克拉通元古宇烃源岩形成均与超大陆裂解期的裂谷活动有关。这些裂谷作为克拉通最早期盆地，为烃源岩发育提供有利场所；同时裂谷演化过程中，陆源碎屑物质输入和上升洋流也为元古宙海洋带来大量营养物质，促进了初级生产力勃发和有机质制造，最终控制了烃源岩的发育和分布。

2.2 从气候演化旋回看元古宇烃源岩发育环境

越来越多的证据也表明，全球性冰期之后的海平面快速上升与局部的盆地发育和裂谷活动耦合，更容易形成富有机质沉积，由此导致气候变化、海平面升降和烃源岩规模性分布之间存在较好的对应关系[3]。目前冰期形成与结束的原因尚不清楚。基于显生宙的研究结果认为，冰期形成与低日照量、低温室气体含量有关，而冰期结束则对应着高日照量、高温室气体含量[35-36]。日照量变化被认为与天文旋回有关，而温室气体含量高低则一般与火山活动和超大陆聚散有关。因此，气候旋回可能最终受控于天文旋回和超大陆旋回[37-38]。

在太古宙，高含量温室气体（CH_4、CO_2、H_2O等）使得早期地球表面温度可能高达55～85℃[39]。蓝细菌等光合作用生物为地球上带来O_2，同时细菌硫酸盐还原作用抑制CH_4释放；Keroland超大陆在古元古代初期形成，强的陆地风化作用消耗大量CO_2，而弱的火山活动使得CO_2不能得到有效补充，综合作用使得大气中温室气体含量急剧下降，最终导致休伦冰期（2.4—2.1Ga）形成[40-41]。在其间冰期和冰后期，形成了全球最古老的规模性有机碳沉积[4]（图3-①）。

进入中元古代，温室气体含量持续降低，温室效应逐渐减弱[42-43]。有报道称，在刚果、安哥拉北部和加蓬南部、印度和格陵兰等地，可能存在1.7—1.3Ga期间的中元古代大冰期，但尚待进一步确认。在中国并未发现中元古代冰期记录，也可能是与当时的板块位置有关。华北蓟县系数千米厚的微生物碳酸盐岩连续沉积也表明，当时的气候条件应该是温暖湿润的。也因此形成了高于庄组、洪水庄组和下马岭组等数套烃源岩沉积，且有机质含量高，沉积厚度大。巴西São Francisco盆地有证据显示，中元古代末期（～1.1Ga）可能存在冰期事件[44]。此次冰期后的全球性烃源岩发育，对应于中国神农架群的郑家娅组（图3-④）。

新元古代冰期事件是最为人熟知的。大塘坡组和陡山沱组烃源岩分别形成于Sturtian

和 Marinoan 两次全球性冰期之后。再加上之前的 Kaigas 和之后的 Gaskiers 两次区域性冰川事件，地球在新元古代后期的 2 亿年内出现了 4 次不同规模的冰期事件，也被称之为"雪球事件"。从某种角度上讲，或许也可以把这四期冰期看作一次大的冰期事件，类似于24 亿—21 亿年前的休伦冰期，同样是由多期不同规模的冰期事件组成。大塘坡组、陡山沱组乃至下寒武统筇竹寺组可视为间冰期和冰后期发育的烃源岩。

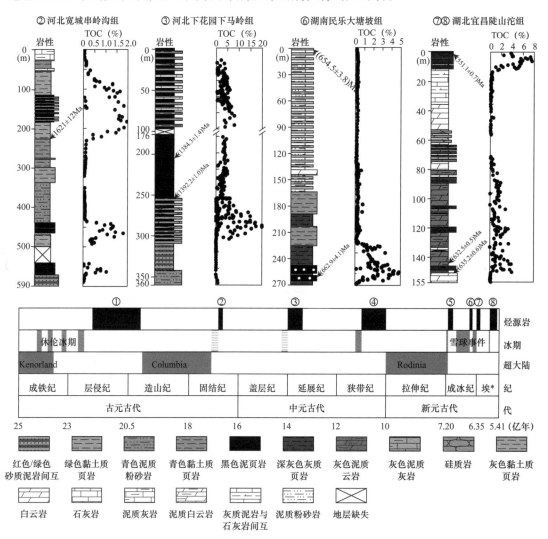

图 3　中国典型元古宇烃源岩有机质丰度剖面及对应的超大陆和冰期旋回（埃 * 指埃迪卡拉纪。陡山沱组 TOC 数据引自文献［45］；下马岭组 TOC 数据引自文献［46］

　　通过沉积记录和烃源岩层位可以看出，中—新元古界烃源岩多形成于超大陆裂解期，间冰期或冰后期的气温快速转暖、冰川迅速融化所导致的海平面快速上升期（图 3）。海平面上升使得水体变深，海水覆盖面积变大，陆棚大面积形成；冰川融化使得陆表径流增加，营养物质输入海洋，引起低等生物繁盛［18］。超大陆裂解及冰期后活跃的火山活动释放温室气体和超量放射性物质，也可能导致微生物超速生长［47］。

2.3 中国元古宇烃源岩的最新揭示与变化

随着油气勘探逐步向深层—超深层、古老地层及非常规等领域拓展，盆地深部及外缘的元古宇烃源岩得到重视。四川、塔里木和鄂尔多斯盆地深部震旦系、南华系和长城系烃源岩的规模性和有效性也亟须证据支持。

上扬子区近年来在新元古界—下古生界天然气勘探中屡获突破。安岳气田灯影组天然气藏被认为是来自震旦系灯影组—寒武系筇竹寺组烃源岩的贡献[26]。灯三段泥质烃源岩 TOC 含量介于 0.04%～4.73% 之间，平均为 0.65%，川中地区厚度在 10～30m，总生气强度可达（15～28）×10^8m³/km²，具备形成大气田的气源条件[48]。陡山沱组因盆内钻井钻遇较少，前期一度不被看好。近期，根据盆地区域地震的层位解释，汪泽成等[31]发现灯影组底界以下的反射层具有向古隆起超覆沉积的特征，层位应归属陡山沱组，进而推测资阳古隆起两侧的川西、川东地区可能均存在陡山沱组烃源岩，厚度在 20～60m。而在四川盆地外缘，近两年完钻的鄂阳页 1 井、鄂宜页 1 井和鄂宜地 3 井，相继在宜昌地区的陡山沱组四段和二段发现页岩气显示，进一步证实新元古界烃源岩良好的生油气潜力。

在华北鄂尔多斯盆地，桃 59 井钻遇长城系灰黑色页岩约 3m（未穿），岩屑样品现场热解 TOC 最高可达 3.0% 以上，等效镜质组反射率（R_o^E）值约 1.8%～2.2%；近期完钻的济探 1 井在长城系再获 30 余米厚暗色泥岩，热解 TOC 普遍在 0.2%～0.9%。该套烃源岩在地震剖面上对应一组强反射，指示深部厚层泥页岩的存在。多条地震剖面也显示长城系裂陷槽内普遍发育此套强波反射，进而推测盆地内部长城系规模性烃源岩存在可能性极大[49]。而在燕辽的冀北凹陷，蓟县系高于庄组、雾迷山组、洪水庄组、铁岭组和待建系下马岭组均发现液态油苗（图 4a—e）；下马岭组还发现大量沥青砂岩和原位未熟—低熟沥青（图 4f），被认为是古油藏破坏后的产物[26]。基于层序地层厚度分析、油源对比和成藏史分析，王铁冠等[50]提出，下马岭组底部古油藏早期成藏的油源可能来自高于庄组，而液态油苗可能源自洪水庄组。由此表明，中元古界烃源岩同样具有好的生油气潜力。

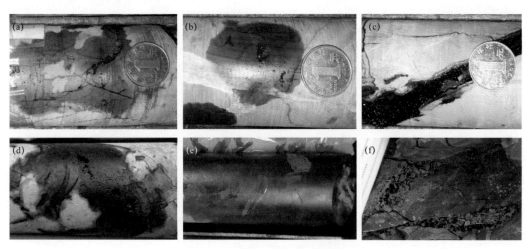

图 4　燕辽凹陷中元古代油气显示

液态可动油显示：（a）下马岭组白云岩，宽城；（b）铁岭组白云岩，宽城；（c）洪水庄组白云岩，宽城；（d）雾迷山组白云岩，宽城；（e）高于庄组灰质泥岩，宽城。沥青显示：（f）下马岭组绿色粉砂质泥岩，下花园

与扬子和华北不同的是，塔里木作为中国最大的陆上含油气盆地，经过多年勘探开发，在震旦系、寒武系至古近系等均发现商业油气显示，然而对于台盆区海相原油的油源一直未有定论。目前所发现的油气资源量与盆内烃源岩规模并不相符。下寒武统玉尔吐斯组和中、上奥陶统烃源岩的厚度、广度和有机质丰度并不足以支撑当前的油气发现。因此，塔里木盆地有可能尚未找到真正的主力烃源岩。塔西南、塔西北和库鲁克塔格的震旦系露头均可见数百米厚冰期后暗色泥岩，其中苏盖特布拉克组底部和水泉组可见薄层暗色泥粉砂岩，盆地边缘的柯坪和叶城等地露头也发现南华系暗色泥岩。但在盆地内部，南华系—震旦系沉积物埋深普遍达 8000m 以上，较少有钻井钻遇，烃源岩质量和规模性仍有待证实。

2.4 中国元古宇烃源岩发育情况

中国三大克拉通的元古宙裂谷体系为烃源岩发育提供有利场所，且裂谷发育期丰富的陆源营养物质输入，有利于初级生产力勃发和烃源岩形成，因此中国三大陆块均发育元古宇烃源岩。通过地层沉积年龄数据对比（图 5）和地球化学分析，厘定出以下 5 个主要的烃源岩发育期和 7 套主要的元古宇烃源岩（表 1）：

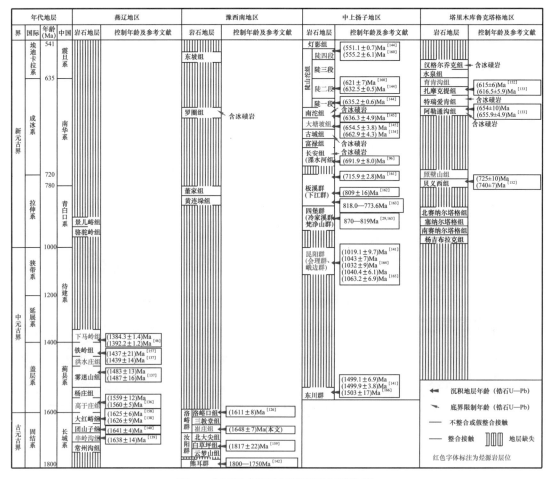

图 5　中国元古宙地层格架及年龄数据

表 1　中国元古宇烃源岩地球化学参数

地区	序号	时代	年代（Ga）	TOC（%）（均值）	HI（mg/g$_{TOC}$）	T_{max}（℃）/R_o^E（%）	厚度（m）
塔里木	7	育肯沟—水泉组	＜0.63	0.2～0.7（0.4）	50	455/	50
扬子	7	陡四段、蓝田组	0.58	0.5～14（3.6）	10	510/	12
	6	陡二段	0.63	1.09～3.4（2.9）	5	508/2.8	70
	5	大塘坡组	0.66	0.5～4.9（2.8）	4	/2.3	40
华北燕辽	4	下马岭组	1.39	0.6～20（5.2）	360	440/	250
	3	洪水庄组	1.45	0.4～6.2（4.1）	261	450/	60
	2	高于庄组	1.56	0.2～4.7（1.6）	42	520/	250
	1	串岭沟组	1.64	0.1～2.6（1.2）	28	510/	240
鄂尔多斯盆地	1	书记沟组（北）		（3.8）		/2.0～3.0	100～400
	1	崔庄组（南）	1.64	0.2～0.8（0.52）	5	580/2.5～3.0	20～40

（1）古元古代末期：主要发育在华北克拉通。燕辽地区串岭沟组（1.64Ga）黑色页岩平均 TOC 可达 1.2%，有效烃源岩（TOC＞0.5%）厚度 240m（图 3）。晋南—豫西和鄂尔多斯盆地南缘的崔庄组（1.64Ga）黑色泥岩有机碳为 0.5%～0.8%，露头出露厚度约 22m。鄂尔多斯盆地北缘长城系书记沟组黑色泥页岩的平均 TOC 达 3.8%，厚 100～400m。

（2）中元古代早期：主要发育在华北克拉通。燕辽地区高于庄组（1.56Ga）张家峪亚段是一套黑色—灰黑色泥质白云岩和云质泥岩沉积，最高 TOC 达 4.7%，平均可达 1.6%，有效烃源岩厚度约 250m。

（3）中元古代中期：主要发育在华北克拉通。洪水庄组（1.45Ga）和下马岭组（1.39Ga）是燕辽地区最优质的两套烃源岩。洪水庄组黑色泥页岩 TOC 多在 0.5% 以上，平均可达 4.1%，有效烃源岩厚度约 60m；下马岭组黑色页岩 TOC 一般为 3%～5%，最高可达 20% 以上，有效烃源岩厚度约 250m（图 3）。

（4）中元古代末期：在神农架地区小范围发育。郑家垭组（1.10Ga）黑色页岩 TOC 在 1.5%～10.0%，露头出露厚度在 50m 以上。滇西—川西的昆阳群、峨边群的黑色页岩、千枚岩可能也属于同期沉积，但尚缺乏相关 TOC 数据的报道。

（5）新元古代：主要发育在扬子和塔里木克拉通。中上扬子大塘坡组（0.66Ga）和陡山沱组二段（＜0.63Ga）、四段（0.58Ga，与下扬子蓝田组对应）黑色页岩分别是 Sturtian、Marinoan 冰期后的富有机质沉积，TOC 一般在 1% 以上，有效烃源岩厚度多在 50m 以上（图 3）。塔里木库鲁克塔格地区的育肯沟—水泉组，TOC 最高可达 0.7%，厚度 50m 以上，但烃源岩的有效性仍有待证实。

3　元古宇烃源岩特征

在中国元古宇海相沉积体系中，碳酸盐岩是最主要的沉积岩类型，但大量样品的分析与统计结果表明，高有机质丰度泥页岩才是最主要的烃源岩[51]。由此说明元古宇烃源岩并不是随处可见的，其层位和空间分布均有着一定的客观规律。从长城系串岭沟组到震旦系陡山沱组，10亿年时间段内发育7套烃源岩，无不代表着当时地球在大气组成、古海洋环境及微生物构成方面的特殊性。至少是相互之间的耦合性，才造就了规模性烃源岩的发育。

3.1 大气背景

近十余年的研究表明，元古宙之前的地球大气圈组成可能以 H_2、CO_2、CH_4 等还原性气体为主，自由氧浓度极低，显著异于显生宙。大气成氧过程对早期地球表层系统和生物圈演化影响巨大。没有大气圈氧化，就不可能有海洋氧化，也可能不会有真核生物或后生动物的发展。而大气成氧过程主要由光合产氧细菌和真核藻类及其产生的氧气与 CH_4、CO_2 等温室气体相互作用、平衡的结果。因此，大气组成的改变一定程度上影响了烃源岩形成期的古气候特征、古海洋环境和成烃母质。

当前研究一般把大气圈演化划分为3个阶段：（1）2.4Ga 之前：完全无氧或低于现代大气水平（PAL）的 0.01%；（2）2.4—0.8Ga：大气氧含量开始上升，但仍低于 10% PAL；（3）0.8Ga 之后：大气氧含量进一步上升，达到或接近显生宙水平，并持续至今[15]（图6）。大量地球化学研究表明，由古元古代早期和新元古代两次成氧事件分割的大气圈演化三阶段模式，主体框架应该是对的，并得到广泛接受，但有关大气成氧的细节过程仍有不同看法。

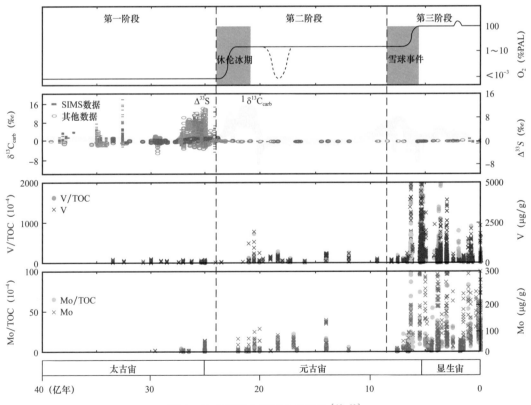

图6 地史时期大气氧含量变化[15, 55]

古元古代（2.45—2.35Ga）期间，被认为是地球历史上的首次成氧期，也称之为大氧化事件（GOE）[52]。所依靠地质记录包括碎屑黄铁矿、富铀易氧化矿物和陆相红层的出现，以及条状带铁质建造（BIF）和厚层菱铁矿规模性沉积的消失等；地球化学记录中最重要的标志则是该时期的"非质量硫同位素分馏"（MIF-S）现象[53]。实验证实，MIF-S在有氧条件下不会发生；而当氧含量低于10^{-5}（<0.01% PAL）时，超紫外线光解会导致MIF-S，进而产生较大的$\Delta^{33}S$值。因此，2.45Ga之前普遍存在的MIF-S，在此后趋于0，被认为是确定地球上大气氧出现的最可靠证据（图6）。该时期大气氧增加可能与早期微生物活动密切相关。

中元古代是地球演化的"中世纪"。与古元古代和新元古代所发现的冰期、增氧、富铁沉积、生物辐射、黑色页岩全球性沉积等重大地质事件记录相比，中元古代显得颇为乏味，地球化学记录也十分"平坦"，一度被认为是"无聊的十亿年（Boring Billion）"。有学者认为，大气氧含量可能仍低于0.1% PAL，不足以维持动物生存需要，甚至到"雪球事件"前都处于较低水平[13]。这种大气成氧过程的减缓，甚至停止的原因目前尚不清楚，推测可能与真核生物演化停滞和富H_2S水体广泛发育有关[15]。但基于中国华北下马岭组的研究，Zhang等[54]提出14亿年前的大气氧含量可能已经高达4% PAL，足以满足海绵等早期动物的呼吸需要。因此，中元古代大气氧含量目前仍存在争议，并成为当前中元古代研究的焦点问题。而这项争议的解决，无疑将会对我们进一步认识中元古代地球环境和生态构成有着重要意义。

进入新元古代，真核藻类开始辐射，并成为地球上主要的氧气制造者[18]。黑色页岩的全球性广泛发育也表明当时初级生产力十分庞大，能够在向大气中释放足够多的氧气，并吸收CO_2、CH_4等温室气体，使得地球温度下降，并使之符合耗氧生物的生存需要。新元古代增氧事件（NOE），可能使得大气氧含量达到或接近显生宙水平，改变了古海洋氧化还原程度，使得海洋深部开始氧化，彻底激发了生命演化进程[14]。在我国扬子陡山沱组黑色页岩中，Mo、V等氧化还原敏感性元素的含量突然上升，且与有机质含量共变（图6），表明陆上有氧风化显著增强，使得海洋中Mo、V的输入通量大大增加，从侧面反映了当期大气氧含量的一次跃升[55]。

看似巧合其实又有着必然联系的是，古元古代GOE和新元古代NOE与休伦冰期、雪球事件的启动时间基本吻合。这表明光合作用产氧细菌和真核藻类消耗大气中的CH_4、CO_2等温室气体或抑制其排放，并提供了氧气，进而导致地球降温乃至进入冰期。而大气氧含量升高也促进了真核藻类辐射及后生动物演化，并在氧气制造和消耗方面达到平衡。因此，地球早期大气氧含量的变化，一定程度上反映了初级生产力的变化趋势，也控制了古海洋的氧化还原条件和有机质的埋藏环境，进而决定了烃源岩的形成与否。

3.2 母质特征

生物体内有机组成的不同决定了沉积有机质组成的差异性，这是影响烃源岩质量的一个重要因素。显生宙烃源岩的母质生物主要包括浮游藻、底栖藻和细菌三大类[56]。对于元古宙生物来讲，富有机质沉积物的存在证明它们具有强大的有机质制造能力。然而，元古宙处于生物演化的初始阶段，生命经历了从无到有，从低等到高等，从原核类到真核类等数次革命性演变（图7）。同时，元古宙生物一般个体微小，很难在富有机质层段中寻找到相关实体化石的痕迹。在这种情况下，具有明确生物学意义的分子化石（又称生物标志化合物，简称生标）成为元古宙有机质生源和生命起源研究的主要手段[19, 57]。因此，元古宙生物，尤其是烃源岩的母质生物研究，必须综合考虑实体化石和分子化石的证据。

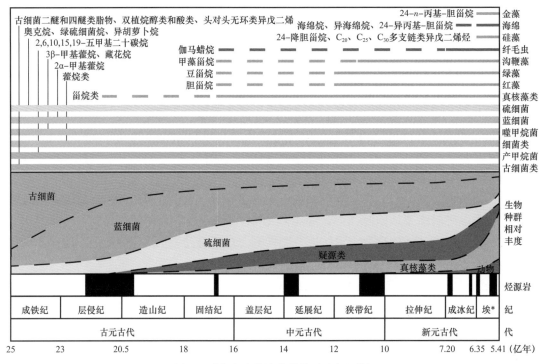

图7 元古宙生物演化趋势及生标证据

埃*，指埃迪卡拉纪

研究认为，地球生命可能起源于深海环境中不具光合作用功能的化能自养细菌类（如甲烷菌等）[58-59]。分子化石证据显示，最早具光合作用的自养蓝细菌可能始于太古宙（＞2.78Ga），并在太古宇和元古宇富有机质页岩中被大量检出[60-61]。根据生命活动特征和硫同位素显著分馏，推断硫细菌可能在太古宙已经存在[62]，其分子化石在古元古代末期 Barney Creek 组 HYC 页岩（～1.64Ga）中被大量检出[63]。对于真核生物，Brocks 等[60]曾在澳大利亚 Jeerinah 页岩（～2.69Ga）中检测到最古老的分子化石信息——甾烷。但近年来，古老沉积物中甾烷的原生性鉴定遭遇挑战，这些甾烷类生标可能来自烃类运移、钻井及实验分析中的污染[64]。然而，北美 Negaunee-Iron 组（2.10Ga）发现最古老大型真核藻类 Grypania 实体化石[65]，中国华北地区长城系（1.7～1.6Ga）发现大量具有机壁和多细胞结构的宏观藻类化石[66-68]，从形态学和系统发育关系上，证明真核生物在古元古代已经出现，早于之前认为的中元古代 Roper 群（～1.40Ga）[69-70]。然而，真核生物化石的零散出现和低丰度分布难以将它们归为早期沉积有机质的主要制造者。依据分子化石证据建立的"生命进化树"，也显示早期生命形式和有机质制造者主要为古细菌类和原核细菌类，尤其是蓝细菌[71]。

中元古代是地球上菌藻类蓬勃发展的时期，以硫细菌、蓝细菌数量急剧增多和疑源类、真核宏观藻类大量出现最为特征，标志着早期地球生物群落的重大转折。疑源类是构成中—新元古代数量最多的真核或原核微生物化石，但其分类位置尚待进一步确定。红藻作为元古宙最重要的真核藻类，目前已知最古老的实体化石发现于北美 Hunting 组（～1.20Ga），绿藻和褐藻最早出现的实体化石证据均为北美 Beck Spring 组上部白云岩（～1.20Ga）[72-73]。张水昌等[74]在华北下马岭组（～1.40Ga）绿色粉砂质页岩中还发现了沟鞭藻专属生标——三芳甲藻甾烷。然而，整个中元古代的真核藻类演化是非常缓慢的，甚至出现停滞现象，这表现为实体化石的零星检出和黑色页岩中低的甾烷含量。比如，澳大利亚 Roper 群（～1.40Ga）[76]、华北洪水庄组（～1.45Ga）[77]、下马岭组（～1.40Ga）[78]、西非 Taoudeni 盆地 Touirist 组（～1.10Ga）[16]，北美 Nonesuch 组（～1.08Ga）[79] 等主要的中元古代烃源岩中的甾烷含量都是极低的。西伯利亚 Riphean 期（～1.10Ga）和巴西 São Francisco 盆地 Vazante 群（～1.10Ga）黑色页岩中虽有甾烷类生标的检出，但相比于来自原核细菌的藿烷类化合物，并不占据优势地位[80-81]。由此可见，真核藻类在中元古代虽然已经分化，但仍没有成为沉积有机质的主要来源，主要的母质生物仍为原核和疑源类生物。

进入新元古代，地球在经历了"雪球事件"和 NOE 之后，生物种类开始勃发，藻类快速辐射[18]，以海绵为代表的后生动物开始出现[82-83]。在北美 Chuar 群 Kwagunt 组（～0.74Ga）和 Uinta Mountain 群 Red Pine 页岩（～0.74Ga）的岩石抽提物中，虽然仍存在蓝细菌的母源输入信息，但甾烷含量已占据优势地位，且以 C_{27}– 胆甾烷为主，表明真核藻类（尤其是红藻）已成为当时沉积有机质的主要来源[84-85]。而在阿曼地区 Huqf 超群（<0.70Ga），C_{29}– 豆甾烷占据优势地位，表明沉积有机质的母质来源以绿藻为主[86]。在扬子大塘坡组（～0.66Ga）中，生物微体化石已有细菌、藻类、疑源类等 20 多个属种，绝大部分为真核生物；黑色页岩中的甾烷分布存在 C_{29} 优势，且甲藻甾烷大量检出，表明绿藻和沟鞭藻在成冰纪末期已成为沉积有机质的主要贡献者[87-88]。在陡山沱组沉积时期，开始出现类型复杂的宏观藻类、底栖藻类和后生动物化石[89-90]，黑色页岩中甾烷分布规则，表明红藻、绿藻等真核藻类对沉积有机质均有贡献[91]。张水昌等[92]曾在塔里木盆地前寒武纪地层中发现大量沟鞭藻、硅藻等浮游藻类实体化石和分子化石，进一步证明这些浮游藻类已经成为新元古代烃源岩生烃母质的重要组成部分。可以看出，烃源岩的生烃母质生物在新元古代完成了从原核细菌向真核藻类的转变。由于真核藻类的有机质制造能力和生烃能力远大于原核细菌，此重大转变为烃源岩在新元古代和显生宙的广泛分布提供了生物物质基础。

3.3 海洋环境

元古宙有机质的制造和埋藏均是在海洋中进行的，古海洋化学环境很大程度上影响了烃源岩的形成。而地球早期的海洋环境演化又与大气成氧事件和生物演化密切相关，在此基础上叠加了更为复杂的地质与微生物化学作用过程，如古海水中还原性铁沉积、细菌硫酸盐还原作用等，这就使得元古宇烃源岩的古海洋发育环境具有很大的争议性[93]。

与大气圈演化的"三段式"类似的是，地史时期的古海洋演化也可以分为 3 个阶段：

（1）太古宙和古元古代时期（>1.8Ga）的海洋以无氧、富铁、贫硫酸盐为主；（2）元古宙大部分时期（1.8—0.58Ga）海洋转化为表层含氧、中层贫铁含 H_2S、深部富铁的分层海洋；（3）新元古代末期至显生宙（0.58Ga 至今）的海洋表层富氧、中层硫化程度改变、深度适度氧化的状态[94-95]（图8）。近年来，铁组分、铁同位素、硫同位素、钼同位素等多方面的证据也显示，这种"三段式"古海洋演化模式的主体框架基本上是对的，并对分层海洋模型不断地进行扩展和补充，提出近岸浅水到远洋深水依次发育氧化带、NO_3^-—NO_2^- 富集带、Mn^{2+}—Fe^{2+} 富集带、硫化带、CH_4 富集带和深水 Fe^{2+} 区等多个由不同氧化还原过程控制的动态化学分带[96]。

传统模型曾认为，2.4Ga 前的 GOE 使得大气和海洋被逐步氧化，太古宙—古元古代还原铁化的深部海洋在中元古代末期被彻底氧化沉淀，从而结束了全球范围内的 BIF 沉积。然而，Canfield 根据硫同位素曲线提出元古宙海洋化学的核心问题是硫化水体的形成[97]。硫的来源则是陆源 SO_4^{2-} 物质的风化输入或火山喷气产生的 SO_2[98-99]。氧化态的 SO_4^{2-} 或 SO_2 在元古宙海洋水体中被还原为 H_2S，并逐渐成为控制海洋氧化还原状态的新主导因素，由"富铁海洋"转化为"含硫分层海洋"[100]。海洋表层／亚表层 H_2S 水体的规模可能并不是很大，但却极大限制了海洋中真核生物固氮必需元素（Mo、V 等）的浓度，进而影响了中元古代真核生物演化[101]。"含硫分层海洋"概念的提出为元古宙真核生物演化停滞和 BIF 消失提供了较为合理的理论解释，因此，这个观点也被广泛接受并逐渐成为近年来古海洋研究的主流。

第一阶段（>1.8Ga）　　　　　　第二阶段（1.8—0.58Ga）　　　　　　第三阶段（0.58Ga至今）

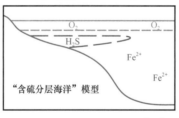
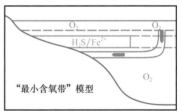

图8　古海洋演化模式图[102]

对于这种"含硫分层海洋"出现及维持的时间，当前学界认识的分歧较大。普遍认为，海洋表层氧化水体和亚表层硫化水体，直至 1.8Ga 前后才开始规模性出现，明显滞后于 GOE。中元古代海洋的硫酸盐浓度（约 0.5～2.5mmol/L）相比于太古宙（<0.2mmol/L）大大增加，但仍远低于现代海洋水平（约 28mmol/L），化变层可能仍处于浅水区[103]。华北高于庄组微量元素和古生物化石证据显示，在中元古代早期（1.56Ga），上部含氧水体的自由氧含量可能仅为 0.2μmol/L[104]，虽然能够满足复杂真核藻类生存的需要[105-106]，但仍处于较低水平。这使得古元古代晚期和中元古代可能存在一种过渡性质的海洋状态，即深部含氧量很低，存在高硫酸盐还原，但不含 H_2S，称之为"亚氧化"状态[107]。华北下马岭组铁组分和黄铁矿硫同位素的高精度分析，进一步证实中元古代海洋并不是一成不变的厌氧硫化，而是呈现周期性波动，底部水体存在铁化、硫化和氧化的动态变化[108]。

在新元古代，Rodinia 超大陆裂解和 Gondwana 超大陆组合产生了大规模的火山喷发和海底喷气活动，大量还原性物质输入使深部海洋的氧化时间较表层至少推迟了 0.6Ga，直到 NOE 结束后才得以完成[95]。由于陆源物质风化形成的硫酸盐是海洋中硫的主要来源，硫化水体也主要发育在陆缘海区域，距海岸的最大广度可达 100km[109]，这个区域也正是生物生存演化和烃源岩发育的区域。因此，元古宙海洋的化学结构和演化进程对生物演化及海相烃源岩的分布和质量起到了至关重要的作用。在现代生物产氧光合作用中，真核浮游生物贡献达 99%，而原核细菌贡献仅占 1%，说明真核藻类对有机质埋藏和大气成氧的贡献最大[110]。海洋中硫化水体的发育限制了真核生物的发育和初始生产力，也就潜在地限制了烃源岩的分布和质量。依据硫同位素分析结果，硫化水体可能始于 1.8Ga 之前[111]，在 BIF 消失之前，但晚于 GOE，与 Columbia 大陆的最早裂解期相吻合[112]；并持续至"雪球事件"和 Rodinia 大陆裂解之后。这段时期内沉积物中的无机碳同位素、硫同位素及 Mo、Cr 等非传统稳定同位素的相对稳定，也为这一认识提供了地球化学证据[13, 15, 52]。新元古代末期的 NOE 事件使得海洋深部水体开始氧化[113]，需氧型光合生物的生存空间大大拓展，促进了后生动物出现和寒武纪生命大爆发，也为烃源岩发育准备了足够的初级生产力[114]。因此，新元古代的海洋氧化与真核生物大辐射和烃源岩的全球性分布有着直接相关性。

3.4 发育模式

元古宙分层海洋为需氧光合作用生物提供了表层生存空间，也为有机质沉积埋藏提供了底部还原环境。按照优质烃源岩形成的传统观点，这种海洋结构非常适合烃源岩发育，而且应该是全球范围广泛发育。然而，元古宇烃源岩却并不是无处不在的。相反，在长达十几亿年的元古宙地层中，烃源岩都是极其匮乏的，仅在若干个时间段内才有发育。这表明，古海洋演化与生物演化、烃源岩形成虽有着必然联系，但可能并不是真正的控制因素。因为古海洋环境是动态变化的，而生物分异辐射和烃源岩形成则是爆发性、间断性的，且在显生宙和元古宙地层均表现出惊人的一致。从哲学观点来看，古海洋演化是量变的积累，而生物演化和烃源岩形成则是量变到质变的产物。那推动烃源岩形成的控制因素究竟是什么？当前研究结果还难以给予定论。笔者认为，可能是某种具有旋回性的因素（如冰期旋回、超大陆旋回或天文旋回等）控制了气候、大气、海洋乃至生物的演化，并最终控制了烃源岩形成。

目前针对温室/冰室旋回如何影响有机质沉降和烃源岩发育的研究仍处于起步阶段。显生宙烃源岩多通过有机质含量、碳、氮、氧同位素、微量元素等来代表有机质沉降、初级生产力和水体分层，并认为米氏旋回主要通过日照量变化导致温室—冷室气候的旋回、并通过温室环境下初级生产力勃发、水体分层、O_2/CO_2 比率降低等一系列事件的耦合作用，最终控制烃源岩发育[115-116]。基于显生宙时期的研究结果认为，在日照量较高的温室环境下，海平面上升，生物勃发，有机质在浅海陆棚沉积；以有机质消耗为主的反硝化作用在沉积物中进行，对大气—海洋中的氮循环影响不大，氮同位素处于 –2‰~2‰，生物勃发得以持续，有机质大量沉积形成烃源岩[35-36]。而在日照量较低的冰室环境下，海平面下降，有机质沉降进入深海盆地，并在沉降过程中，消耗海水中的溶解氧，形成最小氧化带（OMZ）或大洋缺氧事件（OAE），进而使得反硝化作用主要发生在水体环境，表层海水乏氮，真核生物在蛋白质合成时受限，初级生产力得到抑制，烃源岩不发育[35-36]（图 9）。

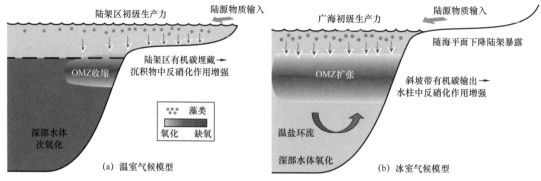

图 9　温室和冰室的古海洋特征及有机质生产—保存模式、OMZ—最小氧化带[36]

　　近年来，中国下马岭组的研究结果也显示，哈德里环流等大气环流和陆表径流的强弱变化，也会影响烃源岩的发育，而烃源岩非均质性又受控于米氏旋回控制的日照量变化[46]。早期海相烃源岩发育的 4 种经典模式：（1）热水活动—上升洋流（赤道幅散带—开阔大洋幅散带型上升洋流）—缺氧事件；（2）台缘缓斜坡—反气旋洋流（型）；（3）干热气候—咸化静海；（4）湿润气候—滞留静海，也被认为是在大气环流的不同位置体现出的具体特征。因此，天文旋回可能是烃源岩发育的先决条件，但生态组成、海洋环境、盆地构造、大气和大洋环流同样是影响有机质生产、沉积和保存的重要因素（图 10）。

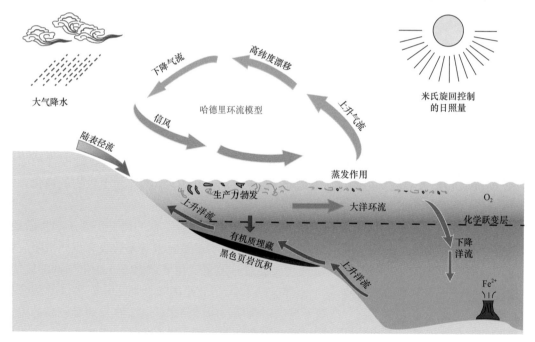

图 10　烃源岩形成模式图

3.5　成烃特征

　　显生宙海相烃源岩的生烃能力已被广泛研究，但多数聚集在生油窗和生气窗的范围、最大生油能力和最大生气能力的评价等指标上，很少讨论有机质母源或烃源岩形成环境差异导致的烃源岩生油生气倾向性。一个很重要的原因是显生宙烃源岩中几乎已经不能排除真核生物对有机质的贡献，而且当前油气发现主力烃源岩大多形成于缺氧环境。而对于元古宙，一个以原核生物为主，并记录着真核生物出现并逐步繁盛的时代，古海洋环境也是存在着氧化、铁化、厌氧硫化等的动态变化，烃源岩的母质生物与形成环境，均与显生宙有着显著性差异。

经典石油地质学中，Tissot 等人提出的有机质生烃理论认为，具备生烃潜力的沉积有机质主要是可以进行光合作用的浮游藻类，而细菌对生烃的贡献小到可以忽略[115]。然而，在太古宙—古—中元古代，在真核生物规模性勃发之前的富有机质沉积，其母质来源只可能是原核生物。但如何识别原核生物对烃源岩沉积有机质的贡献，以及不同沉积环境下所发育烃源岩的生烃能力成为回答元古宇烃源岩成烃特征这一问题的关键所在。

中国华北下马岭组是一套低熟中元古界烃源岩，尚处于有机质热演化的低成熟阶段（R_o^E 约 0.6%），且有机质丰度高，TOC 值在 1%～20% 的范围内变化。以此套页岩为海相烃源岩的代表，国内学者开展了大量的成烃潜力模拟实验研究，实验方法包括封闭体系热压模拟和半开放半封闭体系的生排烃模拟等[20, 118-119]。通过高精度古海洋环境分析和生标鉴定，确认下马岭组不同层段的形成环境和母质来源均存在明显差异[54, 108, 120-121]。我们选择了 4 个不同层位的黑色页岩样品进行封闭体系黄金管生烃热模拟实验，样品原始的地球化学参数见表 2，实验结果见图 11。

表 2　黄金管生烃热模拟实验样品的地球化学参数

序号	深度（m）	TOC（%）	T_{max}（℃）	S_1（mg/g）	S_2（mg/g）	HI（mg/g TOC）	沉积环境	生物母源
1	46.8	1.61	440	0.52	7.71	479	缺氧	真核生物参与
2	60.9	4.38	442	0.81	28.99	661	缺氧	真核生物参与
3	282.4	11.37	448	1.14	57.11	502	弱氧化	原核生物为主
4	283.1	7.39	436	1.33	28.37	383	弱氧化	原核生物为主

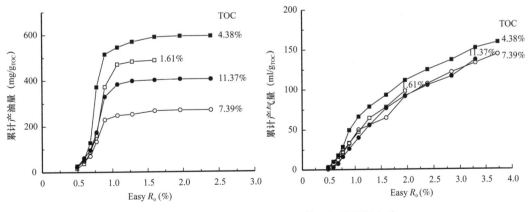

图 11　下马岭组烃源岩样品黄金管生烃热模拟实验

以上 4 个样品均取自同一套地层，有机质含量较高，经历的地质热演化也一致，具有明显差异的就是沉积环境和生物母源。从模拟生烃结果可以看出，缺氧环境沉积且生物母源有着真核生物参与的烃源岩样品的有机质含量虽低，但生油气潜力明显要高于弱氧化环境沉积且生物母源主要为原核生物的烃源岩样品。由此也可以说明，元古宇烃源岩的生油生气倾向性可能与有机质含量并无关系，而是取决于有机质的母质来源和沉积环境。真核藻类细胞上的类脂体含量高于原核生物，缺氧环境更有利于沉积有机质中氢元素的保存，最终导致沉积有机质的生油生气倾向性有着明显差异。但究竟哪一个因素更占据主导地位，仍需要大量的实验和地质实例来证实。

这个实验结果或许可以给予我们提示，对于有真核藻类贡献且为缺氧环境沉积的元古宇烃源岩，仍存在发现原生油藏的可能性。但对于仅有原核细菌贡献，且为弱氧化环境沉积的元古宇烃源岩，可能只能发现由它们所生成的气藏。就目前的勘探发现结果来看，上述推测或许也是对的。澳大利亚 McArthur 盆地古元古代末期的 HYC 页岩和西非中元古代末期 Atar 群 Touirist 组页岩的有机质含量都很高，且处于低成熟—成熟的生油窗范围内；但生标中的藿烷类化合物极其丰富，甾烷类化合物缺失，表明有机质几乎均来自原核生物[16, 122]，Touirist 组页岩沉积期更是存在有机质的含氧矿化[123]。当前勘探结果显示，这两套烃源岩的生烃产物确实都是气，并未发现液态油显示[7, 124]。而在其他中—新元古界含油层中，如中国华北下马岭组、西伯利亚里菲期 Tungusik 段、北美新元古代中期 Chuar 群 Kwagunt 组和阿曼新元古代末期 Huqf 群，其烃源岩都或多或少地检测到甾烷类化合物，证明真核生物对当时的沉积有机质还是有贡献的，因此也是可以生成油的。

4　元古宇烃源岩的生烃潜力与勘探前景

中国元古宇烃源岩在时空发育上分异明显，早—中元古界烃源岩主要发育在华北陆块，新元古界主要发育在扬子陆块；塔里木陆块有沉积，但尚未发现规模性烃源层段。由于三大陆块烃源岩沉积时不同的海洋化学环境和有机质生源构成，分布规模也有着明显差异，之后又经历了不同的埋藏和热演化历史，有机质热演化程度存在明显的分区性，导致生油气潜力差异很大。但总体来讲，元古宇烃源岩已经历漫长的地质演化过程，且多数地区遭受过较为强烈的抬升暴露，早期生成烃类可能已大量散失，油气勘探应以晚期产物为主。

4.1　华北燕辽区烃源岩生油气潜力与勘探前景

如前所述，华北燕辽区有长城系串沟岭组、蓟县系高于庄组、洪水庄组和待建系下马岭组 4 套优质烃源岩（表 1）。由于地层非常古老，勘探研究程度很低，数据主要基于露头剖面资料。4 套烃源岩有机质丰度都很高，厚度也很大（表 1）。其中，洪水庄组和下马岭组是华北燕辽裂陷区两套分布面积最广、有机质丰度最高的烃源岩，分布范围达 $2.7 \times 10^4 km^2$（图 12）。但是，由于受埋深和火山岩侵入的影响，这两套烃源岩的有机成熟度分区差异较大，R_o^E 从最低只有 0.6%～0.8%，到 1.6% 甚至更高[11, 50, 74, 125-126]。在宽城化皮溜子乡、平泉双洞子、凌源龙潭沟和下花园地区的下马岭组发现多处沥青砂岩和结核，宽城蓟县系多个地层均可见大量液态烃（图 4）。尽管沥青和液态烃的烃源还有一些争议，但无论是来自下马岭组，还是洪水庄组，抑或是高于庄组，都是中元古代油气生成并聚集成藏的有力证据[50]。

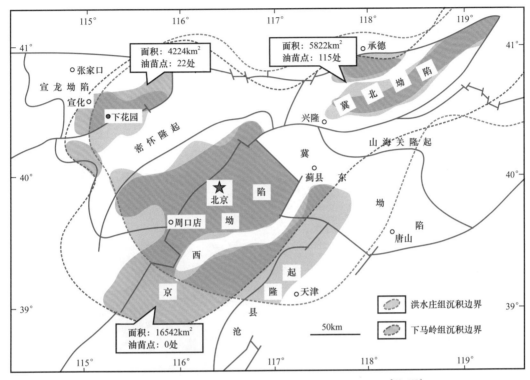

图12　华北燕辽地区洪水庄组和下马岭组烃源岩分布[50, 127]

由于燕辽地区普遍缺失新元古界—下古生界，存在数亿年的沉积间断，地层遭受严重剥蚀。早期生成的油气大量散失，难以保留工业性油气藏。但随着中新生界沉积，中元古界烃源岩进一步熟化生烃，可形成新的油气藏。尽管燕辽地区露头样品的有机质成熟度不高，但在中新生界较厚，埋深较大的地区，有机质应该已经进入生烃门限，晚期生烃潜力较大。由于中元古界烃源岩生烃母质既包括丰富的原核生物，也含有少量真核生物，可同时生油和生气。考虑到具有勘探潜力的地区，有机质成熟度相对较高，应以天然气和轻质油为主。因此，晚期生成的油气是华北燕辽地区中元古界较为现实的勘探领域。

4.2　鄂尔多斯盆地西南部勘探前景

目前鄂尔多斯盆地钻至元古宙地层的井共有54口。其中10口井钻遇基底但缺失长城系，这些井集中在盆地北部和东部；3口井钻穿长城系，17口井钻遇长城系但未钻穿，这些井位主要位于盆地西南部。钻探结果反映长城系具有自盆地西南缘向盆内逐渐减薄的趋势。另有30口井钻遇基底但缺失蓟县系，这些井集中在盆地北部和中、东部；3口井钻穿蓟县系，5口井钻遇蓟县系但未钻穿，这些井主要位于盆地西南部。因此利用这些钻井的约束，已能较准确地查明鄂尔多斯盆地内部长城系和蓟县系的分布情况。

盆地内部的长城系呈明显堑、垒相间的裂陷沉积特征[25]，裂陷槽北东向展布，有多个分支，内部长城系由南西向北东方向减薄直至缺失（图1、图13）。但蓟县系则无裂陷沉积特征，仅分布在盆地西部及南部，厚度由盆缘向盆内逐渐减薄。根据野外露头样品分析，长城系烃源岩质量尚可，有机质丰度和厚度均达到工业标准（表1）。这说明盆地西南部长城系裂陷槽有可能成为烃源灶中心，与其两侧的基岩风化壳或蓟县系白云岩储层或风化壳构成有利的源储配置。但现有钻探结果也显示，盆内大部分地区缺失待建系至震旦系沉积，长城系与其上覆中寒武统之间沉积间断达11亿年。长城系的埋藏史、热史、生烃史的恢复、所缺失地层的剥蚀时限等一系列问题仍未得到解决。长城系在上部地层遭受剥蚀前是否已经生烃、有无古油藏形成及破坏的证据、长城系烃源岩在古生代再次埋藏作用下能否再次生烃等一系列问题，仍需进一步的论证。

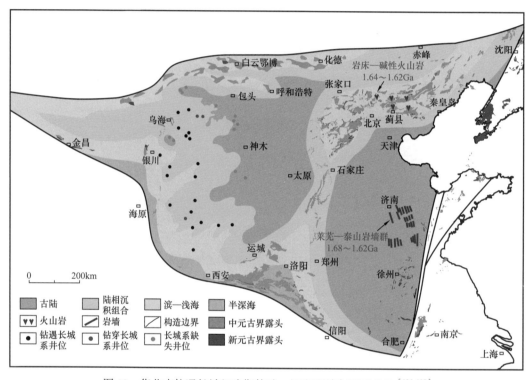

图 13　华北克拉通长城纪晚期构造—沉积环境与原型盆地[126-127]

4.3　上扬子区烃源岩生油气潜力与勘探前景

中国扬子地区新元古界发育合桐组、大塘坡组和陡山沱组 3 套黑色页岩。其中合桐组已经变质为深灰至黑色含碳质板岩（或千枚岩），大塘坡组和陡山沱组是当前具有勘探现实性的两套烃源层系。大塘坡组黑色页岩广泛分布于中上扬子区的南华裂陷盆地内，以黔东—湘西一带深水沉积为主，最高 TOC 可达 5%，厚度约 40m，R_o^E 普遍在 3.0% 以上。陡山沱组形成于 Marinoan 冰期之后的海平面上升期，在中国南方分布广泛，自皖南（称蓝田组）至黔桂、自川西南（称观音崖组）至浙北等均有发育。在扬子板块浅水沉积区，陡山沱组是一套由碎屑岩与碳酸盐岩构成的混合沉积序列；在深水沉积，则为黑色碳质、硅泥质页岩夹少量碳酸盐岩。露头剖面研究表明，有效烃源岩主要分布于鄂渝湘黔一带和上扬子东南缘等地区。川东—湘鄂西地区，厚度较大，其中鄂西五峰—恩施州之间厚度达到300m，黔东、黔北等地黑色页岩厚度约20～70m。陡山沱组黑色页岩TOC介于0.6%～14%之间，平均约2.5%，R_o^E普遍在2.5%以上，是一套富有机质高过成熟烃源岩。这两套烃源岩时代相对较新，但在古生界埋深较大，有机质成熟度普遍较高，已经历完整的生油气过程。早期生成液态烃可能进一步裂解生气，结合干酪根在高过成熟阶段的生气，总体生气规模较大。其中，陡山沱组可能是四川盆地震旦系气藏的重要烃源岩之一[10]。鄂西阳页1井和宜页1井相继发现1.86～2.00m³/t的页岩气流（不含损失气和残留气），进一步证实陡山沱组页岩的成气潜力。

在四川盆地内部，发育3条北东向延伸、呈"川"字形展布的南华裂陷[25]（图1）。川西南康滇裂谷北部（图2d）和女基井南华纪火山岩指示，这3条裂陷很可能与康滇裂谷北部一样，广泛发育苏雄组火山和火山碎屑岩系而缺失同裂陷期烃源岩；但如果裂陷充填成分各不相同（类似于东非大裂谷）[130]，或单个裂陷存在着分段性，对于火山岩不发育或弱发育的裂陷仍有发育优质烃源岩的可能。同时，四川盆地中部还识别出北西西走向的南华纪裂陷[25, 31]。这条裂陷的走向及位置与陡山沱组台内凹陷（图14）及筇竹寺组裂陷槽均能很好地匹配[10, 48]，反映南华纪裂陷很可能对震旦系—寒武系烃源岩分布都有控制作用。四川盆地中部南华纪裂陷控制下的同裂陷期（大塘坡组）和后裂陷期（陡山沱组）含油气系统虽然尚未得到证实，但却是值得探索的深层和超深层领域。

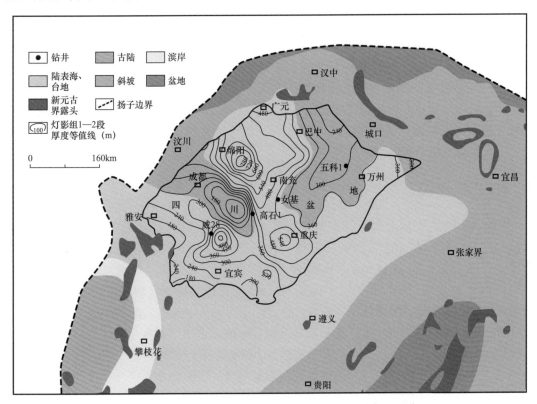

图14　上扬子地区震旦系陡山沱组构造—沉积环境与原型盆地

在四川外缘，北东向延伸的雪峰山崛起于南华纪湘桂裂谷的中心位置，山体主要由南华系和震旦系组成，是扬子大塘坡组和陡山沱组优质烃源岩的主要出露区。四川盆地以东至雪峰山之间的上扬子地区，紧邻南华纪湘桂裂谷的中心部位，在南华纪晚期和震旦纪可能演变为欠补偿性质的深水盆地区，大塘坡组和陡山沱组优质烃源岩几乎全部沿这个裂谷中心呈北东向分布。雪峰山以西主要出露古生界和中生界，新元古界仍处于埋藏状态。烃源岩成熟度高，但长期深埋、持续生烃，有机质成烃转化程度高，天然气生成规模大，气源充足。区内广泛分布的下三叠统嘉陵江组膏盐岩、厚层志留系泥岩和寒武系膏盐岩，不仅是重要的区域封盖层，也使得印支期以来的构造变形表现出多重滑脱的特点[132]，在地表形成规模宏大的鄂渝湘黔隔槽式褶皱带，带内的新元古界构造圈闭非常发育。湘桂裂谷是扬子古陆块南华纪裂陷作用最强的位置（图1），但在古生代和中生代均经历强烈造山作用[132]，使得这个地区不仅是新元古界烃源岩发育环境和生烃潜力研究的理想场所，其周边也是油气勘探最有潜力的地区之一。

4.4 塔里木盆地北部烃源岩分布与勘探前景

塔里木盆地北部南华系呈带状展布，宽度100～200km，近东南向贯穿整个盆地，厚度由盆地内部向东北缘和西北缘逐渐增加，最大厚度超过2000m，呈明显的裂陷盆地沉积特征[132]。目前对这个弧后裂陷盆地内南华系、震旦系及烃源岩发育状况了解甚少，已证实的新元古界烃源岩主要位于库鲁克塔格地区南华系阿勒通沟组上段和震旦系育肯沟组，以黑灰—黑色泥岩为主，TOC含量最高可达0.7%。其中阿勒通沟组上段凝灰岩夹层的锆石U—Pb年龄为（655±4）Ma[133]，与扬子大塘坡组底部凝灰岩的年龄值（653±4）Ma相当[134]，均属间冰期沉积。塔里木北部，根据贝义西组、阿勒通沟组、特瑞艾肯组/尤尔美那克组及汉格尔乔克组内的冰碛岩证据（图2f—h），可以识别出4次冰期事件[133, 135]。与扬子间冰期发育的大塘坡组和陡山沱组烃源岩相对比，可以初步确认塔里木北部弧后裂陷盆地有可能发育多套高有机质丰度的烃源岩系。但由于库鲁克塔格地区南华系阿勒通沟组和震旦系育肯沟组TOC指标总体不高，目前仍缺乏烃源岩发育的直接证据，生油气潜力尚不明确。

5 结论和建议

与国外相比，中国元古宇沉积特点明显，即有机质丰度低（以碳酸盐岩和贫有机质碎屑岩为主，有机碳含量一般小于0.5%）、热演化程度高（大部分处于高过成熟的干气阶段，R_o^E大于2.5%，产物类型以气为主）、盆内埋深大（规模性烃源岩和储层深度多大于6000m）。塔里木、四川和鄂尔多斯等大型油气盆地的多旋回性和烃源灶类型的多样性，更加剧了盆地深部元古宇油气勘探的复杂性。但中国元古宇烃源岩的共性也十分突出：

（1）华北、扬子和塔里木三大陆块均沉积巨厚的元古宇，两次超大陆旋回在3个陆块边缘和内部形成规模巨大的裂谷系和裂陷槽，为烃源岩发育创造理想场所。

（2）烃源岩多形成于间冰期或冰后期的温室环境，层位分布可全球对比。气候变化和天文旋回可能控制了烃源岩发育的层位性和非均质性。

（3）大气氧化为真核生物出现和演化提供了先决条件，火山活动和陆源输入为微生物繁盛提供了营养物质，有机质母源多样性明显，埋藏环境多为缺氧，生烃特征应油气并举，以气为主。

在这样的大气—气候—海洋—生态环境下共发育7套富有机质黑色岩系，并在三大陆块显宙以来不同的构造—热体制背景下，经历了低成熟—高成熟—过成熟不同演化阶段。大量油气显示也表明元古宇烃源岩已经具有明显的油气生成和聚集过程，成气规模取决于烃源岩分布和古油藏热演化史。华北燕辽凹陷和鄂尔多斯盆地西南部是早—中元古界油气勘探有利区，四川盆地中部、雪峰山以西—四川盆地以东的上扬子地区是新元古界油气勘探有利区，塔里木盆地的油气勘探潜力仍有待证实。这也表明，古老油气勘探，烃源岩可能并不是问题，关键是要寻找规模有效储层和好的保存条件。在高成熟—成熟地区寻找相对稳定的构造区带可能会取得油气勘探的突破。因此，这些古老地层中潜在的和未开发的油气资源应引起勘探家的广泛关注。

参 考 文 献

［1］ Klemme H, Ulmishek G F. Effective petroleum source rocks of the world : stratigraphic distribution and controlling depositional factors（1）［J］. Am Assoc Pet Geol Bull, 1991, 75: 1809–1851.

［2］ 王铁冠, 韩克猷. 论中—新元古界的原生油气资源［J］. 石油学报, 2011, 32: 1–7.

［3］ Craig J, Thurow J, Thusu B, Whitham A, Abutarruma Y. Global Neoproterozoic petroleum systems : the emerging potential in North Africa［J］. J Geol Soc London, 2009, 326: 1–25

［4］ Craig J, Biffi U, Galimberti R F, Ghori K, Gorter J D, Hakhoo N, Le Heron D P, Thurow J, Vecoli M. The palaeobiology and geochemistry of Precambrian hydrocarbon source rock［J］. Mar Petrol Geol, 2013, 40: 1–47.

［5］ Bhat G M, Craig J, Hafiz M, et al. Geology and hydrocarbon potential of Neoproterozoic–Cambrian Basins in Asia : an introduction［J］. Geol Soc Lond Spec Publ, 2012, 366: 1–17.

［6］ Hlebszevitsch J C, Gebhard I, Cruz C E, Consoli V. The' Infracambrian System' in the southwestern margin of Gondwana, southern South America//Hlebszevitsch J C, Gebhard I, Cruz C E, Consoli V, eds.Global Neoproterozoic Petroleum Systems : The Emerging Potential in North Africa［M］.London : Geological Society, London, Special Publications, 2009, 289–302.

［7］ Ahmad M, Dunster J N, Munson T J, Edgoose C J. Overview of the geology and mineral and petroleum resources of the McArthur Basin［C］. Annual Geoscience Exploration Seminar, Northern Territory, Australia, 2013.

［8］ Schaefer K. This country is caught in acatch–22 with Energy［D］. 2017.

［9］ 杜金虎, 邹才能, 徐春春, 等. 川中古隆起龙王庙组特大型气田战略发现与理论技术创新［J］. 石油勘探与开发, 2014, 41: 268–277.

［10］ 邹才能, 杜金虎, 徐春春, 等. 四川盆地震旦系—寒武系特大型气田形成分布、资源潜力及勘探发现［J］. 石油勘探与开发, 2014, 41: 278–293.

［11］ 刘岩, 钟宁宁, 田永晶, 等. 中国最老古油藏——中元古界下马岭组沥青砂岩古油藏［J］. 石油勘探与开发, 2011, 38: 503–512.

［12］ Planavsky N J, McGoldrick P, Scott C T, et al. Widespread iron–rich conditions in the mid-Proterozoic ocean［J］. Nature, 2011, 477: 448–451

［13］ Planavsky N J, Reinhard C T, Wang X L, Thomson D, McGoldrick P, Rainbird R H, Johnson

T，Fischer W W，Lyons T W. Low Mid-Proterozoic atmospheric oxygen levels and the delayed rise of animals［J］. Science，2014，346：635-638

［14］Och L M，Shields-Zhou G A. The Neoproterozoic oxygenation event：Environmental perturbations and biogeochemical cycling［J］. Earth-Sci Rev，2012，110：26-57

［15］Lyons T W，Reinhard C T，Planavsky N J. The rise of oxygen in Earth's early ocean and atmosphere［J］. Nature，2014，506：307-315

［16］Blumenberg M，Thiel V，Riegel W，et al. Biomarkers of black shales formed by microbial mats，Late Mesoproterozoic（1.1Ga）Taoudeni Basin，Mauritania［J］. Precambrian Res，2012，196-197：113-127.

［17］Lenton T M，Boyle R A，Poulton S W，Shields-Zhou G A，Butterfield N J. Co-evolution of eukaryotes and ocean oxygenation in the Neoproterozoic era［J］. Nat Geosci，2014，7：257-265.

［18］Brocks J J，Jarrett A J M，Sirantoine E，et al. The rise of algae in Cryogenian oceans and the emergence of animals［J］. Nature，2017，548：578-581.

［19］Peters K E，Walters C C，Moldowan J M. The Biomarker guide：biomarkers and isotopes in the environment and human history［M］. Cambridge：Cambridge University Press. 2005，704

［20］谢柳娟，孙永革，杨中威，等. 华北张家口地区中元古界下马岭组页岩生烃演化特征及其油气地质意义［J］. 中国科学：地球科学，2013，43：1436-1444.

［21］Nance R，Worsley T，Moody J. The supercontinent cycle［J］. Sci Am，1988，259：72-79

［22］Nance R D，Murphy J B，Santosh M. The supercontinent cycle：a retrospective essay［J］. Gondwana Res，2014，25：4-29

［23］Zhao G C，Sun M，Wilde S A，Li S Z. A Paleo-Mesoproterozoic supercontinent：assembly，growth and breakup［J］. Earth-Sci Rev，2004，67：91-123

［24］Li Z X，Bogdanova S V，Collins A S，et al. Assembly，configuration，and break-up history of Rodinia：A synthesis［J］. Precambrian Res，2008，160：179-210

［25］管树巍，吴林，任荣，等. 中国主要克拉通前寒武纪裂谷分布与油气勘探前景［J］. 石油学报，2017，38：9-22.

［26］孙枢，王铁冠. 中国东部中—新元古界地质学与油气资源［M］. 北京：科学出版社，2016.

［27］王鸿祯. 中国古地理图集［M］. 北京：地图出版社，1985.

［28］翟明国. 中国主要古陆与联合大陆的形成——综述与展望［J］. 中国科学：地球科学，2013，43：1583-1606.

［29］Wang J，Li Z X. History of Neoproterozoic rift basins in South China：implications for Rodinia break-up［J］. Precambrian Res，2003，122：141-158

［30］Zhao P，Chen Y，Zhan S，Xu B，Faure M. The Apparent Polar Wander Path of the Tarim block（NW China）since the Neoproterozoic and its implications for a long-term Tarim［J］. Precambrian Res，2014，242：39-57

［31］汪泽成，姜华，王铜山，等. 上扬子地区新元古界含油气系统与油气勘探潜力［J］. 天然气工业，2014，34：27-36.

［32］Xu Z Q，He B Z，Zhang C L，Zhang J X，Wang Z M，Cai Z H. Tectonic framework and crustal evolution of the Precambrian basement of the Tarim Block in NW China：new geochronological evidence from deep drilling samples［J］. Precambrian Res，2013，235：150-162

［33］Gao J，Wang X，Klemd R，Jiang T，Qian Q，Mu L，Ma Y. Record of assembly and breakup of Rodinia in the Southwestern Altaids：Evidence from Neoproterozoic magmatism in the Chinese Western Tianshan Orogen［J］. J Asian Earth Sci，2015，113：173-193.

［34］任荣，管树巍，吴林，朱光有. 塔里木新元古代裂谷盆地南北分异及油气勘探启示［J］. 石油学报，2017，38：255-266.

［35］Meyers P A，Bernasconi S M. Carbon and nitrogen isotope excursions in mid-Pleistocene sapropels from the Tyrrhenian Basin：Evidence for climate-induced increases in microbial primary production［J］. Mar Geol，2005，220：41-58

［36］Algeo T J，Meyers P A，Robinson R S，Rowe H，Jiang G Q. Icehouse-greenhouse variations in marine denitrification［J］. Biogeosciences，2014，11：1273-1295.

［37］Hays J D，Imbrie J，Shackleton N J. Variations in the Earth's orbit：Pacemaker of the ice ages［J］. Science，1976，194：1121-1132.

［38］Kump L R，Brantley S L，Arthur M A. Chemical weathering，atmospheric CO_2，and climate［J］. Annu Rev Earth Planet Sci，2000，28（1）：611-667

［39］Knauth L P，Lowe D R. High Archean climatic temperature inferred from oxygen isotope geochemistry of cherts in the 3.5Ga Swaziland Supergroup，South Africa［J］. Geol Soc Am Bull，2003，115：566-580.

［40］Kopp R E，Kirschvink J L，Hilburn I A，Nash C Z. The Paleoproterozoic snowball Earth：a climate disaster triggered by the evolution of oxygenic photosynthesis［J］. Proc Nat Acad Sci USA，2005，102：11131-11136.

［41］Strand K. Global and continental-scale glaciations on the Precambrian earth［J］. Mar Petrol Geol，2012，33：69-79

［42］Pavlov A A，Hurtgen M T，Kasting J F，Arthur M A. Methane-rich Proterozoic atmosphere［J］. Geology，2003，31：87-90

［43］Riding R. Cyanobacterial calcification，carbon dioxide concentrating mechanisms，and Proterozoic-Cambrian changes in atmospheric composition［J］. Geobiology，2006，4：299-316

［44］Geboy N J. Rhenium-Osmium Age Determinations of Glaciogenic Shales from the Mesoproterozoic Vazante Formation，Brazil［M］. Master Dissertation. Washington：University of Maryland，College Park，2006.

［45］McFadden K A，Huang J，Chu X L，et al. Pulsed oxidation and biological evolution in the Ediacaran Doushantuo Formation［J］. Proc Nat Acad Sci USA，2008，105：3197-3202

［46］Zhang S C，Wang X M，Hammarlund E U，Wang H J，Costa M M，Bjerrum C J，Connelly J N，Zhang B M，Bian L Z，Canfield D E. Orbital forcing of climate 1.4 billion years ago［J］. Proc Nat Acad Sci USA，2015，112：E1406-E1413

［47］Cheng J，Feng J，Sun J，Huang Y，Zhou J H，Cen K F. Enhancing the lipid content of the diatom Nitzschia sp. by ^{60}Co-γ irradiation mutation and high-salinity domestication［J］. Energy，2014，78：9-15.

［48］魏国齐，王志宏，李剑，等．四川盆地震旦系、寒武系烃源岩特征、资源潜力与勘探方向［J］．天然气地球科学，2017，28：1-13.

［49］赵文智，胡素云，汪泽成，等．中国元古界—寒武系油气地质条件与勘探地位［J］．石油勘探与开发，2018，45：1-13.

［50］王铁冠，钟宁宁，王春江，等．冀北坳陷下马岭组底砂岩古油藏成藏演变历史与烃源剖析［J］．石油科学通报，2016，1：24-37.

［51］陈建平，梁狄刚，张水昌，等．泥岩/页岩：中国元古宙—古生代海相沉积盆地主要烃源岩［J］．地质学报，2013，87：905-921.

［52］Scott C，Lyons T W，Bekker A，Shen Y，Poulton S W，Chu X L，Anbar A D. Tracing the stepwise oxygenation of the Proterozoic ocean［J］. Nature，2008，452：456-459

［53］Farquhar J，Wing B A，McKeegan K D，Harris J W，Cartigny P，Thiemens M H. Mass-independent sulfur of inclusions in diamond and sulfur recycling on early Earth［J］. Science，2002，298：2369-2372.

［54］Zhang S C，Wang X，Wang H，Bjerrum C J，Hammarlund E U，Costa M M，Connelly J N，Zhang B m，Su J，Canfield D E. Sufficient oxygen for animal respiration 1，400million years ago［J］. Proc Nat Acad Sci USA，2016，113：1731-1736

［55］Sahoo S K，Planavsky N J，Kendall B，et al. Ocean oxygenation in the wake of the Marinoan glaciation［J］. Nature，2012，489：546-549

［56］张水昌，张宝民，边立曾，等．中国海相烃源岩发育控制因素［J］．地学前缘，2005，12：39-48.

［57］Brocks J J，Banfield J. Unravelling ancient microbial history with community proteogenomics and lipid geochemistry［J］. Nat Rev Microbiol，2009，7：601-609.

［58］Kasting J F，Siefert J L. Life and the evolution of Earth's atmosphere［J］. Science，2002，296：1066-1068.

［59］Schopf J W. Fossil evidence of Archaean life［J］. Philos T R Soc B，2006，361：869-885

［60］Brocks J J，Logan G A，Buick R，Summons R E. Archean Molecular Fossils and the Early Rise of Eukaryotes［J］. Science，1999，285：1033-1036.

［61］Summons R E，Jahnke L L，Hope J M，Logan G A. 2-Methylhopanoids as biomarkers for cyanobacterial oxygenic photosynthesis［J］. Nature，1999，400：554-557

［62］Shen Y N，Buick R，Canfield D E. Isotopic evidence for microbial sulphate reduction in the early Archaean era［J］. Nature，2001，410：77-81

［63］Brocks J J，Love G D，Summons R E，et al. Biomarker evidence for green and purple sulphur bacteria in a stratified Palaeoproterozoic sea［J］. Nature，2005，437：866-870.

［64］French K L，Hallmann C，Hope J M，et al. Reappraisal of hydrocarbon biomarkers in Archean rocks［J］. Proc Nat Acad Sci USA，2015，112：5915-5920.

［65］Han T M，Runnegar B. Megascopic eukaryotic algae from the 2.1-billion-year-old Negaunee Iron-Formation，Michigan［J］. Science，1992，257：232-235.

［66］Zhu S X，Chen H N. Megascopic multicellular organisms from the 1700-million-year-old Tuanshanzi Formation in the Jixian area，North China［J］. Science，1995，270：620-622

［67］Lamb D M, Awramik S M, Chapman D J, Zhu S X. Evidence for eukaryotic diversification in the～1800million-year-old Changzhougou Formation, North China ［J］. Precambrian Res, 2009, 173: 93-104.

［68］Peng Y B, Bao H M, Yuan X L. New morphological observations for Paleoproterozoic acritarchs from the Chuanlinggou Formation, North China ［J］. Precambrian Res, 2009, 168: 223-232

［69］Javaux E J,Knoll A H,Walter M R. TEM evidence for eukaryotic diversity in midProterozoic oceans ［J］. Geobiology, 2004, 2: 121-132.

［70］Knoll A H, Javaux E J, Hewitt D, Cohen P. Eukaryotic organisms in Proterozoic oceans ［J］. Philos T R Soc B, 2006, 361: 1023-1038.

［71］Brocks J J, Pearson A. Building the Biomarker Tree of Life ［J］. Rev Mineral Geochem, 2005, 59: 233-258.

［72］Cloud P E, Licari G R, Wright L A, Troxel B W. Proterozoic eucaryotes from eastern California ［J］. Proc Nat Acad Sci USA, 1969, 62: 623-630.

［73］Butterfield N J, Knoll A H, Swett K. A bangiophyte red alga from the Proterozoic of arctic Canada ［J］. Science, 1990, 250: 104-107.

［74］张水昌, 张宝民, 边立曾, 等 . 8亿多年前由红藻堆积而成的下马岭组油页岩 ［J］. 中国科学 D 辑: 地球科学, 2007, 37: 636-643.

［75］Cheng M, Li C, Zhou L, Xie S C. Mo marine geochemistry and reconstruction of ancient ocean redox states ［J］. Sci China Earth Sci, 2015, 58: 2123-2133.

［76］Dutkiewicz A, Volk H, Ridley J, George S. Biomarkers, brines, and oil in the Mesoproterozoic, Roper Superbasin, Australia ［J］. Geology, 2003, 31: 981-984

［77］崔景伟 . 冀北凹陷高于庄组与洪水庄组在岩心、露头中多赋存态生物标志物的对比 ［J］. 沉积学报, 2011, 29: 593-598.

［78］Luo G M, Hallmann C, Xie S C, Ruan X Y, Summons R E. Comparative microbial diversity and redox environments of black shale and stromatolite facies in the Mesoproterozoic Xiamaling Formation ［J］. Geochim Cosmochim Acta, 2015, 151: 150-167

［79］Imbus S W, Macko S A, Elmore R D, Engel M H. Stable isotope (C, S, N) and molecular studies on the Precambrian Nonesuch Shale (Wisconsin-Michigan, USA): Evidence for differential preservation rates, depositional environment and hydrothermal influence ［J］. Chem Geol, 1992, 101: 255-281.

［80］Marshall A O, Corsetti F A, Sessions A L, Marshall C P. Raman spectroscopy and biomarker analysis reveal multiple carbon inputs to a Precambrian glacial sediment ［J］. Org Geochem, 2009, 40: 1115-1123

［81］Melenevskii V N. Modeling of catagenetic transformation of organic matter from a Riphean mudstone in hydrous pyrolysis experiments : Biomarker data ［J］. Geochem Int, 2012, 50: 425-436

［82］Love G D, Grosjean E, Stalvies C, et al. Fossil steroids record the appearance of Demospongiae during the Cryogenian period ［J］. Nature, 2009, 457: 718-721.

［83］Yin Z J, Zhu M Y, Davidson E H, Bottjer D J, Zhao F C, Tafforeau P. Sponge grade body fossil with cellular resolution dating 60 Myr before the Cambrian ［J］. Proc Nat Acad Sci USA, 2015, 112: 1453-1460.

［84］Summons R E, Brassell S C, Eglinton G, Evans E, Horodyski R J, Robinson N, Ward D M. Distinctive hydrocarbon biomarkers from fossiliferous sediment of the Late Proterozoic Walcott Member, Chuar Group, Grand Canyon, Arizona ［J］. Geochim Cosmochim Acta, 1988, 52: 2625-2637.

［85］Vogel M B, Moldowan J M, Zinniker D. Biomarkers from Units in the Uinta Mountain and Chuar Groups//VogelB M, MoldowanM J, ZinnikerD, eds ［J］. The AAPG/Datapages Combined Publications Database : 2005, 75-96.

［86］Grosjean E, Love G, Stalvies C, Fike D, Summons R. Origin of petroleum in the Neoproterozoic-Cambrian South Oman salt basin ［J］. Org Geochem, 2009, 40: 87-110.

［87］孟凡巍, 袁训来, 周传明, 陈致林. 新元古代大塘坡组黑色页岩中的甲藻甾烷及其生物学意义 ［J］. 微体古生物学报, 2003, 20: 97-102.

［88］孟凡巍, 周传明, 燕夔, 等. 通过 C_{27}/C_{29} 甾烷和有机碳同位素来判断早古生代和前寒武纪的烃源岩的生物来源 ［J］. 微体古生物学报, 2006, 23: 51-56.

［89］Yuan X L, Chen Z, Xiao S H, Zhou C M, Hua H. An early Ediacaran assemblage of macroscopic and morphologically differentiated eukaryotes ［J］. Nature, 2011, 470: 390-393.

［90］Chen L, Xiao S H, Pang K, Zhou C M, Yuan X L.Cell differentiation and germ-soma separation in Ediacaran animal embryo-like fossils ［J］. Nature, 2014, 516: 238-241.

［91］Wang T G, Li M J, Wang C J, Wang G L, Zhang W B, Shi Q, Zhu L. Organic molecular evidence in the Late Neoproterozoic Tillites for a palaeo-oceanic environment during the snowball Earth era in the Yangtze region, southern China ［J］. Precambrian Res, 2008, 162: 317-326.

［92］张水昌, Moldowan M J, Li M W, 等. 分子化石在寒武—前寒武纪地层中的异常分布及其生物学意义 ［J］. 中国科学: D 辑, 2001, 31: 299-304.

［93］李超, 程猛, Algeo TJ, 谢树成. 早期地球海洋水化学分带的理论预测 ［J］. 中国科学: 地球科学, 2015, 45: 1829-1838.

［94］Poulton S W, Canfield D E. Ferruginous conditions : A dominant feature of the ocean through earth's history ［J］. Elements, 2011, 7: 107-112.

［95］Lyons T W, Reinhard C T. Earth science : Sea change for the rise of oxygen ［J］. Nature, 2011, 478: 194-195.

［96］Lan Z, Li X H, Zhang Q R, Li Q L. Global synchronous initiation of the 2nd episode of Sturtian glaciation : SIMS zircon U-Pb and O isotope evidence from the Jiangkou Group, South China ［J］. Precambrian Res, 2015, 267: 28-38.

［97］Canfield D E. A new model for Proterozoic ocean chemistry ［J］. Nature, 1998, 396: 450-453.

［98］Reinhard C T, Raiswell R, Scott C, Anbar A D, Lyons T W. A late Archean sulfidic sea stimulated by early oxidative weathering of the continents ［J］. Science, 2009, 326: 713-716.

［99］Gaillard F, Scaillet B, Arndt N T. Atmospheric oxygenation caused by a change in volcanic degassing pressure ［J］. Nature, 2011, 478: 229-232.

［100］Canfield D E, Raiswell R. The evolution of the sulfur cycle ［J］. Am J Sci, 1999, 299: 697-723.

［101］Anbar A D, Knoll A H. Proterozoic ocean chemistry and evolution : a bioinorganic bridge ［J］. Science, 2002, 297: 1137-1142.

［102］叶云涛，王华建，翟俪娜，等．新元古代重大地质事件及其与生物演化的耦合关系［J］.沉积学报，2017，35：203-216.

［103］Luo G M，Junium C K，Kump L R，et al. Shallow stratification prevailed for～1700 to～1300Ma ocean：Evidence from organic carbon isotopes in the North China Craton［J］. Earth Planet Sci Lett，2014，400：219-232.

［104］Tang D J，Shi X Y，Wang X Q，Jiang G Q. Extremely low oxygen concentration in mid-Proterozoic shallow seawaters［J］. Precambrian Res，2016，276：145-157.

［105］Zhu S X，Zhu M Y，Knoll A H，et al. Decimetre-scale multicellular eukaryotes from the 1.56-billion-year-old Gaoyuzhuang Formation in North China［J］. Nat Commun，2016，7：11500.

［106］Zhang K，Zhu X K，Wood R A，Shi Y，Gao Z F，Poulton S W. Oxygenation of the Mesoproterozoic ocean and the evolution of complex eukaryotes［J］. Nat Geosci，2018，11（5）：345.

［107］Slack J F，Grenne T，Bekker A，Rouxel O J，Lindber P A. Suboxic deep seawater in the late Paleoproterozoic：evidence from hematitic chert and iron formation related to seafloor-hydrothermal sulfide deposits，central Arizona，USA［J］. Earth Planet Sci Lett，2007，255：243-256.

［108］Wang X M，Zhang S C，Wang H J，Bjerrum C J，Hammarlund E U，Haxen E R，Su J，Wang Y，Canfield D E. Oxygen，climate and the chemical evolution of a 1400million year old tropical marine setting［J］. Am J Sci，2017，317：861-900.

［109］Poulton S W，Fralick P W，Canfield D E. Spatial variability in oceanic redox structure 1.8 billion years ago［J］. Nat Geosci，2010，3：486-490.

［110］谢树成，殷鸿福，史晓颖.地球生物学——生命与地球环境的相互作用和协同演化［M］.北京：科学出版社，2011.

［111］Poulton S W，Fralick P W，Canfield D E. The transition to a sulphidic ocean 1.84 billion years ago［J］. Nature，2004，431：173-177.

［112］Rogers J J，Santosh M. Configuration of Columbia，a Mesoproterozoic supercontinent［J］. Gondwana Res，2002，5：5-22.

［113］Canfield D E，Poulton S W，Narbonne G M. Late-Neoproterozoic deep-ocean oxygenation and the rise of animal life［J］. Science，2017，315：92-95.

［114］Li C，Cheng M，Zhu M Y，Lyons T W. Heterogeneous and dynamic marine shelf oxygenation and coupled early animal evolution［J］. Emerg Top Life Sci，2018，ETLS20170157.

［115］Kolonic S，Wagner T，Forster A，et al. Black shale deposition on the northwest African Shelf during the Cenomanian/Turonian oceanic anoxic event：Climate coupling and global organic carbon burial［J］. Paleoceanography，2005，20：1-18.

［116］Giorgioni M，Keller C E，Weissert H，Hochuli P A，Bernasconi S M. Black shales-from coolhouse to greenhouse（early Aptian）［J］. Cretaceous Res，2015，56：716-731.

［117］Tissot B P，Welte D H. Petroleum formation and occurance：A new approach to oil and gas exploration［M］. Welte Verlag Berlin Heidelberg：Springer. 1978.

［118］方杰，刘宝泉.张家口下花园青白口系下马岭组灰质页岩热模拟实验［J］.高校地质学报，2002，8：345-355.

［119］张水昌，王晓梅，王华建，等.元古代烃源岩生烃潜力、生烃母质与发育环境［J］.青岛：第 15 届全国有机地球化学学术会议，2015.

［120］Zhang S C, Wang X M, Wang H J, Hammarlund E U, Su J, Wang Y, Canfield D E. The oxic degradation of sedimentary organic matter 1400Ma constrains atmospheric oxygen levels［J］. Biogeosciences, 2017, 14: 2133-2149

［121］Canfield D E, Zhang S, Wang H, Wang X, Zhao W, Su J, Bjerrum C, Haxen E, Hammarlund E. A Mesoproterozoic Iron Formation［J］. Proc Nat Acad Sci USA, 2018, 115: 3895-3904.

［122］Kelly A E, Love G D, Lyons T W, Anbar A D. An integrated organic-inorganic geochemical study of the 1.64Ga Barney Creek Formation in Australia［J］. AGU Fall Meeting, 2010, 351-0429.

［123］Gilleaudeau G J, Kah L C. Carbon isotope records in a Mesoproterozoic epicratonic sea: Carbon cycling in a low-oxygen world［J］. Precambrian Res, 2013, 228: 85-101.

［124］Baudino R, Monge A M, Ferreira L M G, et al. Assessing a Petroleum System on the Frontier of Geological Time: the Mesoproterozoic of the Taoudeni Basin（Mauritania）［J］. International Conference & Exhibition, Istanbul, Turkey, 2014.

［125］罗情勇，钟宁宁，朱雷，等.华北北部中元古界洪水庄组埋藏有机碳与古生产力的相关性［J］.科学通报，2013，58：1036-1047.

［126］苏文博，李怀坤，徐莉，等.华北克拉通南缘洛峪群—汝阳群属于中元古界长城系——河南汝州洛峪口组层凝灰岩锆石 LA—MC—ICPMS U—Pb 年龄的直接约束［J］.地质调查与研究，2017，35：96-108.

［127］赵澄林，李儒峰，周劲松.华北元古宇油气地质与沉积学［M］.北京：地质出版社，1997.

［128］周洪瑞，王自强.华北大陆南缘中、新元古代大陆边缘性质及构造古地理演化［J］.现代地质，1999，13：261-267.

［129］Hou G, Santosh M, Qian X, Lister G S, Li J. Configuration of the Late Paleoproterozoic supercontinent Columbia: Insights from radiating mafic dyke swarms［J］. Gondwana Res, 2008, 14: 395-409.

［130］温志新，童晓光，张光亚，王兆明.东非裂谷系盆地群石油地质特征及勘探潜力［J］.中国石油勘探，2012，4：60-65.

［131］张国伟，郭安林，王岳军，等.中国华南大陆构造与问题［J］.中国科学：地球科学，2013，43：1553-1582.

［132］吴林，管树巍，任荣，等.前寒武纪沉积盆地发育特征与深层烃源岩分布——以塔里木新元古代盆地与下寒武统烃源岩为例［J］.石油勘探与开发，2016，43：905-915.

［133］He J W, Zhu W B, Ge R F. New age constraints on Neoproterozoic diamicites in Kuruktag, NW China and Precambrian crustal evolution of the Tarim Craton［J］. Precambrian Res, 2014, 241: 44-60.

［134］Zhou C M, Tucker R, Xiao S H, Peng Z X, Yuan X L, Chen Z. New constraints on the ages of Neoproterozoic glaciations in south China［J］. Geology, 2004, 32: 437-440

［135］Zhu M Y, Wang H F. Neoproterozoic glaciogenic diamictites of the Tarim Block, NW China//Arnaud E, Halverson G P, Shields-Zhou G（eds）The Geological Record of Neoproterozoic Glaciations［J］. Geological Society, London, Memoirs, 2011, 36, 367-378

［136］李怀坤，朱士兴，相振群，等．北京延庆高于庄组凝灰岩的锆石 U—Pb 定年研究及其对华北北部中元古界划分新方案的进一步约束［J］.岩石学报，2010，26：2131-2140.

［137］李怀坤，苏文博，周红英，等．中—新元古界标准剖面蓟县系首获高精度年龄制约［J］.岩石学报，2014，30：2999-3012.

［138］高林志，张传恒，尹崇玉，等．华北古陆中，新元古代年代地层框架 SHRIMP 锆石年龄新依据［J］.地球学报，2008，29：366-376.

［139］高林志，张传恒，刘鹏举，等．华北—江南地区中—新元古代地层格架的再认识［J］.地球学报，2009，30：433-446.

［140］张拴宏，赵越，叶浩，等．燕辽地区长城系串岭沟组及团山子组沉积时代的新制约［J］.岩石学报，2013，29：2481-2490.

［141］李怀坤，张传林，姚春彦，相振群．扬子西缘中元古代沉积地层锆石 U—Pb 年龄及 Hf 同位素组成［J］.中国科学：地球科学，2013，43：1287-1298.

［142］赵太平，翟明国，夏斌，等．熊耳群火山岩锆石 SHRIMP 年代学研究：对华北克拉通盖层发育初始时间的制约［J］.科学通报，2004，49：2342-2349.

［143］翟明国，胡波，彭澎，赵太平．华北中—新元古代的岩浆作用与多期裂谷事件［J］.地学前缘，2014，21：100-119.

［144］Condon D，Zhu M Y，Bowring S，Wang W，Yang A H，Jin Y G. U-Pb ages from the neoproterozoic Doushantuo Formation，China［J］.Science，2005，308：95-98.

［145］Zhang S H，Jiang G Q，Han Y G. The age of the Nantuo Formation and Nantuo glaciation in South China［J］.Terra Nova，2008，20：289-294

［146］崔晓庄，江新胜，邓奇，等．桂北地区丹洲群锆石 U—Pb 年代学及对华南新元古代裂谷作用期次的启示［J］.大地构造与成矿学，2016，40：1049-1063.

［147］Li X H. U-Pb zircon age of granites from the southern magin of Yangtze Block and the timing of NeoproterozoicJinning Orogeny in SE China：termination of Rodinia assembly［J］.Precambrian Res，1999，97：43-57

［148］Jiang Z F，Cui X Z，Jiang X S，et al. New zircon U-Pb ages of the pre-Sturtian rift successions from the westernYangtze Block，South China and their geological significance［J］.Int Geol Rev，2016，58：1064-1075

［149］Li X H，Li Z X，Zhou H W，Liu Y，Kinny P D. U-Pb zircon geochronology，geochemistry and Nd isotopicstudy of Neoproterozoic bimodal volcanic rocks in theKangdian Rift of South China：implications for the initialrifting of Rodinia［J］.Precambrian Res，2002，113：135-154

［150］崔晓庄，江新胜，王剑，等．滇中新元古代澄江组层型剖面锆石 U—Pb 年代学及其地质意义［J］.现代地质，2013，27：547-556.

［151］卓皆文，江新胜，王剑，等．华南扬子古大陆西缘新元古代康滇裂谷盆地的开启时间与充填样式［J］.中国科学：地球科学，2013，43：1952-1963.

［152］Xu B，Xiao S H，Zou H B，Chen Y，Li Z X，Song B，Liu D Y，Zhou C M，Yuan X L. SHRIMP zircon U-Pb age constraints on Neoproterozoic Quruqtagh diamictites in NW China［J］.Precambrian Res，2009，168：247-258.

［153］Zhang C L, Li Z X, Li X H, Ye H M. Neoproterozoic mafic dyke swarms at the northern margin of the Tarim Block, NW China：Age, geochemistry, petrogenesis and tectonic implications［J］. J Asian Earth Sci, 2009, 35：167-179

［154］LongXP, YuanC, SunM, Kröner A, Zhao G C, Wilde S, Hu A Q. Reworking of the Tarim Craton by underplating of mantle plume-derived magmas：evidence from Neoproterozoic granitoids in the Kuluketage area, NW China［J］. Precambrian Res, 2001, 187：1-14

［155］Xu B, Zou H B, ChenY, He J Y, Wang Y. The Sugetbrak basalts from northwestern Tarim Block of northwest China：Geochronology, geochemistry and implications for Rodinia breakup and ice age in the Late Neoproterozoic［J］. Precambrian Res, 2013, 236：214-226

［156］Zhang C L, Yang D S, Wang H Y, Dong Y G, Ye H M. Neoproterozoic mafic dykes and basalts in the southern margin of Tarim, Northwest China：age, geochemistry and geodynamic implications［J］. Acta Geol Sin-Engl, 2010, 84：549-562

［157］苏文博, 李怀坤, 张世红, 周红英. 铁岭组钾质斑脱岩锆石 SHRIMP U—Pb 年代学研究及其地质意义［J］. 科学通报, 2010, 2197-2206.

［158］陆松年, 李惠民. 蓟县长城系大红峪组火山岩的单颗粒锆石 U—Pb 法准确定年［J］. 中国地质科学院院报, 1991, 22：137-145.

［159］李猛, 王超, 王钊飞. 华北克拉通西南缘汝阳群沉积时代及其地质意义：来自碎屑锆石 U—Pb 年龄的证据［J］. 地质科学, 2013, 48：1115-1139.

［160］Zhang S H, Jiang G Q, Zhang J M, Song B, Kennedy M J, Christie-Blick N. U-Pb sensitive high-resolution ion microprobe ages from the Doushantuo Formation in south China：Constraints on late Neoproterozoic glaciations［J］. Geology, 2005, 33：473-476

［161］Lan Z W, Li X H, Zhu M Y, et al. A rapid and synchronous initiation of the wide spread Cryogenian glaciations［J］. Precambrian Res, 2014, 255：401-411.

［162］尹崇玉, 刘敦一, 高林志, 等. 南化系底界与古城冰期的年龄：SHRIMP Ⅱ 定年证据［J］. 科学通报, 2003, 48：1721-1725.

［163］高林志, 丁孝忠, 庞维华, 张传恒. 中国中—新元古代地层年表的修正——锆石 U—Pb 年龄对年代地层的制约［J］. 地层学杂志, 2011, 35：1-7.

［164］张传恒, 高林志, 武振杰, 等. 滇中昆阳群凝灰岩锆石 SHRIMP U—Pb 年龄：华南格林威尔期造山的证据［J］. 科学通报, 2007, 52：818-824.

［165］王生伟, 廖震文, 孙晓明, 等. 会东菜园子花岗岩的年龄, 地球化学——扬子地台西缘格格林威尔造山运动的机制探讨［J］. 地质学报, 2013, 87：55-70.

［166］尹福光, 孙志明, 张璋. 会理—东川地区中元古代地层—构造格架［J］. 地质论评, 2012, 57：770-778.

原文刊于《中国科学：地球科学》, 2019, 49（6）：939-964.

从古老碳酸盐岩大油气田形成条件看四川盆地深层震旦系的勘探地位

赵文智[1]　汪泽成[1]　姜　华[1]　付小东[2]　谢武仁[1]　徐安娜[1]

沈安江[2]　石书缘[1]　黄士鹏[1]　江青春[1]

（1. 中国石油勘探开发研究院；2. 中国石油杭州地质研究院）

摘　要： 建设四川大气区亟待寻找天然气资源丰富、勘探潜力大的接替新领域。为此，在系统梳理我国克拉通盆地深层古老海相碳酸盐岩大油气田形成的烃源、储层、成藏组合等条件和大气田分布规律的基础上，分析了四川盆地深层震旦系天然气成藏富集条件，评价了上震旦统灯影组的天然气勘探潜力和有利目标区。研究结果表明：（1）源灶保持的有效性与规模性，储集体的有效性与规模性，储盖组合的有效性、规模性与近源性是深层碳酸盐岩大油气田形成的必要条件，古隆起、古斜坡与古断裂带是寻找深层碳酸盐岩大油气田的有利区；（2）该盆地新元古界—寒武系发育三套优质烃源岩，有机质成熟度仍处于裂解成气的最佳窗口，成气规模大；（3）该盆地灯影组微生物碳酸盐岩经建设性成岩作用改造，形成有效储层，大范围分布；（4）灯影组源盖一体，台缘、台内均具备近源成藏的有利条件。结论认为，四川盆地深层震旦系油气成藏条件良好，是未来天然气勘探的重点接替领域，其中川中古隆起及其斜坡带长期处于天然气聚集的有利部位，规模勘探应高度关注灯四段台缘带、灯二段台缘带、川中古隆起斜坡带灯影组台内丘滩体和川东地区灯影组丘滩体四个有利领域。

关键词： 四川盆地大气区；震旦纪；深层天然气；富集成藏条件；微生物碳酸盐岩；源盖一体；勘探领域

四川盆地是典型的富气盆地，蕴藏着常规与非常规两类天然气资源。据 2016 年完成的中国石油第四次油气资源评价结果，该盆地常规天然气主要赋存于震旦系—中三叠统碳酸盐岩层系，天然气资源总量为 $12.7 \times 10^{12} m^3$，探明率不足 12%，仍处于勘探的早—中期，勘探潜力巨大，是天然气加快发展及西南大气区建设的重点领域。

震旦系是四川盆地常规天然气主力含气层系之一，目前已发现了威远、安岳两个大气田。其中，埋深普遍大于 5000m 的安岳气田上震旦统灯影组已探明天然气储量近 $5000 \times 10^8 m^3$，约占安岳大气田储量的 50%。目前，深层震旦系勘探程度和认识程度都低，深层震旦系具备哪些天然气成藏富集的有利条件？能否成为规模勘探的重点领域？是目前勘探亟待解答的基础问题。为此，笔者基于对海相碳酸盐岩油气地质与勘探评价的长期研

基金项目：国家科技重大专项"下古生界—前寒武系碳酸盐岩油气成藏规律、关键技术及目标评价"（2016ZX05004）。

究，系统总结了中国古老克拉通深层碳酸盐岩大油气田形成条件与分布规律，以期为深化认识四川盆地震旦系天然气成藏富集条件、评价有利靶区提供参考。

1 深层古老海相碳酸盐岩大油气田形成条件与分布规律

中国海相碳酸盐岩主要分布在扬子、华北、塔里木等三大地块，以古生界为主。保存较完整的地层多分布于叠合盆地下构造层，具有时代老、埋藏深、时间跨度大、含油气层系多、成藏历史复杂等特点，其油气勘探始终面临着三方面科学问题，即：高—过成熟烃源岩晚期生烃的有效性与规模性、古老碳酸盐岩储层的有效性与规模性、历经多旋回构造运动的油气成藏有效性与规模性。"十一五"以来，以国家油气专项及中国石油重大专项为平台，围绕上述科学问题开展攻关研究，提出了深层海相碳酸盐岩大油气田形成条件与分布规律，在勘探部署中发挥了重要作用。

1.1 烃源岩、分散液态烃及古油藏三类烃源灶为天然气晚期成藏奠定了资源基础

受古气候、古海洋、古生物群落、古地理环境等因素控制，海相克拉通盆地发育多套大面积分布的优质烃源岩，如塔里木盆地下古生界发育下寒武统、下奥陶统、中奥陶统、上奥陶统四套烃源岩，总有机碳含量（TOC）超过 1.0% 的泥页岩面积达（10~30）×10^4km^2。四川盆地海相层系发育上震旦统陡山沱组、下寒武统筇竹寺组、下志留统龙马溪组、上二叠统龙潭组四套优质烃源岩，TOC 超过 1.0% 的泥页岩面积达（10~16）×10^4km^2。鄂尔多斯盆地西南部奥陶系发育晚奥陶统平凉组优质烃源岩，面积近 3×10^4km^2；下奥陶统马家沟组膏盐岩—碳酸盐岩组合中也发育薄互层泥晶灰岩烃源岩，面积为（6~8）×10^4km^2。

高—过成熟度的海相烃源岩普遍经历了早油—晚气的"双峰式"生烃演化历史，有机质成烃充分，具有晚期成藏规模大、天然气资源丰富的特征。一般情况下，有机质生油高峰期对应的成熟度（R_o）为 1.0%~1.3%。对于叠合盆地深层的海相烃源岩，长期处于埋深大、高地层压力环境，超压环境对有机质生烃具抑制作用，生油高峰期可推延到 R_o 为 1.4%~1.5%[1]。石油从烃源岩排出经储层运移到圈闭聚集成藏，这一生烃、运移过程中存在着大量的分散状液态烃滞留在烃源岩及储层中，前者可称之为源内滞留液态烃，介于 40%~60%[2]，后者称之为源外半聚—半散状液态烃。原油裂解成气实验表明，液态烃大量裂解成气时机对应的 R_o 介于 1.6%~3.2%，且单位液态有机质的裂解气量远大于等量干酪根的降解气量[2]。以此为依据，深层海相地层中普遍存在烃源岩、分散液态烃及古油藏三类气源灶（图1），天然气生成时机较晚，加之与多期构造运动乃至各种成藏要素的有效匹配，决定了天然气晚期成藏的有效性与规模性。

1.2 深层、超深层碳酸盐岩可发育多类型规模储层

越来越多的深层勘探证实，埋深超过 6000m 的深层碳酸盐岩仍然可发育良好的储层。如塔北—塔中地区的奥陶系及川北—川西北地区的二叠系—寒武系，埋深介于 6500~7500m 的碳酸盐岩储层孔隙度可达 5%~8%。近期完钻的塔北隆起的轮探 1 井在井

段 8712.0～8747.5m 的震旦系钻遇白云岩储层，孔洞发育，孔隙度介于 3.8%～4.1%。

总结深层古老碳酸盐岩规模储层形成与分布规律，归纳如下。

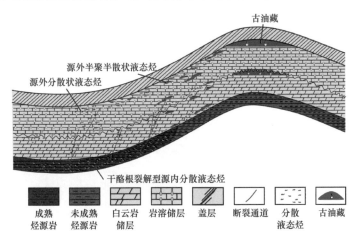

图 1 海相碳酸盐岩三类气源灶示意图

1.2.1 高能环境沉积的滩体奠定了规模储层形成的物质基础

高能环境沉积的滩体主要包括台缘带礁滩体及台内颗粒滩体两类沉积体。其中，台缘带礁滩体表现为单一的台缘礁或台缘滩，也可以是礁、滩复合体，具有厚度大（数十米至数百米）、条带状分布（宽介于 4～20km、长可达数百千米）特点，主要见于四川盆地上震旦统灯影组、下寒武统龙王庙组、中二叠统栖霞组、上二叠统长兴组、下三叠统飞仙关组，塔里木盆地奥陶系鹰山组、一间房组和良里塔格组，鄂尔多斯盆地中—上奥陶统。

台内颗粒滩体沉积受微古地貌及海平面升降变化控制，可以是单层颗粒滩体较大范围连续延伸，或者是侧向相互交替，垂向叠置发育，分布范围为数千至数万平方千米。主要见于四川盆地震旦系、寒武系、中二叠统茅口组、下三叠统飞仙关组，塔里木盆地寒武系肖尔布拉格组、奥陶系鹰山组和一间房组。

1.2.2 建设性成岩作用改造是储层形成的关键

建设性成岩作用包括同生—准同生期的白云石化作用及溶蚀作用，中浅埋藏阶段的白云石化作用及酸性流体溶蚀作用，深埋阶段的埋藏溶蚀、硫酸盐热化学还原作用（TSR）及热液白云石化，抬升剥蚀阶段的各类溶蚀作用等。这些建设性成岩作用对深层储层形成有贡献，但是规模储层形成主要取决于规模成储期的主导性成岩作用及后期建设性成岩作用的叠加改造[3]。

同生—准同生期以及表生期是碳酸盐岩规模成储的两个关键时期。同生—准同生期，高能环境的礁滩体或颗粒滩体原生孔隙发育。一方面，通过蒸发泵白云石化作用以及渗透回流白云石化作用形成白云岩储层；另一方面，频繁的短暂暴露，大气淡水淋滤溶蚀作用强烈，溶蚀孔发育，如四川盆地龙王庙组、长兴组、飞仙关组，鄂尔多斯盆地马家沟组。

表生期岩溶作用也是碳酸盐岩规模储层形成的关键成岩作用。这一作用可以发生在短暂的沉积间断期，或者历时较长的地层剥蚀期。存在两大类岩溶储层发育模式（图2）：第一类是沿侵蚀面或不整合面分布的岩溶储层，包括风化壳岩溶储层、顺层岩溶储层及层间岩溶储层[4-6]，这类岩溶储层通常呈楼房式多层叠置、大面积分布特点，如塔北地区鹰山组；第二类是沿断裂分布的岩溶储层，也称之为断溶体，表现为沿高角度断裂分布（以走滑断裂为主），纵向上多层系缝洞体叠置发育，平面上狭长条状或线性分布，如塔里木盆地塔中—塔北过渡带的奥陶系断溶体[7-8]。

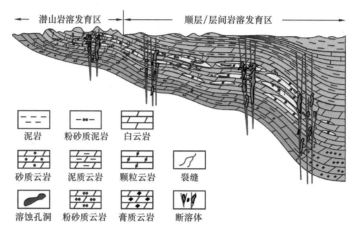

图2 继承性古隆起及斜坡带岩溶发育模式图

1.2.3 深层碳酸盐岩发育三类规模储层

基于深层碳酸盐岩储层主控因素的认识，可将深层碳酸盐岩规模储层划分为三类[3]，分别是沉积型储层、成岩型储层及改造型储层。沉积型储层以生物礁、颗粒滩或礁滩复合体为主体，在台缘、台内均广泛分布。成岩型储层主要包括埋藏岩溶石灰岩储层和热液白云岩两种主要类型，其分布与深大断裂有关，断裂和不整合面成为埋藏流体或深层热液流体侵入的通道，也为垂向上呈串珠状、平面上呈带状—栅状分布的有效储集体大范围分布创造了条件。改造型储层主要包括石灰岩潜山（风化壳）岩溶、层间岩溶和顺层岩溶三类储层，储集空间主要由不同规模的洞缝系统构成，大型古隆起是岩溶储层发育的最有利部位，古隆起核心形成潜山型岩溶储层，围斜部位则形成顺层岩溶储层，分布范围广。

1.3 有规模的近源成藏组合是深层碳酸盐岩大油气田形成的必要条件，古隆起、古斜坡、古台缘带与古断裂带是油气成藏富集的有利区

统计表明，国外海相碳酸盐岩大油气田主要以构造型圈闭为主，具有丰度高、单体储量大的特点。中国海相碳酸盐岩大油气田圈闭类型更为多样，既有构造圈闭型，也有更多的岩性—地层圈闭型及构造—地层复合圈闭型等。单个油气藏储量小，数百个至数千个油气藏群构成大油气田[9]。这一特征的主导因素是海相克拉通盆地构造稳定性及成藏要素组合的大型化分布[10]。

中国克拉通盆地海相碳酸盐岩存在着同构造期成藏组合和跨构造期成藏组合两大类组合形式[11]。同构造期成藏组合强调生油层、储层均为同一构造期产物，两者在空间分

布上具良好的配置关系，能够为某一区带的油气生成与聚集提供烃源。典型实例为四川盆地开江—梁平裂陷侧翼台缘带的长兴组—飞仙关组，裂陷内发育优质烃源岩，而裂陷周缘台缘带发育有利储集体，两者构成最佳的源—储组合。跨构造期成藏组合是指烃源岩、储层与盖层的形成期不属于同一构造期。该类组合形式多样，源—盖一体的成藏组合是重要的组合类型，在碳酸盐岩大油气田中具有重要地位，已发现的鄂尔多斯盆地奥陶系风化壳气藏（石炭系—二叠系煤系是主力烃源岩）、四川盆地震旦系气藏（下寒武统泥质岩是主力烃源岩）、龙岗地区中三叠统雷口坡组风化壳气藏（上三叠统须家河组煤系是主力烃源岩），均属于这类成藏组合。

基于塔里木、四川及鄂尔多斯等盆地勘探成果，总结古老海相碳酸盐岩大油气田分布规律：（1）长期继承性发育的大型古隆起及斜坡，发育大面积准层状缝洞型为主的储层，多套储层叠置"楼房式"分布，不整合面与断裂构成油气运移的网状疏导体系，有利于碳酸盐岩油气大面积成藏富集，是目前发现大油气田的重点领域，如塔北隆起及南斜坡、塔中隆起及北坡、川中古隆起及斜坡、开江古隆起、鄂尔多斯盆地中央古隆起的东斜坡；（2）古台缘带一般与同期裂陷或凹陷相邻，源—储组合条件优越，利于形成礁滩型油气藏，呈"串珠"状分布，如塔中的良里塔格组礁滩油气藏、川中北部及川东北地区的长兴组—飞仙关组礁滩气藏等；（3）碳酸盐岩层系的大型断裂带往往是碳酸盐岩纵向缝洞型储层集中发育带（即断溶体），最显著特征是断溶体沿断裂分布，远离断裂带储层不发育。同时，断裂沟通油气源形成断溶体油气藏，如塔北与塔中过渡带发现的油气藏。

2 四川盆地深层震旦系大气田形成的有利条件

震旦系是中上扬子地块进入稳定克拉通盆地的第一套海相沉积地层，包括陡山沱组和灯影组。陡山沱组为一套南沱冰期后的海侵期沉积产物，以泥质岩沉积为主，四川盆地腹部地层薄、周缘凹陷厚度大[12]。灯影组沉积期是中国南方地区地史上第一次大规模的碳酸盐台地发育期，碳酸盐岩地层厚度可达1200m，是重要的含油气层系，以往勘探相继发现了中浅层的威远气田、深层的安岳气田。然而，这一层系能否成为规模勘探的主力层系，亟待回答深层、超深层是否具备大面积成藏的有利条件，包括：筇竹寺组优质烃源岩在德阳—安岳裂陷之外的广大地区是否发育？震旦系及其下伏层系是否发育有效烃源岩？深层灯影组储层是否大面积分布？历经多期次构造运动的油气成藏期次与有效性？深层天然气富集有利区在哪？

2.1 下寒武统筇竹寺组发育两套优质烃源岩，裂陷和台地均有分布

下寒武统筇竹寺组是四川盆地下古生界重要的烃源岩层系，也是安岳大气田主力气源岩[13-14]。为了搞清筇竹寺组烃源岩分布规律，充分利用井震信息，开展层序格架控制下的烃源岩评价研究（表1）。

研究结果表明，筇竹寺组自下而上可划分为三个层段（表1），烃源岩主要发育在筇一段和筇二段。筇一段分布在德阳—安岳裂陷内，为海侵初期产物，岩性以黑—深灰色泥岩、页岩为主，厚度介于50～300m，地震剖面表现为强连续反射且向裂陷翼部超覆；

有机碳丰度高，TOC 介于 0.5%～5.0%，平均值为 1.98%，是筇竹寺组烃源岩主力层段（图 3a）。筇二段全盆地分布，为最大海侵期产物，以黑—深灰色碳质页岩、泥岩为主，厚度介于 50～200m。裂陷内厚度较大，介于 100～200m；川中台内厚度介于 50～100m，TOC 为 0.4%～3.1%，平均值为 1.68%（图 3b）。筇三段为高位体系域沉积产物，受川中古隆起西部物源供应影响，粉砂质泥岩、泥质粉砂岩明显增多，TOC 一般小于 1.0%，烃源岩质量总体偏差。

表 1　四川盆地筇竹寺组层段划分及烃源岩特征表

层段	分布区	岩性	测井响应特征	地震响应特征	TOC
筇三段	德阳—安岳裂陷	灰—浅灰色粉砂质泥岩、泥质粉砂岩，局部夹碳酸盐岩	低 GR（30～90°API）低 U、低 AC	弱振幅、中—低连续	<1.0%
筇二段	全盆地	黑—深灰色碳质页岩、泥岩	中—高 GR（90～300°API）中—高 U、高 AC	底部强振幅、强连续；中上部弱振幅、中—低连续	1.0%～4.0% 优质烃源岩段
筇一段	全盆地	黑—深灰色泥岩、页岩为主	GR 范围大（60～300°API）	中下部强振幅、强连续；中上部弱—中振幅、中连续	0.5%～5.0% 优质烃源岩段

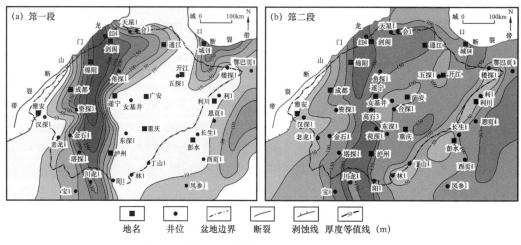

图 3　四川盆地筇竹寺组有效烃源岩厚度分布图

2.2　新元古界三套优质烃源岩仍处于液态烃裂解成气的最佳窗口

新元古界烃源岩包括灯影组灯三段及陡山沱组、南华系大塘坡组。

灯三段烃源岩为海侵期沉积的富有机质黑色页岩，零星夹薄层灰色云质泥岩。德阳—安岳裂陷内灯三段烃源岩厚度介于 10～30m，盆地周缘厚度一般介于 5～10m。有机质丰度相对较高，高磨地区灯三段 67 个样品 TOC 介于 0.5%～4.7%，平均值为 0.87%，TOC>0.5% 的样品占 59.8%。干酪根同位素值介于 −33.4‰～−28.5‰，平均值为 −32.0‰，有机质类型为腐泥型。等效 R_o 介于 3.16%～3.21%，达到过成熟阶段[15]。

陡山沱组二段、四段发育黑色页岩，是主力烃源岩层，主要分布于四川盆地周缘的城口凹陷及鄂西凹陷，黑色页岩厚度介于 30～200m，四川盆地该套页岩厚度介于 5～10m[12]。TOC 普遍大于 1.0%，部分样品 TOC 高达 13.8%，其干酪根 $\delta^{13}C$ 平均值为 –31.0‰，等效 R_o 一般介于 2.1%～2.8%。宜昌地区鄂阳页 1 井在陡山沱组钻遇灰黑色含碳泥岩厚度达 230m，TOC 介于 1.5%～2.5%，测试页岩气产量为 5460m³/d，表明陡山沱组页岩气具有良好的勘探前景[16-17]。

需要指出，德阳—安岳裂陷形成始于早震旦世[18]，不仅控制了灯三段烃源岩厚值区，而且对陡山沱组烃源岩有控制作用。从剑阁地区地震剖面看，在灯影组底界之下发育强连续性反射层（图 4），推测为陡山沱组泥页岩，厚度介于 50～100m。

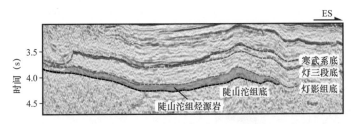

图 4　剑阁地区 2007jg019 地震剖面地质解释成果图

南华系烃源岩主要发育在大塘坡组，是一套间冰期温润气候的沉积产物。研究成果表明，距今 750～600Ma 全球发生了"雪球事件"[19-20]，间冰期温润气候导致海平面上升及微生物岩发育，沉积的富含有机质页岩成为全球性的优质烃源岩[21]。南华纪，上扬子克拉通东南缘发育裂谷群[22-23]，夹持在莲沱组冰碛岩与南沱组冰碛岩之间的大塘坡组以碳质页岩沉积为主，厚度介于 0～100m，TOC 介于 0.2%～3.8%，平均值为 2.23%（25 块样品），等效 R_o 一般介于 2.9%～3.1%，是一套富含有机碳的烃源岩[24]。从重磁力及地震资料解释看，四川盆地可能存在北东向展布的南华纪裂谷[18]，推测发育大塘坡组烃源岩。

上述三套新元古界优质烃源岩有机质热演化程度较高，等效 R_o 多为 2.1%～3.2%。基于液态烃大量裂解成气时 R_o 值介于 1.6%～3.2% 的认识，这些烃源岩仍具有晚期成气的潜力，对震旦系天然气资源的形成有一定的贡献。

2.3　深层震旦系灯影组发育台缘与台内两类规模储层

基于地震资料解释编制的寒武系底界构造图揭示四川盆地震旦系埋深除威远—乐山一带小于 4500m 之外的广大地区均超过 4500m，属于深层范畴的面积超过 $15×10^4 km^2$。深层钻探揭示灯影组储层在埋深介于 7000～8000m 仍发育良好的储层。例如：川中古隆起北斜坡低部位的川深 1 井灯影组在井段 8169～8410m 钻遇多套储层，储层累计厚度为 71.4m，孔隙度介于 2.5%～7.8%，平均孔隙度为 3.3%，灯影组上部测井解释气层厚度为 41.9m；川东地区的五探 1 井灯四段取心井段 7291～7303m 发育藻凝块云岩、砂屑云岩见溶蚀孔洞，孔隙度高达 4.5%，平均孔隙度为 3.5%。灯影组储层形成主要受控于沉积相及后期建设性成岩作用，高能环境沉积的丘滩体以及准同生—表生期多期岩溶叠加改造对深层储层的形成与保持至关重要，也决定了灯影组储层大面积分布。

构造—古地理研究成果表明，受罗迪尼亚超级大陆裂解影响，中—上扬子地区灯影期处于伸展构造环境，碳酸盐岩台地产生构造分异，发育受同沉积断裂控制的台内裂陷，形成"三台两凹"构造—古地理格局。四川盆地以近南北向展布的德阳—安岳裂陷为轴，对称分布着窄条状台缘及宽缓的台地[14, 25]。此外，基于地震信息，在川东北地区万源—达州地区发现了一近北东向展布的克拉通内裂陷[26]，裂陷之外的广大区域属于陆表海沉积，水体较浅，有利于微生物丘滩体发育。德阳—安岳裂陷侧翼的台缘带高能环境利于微生物丘滩体加积生长，形成厚度较大的丘滩体；面积广阔的台内区域受微古地貌控制，古地形相对较高区发育微生物丘及颗粒滩体，厚度不大，但数量众多、分布广。钻井取心资料证实，无论是台缘还是台地内部，发育的微生物岩基本相似。图5是2口井取心段的微生物岩及物性剖面，其中磨溪108井位于台缘带，磨溪51井位于台内，微生物岩以藻纹层云岩、凝块石、树枝石和均一石为主。微生物云岩的广泛分布为大面积储层形成奠定了物质基础。从现代海洋及湖泊的微生物碳酸盐岩看，未石化的微生物岩孔隙度高达60%，石化的微生物岩孔隙度介于40%～54%，为后期的成岩改造提供了良好的储集空间。

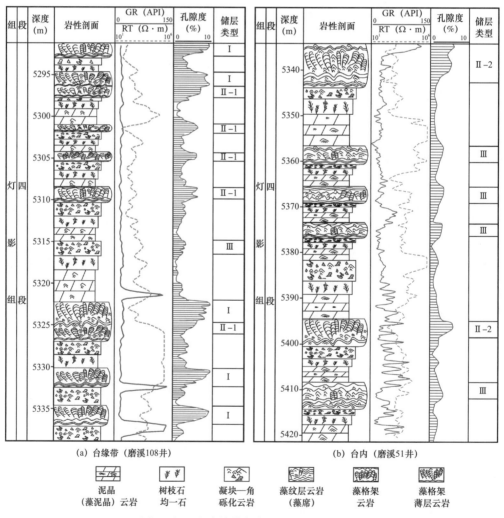

图5　灯四段台缘带与台内微生物岩序列图

晚震旦世—早寒武世发生的桐湾运动对灯影组规模储层的形成与分布起关键作用。研究成果表明，四川盆地的桐湾运动至少有两幕，第一幕发生在灯二段沉积末期，第二幕发生在灯四段沉积末期[27-28]。从运动性质看，表现为隆升造陆运动，形成了两个区域性侵蚀不整合面，有利于大面积岩溶储层的形成。实钻情况看，无论是台缘还是台内，灯四段普遍发育溶蚀孔洞型储层，但台缘带储层厚度可达 60～130m，岩溶储层距顶面可达200m，而台内储层主要集中在灯四段上部 100m 范围内，储层厚度介于 30～70m。造成两者储层厚度差异的主要因素在于地层暴露面与岩溶作用程度的差异导致地层和储层保留多少的不同，裂陷内灯四段地层遭受强烈的侵蚀，几乎丧失殆尽。台缘带丘滩体在灯影组顶面及紧邻裂陷区侧翼斜坡带均遭受岩溶作用，尤其是斜坡带岩溶作用更为有利，最终导致台缘带岩溶深度大、储层厚度大；台内丘滩体仅顶面遭受岩溶作用，岩溶深度远小于台缘带。

2.4　震旦系灯影组具有源盖一体及近源成藏的有利条件

如前所述，四川盆地灯影组发育台缘与台内两种类型的储集体，前者呈条带状沿台缘带分布，后者呈多层系叠置连片分布，纵向上主要分布于灯四上亚段、灯二段上部。两套储层夹持在下寒武统泥页岩（即是烃源岩也是区域性盖层）、灯三段泥岩（即是烃源岩也是区域性盖层）、陡山沱组泥页岩之间，构成良好的生储盖组合，具有近源成藏的有利条件（图 6），奠定了灯影组大面积成藏物质基础。

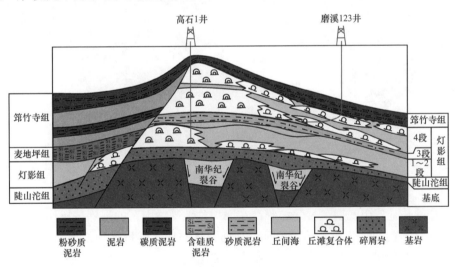

图 6　四川盆地灯影组成藏组合模式图

高磨地区的勘探实践已证实灯四段含气面积为 7500km²[14]。其中，紧邻德阳—安岳裂陷分布的台缘带丘滩体气藏属于常压岩性—地层气藏，气层厚度大，单井产量高；台内气藏也属于常压岩性—地层气藏，气层厚度小于台缘带气层厚度，单井产量变化大，高产井占比低于台缘带。采用水平井或大斜度井技术，可以大幅提高台内滩单井产量。如，磨溪 123 井采用大斜度技术，钻遇灯四段上部储层段 295.6m，岩性为藻凝块、藻叠层云岩，其中缝洞型储层厚度为 37.2m，孔洞型储层厚度为 209.5m，孔隙型储层厚度为 48.9m，测试天然气无阻流量 95.8×10⁴m³/d，是邻近直井无阻流量的 5 倍。

2.5　川中古隆起及斜坡长期处于油气聚集的有利部位

　　四川盆地川中古隆起是一个长期继承性发育的大型古隆起，震旦纪末期已具雏形，寒武—奥陶纪演化为同沉积古隆起[29]，奥陶纪末期的郁南运动古隆起基本定型[30]，志留纪末期的广西运动古隆起最终定型。海西期，除晚二叠世长兴组沉积期出现短暂的拉张作用形成开江—梁平海槽之外，四川盆地构造相对稳定，沉积地层厚度变化不大，下伏的震旦系古隆起整体被深埋，但古隆起的演化总体表现出一定的继承性和稳定性。从筇竹寺组烃源岩成烃演化看，二叠纪—早中三叠世为成油高峰期，因而古隆起及其宽缓斜坡区成为石油聚集的有利部位，聚集于岩性—地层圈闭中，并构成岩性—地层型古油藏群。到晚三叠世—侏罗纪，受川西—川北前陆坳陷巨厚沉积影响，古隆起西翼被深埋，此时古油藏液态烃原位裂解形成古气藏。只要不被后期断裂破坏，古气藏持续保存至今。成油期和成气期油气运聚数值模拟结果表明古油藏分布的有利区涵盖了四川盆地中西部地区（图7a），古气藏分布有利区主要集中在印支期古隆起及其斜坡区，但川西—川北坳陷区仍保留部分古气藏（图7b）。

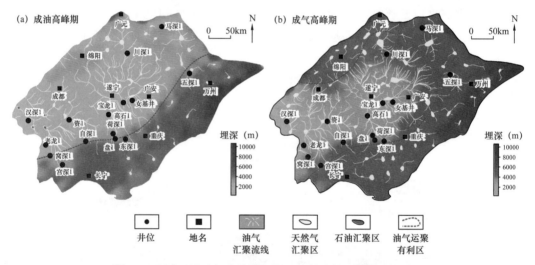

图7　四川盆地成油气高峰期灯影组顶界油气运聚模拟结果图

　　要注意的是，燕山晚期—喜马拉雅期在四川盆地周缘山系的强烈挤压作用下，形成了著名的威远背斜构造，背斜高部位震旦系顶面与高磨地区震旦系顶面埋深落差达2500m，川中古隆起最终定型。受其影响，震旦系古气藏出现调整，威远背斜形成背斜气藏，背斜翼部陡坡带形成地层—构造复合型气藏，但由于构造调整、改造甚至破坏作用，圈闭充满度普遍较低。古隆起中东段的高石梯—磨溪—龙女寺地区，构造变形较弱，形成受低幅度构造圈闭控制的地层—构造复合型气藏。古隆起北斜坡带则主要以地层—岩性型气藏为主，可能存在着较复杂的气水关系。

　　灯影组成藏历经多期次烃类充注，这一过程在高磨地区灯影组储层流体包裹体均一温度得到验证，尽管包裹体均一温度分布范围从92℃到236℃，但主要分布介于100~140℃和160~190℃两个区间，前者形成于二叠纪—早三叠世，后者主要形成于中晚三叠世—侏罗纪，大于200℃的主要形成于燕山—喜马拉雅期。

3　灯影组天然气勘探潜力与地位

四川盆地灯影组目前已发现威远、安岳气田，探明储量规模近 $1.0 \times 10^{12} m^3$，待探明储量近 $2.0 \times 10^{12} m^3$，占全盆地常规天然气的 20%，是寻找规模资源的重点层系[31-32]。从成藏条件看，大面积烃源岩与大面积储层构成的成藏组合在盆地范围广泛分布。从埋深看，小于 8000m 的面积超过 $14 \times 10^4 km^2$，超深层勘探技术日趋完善。因此，四川盆地大部分地区灯影组都可以进行天然气规模勘探。

未来勘探的值得关注的领域与方向有灯四段台缘带、灯二段台缘带、川中古隆起斜坡带灯影组台内丘滩体和川东地区灯影组丘滩体四个领域。

4　结论

（1）深层碳酸盐岩大油气田形成必备四个有利条件：① 源灶保持的有效性与规模性；② 储集体的有效性与规模性；③ 储盖一体的有效性、规模性与近源性；④ 古隆起、古斜坡与古断裂带有利于大油气田形成。

（2）四川盆地震旦系具备形成大气田的成藏有利条件，多套优质烃源岩与大面积储层构成最佳的成藏组合在盆地范围广泛分布，是未来天然气勘探的重点层系。

（3）勘探值得关注领域包括灯四段台缘带、灯二段台缘带、川中古隆起斜坡带灯影组台内丘滩体、川东地区灯影组丘滩体。

参 考 文 献

［1］赵文智，王兆云，王红军，等.再论有机质"接力成气"的内涵与意义［J］.石油勘探与开发，2011，38（2）：129-135.

［2］赵文智，王兆云，王东良，等.分散液态烃的成藏地位与意义［J］.石油勘探与开发，2015，42（4）：401-413.

［3］赵文智，沈安江，潘文庆，等.碳酸盐岩岩溶储层类型研究及对勘探的指导意义——以塔里木盆地岩溶储层为例［J］.岩石学报，2013，29（9）：3213-3222.

［4］赵文智，沈安江，胡素云，等.中国碳酸盐岩储层大型化发育的地质条件与分布特征［J］.石油勘探与开发，2012，39（1）：1-12.

［5］王招明，张丽娟，孙崇浩.塔里木盆地奥陶系碳酸盐岩岩溶分类、期次及勘探思路［J］.古地理学报，2015，17（5）：635-644.

［6］孙枢，赵文智，张宝民，等.塔里木盆地轮东1井奥陶系洞穴沉积物的发现与意义［J］.中国科学：地球科学，2013，43（3）：414-422.

［7］焦方正.塔里木盆地顺北特深碳酸盐岩断溶体油气藏发现意义与前景［J］.石油与天然气地质，2018，39（2）：207-216.

［8］郑晓丽，安海亭，王祖君，等.哈拉哈塘地区走滑断裂与断溶体油藏特征［J］.新疆石油地质，2019，40（4）：449-455.

［9］汪泽成，赵文智，胡素云，等.我国海相碳酸盐岩大油气田油气藏类型及分布特征［J］.石油与天然

气地质，2013，34（2）：153–160.

［10］赵文智，汪泽成，胡素云，等.中国陆上三大克拉通盆地海相碳酸盐岩油气藏大型化成藏条件与特征［J］.石油学报，2012，33（增刊2）：1–10.

［11］汪泽成，李宗银，李玲，等.中国古老海相碳酸盐岩油气成藏组合的评价方法及其应用［J］.天然气工业，2013，33（6）：7–15.

［12］汪泽成，刘静江，姜华，等.中—上扬子地区震旦纪陡山沱组沉积期岩相古地理及勘探意义［J］.石油勘探与开发，2019，46（1）：39–51.

［13］邹才能，杜金虎，徐春春，等.四川盆地震旦系—寒武系特大型气田形成分布、资源潜力及勘探发现［J］.石油勘探与开发，2014，41（3）：278–293.

［14］杜金虎，汪泽成，邹才能，等.古老碳酸盐岩大气田地质理论与勘探实践［M］.北京：石油工业出版社，2015.

［15］魏国齐，王志宏，李剑，等.四川盆地震旦系、寒武系烃源岩特征、资源潜力与勘探方向［J］.天然气地球科学，2017，28（1）：1–13.

［16］彭波，刘羽琛，漆富成，等.鄂西地区陡山沱组页岩气成藏地质条件研究［J］.地质论评，2017，63（5）：1293–1306.

［17］单长安，张廷山，郭军杰，等.中扬子北部上震旦统陡山沱组地质特征及页岩气资源潜力分析［J］.中国地质，2015，42（6）：1944–1958.

［18］汪泽成，姜华，王铜山，等.上扬子地区新元古界含油气系统与油气勘探潜力［J］.天然气工业，2014，34（4）：27–36.

［19］Craig J，Thurow J，Thusu B，et al. Global Neoproterozoic petroleum systems：The emerging potential in North Africa［J］. Geological Society，London，Special Publications，2009，326（1）：1–25.

［20］李美俊，王铁冠，王春江.新元古代"雪球"假说与生命演化的环境［J］.沉积学报，2006，24（1）：107–112.

［21］Craig J，Thurow J，Thusu B，等，全球新元古界的含油气系统：北非展现的潜力［J］.朱起煌，译.石油地质科技动态，2010（5）：1–25.

［22］王剑.华南新元古代裂谷盆地沉积演化——兼论与 Rodinia 解体的关系［M］.北京：地质出版社，2000.

［23］汪正江，王剑，江新胜，等.华南扬子地区新元古代地层划分对比研究新进展［J］.地质论评，2015，61（1）：1–22.

［24］谢增业，魏国齐，张健，等.四川盆地东南缘南华系大塘坡组烃源岩特征及其油气勘探意义［J］.天然气工业，2017，37（6）：1–11.

［25］杜金虎，汪泽成，邹才能，等.上扬子克拉通内裂陷的发现及对安岳特大型气田形成的控制作用［J］.石油学报，2016，37（1）：1–16.

［26］赵文智，魏国齐，杨威，等.四川盆地万源—达州克拉通内裂陷的发现及勘探意义［J］.石油勘探与开发，2017，44（5）：659–669.

［27］李宗银，姜华，汪泽成，等.构造运动对四川盆地震旦系油气成藏的控制作用［J］.天然气工业，2014，34（3）：23–30.

［28］汪泽成，姜华，王铜山，等.四川盆地桐湾期古地貌特征及成藏意义［J］.石油勘探与开发，2014，

41（3）：305–312.

［29］汪泽成，赵文智，胡素云，等．克拉通盆地构造分异对大油气田形成的控制作用——以四川盆地震旦系—三叠系为例［J］．天然气工业，2017，37（1）：9–23.

［30］周恩恩，许效松．扬子陆块西部古隆起演化及其对郁南运动的反映［J］．地质论评，2016，62（5）：1125–1133.

［31］马新华，胡勇，王富平，等．四川盆地天然气产业一体化发展创新与成效［J］．天然气工业，2019，39（7）：1–8.

［32］朱讯，谷一凡，蒋裕强，等．川中高石梯区块震旦系灯影组岩溶储层特征与储渗体分类评价［J］．天然气工业，2019，39（3）：38–46.

原文刊于《天然气工业》，2020，40（2）：1–10。

塔里木新元古代前展—后撤俯冲旋回及其对罗迪尼亚裂解的启示

邬光辉[1]　杨　率[1]　刘　伟[2]　潘文庆[3]　汪泽成[2]　肖　阳[1]　冯晓军[3]

（1.西南石油大学地球科学与技术学院；2.中国石油勘探开发研究院；
3.中国石油塔里木油田分公司）

摘　要： 大陆裂解与裂谷盆地成因通常归因于与地幔柱机制有关，近年俯冲作用受到关注，但俯冲方式的判识及其对超大陆裂解的作用存在分歧。本文通过锆石 Hf 同位素分布特征，结合地球化学及年代学资料综合分析塔里木克拉通新元古代俯冲旋回及其地质意义。结果表明，塔里木新元古代经历约 760Ma 的构造转换期，期间岩浆岩活动出现由弱—强—弱变化，并具有前展—后撤俯冲旋回的地球化学特征；锆石 εHf（t）值出现明显的先减小后升高的趋势，锆石年龄推算的地壳孵化时间则出现先升高后降低的趋势。这些趋势与由前展—后撤的俯冲旋回一致，揭示塔里木板块新元古代经历约 500Ma 的前展—后撤俯冲旋回，俯冲转换期于 760Ma 结束。约 760Ma 的俯冲转换期与罗迪尼亚超大陆裂解相一致，可能导致了新元古代塔里木裂谷盆地的形成，同时揭示罗迪尼亚超大陆裂解可能存在俯冲机制。

关键词： 超大陆裂解；塔里木；新元古代；前展—后撤俯冲旋回；Hf 同位素

　　大陆裂解—聚合的超大陆旋回对地球岩石圈及其环境的形成演化具有重要作用[1-6]。超大陆裂解动力学机制的一个关键问题是，它是由地幔对流驱动还是由板块边界的近地表岩石圈应力驱动[7-13]，或者是两者共同作用的结果。地幔对流驱动机制目前被广泛认同，并为大量研究和相关数值模拟佐证[2, 8, 10, 14-18]。然而，也有人认为地幔上升流引起的伸展应力不足以导致大陆裂解[10, 19-21]，相应地提出了另一种环超大陆俯冲驱动机制[11, 13, 21-23]。这种机制涉及大陆边缘大洋板块的俯冲和随后的回转，这可能通过与伸展有关的地幔上升流促进大陆裂解[11, 13, 24]，与伴随超大陆裂解的俯冲和随后的回转是一致的[17, 21, 23-25]。

　　在聚合板块边界处的俯冲作用可以前展或后撤，这取决于上冲与下冲板块的相对运动[26-30]。这种模式可能与重力和阻力之间的动态平衡有关[31-32]。通常前展俯冲发生在俯冲速率低于板块整体收敛速率时，而后撤俯冲发生在俯冲速率高于板块整体收敛速率时。这将分别导致前者的地壳增厚、重熔和弧后前陆盆地的发育，后者的地壳变薄和弧后裂谷作用[28, 33]。从前展俯冲到后撤俯冲的转换可能通过地幔流动的改变触发地幔上涌，从而导致大陆开始裂解[13, 26-28, 34]。但目前尚不确定这是否与俯冲从前展到后撤的转换相吻合，或发生在晚些时候。从地球化学的角度来看，前展俯冲带随着地壳卷入程度的增加而富集了 Hf 同位素组成，而后撤俯冲带由于减少了古地壳成分的卷入而导致更多的放射成因 Hf 同位素组成[35-37]。与后撤和前展俯冲相对应的锆石 εHf（t）数据通常分别显示出明显的上升和下降趋势，这可以区分这两种俯冲类型[38-39]。然而，由于测量的不确定性，以及转换过程仍然没有得到很好的约束，而且可能随着时间和不同的俯冲带而变化，因此很难确定前展和后撤俯冲之间的转换时间[28, 33-34, 38-39]。此外，环超大陆俯冲在超大陆裂解中的作用还不是很清楚，特别是在罗迪尼亚外围的大陆碎片方面[6, 9, 23, 28, 40-42]。

塔里木盆地克拉通通常被认为位于罗迪尼亚超大陆的边缘，并卷入了新元古代罗迪尼亚的拼合和裂解[8-9, 43-46]。根据古地磁研究和构造地层学对比，塔里木盆地克拉通在罗迪尼亚和冈瓦纳大陆的重建中通常位于澳大利亚北部或印度附近[8-9, 41, 46-47]，尽管 Wen 等[48-49]主张在罗迪尼亚中心的位置，然而中天山和阿尔金山约 950—900Ma 的岩浆岩与罗迪尼亚拼合的格伦维尔造山作用有关[50-52]。塔里木盆地克拉通北部广泛分布的岩浆岩，年代约为 830—600Ma，部分学者归因于与新元古代超级地幔柱有关的长期裂解[43-45, 53]。然而，也有研究认为是活动大陆边缘环境[33, 54-55]与 820—730Ma 的环罗迪尼亚俯冲系统的存在相一致[56-57]。Ge 等[33]提出了塔里木北部 950—780Ma 向南前展增生和 780～600Ma 向北后撤增生的模式。

因此，塔里木盆地克拉通有利于研究罗迪尼亚外围板块的地球动力学机制。综合塔里木盆地克拉通新元古代的地球化学与年代学资料，本文表明塔里木板块存在转换期，在新元古代前展—后撤俯冲旋回，并揭示俯冲机制驱动可能在罗迪尼亚超大陆外围占主导地位。

1 地质背景

塔里木盆地克拉通位于中亚造山带与一系列古生代—中生代特提斯域之间（图1）。由于广泛的沙漠覆盖，克拉通的露头较少。克拉通大致可分为新太古代晚期至新元古代早期的变质基底[45]和巨厚南华—第四纪沉积岩[58]（图2）。

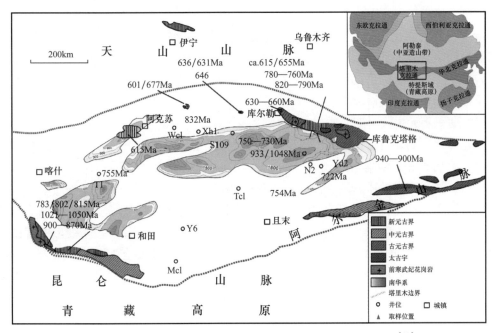

图1 塔里木克拉通构造示意图（塔里木克拉通位置示意图）[80]

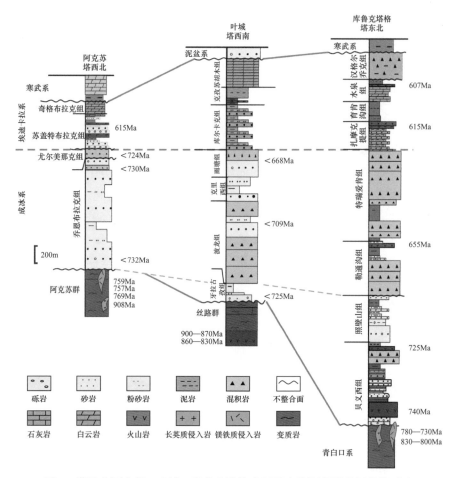

图 2 塔里木阿克苏、叶城、库鲁克塔格晚新元古代沉积岩地层柱状对比

新太古代岩石出露于塔里木盆地克拉通东北角，由约 2.8—2.5Ga 侵位的花岗质片麻岩和少量的表壳岩石组成[59-62]。古元古代岩石沿克拉通边缘出露，包括古元古代早期正片麻岩（2.5—2.3Ga）和古元古代晚期花岗岩（2.1—1.8Ga），它们在约 1.9—1.8Ga 变质为高变质程度的角闪岩或麻粒岩相[33,45,57,60-61]。塔里木盆地克拉通遍布着中—低级别的中元古代晚期—新元古代早期变质岩[45,54,59,63]。

新元古代早期岩石出露良好。塔里木盆地东北部新元古代早—中期岩石由火成岩、低变质硅质碎屑岩和碳酸盐岩组成[59,62]。从约 830—800Ma 超镁铁质—镁铁质—碳酸盐岩杂岩、超镁铁质—镁铁质岩墙、深成岩体和约 780—760Ma 超镁铁质—镁铁质杂岩、镁铁质岩墙群识别出两个火成岩活动阶段[62-64]。塔里木盆地西北部基底阿克苏群由变质杂砂岩、镁铁质绿片岩和蓝片岩组成，经历了强烈变形和多期褶皱作用，被未变形的镁铁质岩墙侵入[54,65]。阿克苏群和镁铁质岩墙被新元古代晚期沉积岩不整合地覆盖（图 2）。塔西南塞拉加兹塔格群由变质的火山—沉积岩组成。双峰火山岩被认为形成于约 980—970Ma[66]或约 860—830Ma[67]，上覆绿片岩相硅质碎屑岩与丝路群的碳酸盐岩和硅质碎屑岩不整合接触。

塔里木盆地克拉通前寒武纪基底被新元古代晚期—第四纪巨厚沉积岩盖层不整合覆盖

（图2）。东北底部双峰火山岩表明，塔里木盆地克拉通在约740Ma时开始了大陆裂谷作用[43]，随后在裂谷环境中沉积了逾5000m的南华纪—震旦纪碎屑岩和火山岩夹层[43, 45]。然而，新元古代岩浆活动的时间跨度为950—610Ma[45]。早寒武世海侵形成了塔里木盆地克拉通内广泛分布的稳定碳酸盐岩台地[45, 58]。

2 新元古代演化

通过1100～500Ma的地球化学与年代学资料综合分析，塔里木盆地克拉通记录了多次俯冲事件。

2.1 俯冲相关岩石的地球化学

塔里木盆地地区发现了多种新元古代长英质和镁铁质岩石，它们都具有相似的微量元素模式（图3）。新元古代花岗岩类具有相对平缓或右倾斜的重稀土元素（HREE）模式，富含轻稀土元素（LREEs）和碱，贫高场强元素（HFSEs）Nb、Ta、Sr、P和Ti[33, 45, 55, 62, 68-70]（图3a、b）。在构造判别图上，几乎所有的样品都位于火山弧和后造山带内（图4a、b）。花岗岩类的地球化学特征与俯冲相关岩浆相一致[71]。在判别图中，塔里木盆地地区新元古代花岗岩类多为板片断离域。这与它们作为小深成岩体而不是弧形带的出现是一致的[55, 59, 61-62, 69, 72]（图1），说明板片断离对新元古代火成岩的形成起着重要作用。

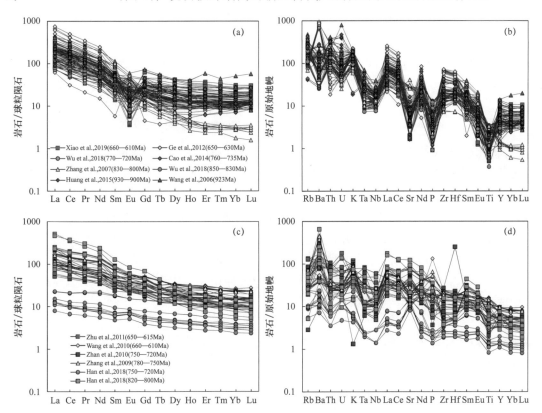

图3 塔里木克拉通新元古代岩浆岩年龄汇编的长英质岩石（图a和b）、镁铁质岩石（图c、d）的球粒陨石标准化REE模式（图a、c）和原始地幔标准化蛛网图（图b、d）（标准化值来自文献[95]）

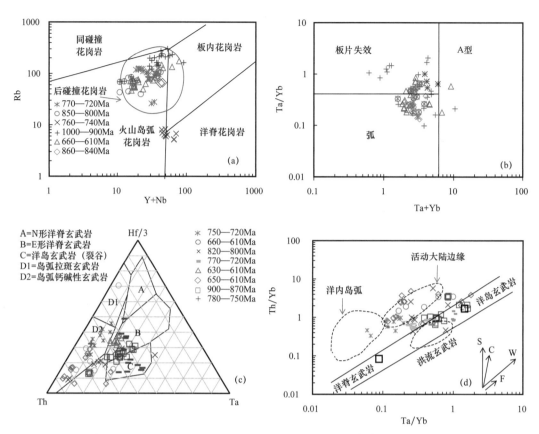

图 4 （a）塔里木克拉通新元古代岩浆岩 Rb—（Y+Nb）构造判别图[71]（数据与图 3 一致）；（b）弧板破坏与 A 形花岗岩成分 Nb/Yb—（Ta+Yb）判别图[96]；（c）Hf/3—Th—Ta 三元图解[97]；（d）Th/Yb-Ta/Yb 判别图[98]

S：俯冲带富集；C：地壳混染；W：板内富集；F：分段结晶

镁铁质岩石（约 830—610Ma）主要是地球化学性质广泛变化的拉斑玄武岩（图 3c、d）。同时还显示出具有相对高 LREE 的平坦 REE 模式，Ba、Th、U 等大离子亲石元素（LILE）富集，以及 HFSEs 中 Nb、Ta、Sr、P 和 Ti 的亏损。这些特征通常解释为陆内裂谷环境。尽管可能是软流圈地幔成因，但镁铁质—超镁铁质侵入岩（820—735Ma）具有中等的 LREE 富集、明显的负 Nb—Ta 异常、低的 εNd（t）值（1 到 –11）和较高的初始 $^{87}Sr/^{86}Sr$ 值（0.706—0.71），这些都是受地壳物质污染的与俯冲有关的玄武岩的特征[56-57]。这些低熔点、小体积的镁铁质—超镁铁质岩石与超级地幔柱相关浆作用不一致，但与俯冲玄武岩有地球化学亲缘关系[73-74]。

此外，新元古代 Hf 同位素对塔里木克拉通地壳改造具有重要贡献（图 5），与少量来源于亏损地幔的补充，主要来源于通过沉积物俯冲形成地壳的俯冲剥蚀与下地壳拆沉的俯冲环境相一致[10, 29, 34-37, 75-76]。

2.2 新元古代俯冲史

塔里木岩浆岩年龄数据汇编（图 6）显示了约 950—900Ma、850—780Ma、760—720Ma 和 670—610Ma 的新元古代岩浆活动。

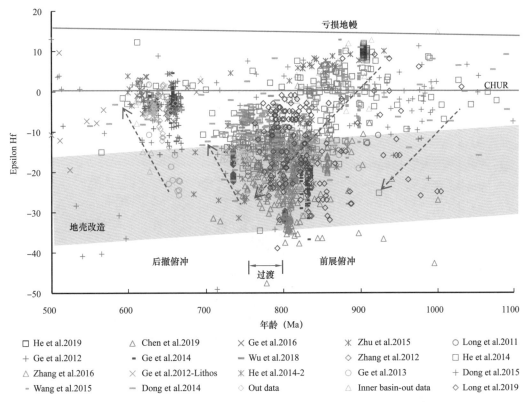

图 5　塔里木克拉通 1100—500Ma 碎屑和岩浆锆石的 εHf（t）与 U—Pb 年龄对比图

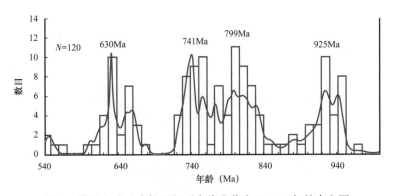

图 6　塔里木盆地克拉通新元古代岩浆岩 U—Pb 年龄直方图

在变质岩中发现了一些中元古代末期（1050—1021Ma）与罗迪尼亚汇聚的格伦维尔造山运动有关的岩石年龄[8, 61-63]。但这些年龄的精确性值得怀疑[52, 70]，并且这些岩石缺乏地球化学数据来阐明其构造背景。同样，在塔里木南缘的中元古代变质杂砂岩中也记录了1000—900Ma 的变质作用[68]，但是仍然需要支持该期岩浆活动的年代学和构造背景数据。最近在塔里木西北部发现的约 908—903Ma 的安山岩显示出与俯冲相关的弧环境相一致的特征[70]。结合塔里木中部约 930—890Ma 的 Ar—Ar 年龄的证据，这一证据更有力地证明了塔里木早新元古代的俯冲背景[9]。阿尔金地区记录的约 940—900Ma 的花岗岩类同样被解释为指示活动大陆边缘[51, 77]。在中天山地体中，许多 S 形和弧型花岗岩类产于 950—890Ma，并与罗迪尼亚汇聚有关[52]。但也有研究认为，中天山前寒武纪与塔里木克拉通没有密切的构造亲缘关系，其新元古代构造史是有区别的[52]。塔里木北部分散的 950—900Ma 年龄可能与塔里木克拉通外缘俯冲作用的开始有关（图 8a）。这与 970—780Ma 中天山的前展造山运动是一致的[33]。尽管中天山和阿尔金地体与塔里木克拉通的构造关系存在争议，与俯冲有关的岩浆作用发生在约 950—900Ma 的塔里木边缘及其外围（图 1）。

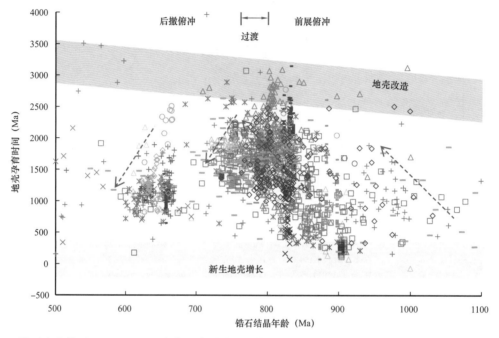

图 7　塔里木克拉通 1100—500Ma 岩浆和碎屑锆石的结晶年龄与地壳孕育时间对比图（地壳孕育时间由
锆石 Hf 模型年龄和 U—Pb 结晶年龄之间的差异确定）

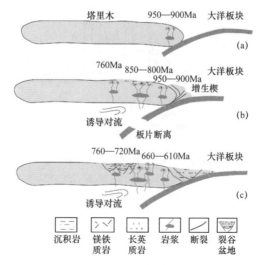

图 8　新元古代塔里木克拉通俯冲进退演化示意图

（a）塔里木外围 950—900Ma 开始俯冲；（b）在 950—760Ma 之间岩浆活动逐渐从塔里木外围向塔里木内部推进；
（c）在 760—610Ma 之间俯冲带后撤后的裂谷作用和随后的岩浆后撤

在塔里木西南缘，塞拉加兹塔格群火山岩中的流纹岩的年龄为约900—870Ma，并被认为是陆内裂谷作用的产物[66]。Zhang等[67]认为这些双峰式火山岩可追溯至约860—830Ma，形成于向南俯冲期间发育的弧后盆地。但地球化学资料支持裂谷盆地而不是弧后盆地环境[66]，而且俯冲环境下的陆内裂谷作用可能是对深俯冲相关伸展的响应[78]。塔里木西北部新元古代岩石中记录到约860—840Ma花岗岩砾石和相应的碎屑锆石峰值[79-80]。这些弧型标志花岗岩分布于板片断离域中（图4b），这与塔里木北部的长期俯冲相一致[33]。

整个塔里木克拉通新元古代火成岩主要集中在约830—780Ma和760—720Ma（图6）。这些约830—780Ma年龄的岩石包括超镁铁质—镁铁质—碳酸盐岩杂岩、超镁铁质—镁铁质岩墙和花岗质深成岩体[38, 45, 62, 64, 68]。在塔里木西南部，约802Ma的镁铁质岩墙和约780Ma的辉长岩深成岩体可能来自类似于洋岛玄武岩的软流圈地幔源[81]。约760—720Ma的火山岩、镁铁质岩墙和花岗岩类，广泛分布于塔里木中部（图1）。超镁铁质—镁铁质岩墙，尤其是双峰式火山岩通常记录了伸展构造环境，表明有两期与罗迪尼亚超级地幔柱相关的裂解作用有关的裂谷作用[43, 45, 53, 59, 62, 72]。这些玄武岩大多分布于溢流玄武岩区域（图4d），与板内裂谷和地幔柱活动相一致[82]。然而，最近的研究表明：（1）镁铁质岩墙和长英质深成岩体一般较小，且分布较为分散（图1），（2）超镁铁质—镁铁质岩石多具岛弧火成岩特征，而花岗岩呈钙碱性，与俯冲背景一致[33, 45, 54-56, 62, 69]，（3）微量元素和同位素数据表明，镁铁质岩墙是由受污染的俯冲玄武岩岩浆多次脉冲形成的[56-57]，（4）较小的镁铁质岩墙可能与俯冲环境中的火山建造有关[33, 54]。大多数弧型标志岩石也分布于板片断离域（图4b），与塔里木北部露头小规模的弧相关火成岩一致。

因此推断，塔里木可能存在约830—780Ma和760—720Ma两期俯冲相关裂谷（图8b、c）。830—780Ma，新生俯冲的前展抑制了源于热柱的岩浆侵入，引发了大陆岩石圈下部地幔的部分熔融，导致塔里木东北部镁铁质岩墙的侵入与钙碱性花岗岩深成作用的发生（图8b）。相比之下，约760—720Ma的岩浆作用与地幔柱相关裂谷作用相一致（图8c），约760—740Ma的裂谷前隆起深成岩体和约740—720Ma的溢流玄武岩与深裂谷沉积的粗冲积岩相重叠[43, 59]。然而，这种地幔柱相关的裂谷作用可以在俯冲背景下形成[81]。随着俯冲的后撤、板片的回转和海沟的后撤导致了地壳的显著伸展，这在一定程度上是由于地幔作用使地壳强度变弱和厚度减薄的结果（图8c）。因此，830—780Ma和760—720Ma的两期裂谷事件可能与俯冲相关，与由前展—后撤的造山运动[33]和地幔柱相关的地球动力学过程[43-45, 59, 72]相一致。

在670—610Ma期间沿塔里木北缘发生了新的岩浆活动（图1）。锆石U—Pb年龄揭示了约660—640Ma、635—625Ma和620—600Ma的三期岩浆活动，每一期都与小规模的长英质和镁铁质岩浆有关[69]。花岗岩类主要来自新生地壳的部分熔融，局部受周期性俯冲相关侵入和喷发的影响[55, 69]。在西北部，约620—610Ma的低熔点过渡性玄武岩形成于陆内裂谷环境中[44]。尽管这些都与长期大陆裂解期间的地幔柱火山作用减弱阶段有关[44]，它们同样可归因于660—620Ma俯冲后的裂谷作用[69]，与后撤的造山运动一致[28, 30, 55]。εHf（t）数据显示向新生岩浆源明显增加（图5），这也与后撤的造山运动一致[38-39]。

这些数据共同支持了塔里木克拉通作为新元古代环罗迪尼亚俯冲系统一部分的多次俯冲[6, 11, 23, 41-42, 83]（图8）。

3　前展到后撤俯冲

3.1　俯冲转换时间

在空间分布上（图1、图8），约950—900Ma的岩浆活动发生在塔里木外围，然而在中天山、阿尔金和塔西南地区约850—780Ma的岩浆活动则发生在塔里木边缘。另一方面，约760Ma的火成岩延伸至塔里木盆地中部，而随后的约750—720Ma岩浆作用后撤至塔里木东北缘，并在约740Ma开始与南华纪裂谷作用重叠[43]。约670–610Ma的新生岩浆活动逐渐向塔里木北部和西北部迁移，随后是广泛的震旦纪裂谷沉积[44-69]。

因此，塔里木在约760Ma时发生了岩浆活动的迁移与转变，这与前展—后撤俯冲的岩浆序列一致[26, 28]。此外，760Ma之前的地壳增厚和熔融作用[33, 45, 60]认为是前展俯冲，而740Ma后地壳变薄和裂谷作用[33, 43-44]表示后撤俯冲。阿克苏蓝片岩也形成于这个时期，尽管对其变质作用的精确年龄存在分歧，估计小于730Ma[54]，小于780Ma[54, 79, 80]和约805—770Ma[74]，以及 $^{40}Ar/^{39}Ar$ 平台数据中获得的年龄为约750Ma[84]，和侵入的镁铁质岩墙形成于约760Ma[72, 85]。

塔里木1100—500Ma锆石的εHf（t）值在 –46.4 到 +14.43 之间变化（图5）。更多的正值接近于亏损地幔和新生地壳演化线[75]。负值所占比例从约1100Ma到800Ma为增加，然后从约760Ma到600Ma为减少。这些εHf（t）值的时间趋势可能反映了新生地壳和改造地壳比例的变化，下降趋势表明地壳改造，而增加趋势表明新生地壳。在聚敛边缘环境中，塔里木新元古代构造环境与前展—后撤俯冲之间的构造转换一致[38, 72]。这种趋势也与后撤俯冲系统中地幔对岩浆源的贡献增加以及前展俯冲系统中通过俯冲侵蚀引起的地壳来源逐渐增加一致[34, 38-39, 86]。

地壳孕育时间是碎屑锆石Hf模型年龄和U—Pb年龄之间的差异，并提供了大陆地壳初始形成（Hf模式年龄）与火成岩体晚期侵位（U—Pb年龄）之间时间差的测量方法[34-35, 87]。较短的地壳孕育时间反映了新生地壳的生长，而较长的孕育时间则反映了较长的地壳形成史和地壳的改造。锆石结晶年龄与地壳孕育时间的关系图（图7）显示了一个与εHf（t）值的负相关，从1100Ma到800Ma εHf（t）值上升，随后从760Ma到500Ma εHf（t）值下降。上升趋势表明地壳改造，而下降趋势表明新生地壳，这种εHf（t）值的趋势（图5）符合前展—后撤的俯冲构造背景。

3.2　过渡期

在本研究中，Hf同位素数据图件中没有显示出从前展俯冲到后撤俯冲的突然转变（图6）。相反，新元古代塔里木盆地的锆石εHf（t）值和地壳孕育时间分别在约800Ma达到最小值和最大值。这与塔里木主要岩浆年龄峰值相吻合（图6），与前展俯冲峰值通常伴随的大规模岩浆体积一致[29, 76, 88]。此外，在前展的增生造山运动末期形成的变质基底也比这一时期更年轻[33, 45, 54, 62]，而直到约760Ma才出现锆石εHf（t）值的增加和地壳孕育时间的减少。

这个时期的岩浆作用遍及整个塔里木（图1）。塔里木中部的花岗岩显示出强烈的俯冲作用[89]，塔里木西北缘阿克苏群蓝片岩可能是在这个时期形成的。该时间也与前南华纪大陆变形和变质作用相一致[62, 67, 85]，记录了 760Ma 之前的弧前展。随后塔里木东北部约 740Ma 时发生了南华纪裂谷作用[43]，对应于更多新生物质的输入和 εHf(t) 值的增加，指示着一段后撤俯冲期的开始。因此，约 800—760Ma 开始的锆石 εHf(t) 值的增加和地壳孕育时间的减少可能记录了从前展俯冲到后撤俯冲的转变（图3、图7）。

4 对罗迪尼亚超大陆旋回的启示

几乎所有的前寒武纪大陆都参与了约 1.1—0.9Ga 的罗迪尼亚超大陆的汇聚，随后该超大陆在中—晚新元古代（约 830—550Ma）发生了长时间的裂解[5, 8]。塔里木克拉通及其外围地体通常被认为是由罗迪尼亚超大陆通过超级地幔柱作用形成的裂解陆块[8, 45, 53, 61-62]。然而，本研究表明塔里木克拉通记录了约 500Ma 的俯冲和增生史，在约 760Ma 时前展俯冲让位于后撤俯冲。同样，最近的研究表明，华南地区新元古代普遍存在多期俯冲，约 760—730Ma 的岩浆作用引发南华纪—震旦纪弧后裂谷作用的发生，华南与其他东亚地块最终分离[90-92]。同样，马达加斯加记录了约 750Ma 从前展到后撤造山作用的明显转变[83]。事实上，塔里木很可能是包括塞舌尔、印度西北部的马拉尼火成岩套、阿曼和扬子在内的新生俯冲带的一部分（图9）。这支持环罗迪尼亚俯冲系统的存在[11, 42, 93]，并表明塔里木在整个新元古代都位于罗迪尼亚外缘的长期俯冲带。然而，值得注意的是，并非所有的大陆重建都将塔里木置于罗迪尼亚边缘。例如 Wen 等[48-49]提出塔里木位于罗迪尼亚中部的澳大利亚东部和劳亚之间。这与以往将塔里木置于澳大利亚或印度外缘的研究形成了对比[46-47, 90]。

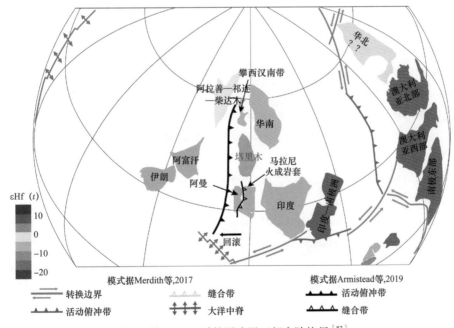

图 9 约 730Ma 时的罗迪尼亚超大陆格局[83]

罗迪尼亚裂解通常认为于约 750Ma 的超级地幔柱机制有关[18, 90]。然而，塔里木记录了 ~760Ma 的前展—后撤俯冲转换期，这与罗迪尼亚在约 760Ma 的裂解[11, 47, 90]一致。这表明塔里木克拉通的裂解与俯冲转换相关而不是与超级地幔柱相关（图8）。俯冲可能触发地幔上涌，从而促进大陆裂谷作用，在这种情况下裂谷作用是俯冲机制驱动的结果[5-6, 11, 40]。在罗迪尼亚外缘约760Ma时的俯冲转换也可能导致了超大陆内部的伸展，促进了超大陆裂解的发生。然而，应该注意的是，罗迪尼亚俯冲驱动裂解的证据并不排除地幔柱驱动因素的参与，两者可能共同驱动超大陆裂解。例如，俯冲机制可能提供了促使超大陆裂解的应力，而局部的裂谷作用则是由地幔柱机制引起的[94]。同样，地幔柱机制可能在超大陆的中心占据主导地位[8]，而俯冲作用则逐渐向其边缘扩展。

5 结论

结合塔里木克拉通新元古代同位素和地球化学资料，得出了以下结论。

（1）塔里木新元古代经历了长达500Ma的俯冲期，在～950—900Ma、850—780Ma、760—720Ma和670—610Ma发生了多期俯冲机制相关的岩浆活动。

（2）塔里木在～760Ma时发生了新元古代由前展俯冲向后撤俯冲的转变，并存在800—760Ma的转换区间。

（3）塔里木前展—后撤俯冲转换期与罗迪尼亚超大陆的裂解期相吻合，揭示超大陆外围可能存在俯冲机制相关的大陆裂解。

参 考 文 献

[1] Hoffman P F. Did the breakout of Laurentia turn Gondwanaland inside-out [J]. Science 252, 1991, 1409–1412.

[2] Condie K C. Episodic continental growth and supercontinents : a mantle avalanche connection [J]. Earth Planet. Sci. Lett, 1998, 163, 97–108.

[3] Santosh M. Supercontinent tectonics and biogeochemical cycle : A matter of 'life and death' [J]. Geoscience Frontiers, 2010, 1, 21–30.

[4] Young G M. Precambrian supercontinents, glaciations, atmospheric oxygenation, metazoan evolution and an impact that may have changed the second half of Earth history [J]. Geoscience Frontiers, 2013, 4, 247–261.

[5] Nance R D, Murphy J B, Santosh M. The supercontinent cycle : a retrospective essay [J]. Gondwana Res, 2014, 25, 4–29.

[6] Li Z X, Mitchell R N, Spencer C J, et al. Decoding Earth's rhythms : modulation of supercontinent cycles by longer superocean episodes [J]. Precambrian Res, 2019, 323, 1–5.

[7] Gurnis M. Large-scale mantle convection and the aggregation and dispersal of supercontinents [J]. Nature, 1988, 332, 695–699.

[8] Li Z X, Bogdanova S V, Collins A S, et al. Assembly, configuration, and break-up history of Rodinia : a synthesis [J]. Precambrian Res, 2008, 160, 179–210.

[9] Li Z X, Evans D A D, Halverson G P. Neoproterozoic glaciations in a revised global palaeogeography from the breakup of Rodinia to the assembly of Gondwanaland [J]. Sediment. Geol, 2013, 294, 219–

232.

[10] Keppie F. How subduction broke up Pangaea with implications for the supercontinent cycle [J]. Geol. Soc. (Lond.) Spec. Publ, 2015, 424, 265–288.

[11] Cawood P A, Strachan R A, Pisarevsky S A, et al. Linking collisional and accretionary orogens during Rodinia assembly and breakup : implications for models of supercontinent cycles [J]. Earth Planet. Sci. Lett, 2016, 449, 118–126.

[12] Ernst W G, Sleep N H, Tsujimori T. Plate–tectonic evolution of the Earth : bottom–up and top–down mantle circulation [J]. Can. J. Earth Sci, 2016, 53, 1103–1120.

[13] Heron P J. Mantle plumes and mantle dynamics in the Wilson cycle [J]. Geol. Soc. (Lond.) Spec. Publ, 2018, 470, 19, doi : 10.1144/SP470.18.

[14] Storey B C. The role of mantle plumes in continental breakup : case histories from Gondwanaland [J]. Nature, 1995, 377, 301–308.

[15] Pisarevsky S A, Murphy J B, Cawood P A, Collins A S. Late Neoproterozoic and Early Cambrian palaeogeography : models and problems [J]. Geol. Soc. (Lond.) Spec. Publ, 2008, 294, 9–31.

[16] Li Z X, Zhong S. Supercontinent–superplume coupling, true polar wander and plume mobility : plate dominance in whole–mantle tectonics [J]. Phys. Earth and Planet. In, 2009, 176, 143–156.

[17] Santosh M, Maruyama S, Sawaki Y. The making and breaking of supercontinents : Some speculations based on superplumes, super downwelling and the role of tectosphere [J]. Gondwana Res, 2009, 15, 324–341.

[18] Zhang N, Dang Z, Huang C, Li Z X. The dominant driving force for supercontinent breakup : Plume push or subduction retreat [J]. Geosci. Front, 2018, 9, 997–1007.

[19] Zhong S, Zhang N, Li Z X, Roberts J H. Supercontinent cycles, true polar wander, and very long–wavelength mantle convection [J]. Earth Planet. Sci. Lett, 2007, 261, 551–564.

[20] Koptev, Alexander, Calais, et al. Dual continental rift systems generated by plume–lithosphere interaction [J]. Nat. Geosci, 2015, 8, 388–392.

[21] Dal Zilio L, Faccenda M, Capitanio F. The role of deep subduction in supercontinent breakup [J]. Tectonophysics, 2017, 746, 312–324.

[22] Burov, Evgueni, Gerya, Taras. Asymmetric three–dimensional topography over mantle plumes [J]. Nature, 2014, 513 (7516), 85–89.

[23] Merdith A S, Williams Brune S, Collinse A S, R Müller D. Rift and plate boundary evolution across two supercontinent cycles [J]. Global Planet. Change, 2019, 173, 1–14.

[24] Bercovici D, Long M D. Slab rollback instability and supercontinent dispersal [J]. Geophys. Res. Lett, 2014, 41, 6659–6666.

[25] Collins W J. Slab pull, mantle convection, and Pangaean assembly and dispersal [J]. Earth Planet. Sci. Lett, 2003, 205, 225–237.

[26] Collins W J. Hot orogens, tectonic switching, and creation of continental crust [J]. Geology, 2002, 30, 535–538.

[27] Cawood P A, Buchan C. Linking accretionary orogenesis with supercontinent assembly [J]. Earth–Sci.

Rev, 2007, 82, 217–256.

[28] Cawood P A, Kröner A, Collins W J, et al. Sedmentary geology [J]. Geol. Soc. (Lond.) Spec. Publ, 2009, 318, 1–36.

[29] Stern R J, Gerya T. Subduction initiation in nature and models : A review [J]. Tectonophysics, 2018, 746, 173–198.

[30] Burchfiel B C, Royden L H, Papanikolaou D, Pearce F D. Crustal development within a retreating subduction system : The Hellenides [J]. Geosphere, 2018, 14, 119–1130.

[31] Lallemand S, Heuret A, Faccenna C, Funiciello F. Subduction dynamics as revealed by trench migration [J]. Tectonics, 2018, 27, TC3014, doi : 10.1029/2007TC002212.

[32] Giuseppe E D, Faccenna C, Funiciello F, van Hunen J, Giardini D. On the relation between trench migration, seafloor age, and the strength of the subducting lithosphere [J]. Lithosphere, 2009, 1, 121–128.

[33] Ge R, Zhu W, Wilde S A, et al. Neoproterozoic to Paleozoic long–lived accretionary orogeny in the northern Tarim Craton [J]. Tectonics, 2014, 33, 302–329.

[34] Collins W J, Belousova E A, Kemp A I S, Murphy J B. Two contrasting Phanerozoic orogenic systems revealed by hafnium isotope data [J]. Nat. Geosci, 2011, 4, 333–337.

[35] Griffin W L, Belousova E A, Walters S G, O'Reilly S Y. Archaean and Proterozoic crustal evolution in the Eastern Succession of the Mt Isa district, Australia : U–Pb and Hf–isotope studies of detrital zircons[J]. Aust. J. Earth Sci, 2006, 53, 125–149.

[36] Kemp A I S, Hawkesworth C J, Collins W J, et al. Isotopic evidence for rapid continental growth in an extensional accretionary orogen : The Tasmanides, eastern Australia [J]. Earth Planet. Sci. Lett, 2009, 284, 455–466.

[37] Petersson A, Scherst'en A, Kemp A I S, et al. Zircon U–Pb–Hf evidence for subduction related crustal growth and reworking of Archaean crust within the Palaeoproterozoic Birimian terrane, West African Craton, SE Ghana [J]. Precambrian Res, 2016, 275, 286–309.

[38] Han Y G, Zhao G C, Cawood P A, et al. Tarim and North China cratons linked to northern Gondwana through switching accretionary tectonics and collisional orogenesis [J]. Geology, 2016, 44, 95–98.

[39] Zhang X R, Zhao G C, Han Y G, Sun M. Differentiating advancing and retreating subduction zones through regional zircon Hf isotope mapping : A case study from the Eastern Tianshan, NW China [J]. Gondwana Res, 2019, 66, 246–254.

[40] Murphy J B, Nance R D. Speculations on the mechanisms for the formation and breakup of supercontinents [J]. Geosci. Front, 2013, 4, 185–194.

[41] Merdith A S, Collins A S, Williams S E, et al. A full–plate global reconstruction of the Neoproterozoic [J]. Gondwana Res, 2017, 50, 84–134.

[42] Konopásek J, Janoušek V, Oyhantçabal P, et al. Did the circum–Rodinia subduction trigger the Neoproterozoic rifting along the Congo–Kalahari Craton margin [J]. Int. J. Earth Sci, 2018, 107, 5, 1859–1894.

[43] Xu B, Xiao S H, Zou H B, et al. SHRIMP zircon U–Pb age constraints on Neoproterozoic Quruqtagh

diamictites in NW China [J]. Precambrian Res, 2009, 168, 247–258.

[44] Xu B, Zou H B, Chen Y, et al. The Sugetbrak basalts from northwestern Tarim Block of northwest China: Geochronology, geochemistry and implications for Rodinia breakup and ice age in the Late Neoproterozoic [J]. Precambrian Res, 2013, 236, 214–226.

[45] Zhang C L, Zou H B, Li H K, Wang H Y. Tectonic framework and evolution of the Tarim Block in NW China [J]. Gondwana Res, 2013, 23, 1306–1315.

[46] Zhao G C, Wang Y J, Huang B C, et al. Geological reconstructions of the East Asian blocks: From the breakup of Rodinia to the assembly of Pangea [J]. Earth-Sci. Rev, 2018, 186, 262–286.

[47] Zhao P, Chen Y, Zhan S, et al. The Apparent Polar Wander Path of the Tarim block (NW China) since the Neoproterozoic and its implications for a long-term Tarim-Australia connection [J]. Precambrian Res, 2014, 242, 39–57.

[48] Wen B, Evans D A D, Li Y X. Neoproterozoic paleogeography of the Tarim Block: An extended or alternative "missing-link" model for Rodinia [J]. Earth Planet. Sci. Lett, 2017, 458, 92–106.

[49] Wen B, Evans D, Wang C, et al. A positive test for the Greater Tarim Block at the heart of Rodinia: Mega-dextral suturing of supercontinent assembly [J]. Geology, 2018, 46, 687–690.

[50] Ma X X, Shu L S, Jahn B M, et al. Precambrian tectonic evolution of Central Tianshan, NW China: constraints from U-Pb dating and in situ Hf isotopic analysis of detrital zircons [J]. Precambrian Res, 2012, 222–223, 450–473.

[51] Wang C, Liu L, Yang W Q, et al. Provenance and ages of the Altyn Complex in Altyn Tagh: Implications for the early Neoproterozoic evolution of northwestern China [J]. Precambrian Res, 2013, 230, 193–208.

[52] Huang Z Y, Long X P, Wang X C, et al. Precambrian evolution of the Chinese Central Tianshan Block: constraints on its tectonic affinity to the Tarim Craton and responses to supercontinental cycles[J]. Precambr. Res, 2017, 295, 24–37.

[53] Xu Z Q, He B Z, Zhang C L, et al. Tectonic frame-work and crustal evolution of the Precambrian basement of the Tarim Block in NW China: new geochronological evidence from deep drilling samples[J]. Precambrian Res, 2013, 235, 150–162.

[54] Zhu W B, Zheng B H, Shu L S, et al. Neoproterozoic tectonic evolution of the Precambrian Aksu blueschist terrane, northwestern Tarim, China. insights from LA-ICP-MS zircon U-Pb ages and geochemical data [J]. Precambrian Res, 2011, 185, 215–230.

[55] Ge R F, Zhu W B, Zheng B H, et al. Early Pan-African magmatism in the Tarim Craton: insights from zircon U-Pb-Lu-Hf isotope and geochemistry of granitoids in the Korla area, NW China [J]. Precambrian Res, 2012, 212–213, 117–138.

[56] Tang Q Y, Zhang Z. W, Li C, et al. Neoproterozoic subduction related basaltic magmatism in the northern margin of the Tarim Craton: implications for Rodinia reconstruction [J]. Precambrian Res, 2016, 286, 370–378.

[57] Chen H J, Chen Y J, Ripley E M, et al. Isotope and trace element studies of the Xingdi II mafic-ultramafic complex in the northern rim of the Tarim Craton: Evidence for emplacement in a

Neoproterozoic subduction zone [J]. Lithos, 2017, 274–284.

［58］邹光辉，李浩武，徐彦龙，等 . 塔里木克拉通基底古隆起构造—热事件及其结构与演化 [J]. 岩石学报, 2012, 28, 2435–2452.

［59］Lu S N, Li H K, Zhang C L, Niu G H. Geological and geochronological evidences for the Precambrian evolution of the Tarim Craton and surrounding continental fragments [J]. Precambrian Res, 2008, 160, 94–107.

［60］Long X P, Yuan C, Sun M, et al. Reworking of the Tarim Craton by underplating of mantle plume-derived magmas : evidence from Neoproterozoic granitoids in the Kuluketage area, NW China [J]. Precambrian Res, 2011, 187, 1–14.

［61］Shu L S, Deng X L, Zhu W B, et al. Precambrian tectonic evolution of the Tarim Block, NW China : new geochronological insights from the Quruqtagh domain [J]. J. Asian Earth Sci, 2011, 42, 774–790.

［62］Zhang C L, Zou H B, Li H K, Wang H Y. Multiple phases of Neoproterozoic ultramafic–mafic complex in Kuruqtagh, northern margin of Tarim : interaction between plate subduction and mantle plume [J]. Precambrian Res, 2012, 222–223, 488–502.

［63］Zhang C L, Dong Y G, Zhao Y. Geochemistry of Mesoproterozoic volcanics in West Kunlun : evidence for the plate tectonic evolution [J]. Acta Geol. Sin, 2003, 78, 532–542.

［64］Liao F X, Wang Q Y, Chen N S, et al. Geochemistry and geochronology of the ～0.82Ga high–Mg gabbroic dykes from the Quanji Massif, southeast Tarim Block, NW China : Implications for the Rodinia supercontinent assembly [J]. J. Asian Earth Sci, 2018, 157, 3–21.

［65］Xia B, Zhang L F, Du Z X, Xu B. Petrology and age of Precambrian Aksu blueschist, NW China [J]. Precambrian Res, 2019, 326, 295–311.

［66］Wang C, Liu L, Wang Y H, et al. Recognition and tectonic implications of an extensive Neoproterozoic volcano–sedimentary rift basin along the southwestern margin of the Tarim Craton, northwestern China [J]. Precambrian Res, 2015, 257, 65–82.

［67］Zhang C L, Ye X T, Zou H B, Chen X Y. Neoproterozoic sedimentary basin evolution in southwestern Tarim, NW China : New evidence from field observations, detrital zircon U–Pb ages and Hf isotope compositions [J]. Precambrian Res, 2016, 280, 31–45.

［68］Zhang C L, Li X H, Li Z X, et al. Neoproterozoic ultramafic–mafic–carbonatite complex and granitoids in Quruqtagh of northeastern Tarim Block, western China : geochronology, geochemistry and tectonic implications. [J] Precambrian Res, 2007, 152, 149–168.

［69］Xiao Y, Wu G H, Vandyk T M, You L X. Geochronological and geochemical constraints on Late Cryogenian to Early Ediacaran magmatic rocks on the northern Tarim Craton : implications for tectonic setting and affinity with Gondwana [J]. Int. Geol. Rev, 2019, 61, 2100–2117.

［70］He J Y, Xu B, Li D. Newly discovered early Neoproterozoic（ca. 900Ma）andesitic rocks in the northwestern Tarim Craton : Implications for the reconstruction of the Rodinia supercontinent [J]. Precambrian Res, 2019, 325, 55–68.

［71］Pearce J A, Harris N B W, Tindle A G. Trace element discrimination diagrams for the tectonic interpretation of granitic rocks [J]. J. Petrol, 1984, 25, 956–983.

[72] Zhang C L, Li Z X, Li X H, Ye H M. Neoproterozoic mafic dyke swarms at the northern margin of the Tarim Block, NW China : age, geochemistry, petrogenesis and tectonic implications [J]. J. Asian Earth Sci, 2009, 35, 167–179.

[73] Mullen E K, McCallum I S. Origin of Basalts in a Hot Subduction Setting : Petrological and Geochemical Insights from Mt. Baker, Northern Cascade Arc [J]. J. Petrol, 2014, 55, 241–281.

[74] Xia L Q, Li X M. Basalt geochemistry as a diagnostic indicator of tectonic setting [J]. Gondwana Res, 2019, 65, 43–67.

[75] Dhuime B, Hawkesworth C, Cawood P. When continents formed [J]. Science, 2011, 331, 154–155.

[76] Roberts N M W. Increased loss of continental crust during supercontinent amalgamation [J]. Gondwana Res, 2012, 21, 994–1000.

[77] Yu S Y, Zhang J X, Del Real P G, et al. The Grenvillian orogeny in the Altun–Qilian–North Qaidam mountain belts of northern Tibet Plateau : constraints from geochemical and zircon U–Pb age and Hf isotopic study of magmatic rocks [J]. J. Asian Earth Sci, 2013, 73, 372–395.

[78] Merle O. A simple continental rift classification [J]. Tectonophysics, 2011, 513, 88–95.

[79] He J W, Zhu W B, Ge R F, et al. Detrital zircon U–Pb ages and Hf isotopes of Neoproterozoic strata in the Aksu area, northwestern Tarim Craton : implications for supercontinent reconstruction and crustal evolution [J]. Precambrian Res, 2014, 254, 194–209.

[80] Wu G H, Xiao Y, Bonin B, et al. Ca. 850Ma magmatic events in the Tarim Craton : age, geochemistry and implications for the assemblage of Rodinia supercontinent [J]. Precambrian Res, 2018, 305, 489–503.

[81] Zhang C L, Yang D S, Wang H Y. Neoproterozoic mafic dyke swarm and basalt in southern margin of the Tarim Block : age, geochemistry and their geodynamic implications [J]. Acta Geol. Sin, 2010, 84, 549–562.

[82] Ernst R E, Bleeker W, Söderlund U, Kerr A C. Large Igneous Provinces and supercontinents : toward completing the plate tectonic revolution [J]. Lithos, 2013, 174, 1–14.

[83] Armistead S E, Collins A S, Merdith A S, et al. Evolving marginal terranes during Neoproterozoic supercontinent reorganization : Constraints from the Bemarivo Domain in northern Madagascar [J]. Tectonics, 2019, 38, 2019–2035.

[84] Yong W, Zhang L, Hall C, Mukasa S, Essene E. The ^{40}Ar/^{39}Ar and Rb–Sr chronology of the Precambrian Aksu blueschists in western China [J]. J. Asi. Earth Sci, 2013, 63, 197–205.

[85] Zhang J, Zhang C L, Li H K, et al. Revisit to time and tectonic environment of the Aksu blueschist terrane in northern Tarim, NW China : New evidence from zircon U–Pb age and Hf isotope [J]. Acta Petrol. Sin, 2014, 30, 3357–3365.

[86] Smits R G, Collins W J, Hand M, et al. A Proterozoic Wilson cycle identified by Hf isotopes in central Australia : implications for the assembly of Proterozoic Australia and Rodinia [J]. Geology, 2014, 42, 231–234.

[87] Li X H, Li Z X, Li W X. Detrital zircon U–Pb age and Hf isotope constrains on the generation and

reworking of Precambrian continental crust in the Cathaysia Block, South China : A synthesis〔J〕. Gondwana Res, 2014, 25, 1202–1215.

〔88〕Condie K C. Preservation and recycling of Crust during accretionary and collisional phases of Proterozoic Orogens : A bumpy road from Nuna to Rodinia〔J〕. Geosciences, 2013, 3, 240–261.

〔89〕Guo Z J, Yin A, Bobinson A, Jia C Z. Geochronology and geochemistry of deep drill core samples from the basement of the central Tarim basin〔J〕. J. Asian Earth Sci, 2005, 25, 45–56.

〔90〕Li S Z, Zhao S J, Liu X, et al. Closure of the Proto–Tethys Ocean and Early Paleozoic amalgamation of microcontinental blocks in East Asia〔J〕. Earth–Science Reviews, 2018, 186, 37–75.

〔91〕Liu Z, Tan S C, He X H, et al. Petrogenesis of mid–Neoproterozoic (ca. 750Ma) mafic and felsic intrusions in the Ailao Shan–Red River belt : Geochemical constraints on the paleogeographic position of the South China block〔J〕. Lithosphere, 2019, 11, 348–364.

〔92〕Wang Y J, Zhang Y Z, Cawood P A, et al. Early Neoproterozoic assembly and subsequent rifting in South China : Revealed from mafic and ultramafic rocks, central Jiangnan Orogen〔J〕. Precambrian Res, 2019, 331, 105367, https : //doi.org/10.1016/j.precamres.2019.105367.

〔93〕Cawood P A, Wang Y, Xu Y, Zhao G. Locating South China in Rodinia and Gondwana : a fragment of greater India lithosphere〔J〕. Geology, 2013, 41, 903–875.

〔94〕Buiter S J H, Torsvik T H. A review of Wilson Cycle plate margins : A role for mantle plumes in continental break–up along sutures〔J〕. Gondwana Res, 2014, 26, 627–653.

〔95〕Sun S S, McDonough W F. Chemical and isotopic systematics of oceanic basalts : implications for mantle composition and processed. Magmatism in Ocean Basins〔J〕. Geol. Soc. (Lond.) Spec. Publ, 1989, 42, 313–345.

〔96〕Whalen J B, Hildebrand R S. Trace element discrimination of arc, slab failure, and A–type granitic rocks〔J〕. Lithos, 2019, 348–349.

〔97〕Harris N B W, Pearce J A, Tindle A G. Geochemical characteristics of collision–zone magmatism〔J〕. Geol. Soc. (Lond.) Spec. Publ, 1986, 19, 67–81.

〔98〕Pearce J A. Role of the sub–continental lithosphere in magma genesis at active continental margin. In : C.J. Hawkesworth and M.J. Norry (Eds.), Continental basalts and mantle xenoliths〔J〕. Shiva, Nantwich, 1983, 230–249.

塔里木盆地寒武纪／前寒武纪构造—沉积转换研究及其勘探意义

陈永权[1]　严威[1]　韩长伟[2]　闫磊[3]　冉启贵[3]　亢茜[1]　何皓[1]　马源[1]

（1. 中国石油塔里木油田分公司；2. 中国石油东方地球物理公司；
3. 中国石油勘探开发研究院）

摘　要： 寒武系盐下白云岩是塔里木盆地油气勘探的重要领域之一，下寒武统源储分布认识不清楚已成为制约该领域区带优选的重要因素。通过对寒武系／前寒武系不整合特征、南华系—震旦系与中—下寒武统沉积盆地地震解释与成图研究，探讨寒武纪／前寒武纪柯坪运动前后沉积盆地转换，旨在解决生烃坳陷与下寒武统肖尔布拉克组白云岩分布问题，指导有利勘探区带的优选。研究结果认为，柯坪运动对塔里木盆地南部影响强于北部，由于盆地南部大面积隆升，形成了塔西台地区早—中寒武世南高北低的古构造格局，下寒武统由北向南超覆尖灭；塔里木盆地北部表现为继承性沉降特点，中—下寒武统地层序列完整。柯坪运动导致了塔里木盆地沉积体系由南华系—震旦系北东走向裂坳沉积体系转换为东西分异、南北分异的台盆沉积体系。提出满西地区是南华系、震旦纪、早—中寒武世继承性凹陷，可能发育多套烃源岩，是台盆区内生烃能力最强的地区；肖尔布拉克组白云岩储层主要沿环满西凹陷分布；建议将塔中地区、古城地区与轮南地区作为优先勘探区带。

关键词： 塔里木盆地；柯坪运动；沉积盆地转换；盐下白云岩；勘探方向

2013 年，中深 1 井在下寒武统白云岩中获得工业气流[1]，取得了塔里木盆地寒武系盐下白云岩勘探的重要发现，将塔里木盆地勘探纵深推进至寒武系盐下白云岩领域；2014年以来，钻探的玉龙 6 井、楚探 1 井、新和 1 井、夏河 1 井、和田 2 井等井相继失利，这批井实钻结果与钻前认识有不同程度的差异，例如普遍未钻揭优质烃源岩、玉龙 6 井下寒武统白云岩目的层缺失，新和 1 井目的层相变等。玉尔吐斯组烃源岩分布不清楚、肖尔布拉克组储层的分布不清楚，已成为制约寒武系盐下白云岩勘探区带优选的关键因素。

由于地震手段难以准确识别较薄的玉尔吐斯组，难以准确刻画肖尔布拉克组白云岩分布区，对烃源岩分布与储层的分布多数学者借助寒武系沉积前古构造背景。一些学者认为下寒武统与南华系—震旦系具有继承性，通过解释寒武系之下的平行地震反射作为南华系—震旦系，从而判断上覆发育下寒武统玉尔吐斯组烃源岩[2-4]。另一种观点认为寒武纪与震旦纪之间发育大型不整合，盆地内部分地区具有继承性，例如北部坳陷；其他地区，例如西南坳陷，沉积格局发生巨大转变，早寒武世为隆起背景，不发育烃源岩，甚至早寒武世地层已超覆尖灭[5-8]。因此，解决分歧的关键在于如何认识寒武纪／前寒武纪构造运

基金项目：国家科技重大专项（2016ZX05004-004；2017ZX05008-005）

动（柯坪运动）规模、范围、事件前后沉积盆地样式。

本文基于钻孔资料与新处理地震资料分析，针对寒武系沉积前的沉积间断、地层角度不整合及分布区开展塔里木盆地柯坪运动对盆地内不同地区的影响与事件前后构造背景、沉积盆地转换研究，旨在解决生烃坳陷与下寒武统肖尔布拉克组白云岩分布问题，指导有利勘探区带的优选。

1 地质背景

塔里木盆地位于中国新疆南部，被天山、昆仑山、阿尔金山夹持，面积约 $56 \times 10^4 km^2$。依据现今构造单元划分成果，盆地内部可划分为"四隆五坳"九个一级构造单元[8]，分别为塔北隆起、巴楚隆起、塔中隆起、东南隆起、库车坳陷、北部坳陷、塘古坳陷、东南坳陷及西南坳陷。柯坪断隆虽然在目前构造单元划分中未纳入塔里木盆地体系，但其古生界地层与构造特征属于塔里木盆地的一部分[9]，本文将其作为盆地的第 10 个一级构造单元处理。

塔里木盆地内揭示寒武系 / 前寒武系界线的钻孔 19 个，主要分布在巴楚隆起、塔中隆起、塔东隆起内、塔北隆起内（图 1）；盆地周缘露头剖面主要发育在 3 个地区：库鲁克塔格地区、柯坪地区、塔西南铁克里克地区。2012—2016 年，国土资源部与中国石油塔里木油田分公司分别启动了大线拼接处理共 74 条（图 1），集中解决塔里木盆地前寒武系—寒武系地质结构问题。

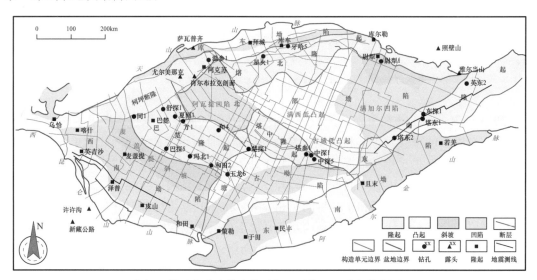

图 1　塔里木盆地构造单元与地震线、地质点分布图

南华系—震旦系在盆地周缘柯坪地区、库鲁克塔格地区与铁克里克地区皆有分布，盆地内少量钻孔钻揭该套地层。柯坪地区南华系自下而上由巧恩布拉克组与尤尔美那克组构成；震旦系自下而上分为苏盖特布拉克组与齐格布拉克组[10]。库鲁克塔格地区南华系自下而上由贝义西组、照壁山组、阿勒通沟组、特瑞艾肯组组成；震旦系由扎摩克提组、育肯沟组、水泉组、汉克尔乔克组组成[11]。西昆仑铁克里克地区也出露南华系—震旦

系[12]，南华系自下而上由波龙组、克里西组、雨塘组组成；震旦系由库尔卡克组与克孜苏胡木组组成，克孜苏胡木组发育不全，与上覆泥盆系呈角度不整合接触。盆地内揭示南华系—震旦系钻孔6个，星火1井、温参1井震旦系与柯坪地区一致，由苏盖特布拉克组与齐格布拉克组构成，震旦系苏盖特布拉克组覆盖在阿克苏群变质岩上；塔东2井、塔东1井、东探1井揭示震旦系齐格布拉克组；尉犁1井仅揭开特瑞艾肯组泥质岩91m，震旦系揭示较全，地层与库鲁克塔格北区恰克马克铁什剖面相似，自下而上由扎摩克提组、育肯沟组、水泉组构成（图2）。

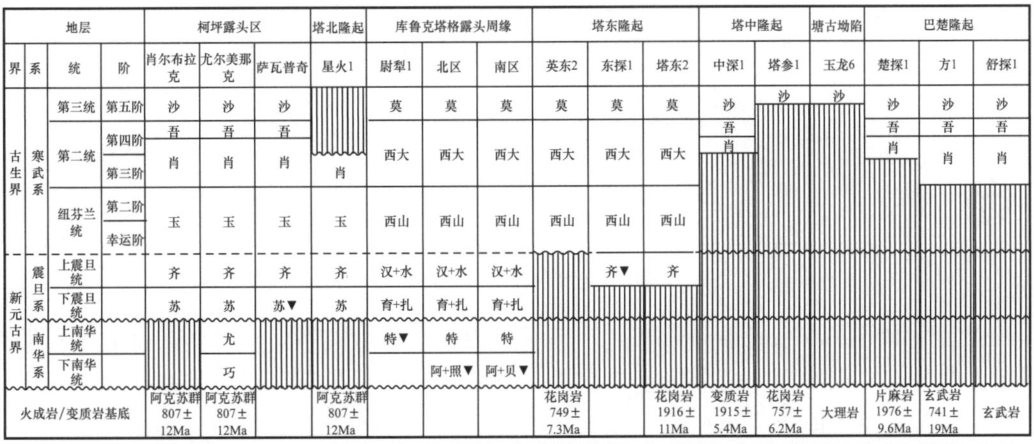

地层				柯坪露头区			塔北隆起	库鲁克塔格露头周缘			塔东隆起			塔中隆起			塘古坳陷	巴楚隆起	
界	系	统	阶	肖尔布拉克	尤尔美那乌克	萨瓦普奇	星火1	尉犁1	北区	南区	英东2	东探1	塔东2	中深1	塔参1	玉龙6	楚参1	方1	舒探1
古生界	寒武系	第三统	第五阶	沙	沙	沙		莫	莫	莫	莫	莫	莫	沙	沙	沙	沙	沙	沙
		第二统	第四阶	吾	吾	吾	肖	西大	西大	西大	西大	西大	西大	吾			吾	吾	吾
			第三阶	肖	肖	肖								肖			肖	肖	肖
		组芬兰统	第二阶	玉	玉	玉	玉	西山	西山	西山	西山	西山	西山						
			幸运阶																
新元古界	震旦系	上震旦统		齐	齐	齐	齐	汉+水	汉+水	汉+水		齐	齐	齐▼	齐				
		下震旦统		苏	苏	苏▼	苏	育+扎	育+扎	育+扎									
	南华系	上南华统			尤			特	特	特									
		下南华统		巧					阿+照▼	阿+贝▼									
火成岩/变质岩基底				阿克苏群807±12Ma	阿克苏群807±12Ma	阿克苏群807±12Ma					花岗岩749±7.3Ma	花岗岩1916±11Ma		变质岩1915±5.4Ma	花岗岩757±6.2Ma	大理岩	片麻岩1976±9.6Ma	玄武岩741±19Ma	玄武岩

注：▼代表地层未揭穿，或露头剖面出露不全；巧=巧恩布拉克组；尤=尤尔美那乌克组；苏=苏盖特布拉克组；齐=齐格布拉克组；玉=玉尔吐斯组；肖=肖尔布拉克组；吾=吾松格尔组；沙=沙依里克组；照=照壁山组；阿=阿勒通沟组；特=特瑞艾肯组；扎=扎摩克提组；育=育肯沟组；水=水泉组；汉=汉格尔乔克组；西山=西山布拉克组；西大=西大山组；莫=莫合尔山组。

图2 塔里木盆地钻孔及周缘露头区前寒武—中—下寒武统地层分布与接触关系

中—下寒武统见于柯坪与库鲁克塔格两个露头区，在昆仑山铁克里克露头区被削蚀，在盆地内部分布较广泛。柯坪露头区下寒武统由玉尔吐斯组、肖尔布拉克组与吾松格尔组组成；中寒武统由沙依里克组与阿瓦塔格组构成[13]。库鲁克塔格露头区下寒武统主要由西山布拉克组与西大山组构成，中寒武统由莫合尔山组组成。盆地区内，以轮南—古城台缘带为界，分为塔西台地区与塔东盆地区[8]；塔西台地内中—下寒武统命名系统采用柯坪露头区，自下而上分为玉尔吐斯组、肖尔布拉克组、吾松格尔组、沙依里克组与阿瓦塔格组，该套地层在满西地区与塔北隆起发育较完整，在巴楚隆起—塔中隆起缺失玉尔吐斯组，局部地区缺失整个下寒武统（例如玉龙6井、塔参1井）；塔东盆地地层系统采用库鲁克塔格露头区命名，中—下寒武统自下而上由西山布拉克组、西大山组与莫合尔山组构成（英东2井、塔东1井、塔东2井、东探1井）（图2）。

2 柯坪运动地质与地震证据

以寒武系/前寒武系地层接触关系为分区依据，塔里木盆地可以划分为两个分区，即南塔里木分区与北塔里木分区（图3）。南塔里木分区包括中央隆起带（包括巴楚隆起、塔中隆起与塔东隆起）与西南坳陷；北塔里木分区包括塔北隆起、北部坳陷、库鲁克塔格露头区及柯坪断隆大部地区。

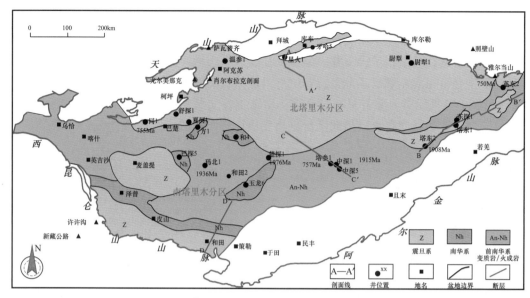

图 3　塔里木盆地寒武系沉积前古地质特征

北塔里木分区内寒武系与前寒武系呈平行不整合接触关系。柯坪露头区尤尔美那克剖面、肖尔布拉克剖面、塔北隆起内星火 1 井证实寒武系与震旦系齐格布拉克组呈平行不整合接触关系。库鲁克塔格露头区北部的照壁山剖面、南部的雅尔当山剖面揭示寒武系与震旦系水泉组或汉克尔乔克组呈平行不整合接触关系。北部坳陷内虽没有钻孔揭示寒武系 / 前寒武系地质界线，但在地震剖面上寒武系与震旦系呈平行不整合接触关系（图 4a）。

从地震反射特征来看，南塔里木分区内寒武系 / 前寒武系发育大型角度不整合（图 4b、c、d），与前人认识一致[5-6]。西南坳陷内虽没有钻孔钻揭寒武系 / 前寒武系地质界线，但从南北向地震剖面可见角度不整合接触关系（图 4d）。南塔里木分区内，巴楚隆起区南华系—震旦系缺失，被寒武系披覆的岩层包括约 1900Ma 的花岗片麻岩（玛北 1井、楚探 1 井）和约 755Ma 变质岩（同 1 井）[14]，玉龙 6 井钻揭寒武系第三统沙依里克组角度不整合覆盖在块状大理岩之上。塔中隆起中深 1 井钻揭寒武系第二统肖尔布拉克组不整合披覆在约 1915Ma 的二长石英变质岩之上；塔参 1 井钻揭寒武系第三统沙依里克组不整合覆盖在约 750Ma 的花岗岩上[15]。东南隆起上塔东 2 井、塔东 1 井、东探 1 井 3 个钻孔寒武系纽芬兰统西山布拉克组角度不整合覆盖在震旦系齐格布拉克组之上，塔东 2 井齐格布拉克组仅 24m，下伏花岗岩年龄为 1908Ma；英东 2 井寒武系纽芬兰统西山布拉克组覆盖在约 750Ma 的花岗岩上[15]。

3　沉积盆地地震解释结果

3.1　南华纪—震旦纪沉积盆地解释结果

地震特征表明南华系—震旦系裂陷—坳陷二元沉积结构（图 5c）。南华系主要表现为单边裂谷，受主控断裂控制的裂谷盆地一侧呈现陡坡特点，另一侧表现为缓坡特征；裂谷内部地震相特征表现为"陡坡杂乱、缓坡与中部成层"特点，反映陡坡沉积物快速充填、缓坡超覆沉积地质现象。南华纪裂谷盆地发育宽度一般在 50～70km，最大为 130km，最厚地区达 3000m 左右。震旦纪表现为坳陷沉积特点，地震剖面上不发育边界断裂，在南华系裂谷盆地核部震旦系加厚，最厚区地层达 1500m，向两侧及隆起部位超覆或削蚀减薄。震旦系内部发育两类地震相，下部平行弱反射，上部平行强反射（图 5c）；上部平行强反射已在星火 1 井钻揭，代表齐格布拉克组，推测下部平行弱反射可能是下震旦统碎屑岩沉积物的反射。

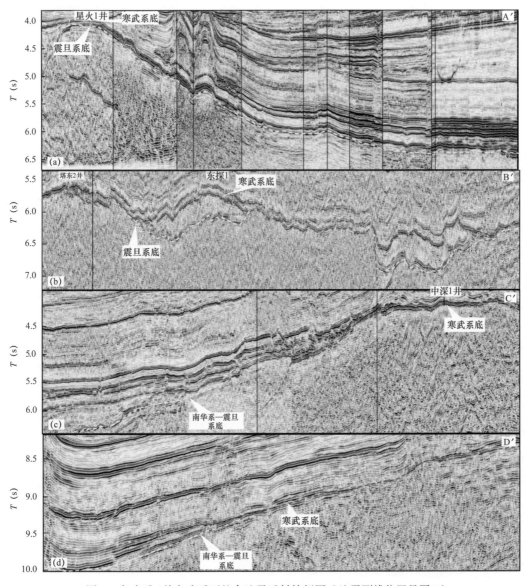

图 4　寒武系/前寒武系不整合地震反射特征图（地震测线位置见图 3）

地震解释与厚度成图结果表明南华纪—震旦纪裂谷盆地与坳陷盆地长轴延展方向主要呈北东向（图 5）。南华系裂陷集中分布在泽普—塔中西部—满加尔凹陷—库鲁克塔格露头区一线，同时在柯坪地区也有分布，裂陷走向基本一致；南华系裂谷盆地边界一侧为控裂谷断裂，另一侧绝大多数地区表现为超覆边界，部分地区表现为削蚀边界。震旦系在巴楚隆起、塘古坳陷内缺失，在西南坳陷中部残余有震旦系。从较完整的中央隆起带以北震旦系厚度特征来看，震旦纪以南华纪裂谷盆地为中心演变为坳陷沉积盆地，沉积范围扩大，厚度最大区仍发育在南华系裂谷集中分布区，震旦系沉积期沉积盆地长轴延展方向仍是北东向，体现了与南华系裂谷盆地沉积体系的继承性。

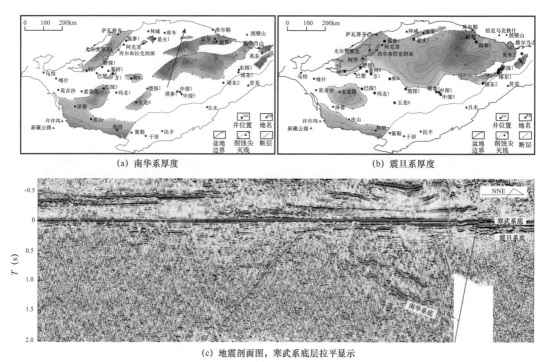

(a) 南华系厚度　　　　　　　　　　　　　　　　(b) 震旦系厚度

(c) 地震剖面图，寒武系底层拉平显示

图 5　南华系、震旦系地层厚度与地震反射特征解释剖面

3.2　早—中寒武世沉积盆地分布解释结果

从塔西台地区地震反射结构来看，下寒武统表现为向南部超覆沉积的特点（图 6c、d），超覆尖灭区位于泽普—皮山—玛北（玉龙 6 井）—塔中东南部—古城地区。盆地北部，例如满西地区，地层较厚，下寒武统呈空白反射特征，在轮南—古城地区，发育一条近南北向条带，下寒武统地震反射特征呈楔形特点[8]；该条带向东部下寒武统急剧减薄。

基于地震资料解释编制了下寒武统厚度图（图 6a）与中寒武统厚度图（图 6b），中—下寒武统厚度格局比较一致，表现为"西厚东薄、北厚南薄"特点，体现了东西分异与南北分异特点。轮南—古城台缘带以西中—下寒武统沉积地层较厚（下寒武统 0～950m，中寒武统 100～900m），塔东地区地层较薄（下寒武统 150～400m，中寒武统 100～300m）；西南坳陷—塔中南部—古城一线下寒武统厚度较薄甚至缺失，例如玉龙 6 井、塔参 1 井，北部坳陷西部—塔北隆起中—下寒武统厚度较大，塔北隆起下寒武统厚度约 500m，厚度最大区域位于满西地区，中—下寒武统厚度均达到 900m 以上。

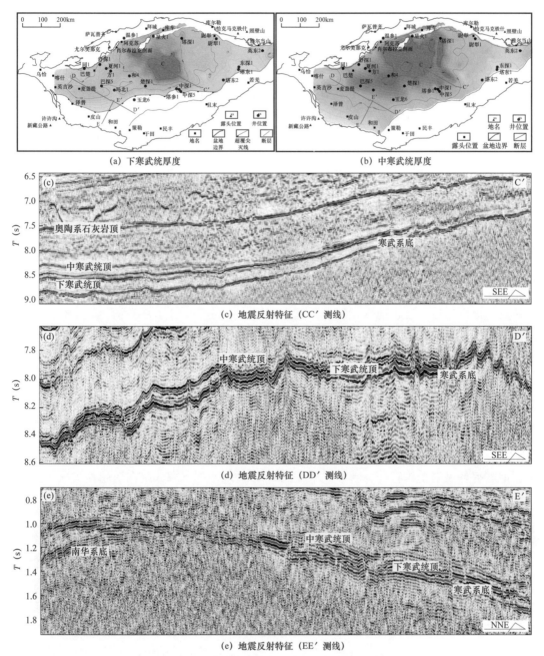

(a) 下寒武统厚度

(b) 中寒武统厚度

(c) 地震反射特征（CC′测线）

(d) 地震反射特征（DD′测线）

(e) 地震反射特征（EE′测线）

图 6　塔里木盆地中—下寒武统地层厚度图与地震反射特征

4　讨论

4.1　对构造背景与沉积盆地转换的制约

在柯坪运动的影响下，南华纪—震旦纪与早—中寒武世塔里木盆地古构造格局与沉积盆地类型发生了巨大变化。南华纪—震旦纪沉积盆地表现为北东向的裂陷—坳陷盆地沉积特点；早—中寒武世沉积盆地表现为"东西分异、南北分异"的台盆沉积特点。

4.1.1 南华纪—震旦纪古构造与沉积背景

南华系—震旦系从裂陷到坳陷沉积二元结构与前人认识基本一致[16-18]。前人对于南华系—震旦系也有大量讨论，主要基于中央高磁异常带与塔西南北东走向的高磁异常带，认为南华系分布与高磁异常带走势一致[11, 16, 19]；前人根据磁异常特征认为塔西南地区大规模发育南华系—震旦系沉积盆地[4, 19]。本研究从玉龙6井不发育南华系—震旦系出发，通过地震反射特征分析，认为前人提出的塔西南地区南华系—震旦系地震反射主要为浅层多次波，并非真实的地震反射特征。

根据地震资料解释成果（图5），南华纪裂谷盆地主要发育在满加尔凹陷、西南坳陷与柯坪断隆，裂谷盆地主要呈NE走向。裂谷盆地主要从克拉通边缘向克拉通内撕裂，产生克拉通边缘裂陷宽、克拉通内变窄的特点。在库鲁克塔格、铁克里克、柯坪地区三大裂陷区的发育影响下，盆地中部形成被动型的中央隆起带。震旦纪，在裂谷盆地基础上演化为坳陷盆地，沉积范围扩大，沉积中心仍发育在南华系裂谷盆地集中发育区，体现了继承性特点。根据地层厚度、地震相特点，震旦纪构造格局可以划分为3个一级构造单元，即西南坳陷、中央隆起、北部坳陷。北部坳陷南华纪由东西两个裂陷盆地组成至震旦纪坳陷期连片；中部阿瓦提地区发育一个凸起；因此北部坳陷自西向东由温宿凹陷、阿瓦提凸起与库满凹陷构成（图7a）。

4.1.2 早—中寒武世古构造与沉积背景

早—中寒武世，塔里木盆地表现为"西台东盆"的台盆沉积特点已形成广泛共识[8, 13, 20-22]，塔东地区中—下寒武统相序特征与欠补偿特征指示处于古坳陷构造背景。根据地震解释反射结构特征与解释成果（图6），盆地西部下寒武统向南超覆尖灭（玉龙6井、塔参1井），证实存在塔南隆起，该隆起西起泽普、皮山地区，经玛东冲断带、塔中东南部，至古城地区以南地区。塔南隆起以南存在寒武系之下的楔形地质体（图6e），推测塔南隆起向南古构造背景降低，本文将塔南古隆起以南命名为和田坳陷（图7b）。

塔西台地区，塔南隆起以北均发育下寒武统，命名为塔西坳陷（图7b），其内部古构造特征具有显著分异；中寒武统蒸发盐岩的发育指示塔西坳陷早—中寒武世"周边高、中部低"的构造特点。满西地区是中—下寒武统发育最厚的地区，下寒武统相变为指示水环境相对较深的石灰岩（星火1井），中寒武统蒸发盐岩的增厚体现了台内凹陷的特点，指示满西地区为塔西坳陷沉积与沉降中心，处于古构造背景的低部位，命名为满西凹陷。柯坪地区下寒武统肖尔布拉克组以白云岩为主，中寒武统以潮坪相泥质白云岩为主，指示柯坪地区早—中寒武世处于凹陷周缘的古凸起构造背景；塔北北部牙哈5井揭示下寒武统肖尔布拉克组顶部藻云岩与中寒武统潮坪相泥质白云岩[23]，指示其也处于古凸起背景；推测柯坪断隆经温宿凸起、库车坳陷、至牙哈—轮南地区为一个连续的凸起，命名为柯坪—轮南凸起。轮南—古城台缘带西部，中寒武统地震反射特征表现为由代表膏盐岩沉积的空白反射，过渡至代表潮坪沉积的平行强反射，至代表台缘碳酸盐岩建隆的丘状杂乱地震相[24]，指示轮南—古城台缘带早—中寒武世地貌相对较高。

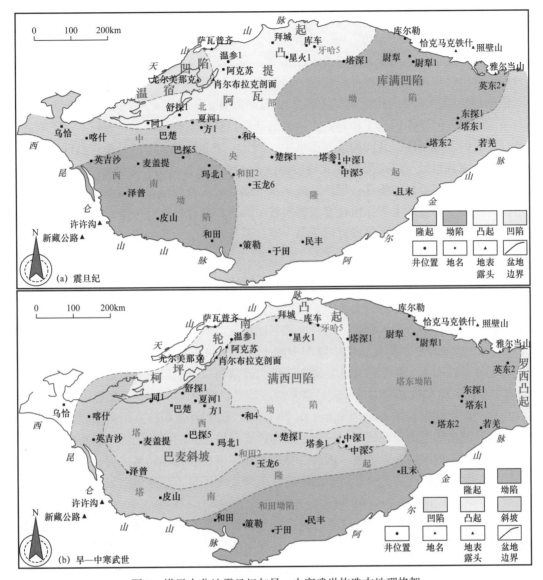

图 7　塔里木盆地震旦纪与早—中寒武世构造古地理格架

　　塔里木盆地早—中寒武世构造格局可以划分为四个一级构造单元，即塔南隆起、塔东坳陷、塔西坳陷、和田坳陷（图 7b）；塔西坳陷可分为巴麦斜坡、满西凹陷、柯坪—轮南凸起 3 个二级构造单元。巴麦斜坡与满西凹陷被塔南隆起与柯坪—轮南凸起围绕，形成相对闭塞沉积环境，为中寒武统大面积蒸发盐岩填平补齐沉积与塔西台地的形成起重要作用。

4.2　寒武系盐下白云岩勘探意义

4.2.1　对烃源岩分布的制约

　　塔西台地玉尔吐斯组与同时期沉积的塔东盆地西山布拉克组—西大山组是塔里木盆地目前已发现的最落实的有效烃源岩。玉尔吐斯组在柯坪露头区多个剖面点皆有分布，柯坪地区发育黑色页岩厚度约 10～15m，黑色页岩层有机碳值高达 4%～16%[25]；盆地内星火1井揭示该套烃源岩[26]，厚度 31m，有机碳 1%～9.43%，平均值 5.4%；西山布拉克组—西大山组盆地烃源岩在塔东地区多个钻孔发现。同时库鲁克塔格地区南华系特瑞艾肯组、震旦系育肯沟组与水泉组均被报道发现中等偏差烃源岩[3, 17, 19]。

依据柯坪运动前后的构造格局（图 7），虽然震旦纪库满凹陷在寒武纪分异为满西凹陷与塔东坳陷，但整体仍处于稳定的古构造低部位，具备发育南华系—震旦系、下寒武统多套烃源岩的基本条件，共同构成支撑塔中—顺北—塔北大油气区的烃源岩基础。塔西南地区早—中寒武世处于塔南隆起的北斜坡部位，古地貌位置高于巴楚隆起（图 6e），不具备发育下寒武统烃源岩的条件；但该区南华系—震旦系发育裂坳沉积体系，该套沉积层系在遭受柯坪运动剥蚀后主要保留在麦盖提斜坡中段，该区存在发育南华系—震旦系烃源岩的条件。柯坪地区西北部可能发育南华系—震旦系与玉尔吐斯组烃源岩，但其发育程度比满西地区差。

4.2.2 对白云岩储层与蒸发盐岩盖层分布的制约

根据前人对盐下储层的研究认识，塔里木盆地寒武系盐下储层，主要发育在肖尔布拉克组，储层主要受控于沉积相带；白云岩相带储层发育率高，石灰岩相带内储层普遍不发育[27-28]。巴楚隆起 9 个钻孔、塔中隆起中深 1 井、中深 5 井已证实发育白云岩；塔北隆起星火 1 井、新和 1 井两个钻孔证实满西凹陷内肖尔布拉克组以石灰岩为主，但北部牙哈 5 井肖尔布拉克组实钻证实为白云岩；塔东地区该套层系岩性以泥质岩为主。

在早—中寒武世构造古地理图上（图 7b），已经证实肖尔布拉克组为白云岩的地质点主要分布在满西凹陷周缘的柯坪—轮南凸起与巴麦斜坡上；满西凹陷内肖尔布拉克组以石灰岩为主；塔东地区以泥岩为主。因此，肖尔布拉克组在隆起区超覆尖灭，低部位相变为石灰岩，至盆地区相变为欠补偿沉积的泥岩，下寒武统肖尔布拉克组白云岩相主要发育巴麦斜坡、柯坪—轮南凸起内（图 7b）。

前人[29]的研究认为，蒸发盐岩与泥质白云岩皆可作为有效盖层，由于中—下寒武统表现为超覆沉积特点，蒸发盐岩盖层（含潮坪相）的分布比盐下白云岩储层分布更广。受塔南隆起、柯坪—轮南凸起的障壁作用控制，中寒武统蒸发盐岩发育在巴麦斜坡与满西凹陷内。巴楚隆起—塔中隆起内钻孔揭示均发育蒸发盐岩，地貌相对低部位以盐为主，地貌相对高部位，例如中深 1 井，中寒武统以石膏为主；满西凹陷内新和 1 井钻井揭示发育石膏岩。柯坪—轮南凸起内，肖尔布拉克露头剖面阿瓦塔格组以潮坪相含石膏结核的褐色白云岩质泥岩为主，牙哈地区多个钻孔证实中寒武统以泥质白云岩或白云质泥岩为主。

4.2.3 有利勘探方向

四川盆地安岳气田古老碳酸盐岩油气藏勘探实践提出"四古"理论[30]，即古裂陷、古丘滩、古隆起、古圈闭控制古老白云岩油气成藏。西伯利亚地台内发育的诸多超大型坳陷是烃源岩富集与沉积的最佳场所，地台区内发育诸多大型古隆起，其斜坡带通常是油气聚集的良好场所[31]。塔里木盆地与四川盆地及西伯利亚地台南华纪—早中寒武世构造演化具有高度的相似性，均表现为南华纪裂陷盆地、震旦纪坳陷盆地、早—中寒武世台地沉积背景；中深 1 井寒武系盐下白云岩原生油气藏的发现，表明塔里木盆地寒武系盐下白云岩具备规模成藏的构造沉积背景，围绕生烃坳陷周缘的古隆起是有利勘探区域。

根据上述源储盖层分布认识与前人提出的古隆起发育背景[15]，按照"定凹探边、定凹探隆"的勘探理论，塔中隆起、古城地区与轮南地区是寒武系盐下白云岩勘探的最有利区带（图8）。该3个区带位于满西最富集生烃凹陷周缘，具有加里东期—海西期继承性古隆起背景，发育白云岩储层与蒸发盐岩盖层，具备大油气田形成的基本地质条件；塔中地区与古城地区具有超覆地层圈闭勘探条件，轮南地区具备礁滩型白云岩勘探条件。

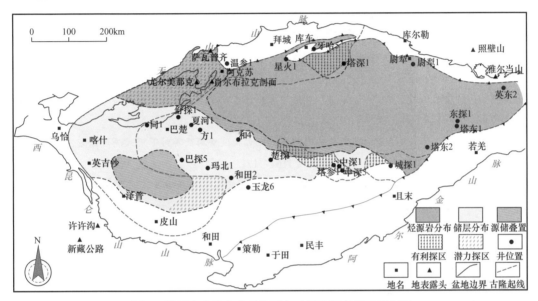

图 8 塔里木盆地寒武系盐下白云岩勘探有利区带分布

和田河气田周缘与柯坪断隆是寒武系盐下白云岩勘探的潜力区带（图8）。和田河气田周缘具有处于和田古隆起北斜坡、临近麦盖提斜坡中段的南华系—震旦系沉积坳陷的有利条件；海西期和田古隆起北斜坡存在肖尔布拉克组超覆地层圈闭，具备古油气藏形成条件，喜马拉雅期构造反转，和田河气田南部存在调整油气藏的条件。柯坪地区具备海西期古隆起条件[9, 32]，具有玉尔吐斯组烃源岩、肖尔布拉克组储层与中寒武统蒸发盐岩盖层良好配置，具备古油气藏形成条件；由于喜马拉雅期构造运动强，油气保存是最大的风险。

5 结论

（1）塔里木盆地寒武纪/前寒武纪柯坪运动大范围发育，对盆地的影响南强北弱。盆地南部大面积隆升，寒武系与下伏地层主要呈角度不整合接触关系，下寒武统向南超覆尖灭；盆地北部寒武系/前寒武系呈平行不整合接触关系，中—下寒武统地层序列完整。

（2）柯坪运动造成前寒武纪—寒武纪盆地沉积格局发生重大变化。南华纪，沿克拉通盆地边缘发育北东走向的断陷沉积盆地，沉积盆地主要发育在现今满西—塔东地区、西南坳陷中部与柯坪地区；震旦纪，在南华纪断陷盆地背景下发育为坳陷盆地，沉积范围扩大，覆盖了北部坳陷及西南坳陷大范围地区。柯坪运动导致南塔里木地块大面积隆升，造成西南坳陷内的南华系—震旦系被大面积削蚀，仅麦盖提斜坡中段残余南华系—震旦系。早—中寒武世，沉积盆地转换为东西分异、南北分异的台盆沉积特点，塔南隆起与柯坪—轮南凸起围绕，形成相对闭塞的沉积环境，为中寒武统大面积蒸发盐岩沉积与塔西台地的形成提供古地貌基础。

（3）满西凹陷是南华纪、震旦纪、早—中寒武世继承性凹陷，具备发育多套烃源岩的条件，是台盆区内烃源岩最富集的地区；西南坳陷内可能发育南华系—震旦系烃源岩；下寒武统肖尔布拉克组储层主要围绕满西凹陷分布。结合古隆起的发育特征，建议塔中地区、古城地区与轮南地区为优先探索区带。

参 考 文 献

[1] 王招明，谢会文，陈永权，等．塔里木盆地中深 1 井寒武系盐下白云岩原生油气藏的发现与勘探意义 [J]．中国石油勘探，2014，19（2）：1-13．

[2] 杨鑫，徐旭辉，陈强路，等．塔里木盆地前寒武纪古构造格局及其对下寒武统烃源岩发育的控制作用 [J]．天然气地球科学，2014，25（8）：1164-1171．

[3] 崔海峰，田雷，张年春，等．塔西南坳陷南华纪—震旦纪裂谷分布及其与下寒武统烃源岩的关系 [J]．石油学报，2016，37（4）：430-438．

[4] 李勇，陈才，冯晓军，等．塔里木盆地西南部南华纪裂谷体系的发现与意义 [J]．岩石学报，2016，32（3）：825-832．

[5] 何金有，邬光辉，徐备，等．塔里木盆地震旦系—寒武系不整合面特征及油气勘探意义 [J]．地质科学，2010，45（3）：698-706．

[6] 陈刚，汤良杰，余腾孝，等．塔里木盆地巴楚—麦盖提地区前寒武系不整合对基底古隆起及其演化的启示 [J]．现代地质，2015，29（3）：576-583．

[7] 潘文庆，陈永权，熊益学，等．塔里木盆地下寒武统烃源岩沉积相研究及其油气勘探指导意义 [J]．天然气地球科学，2015，26（7）：1224- 1232．

[8] 陈永权，严威，韩长伟，等．塔里木盆地寒武纪—早奥陶世构造古地理与岩相古地理格局再厘定——基于地震证据的新认识 [J]．天然气地球科学，2015，26（10）：1831-1843．

[9] 吴根耀，李日俊，刘亚雷，等．塔里木西北部乌什—柯坪—巴楚地区古生代沉积—构造演化及盆地动力学背景 [J]．古地理学报，2013，15（2）：203-218．

[10] 杨树锋，陈汉林，董传万，等．塔里木盆地西北缘晚震旦世玄武 岩地球化学特征及大地构造背景 [J]．浙江大学学报（自然科学版），1998，32（6）：753-760．

[11] 周肖贝，李江海，傅臣建，等．塔里木盆地西北缘南华纪—寒武纪构造背景及构造—沉积事件探讨 [J]．中国地质，2012，39（4）：900-910．

[12] 马世鹏，汪玉珍，方锡廉．西昆仑山北坡的震旦系 [J]．新疆地质，1989，7（4）：68-79．

[13] 赵宗举，罗家洪，张运波，等．塔里木盆地寒武纪层序岩相古地理 [J]．石油学报，2011，32（6）：937-948．

[14] 杨鑫，李慧莉，岳勇，等．塔里木盆地震旦纪末地层—地貌格架与寒武纪初期烃源岩发育模式 [J]．天然气地球科学，2017，28（2）：189-198．

[15] 邬光辉，李浩武，徐彦龙，等．塔里木克拉通基底古隆起构造—热事件及其结构与演化 [J]．岩石

学报，2012，28（8）：2435-2452.

［16］谢晓安，卢华复，吴奇之，等.塔里木盆地深部构造与震旦纪裂谷［J］.南京大学学报，1996，32（4）：722-727.

［17］吴林，管树威，任荣，等.前寒武纪沉积盆地发育特征与深层烃源岩分布——以塔里木新元古代盆地与下寒武统烃源岩为例［J］.石油勘探与开发，2016，43（6）：905-915.

［18］吴林，管树威，杨海军，等.塔里木北部新元古代裂谷盆地古地理格局与油气勘探潜力［J］.石油学报，2017，38（4）：375-385.

［19］任荣，管树威，吴林，等.塔里木新元古代裂谷盆地南北分异及油气勘探启示［J］.石油学报，2017，38（3）：255-266.

［20］冯增昭，鲍志东，吴茂炳，等.塔里木地区寒武纪岩相古地理［J］.古地理学报，2006，8（4）：427-439.

［21］刘伟，张光亚，潘文庆，等.塔里木地区寒武纪岩相古地理及沉积演化［J］.古地理学报，2011，13（5）：529-538.

［22］杨永剑，刘家铎，田景春，等.塔里木盆地寒武纪层序岩相古地理特征［J］.天然气地球科学，2011，22（3）：450-459.

［23］陈永权，赵葵东，等.塔里木盆地中寒武统泥晶白云岩红层的地球化学特征与成因探讨［J］.高校地质学报，2008，14（4）：283-294.

［24］倪新锋，沈安江，陈永权，等.塔里木盆地寒武系碳酸盐岩台地类型、台缘分段特征及勘探启示［J］.天然气地球科学，2015，26（7）：1245-1255.

［25］朱光有，陈斐然，陈志勇，等.塔里木盆地寒武系玉尔吐斯组优质烃源岩的发现及其基本特征［J］.天然气地球科学，2016，27（1）：8-21.

［26］朱传玲，闫华，云露，等.塔里木盆地沙雅隆起星火1井寒武系烃源岩特征［J］.石油实验地质，2014，36（5）：626-632.

［27］李保华，邓世彪，陈永权，等.塔里木盆地柯坪地区下寒武统台缘相白云岩储层建模［J］.天然气地球科学，2015，26（7）：1233-1244.

［28］严威，郑剑锋，陈永权，等.塔里木盆地下寒武统肖尔布拉克组白云岩储层特征及成因［J］.海相油气地质，2017，22（4）：35-43.

［29］杜金虎，潘文庆.塔里木盆地寒武系盐下白云岩油气成藏条件与勘探方向［J］.石油勘探与开发，2016，43（3）：327-339.

［30］邹才能，杜金虎，徐春春，等.四川盆地震旦系—寒武系特大型气田形成分布、资源潜力与勘探发现［J］.石油勘探与开发，2014，41（3）：278-293.

［31］王四海，费琪，高金川.俄罗斯西伯利亚地台油气资源地质特征探析［J］.地质科技情报，2013，32（6）：86-94.

［32］黄苏卫.塔里木盆地西北缘柯坪冲断带寒武系盐下成藏条件［J］.断块油气田，2014，21（3）：282-286.

原文刊于《天然气地球科学》，2019，30（1）：39-50.

中—上扬子地区震旦纪陡山沱组沉积期岩相古地理及勘探意义

汪泽成[1]　刘静江[1]　姜　华[1]　黄士鹏[1]　王　坤[1]　徐政语[2]　江青春[1]

石书缘[1]　任梦怡[1]　王天宇[1]

（1. 中国石油勘探开发研究院；2. 中国石油杭州地质研究院）

摘　要：近年来四川盆地及邻区震旦系灯影组天然气及陡山沱组页岩气勘探均取得重大突破，但对陡山沱组的沉积背景条件缺乏系统研究。利用大量露头资料，结合少量钻井、地震资料，分析了中—上扬子地区陡山沱组沉积期岩相古地理格局、沉积环境、沉积演化及烃源岩分布。研究表明：（1）中—上扬子地区陡山沱组沉积期沉积充填序列及地层分布受古隆起和边缘凹陷控制。古隆起区陡山沱组超覆沉积，厚度薄，发育滨岸相、混积陆棚相、非典型碳酸盐台地相；边缘凹陷地层齐全、厚度大，发育深水陆棚相和局限海盆相。（2）陡山沱组沉积序列总体表现为"海侵—高位—海退"的一个完整沉积旋回。陡山沱组一段为海侵初期的非典型碳酸盐缓坡沉积，陡山沱组二段为广泛海侵期的滨岸—混积陆棚沉积，陡山沱组三段为海侵高位阶段的非典型局限—开阔海台地沉积。（3）陡山沱组二段发育富有机质黑色页岩，分布稳定、厚度大，是重要的烃源岩发育层段和页岩气主力层段；陡山沱组三段以微生物碳酸盐岩为特征，有较好的储集条件，有利于天然气及磷等矿产资源成藏（矿）富集，为值得重视的新领域。秦岭海槽、鄂西海槽是天然气（包括页岩气）及磷矿、锰矿等矿产资源勘查的有利区。

关键词：震旦系；陡山沱组；岩相古地理；四川盆地；古隆起；边缘凹陷；碳酸盐台地；黑色页岩；烃源岩

中国南方震旦系分布广泛，蕴藏着丰富的常规天然气和页岩气资源。2012年以来，在四川盆地高石梯—磨溪地区，发现了安岳特大型气田，震旦系灯影组为其主力含气层系之一[1-2]；在湖北宜昌地区，震旦系陡山沱组页岩气勘探获重要发现[3]。陡山沱组是中—上扬子地区进入稳定克拉通坳陷阶段的第一套沉积，以岩相古地理为重点的油气地质条件研究缺乏系统性，制约了该层系天然气资源潜力的客观评价及有利勘探区优选。

中—上扬子地区震旦系陡山沱组的研究可追溯到20世纪20年代。1924年李四光、赵亚曾在此建立了震旦纪地层剖面，包括南沱组、陡山沱岩系和灯影组三个岩石地层单位[4]。其后的数十年，震旦系研究取得重要成果。前人的研究主要侧重于地层学[5-12]、

基金项目：国家科技重大专项"下古生界—前寒武系碳酸盐岩油气成藏规律、关键技术及目标评价"（2016ZX05004-001）；国家重点研发计划"中新元古界微生物碳酸盐岩沉积环境与成储机制"（2017YFC0603103）

生物学[13]以及新元古代埃迪卡拉（震旦）纪重大生命事件对地球早期生命演化的科学意义，少有对其岩相古地理方面的研究。2012年以来，随着震旦系常规天然气的发现及海相页岩气勘探的快速发展，陡山沱组逐渐成为研究热点[14-16]。为了深入研究陡山沱组岩相古地理特征，研究团队考察了川、渝、滇、黔、陕南及湘鄂西数十条震旦系露头剖面，收集整理钻井、测井、地震和其他综合研究资料，开展中—上扬子地区陡山沱组对比、沉积相分析等基础工作，编制了陡山沱组一段、二段和三段（后文简称陡一段、陡二段和陡三段）的岩相古地理图，同时开展露头区烃源岩实验分析，结合沉积相分析，确定烃源岩分布有利区，为评价陡山沱组天然气勘探潜力提供理论依据。

1 陡山沱组特征与分布

中—上扬子地区震旦系陡山沱组分布广泛，不同地层分区有不同组名[5-12]。上扬子东部及中扬子地区称之为陡山沱组，滇东地区为王家湾组，滇北—川西地区为观音崖组，川南—川北—陕南地区为喇叭岗组。

1.1 地层特征

陡山沱组层型剖面位于湖北宜昌莲沱镇西面之陡山沱[9]，岩性主要为灰、灰黑色泥质白云岩、白云质灰岩及黑色泥页岩，常夹硅磷质结核和团块，含微古植物、宏观藻类，与下伏南华系南沱组灰绿色冰碛岩不整合接触，自下而上可分四段（图1）：陡一段仅分布于鄂西及黔北小部分地区，岩性为灰色白云岩，称盖帽白云岩。陡二段除古陆顶部缺失外，大部分地区均有沉积；岩性变化大，在鄂西、川北及黔北等地区主要为黑色页岩、泥岩夹灰色泥质白云岩、白云岩，在川西地区为灰白色、紫红色页岩夹少量灰色泥岩及白云岩。陡三段分布范围与陡二段相当，但比陡二段分布范围略大；岩性为灰色白云岩、白云质灰岩及条带状灰岩。陡四段分布范围同陡三段，由于遭受剥蚀，多数地区存在地层缺失；鄂西地区陡四段岩性为黑色页岩夹少量泥灰岩和石灰岩。

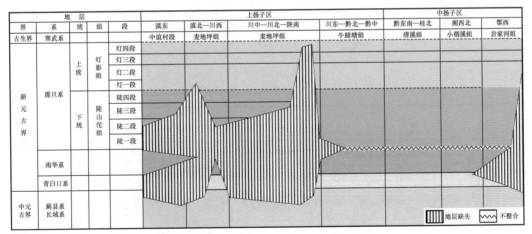

图1　中—上扬子地区中—新元古界的地层分布表（不同颜色代表不同的层系）

与陡山沱组时代相当的地层，在川中、川南地区，称之为喇叭岗组，岩性为砂岩、含砾砂岩、页岩夹白云岩或白云质灰岩，局部地区发育膏盐岩夹层；川西北称为胡家寨组，为一套巨厚的板岩、千枚岩化泥页岩、碳质页岩夹砂岩沉积；川西、滇中称观音崖组，下部为紫红色砂泥岩，上部夹碳酸盐岩，云南华坪、盐边地区夹膏盐岩，含叠层石；滇东昆明—建水一带称王家湾组，为海湾潟湖相紫红色砂页岩夹白云岩、泥质灰岩；黔中开阳、福泉、麻江一带称洋水组，一般厚度为10～50m，主要为灰绿色砂岩、粉砂岩及细砾岩，顶部为砂质白云岩及磷块岩，含硅质叠层石；在遵义松林，陡山沱组岩性为一套灰黑色含磷页岩夹硅质岩、薄层白云岩沉积。

1.2 地层分布

利用露头、钻井资料，结合少量地震资料，编制四川盆地及邻区陡山沱组厚度分布图（图2），揭示陡山沱组分布具有"在四川盆地内部厚度薄、盆地周缘厚度大"的特征。四川盆地大部分地区缺失陡一段、陡二段及陡三段的部分地层，残留地层厚度一般为20～60m。四川盆地外围陡山沱组厚度较大，一般为120～480m。鄂西地区陡山沱组发育

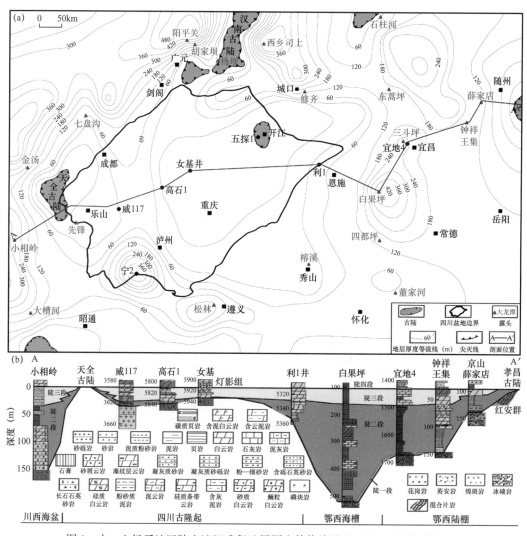

图 2　中—上扬子地区陡山沱组残留地层厚度等值线图（a）及对比剖面图（b）

较全，可以划分为四个岩性段。往东向淮阳古陆地层厚度具有超覆变薄的特征，在孝昌地区灯影组直接覆盖在红安群灰绿色混合片岩之上。此外，汉南古陆、开江古陆和天全古陆陡山沱组缺失（图3），灯影组直接超覆在前震旦系上。

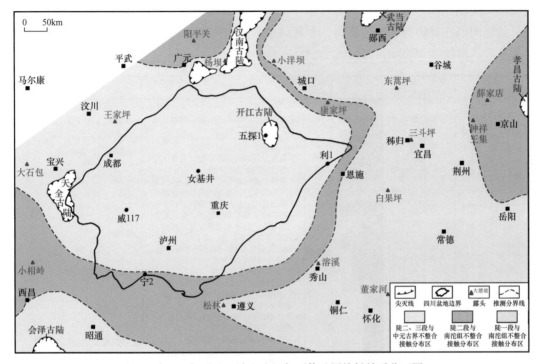

图3　中—上扬子地区陡山沱组与下伏地层接触关系分区图

陡山沱组各层段分布及与下伏地层接触关系见图3。陡一段仅分布于湘鄂西及大巴山—秦岭地区；四川盆地大部分缺失陡二段，仅有陡三段沉积。在接触关系方面，湘鄂西、大巴山—秦岭地区陡一段与下伏南沱组冰碛岩不整合接触；在四川盆地外围陡一段缺失区陡二段直接与南沱组不整合接触；在四川盆地主体部分，陡三段直接与中元古界不整合接触。

2　陡山沱组沉积期古构造格局

陡山沱组沉积期沉积古构造格局由古隆起和边缘凹陷组成。

2.1　古隆起形成与分布

陡山沱组沉积前中—上扬子地区发育三大古隆起：四川古隆起、淮阳古隆起和滇黔古隆起[17-18]。其中，四川古隆起范围包括了现今的四川盆地及其周缘，其陡山沱组薄、下部地层缺失，由边缘凹陷向隆起区超覆沉积。

四川古隆起面积约 $40 \times 10^4 km^2$（图2、图3）。米仓山地区和峨眉山以西地区有前震旦系出露，分别为火地垭群和峨边群[19]。米仓山地区的火地垭群下部岩性为一套浅变质碎屑岩夹大理岩，含叠层石，称麻窝子组，厚度约为3500m；上部岩性主要为一套变质碎屑岩，夹大理岩和火山岩，称上两组，厚度超过1700m。侵位于该群的钠长黑云千片岩（原岩为中酸性火山岩）锆石铅同位素年龄为1619.3Ma[19]，橄榄角闪辉石岩同位素年龄为1065Ma（K—Ar），石英闪长岩为956Ma（U—Pb）[20]，时代属于中元古代。南江杨坝剖面可见陡山沱组四段直接与火地垭群上两组不整合接触，缺失陡一段—陡三段（图4）。四川盆地西部的峨边群岩性主要为一套灰白色大理岩夹浅变质海相碎屑岩，夹基性—酸性岩火成岩，厚度为6800m，时代属于中元古代[19]。

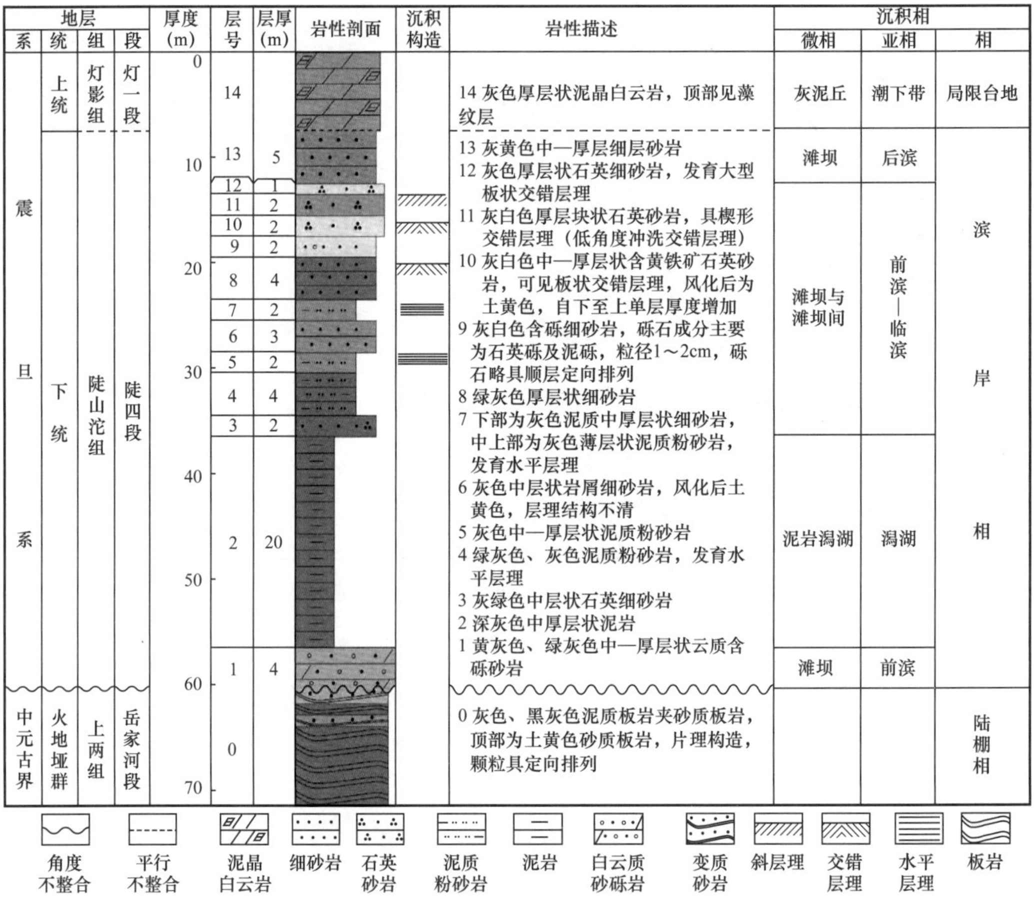

地层				厚度(m)	层号	层厚(m)	岩性剖面	沉积构造	岩性描述	沉积相		
系	统	组	段							微相	亚相	相
震旦系	上统	灯影组	灯一段	0	14				14 灰色厚层状泥晶白云岩，顶部见藻纹层	灰泥丘	潮下带	局限台地
	下统	陡山沱组	陡四段	10	13	5			13 灰黄色中—厚层细层砂岩	滩坝	后滨	滨岸相
					12	2			12 灰黄色厚层状石英砂岩，发育大型板状交错层理			
					11	2			11 灰白色厚层块状石英砂岩，具楔形交错层理（低角度冲洗交错层理）	滩坝与滩坝间	前滨—临滨	
				20	10	2			10 灰白色中—厚层状含黄铁矿石英砂岩，可见板状交错层理，风化后为土黄色，自下至上单层厚度增加			
					9				9 灰白色含砾细砂岩，砾石成分主要为石英砂砾及泥砾，粒径1～2cm，砾石略从顺层定向排列			
					8	4			8 绿灰色厚层状细砂岩			
				30	7				7 下部为灰色泥质中厚层状细砂岩，中上部为灰色薄层状泥质粉砂岩，发育水平层理			
					6	3			6 灰色中层状岩屑细砂岩，风化后土黄色，层理结构不清			
				40	5				5 灰色中—厚层状泥质粉砂岩	泥岩潟湖	潟湖	相
					4	4			4 绿灰色、灰色泥质粉砂岩，发育水平层理			
				50	2	20			3 灰绿色中层状石英细砂岩			
									2 深灰色中厚层状泥岩			
									1 黄灰色、绿灰色中—厚层状云质含砾砂岩			
				60	1	4				滩坝	前滨	
中元古界	火地垭群	上两组	岳家河段	70	0				0 灰色、黑灰色泥质板岩夹砂质板岩，顶部为土黄色砂质板岩，片理构造，颗粒具定向排列			陆棚相

图例：角度不整合、平行不整合、泥晶白云岩、细砂岩、石英砂岩、泥质粉砂岩、泥岩、白云质砂砾岩、变质砂岩、斜层理、交错层理、水平层理、板岩

图4 南江杨坝剖面陡山沱组沉积相剖面

四川古隆起可能形成于青白口纪中—晚期至南华纪早期，发生于该时期的大规模构造热事件导致了四川古隆起的形成。火地垭群、峨边群含有基性—酸性侵入岩体，其中的辉绿岩锆石年龄为813.4+8.2Ma[21]，花岗岩年龄在750～840Ma[22]。凌文黎等[23]认为在新元古代早期（距今约860±12Ma）火地垭群受到了构造热事件的改造，与区域上广泛分布的基性—超基性和碱性、中—酸性岩浆活动时间一致，川西地区发生大规模裂谷岩浆活动是新元古代中期与超大陆裂解有关的超级地幔柱作用导致的。四川盆地腹部的威117井、高石1井和女基井钻遇黄灰色花岗岩（距今794±11Ma）和紫红色英安岩。Li等人[24]认为超级地幔柱的形成有两个阶段，分别为距今795～830Ma和距今745～780Ma，广泛分布于中—上扬子地区中新元古界的火山岩侵入岩体可能是Rodinia超大陆在距今

795~830Ma 期间裂解产生的岩浆侵位而成。青白口纪中—晚期超级地幔柱活动导致了上扬子地区大规模构造隆升，中—新元古界暴露剥蚀，以至于古陆之上大面积缺失青白口纪—南华纪地层沉积。

四川古隆起对陡山沱组沉积的控制作用很明显，古隆起整体缺失陡山沱组陡一段，大部分地区仅存在陡山沱组中—上部，厚度仅 20~60m，远小于周缘凹陷地层厚度。

位于中扬子北部的淮阳古隆起，主体位于大别山地区，又称之为大别古陆[25]。该古隆起主要由前震旦系变质岩系组成，在湖北北部包括了随县群（距今 668.00~1228.03Ma）和大别群。在圻州地区随县群与上覆陡山沱组陡二段不整合接触；在孝昌县以东地区为大别群灰绿色片岩与上覆陡二段不整合接触（称孝昌古陆）。

2.2 边缘凹陷形成与分布

陡山沱组沉积期上扬子克拉通西部边缘发育典型的大陆裂谷—攀西裂谷[24, 26]。攀西裂谷活动的记录最早可以追溯到中元古代，并在新元古代有过多次活动期和间歇期[26]。受攀西裂谷活动影响，自北向南分别发育有宁强、清平、康定、西昌、攀枝花等多个边缘凹陷[17-18]，沉积厚度为千米左右，局部厚度超过 1800m。

四川古隆起北缘发育城口凹陷，陡山沱组黑色岩系沉积厚度可达 1840m。城口凹陷可能是华北板块与扬子板块拼合过程中残存的小型残留洋盆。1992 年，赵东旭在城口陡山沱组沉积中发现锰质叠层石[27]，或为锰结核，可能与现今大洋锰结核成因相似。

四川古隆起东缘发育鹤峰凹陷，属于四川古隆起和淮阳古隆起之间的低洼地带，是陡山沱组沉积期鄂西海槽的沉积中心，沉积了巨厚的黑色页岩夹硅质岩和碳酸盐岩。鄂西海槽是上扬子与中扬子之间相对低洼的窄长地带，近南北向展布，向北沟通扬子克拉通北面的秦岭海槽，向南连通湘桂海盆。

四川古隆起南缘发育长宁凹陷，夹持在四川古隆起与黔中古隆起之间，西侧有天全古陆的遮挡，形成一个半封闭—封闭的海湾，陡山沱组沉积中—晚期发育膏盐岩。

3 沉积特征与岩相古地理

3.1 典型剖面沉积特征

本文重点介绍川北杨坝剖面、川中威 117 井剖面和鄂西宜地 4 井陡山沱组沉积特征。

3.1.1 南江县杨坝剖面

剖面位于四川盆地北部南江县杨坝镇，构造上位于汉南古陆西斜坡上部（图 2）。地层出露下震旦统喇叭岗组和上震旦统灯影组，灯影组厚度为 836m，喇叭岗组厚度为 53m，喇叭岗组与陡山沱组为同期异相沉积（图 4）。剖面可见陡山沱组缺失陡一段—陡三段（部分），仅有陡四段，与下伏火地垭群上两组黄灰砂质板岩不整合接触，顶部黄灰色中—厚层细砂岩与上覆灯影组灰白色白云岩不整合接触（图 4）。

陡山沱组主要为碎屑滨岸—潟湖相砂泥岩沉积。底部为中层状白云质含砾砂，为前滨滩坝沉积；中—下部为浅灰色、灰色薄层泥岩，局部含少量粉砂岩，为近岸潟湖沉积；上部为灰色、灰绿色中—厚层夹薄层粉—细砂岩、石英砂岩夹泥质粉砂岩，具楔状层理、交错层理、平行层理和斜层理，为前滨—临滨滩坝沉积。

3.1.2 威117井

威117井位于四川盆地威远构造带，井深3746m，钻穿震旦系至基底花岗岩。震旦系灯影组钻厚598m，陡山沱组钻厚41m。震旦系全井段取心，陡山沱组沉积现象明显（图5），上部为灰白色粉晶云岩、浅褐色泥晶云岩夹含泥云岩，局部见藻纹层；中部为含石膏泥质云岩夹石膏层，白色石膏层为主夹薄层膏云岩；下部为灰绿色砂质云岩、灰绿色云质泥岩夹灰绿色粉砂岩、泥质粉砂岩、含砾砂岩，可见波痕层理。总体为半局限—局限台地相沉积，以发育藻云坪—蒸发潟湖为主要特征。区域对比为陡二段和陡三段，缺失陡一段和陡四段。

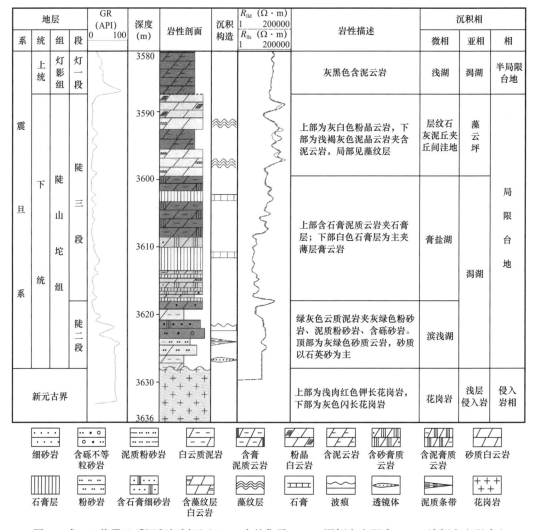

图5　威117井震旦系沉积相剖面（GR—自然伽马；R_{lld}—深侧向电阻率；R_{lls}—浅侧向电阻率）

3.1.3 宜地 4 井

宜地 4 井位于宜昌秭归附近，是一口以陡山沱组页岩气为勘探对象的探井，井底层位为南沱组。该井震旦系全取心，陡山沱组可分四段（图 6），陡一段为浅灰色条带状含泥白云岩，浅色条带云质较重，深色条带泥质较重，为浅水陆棚沉积。陡二段底部为深灰色泥岩、灰质泥岩夹灰色泥灰岩，中—上部为褐灰色夹灰色、深灰色页岩，局部含磷质结核，为深水陆棚沉积。陡三段下部为灰色条带状泥质白云岩夹薄层白云岩，为浅水陆棚沉积；中部夹灰色砂屑白云岩，上部为浅灰色条带状泥晶白云岩，为浅水陆棚及碎屑流沉积。陡四段下部为黑色泥岩夹薄层泥质灰岩或白云岩，为深水陆棚沉积；中—上部为浅灰色条带状含泥白云岩夹泥晶白云岩，顶部为灰色、浅灰色云质泥岩或泥云岩，为浅水陆棚沉积。陡山沱组与下伏南沱组冰碛岩不整合接触，与上覆灯影组整合接触。

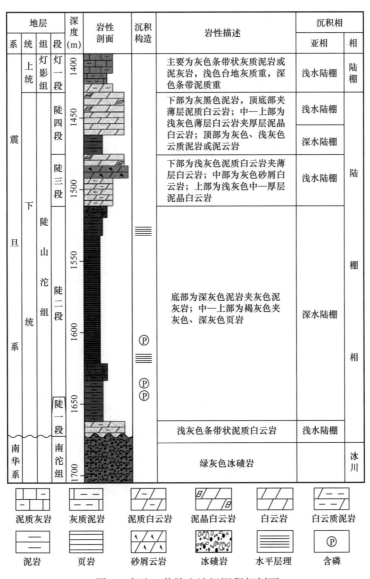

图 6　宜地 4 井陡山沱组沉积相剖面

3.2 岩相古地理及其演化

中—上扬子地区陡山沱组主要有碎屑滨岸沉积、碳酸盐岩台地沉积、陆棚和局限海盆沉积，可划分为3大沉积体系、6大沉积相、18个亚相、若干微相（表1）。碎屑岩沉积主要发育在陡二段和陡四段，碳酸盐岩沉积主要发育在陡一段和陡三段。陡一段—陡二段为海侵阶段沉积，陡三段海侵达到高位，陡四段为海退沉积，整个陡山沱组沉积构成一个较完整的海侵—高位—海退沉积旋回。

表1　中—上扬子地区陡山沱组沉积体系

沉积体系	沉积相	亚相	微相及主要岩石类型	发育层位
碳酸盐岩台地	局限—半局限台地	藻丘、丘间洼地、颗粒滩、藻云坪、蒸发潟湖	藻纹层白云岩、微晶凝块白云岩，含磷叠层石白云岩；氧化色砂泥岩，泥质白云岩、硅质条带白云岩、砂屑白云岩	陡三段
	台缘斜坡	上斜坡、下斜坡	微晶凝块灰泥丘、条带状泥晶碳酸盐岩、瘤状碳酸盐岩、滑塌角砾状碳酸盐岩，浊积岩、深色泥岩、硅质岩	陡三段
滨岸、潟湖	潟湖	泥岩潟湖、膏盐湖	灰绿色泥岩、含硬石膏白云岩、石膏层，交错层理砂泥岩	陡二段陡四段
	潮坪	潮上、潮间、潮下	泥坪、沙坪、混合坪，含泥膏质白云岩	陡二段陡三段陡四段
	滨岸	临滨、前滨、后滨	沙滩、沙坝	
陆棚、海盆	陆棚海盆	浅水陆棚、深水陆棚、海盆	条带状白云岩、中薄层云质泥岩、硅质泥岩、泥质白云岩、含磷云质砂岩、黑色页岩	陡一段至陡四段

3.2.1　陡一段碳酸盐岩缓坡相沉积特征

陡山沱组是南沱冰期之后的第一套海侵沉积，因此古陆对陡山沱组沉积影响很大，在古陆范围内普遍缺失陡山沱一段沉积。

陡一段沉积时，四川古陆已经存在（图7）。该古陆分布面积大，除现今的四川盆地主体之外，西南方向延伸至西昌、昭通，西北方向延伸至宁强。古陆以东的鄂西地区为宽缓的浅水陆棚环境，其水体深度应在20m左右，因此沉积了一套厚度不大（2～10m）、分布较广的碳酸盐岩（盖帽白云岩）。受沉积环境控制，不同地区岩性差异较大，在水体较浅的地区如荆门至岳阳一带主要是白云岩、含膏白云岩；在宜昌至常德、遵义至瓮安一带主要为条带状含泥白云岩、硅质条带白云岩与灰质白云岩，发育水平层理和层纹状构造；在怀化、麻阳、凤凰、贡溪、芷江等地，主要为含锰白云岩、灰质云岩、泥云岩，水平层理发育，为浅水陆棚沉积。在保康至城口一带的秦岭海槽地区主要为泥质灰岩、含泥灰岩或云质灰岩夹少量薄层白云岩，表现为较深水陆棚或海盆沉积环境。在川西宁强阳平关至绵竹王家坪及四川古陆主体部位和鄂西东部孝昌地区（孝昌古陆）缺失陡一段碳酸盐岩沉积。在川西北平武地区陡山沱组为一套变质灰岩夹黑色泥质板岩，无法与其他地区分段对比，尚不清楚是否有相当于陡一段的相变地层。在古陆的周缘可能有陡一段同时异相的滨岸碎屑岩沉积，但至今没有确切的剖面证实。

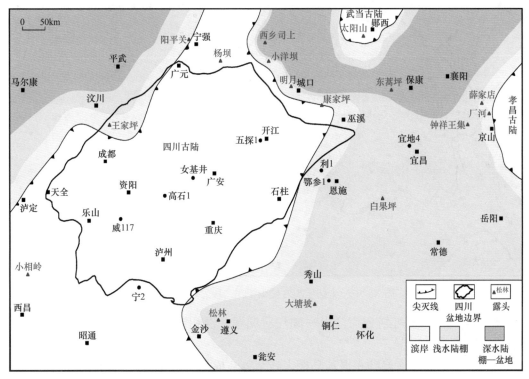

图 7　中—上扬子地区陡山沱组一段岩相古地理图

根据沉积背景、沉积厚度及岩性特征，陡一段沉积表现为宽缓陆棚上的碳酸盐岩缓坡沉积。由于沉积厚度较薄（2～10m），可以认为是碳酸盐岩缓坡的初期阶段，或称非典型碳酸盐岩缓坡。对于盖帽白云岩，杨爱华等[10]也认为是碳酸盐岩缓坡沉积。根据岩性分布和古构造背景，陡一段碳酸盐岩缓坡可以划分为内缓坡、中缓坡、外缓坡—盆地等几个沉积环境。荆门至岳阳一带主要是内缓坡潮间—潮上带沉积；宜昌至常德、遵义至瓮安一带主要是中缓坡潮间—潮下带；保康至城口一带的秦岭海槽地区主要为外缓坡—盆地相潮下带沉积。

3.2.2　陡二段滨岸—潮坪—潟湖—混积陆棚、浅水陆棚、深水陆棚—海盆相特征

陡二段是中—上扬子地区广泛海侵时期的沉积（图 8）。受海侵影响，陆地面积迅速缩小，至陡二段沉积晚期，曾广泛暴露的四川古陆、滇黔古陆大部分被海水淹没，仅在较高部位还有部分残余古陆，分别是汉南古陆、开江古陆、天全古陆、会泽古陆和孝昌古陆。在古陆上沉积了一套浅水碎屑岩夹碳酸盐岩和膏盐沉积，古陆周缘的边缘凹陷则沉积了大套以黑色页岩夹硅质岩为主的黑色岩系。该时期可能发生大规模的火山喷发，在湖北宜昌、湖南石门县中岭、沅陵县岩屋潭、洗溪、贵州江口县瓮会、三穗县兴隆等地陡二段夹有多层火山灰。

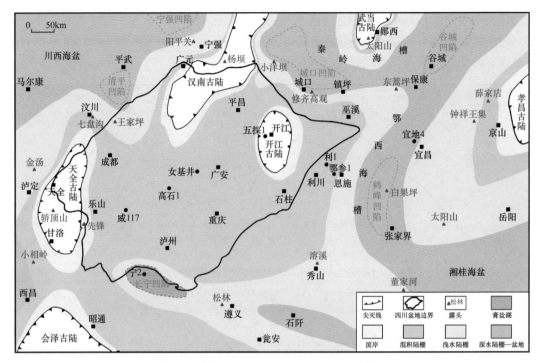

图 8　中—上扬子地区陡山沱组二段岩相古地理图

陡二段沉积环境可划分为滨岸—潮坪—潟湖—混积陆棚、浅水陆棚及深水陆棚—海盆。

（1）滨岸—潮坪—潟湖—混积陆棚。残余古陆成为陡山沱组沉积期重要的物源供应地，围绕古陆发育广泛的滨岸—潮坪—潟湖—混积陆棚相砂泥岩夹白云岩、膏盐沉积。在川北地区旺苍干河、川中地区威远、高石梯、龙女寺钻井都分别发现大套紫红色砂岩、石英砂砾岩、灰绿色、紫红色泥岩，表明陡山沱组沉积期川北—川中地区为干旱的滨岸—潮坪—潟湖—混积陆棚沉积环境；在川西地区陡二段底部为紫灰色长石石英砂岩向上为灰绿色粉细砂岩、泥质粉砂岩和紫红色粉砂质泥岩（绵竹王家坪剖面），在川西南峨边先锋—越西小相岭地区主要为灰白色长石—石英砂岩夹硅质白云岩，发育交错层理和板状斜层理，上部为紫红色钙质页岩夹少量黑色泥灰岩，属于滨岸—潟湖沉积。川东地区鄂参1井陡二段为灰绿色泥岩、泥质粉砂岩、灰质石英粉砂岩，属于混积陆棚沉积。鄂西东部京山厂河—薛家店地区陡二段主要为褐灰色碳质页岩含锰页岩、含磷页岩，黄绿色、灰绿色粉砂质页岩夹含磷黏土岩，紫红色砂岩、灰褐色含砾砂岩，属滨岸—潟湖或海湾沉积。此时长宁凹陷为一封闭—半封闭海湾，沉积了一套厚达400m的含石膏沉积。

（2）浅水陆棚。在神农架武山陡二段主要为灰黑色碳质页岩、灰色泥岩夹粉砂质泥岩、含磷粉砂岩及薄层状白云岩，东蒿坪则主要为深灰色碳质页岩、黑色页岩夹白云岩；秀山榕溪、泸溪洗溪、溆浦董家河陡二段为灰黑色泥岩与条带状泥质白云岩互层夹黑色硅质页岩；遵义松林为黑色页岩、硅质页岩夹少量薄层泥质白云岩或白云岩，属于浅水陆棚沉积。石门杨家坪、常德太阳山陡二段主要为深灰色泥质灰岩或泥质白云岩夹深灰色页岩，灰质或白云质成分较多，为浅水陆棚沉积。

（3）深水陆棚—海盆。四川古陆的边缘地带快速变陡，形成坡度较陡的深水陆棚，并迅速过渡为深水盆地。在鹤峰白果坪、秭归三斗坪、宜地4井、城口修齐高观、宁强阳平关、绵竹王家坪等地都沉积了大套以灰黑色页岩为主的地层，这些沉积在古陆周边的深水盆地中形成了清平凹陷、宁强凹陷、城口凹陷、鹤峰凹陷等几个沉积中心，位于沉积中心的王家坪、阳平关、修齐高观和白果坪剖面黑色岩系厚度都在580～1840m。

湖南安化留茶坡、莲花台、松子坳，桃江天井山等地，陡二段主要为黑色碳质页岩、硅质页岩夹硅质岩，沉积环境为海盆相饥饿盆地。

3.2.3 陡三段滨岸—局限—半局限台地、浅水陆棚、深水陆棚—海盆沉积相特征

陡三段主要为碳酸盐岩沉积（图9），是陡山沱组沉积期海侵达到最高位时期的沉积，古陆进一步缩小，并出现了局部分化。围绕古陆仍然是滨岸碎屑岩沉积；在远离古陆的地区形成局限—半局限台地，边缘凹陷区形成深水盆地。

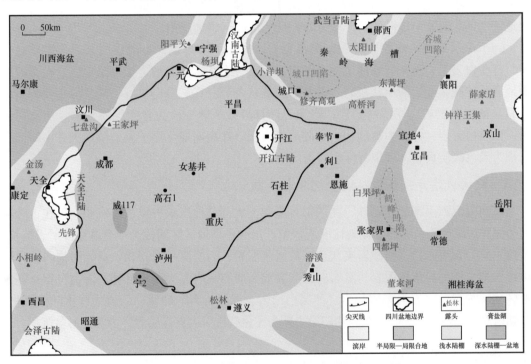

图9　中—上扬子地区陡山沱组陡三段岩相古地理图

陡三段沉积以碳酸盐岩为主，但厚度并不大，四川盆地主体部分厚度仅为10～20m，并夹有泥质碳酸盐岩，局部含膏盐。由于分布较为广泛，水体较浅，似又有陆表海沉积特征，简单套用威尔逊台地模式比较牵强，故本文处理为陆表海模式与威尔逊模式的融合，可以称之为非典型碳酸盐岩台地模式。这种碳酸盐沉积体可能为碳酸盐岩台地的初级阶段，由于形成时间短，尚未达到典型碳酸盐岩台地（缓坡或镶边台地）的规模。在专著《灰泥丘系统分类及石油地质特征》一书中曾把这种沉积类型称为前台地沉积[18]。

（1）滨岸。陡三段沉积期古陆有汉南古陆、开江古陆、天全古陆、孝昌古陆及武当古陆和会泽古陆。古陆上缺失陡山沱组沉积。围绕古陆的是滨岸碎屑岩沉积。南江杨坝剖面

陡山沱组底部的黄灰、绿灰色砂岩含白云质，可能为陡三段的滨岸沉积，与远离古陆的台地相碳酸盐岩可能为相变关系。

（2）局限—半局限台地。该相带主要分布在古隆起的主体部位，形成四川和鄂西两个相互独立的碳酸盐台地，二者之间有鄂西海峡分隔。川中地区威 117 井陡三段上部为灰白色粉晶云岩浅褐灰色泥晶云岩夹含泥云岩，发育藻纹层，下部为含石膏泥质云岩夹白色石膏层，为局限台地藻云坪—膏盐湖沉积。在鄂西钟祥王集、太极垭，黔北开阳、瓮安地区陡三段主要为灰色、灰白色微晶凝块白云岩、含磷白云岩，并有大量含磷叠层石白云岩形成的灰泥丘沉积[17]。叠层石的生长一般需要局限海环境，如现今澳大利亚的 Shark Bay、巴哈马台地等均有叠层石生长。陡三段叠层石沉积环境也应为局限海台地或局限海湾环境。

（3）浅水陆棚（或斜坡）。在台地的外围分布有浅水陆棚或斜坡。其主要沉积特征是灰色、深灰色泥晶白云岩、含泥白云岩或石灰岩夹黑色页岩。总体上以碳酸盐岩为主，夹灰黑色页岩或泥岩，白云岩含磷，并夹磷块岩，在一些地方可形成大型磷矿，如湖北神农架地区、怀化董家河地区的磷矿就分布在陡三段白云岩地层中。

（4）深水陆棚—海盆。沉积以黑色页岩、硅质页岩为主，夹薄层白云岩、泥质白云岩、硅质白云岩、泥灰岩或薄层泥晶灰岩，主要分布在古隆起的边缘坳陷地区。在秦岭海槽地区陡三段主要为薄层状灰岩、泥灰岩或瘤状灰岩；在鹤峰白果坪，陡三段主要为黑色页岩夹薄层白云岩、泥质白云岩；张家界四都坪地区陡三段为含碳泥质云岩、灰质白云岩、硅质白云岩，并夹大套浊积岩和碎屑流沉积。在湖南安化松子坳，桃江天井山陡三段沉积为黑色碳质页岩，表现为深水海盆沉积。

3.2.4 陡四段滨岸—陆棚—海盆沉积相特征

陡四段沉积由于后期剥蚀，在四川古隆起上大部分地区缺失或没有沉积，仅在古隆起的边缘和边缘坳陷及鄂西陆棚地区有所保留。川北杨坝地区陡四段为一套滨岸碎屑岩沉积，岩性主要为石英砂岩、粉砂岩夹灰色、灰绿色泥岩，为滨岸—潟湖相。秦岭海槽内城口—镇坪一带主要为深灰色泥岩、页岩夹泥灰岩或云质石灰岩，为深水陆棚—海盆沉积；鄂西地区主要为黑色页岩夹泥质灰岩、薄层白云岩、泥质云岩、硅质白云岩为浅水陆棚沉积；在湖南安化、桃江、沅陵、溆浦陡四段主要为黑色硅质页岩夹硅质岩，为深水海盆沉积。

4 勘探意义

震旦系是中国南方地区沉积矿产资源较丰富的层系之一，包括常规天然气、页岩气、磷矿、锰矿等[27-29]，在四川盆地及邻区已发现了安岳特大型气田、宜昌页岩气富集区、黔—湘—鄂磷矿带等，这些大型、特大型矿产都与陡山沱组沉积有关。位于川北地区城口凹陷的高燕锰矿是中国大型锰矿之一，主要产出于陡山沱组黑色页岩中。

陡山沱组是中国南方地区重要的烃源岩层系之一，研究其分布规律将对拓展震旦系常规天然气勘探有重要意义，同时也对页岩气、磷矿、锰矿等矿产的选区评价有重要指导意义。对四川盆地周缘遵义松林、重庆秀山、川东北地区城口等露头剖面陡山沱组黑色页岩、泥岩的系统分析（表2）表明，陡山沱组烃源岩主要集中分布在陡二段，TOC 值普遍大于 1.0%，部分样品 TOC 值高达 13.8%，是一套优质烃源岩；其干酪根 $\delta^{13}C$ 平均值为 –31‰，R_o 值普遍超过 2.0%，目前达到高—过成熟生气阶段。

表 2　四川盆地周缘露头陡山沱组烃源岩实验分析数据统计表

剖面名称	层段	岩性	沉积环境	TOC（%）	干酪根 $\delta^{13}C$（‰）	R_o（%）	样品数量（块）
峨边先锋	陡二段	泥岩	潟湖	0.78～4.64/2.42	–32.4～–29.0/–30.4	3.26～3.54	6
松林六井	陡二段	泥岩	浅水陆棚	0.11～4.64/1.51	–31.5～–30.3/–30.8	2.08～2.34	35
松林大石墩	陡二段	泥岩	浅水陆棚	0.62～3.33/1.92	–31.2～–30.7/–30.9	3.46～3.82	13
秀山孝溪	陡二段	页岩	浅水陆棚	1.69～13.87/6.26	–32.0～–29.7/–31.4	3.14～3.46	43
城口明月	陡二段	页岩	深水陆棚	0.75～13.10/3.29	–32.8～–29.7/–32.1	2.86～3.22	60

注：表中数值范围表示"最小值～最大值 / 平均值"。

陡山沱组烃源岩分布与沉积环境有较大关系（图 10），烃源岩厚值区及有机碳高值区（TOC＞2.0%）主要分布于城口凹陷、鄂西海槽等古隆起的边缘凹陷。秦岭海槽、鄂西海槽等地区，都广泛发育巨厚的黑色页岩，城口凹陷及鹤峰凹陷厚度可达 500m 以上。

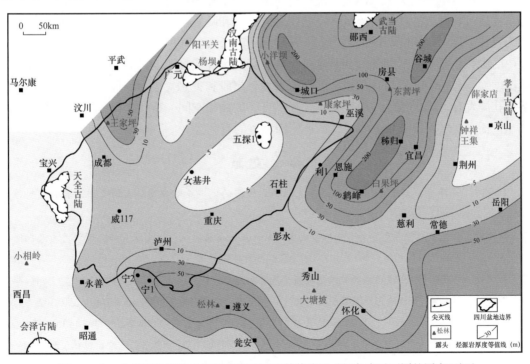

图 10　中—上扬子地区陡山沱组烃源岩厚度等值线图（颜色表示不同的厚度区间）

陡山沱组陡二段、陡四段黑色页岩发育，是重要的页岩气勘探领域。目前，宜昌地区的鄂阳页1井在震旦系陡山沱组钻遇灰黑色碳质泥岩230m，TOC值为1.5%～2.5%，现场测试含气量为4.8m³/t，页岩气测试产量达5460m³/d，显示了该区陡山沱组良好的勘探前景。秦岭海槽、鄂西、黔北、黔东等地区陡山沱组页岩分布广泛，是页岩气选区评价的有利地区。

从储集条件考虑，陡山沱组陡二段顶部碎屑岩和陡三段微生物碳酸盐岩均发育溶蚀孔洞，目前已发现多个大型磷矿，如贵州开阳—瓮安磷矿和宜昌磷矿、怀化董家河磷矿。从沉积相分析看，磷矿沉积分布在浅水陆棚和台地边缘，这与浅水陆棚和台地边缘是上升洋流活动区和卸载区有关。

综上，陡山沱组陡二段发育优质烃源岩，陡三段发育微生物碳酸盐岩储层，两者构成良好的源—储成藏组合条件，是天然气勘探应重视的新领域。初步评价认为秦岭海槽、鄂西海槽陡山沱组油气成藏条件较好，是天然气（包括页岩气）及磷矿、锰矿等矿产资源勘查的有利区。

5 结论

中—上扬子地区早震旦世发育四川古隆起、鄂西陆棚及边缘凹陷等构造古地理单元，对陡山沱组沉积充填序列及地层分布有明显的控制。古隆起区陡山沱组超覆沉积，厚度薄，发育滨岸相、混积陆棚相、非典型碳酸盐岩台地相；边缘凹陷地层齐全、厚度大，发育深水陆棚相和局限海盆相。

陡山沱组沉积经历了从海侵—高位—海退的一个完整的沉积旋回，发育滨岸—陆棚—深水盆地沉积及碳酸盐岩台地沉积。其中，陡一段和陡三段以发育碳酸盐岩台地或缓坡沉积为特征，陡二段和陡四段主要为滨岸—陆棚—深水海盆沉积。

陡山沱组具有良好的油气成藏条件。陡二段发育优质烃源岩，在四川古隆起周边凹陷区厚度大、有机碳含量高，是重要的烃源岩发育层段和页岩气主力层段。陡三段碳酸盐岩溶蚀孔洞发育，为天然气、磷矿等矿产提供良好的储集空间。秦岭海槽、鄂西海槽是天然气（包括页岩气）及磷矿、锰矿等矿产资源勘查的有利区。

参 考 文 献

[1] 杜金虎，汪泽成，邹才能，等.上扬子克拉通内裂陷的发现及对安岳特大型气田形成的控制作用 [J].石油学报，2016，37（1）：1-15.

[2] 邹才能，杜金虎，徐春春，等.四川盆地震旦系—寒武系特大型气田形成分布、资源潜力及勘探发现 [J].石油勘探与开发，2014，41（3）：278-293.

[3] 翟刚毅.古隆起边缘成藏模式与湖北宜昌页岩气重大发现 [J].地球学报，2017，38（4）：441-447.

[4] 李四光，赵亚曾.长江峡东地质及峡之历史 [J].中国地质学会志，1924，3（3/4）：350-392.

[5] 曹瑞骥，杨万容，尹磊明，等.西南地区的震旦系 [M].北京：科学出版社，1979：1-36.

[6] 全国地层委员会《中国地层表》编委会.中国地层表（2014）[M].北京：地质出版社，2014：1-33.

[7] 汪啸风，陈孝红，王传尚，等.震旦系底界及内部年代地层单位划分 [J].地层学杂志，2001，25

（S1）：370–376.

［8］周传明，薛耀松，张俊明，等.贵州瓮安磷矿上震旦统陡山沱组地层和沉积环境［J］.地层学杂志，1998，22（4）：308–317.

［9］柳永清，尹崇玉，高林志，等.峡东震旦系层型剖面沉积相研究［J］.地质论评，2003，49（2）：9–16.

［10］杨爱华，朱茂炎，张俊明，等.扬子板块埃迪卡拉系（震旦系）陡山沱组层序地层划分与对比［J］.古地理学报，2015，17（1）：1–20.

［11］邓胜徽，樊茹，李鑫，等.四川盆地及周缘地区震旦（埃迪卡拉）系划分与对比［J］.地层学杂志，2015，39（3）：239–254.

［12］赵自强，邢裕盛，马国干，等.震旦纪分册：长江三峡地区生物地层学［M］.北京：地质出版社，1983.

［13］陈孟莪，萧宗正，袁训来.晚震旦世的特种生物群落：庙河生物群新知［J］.古生物学报，1994，33（4）：291–304.

［14］陈孝红，张国涛，胡亚.鄂西宜昌地区埃迪卡拉系陡山沱组页岩沉积环境及其页岩气地质意义［J］.华南地质与矿产，2016，32（2）：106–116.

［15］彭波，刘羽琛，漆富成，等.鄂西地区陡山沱组页岩气成藏地质条件研究［J］.地质论评，2017，63（5）：1293–1305.

［16］单长安，张廷山，郭军杰，等.中扬子北部上震旦统陡山沱组地质特征及页岩气资源潜力分析［J］.中国地质，2015，42（6）：1944–1958.

［17］刘静江，李伟，张宝民，等.上扬子地区震旦纪沉积古地理［J］.古地理学报，2015，17（6）：735–753.

［18］刘静江，张宝民，周慧.灰泥丘系统分类及石油地质特征［M］.北京：石油工业出版社，2016.

［19］杨暹和，陈远德.西南地区地层总结：震旦系［M］.成都：地质部成都地质矿产研究所，1981.

［20］何政伟，刘援朝，魏显贵，等.扬子克拉通北缘米仓山地区基底变质岩系同位素地质年代学［J］.矿物岩石，1997，17（S1）：83–87.

［21］崔晓庄，江新胜，王剑，等.川西峨边地区金口河辉绿岩脉SHRIMP锆石U–Pb年龄及其对Rodinia裂解的启示［J］.地质通报，2012，31（7）：1131–1141.

［22］陈岳龙，罗照华，赵俊香，等.从锆石SHRIMP年龄及岩石地球化学特征论四川冕宁康定杂岩的成因［J］.中国科学（地球科学），2004，34（8）：687–697.

［23］凌文黎，周炼，张宏飞，等.扬子克拉通北缘元古宙基底同位素地质年代学和地壳增生历史：Ⅱ.火地垭群［J］.地球科学，1996，21（5）：491–494.

［24］Li Z X，Li X H，Kinny P D，et al. Geochronology of Neoproterozoic syn–rift magmatism in the Yangtze Craton，South China and correlations with other continents：Evidence for a mantle superplume that broke up Rodinia［J］. Precambrian Res，2003，122（1）：85–109.

［25］王鸿祯，王自强，朱鸿，等.中国晚元古代古构造与古地理［J］.地质科学，1980，15（2）：103–111.

［26］滕吉文，魏斯禹.中国四川攀枝花—西昌（攀西）裂谷的形成、演化与裂谷分类［J］.大地构造与成矿学，1987，11（1）：70–79.

［27］赵东旭.四川城口陡山沱组的Epiphyton锰质叠层石［J］.科学通报，1992，37（20）：1873–1873.

［28］万平益，罗锋.重庆市城口锰矿地质特征与成因及成矿远景分析［J］.中国锰业,2000,18（3）: 5-8.

［29］夏学惠，袁俊宏，杜家海.中国沉积磷矿床分布特征及资源潜力［J］.武汉工程大学学报，2011，33（2）: 6-11.

原文刊于《石油勘探与开发》，2019，46（1）: 39-51.

烃源岩非均质性及其意义

——以中国中元古界下马岭组页岩为例

王晓梅[1,2] 张水昌[1,2] 王华建[1,2] 苏 劲[1,2] 何 坤[1,2]

王 宇[1,2] 王晓琦[2]

（1.中国石油天然气股份有限公司油气地球化学重点实验室；
2.中国石油勘探开发研究院）

摘 要： 以中国中元古界下马岭组页岩为例，基于野外露头、镜下观察和地球化学特征分析，对不同尺度的烃源岩非均质性及烃类的微观赋存特征进行研究。岩石圈板块运动和古纬度位置导致烃源岩的宏观旋回性和非均质性，天文轨道力控制的气候变化可能是导致烃源岩微观非均质性的最主要原因。因此，烃源岩非均质性是恒定存在的，不仅体现为有机质含量的差异，还包括碎屑物来源和孔隙度的差异。在油气资源评价，尤其是非常规油气资源评价时需要充分考虑烃源岩的非均质性。烃源岩非均质性特征为油气生成、排驱和储集提供了良好的"源储组合"，为估算非常规油气以济可采储量提供了新的参考指标。因此烃源岩非均质性的定量化研究对非常规油气形成机理及资源量预测具有重要意义。

关键词： 页岩；烃源岩；非均质性；有机质纹层；源储组合；非常规油气资源评价；中元古界；下马岭组

石油工业诞生 100 多年以来，烃源岩曾 2 次引起学术界和工业界的广泛关注和聚焦研究。第 1 次为 20 世纪 70 年代干酪根成烃理论的出现，富有机质泥页岩被认为是油气生成的主力烃源岩[1]，由此形成了"源控论"的勘探理念。第 2 次来为 20 世纪末—21 世纪初美国非常规油气勘探开发技术的重大突破，富有机质泥页岩被认为是页岩油气的有效储集体[2-3]，由此形成了"源储一体"的新认识。近十几年来，世界范围内的深层和古老海相地层不断获得重大油气发现[4-7]，突破对油气勘探的地层极限、深度极限以及潜力极限的传统认识。因此，勘探家和科学家们的视角再次聚焦于烃源岩，从其形成所经历的生物地球化学过程出发，从"大气、陆地、海洋"综合一体和相互作用的角度，讨论有机质富集、烃源岩形成和生储组合的控制因素[8-11]。

近些年来，一些专家学者逐渐意识到优质烃源岩往往是富有机质泥页岩与贫有机质硅质岩、碳酸盐岩等的互层沉积。如中国华北中元古界下马岭组[11]，中国华南下二叠统大隆组[12]，英格兰西南部下侏罗统 Blue Lias 组[13]，以及全球各地均广泛发育的白垩系 Campanian 阶富有机质页岩[14]等。进一步研究表明，烃源岩非均质性并不是杂乱无章的，而是有着明确的规律可循。地球历史以来的沉积记录显示烃源岩具有明显的空间和时间分布性。其空间分布特征被认为与岩石圈板块运动的威尔逊旋回有关[15]，同时也与古纬度地理位置有关[11]；而时间分布特征则被认为与天文轨道力驱动的气候旋回有关[11]。Wagner 等人对大西洋两侧白垩纪烃源岩的研究证实，烃源岩非均质性明显受控于古气候变化和米氏旋回[9, 14, 16]。近期对下马岭组的研究证实，这种控制作用同样适用于 14 亿年前的中元古代[11]。从时间尺度上来讲，大旋回可达 $1 \times 10^6 \sim 1 \times 10^7$ 年，表现为不同地质历史时期的烃源岩发育；中旋回可达 $1 \times 10^4 \sim 1 \times 10^5$ 年，表现为富有机质泥页岩与贫有机质沉积物的互层；小旋回在 1×10^3 年以下，为镜下可见的富有机质纹层和碎屑层的交互。因此，烃源岩的宏观旋回性和非均质性与岩石圈板块运动、天文轨道力和古纬度位置等密切相关。而与有机质纹层发育有关的微观非均质性特征则被认为与气候冷暖干湿的交替周期性变化有关。近 64 万年以来的记录显示，这种控制海洋及陆地初级生产力的古气候变化多为季风型，是一种多周期叠加的准周期变化，既有几十年的短周期变化，也存在着几百年至几万年的较长周期变化，其控制因素同样与太阳辐射和洋流变化有关[11]。因此，这些宏观和微观的非均质性特征可能都受控于恒定存在的地球本身的作用力。这些不同尺度上的控制作用最终导致了非均质性烃源岩的发育。

这些前期研究是定量认识烃源岩非均质性及变化尺度的基础，超出了早期从初级生产力、保存环境和沉积速率等少量参数进行定性研究的范畴[17]。但这些不同尺度的烃源岩非均质性（尤其是在非常规油气勘探领域）的定量研究，其油气成藏意义如何，还少有人讨论。本文以中国中元古界下马岭组烃源岩为例，从有机岩石学、地球化学和烃类运移的角度描述烃源岩非均质性及其在油气成藏中的意义。

1 下马岭组页岩的非均质性

下马岭组主要分布于中国华北的燕辽坳陷[18]（图 1）。最新测得的下马岭组凝灰岩和斑脱岩的锆石年龄分别为（1384.4±1.4）Ma 和（1392.2±1.0）Ma，表明是元古代沉积的一部分，并由此推算当时的沉积速率大约为（6.6±1.4）mm/10^3a[11]。张家口下花园地区下马岭组与下伏铁岭组和上覆侏罗系不整合接触，厚度约为 470m，其中总有机碳（TOC 值）大于 1% 的富有机质页岩累计厚度超过 200m，而成熟度（等效 R_o 值）仅为 0.6%，处于低成熟阶段。

在下马岭组中下部发育有约 50m 的硅质岩与黑色页岩交互沉积，其中黑色纸片状页岩的 TOC 最高可达 24%，氯仿沥青 "A" 含量最高可达 8800μg/g 以上，含油率超过 10%，达到油页岩标准[19]。

1.1 露头特征

下马岭组低成熟度的厚层优质烃源岩在露头上表现出非常明显的非均质性沉积特征。这种非均质性主要体现在大、中 2 种尺度上。在大尺度上，自上到下依次表现为贫有机质与富有机质间互（1 段）、富有机质（2 段）、贫有机质与富有机质间互（3 段）、贫有机质（4 段及以下）4 个沉积单元。据此将下马岭组上部 350m 的沉积物分为 4 段（图 2）。在中尺度上，各个沉积段同样表现出略有差异的韵律性沉积特征，上部 1 段（0～75m）主要为黑色页岩与青色泥岩、绿色粉砂质泥岩和泥灰岩间互，中部 2 段（75～242m）主要为黑色页岩与薄层灰色页岩或绿色泥岩间互，中下部3段（242～305m）主要为黑色页岩与硅质岩或绿色泥岩间互，下部4段（305～350m）主要为紫红色粉砂质泥岩与绿色粉砂质泥岩间互。除4段以外，黑色页岩在下马岭组发育非常普遍，并与其他类型的沉积物间互沉积。根据下马岭组3段的沉积速率［（6.6±1.4）mm/10³a］进行估算，下马岭组4个大的沉积旋回所经历的时间分别为11.4Ma，25.3Ma，9.5Ma和7.0Ma，厘米级厚度的黑色页岩和间互沉积物的沉积旋回时间分别为数千年至数万年不等，这种大、中尺度的沉积旋回被认为是与地球轨道力控制的米氏旋回和古纬度位置控制的哈德里环流有关[11]。有效烃源岩的空间分布则更多受控于盆地结构，如下马岭组黑色页岩主要分布在坳陷区内的斜坡和盆地相（图1）。

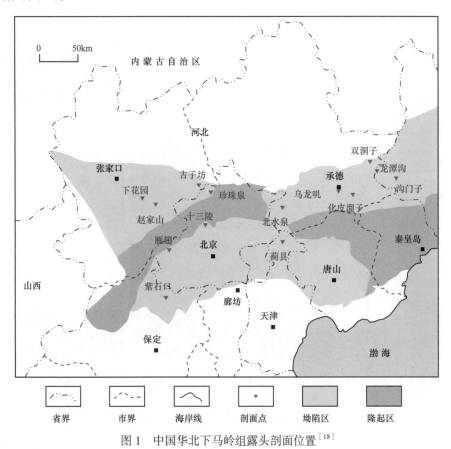

图1　中国华北下马岭组露头剖面位置[18]

1.2　显微特征

通过正交偏光显微镜观察发现，下马岭组沉积物中的层理和纹理结构普遍可见。反射光下富有机质纹层多呈黑色、棕黄色、棕褐色，单层厚度约为10～150μm，呈连续或不连续的波纹状和褶皱状；而间互层贫有机质碎屑层多呈黄色、土黄色，可见明显的石英颗粒和黄铁矿立方体颗粒。在富有机质黑色页岩中（图3a、b），有机质纹层多为黑色，单层厚度较大，有机质含量明显高于碎屑矿物层，且间互频率很高；在贫有机质的硅质岩（图3c、d）、灰绿色泥岩（图3e）和绿色泥岩（图3f）中，有机质纹层多为棕黄色和棕褐色，单层厚度略小，有机质含量明显高于碎屑矿物层，且间互频率略低。镜下结果也显示在下马岭组多数沉积物中，不同岩性沉积物在有机质纹层数量和碎屑矿物晶粒特征方面均存在明显差异（见图2岩石薄片）。上述研究表明下马岭组页岩的微观非均质性特征体现为有机质含量和碎屑物来源的差异。这种时间周期在数年至数十年之内的微观尺度非均质性，可能代表了气候的冷暖干湿交替对初级生产力、碎屑物来源和有机质埋存的控制作用。

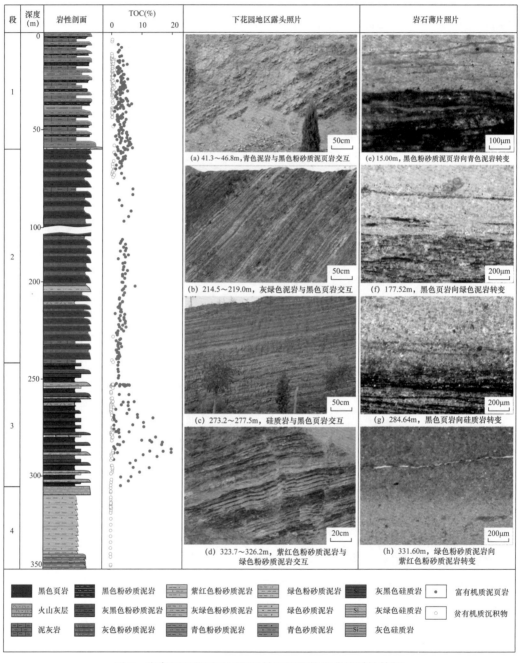

图2　张家口下花园地区下马岭组沉积物的非均质性特征

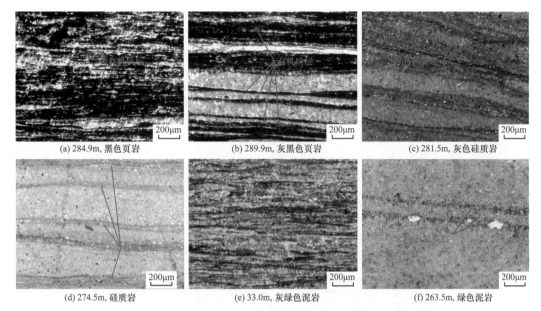

(a) 284.9m, 黑色页岩　　　　　(b) 289.9m, 灰黑色页岩　　　　　(c) 281.5m, 灰色硅质岩

(d) 274.5m, 硅质岩　　　　　　(e) 33.0m, 灰绿色泥岩　　　　　(f) 263.5m, 绿色泥岩

图3　下马岭组烃源岩的有机岩石学特征

通过扫描电镜观察和能谱结果鉴定，富有机质页岩中的有机质条带清晰可见，厚度约为 10～20μm，约为间互碎屑层厚度的一半。以图 4 中的 a、b 两点为例，位于有机质条带上的 a 点的碳原子百分比可高达 70% 以上，而碎屑层则在 1% 以下。而 b 点的硅原子百分比可达 27.4%，硅氧原子比约为 1∶2.48，低于石英颗粒的 1∶2.0，但高于硅酸盐的 1∶3.0，表明该矿物可能为含硅酸盐的黏土矿物。结果同时还显示有机质条带较为致密，孔隙度较低，且多为 5μm 以下的微孔隙或纳米孔隙；而在间互的碎屑层孔隙和微裂缝较为发育，尺寸多在微米级（图 4）。碎屑层的微裂缝或孔隙形态虽不规则，但可以横向连接形成层状孔隙和层间微缝。

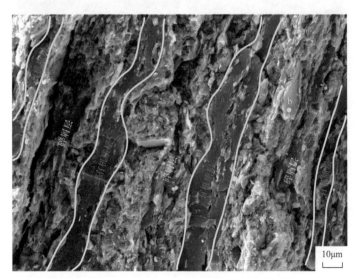

图4　下马岭组灰黑色页岩（290.4m）的有机质层和碎屑层的间互沉积和孔隙特征
（a—有机质层上能谱测定点，b—碎屑层上能谱测定点）

基于含油样品的电子束荷电效应，利用聚焦离子束—扫描电镜（FIB—SEM）的背散射截面二次成像法，观测到下马岭组黑色页岩中游离烃类的原位分布特征。该方法的空间分辨率可达准纳米级（小于1×10^{-6}m），检出限可达飞摩尔以下（小于1×10^{-12}mol），检出效果及检出限要求明显优于常规的荧光、能谱等方法，能克服样品非均质性导致的分析区代表性差的问题，实现超痕量游离烃赋存状态的原位成像[20]。检测结果显示游离烃主要以条带状或团块状亮斑的形式存在（图5）。团块状亮斑的尺寸多在5μm以下，呈星散状分布，可能代表了游离烃在有机质条带和碎屑层内微孔隙的聚集。条带状烃类的尺寸可达数十微米，且附近多见碎屑矿物颗粒，可能代表了游离烃在微裂缝结构的碎屑层中的聚集。在近裂缝位置或者黑色页岩与硅质岩的过渡位置可以观测到更为明显的游离烃聚集情况，（图5a、c）且远高于黑色页岩层本身可能的生烃聚集量，表明有机质生成的游离烃类已经开始向邻近碎屑层或裂缝位置运移，但有机质成熟度较低，生成的烃类有限，仍处于早期运移阶段。因此，游离烃和有机质条带的分布体现了烃源岩的非均质性和烃类的生储运特征。

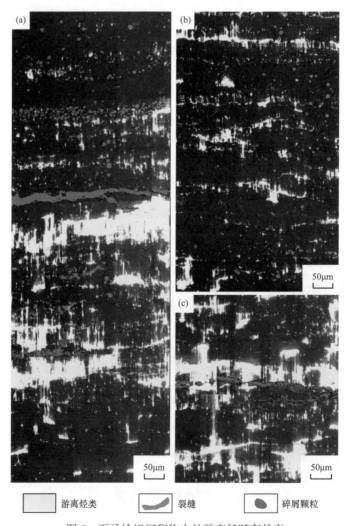

图5　下马岭组沉积物中的游离烃赋存状态

（a）黑色页岩与硅质岩交互处，283.555m；（b）灰黑色页岩，283.556m；（c）黑色页岩，283.557m

1.3 地球化学特征

对下马岭沉积物进行了高精度地球化学分析，结果表明沉积物岩石类型和地球化学变化特征几乎完全一致。以最为典型的3段为例，沉积物从TOC值在3.0%以上的黑色页岩到1.0%以下的硅质岩频繁变化，表征烃类生成潜力的氢指数值与TOC值的变化趋势一致（图6）。SiO_2的含量可以表征碎屑石英或硅酸盐矿物组成，其变化趋势与TOC值恰好相反，这与镜下观察到的碎屑矿物与富有机质纹层互层沉积的特征是完全一致的。这种沉积特征在1m尺度内的旋回变化可出现多达30次甚至更多，富有机质页岩的单层厚度可在1cm以下，单层沉积物所代表的沉积年限大约为2万～5万年，与现代米氏旋回的岁差（2万年）、黄赤交角（4万年）和偏心率半周期（5万年）相近，可能代表了多周期叠加的准周期变化。由此也证明有机质富集和碎屑矿物的组成变化的周期性是烃源岩非均质性的最明显特征。

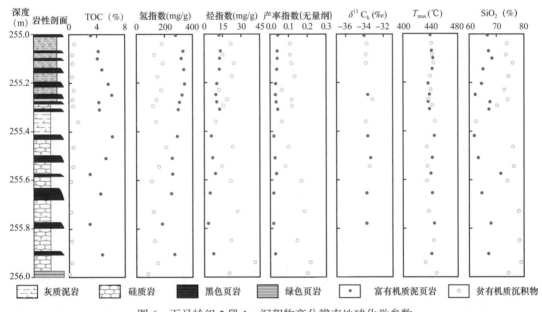

图6 下马岭组3段1m沉积物高分辨率地球化学参数

地球化学特征同样展示出非均质性决定烃类生排组合特征。以图6中1m厚的沉积旋回为例，黑色页岩平均TOC平均值为4.49%，而间互硅质岩TOC平均值仅为0.51%。黑色页岩氢指数值（平均值287.0mg/g）约为硅质岩（平均值143.6mg/g）的2倍。然而硅质岩的烃指数（平均值20.4mg/g）和产率指数（平均值0.13）均明显高于黑色页岩（平均值分别为9.0mg/g、0.03）。黑色页岩和硅质岩的最大热解温度T_{max}均为440℃，且干酪根碳同位素（$\delta^{13}C_k$）组成（−33.7‰、33.8‰）几乎一致，表明这两类沉积物的有机质母源和所经历的热演化特征并无差别，它们的产烃过程和产烃指数在理论上都应该是一致的。造成硅质岩烃指数和产率指数较高的原因可能是由于黑色页岩生成的部分游离烃经短距离运移，进入邻近硅质岩层并储存，使测得的游离烃含量高于硅质岩的实际生成烃量。这与通过FIB—SEM观测到的结果一致，即黑色页岩生成的游离烃类有向近邻硅质岩运移的趋势。

2 烃源岩非均质性的油气成藏意义

烃源岩非均质性给油气资源评价带来不确定性。传统烃源岩评价是将与富有机质泥页岩互层的碎屑岩或碳酸盐岩统一算作一整套烃源岩，可能掩盖了真正的烃源岩信息，造成油气资源量计算的误差。研究证实，真正对油气生成有贡献的岩层主要是那些富有机质的泥页岩[21]，互层的贫有机质岩层更多是提供了烃类运移通道和储集空间[9]。优质烃源岩层可能只是极薄层的褐色或者黑色的纹层，它们往往具有极高的有机碳丰度（碳原子百分比高达 70% 以上）和氢指数，是真正的生烃单元（图 7a）。而低有机质丰度的碎屑岩或碳酸盐岩的烃类生成量很低，甚至没有，不应作为烃源岩的组成部分。一些研究还发现，相对于大套的连续泥岩沉积，具有强非均质性的页岩沉积组合往往具有更高的生烃能力。以鄂尔多斯盆地三叠系延长组长 7 段主力烃源岩为例，与凝灰岩互层的黑色页岩有效碳、氢指数、降解率等参数均大于非均质性较弱的泥岩[22]，其生烃潜力是泥岩的 5～8 倍。由此可见，若要获得更为精确的资源量评价，需充分考虑单层厚度、旋回尺度及各自的生烃潜力等烃源岩非均质性特征。

从油气排驱和储集角度上来看，这种强非均质性沉积物组合具有极好的优势。富有机质纹层作为源生成大量的烃类，但因孔隙度较低，生成的烃类只能吸附在有机质和岩石颗粒表面，或聚集在纳米级的有机质孔和矿物晶间孔中，油气储集能力很低。互层的碎屑岩和碳酸盐岩富含裂缝和孔隙，可以储集近源生成并运移过来的烃类，其储集能力是富有机质层的百倍以上（图 7b）；另外纹层间形成的裂缝可以作为运移通道，把油气运移出去，由此构成优质的源储组合（图 7c）。例如，济阳坳陷沙三、沙四段页岩中，上下邻层页岩有机质含量高，生油窗内的富有机质页岩生油能力强，所生成的原油只需经过极短距离的运移即可进入夹层聚集或排出，所以油气开发的关注重点应该是那些夹层[23]。因此，非常规页岩油气的储集空间可能不仅限于传统意义上作为储层的大裂缝和大孔隙。也不是前人在富有机质层段内发现的纳米级有机质微孔[24]，而是具有强非均质性烃源岩夹层中的微米级层间孔隙和裂缝。它们除了作为储集空间外，更是作为运输通道把生成的油气输送出去。

图 7　强非均质性黑色页岩的生排烃过程和储集特征

强非均质性的页岩组合有利于储层改造和页岩油气流的形成。一方面是由于夹层的脆性矿物或碳酸盐岩含量较高，对烃类的吸附作用较小，游离烃类的比例较高。另一方面，生烃过程生成的大量水溶性有机酸阴离子和酚类通过提供氢离子和络合金属可以对夹层碳酸盐和磷酸盐矿物进行溶蚀，产生微孔隙、微裂缝，提高孔隙连通性（图 7c）。研究发现，有机碳含量约 7% 的页岩在生烃演化过程中，通过消耗 35% 的有机碳就可使得页岩孔隙度增加 4.9%[3]。沾化凹陷沙三段有机质丰度也与孔隙度呈正相关[25]。这些增加的孔隙并不全部来自富有机质层段的纳米级有机质孔，更可能来自互层的碎屑岩或碳酸盐岩层。由此也解释了为何低有机质含量夹层的生产特征往往要好于高有机碳含量的岩层[26]。

综上所述，强非均质性烃源岩的夹层才是页岩油气赋存的有利场所，夹层的分布和发育程度才是影响页岩油气储集量的关键所在。在非常规油气勘探和开发过程中，不仅需要关注盆地的构造分布特征[27]，后期生物改造[28]，更为重要的是要寻找具有高有机碳含量和合适成熟度，并具有强非均质性的页岩—碎屑岩/碳酸盐岩组合。

3 结论与讨论

应该重新审视烃源岩非均质性对油气生成和成藏的影响，尤其是对油气资源评价的参数选择和计算方法，更需要做出一定的修订。传统的资源评价是把各种与富有机质泥页岩互层的岩性组合算作一整套烃源岩，在一定程度上掩盖了真正的烃源岩信息，造成资源量计算的偏差。同时又忽视了互层硅质岩和碳酸盐岩的油气运移和储集能力，给油气资源评价的结果带来很大的不确定性，也在一定程度上降低了对非常规油气经济可采储量的估算值。本文研究认为，强非均质性的页岩—碎屑岩/碳酸盐岩互层构成了很好的源储组合。富有机质层作为烃源岩生成大量烃类，夹层的层间孔隙和裂缝提供了储集空间和排烃通道，互层的硅质岩和石灰岩等作为最终储层形成有效的油气层单元。在非常规油气勘探开发中，应对烃源岩的非均质性特征和夹层改造作用给予更多的重视。及时开展烃源岩非均质性的定量研究和夹层改造的技术方法研究，将会有助于油气资源评价和非常规油气的勘探开发。

参 考 文 献

[1] Tissot B P, Welte D H. Petroleum formation and occurrence : a new approach to oil and gas exploration [M]. New York : Springer-Verlag, 1978.

[2] Bowker K A. Barnett shale gas production, Fort Worth Basin : Issues and discussion [J]. AAPG Bulletin, 2007, 91（4）: 523-533.

[3] Jarvie D M, Hill R J, Ruble T E, et al. Unconventional shale-gas systems : The Mississippian Barnett Shale of north-central Texas as one model for thermogenic shale-gas assessment [J]. AAPG Bulletin, 2007, 91（4）: 475-499.

[4] 邹才能, 杜金虎, 徐春春, 等. 四川盆地震旦系—寒武系特大型气田形成分布, 资源潜力及勘探发现 [J]. 石油勘探与开发, 2014, 41（3）: 278-293.

[5] Grosjean E, Love G, Stalvies C, et al. Origin of petroleum in the Neoproterozoic–Cambrian South Oman salt basin [J]. Organic Geochemistry, 2009, 40（1）: 87-110.

[6] Craig J, Thurow J, Thusu B, et al. Global Neoproterozoic petroleum systems : the emerging potential in

North Africa［J］. Geological Society, London, Special Publications, 2009, 326: 1–25.

［7］Bhat G M, Craig J, Hafiz M, et al. Geology and hydrocarbon potential of Neoproterozoic–Cambrian Basins in Asia: an introduction［J］. Geological Society, London, Special Publications, 2012, 366: 1–17.

［8］Craig J, Biffi U, Galimberti R F, et al. The palaeobiology and geochemistry of Precambrian hydrocarbon source rocks［J］. Marine and Petroleum Geology, 2013, 40: 1–47.

［9］Wagner T, Hofmann P, Flögel S. Marine black shale deposition and Hadley Cell dynamics: A conceptual framework for the Cretaceous Atlantic Ocean［J］. Marine and Petroleum Geology, 2013, 43: 222–238.

［10］Zhang S C, Wang X M, Wang H J, et al. Sufficient oxygen for animal respiration 1, 400million years ago［J］. Proceedings of the National Academy of Sciences, 2016, 113（7）: 1731–1736.

［11］Zhang S C, Wang X M, Hammarlund E U, et al. Orbital forcing of climate 1.4 billion years ago［J］. Proceedings of the National Academy of Sciences, 2015, 112（12）: 1406–1413.

［12］Wu H C, Zhang S H, Hinnov L A, et al. Time–calibrated Milankovitch cycles for the late Permian［J］. Nature Communications, 2013, 4: 3452–3459.

［13］Ruhl M, Deenen M, Abels H, et al. Astronomical constraints on the duration of the early Jurassic Hettangian stage and recovery rates following the end–Triassic mass extinction（St Audrie's Bay/East Quantoxhead, UK）［J］. Earth and Planetary Science Letters, 2010, 295（1）: 262–276.

［14］Beckmann B, Flogel S, Hofmann P, et al. Orbital forcing of Cretaceous river discharge in tropical Africa and ocean response［J］. Nature, 2005, 437（7056）: 241–244.

［15］Trabucho–Alexandre J, Hay W W, Boer P L D. Phanerozoic environments of black shale deposition and the Wilson Cycle［J］. Solid Earth, 2012, 3: 29–42.

［16］Hofmann P, Wagner T. Itcz controls on Late Cretaceous black shale sedimentation in the tropical Atlantic Ocean［J］. Paleoceanography, 2011, 26（4）: PA4223.

［17］Chough S, Kim S, Chun S. Sandstone/chert and laminated chert/black shale couplets, Cretaceous Uhangri Formation（southwest Korea）: depositional events in alkaline lake environments［J］. Sedimentary Geology, 1996, 104（1）: 227–242.

［18］范文博. 华北克拉通中元古代下马岭组地质特征及研究进展——下马岭组研究百年回眸［J］. 地质论评, 2015, 61（6）: 1383–1406.

［19］张水昌, 张宝民, 边立曾, 等. 8亿多年前由红藻堆积而成的下马岭组油页岩［J］. 中国科学 D 辑: 地球科学, 2007, 37（5）: 636–643.

［20］王晓琦, 孙亮, 朱如凯, 等. 利用电子束荷电效应评价致密储层储集空间——以准噶尔盆地吉木萨尔四陷二叠系芦草沟组为例［J］. 石油勘探与开发, 2015, 42（4）: 472–480.

［21］陈建平, 梁狄刚, 张水昌, 等. 泥岩/页岩: 中国元古宙—古生代海相沉积盆地主要烃源岩［J］. 地质学报, 2013, 87（7）: 905–921.

［22］邹才能, 杨智, 崔景伟, 等. 页岩油形成机制, 地质特征及发展对策［J］. 石油勘探与开发, 2013, 40（1）: 14–26.

［23］宋国奇, 徐兴友, 李政, 等. 济阳坳陷古近系陆相页岩油产量的影响因素［J］. 石油与天然气地质, 2015, 36（3）: 463–471.

［24］Loucks R G, Ruppel S C. Mississippian Barnett Shale: Lithofacies and depositional setting of a deep–

water shale-gas succession in the Fort Worth Basin, Texas［J］. AAPG Bulletin, 2007, 91（4）: 579-601.

［25］姜在兴, 张文昭, 梁超, 等. 页岩油储层基本特征及评价要素［J］. 石油学报, 2014, 35（1）: 184-196.

［26］魏威, 王飞宇. 页岩油气资源体系成藏控制因素与储层特征［J］. 地质科技情报, 2014, 33（1）: 150-155.

［27］Curtis J B. Fractured shale-gas systems［J］. AAPG Bulletin, 2002, 86（11）: 1921-1938.

［28］Martin R, Baihly J D, Malpani R, et al. Understanding production from Eagle Ford-Austin Chalk System［R］. SPE 145117, 2011.

原文刊于《石油勘探与开发》, 2016, 43（6）: 1-10.

中国塔里木盆地下寒武统优质烃源岩的发现与深层油气勘探潜力

朱光有　陈斐然　王　萌　张志遥　任　荣　吴　林

（中国石油勘探开发研究院）

摘　要：前寒武系—寒武系是全球一个重要的含油气层系。塔里木盆地该层系埋深大，一直未取得勘探突破，而且是否发育烃源岩也是争议的焦点。近期在隆起上钻探的 ZS1C 井获得工业油气流，引起了对塔里木盆地是否发育寒武系烃源岩的极大关注。通过对塔里木盆地周边露头踏勘与取样测试，发现下寒武统底部玉尔吐斯组发育一套优质烃源岩，岩性为黑色页岩，有机碳含量（TOC）主要分布在 2%～6%，黑色页岩层有机碳高达 16%，是中国目前发现的有机碳最高的海相烃源岩。这套优质烃源岩在盆地周边露头厚度约 10～15m。通过地震追踪，在盆地内分布面积可达 $26 \times 10^4 km^2$。生烃母质主要为底栖多细胞藻类生物。通过对该套烃源岩开展高温热模拟实验，ZS1C 井天然气的组分与碳同位素与该套烃源岩热演化阶段 R_o 在 2.2%～2.5% 时的产物相似，与天然气晚期充注成藏时间相同。原油单体含硫化合物的硫同位素与寒武系硫酸盐的硫同位素相近，确认 ZS1C 井油气来自玉尔吐斯组烃源岩。这是塔里木盆地首次获得寒武系优质烃源岩样品，提出寒武系盐下白云岩具备大规模成藏的石油地质条件。它的发现，将开辟深层一个新的勘探层系，引领塔里木盆地向深层寒武系开展大规模的油气勘探工作。

关键词：优质烃源岩；寒武系；深层；硫同位素；白云岩；塔里木盆地

1　引言

新元古代末—寒武纪转折时期是全球构造格局和海洋环境发生变化的关键时期[1]，如 780～680Ma 的 Rodinia 大陆裂解离散[2-6]、690～530Ma 的 Gondwana 大陆聚合[7-11]，以及早寒武世广泛的海侵和海洋持续性缺氧事件等[12-14]，对全球生物演化产生重大影响。伴随着地球海洋环境的剧烈变化，引发了 Ediacaran 生物群的灭绝及寒武纪生命的大爆发[15-18]，寒武纪地球生物的迅速演化为优质烃源岩的发育提供了充分的物质基础[19-23]，同时海洋深层水体的缺氧环境为有机质的保存提供了有利条件。

对于油气勘探而言，是否发育烃源岩是判断有无勘探价值的先决条件。目前，在全球多处发现了寒武系烃源岩，如西伯利亚地台、中东阿曼盆地、北非、澳大利亚 officer 盆地、印度 lesser Himalaya 盆地，以及中国华南等地区[24-28]。西伯利亚地台在东北部 Sayan–Baikal 褶皱带和大陆边缘发育下寒武统 Kuonamka 组泥质 / 硅质烃源岩，有机碳含量高达 10%[29]；南阿曼盐盆下寒武统 Ara 组黑色硅质页岩 TOC 平均为 3%～4%，厚度超过 400m[27, 30]。西伯利亚 Lena–Tunguska 省（petroleum province）、俄罗斯 Volga–Ural 地区及中东南阿曼盆地油气勘探的突破已经证实了该套烃源岩的勘探潜力，Lena–Tunguska 省的油气资源量可分别达到 2000×10^6bbl 油和 83×10^{12}m³ 天然气，阿曼盆地已证实来源于新元古代—早寒武世烃源岩的原油可达 12×10^{10}bbl[31]。因此，前寒武系—寒武系是已成为全球一个重要的含油气层系。

中国最大的含油气盆地—塔里木盆地，属于叠合盆地，古生界埋藏深度大，主要埋深在 6000～12000m[32]。目前，勘探目的层主要在 7500m 以深、奥陶系以上层系[33]。寒武系及前寒武系研究较少，钻井资料也十分有限。塔里木盆地主力烃源岩是寒武系还是奥陶系一直存在争议[34-47]。一是由于原油成熟度高，缺少有效地球化学指标对比；其次，缺少有效烃源岩样品来锁定油气的来源。最近，塔里木盆地在塔中古隆起上钻探的 ZS1C 井，钻至下寒武统，在 6868～6944m 深度获得工业油气流，寒武系勘探成为热点[48]。而寒武系是否发育烃源岩成为一个关键问题。本文通过对塔里木盆地野外露头的详细踏勘，发现了下寒武统玉尔吐斯组优质烃源岩，通过热模拟实验，确定 ZS1C 井天然气来自这套烃源岩。并发明了单体含硫化合物分离方法，运用硫同位素确定 ZS1C 井原油来自这套烃源岩，由此明确了寒武系的勘探潜力。

2 实验方法

实验岩石样品采自新疆阿克苏地区的野外新鲜露头。原油和天然气样品取自 ZS1C 井生产状态的流体。

2.1 TOC 分析

有机碳测试仪器为 Leco CS–200 碳、硫测定仪，样品用 10% 的稀盐酸除去碳酸盐、硅酸盐等无机物，剩余物在高温和纯氧流下，用强氧化剂（CrO_3）在酸性溶液中反应，并收集二氧化碳气体，然后在真空系统中将二氧化碳纯化或去除干扰元素，通过测定二氧化碳的数量以求得有机碳的含量。

2.2 干酪根碳同位素分析

干酪根碳同位素方法采用 Kump（1999）方法，主要步骤包括：将 3～5g 样品用 4N 的稀盐酸溶解 24 小时；随后，用蒸馏水反复清洗样品至中性，放入烘箱中恒温 60℃烘干；按照质量比 1:8 称取前述经过稀盐酸溶解过的样品与 Cu_2O 粉末，混合均匀，装入石英管中抽真空密封；最后放入马弗炉中，恒温 850℃充分反应，在真空线上打开，收集 CO_2 气体；利用 MAT253 型气体同位素比值质谱仪测定收集的 CO_2 的碳同位素组成。

2.3 微量元素分析

微量、稀土元素分析时，准确称取 40mg 粉末样品于 Teflon 溶样罐中，加入 0.5ml 的稀盐酸（分析纯 HNO_3 与水为 1:1 体积比混合而成）和 1ml 的 HF，加盖拧紧，超声振荡 10～15min。将 Teflon 溶液罐置于 150℃的电热板上蒸干保温 7～10 天，除去样品中的硅。将蒸好的样品移出电热板，加入 2.0ml 的 HNO_3，确保样品全溶，待测。测试仪器为 FINNIGAN MAT 公司制造的电感耦合等离子体质谱仪（ICP-MS，Inductively Coupled Plasma Mass Spectrometry）ELEMENT。精密度和准确度分别为 5% 和小于 5%。微量元素分析工作在中国科学院地质与地球物理研究所微量元素实验室完成。

2.4　古生物鉴定

挑选新鲜露头样品，制成薄片，在 Leica DM4500P 型荧光显微镜下进行鉴定。

2.5　黄金管热模拟实验

烃源岩热模拟生烃实验是在分体式高温高压黄金管热模拟装置中进行的[49]。金管的装样方法如下：首先在氩气保护条件下，用氩弧焊将金管（60mm×5mm）一端封闭，并从开口端装入一定质量的烃源岩样品，然后将装好样品的金管固定在冷水槽中，待用氩气轻吹约 5min 排出空气后，用焊机将开口端封闭。待金管冷却后称重，最后将金管分别放入指定的反应釜中，设定温度程序进行实验。热解实验结束后，金管都经过再次称重以确保未发生泄漏。本研究进行的金管模拟实验包括：两组不同升温速率（2℃/h 和 20℃/h）的升温热解；从 300℃ 一直升温到 650℃ 热解。反应体系的压力维持在 25MPa，偏差范围小于0.1MPa。反应釜的温度及压力均采用计算机终端程序控制，且温度误差范围小于 0.1℃。反应后，金管中的气体在真空收集装置中进行收集，并完成组分及碳同位素的测试。

2.6　含硫化合物的分离方法与硫同位素测试

将 ZS1C 原油中的含硫化合物进行甲基衍生化后，生成的强极性锍盐在原油基质中沉淀后分离[50-51]。分离的锍盐通过选择性的脱甲基衍生化可分别得到噻吩类和硫醚类含硫化合物。所得两类含硫化合物由 Agilent 7890A 气相色谱离子共振质谱联用仪[52]，位于 Curtin 大学的有机与同位素地球化学中心和 John de Laeter 中心进行 δ^{34}S 分析。

3　结果讨论

3.1　烃源岩基本特征

通过对塔里木盆地边缘露头区进行精细探勘，在新疆阿克苏地区十余个露头点发现了下寒武统玉尔吐斯组优质烃源岩（图 1）。玉尔吐斯组（$\epsilon_1 y$）与上覆含三叶虫 Shizhudiscus，Metaredlichioides 等的肖尔布拉克组（$\epsilon_1 x$）之间存在小型沉积间断，与下伏震旦系齐格布拉克组顶部白云岩为平行不整合接触，之间可见冲刷面和喀斯特岩溶层。玉尔吐斯组中上部磷质白云岩里含有大量软舌螺等小壳化石，包括 Cambroclaves、Halkieriids、Siphogonuchitids、Chancelloriids 和 Hyolitha[53-55]。因此，玉尔吐斯组上部可能对应华南云南地区的上梅树村阶至下筇竹寺阶（Meishucunian stage，年龄约为 535～521Ma）[56-57]，也相当于西伯利亚地区的上 Tommotian 阶至下 Atdabanian 阶[58]。Yao 等[59]建立了下寒武统 Asteridium-Heliosphaeridium-Comasphaeridium 疑源类化石带，也认为塔里木盆地玉尔吐斯组底部与华南扬子地块早寒武世梅树村阶或者西伯利亚地区 Nemakit-Daldynian 阶相对应。多数学者认为玉尔吐斯组上部的小壳化石带应与中国华南

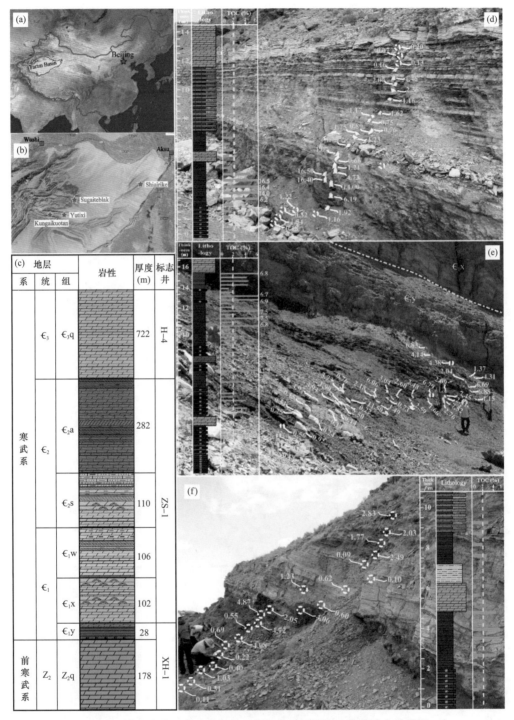

图 1　塔里木盆地寒武系玉尔吐斯组优质烃源岩及其地球化学特征

（a）塔里木盆地位置；（b）发现寒武系玉尔吐斯组烃源岩的露头点；（c）寒武系岩性柱状简图；（d）昆盖阔坦露头剖面与 TOC 含量；（e）什艾日可露头剖面与 TOC 含量；（f）于提希露头剖面与 TOC 含量

扬子地台的筇竹寺阶同期。由于玉尔吐斯组动物群与梅树村期微软体动物群的面貌有明显的差别，其缺失了梅树村期化石中最原始、最特征、最丰富的类群，如笠帽状的马哈螺类化石 *Maikhanella*、*Purella* 等和螺旋状的始旋螺类化石 *Archaeospira* 等[60]，说明玉尔吐斯组单壳类软体动物的出现是继梅树村期微软体动物大量绝灭之后和辛集组软体动物群大发展之前的又一个重要演化事件。目前，多数学者认为玉尔吐斯组（$\epsilon_1 y$）地层年龄起始和终止为 542～521Ma[59-61]（图 2）。

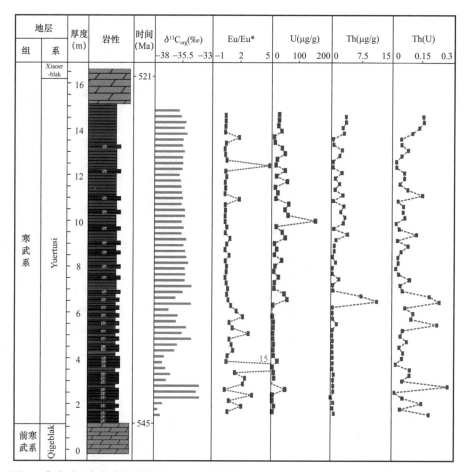

图 2　寒武系玉尔吐斯组烃源岩干酪根碳同位素及微量元素垂向分布图（什艾日克剖面）

玉尔吐斯组岩性特征是（图 1d、e、f）：下部为灰黑色含磷质结核硅质岩、磷块岩夹少量极薄层（厚 1～2cm）页岩，向上变为含磷质（结核）黑色页岩夹黑色薄层状（透镜状）硅质岩，内部发育较多铁质结核，厚约 2m。中部为一套厚约 6m 的黑色页岩，向上夹薄层白云岩。顶部为黑色、黄绿色页岩夹薄层状粉屑泥晶灰岩，向上变为灰白色薄层状泥晶白云岩、瘤状白云岩夹白云质页岩。岩性组合特征十分明显，自下至上依次为：硅质岩→磷质岩→黑色页岩→碳酸盐岩（图 2）。玉尔吐斯组之上的肖尔布拉克组发育厚层白云岩，台内滩和微生物礁滩发育，储层较好，且见到沥青充填；说明玉尔吐斯组烃源岩曾经大量生过油气。

其中，黑色页岩有机碳（TOC）主要分布在 2%～6%，中部黑色页岩层有机碳高达 16%（图 1d），是中国目前发现的有机碳最高的海相烃源岩。烃源岩现今已进入高—过成熟阶段，镜质组反射率在 1.4%～2.6%。这套优质烃源岩在新疆阿克苏地区厚度为 10～15m。

3.2 烃源岩发育环境

3.2.1 微量元素

由于氧化还原敏感元素的赋存状态及其在沉积物中的富集程度受水体氧化还原状态的控制，因此根据 Cr、V、U 等氧化还原敏感元素的含量可以判断沉积环境的氧化还原状态[22, 62-64]。微量元素分析结果显示（图 2），玉尔吐斯组 U 的含量为 1.96～142.91μg/g，平均含量为 20.81μg/g；Th 的含量为 0.17～11.48μg/g，平均含量为 1.44μg/g；Ce 的含量为 1.12～98.20μg/g，平均含量为 15.50μg/g。元素含量从剖面底部硅质岩向上段，总体呈现底部硅质岩含量较低（除个别极大值），分布稳定；上段硅质岩与黑色泥岩互层段含量变化较大，并在中部黑色泥岩段出现最大值，表明强还原环境下黑色页岩的沉积有利于微量元素富集，同时指示该层段沉积环境受海水快速水侵影响，达到最大海泛面，形成底部缺氧还原环境[64]，从而沉积富有机质黑色泥岩段。

部分微量元素在相同的氧化还原状态条件下富集程度存在较大差异，如 Th 和 U 在还原状态下地球化学性质相似，但在氧化状态下差别较大。因此，基于不同元素之间的地球化学性质差异，可将 Th/U 值作为氧化还原状态指标，Th/U 值在 0～2 之间指示缺氧环境，在强氧化环境下这个比值可达 8[14, 65]。玉尔吐斯组下段硅质岩与黑色泥岩段 Th/U 值＜0.3，显示出缺氧强还原环境。因此，玉尔吐斯组烃源岩形成于强还原沉积环境，有机质的保存受沉积环境控制。

3.2.2 干酪根碳同位素变化

新元古代末—寒武纪界线处有机碳同位素负漂移特征在全球可对比，目前碳同位素的最大负偏及小壳化石的首次出现被作为埃迪卡拉—寒武纪（E—C）分界标志[55, 65-66]。什艾日克剖面玉尔吐斯组烃源岩的有机碳同位素值（$\delta^{13}Corg$）主要分布在 −37‰～−34‰；由下至上总体分布稳定，表现出略微变重的趋势（图 2）。最大负偏移处在岩性由硅质岩变为含碳质硅质泥岩段，碳质含量明显增多，硅质含量减少，岩性及有机碳同位素变化与华南地区 E—C 界线处变化可对比[67-68]。下段硅质岩及黑色泥岩 $\delta^{13}Corg$ 负偏，表明原始生物产率快速增加，大量 ^{12}C 在光合作用过程中被有机质优先结合，在缺氧还原环境下得以保存，从而造成该层段 $\delta^{13}Corg$ 负偏[69-70]。向上黑色页岩与石灰岩段沉积时海水含氧量升高，不利于有机质保存，导致碳同位素逐渐变重。这与微量元素指示氧化还原状态变化趋势结果一致。因此，高生产力和还原环境的保存是造成这套烃源岩高有机质丰度的主要原因。

3.2.3 微生物组合特征

在显微镜下观察，发现了大量生物，特别是藻类体十分发育。以多细胞底栖藻类为主，单细胞浮游藻类和小壳类化石也有发现，并见有胚胎化石，以及粪球粒等（图 3）。

底栖生物主要包括底栖多细胞藻席、藻丝体残片等。它们构成了主要的成烃生物。单细胞浮游藻类体主要以疑源类为主。疑源类大多与底栖藻类或浮游藻类一起出现，发育于陆棚水体较深的部位，显示出上升洋流活跃。在震旦纪末—早寒武世初，由于古气候迅速转暖而冰盖迅速消融，在早寒武世古气候迅速转暖时，表层水因直接受太阳辐射而迅速变暖，底层水因得不到太阳辐射而在长时期内继续保持震旦纪时的古水温，从而有利于生烃母质生物在表层水的繁衍、繁盛与底层水的保存，并由此造就了分布广泛的暗色缺氧沉积[71]。这样，早寒武世大范围分布的缺氧沉积，与冰期—冰后期之交的古气候事件有关。浮游生物与底栖生物的混生现象，以及特殊的沉积演化序列，硅质岩→磷质岩→黑色页岩→碳酸盐岩的垂向沉积演化等方面，都说明了上升洋流和沉积环境联合控制了其中玉尔吐斯组高有机质丰度烃源岩的发育。

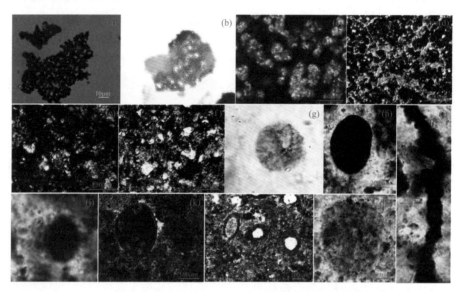

图3　塔里木盆地寒武系玉尔吐斯组烃源岩古生物学特征

（a）多细胞底栖藻类残体，已碳化，既有网眼，又有微孔，微孔可能是胞间联系的残留，干酪根薄片，于提希剖面；（b）多细胞底栖藻类残体，发育许多圆孔，整体具网状结构，干酪根薄片，于提希剖面；（c）多细胞底栖藻类，什艾日克剖面；（d）多细胞底栖藻类形成的镜质体，什艾日克剖面；（e）多细胞藻类残体，于提希剖面；（f）多细胞藻类残体，于提希剖面；（g）球状疑源类，于提希剖面；（h）球状疑源类，昆盖阔坦剖面；（i）丝状体，于提希剖面；（j）小刺球藻，于提希剖面；（k）胚胎，什艾日克剖面；（l）小壳化石断面，什艾日克剖面；（m）粪球粒，昆盖阔坦剖面

3.2.4　烃源岩发育模式

沉积物中有机质的富集与海洋表层生物初级生产力大小、水体的氧化还原条件及早期的埋藏环境密切相关[72-74]。稀土元素分析结果显示玉尔吐斯组底部硅质岩 Eu 显示出明显的正异常，Eu/Eu*［Eu/（Sm+Gd）］可达到3.59（图2），而 Eu 正异常被认为是高温还原性热液流体活动的典型特征[75-78]。因此，在玉尔吐斯组沉积早期由于 Rodinia 超大陆在该时期加速裂解，存在大量板块构造及热液流体活动，产生大量 CO_2 气体，从而导致大气 CO_2 含量增加，气温升高，上覆冰层逐渐溶解，导致早寒武世发生大规模海侵，沉积水体加深，深部位形成缺氧还原环境，促进了有机质的保存。另外，受季风与海水循环

的影响，形成的上升洋流带来大量的富磷、富硅及富铁族等底部热液流体中的微量营养元素，大大促进了有机质生产力，并且造成多金属元素被有机质吸附在黑色泥岩段中沉积富集。该类型富有机质层段多发育在克拉通盆地边缘的斜坡深水还原环境中，而在相对浅水区水体含氧度增加，不利于有机质保存。因此，推测寒武系玉尔吐斯组优质烃源岩在盆地中部、东部斜坡深水环境中，烃源岩的厚度将更大（图4）。

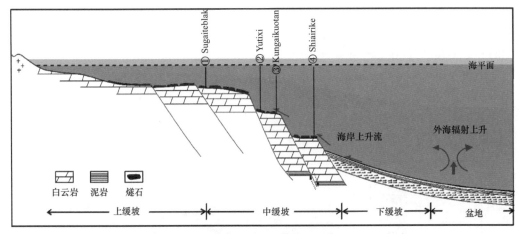

(a) 玉尔吐斯组烃源岩烃源岩发育模式图

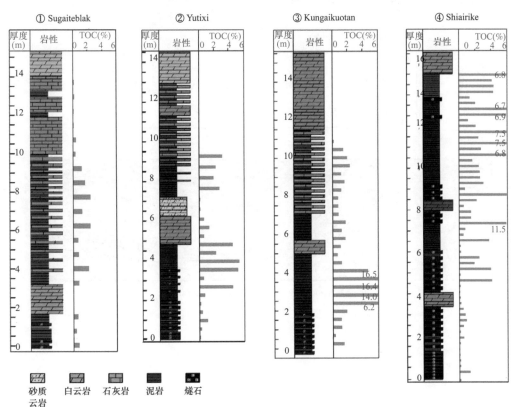

(b) 露头剖面玉尔吐斯组烃源岩岩石学特征及TOC含量

图4　寒武系玉尔吐斯组烃源岩典型露头特征及烃源岩发育模式图

3.2.5 烃源岩的分布规律

野外露头剖面观察显示，不同剖面点岩性层段横向具有可对比性，主要以底部灰黑色薄层硅质岩、中段黑色页岩、上段为灰色云灰岩为主，夹少量薄层深灰色泥岩（图1，图4）。所有剖面的下部均发现丰富的磷质结核，推测主要为深水斜坡环境沉积。中段黑色页岩厚度较大，有机质丰度高，可能反映了欠补偿深水盆地相沉积，发育环境应为中—下缓坡相带（图4）。

盆地内新钻的星火1井，钻遇30m厚的玉尔吐斯组烃源岩（图5a），但未取心。根据岩屑分析，TOC主要在2%～9%[60]，测井显示其伽马值异常偏高（图5a）。在地震剖面上，与上覆及下伏地层形成强振幅反射，即强轴反射（图5b）。因此，通过井震标定和地震刻画，对寒武系底部的地震强反射轴（相当于玉尔吐斯组烃源岩）进行追踪，这套烃源岩在盆地中部和东部地区广泛分布，其厚度在10～45m，预测其分布面积达 $26 \times 10^4 km^2$（图5c）。

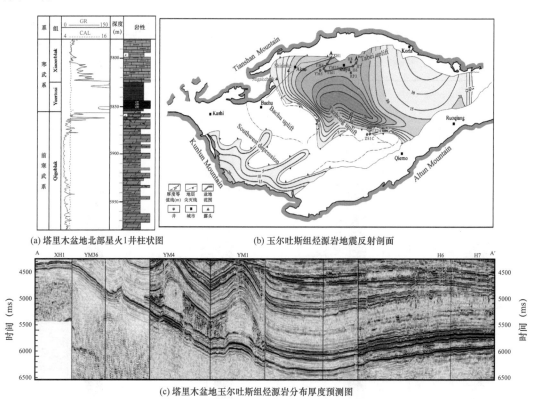

(a) 塔里木盆地北部星火1井柱状图   (b) 玉尔吐斯组烃源岩地震反射剖面

(c) 塔里木盆地玉尔吐斯组烃源岩分布厚度预测图

图 5 寒武系玉尔吐斯组烃源岩地震反射特征及其分布预测图

3.3 油气源对比

3.3.1 寒武系油气地球化学特征

生物标志化合物是确定油气源的重要手段，但是由于它们成熟度高，诸多生物标志化合物参数已失去油源对比的灵敏度，这也是塔里木盆地至今油气源争议的原因。最近在塔里木盆地中央隆起中段钻探的 ZS1C 井（图5b），在膏岩层下部的下寒武统 6861～6944m

获日产气 158545m³，并获得了少量凝析油样品，这是塔里木盆地在寒武系首次获得工业油气流。运用全二维气相色谱 / 飞行时间质谱等分析手段，在 ZS1C 井凝析油检测到十分丰富的硫代金刚烷类化合物，以及丰富的噻吩类、二苯并噻吩类等系列含硫化合物（图 6a）。硫代金刚烷类化合物有三笼，分别是硫代单金刚烷、硫代双金刚烷和硫代叁金刚烷（图 6b、c）。依据金刚烷类化合物的丰富含量，可以确定原油具有很高的成熟度[79-82]，已经无法与烃源岩直接进行生物标志化合物指标对比。

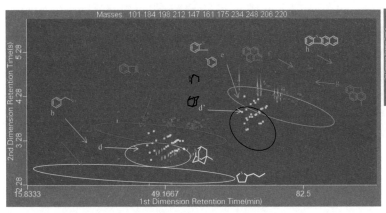

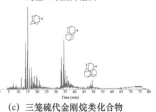

(a) 含硫化合物分布的全二维点阵谱图

(b) 硫代金刚烷类化合物分布的全二维点阵谱图

(c) 三笼硫代金刚烷类化合物

图 6　ZS1C 井凝析油中含硫化合物分布的全二维点阵谱图及硫代金刚烷类化合物

图（a）中：a—特征离子 m/z=101 的四氢噻吩类化合物系列；b—分子离子峰 m/z=124 的苄硫醇；c—特征离子 m/z=147、161、175 的烷基苯并噻吩类化合物；d—特征离子 m/z=168、182、192 的硫代单金刚烷类化合物；d′—特征离子 m/z=206、220 硫代双金刚烷类化合物；e—特征离子 m/z=184、198、212 的二苯并噻吩类化合物；f、g—特征离子 m/z=208、222 的菲并噻吩类化合物；h—特征离子 m/z=234 的苯并萘并噻吩

从 ZS1C 井下寒武统天然气组分来看，甲烷含量 62.7%，乙烷含量小于 0.5%，重烃（C_{2+}）含量低，干燥系数（C_1/C_{1+}）为 0.986，反映出天然气成熟度很高。非烃气体含量较高，CO_2 含量为 24.2%；硫化氢含量为 8.27%。天然气碳同位素较重，$\delta^{13}C_1$ 为 -42.24‰，$\delta^{13}C_2$ 为 -34.71‰，$\delta^{13}C_{2-1}$ 值小于 10‰，反映天然气成熟度较高。与一般的油型气相比，该天然气碳同位素明显偏重。根据建立的海相天然气甲烷碳同位素与相应烃源岩成熟度 R_o 之间的经验公式：$\delta^{13}C_1=15.80\lg R_o-42.21$ 可以得出[83-84]，天然气形成时对应烃源岩 R_o 达到 2.0% 以上。

3.3.2　生烃模拟确定天然气来源

从玉尔吐斯组烃源岩黄金管热模拟实验过程中气体的体积和质量产率随热解温度的变化趋势可以看出（图 7a），随着热解温度的增加，气的体积不断增加，在 650℃时，慢速（2℃）和快速（20℃）升温得到的裂解气体积产率趋于一致，基本达到平衡。C_{1-5} 的质量产率在 600℃达到一个极大值。随着热解温度的升高，C_1/C_{1-5} 值基本稳定，这可能反映了生烃能力基本衰竭[49]。因此，这一过程记录了不同阶段生成天然气的地球化学特征。

升温速率分别为 2℃ 与 20℃ 的两条温度热模拟曲线，其组分及甲烷碳同位素组成具有相同变化趋势（图 7），产生气体干燥系数随温度升高逐渐增大。依据动力学参数[85-87]，推算了地质条件下的镜质组反射率，在镜质组反射率为 0.8% 左右，对应 2℃与 20℃升温速率曲线温度分别为 350℃与 380℃，至温度 550℃与 600℃时，即镜质组反射率达到 3.0% 以上，气体干燥系数接近 1.0，表明至该温度点时，重烃组分已裂解殆尽，生成气体组分以甲烷为主。与黄金管热模拟实验数据对比，ZS1C 井实测天然气的干燥系数为 0.986，相当于玉尔吐斯组烃源岩热模拟温度约 550℃的产物（图 7a），即镜质组反射率达到 2.5%。ZS1C 井实测天然气中甲烷的碳同位素 $\delta^{13}C_1$ 为 −42.24‰，相当于玉尔吐斯组烃源岩在 20℃升温速率热模拟下的 475℃的产物（图 7b），即相当于镜质组反射率达到 2.2%。组分与碳同位素反映成熟度的差异，可能与 ZS1C 井油气性质复杂有关。该井为气井，但是测试过程中，产生微量凝析油，凝析油中溶解的甲烷，在生产压力改变过程中释放甲烷等，可能对天然气中甲烷的碳同位素产生影响。但是即便如此，也可以肯定，ZS1C 井油气均是在烃源岩高演化阶段的产物，相当于玉尔吐斯组烃源岩在 R_o 大于 2.2% 以后生成的。

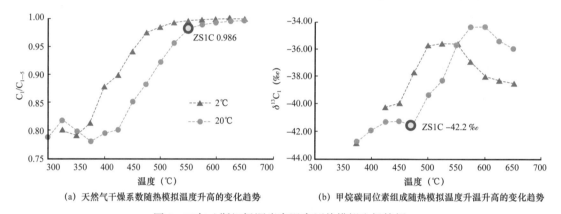

(a) 天然气干燥系数随热模拟温度升高的变化趋势　　(b) 甲烷碳同位素组成随热模拟温度升温升高的变化趋势

图 7　玉尔吐斯组烃源岩高温高压热模拟生烃特征

根据塔里木盆地热史参数[88]，塔里木盆地自新近纪以来，进入快速沉降深埋阶段，沉积厚度超过 2000m，深层油气达到高温裂解条件，玉尔吐斯组烃源岩也达到高过成熟阶段，而这一阶段也是塔里木盆地天然气大规模生成及成藏时期[89]。因此，可以确定天然气形成时间在 10Ma 以来，间接证实 ZS1C 井天然气来自玉尔吐斯组烃源岩。

3.3.3　硫同位素确定油源

在 ZS1C 井凝析油检测到十分丰富的含硫化合物，它们携带了母源的诸多信息。基于甲基化和脱甲基化的分离原理[51]，建立分离石油组分中含硫化合物的方法，选择性分离其中的噻吩化合物和硫醚化合物用于分子组成表征，在 ZS1C 原油中成功分离并鉴定了一系列 1–3 笼的硫代金刚烷化合物（图 6），使测定原油含硫化合物单体 ^{34}S 同位素成为可能。ZS1C 原油中硫代金刚烷类单体的硫同位素分布在 46‰～50‰，苯并噻吩类化合物的硫同位素较重，硫同位素：35‰～38‰（图 8）。而塔里木盆地寒武系硫酸盐的硫同位素：31‰～40‰，平均：36‰；二者比较接近。奥陶系硫酸盐的硫同位素：22‰～27‰，平均：25.8‰，显然奥陶系硫酸盐的硫同位素与 ZS1C 井原油的硫同位素相距甚远，基本不存在亲缘关系。从而确定出 ZS1C 井原油为塔里木盆地寒武系来源。而 ZS1C 井原油的硫代金刚烷类单体的硫同位素远远重于寒武系硫酸盐的硫同位素，可能与 TSR 作用导致的硫同位素强烈分馏有关[41, 90-91]。由于寒武系仅在底部发育玉尔吐斯组烃源岩，因此，ZS1C 井原油来源于玉尔吐斯组烃源岩。

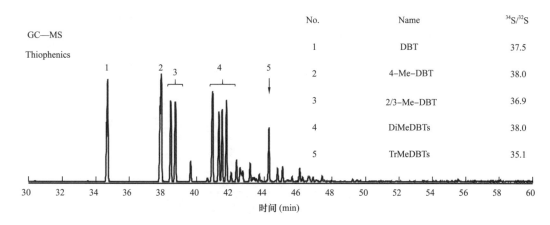

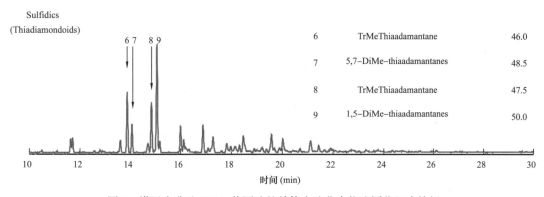

图 8　塔里木盆地 ZS1C 井原油的单体含硫化合物硫同位组成特征

玉尔吐斯组之上的肖尔布拉克组发育厚层白云岩，台内滩和微生物礁滩发育，储层较好；中寒武统发育厚层膏岩和泥岩，是一套良好的盖层（图 9）。由此可见，下寒武统玉尔吐斯组优质烃源岩与肖尔布拉克组微生物礁滩相储层、中寒武统膏泥岩盖层构成一套良好的生储盖组合，成藏条件优越，具有较大勘探潜力，7000m 以下深层存在大规模的天然气和凝析油（图 9）。寒武系玉尔吐斯组烃源岩的发现，将开辟深层一个新的勘探层系，引领塔里木盆地向深层寒武系开展大规模的油气勘探工作。

3.4　结论

塔里木盆地发现了下寒武统玉尔吐斯组优质烃源岩，岩性为黑色页岩，有机碳（TOC）主要分布在 2%～6%，黑色页岩层有机碳高达 16%，这套优质烃源岩厚度 10～25m，是中国目前发现的有机碳最高的海相烃源岩。这套优质烃源岩主要形成于中缓坡至下缓坡沉积环境，有机质的富集受上升洋流控制，推测盆地中东部地区广泛分布，分布面积超过 $26 \times 10^4 km^2$。

通过黄金管热模拟实验和原油单体含硫化合物硫同位素分析，塔里木盆地最近在寒武系发现工业油气流的第一口井——ZS1C 井，油气来自下寒武统玉尔吐斯组烃源岩。玉尔吐斯组烃源岩之上发育良好的储层和盖层，成藏条件优越，具有较大勘探潜力。该烃源岩的发现，将引领塔里木盆地向深层寒武系开展大规模的油气勘探工作。

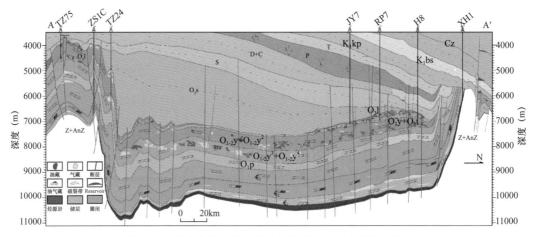

图 9　塔里木盆地塔北—塔中地区南北向油气藏剖面图

参 考 文 献

［1］ Han Y G，Zhao G C，Cawood P A，et al. Tarim and North China cratons linked to northern Gondwana through switching accretionary tectonics and collisional orogenesis［J］. Geology，2015，44.

［2］ Wingate M T D，Campbell I H，Compston W and Gibson G M. Ion microprobe U–Pb ages for Neoproterozoic basaltic magmatism in south–central Australia and implications for the breakup of Rodinia ［J］. Precambrian Research，1998，87（3）：135–159.

［3］ Li Z X，Li X H，Kinny P D，et al. Geochronology of Neoproterozoic syn–rift magmatism in the Yangtze Craton，South China and correlations with other continents：evidence for a mantle superplume that broke up Rodinia［J］. Precambrian Research，2003，122（1–4）：85–109.

［4］ Pisarevsky S A，Murphy J B，Cawood P A，Collins A S. Late Neoproterozoic and Early Cambrian palaeogeography：models and problems［J］. Geological Society London Special Publications，2008，294（1）：9–31.

［5］ Zhao G C，Li S Z，Sun M，Wilde S A. Assembly，accretion，and break–up of the Palaeo–Mesoproterozoic Columbia supercontinent：records in the North China Craton revisited［J］. International Geology Review，2011，53，1331–1356.

［6］ Zhao G C，Cawood P A. Precambrian geology of the North China，South China and Tarimcratons［J］. Precambrian Research，2012，222–223，13–54.

［7］ Meert J G. A synopsis of events related to the assembly of eastern Gondwana［J］. Tectonophysics，2003，362（1–4）：1–40.

［8］ Boger S D，Miller J M. Terminal suturing of Gondwana and the onset of the Ross–Delamerian Orogeny：the cause and effect of an Early Cambrian reconfiguration of plate motions［J］. Earth & Planetary Science Letters，2004，219（1–2）：35–48.

[9] Veevers J J. Gondwanaland from 650– 500Ma assembly through 320Ma merger in Pangea to 185– 100Ma breakup : supercontinental tectonics via stratigraphy and radiometric dating [J]. Earth-Science Reviews, 2004, 68 (1-2): 1-132.

[10] Collins A S, Pisarevsky S A. Amalgamating eastern Gondwana : The evolution of the Circum-Indian Orogens [J]. Earth-Science Reviews, 2005, 71 (3-4): 229-270.

[11] Peters S E, Gaines R R. Formation of the 'Great Unconformity' as a trigger for the Cambrian explosion [J]. Nature, 2012, 484 (7394): 363-6.

[12] Haq B U, Schutter S R. A chronology of Paleozoic sea-level changes [J]. Science, 2008, 322 (5898): 64-8.

[13] Dalziel I W D. Cambrian transgression and radiation linked to an Iapetus-Pacific oceanic connection [J]? Geology, 2014, 42 (11): 979-982.

[14] Kimura H, Watanabe Y. Oceanic anoxia at the Precambrian-Cambrian boundary [J]. Geology, 2001, 29 (11): 995.

[15] Zhuravlev A Y, Riding R. The Ecology of the Cambrian Radiation. In : Perspectives in Paleobiology and Earth History [M]. Columbia University Press, New York, 2001.

[16] Bottjer D J, Hagadorn J W, Dornbos S Q. The Cambrian Substrate Revolution [J]. Gsa Today, 2000, 10 (9): 1-7.

[17] Craig J, Biffi U, Galimberti R F. The palaeobiology and geochemistry of Precambrian hydrocarbon source rocks [J]. Marine & Petroleum Geology, 2013, 40 (1): 1-47.

[18] Valentine J W, Jablonski D, Erwin D H. Fossils, molecules and embryos : new perspectives on the Cambrian explosion [J]. Development, 1999, 126 (5): 851-859.

[19] Grotzinger J P, Kaufman A J. Biostratigraphic and Geochronologic Constraints on Early Animal Evolution [J]. Science, 1995, 270 (270): 598-604.

[20] Knoll A H, Carroll S B. Early animal evolution : emerging views from comparative biology and geology [J]. Science, 1999, 284 (5423): 2129-2137.

[21] Amthor J E, Grotzinger J P, Schröder S, et al. Extinction of Cloudina and Namacalathus at the Precambrian-Cambrian boundary in Oman [J]. Geology, 2003, 31 (5): 431.

[22] Morford J L, Emerson S. The geochemistry of redox sensitive trace metals in sediments [J]. Geochimica Et Cosmochimica Acta, 1999, 63 (11-12): 1735-1750.

[23] Wang J, Chen D, Yan D, et al. Evolution from an anoxic to oxic deep ocean during the Ediacaran-Cambrian transition and implications for bioradiation [J]. Chemical Geology, 2012, 306-307 (2): 129-138.

[24] SavelEv V V, KamYanov V F, Golovko A K. Relics of biolipids in kerogen of Cambrian Siberian Platform oil shale [J]. Russian Geology & Geophysics, 2015, 56 (7): 1055-1064.

[25] Schröder S, Grotzinger J P, Amthor J E, Matter A. Carbonate deposition and hydrocarbon reservoir development at the Precambrian-Cambrian boundary : The Ara Group in South Oman [J]. Sedimentary Geology, 2005, 180 (1): 1-28.

[26] Craig J, Luning S, Beswetherick S, Hamblett C. Structural Styles and Prospectivity in the Precambrian

and Palaeozoic Hydrocarbon Systems of North Africa［J］.Economic Geology, 2008, 106（4）1032-1039.

［27］Grosjean E, Love G D, Stalvies C, et al. Origin of petroleum in the Neoproterozoic–Cambrian South Oman Salt Basin［J］. Organic Geochemistry, 2009, 40（1）: 87–110.

［28］Zhu G Y, Wang T S, Xie Z Y, et al. Giant gas discovery in the Precambrian deeply buried reservoirs in the Sichuan Basin, China : Implications for gas exploration in old cratonic basins［J］. Precambrian Research, 2015, 262: 45–66.

［29］Kontorovich A E, Mandel' Baum M M, Surkov V S, et al. Lena–Tunguska Upper Proterozoic-Palaeozoic petroleum superprovince［M］. Geological Society London Special Publications, 1990.

［30］Terken J M J, Frewin N L, Indrelid S L. Petroleum Systems of Oman : Charge Timing and Risks［J］. Aapg Bulletin, 2001, 85（10）: 1817–1845.

［31］Ghori K A. R, Craig J, Thusu B, et al. Global Infracambrian petroleum systems : a review［J］. Geological Society London Special Publications, 2009, 326（1）: 109–136.

［32］Wang Z M , Su J, Zhu G, et al. Characteristics and accumulation mechanism of quasi–layered Ordovician carbonate reservoirs in the Tazhong area, Tarim Basin［J］. Energy Exploration & Exploitation, 2013, 31（4）: 545–568.

［33］Zhu G Y, Zhang S C, Su J, et al. The occurrence of ultra–deep heavy oils in the Tabei Uplift of the Tarim Basin, NW China［J］. Organic Geochemistry, 2012, 52: 88–102.

［34］Zhang S C, Jm M, Sa G, et al. Paleozoic oil–source rock correlations in the Tarim Basin, NW China［J］. Organic Geochemistry, 2000, 31（4）: 273–286.

［35］Zhang S C, Su J, Wang X M, et al. Geochemistry of Palaeozoic marine petroleum from the Tarim Basin, NW China : Part 3. Thermal cracking of liquid hydrocarbons and gas washing as the major mechanisms for deep gas condensate accumulations［J］. Organic Geochemistry, 2011, 42（11）: 1394–1410.

［36］Zhang S C, Huang H P, Su J, et al. Geochemistry of Paleozoic marine oils from the Tarim Basin, NW China. Part 4: Paleobiodegradation and oil charge mixing［J］. Organic Geochemistry, 2014, 67（1）: 41–57.

［37］Zhang S C, Huang H P. Geochemistry of Palaeozoic marine petroleum from the TarimBasin, NW China : Part 1. Oil family classification［J］. Organic Geochemistry, 2005, 36（8）: 1204–1214.

［38］Hanson A D, Zhang S C, Moldowan J M, et al. Molecular organic geochemistry of the Tarim Basin, Northwest China［J］. AAPG Bulletin, 2000, 84（8）: 1109–1128.

［39］Cai C F, Li K K, Ma A L, et al. Distinguishing Cambrian from Upper Ordovician source rocks : Evidence from sulfur isotopes and biomarkers in the Tarim Basin［J］. Organic Geochemistry, 2000, 40（7）: 755–768.

［40］Cai C F, Zhang C M, Worden R H, et al. Application of sulfur and carbon isotopes to oil–source rock correlation : A case study from the Tazhong area, Tarim Basin, China［J］. Organic Geochemistry, 2015, 83–84, 140–152.

［41］Cai C F, Amrani A, Worden R H, et al. Sulfur isotopic compositions of individual organosulfur compounds and their genetic links in the Lower Paleozoic petroleum pools of the Tarim Basin, NW China [J]. Geochimica Et Cosmochimica Acta, 2016, 182: 88–108.

[42] Li S M, Pang X Q, Jin Z J, et al. Petroleum source in the Tazhong Uplift, Tarim Basin: New insights from geochemical and fluid inclusion data [J]. Organic Geochemistry, 2010, 41 (6): 531–553.

[43] Li S M, Amrani A, Pang X Q, et al. Origin and quantitative source assessment of deep oils in the Tazhong Uplift, Tarim Basin [J]. Organic Geochemistry, 2015, 78: 1–22.

[44] Chang X, Wang T G, Li Q, Ou G. Charging of Ordovician reservoirs in the halahatang depression (Tarim basin, NW China) determined by oil geochemistry [J]. Journal of Petroleum Geology, 2013, 36 (4): 383–398.

[45] Zhu G Y, Zhang S C, Liu K Y, et al, A well-preserved 250million-year-old oil accumulation in the Tarim Basin, western China: Implications for hydrocarbon exploration in old and deep basins [J]. Marine & Petroleum Geology, 2013, 43: 478–488.

[46] Zhu G Y, Zhang S C, Su J, et al. Alteration and multi-stage accumulation of oil and gas in the Ordovician of the Tabei Uplift, Tarim Basin, NW China: Implications for genetic origin of the diverse hydrocarbons [J]. Marine & Petroleum Geology, 2013, 48 (4): 234–250.

[47] Zhu G Y, Zhang S C, Su J, et al. Secondary accumulation of hydrocarbons in Carboniferous reservoirs in the northern Tarim Basin, China [J]. Journal of Petroleum Science & Engineering, 2013, 102: 10–26.

[48] Zhu G Y, Huang H P, Wang H T. Geochemical Significance of Discovery in Cambrian Reservoirs at Well ZS1 of the Tarim Basin, Northwest China [J]. Energy & Fuels, 2015, 29 (3): 1332–1344.

[49] Pan C, Jiang L, Liu J, et al. The effects of calcite and montmorillonite on oil cracking in confined pyrolysis experiments [J]. Organic Geochemistry, 2010, 41 (7): 611–626.

[50] Wang M, Zhu G Y, Ren L, et al. Separation and Characterization of Sulfur Compounds in Ultra-deep Formation Crude Oils from Tarim Basin [J]. Energy & Fuels, 2015, 29 (8): 1–15.

[51] Wang M, Zhao S, Chung K H, et al. A Novel Approach for Selective Separation of Thiophenic and Sulfidic Sulfur Compounds from Petroleum by Methylation/Demethylation [J]. Analytical Chemistry, 2015, 87 (2): 1083–1088.

[52] Amrani A, Sessions A L, Adkins J F. Compound-specific delta34S analysis of volatile organics by coupled GC/multicollector-ICPMS [J]. Analytical Chemistry, 2009, 81 (21): 9027–9034.

[53] Qian Y, Yin G Z, Xiao B.Opercula of Hyoliths and operculum-like fossils from the lower Cambrian Yuertusformation, Xinjiang [J]. ActaMicropalaeontologica Sinica, 2000, 17 (4): 404–415.

[54] Qian Y, Feng W M, Li G X, et al. Taxonomy and biostratigraphy of the early Cambrian univalved mollusk fossils from xinjiang [J]. ActaMicropalaeontologica Sinica, 2009, 26 (3): 193–210.

[55] Shen Y, Schidlowski M. New C isotope stratigraphy from southwest China: Implications for the placement of the Precambrian–Cambrian boundary on the Yangtze Platform and global correlations [J]. Geology, 2001, 15 (1): 15–20.

[56] Qian Y, Zhu M Y, et al. A supplemental Precambrian–Cambrian boundary global stratotype section in SW China [J]. Geobios, 2002, 35 (35): 165–185.

［57］Feng W M, Sun W G, Qian Y. Skeletalization characters, classification and evolutionary significance of early Cambrian monoplacophoranmaikhanellids［J］. ActaPalaeontologica Sinica, 2001, 40（2）: 195–213.

［58］Steiner M, Li G, Qian Y, et al. Neoproterozoic to Early Cambrian small shelly fossil assemblages and a revised biostratigraphic correlation of the Yangtze Platform（China）［J］. Palaeogeography Palaeoclimatology Palaeoecology, 2007, 254（1–2）: 67–99.

［59］Yao J X, Xiao S H, Yin L M, et al. Basal cambrian micro fossils from the Yurtus and Xishanblaq formations（Tarim, North–West China）: systematic revision and biostratigraphic correlation of micrhystridium–like acritarchs［J］. Palaeontology, 2005, 48（4）: 687–708.

［60］Feng X K, Liu Y B, Han C W, et al.Sinian rift valley development characteristics in Tarim basin and its guidance on hydrocarbon exploration［J］. Petroleum Geology and Engineering,2015,29（2）: 5–10＋145.

［61］Gao Z J, Wang W Y, Peng C W, et al.Division and correlation of Sinin system in Aksu–Wushi district of Xinjiang［J］. Volksverlag Xinjiang, 1985, 1–80.

［62］Sageman B B, Murphy A E, Werne J P, et al. A tale of shales: the relative roles of production, decomposition, and dilution in the accumulation of organic–rich strata, Middle–Upper Devonian, Appalachian basin［J］. Chemical Geology, 2003, 195（1–4）: 229–273.

［63］Rimmer S M. Geochemical paleoredox indicators in Devonian–Mississippian black shales, Central Appalachian Basin（USA）［J］. Chemical Geology, 2004, 206（3–4）: 373–391.

［64］Tribovillard N, Algeo T J, Lyons T, Riboulleau A. Trace metals as paleoredox and paleoproductivity proxies: An update［J］. Chemical Geology, 2006, 232（1–2）: 12–32.

［65］Kaufman A J, Knoll A H, Semikhatov M A, et al. Integrated chronostratigraphy of Proterozoic–Cambrian boundary beds in the western Anabar region, northern Siberia［J］. Geological Magazine, 1996, 133（5）: 509–33.

［66］Ishikawa T, Ueno Y, Komiya T, et al. Carbon isotope chemostratigraphy of a Precambrian/Cambrian boundary section in the Three Gorge area, South China: Prominent global–scale isotope excursions just before the Cambrian Explosion［J］. Gondwana Research, 2008, 14（1–2）: 193–208.

［67］Guo Q J, Strauss H, Liu C Q, et al. Carbon isotopic evolution of the terminal Neoproterozoic and early Cambrian: Evidence from the Yangtze Platform, South China［J］. Palaeogeography Palaeoclimatology Palaeoecology, 2007, 254（1–2）: 140–157.

［68］Chen D, Wang J, Qing H, et al. Hydrothermal venting activities in the Early Cambrian, South China: Petrological,geochronological and stable isotopic constraints［J］. Chemical Geology,2009,258（3–4）: 168–181.

［69］Freeman K H. Isotopic biogeochemistry of marine organic carbon［J］. Reviews in Mineralogy and Geochemistry, 2001, 43（1）: 579–605.

［70］Hayes J M. Fractionation of carbon and hydrogen isotopes in biothynthetic processes［J］. Reviews in Mineralogy and Geochemistry, 2001, 43（1）: 225–277.

［71］Xie X M, Teng G R, Qin J Z, et al.Depositional environment, organisms components and source rock formation of siliceous rocks in the base of the Cambrian niutitangformation, kaili, Guizhou［J］. Acta geologica sinica, 2015, 89（2）: 425–439.

［72］Freeman K H, Hayes J M, Trendel J M, Albrecht P. Evidence from carbon isotope measurements for diverse origins of sedimentary hydrocarbons［J］. Nature, 1990, 343（343）: 254–6.

［73］Rau G H, Riebesell U, Wolf–Gladrow D. CO_2aq–dependent photosynthetic ^{13}C fractionation in the ocean : A model versus measurements［J］. Global Biogeochemical Cycles, 1997, 11（2）: 267–278.

［74］Riebesell U. Effects of CO_2 Enrichment on Marine Phytoplankton［J］. Journal of Oceanography, 2004, 60（4）: 719–729.

［75］Douville E, Bienvenu P, Charlou J L, et al. Yttrium and rare earth elements in fluids from various deep–sea hydrothermal systems［J］. Geochimica Et Cosmochimica Acta, 1999, 63（5）: 627–643.

［76］Grenne T. Geochemistry of Jasper Beds from the Ordovician LokkenOphiolite, Norway : Origin of Proximal and Distal Siliceous Exhalites［J］. Economic Geology, 2005, 100（8）: 1511–1527.

［77］Chavagnac V, German C R, Milton J A, Palmer M R. Sources of REE in sediment cores from the Rainbow vent site（36°14′ N, MAR）［J］. Chemical Geology, 2005, 216（3-4）: 329–352.

［78］Laurila T E, Hannington M D, Petersen S, Garbe–Schönberg D. Early depositional history of metalliferous sediments in the Atlantis II Deep of the Red Sea : Evidence from rare earth element geochemistry［J］. Geochimica Et Cosmochimica Acta, 2014, 126（2）: 146–168.

［79］Dahl J E Moldowan J M, Peters K E, et al. Diamondoid hydrocarbons as indicators of natural oil cracking［J］. Nature, 1999, 399（6731）: 54–57.

［80］Dahl J E, Liu S G, Carlson R M K. Isolation and structure of higher diamondoids, nanometer–sized diamond molecules［J］. Science, 2003, 299（5603）: 96–99.

［81］Wei Z B, Moldowan J M, Zhang S C, et al. Diamondoid hydrocarbons as a molecular proxy for thermal maturity and oil cracking : Geochemical models from hydrous pyrolysis［J］. Organic Geochemistry, 2007, 38（2）: 227–249.

［82］Wei Z B, Moldowan J M, Paytan A. Diamondoids and molecular biomarkers generated from modern sediments in the absence and presence of minerals during hydrous pyrolysis［J］. Organic Geochemistry, 2006, 37（8）: 891–911.

［83］Dai J X. Identification and distinction of various alkane gases［J］. Science in China（Series B）, 1992, 35, 1246–1257（in Chinese with English abstract）.

［84］Dai J X. China coal–bed methane gas field and source［J］. Science Press, BeiJing. 2014.

［85］Horsfield B, Schenk H J, Mills N, Welte D H. Closed–system programmed temperature pyrolysis for simulating the conversion of oil to gas in a deep petroleum reservoir［J］. Organic Geochemistry, 1992, 19, 191–204.

［86］Pepper A S, Dodd T A. Simple kinetic models of petroleum formation. Part II : oil–gas cracking［J］. Marine and Petroleum Geology, 1995, 12, 321–340.

［87］McNeil R I, BeMent W O. Thermal stability of hydrocarbons : laboratory criteria［J］. Energy and Fuels, 1996, 10, 60–67.

［88］Zhu G Y, Zhang B T, Yang H J, et al. Secondary alteration to ancient oil reservoirs by late gas filling in the Tazhong area, Tarim Basin［J］. Journal of Petroleum Science & Engineering, 2014, 122: 240–

256.

［89］Zhu G Y, Zhang B T, Yang H J, et al. Origin of deep strata gas of Tazhong in Tarim Basin, China ［J］. Organic Geochemistry, 2014, 74: 85–97.

［90］Amrani A, Deev A, Sessions A L, et al. The sulfur–isotopic compositions of benzothiophenes and dibenzothiophenes as a proxy for thermochemical sulfate reduction ［J］. Geochim. Cosmochim. Acta, 2012, 84, 152–164.

［91］Zhu G Y, Wang H P, Weng N. TSR–altered oil with high–abundance thiaadamantanes of a deep–buried Cambrian gas condensate reservoir in Tarim Basin ［J］. Marine & Petroleum Geology, 2016, 69: 1–12.

原英文刊于《AAPG Bulletin》, 2018, 102（10）: 2123–2151.

中国海相碳酸盐岩储层研究进展及油气勘探意义

沈安江 [1, 2]　陈娅娜 [1, 2]　蒙绍兴 [1, 2]　郑剑锋 [1, 2]　乔占峰 [1, 2]

倪新锋 [1, 2]　张建勇 [1, 2]　吴兴宁 [1, 2]

（1. 中国石油杭州地质研究院；2. 中国石油集团碳酸盐岩储层重点实验室）

摘　要： 中国海相碳酸盐岩具有克拉通台地小、位于叠合盆地下构造层、埋藏深和年代老的特点，储层成因和分布是油气勘探面临的诸多科学问题之一。综述了近5年来中国石油集团碳酸盐岩储层重点实验室项目团队在中国海相碳酸盐岩沉积储层研究领域取得的3项创新性成果认识：（1）通过对四川盆地震旦系—寒武系、二叠系长兴组—三叠系飞仙关组等层系构造—岩相古地理的解剖，发现小克拉通台地台内裂陷普遍发育，建立了"两类台缘"和"双滩"沉积模式，揭示了台内同样发育烃源岩和规模储层，这为勘探领域由台缘拓展到台内提供了理论依据，并为安岳气田的发现所证实。（2）基于塔里木盆地勘探实践所提出的岩溶储层成因、内幕岩溶储层类型和分布规律的认识，突破了岩溶储层主要分布于潜山区的观点，创新提出碳酸盐岩内幕同样发育岩溶储层，这使勘探领域由潜山区拓展到内幕区，并为塔北南斜坡哈拉哈塘油田、顺北油田的发现所证实。（3）深层和古老海相碳酸盐岩储层仍具相控性、继承性大于改造性的地质认识，揭示了深层和古老海相碳酸盐岩储层的规模性和可预测性，确立了深层和古老碳酸盐岩油气勘探的地位和勘探家的信心，并为塔里木盆地、四川盆地油气勘探实践所证实；礁滩（丘）相沉积、蒸发潮坪、层序界面、暴露面和不整合面、古隆起和断裂系统控制深层和古老海相碳酸盐岩规模优质储层的分布。这些认识不但对碳酸盐岩沉积储层学科发展具重要的理论意义，而且为勘探领域的拓展提供了依据。

关键词： 台内裂陷；沉积模式；岩溶储层；白云岩储层；深层和古老储层；储层相控性；海相碳酸盐岩；中国

碳酸盐岩是油气勘探非常重要的领域，全球剩余可采油气储量的47.5%（约2000×10^8 t）来自碳酸盐岩[1]。中国海相碳酸盐岩分布面积广，总面积超过455×10^4 km^2，其中油气资源丰富，原油资源量约为340×10^8 t，天然气资源量为24.30×10^12 m^3，探明率分别为4.56% 和13.17%[2]，勘探潜力巨大，因此海相碳酸盐岩是中国非常重要的油气勘探接替领域。

基金项目：国家科技重大专项课题"寒武系—中新元古界碳酸盐岩规模储层形成与分布研究"（编号：2016ZX05004-002）；中国石油天然气股份有限公司直属院所基础研究和战略储备技术研究基金项目"古老海相碳酸盐岩定年、定温与微量—稀土元素面扫描技术研发及应用"（编号：2018D-5008-03）

由于中国海相碳酸盐岩具有克拉通台地小、位于叠合盆地下构造层、埋藏深、年代老和经历跨构造期复杂地质改造的特点，油气勘探面临诸多科学问题亟待解决，在沉积储层领域主要表现在以下 3 个方面：（1）台缘带礁滩储层规模发育，距外海烃源岩近，是碳酸盐岩油气勘探非常有利的领域，但由于中国小克拉通台地的特殊性，台缘带大多俯冲到造山带之下，埋藏深、勘探难度大，台内勘探潜力评价成为关键科学问题；（2）中国的碳酸盐岩潜山主要发育在上、下构造层之间的古隆起区，岩溶储层勘探面积有限，但受小克拉通台地多旋回构造运动的控制，碳酸盐岩内幕的暴露剥蚀和断裂系统多期次发育，大面积分布，其成储效应是碳酸盐岩内幕岩溶储层勘探潜力评价亟须解决的关键科学问题；（3）深层和古老海相碳酸盐岩储层成因和分布规律、储层的规模性和可预测性，是深层和古老海相碳酸盐岩勘探潜力评价亟须解决的关键科学问题。

笔者依托国家及中国石油集团科技重大专项，以塔里木盆地、四川盆地和鄂尔多斯盆地重点层系的碳酸盐岩构造—岩相古地理、储层成因和分布规律研究为切入点，以露头、岩心、薄片观察和储层地球化学、储层模拟实验为手段，综合利用露头、钻井和地震资料，围绕中国海相碳酸盐岩油气勘探面临的 3 个关键科学问题开展研究，取得 3 项创新性成果认识。这些成果认识为勘探领域的评价和拓展提供了依据，并为三大盆地的油气勘探发现所证实。

1 "两类台缘"和"双滩"沉积模式的建立及意义

Wilson[3] 建立了镶边碳酸盐台地模式，把碳酸盐沉积划分为 3 大沉积区、9 个相带和 24 个微相。Tucker[4] 和 Wright 等[5] 建立了碳酸盐岩缓坡沉积模式，将缓坡划分为内缓坡（浅缓坡）、中缓坡、外缓坡（深缓坡）和盆地 4 个相带。Friedman 等[6] 建立了孤立碳酸盐岩台地沉积模式：四周由深水包围的浅水碳酸盐岩台地，台地边缘陡峭、发育礁滩，内部为潟湖。这些沉积模式为中国海相碳酸盐岩层系岩相古地理研究发挥了重要作用，但在实践中也存在机械地套用这些沉积模式的问题。

沉积模式具有年代效应、纬度效应和尺度效应。基于显生宙和现代沉积所建立的沉积模式不一定适用于前寒武纪古老碳酸盐岩层系——中—新元古代碳酸盐岩以微生物丘或微生物席白云岩为主，几乎没有高能颗粒滩和格架礁沉积，没有明显的镶边台缘，古地貌和板块分异远不如显生宙明显。这可能与前寒武纪全球缺氧环境，及前寒武纪共性大于差异性、显生宙差异性大于共性的地质旋回有关[7-8]。不同纬度的沉积物特征也会有很大的差异，现代沉积揭示碳酸盐岩主要分布于赤道两侧南北纬30°的范围内，而且不同纬度的生物和沉积物特征均有很大的差异，古纬度控制了沉积特征和组合[9]。受海岸带能量分带和古地形、古地貌的控制，不同尺度（板块尺度或局部）的沉积物和组合特征也会有很大的差异和不同层级[10]。因此，在解决具体地质问题时，不能简单地套用前人的沉积模式，需要建立个性化的沉积模式，以满足不同地质背景（年代、纬度、尺度）的古地理研究需求。"两类台缘"和"双滩"沉积模式的建立就是一个典型的个性化沉积模式案例，它丰富了小克拉通台地沉积学内涵。

1.1 台内裂陷的识别、成因和演化

台缘是碳酸盐岩油气勘探非常重要的领域，全球 70% 的勘探活动集中在该领域[11]。但由于中国小克拉通台地的特殊性，台缘带大多俯冲到造山带之下，因此台内勘探潜力评价成为中国海相碳酸盐岩能否成为勘探接替领域面临的关键问题。通过对四川盆地晚震旦世—早寒武世德阳—安岳裂陷、晚二叠世长兴组沉积期—早三叠世飞仙关组沉积期开江—梁平裂陷的解剖，建立了"两类台缘"和"双滩"沉积模式，为勘探领域由台缘拓展到台内提供了理论依据，并为安岳气田、普光气田和元坝气田的发现所证实。

台内裂陷是指碳酸盐岩台地内由于基底断裂拉张或走滑拉分、差异沉降作用所形成的带状沉降区，基底为陆壳，裂陷深度为数百米至一千米，宽度为数十至一百千米，长度为一百至数百千米[12]。台内裂陷具以下 5 个识别标志：（1）裂陷与台地具有明显不同的地层序列和沉积特征；（2）裂陷与台地的地层厚度有明显的差异（图 1）；（3）裂陷与台地的过渡带具有明显的台缘带和（或）分界断裂；（4）台地边缘进积体特征明显；（5）裂陷内常具有重力负异常。

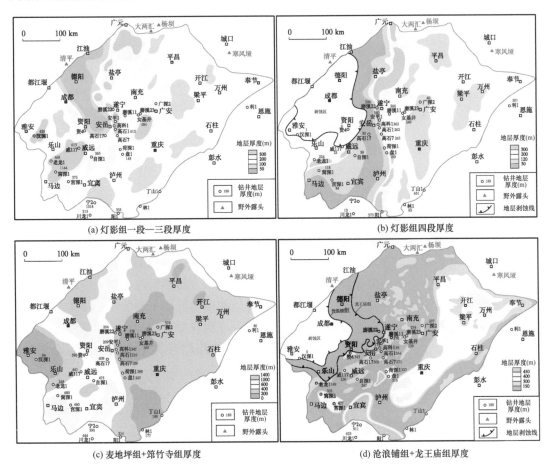

图 1　四川盆地震旦系灯影组—寒武系龙王庙组地层厚度图

泛大陆裂解是基底断裂拉张或走滑拉分作用的驱动力，更是小克拉通台内裂陷发育的主控因素（图2）。罗迪尼亚（Rodinia）泛大陆裂解与新元古代晚期兴凯地裂运动是德阳—安岳台内裂陷发育的区域构造背景，南盘江地区泥盆纪—石炭纪台内裂陷的发育与冈瓦纳（Gondwana）泛大陆裂解有关，开江—梁平台内裂陷的发育则受控于潘基亚（Pangea）泛大陆的裂解。塔里木盆地库满裂陷、塔西南裂陷的发育与罗迪尼亚泛大陆裂解有关，鄂尔多斯盆地靖边裂陷和晋陕裂陷的发育与中—新元古代哥伦比亚（Columbia）泛大陆的裂解有关。因此，中国小克拉通台内裂陷的发育具有普遍性和层位的选择性。

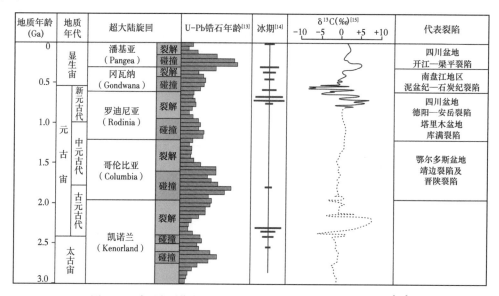

图2　地质历史时期超大陆旋回与台内裂陷发育的耦合关系[16]

德阳—安岳台内裂陷经历了初始裂陷期、裂陷鼎盛期、裂陷充填期和裂陷消亡期4个阶段。灯影组二段（简称灯二段）沉积期为小克拉通浅水台地发育阶段，在四川盆地西北缘的江油一带开始发育台内裂陷的雏形和裂陷周缘小规模的微生物丘滩体；灯二段沉积之后，在拉张环境下开始发育南北向的断裂，形成北西—南东向的侵蚀谷和台内裂陷，由江油向南延伸到德阳—安岳一带，甚至一直延伸到蜀南地区。灯四段沉积期，进入台内裂陷发育鼎盛期，裂陷内的灯四段为较深水沉积，裂陷周缘的台缘带发育两期丘滩体，呈进积式叠置。早寒武世进入裂陷充填阶段，裂陷内地层厚度明显大于同期裂陷周缘和台内的地层厚度，也是麦地坪组和筇竹寺组两套烃源岩发育的重要时期。之后，向上演变为龙王庙组沉积期的碳酸盐岩缓坡。

1.2　台内裂陷背景下的成藏组合

德阳—安岳台内裂陷的发育和演化控制了台内两类成藏组合的发育。首先是控制两套规模优质储层的发育，即灯四段与台内裂陷发育鼎盛期相关的裂陷周缘丘滩白云岩储层，龙王庙组与台内裂陷演化末期填平补齐相关的碳酸盐岩缓坡颗粒滩白云岩储层，以这两套储层为实例建立了"两类台缘"和"双滩"沉积模式（图3）。同时也控制了生烃中心的发育：沿台内裂陷筇竹寺组烃源岩厚度最大，一般为 300～350m，裂陷两侧烃源岩厚度明显减薄，一般为 100～300m，裂陷主体部位烃源岩厚度是邻区的 2～5 倍；麦地坪组烃源岩主要分布在裂陷内，厚度在 50～100m，而周缘地区仅 1～5m，两者相差 10 倍以上。

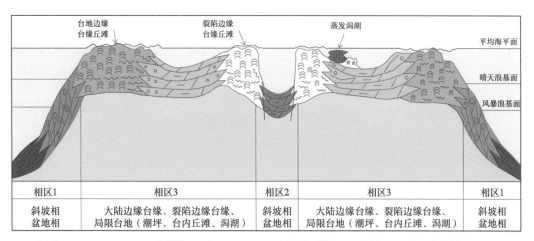

（a）灯四段与台内裂陷发育鼎盛期相对应的"两类台缘"沉积模式

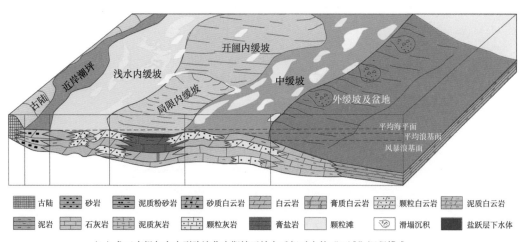

（b）龙王庙组与台内裂陷演化末期填平补齐后相对应的"双滩"沉积模式

图 3　中国海相碳酸盐岩"两类台缘"和"双滩"沉积模式

　　烃源岩和储层的时空配置构成两类成藏组合：一是麦地坪组、筇竹寺组烃源岩与灯二段和灯四段储层构成旁生侧储或上生下储型成藏组合，不整合面是油气运移的通道；二是麦地坪组、筇竹寺组烃源岩与龙王庙组缓坡颗粒滩储层构成下生上储型成藏组合，断裂是油气运移的通道。

2　碳酸盐岩规模储层成因和分布规律的认识创新

　　前人[11, 17-19]在碳酸盐岩储层成因方面做了大量的研究工作，取得了很多地质认识。

但是，对白云石化和热液作用对孔隙的贡献、深层碳酸盐岩储层的相控性和规模、碳酸盐岩储层孔隙保存机理、层间岩溶和断溶体等特殊储层类型和成因等的地质认识，还存在分歧和争议。笔者在碳酸盐岩储层成因和分布规律方面提出了颠覆性认识，丰富了储层地质学内涵，为勘探领域评价提供了支撑。

2.1 碳酸盐岩储层类型

根据物质基础、地质背景和成孔作用等 3 个储层发育条件，考虑勘探生产的实用性，将海相碳酸盐岩储层划分为 3 大类 11 亚类[20]（表 1），这一分类方案为绝大多数地质工作者所接受。

沉积型储层：沉积作用为主控因素，分布受相带控制，主要指礁滩储层和沉积型白云岩储层，以基质孔为主，原生孔和早表生溶孔发育，有较强的均质性。

成岩型储层：成岩作用为主控因素，分布受暴露面（不整合面）及断裂系统控制，主要指岩溶储层，储集空间以岩溶缝洞为主，有强烈的非均质性。

复合型储层：沉积和成岩作用共为主控因素，分布受相带（礁滩相带为主）和后期成岩叠加改造（埋藏—热液作用、白云石化作用）共同控制，主要指结晶白云岩储层，储集空间以晶间孔和晶间溶孔为主，非均质性介于沉积型和成岩型储层之间。

表 1 中国海相碳酸盐岩储层成因分类

储层类型			定义	实例
沉积型	礁滩储层	镶边台缘礁滩储层	分布于碳酸盐岩台地边缘的礁滩相储层，呈条带状分布，厚度大，常受早表生岩溶作用改造	塔里木盆地塔中北斜坡上奥陶统良里塔格组
		台内裂陷周缘礁滩储层	分布于碳酸盐岩台地台内裂陷周缘的礁滩相储层，呈条带状分布，厚度大，常受早表生岩溶作用改造	四川盆地德阳—安岳台内裂陷周缘上震旦统灯四段
		碳酸盐岩缓坡颗粒滩储层	分布于碳酸盐岩缓坡的颗粒滩相储层，呈大面积准层状分布，为台内洼地或潟湖所分割，垂向上多套叠置	塔里木盆地下寒武统肖尔布拉克组、四川盆地下寒武统龙王庙组
	白云岩储层	沉积型白云岩储层 回流渗透白云岩储层	由渗透回流白云石化作用形成的白云岩储层，原岩为礁滩相沉积，经历早期低温白云石化，保留原岩结构	塔北牙哈地区中—下寒武统
		沉积型白云岩储层 萨布哈白云岩储层	由萨布哈白云石化作用所形成的白云岩储层，经历早期低温白云石化，岩性主要为石膏质白云岩，发育膏模孔	鄂尔多斯盆地奥陶系马家沟组上组合
复合型		埋藏—热液改造型白云岩储层	由埋藏—热液白云石化作用所形成的白云岩储层，经历埋藏期高温白云石化	四川盆地下二叠统栖霞组—茅口组

储层类型			定义	实例
成岩型	岩溶储层	潜山（风化壳）岩溶储层 — 石灰岩潜山岩溶储层	分布于碳酸盐岩潜山区，与中长期的角度不整合面有关，岩溶缝洞呈准层状分布，集中分布于不整合面下 0～100m 的范围内，峰丘地貌特征明显，上覆地层为碎屑岩层系	轮南低凸奥陶系鹰山组
		白云岩风化壳储层	分布于碳酸盐岩潜山区，呈准层状，围岩为白云岩，古地貌平坦，峰丘特征不明显。实际上为白云岩储层，储集空间以晶间孔和晶间溶孔为主，岩溶缝洞不发育，但潜山岩溶作用可使储层物性变好，上覆地层为碎屑岩层系	靖边奥陶系马家沟组五段、塔北牙哈—英买力寒武系—蓬莱坝组
		内幕岩溶储层 — 层间岩溶储层	分布于碳酸盐岩内幕区，与碳酸盐岩层系内部中短期的平行（微角度）不整合面有关，准层状分布，垂向上可多套叠置	塔中北斜坡奥陶系鹰山组
		顺层岩溶储层	分布于碳酸盐岩潜山周缘具斜坡背景的内幕区，环潜山周缘呈环带状分布，与不整合面无关，顺层岩溶作用时间与上倾方向潜山区的潜山岩溶作用时间一致，岩溶强度向下倾方向逐渐减弱	塔北南斜坡奥陶系鹰山组
		断溶体储层	分布于断裂发育区，与不整合面及峰丘地貌无关，缝洞发育的跨度大（200～500m），沿断裂呈栅状分布，走滑断裂、沿断裂发育的深部岩溶作用被认为是岩溶缝洞发育的主控因素	塔北哈拉哈塘地区、顺北地区和英买 1-2 井区奥陶系一间房组—鹰山组

2.2 碳酸盐岩储层成因

大多数学者[21-22]认为礁滩储层主要受沉积相控制，岩溶储层和白云岩储层主要受成岩相控制。笔者认为碳酸盐岩储层均具有相控性，礁滩相沉积是储层发育的基础；孔隙主要形成于沉积和表生环境，埋藏环境是孔隙调整（贫化或富集）的场所，但对深层优质储层的发育具有重要的贡献；白云石化对孔隙的保存大于建设作用，热液对孔隙的破坏作用大于建设作用，但均指示了先存储层的存在。

2.2.1 岩溶储层和白云岩储层的原岩为礁滩沉积

白云岩储层可分为两类：一类是保留或残留原岩礁滩结构的白云岩储层，另一类是晶粒白云岩储层。前者的原岩显然为礁滩相沉积（图4a、b），孔隙以沉积原生孔为主，发育少量溶蚀孔洞；后者通过锥光、荧光等原岩结构恢复技术，发现其原岩也为礁滩相沉积。最为典型的案例是四川盆地二叠系栖霞组细—中晶白云岩储层（图4c、d），其原岩为砂屑生物碎屑灰岩，晶间孔和晶间溶孔实际上是对原岩粒间孔、粒内孔（体腔孔）和溶孔的继承和调整，并非白云石化作用的产物。塔里木盆地英买力地区下奥陶统蓬莱坝组细—中晶白云岩储层的原岩同样为礁滩相沉积。需要指出的是，细—中晶白云岩的原岩颗粒结构易于恢复，而中—粗晶、巨晶白云岩的原岩结构难以恢复，这可能是因为以下两个方面的原因：一是原岩颗粒粒度大于白云石晶体粒度时，原岩颗粒结构易于恢复（图4e），原岩颗粒粒度小于白云石晶体粒度时，原岩颗粒结构难以恢复（图4f）；二是晶粒粗的白云石晶体经历了更强烈的重结晶作用。

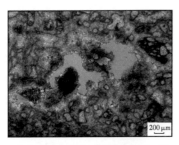

（a）藻礁白云岩。保留原岩结构，藻格架孔发育。塔里木盆地巴楚地区方1井4600.50m，下寒武统。铸体薄片，单偏光

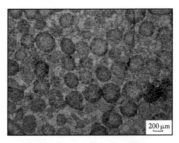

（b）颗粒白云岩。保留原岩结构，粒间孔和鲕模孔发育。塔里木盆地牙哈地区牙哈7X-1井5833.20m，中寒武统。铸体薄片，单偏光

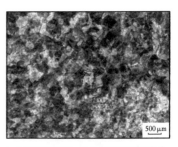

（c）细晶白云岩，见晶间孔和晶间溶孔。川中磨溪42井4656.25 m，栖霞组。铸体薄片，单偏光

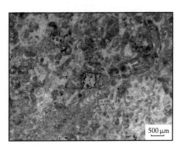

（d）与（c）为同一视域，原岩为生物碎屑岩，见粒间孔、铸模孔和体腔孔

（e）鲕粒白云岩。白云石晶体粒度小于鲕粒，粒间孔发育。四川盆地龙岗地区龙岗26井5626.00m，下三叠统飞仙关组。铸体薄片

（f）块状粗晶白云岩。白云石被溶蚀成港湾状，晶间溶孔和溶蚀孔洞发育。四川盆地池67井3311.69m，茅口组二段。铸体片单偏光

图4 保留礁滩结构的白云岩储层和晶粒白云岩储层的原岩特征

岩溶缝洞的发育除受潜山不整合面、层间岩溶面和断裂控制外，溶蚀模拟实验表明其还具有岩性选择性[23]。岩溶缝洞主要发育于泥粒灰岩中，而颗粒灰岩、粒泥灰岩和泥晶灰岩中较少见，这也为塔里木盆地一间房组—鹰山组岩溶缝洞（孔洞）围岩的岩性统计数据所证实。因此，岩溶缝洞的发育离不开不整合面、层间岩溶面和断裂，但岩溶缝洞的富集受岩性控制。

2.2.2 沉积和表生环境是储层孔隙发育的重要场所

碳酸盐岩储层孔隙有3种成因：（1）沉积原生孔隙；（2）早表生成岩环境不稳定矿物（文石、高镁方解石等）溶解形成组构选择性溶孔；（3）晚表生成岩环境中碳酸盐岩溶蚀形成非组构选择性溶蚀孔洞。表生环境是储集空间发育非常重要的场所，因为只有表生环境才是完全的开放体系，富含 CO_2 的大气淡水能得到及时的补充，溶解的产物能及时地被搬运走，这为规模溶蚀创造了优越的条件。这些溶蚀孔洞为埋藏成岩流体提供了运移通道。

碳酸盐岩原生孔隙类型比碎屑岩复杂得多，除粒间孔外，还有其特有的粒内孔或体腔孔、窗格孔、遮蔽孔和格架孔等。但由于碳酸盐岩的高化学活动性和早成岩特征，原生孔隙大多通过胶结或充填作用被破坏，或被溶蚀扩大，失去原生孔隙的识别特征。尽管碳酸

盐岩原生孔隙难以保存或因溶蚀扩大而难以识别，但粒间孔、格架孔等在塔里木盆地和四川盆地碳酸盐岩储层中也是很常见的。

碳酸盐岩的高化学活动性贯穿于整个埋藏史，但最为强烈的孔隙改造发生在早表生成岩环境。受层序界面之下的沉积物暴露于大气淡水并发生溶蚀所驱动，早表生成岩环境形成的孔隙以基质孔为主，具有强烈的组构选择性。塔里木盆地良里塔格组礁滩储层为早表生溶孔发育的典型案例：早表生期海平面下降导致良里塔格组泥晶棘屑灰岩暴露和遭受大气淡水溶蚀，形成组构选择性溶孔。塔中 62 井测试井段为 4703.50～4770.00m，日产油 38m³，日产气 29762m³。测试段 4706.00～4759.00m 有取心，经铸体薄片鉴定，有效储层岩性为泥晶棘屑灰岩，共 3 层 10m，与含亮晶方解石泥晶棘屑灰岩、含藻泥晶棘屑灰岩呈不等厚互层，上覆生物碎屑泥晶灰岩（图 5）。

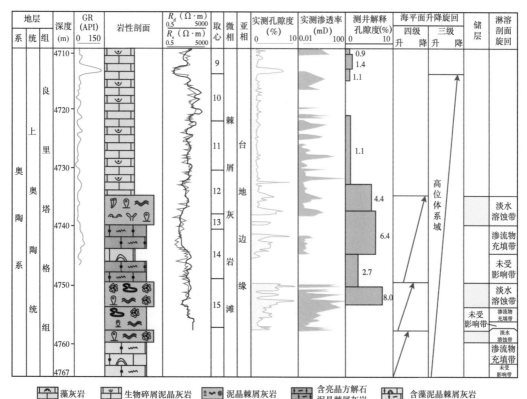

图 5　塔里木盆地塔中 62 井 4710～4767m 井段（颗粒灰岩段）海平面升降旋回与储层发育特征[20]

高分辨率层序地层研究揭示，在高位体系域向上变浅准层序组上部发育的台缘礁滩沉积，最易暴露和受大气淡水淋滤形成溶孔，而且距三级层序界面越近的准层序组，溶蚀作用越强烈，储层厚度越大，垂向上呈多层段相互叠置分布。紧邻储层之下的含亮晶方解石泥晶棘屑灰岩段、含藻泥晶棘屑灰岩段，粒间往往见大量渗流沉积物，再往深处才变为未受影响带，构成完整的淡水溶蚀带—渗流物充填带—未受影响带的淋溶渐变剖面（图 5）。塔中 62 井良里塔格组礁滩储层的垂向剖面表明，组构选择性溶孔主要是早表生期大气淡水溶蚀的产物。

晚表生岩溶作用的对象已经不是碳酸盐沉积物，而是被重新抬升到地表的碳酸盐岩，形成的岩溶缝洞、孔洞等非组构选择性溶蚀孔洞，具有强烈的非均质性。晚表生岩溶作用有3种形式：（1）沿大型的潜山不整合面分布，如塔北地区轮南低凸起奥陶系鹰山组上覆石炭系砂泥岩，之间代表长达120Ma的地层剥蚀和缺失，鹰山组峰丘地貌特征明显，潜山高度可达数百米，储集空间以岩溶缝洞为主，集中分布在不整合面之下0～100m的范围内。（2）沿碳酸盐岩内幕的层间间断面或剥蚀面分布，如塔中—巴楚地区大面积缺失一间房组和吐木休克组，鹰山组裸露区为灰质白云岩山地，上覆良里塔格组，代表了14～20Ma的地层缺失，储集空间以溶蚀孔洞为主，发育少量岩溶缝洞。塔北南缘围斜区一间房组和鹰山组具有类似的岩溶特征。（3）沿断裂分布，如塔北哈拉哈塘和顺北地区、英买1-2井区的鹰山组及一间房组，岩溶缝洞沿断裂带呈网状、栅状分布，之间没有明显的地层缺失和不整合，缝洞垂向上的分布跨度也大得多。

2.2.3　埋藏环境是储层孔隙保存和调整的场所

埋藏环境通过溶蚀作用可以新增孔隙这一观点已为地质学家们所接受[24-28]。笔者通过塔里木盆地、四川盆地和鄂尔多斯盆地碳酸盐岩储层实例解剖，认为埋藏期碳酸盐岩孔隙的改造作用主要是通过溶蚀（有机酸、TSR及热液等作用）和沉淀作用导致先存孔隙的富集和贫化：先存孔隙发育带控制埋藏溶孔的分布；开放体系高势能区是孔隙建造的场所，低势能区是孔隙破坏的场所；封闭体系是先存孔隙的保存场所。通过先存孔隙的富集和贫化形成深层优质储层，其作用和意义远大于新增孔隙[23]。

2.2.4　白云石化与热液作用对孔隙的贡献

白云石化在孔隙建造和破坏中的作用，长期以来都是争论的焦点[11, 19]。由于碳酸盐岩储集空间主要发育于各类白云岩中——即使是礁滩储层，储集空间也主要发育于白云石化的礁滩相沉积中，尤其是经历了漫长成岩改造的碳酸盐岩尤其如此，因此，许多学者认为白云石化对孔隙有重要的贡献[29-32]，并建立了10余种白云石化模式解释白云岩的成因。然而，笔者认为白云石化作用对孔隙的贡献被夸大，白云岩中的孔隙部分是对原岩孔隙的继承和调整，部分来自溶蚀作用[33]，但白云石化作用对早期孔隙的保存具重要的作用。与石灰岩地层相比，白云岩在表生环境遇弱酸几乎不溶，在埋藏环境具有更大的脆性和抗压实—压溶性，导致缝合线不发育，这些特性均有利于白云岩中先存孔隙（原生孔、表生溶孔和埋藏溶孔）的保存，白云岩为先存孔隙提供了坚固的格架[34]。

热液是指进入围岩地层且温度明显高于围岩（>5℃）的矿化流体[35]。拉张断层上盘、走滑断层、拉张断层和走滑断层的交叉部位是热液活动的活跃场所，热液对主岩的改造体现在3个方面：（1）"热液岩溶作用"[36-38]形成溶蚀孔洞，如果热液溶解作用足够强，甚至可造成岩层的局部垮塌和角砾岩化，形成储集空间；（2）交代围岩或沉淀白云石形成热液白云岩；（3）沉淀热液矿物充填先存孔隙和断裂/裂缝。所以，热液活动在局部范围可以形成溶蚀孔洞，但其规模具有不确定性，受控于热液活动的规模，而且总体以热液矿物沉淀破坏先存孔隙为主。但热液活动需要有断裂、不整合面和高渗透层作为热液的通道，其对先存储集空间的指示意义大于建设作用。

2.3 碳酸盐岩储层分布

综上所述，碳酸盐岩储集空间主要形成于沉积期和表生期，埋藏溶蚀孔洞主要沿先存孔隙发育带分布，继承性大于改造性。镶边台缘（包括台内裂陷周缘）、碳酸盐岩缓坡、蒸发台地、大型古隆起—不整合和断裂系统控制了储层的发育，储层分布有规模、有规律、可预测（表2）。

表2 碳酸盐岩储层发育主控因素和分布规律

<table>
<tr><td colspan="3">储层类型</td><td>主控因素</td><td>分布规律</td></tr>
<tr><td rowspan="7">沉积型</td><td rowspan="3">礁滩储层</td><td>镶边台缘礁滩储层</td><td rowspan="2">镶边台缘或台内裂陷周缘礁滩相带沉积、表生暴露阶段是主要成孔期，受埋藏期成岩改造，继承性大于改造性</td><td>分布于台缘带，条带状，厚度大</td></tr>
<tr><td>台内裂陷周缘礁滩储层</td><td>分布于台内裂陷周缘，条带状，厚度大</td></tr>
<tr><td>碳酸盐岩缓坡颗粒滩储层</td><td>碳酸盐岩缓坡颗粒滩沉积、表生暴露阶段是孔隙的主要发育期，受埋藏期成岩改造，继承性大于改造性</td><td>分布于碳酸盐岩缓坡，准层状大面积分布，垂向上多套叠置</td></tr>
<tr><td rowspan="3">白云岩储层</td><td rowspan="2">沉积型白云岩储层</td><td>回流渗透白云岩储层</td><td rowspan="2">蒸发台地或潟湖相带，小规模的礁滩相沉积和大规模环带状膏质白云岩沉积、表生暴露阶段是主要成孔期，受埋藏期成岩改造，继承性大于改造性</td><td>蒸发台地或潟湖相带小规模礁滩，与萨布哈白云岩储层伴生</td></tr>
<tr><td>萨布哈白云岩储层</td><td>沿膏盐湖周缘呈环带状分布</td></tr>
<tr><td rowspan="1">复合型</td><td colspan="2">埋藏—热液改造型白云岩储层</td><td>沿断裂、不整合面分布的高渗透礁滩相沉积，受埋藏—热液改造发生白云石化，孔隙的继承性大于改造性</td><td>透镜状或斑状白云石化的礁滩体，沿断裂、不整合面分布</td></tr>
<tr><td rowspan="6">成岩型</td><td rowspan="6">岩溶储层</td><td rowspan="2">潜山（风化壳）岩溶储层</td><td>石灰岩潜山岩溶储层</td><td>潜山不整合面和晚表生岩溶作用控制岩溶缝洞的发育，岩性（泥粒灰岩为主）控制岩溶缝洞的富集程度</td><td>分布于潜山不整合面之下0～100m的深度范围</td></tr>
<tr><td>白云岩风化壳储层</td><td>先存的白云岩储层，储集空间以晶间孔和晶间溶孔为主，潜山岩溶作用形成的孔洞使储层物性进一步改善</td><td>分布范围可以大于风化壳，内幕为先存的白云岩储层</td></tr>
<tr><td rowspan="3">内幕岩溶储层</td><td>层间岩溶储层</td><td>碳酸盐岩地层内幕暴露剥蚀、岩溶作用形成岩溶缝洞，岩性（泥粒灰岩为主）控制岩溶缝洞的富集程度</td><td>碳酸盐岩地层内幕准层状大面积分布，垂向上多套叠置</td></tr>
<tr><td>顺层岩溶储层</td><td>潜山周缘斜坡区沿碳酸盐岩内幕不整合面、高渗透层发生顺层岩溶作用形成岩溶缝洞，岩性（以泥粒灰岩为主）控制岩溶缝洞的富集程度</td><td>沿潜山带周缘的斜坡区呈环带状分布，向下倾方向岩溶作用逐渐减弱</td></tr>
<tr><td>断溶体储层</td><td>走滑断裂和深部溶蚀作用控制岩溶缝洞的发育，岩性（以泥粒灰岩为主）控制岩溶缝洞的富集程度</td><td>沿断裂带成网格状、栅状分布，垂向跨度达200～500m</td></tr>
</table>

3 对碳酸盐岩勘探领域评价的指导意义

小克拉通台地裂解和"两类台缘""双滩"沉积模式的建立，突破了传统沉积模式的束缚，不但丰富了沉积学内涵，而且在模式指导下识别发现了台内两类成藏组合，为油气勘探由台缘拓展到台内奠定了基础。储层相控性、继承性大于改造性地质认识，揭示了储层的规模性和可预测性，确立了古老深层海相碳酸盐岩的勘探地位。

3.1 勘探领域的拓展

3.1.1 岩溶储层成因和分布规律的认识创新使勘探领域由潜山区拓展到内幕区

岩溶作用是指水对可溶性岩石的化学溶蚀、机械侵蚀、物质迁移和再沉积的综合地质作用及由此所产生现象的统称，岩溶储层则为与岩溶作用相关的储层[39]。传统意义上的岩溶储层都与明显的地表剥蚀和峰丘地貌有关，或与大型的角度不整合有关，岩溶缝洞沿大型不整合面或峰丘地貌呈准层状分布[40]。塔北地区轮南低凸起奥陶系鹰山组岩溶储层就属于这种类型。

塔里木盆地的勘探实践证实，碳酸盐岩内幕同样发育岩溶储层，其与层间中短期的地层剥蚀有关，被称为层间岩溶储层。如果后期形成斜坡背景，还可叠加顺层岩溶作用改造，如塔北南缘围斜区的一间房组和鹰山组就属于顺层岩溶储层。碳酸盐岩内幕区还发育一类特殊的岩溶储层，即受断裂控制的断溶体储层，如塔北哈拉哈塘、顺北地区和英买1-2井区均发育这类储层。基于塔里木盆地奥陶系勘探实践提出的岩溶储层细分方案（表1）和分布规律（表2）的认识，勘探领域由潜山区拓展到内幕区：由原先寻找大的角度不整合面之下潜山区的岩溶缝洞储层，拓展到寻找碳酸盐岩内幕区层间岩溶储层（图6）、顺层岩溶储层和断溶体储层。这一认识和拓展的正确性为塔北南斜坡哈拉哈塘油田、顺北油田的发现所证实。事实上，不整合面类型、斜坡背景和断裂均控制岩溶作用类型（层间岩溶作用、顺层岩溶作用、潜山岩溶作用和断溶体岩溶作用）和岩溶缝洞的发育。

塔里木盆地岩溶储层勘探可划分为3个阶段：（1）2008年之前的潜山岩溶储层勘探阶段，勘探领域集中在潜山区；（2）2008—2015年之间的碳酸盐岩内幕岩溶储层勘探阶段，勘探领域由潜山区拓展到内幕区，整个塔北南斜坡均成为勘探的主战场；（3）2013—2018年的断溶体储层勘探阶段，发现沿断裂系统同样可以发育岩溶缝洞，岩溶缝洞不受潜山或层间岩溶面的控制（图7）。

3.1.2 小克拉通"两类台缘""双滩"沉积模式的建立使勘探领域由台缘拓展到台内

基于Wilson等[3]的沉积相模式，台缘带礁滩储层规模发育，距外海烃源岩近，成藏条件优越，因此以往的碳酸盐岩油气勘探主要集中在台缘带。但由于中国海相小克拉通台地的特殊性，台缘带大多俯冲到造山带之下，勘探难度大，台内碳酸盐岩勘探潜力评价成为关键问题。

笔者通过四川盆地晚震旦世—早寒武世、晚二叠世长兴组沉积期—早三叠世飞仙关

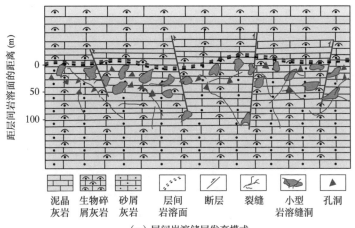

（a）层间岩溶储层发育模式

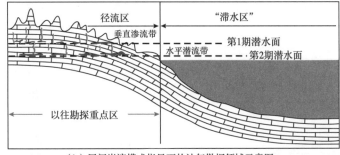

（b）层间岩溶模式指导下的油气勘探领域示意图

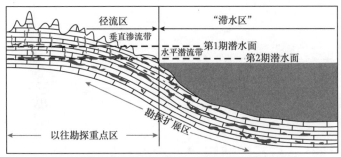

（c）层间岩溶与顺层岩溶模式指导下的油气勘探领域示意图

图6　岩溶储层发育模式及模式指导下的油气勘探领域示意图

组沉积期构造—岩相古地理的解剖，发现小克拉通台内裂陷普遍发育，建立了台内裂陷鼎盛期的"两类台缘"沉积模式和台内裂陷填平补齐后的碳酸盐岩缓坡"双滩"沉积模式（图3），揭示了台内同样发育烃源岩和规模储层，它们构成"侧生侧储"和"下生上储"两类成藏组合（图8），这为勘探领域由台缘拓展到台内提供了理论依据，并为安岳气田、普光气田和元坝气田的发现所证实。

塔里木盆地南华纪—早寒武世发育塔西南裂陷和阿满裂陷，鄂尔多斯盆地中元古代发育定边—榆林裂陷和铜川裂陷[42]，在裂陷的发育、演化及对成烃和成储的控制方面与四川盆地德阳—安岳台内裂陷有很多相似之处，勘探潜力值得期待。

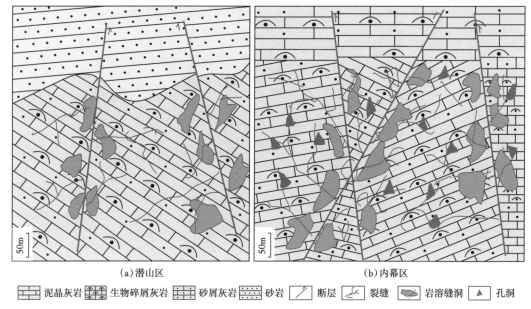

(a) 潜山区　　　　　　　　　　　　　　(b) 内幕区

泥晶灰岩　生物碎屑灰岩　砂屑灰岩　砂岩　断层　裂缝　岩溶缝洞　孔洞

图 7　断溶体储层发育模式图及模式指导下的岩溶储层勘探示意图

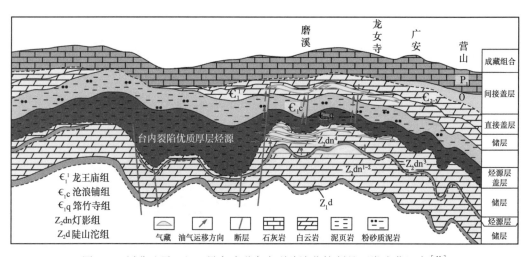

图 8　四川盆地震旦纪—早寒武世台内裂陷演化控制的两类成藏组合[41]

3.2　勘探深度的拓展

中国小克拉通海相碳酸盐岩位于叠合盆地的下构造层，具有年代老和埋藏深的特点。勘探实践证实，储层物性与埋藏深度之间没有必然的关系，深层仍可发育优质储层[43]。但深层油气勘探和开发的投资大，储层的规模性和可预测性是深层碳酸盐岩油气勘探面临的关键科学问题之一。

由于碳酸盐岩的高化学活动性和古老深层碳酸盐岩经历的漫长成岩改造，大多数学者[24-28]认为深层碳酸盐岩的储集空间以埋藏溶蚀孔洞为主，有机酸、TSR、热液活动是埋藏溶蚀孔洞发育的关键。但这种储层成因观点显然没有回答勘探家所关注的深层碳酸盐岩储层的规模性和可预测性问题。笔者提出了深层碳酸盐岩储层具有相控性，继承性大于改造性；储集空间主要形成于沉积和表生环境，埋藏环境是孔隙贫化和富集的场所，但对深层优质储层的发育具有重要的贡献；埋藏溶蚀孔洞主要沿先存孔隙发育带分布，这个作用和意义远大于孔隙的增加。这些认识揭示了深层碳酸盐岩储层的规模性和可预测性，确立了深层碳酸盐岩油气勘探的地位和信心。

基于深层碳酸盐岩储层有规模可预测的地质认识，近几年在 3 大海相盆地部署了一批风险探井：塔里木盆地部署了和田 2 井、楚探 1 井、轮探 1 井、柯探 1 井、乔探 1 井、中寒 1 井和红探 1 井等井，四川盆地部署了双探 1 井、双探 2 井、双探 3 井、磨溪 56 井、五探 1 井、楼探 1 井、角探 1 井、蓬探 1 井和充探 1 井等井，鄂尔多斯盆地部署了桃 77 井、桃 59 井、桃 90 井、统 99 井、统 74 井、莲 92 井、靳 6 井和靳 12 井等井。这些探井进一步证实了深层规模优质储层的存在，增强了深层碳酸盐岩勘探的信心，明确了礁滩相沉积、蒸发潮坪、层序界面、暴露面和不整合面、古隆起和断裂系统控制深层碳酸盐岩规模优质储层的分布。

3.3　勘探层系的拓展

全球范围内前寒武纪油气资源丰富，如西伯利亚地区中—新元古界发育晚里菲期和晚文德期沉积形成的两套微生物白云岩规模储层，至 2005 年发现油气田 65 个，探明原油储量 $5.25 \times 10^8 t$、天然气 $2.02 \times 10^{12} m^3$ 探明总油气当量 $22.36 \times 10^8 t$ [44]；阿曼新元古界探油储量 $3.5 \times 10^8 t$ [45]；印度巴格哈瓦拉油田拥有地质储量约 $6.28 \times 10^8 bbl$ 的原油，层位为新元古界 [46]。

中国前寒武纪碳酸盐岩广泛分布，岩性和全球一样以微生物白云岩为主，在四川盆地震旦系、华北任丘蓟县系也发现了大油气田。四川盆地灯影组四段微生物白云岩储层发育，具备万亿立方米天然气的储量规模，已探明天然气 $2200 \times 10^8 m^3$。华北任丘蓟县系微生物白云岩储层是一套区域性优质储层，孔隙度平均值在 2.51%～9.94%，渗透率平均值在 8.8～8450mD；牛东 1 井 5641.5～6027.0m 井段日产油 $642.91 m^3$、天然气 $56 \times 10^4 m^3$；在郑州、雁翎潜山的 22 口试油井中，日产油千吨以上的井有 8 口，最高日产量 3055t（雁 10 井）。但是，中国前寒武纪碳酸盐岩的研究程度低，尤其是优质规模储层发育的潜力问题，是勘探领域评价的关键。

笔者研究认为微生物岩不但是储层发育的物质基础，也是原生孔隙的载体：微生物早期降解形成的酸性气体有利于孔隙发育和保存，微生物岩热解形成的 CO_2 气体和有机酸有利于孔隙发育和保存；早期白云石化导致抗压实压溶能力提升和微孔隙发育，有利于早期孔隙的保存；显生宙岩溶作用是显著提高微生物碳酸盐岩储层品质的关键。这些认识揭示了古老微生物白云岩的相控性、规模性和可预测性：缓坡台缘、潮坪和碳酸盐岩缓坡是中—新元古界微生物白云岩储层的有利发育区，古老层系的勘探值得期待，今后的碳酸盐岩油气勘探应积极向这些层系拓展。

4　结论和展望

综上所述，中国海相小克拉通碳酸盐岩沉积储层研究主要取得以下 3 项创新性成果认识，为勘探领域的拓展发挥了重要的作用：

（1）"两类台缘"和"双滩"沉积模式。通过四川盆地晚震旦世—早寒武世、晚二叠世长兴组沉积期—早三叠世飞仙关组沉积期构造—岩相古地理的解剖，发现小克拉通台内裂陷普遍发育，建立了台内裂陷鼎盛期的"两类台缘"和填平补齐后的缓坡"双滩"沉积模式，这不但丰富了沉积学理论内涵，而且揭示了台内同样发育烃源岩和规模储层，它们构成"侧生侧储"和"下生上储"两类成藏组合，这些成果为勘探领域由台缘拓展到台内提供了理论依据，并为安岳气田、普光气田和元坝气田的发现所证实。

（2）碳酸盐岩内幕岩溶储层成因和分布规律认识。基于塔里木盆地岩溶储层勘探实践提出的岩溶储层成因认识、碳酸盐岩内幕岩溶储层成因类型和分布规律的认识，突破了岩溶储层主要分布于潜山区、都与明显的地表剥蚀和峰丘地貌有关或与大型的角度不整合有关、岩溶缝洞沿大型不整合面或峰丘地貌呈准层状分布的观点，提出碳酸盐岩内幕同样发育岩溶储层（层间岩溶、顺层岩溶和断溶体储层），这些认识丰富了储层地质学内涵，促使勘探领域由潜山区拓展到内幕区，并为塔北南斜坡哈拉哈塘油田、顺北油田的发现所证实。

（3）古老和深层碳酸盐岩储层的相控性和可预测性认识。古老和深层碳酸盐岩储层仍具相控性，孔隙主要形成于沉积和表生环境；埋藏溶蚀孔洞沿先存孔隙发育带分布，并导致孔隙的富集和贫化及优质储层的发育，其意义远大于孔隙的增加；白云岩储层的原岩以礁滩相沉积为主，晶间孔和晶间溶孔主要是对原岩孔隙的继承和调整，部分来自溶蚀作用；白云石化对孔隙的保存大于建设作用，热液对孔隙的破坏大于建设作用，但指示了先存孔隙的存在。碳酸盐岩储层成因的认识创新不但丰富了储层地质学内涵，而且揭示了古老和深层碳酸盐岩储层的规模性和可预测性，确立了深层和古老碳酸盐岩油气勘探的地位和勘探家的信心，这些认识为塔里木盆地、四川盆地古老和深层碳酸盐岩油气勘探所证实。古老和深层碳酸盐岩发育优质规模储层，可以突破深度的限制，礁滩（丘）相沉积、蒸发潮坪、层序界面、暴露面和不整合面、古隆起和断裂系统控制古老和深层碳酸盐岩规模优质储层的分布。

碳酸盐岩沉积储层研究虽然取得了重要进展，但仍然有漫长的路要走，主要需要开展以下5个方面的研究工作：（1）个性化沉积相模式的建立与应用：系统建立基于年代效应、纬度效应和尺度效应的沉积相模式，并应用于相应层系（年代）、盆地（纬度）和区块（尺度）的岩相古地理研究中；（2）储层成因和分布规律的深化认识；（3）多尺度储层表征、建模与评价，包括宏观尺度、油藏尺度和微观尺度3个层次的储层非均质性表证、评价和建模，为有利储层分布区预测、探井和高效开发井部署提供支撑；（4）实验技术开发，尤其是储层地球化学和储层溶蚀模拟实验技术开发，为储层成因研究提供利器；（5）测井岩相和储层识别技术（常规和成像测井）基于储层地质模型的地震岩相识别和储层预测技术的开发应用。

参 考 文 献

[1] 穆龙新，万仓昆. 全球油气勘探开发形势及油公司动态（勘探篇·2017）[M]. 北京：石油工业出版社，2017.

［2］赵文智，胡素云.中国海相碳酸盐岩油气勘探开发理论与关键技术概论［M］.北京：石油工业出版社，2016.

［3］Willson J L. Carbonate facies in geologic history［M］. Berlin：Springer Verlag, 1975.

［4］Tucker M E. Shallow-marine carbonate facies and facies models［J］. Sedimentology recent developments & appliedaspects, 1985, 18（1）: 147-169.

［5］Wright V P, Burchette T P. Carbonate ramps［M］. Special Publication No.149, London：Geological Society, 1998.

［6］Friedman G M, Sanders J E. Principles of sedimentology［M］. New York：John Wiley and Sons, 1978.

［7］沈树忠，朱茂炎，王向东，等.新元古代—寒武纪与二叠—三叠纪转折时期生物和地质事件及其环境背景之比较［J］.中国科学：D辑地球科学，2010，40（9）：1228-1240.

［8］旷红伟，柳永清，耿元生，等.中国中新元古代重要沉积地质事件及其意义［J］.古地理学报，2019，21（1）：1-30.

［9］Tucker M E. Sedimentary petrology：an introduction［M］. Oxford：Blackwell Scientific Publications, 1981.

［10］Bathurst R G C. Carbonate sediments and their diagenesis［M］. 2nd ed. Developments in sedimentology 12, Amsterdam：Elsevier, 1975.

［11］Moore C H. Carbonate reservoirs：porosity evolution and diagenesis in a sequence stratigraphic framework［M］. New York：Elsevier, 2001.

［12］Linden W J M. Passive continental margins and intra-cratonic rifts, a comparison［M］//Ramberg I B, Neumann E R. Tectonics and geophysics of continental rifts. Netherlands：Springer, 1978.

［13］Roberts N M W. Increased loss of continental crust duringsupercontinent amalgamation［J］. Gondwana research, 2012, 21（4）: 994-1000.

［14］Young G. Precambrian supercontinents, glactions, atmospheric oxygenation, metazoan evolution and an impact that may have changed the second half of Earth history［J］. Geoscience frontiers, 2013, 4（3）: 247-261.

［15］Och L M, Shields-Zhou G A, Poulton S W, et al. Redox changes in Early Cambrian black shales at Xiaotan section, Yunnan Province, South China［J］. Precambrian research, 2013, 225: 166-189.

［16］Merdith A S, Williams S E, Brune S, et al. Rift and plate boundary evolution across two supercontinent cycles［J］. Global and planetary change, 2019, 173: 1-14.

［17］Kerans C. Karst-controlled reservoir heterogeneity in Ellenburger Group carbonates of west Texas［J］. AAPG bulletin, 1988, 72（10）: 1160-1183.

［18］James N P, Choquetteh P W. Paleokarst［M］. New York：Springer-Verlag, 1988.

［19］Lucia F J. Carbonate reservoir characterization［M］. Berlin：Springer-Verlag, 1999.

［20］沈安江，赵文智，胡安平，等.海相碳酸盐岩储集层发育主控因素［J］.石油勘探与开发，2015，42（5）：545-554.

［21］罗平，张静，刘伟，等.中国海相碳酸盐岩油气储层基本特征［J］.地学前缘，2008，15（1）：36-50.

［22］何治亮，魏修成，钱一雄，等.海相碳酸盐岩优质储层形成机理与分布预测［J］.石油与天然气地

质, 2011, 32（4）: 489-498.

［23］沈安江, 佘敏, 胡安平, 等. 海相碳酸盐岩埋藏溶孔规模与分布规律初探［J］. 天然气地球科学, 2015, 26（10）: 18231830.

［24］Surdam R C, Crossey L J, Gewan M. Redox reaction sinvolving hydrocarbons and mineral oxidants : a mechanismfor significant porosity enhancement in sandstones［J］. AAPG bulletin, 1993, 77（9）: 1509-1518.

［25］蔡春芳, 梅博文, 马亭, 等. 塔里木盆地有机酸来源、分布及对成岩作用的影响［J］. 沉积学报, 1997, 15（3）: 103-109.

［26］Bildstein R H, Worden E B. Assessment of anhydritedissolution as the rate-limiting step during thermochemicalsulfate reduction［J］. Chemical geology, 2001, 176（1）: 173-189.

［27］朱光有, 张水昌, 梁英波, 等. TSR 对深部碳酸盐岩储层溶蚀改造: 四川盆地深部碳酸盐岩优质储层形成的重要方式［J］. 岩石学报, 2006, 22（8）: 809-826.

［28］张水昌, 朱光有, 何坤. 硫酸盐热化学还原作用对原油裂解成气和碳酸盐岩储层改造的影响及作用机制［J］. 岩石学报, 2011, 27（3）: 2182-2194.

［29］Bush P. Some aspects of the diagenetic history of the sabkha in Abu Dhabi, Persian Gulf［M］// PURSER B H. The Persian Gulf, Holocene carbonate sedimentation and diagenesis in a shallow Epicontinental Sea. New York : Springer, 1973: 395-407.

［30］Hardi L A. Dolomitization : a critical view of some current views［J］. Journal of sedimentary petrology, 1987, 57（1）: 166-183.

［31］Montanez I P. Late diagenetic dolomitization of Lower Ordovician, Upper Knox Carbonates : a record of the hydrodynamic evolution of the southern Appalachian Basin［J］. AAPG bulletin, 1994, 78（8）: 1210-1239.

［32］Vahrenkamp V C, Swart P K. Late Cenozoic dolomites of the Bahamas : metastable analogues for the genesis of ancient platform dolomites［M］// Purser B, Tucker M, Zenger D. Dolomites : a volume in honor of dolomieu. Cambridge : Blackwell Scientific Publication, 1994, 21: 133-153.

［33］赵文智, 沈安江, 郑剑锋, 等. 塔里木、四川及鄂尔多斯盆地白云岩储层孔隙成因探讨及对储层预测的指导意义［J］. 中国科学: D 辑地球科学, 2014, 44（9）: 1925-1939.

［34］赵文智, 沈安江, 乔占峰, 等. 白云岩成因类型、识别特征及储集空间成因［J］. 石油勘探与开发, 2018, 45（6）: 923-935.

［35］White D E. Thermal waters of volcanic origin［J］. Geological Society of America bulletin, 1957, 68（12）: 1637-1658.

［36］Dzulynski S. Hydrothermal karst and Zn-Pb sulfide ores［J］. Annales Societatis Geologorum Poloniae, 1976, 46: 217-230.

［37］Sass-Gustkiewiczk M. Internal sediment as a key to understanding the hydrothermal karst origin of the Upper Silesian Zn-Pb ore deposits［C］// Sangster D F. Carbonate-hosted lead-zinc deposits. Society of Economic Geologists special publication 4, 1996: 171-181.

［38］Davies G R, Smith L B. Structurally controlled hydrothermal dolomite reservoir facies : an overview［J］. AAPG bulletin, 2006, 90（11）: 1641-1690.

［39］张宝民，刘静江．中国岩溶储层分类与特征及相关的理论问题［J］．石油勘探与开发，2009，36（1）：12-29．

［40］Lohmann K C. Geochemical patterns of meteoric diagenetic systems and their application to studies of paleokarst［C］// James N P, Choquette P W. Paleokarst. New York：Springer-Verlag, 1988：58-80.

［41］杜金虎，汪泽成，邹才能，等．古老碳酸盐岩大气田地质理论与勘探实践［M］．北京：石油工业出版社，2015．

［42］Brueseke M E, Hobbs J M, Bulen C L, et al. Cambrian intermediate-mafic magmatism along the Laurentian margin：evidence for flood basalt volcanism from well cuttings in theSouthern Oklahoma Aulacogen（USA）［J］. Lithos, 2016, 260：164-177.

［43］李平平，郭旭升，郝芳，等．四川盆地元坝气田长兴组古油藏的定量恢复及油源分析［J］．地球科学，2016，41（3）：452-462．

［44］王铁冠，韩克猷．论中—新元古界的原生油气资源［J］．石油学报，2011（1）：5-11．

［45］罗平，王石，李朋威，等．微生物碳酸盐岩油气储层研究现状与展望［J］．沉积学报，2013，31（5）：807-823．

［46］吴林，管树巍，杨海军，等．塔里木北部新元古代裂谷盆地古地理格局与油气勘探潜力［J］．石油学报，2017（4）：17-27．

原文刊于《海相油气地质》，2019，14（4）：1-14．

白云岩成因类型、识别特征及储集空间成因

赵文智[1]　沈安江[2,3]　乔占峰[2,3]　潘立银[2,3]　胡安平[2,3]　张　杰[2,3]

（1. 中国石油勘探开发研究院；2. 中国石油杭州地质研究院；

3. 中国石油集团碳酸盐岩储层重点实验室）

摘　要：针对白云岩成因、原生白云石沉淀、白云岩孔隙成因等问题，在前人认识的基础上，补充四川盆地和塔里木盆地典型案例的岩石学和地球化学特征分析工作，取得 3 项进展：（1）提出基于岩石特征、形成环境和时间序列的白云岩成因分类，不同成因白云岩之间的成岩域、特征域界线清晰，演化线索清楚，更具系统性和连续性；（2）建立不同成因白云岩的岩石学和地球化学特征识别标志，白云岩之间的岩石学和地球化学特征的变化具有规律性，是连续时间序列上形成环境变迁的响应；（3）重新评价白云石化作用对孔隙的贡献，阐明白云岩中的孔隙主要来自原岩的沉积原生孔、部分来自表生溶蚀和埋藏溶蚀作用，早期白云石化有利于孔隙的保存。这些认识对白云岩成因的理解、不同成因白云岩的判识具重要的理论意义，同时对白云岩储层预测具有重要的指导意义。

关键词：白云岩成因类型；白云岩识别特征；白云岩孔隙成因；原生沉淀白云石；沉积原生孔

白云岩储层是非常重要的油气储层。据全球 226 个大中型以上碳酸盐岩油气田（占全球碳酸盐岩油气储量的 90%）的统计[1]，有 102 个油气田和 50% 的储量分布于白云岩储层中。四川盆地碳酸盐岩气田 90% 以上的天然气储量富集于震旦系、寒武系、石炭系、二叠系和三叠系白云岩储层中；鄂尔多斯盆地靖边气田储层为奥陶系马家沟组白云岩储层；塔里木盆地寒武系及中—下奥陶统蓬莱坝组、鹰山组白云岩储层发育，已发现以英买 32 井及山 1 井为代表的油气藏。正因为白云岩储层重要的油气勘探价值，白云岩一直是研究热点[2-9]，具体表现在以下 3 个方面的问题。

（1）白云岩成因分类问题。前人提出了很多白云石化模式解释白云岩的成因，主流的白云石化模式有以下 8 种：渗透回流白云石化[10]、毛细管浓缩白云石化[11]、蒸发泵白云石化[12]、混合水白云石化[13]、调整—压实白云石化[3,14]、埋藏—压实白云石化[15]、海水热对流白云石化[16]、构造热液白云石化[17]。不管有多少种白云石化模式，白云石化作用不外乎发生于两个阶段，一是准同生阶段，二是埋藏阶段。目前已有的白云岩成因模式只是分别解释了某种或几种白云岩的成因，缺乏白云岩成因类型的系统性和连续性，这也是至今未能建立基于成因模式的白云岩成因分类的原因。

基金项目：国家科技重大专项"大型油气田及煤层气开发"（2016ZX05004-002）

（2）（准）同生期原生白云石沉淀问题。室内模拟实验表明，地表温压条件下（不高于 50℃，数米深埋藏压力），经过长达 32 年的沉淀反应，也未能通过纯无机途径产生白云石[18]。在现代海岸咸化环境，如阿布扎比的萨布哈（Abu Dhabi Sabkha）、库隆潟湖（Coorong Lagoons）、拉戈阿韦梅利亚（Lagoa Vermelha）等，通过硫酸盐还原菌[19-23]、嗜盐菌[24-26]和产甲烷菌[26-28]的作用可以在 35～40℃的条件下沉淀球形原白云石。Warthmann 等在实验室成功沉淀了原生白云石[21]，并将培养实验与拉戈阿韦梅利亚咸化海岸的白云石进行比较，具相似的球形和低有序度特征，进而指出特殊类型的微生物（如硫酸盐还原菌、嗜盐菌、产甲烷菌等）、一定的盐度（35‰～100‰）和碱度条件、一定的温度条件（30～45℃）、低硫酸根、高碳酸根和镁离子浓度是沉淀原生白云石的条件。微生物活动产生的胞外聚合物（EPS）是原生白云石沉淀的主要因素[23]。

（3）白云岩储层孔隙成因问题。白云石化作用在孔隙建造和破坏中的作用，长期以来都是争论的焦点[29-31]。由于储集空间主要发育于各类白云岩中，即使是礁滩储层，储集空间也主要发育于白云石化的礁滩相沉积中，主流观点认为白云岩储层中的孔隙主要是白云石化作用的产物。Weyl 根据质量守恒原理[32]，提出如果白云石化完全是分子对分子的交代，CO_3^{2-} 的来源也很局限，那么，方解石向较大密度白云石转化时，理论上会导致孔隙度增加 13%。然而，Lucia 和 Major 指出："分子对分子交代的白云石化理论不适用于所有碳酸盐岩的孔隙形成机理，白云岩孔隙度总是等于或小于其原岩的值，表明原岩特征可能是白云石化过程中影响孔隙变化的重要因素"[33]。Purser 等则持较为折中的观点，认为原岩（石灰岩）特征对白云岩孔隙度的影响固然很重要，但 CO_3^{2-} 来源与受局限的成岩环境也很重要，只有在特定成岩环境下，白云石化才能导致孔隙度的增加[34]。与白云石化相关的孔隙丧失在埋藏成岩环境是非常常见的，尤其是通过封堵孔隙的鞍状白云石的沉淀[30, 35]。总之，白云石化作用对白云岩孔隙形成的贡献尚无统一意见。

在调研前人研究成果基础上，围绕四川、塔里木和鄂尔多斯等盆地重点白云岩地层，开展了露头、岩心、薄片和阴极发光观察等岩石学分析，以及白云石有序度、碳、氧同位素组成、锶同位素比值、微量元素、稀土元素、包裹体、同位素测温（D47）和同位素定年等地球化学测试共 600 余项次，提出了以时间序列和形成环境变迁为主线的白云岩成因分类方案，建立了不同成因类型白云岩的岩石和地球化学特征判识图版，重新评价了白云石化作用对储层孔隙形成的贡献。这些新认识不但具有重要的理论意义，而且对白云岩储层分布预测具有重要的现实意义。

1 白云岩成因类型

碳酸盐岩分类方案很多[36-37]，但多以结构分类为主，欠缺意见统一的成因分类方案。如 Folk 的碳酸盐岩分类主要是基于颗粒大小、磨圆度、分选性、叠置样式和颗粒成分[35]。Dunham 的碳酸盐岩分类主要是基于可识别的原始结构组分的出现与否，将可识别原岩结构组分的碳酸盐岩命名为泥晶灰岩、粒泥灰岩、泥粒灰岩、颗粒灰岩和粘结岩，将原岩结构组分不可识别的碳酸盐岩命名为结晶灰岩[36]，仍回避了白云岩的分类问题。沈安江提出了白云岩的分类[38]（表1），将白云岩划分为两大类。一类是原岩结构组分为可识别的，这时，石灰岩的划分方案适用于白云岩，只要将石灰岩结构分类表中的灰岩改为白云岩即可，如颗粒灰岩改为颗粒白云岩即可，这类白云岩往往为同生或准同生沉淀或交代成因的白云岩；另一类是原岩结构组分不可识别的，如细晶白云岩、中晶白云岩等，这类白云岩往往为次生交代或重结晶成因的，按粒度大小可分别命名为粉晶、细晶、中晶、粗晶、巨晶白云岩，与 Dunham 的结晶灰岩相对应。上述白云岩分类是基于结构、颗粒大小等的纯描述性分类，并不是成因分类。Warren 总结并讨论了 10 种白云石化作用模式[5]，对不同白云石化作用的发育机制和背景进行了分析，但未能形成一个系统、成熟的白云岩成因分类方案。

表1　与 Dunham 石灰岩分类[36]相对应的白云岩分类[38]

Dunham 的石灰岩分类	可识别的原岩结构					沉积结构不可识别的晶粒结构［晶粒粒径（mm）］
	沉积时原始结构组分未被粘结在一起			沉积时原始结构组分被粘结在一起	
	含灰泥（黏土或粉砂级碳酸盐）		缺少灰泥，颗粒支撑		
	灰泥支撑	颗粒支撑			
	颗粒含量＜10%	颗粒含量＞10%				
	泥晶灰岩	粒泥灰岩	泥粒灰岩	颗粒灰岩	粘结岩	结晶灰岩
与 Dunham 石灰岩分类相对应的白云岩分类	泥晶云岩	粒泥云岩	泥粒云岩	颗粒云岩	礁云岩藻丘云岩	粉晶云岩（0.03～0.10）
						细晶云岩（0.10～0.25）
						中晶云岩（0.25～0.50）
						粗晶云岩（0.50～2.00）
						巨晶云岩（>2.00）

　　本文综合白云岩的岩石学特征、形成环境和时间序列，将白云岩划分为 3 类 6 亚类（表2），这一分类方案的特点是提出白云岩类型是时间序列和形成环境演化的函数，随着时间的推进（由早到晚，由同生期到埋藏期）和成岩环境的演化（由潮湿到干旱，由低温压到高温压，由淡水、海水到埋藏、热液成岩介质），不同类型白云岩依次出现，各类白云岩之间的成岩域、特征域的界线清晰，各类白云岩之间演化线索清楚，更具系统性和连续性。相比之下，已有的白云石化模式只是解释了该分类方案中某种或几种白云岩的成因。

表2 白云岩类型、时间序列、形成环境及识别特征

白云岩类型		形成阶段	形成环境	富镁流体来源	岩石特征	地球化学特征	储集空间类型	实例
海水（岛屿）白云岩			正常海水环境，潮湿气候，尤其是岛屿经常受大气淡水影响的地区，温度为20~40℃	海水	生屑白云岩、藻砂屑白云岩、少量微生物白云岩，原岩结构保留完好	白云石有序度低（0.4左右），碳、氧同位素组成为低正值（1‰~3‰PDB），锶同位素比值和稀土元素配分模式与同期海水相一致，低Mn、Fe和较高Sr含量，氧同位素地质温度计20~35℃，白云石同位素年龄与地层年龄计度相当或略晚	粒间孔、粒内孔等原生孔及扩溶孔	南海西沙群岛石岛中—上新统
（准）同生期低温白云岩	微生物白云岩	同生或准同生期	湖盆或蒸发潮坪，温度为30~45℃，盐度为35‰~100‰，pH>8.5	浓缩海水	藻纹层/叠层、藻格架白云岩、颗粒白云岩，凝块石	白云石有序度低（0.4~0.5），碳同位素组成为低正值（0~3‰PDB），氧同位素为低负值（0~8‰PDB），锶同位素比值大具负偏的趋势，稀土元素与同期海水相一致，白云石同位素年龄与地质年龄相当或略晚，氧同位素地质温度计30~35℃，富Fe、低Sr和Mn含量	藻架孔及溶蚀孔洞	AbuDhabi现代潮坪；四川盆地震旦系灯影组
	蒸发白云岩		边缘海萨布哈或蒸发潟湖，温度大于45℃，盐度100‰~350‰，pH>9	浓缩海水	含石膏结核或斑块泥晶白云岩、礁（丘）滩白云岩，常见石膏孔隙充填	白云石平均有序度为0.6~0.7，碳同位素组成为低负值（-2‰~2‰PDB），氧同位素组成为低负值（-8‰~-4‰PDB），锶同位素比值高于同期海水，稀土元素配分模式与同期海水相当，Fe、Mn含量总体偏低，氧同位素不发光或发暗橙红色光，同位素绝对年龄与地层年龄相当或略晚，同位素地质温度计35~60℃	膏模孔、铸模孔、格架孔、粒间孔	塔里木盆地中下寒武统蒸发潟湖潮坪白云岩

白云岩类型	形成阶段	形成环境	富镁流体来源	岩石特征	地球化学特征	储集空间类型	实例
残留颗粒结构白云岩	埋藏期	浅中埋藏环境，孔隙中的封存水，最高温度近100℃，有机质埋藏阶段未—半成熟阶段	地层水，浓缩海水	残留颗粒结构但颗粒由粉细晶、中晶白云石构成，半自形—自形晶	白云石有序度0.5~1.0，并随晶体的变大和自形程度的提高，有序度逐渐升高，碳稳定同位素组成为低正值（0~3‰PDB），氧稳定同位素组成为一高负值（-8‰~-4‰PDB），并随晶体变大和自形程度提高向高负值偏移，锶同位素比值接近或高于同期海水值，轻稀土元素含量大于重稀土元素含量的配分模式，较高的Fe，Mn含量，包裹体均一温度80~120℃，与氧同位素地质温度计（D47）具有较高的一致性，不同期次白云石的绝对年龄均晚于地层年龄	粒间孔、格架孔、铸模孔	川东北飞仙关组鲕滩白云岩
埋藏期结晶白云岩　晶粒结构白云岩	埋藏期	中深埋藏环境，温度大于100℃，有机质阶段，有机酸、盆地热卤水，TSR	地层水，浓缩海水	细晶、中晶粗晶白云岩，粒状镶嵌结构，他形—半自形晶	向高负值偏移，锶同位素比值大于同期海水值，较高的Fe、Mn含量，较高的配分模式，包裹体均一温度80~120℃，与氧同位素地质温度的一致性，次白云石的绝对年龄均晚于地层年龄	晶间孔、晶间溶孔	四川盆地栖霞组
构造—热液白云岩		浅—超深埋藏环境，构造活动相关的富镁热液流体，温度大于120℃，盐度大于12%	构造活动相关的富镁流体	中粗晶、粗晶、巨晶白云岩，伴生鞍状白云石、闪锌矿等热液矿物，鞍状白云石具弯曲晶面，波状消光	相对较低有序度（0.6~0.8），高包裹体均一温度（120~250℃）和盐度（12%~25%），氧稳定同位素组成严重亏损（-15‰~-8‰PDB），强烈发光或不发光同互，白云石的锶同位素比值（$^{87}Sr/^{86}Sr$）明显高于其赋存的围岩地层，同位素年龄示不同期次鞍状白云石的绝对年龄均对年龄晚于地层年龄	晶间孔、晶间溶孔、溶蚀孔洞	四川盆地栖霞组震旦系和茅口组

注：表中的地球化学数据来自相关实例的实测数据；其中，同位素定年数据来自昆士兰大学同位素同位素实验室，同位素测温数据来自加州大学同位素实验室，其他测试数据来自中国石油集团碳酸盐岩岩石储层重点实验室。

从形成阶段看，白云岩总体形成于（准）同生期和埋藏期两个阶段。

（准）同生期低温白云岩的发育与古气候古环境化密切相关，随气候由潮湿向干旱的变迁（温度、盐度和碱度逐渐升高），依次发育海水（岛屿）白云岩、微生物白云岩、蒸发（萨布哈或渗透回流）白云岩，直至成层的膏盐岩沉积。微生物白云岩中很难见到伴生的膏盐岩结核或充填物，而蒸发白云岩往往伴生有膏盐岩结核或充填物，这是因为微生物最适宜生存的温度为 30～45℃、盐度 35‰～100‰、pH 值大于 8.5[21]，当温度、盐度和碱度参数高于这一指标时，微生物难以生存，微生物白云岩为蒸发白云岩替代，当盐度大于 350‰、pH 值大于 10 时，蒸发白云岩为层状膏盐岩替代。这里的海水（岛屿）白云岩应该定义为潮湿气候下形成的早期低温白云岩，由于大量实例来自现代海洋的岛屿环境，故称为海水（岛屿）白云岩，但不仅限于岛屿环境，被认为与地热对流或地形驱动的水流引起的海水白云石化有关[4-5]。低温白云石有沉淀（原白云石）和交代两种成因，其中，微生物白云岩为沉淀成因的原白云岩，海水（岛屿）白云岩和蒸发白云岩为交代成因白云岩，以藻云岩、泥粉晶白云岩和由泥粉晶构成的礁（丘）滩相白云岩为主，保留原岩结构。一个完整的早期低温白云岩地层序列应该是随气候由潮湿向干旱的变迁，海水（岛屿）白云岩、微生物白云岩、蒸发白云岩、膏盐层依次出现，但由于古气候古环境演化的不完整性，这 3 类白云岩和膏盐层在地质记录中并不一定连续出现。四川盆地雷口坡组由下至上发育多个微生物白云岩→蒸发白云岩→层状膏盐岩旋回序列，缺早期代表潮湿气候背景的海水（岛屿）白云岩；四川盆地震旦系灯影组只发育微生物白云岩，缺乏代表潮湿气候背景的海水（岛屿）白云岩和极度干旱气候背景的蒸发白云岩、层状膏盐岩；鄂尔多斯盆地马家沟组上组合发育多个蒸发白云岩→层状膏盐岩旋回，夹少量微生物白云岩，反映总体为极度干旱气候条件的间歇性淡化；南海西沙群岛石岛中—上新统只发育海水（岛屿）白云岩，气候未达到干旱阶段（图 1）。

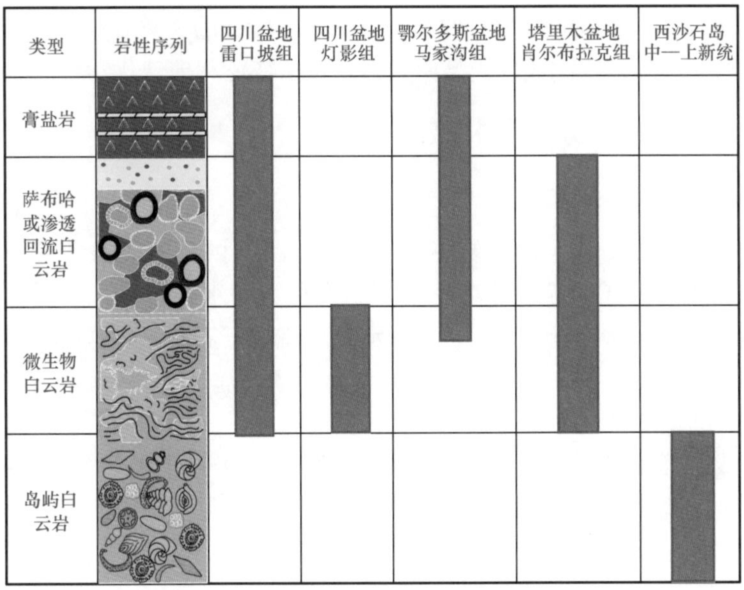

类型	岩性序列	四川盆地雷口坡组	四川盆地灯影组	鄂尔多斯盆地马家沟组	塔里木盆地肖尔布拉克组	西沙石岛中—上新统
膏盐岩		▓				
萨布哈或渗透回流白云岩		▓		▓	▓	
微生物白云岩		▓	▓	▓	▓	
岛屿白云岩						▓

图 1 （准）同生期低温白云岩发育序列

埋藏白云岩的原岩可以是早期低温白云岩，也可以是石灰岩，以交代、重结晶和次生加大的形式发生，形成残留颗粒结构和晶粒结构两类白云岩，残留颗粒同样由晶粒白云石构成。随着埋藏白云石化程度的增加（埋藏深度增大、温度升高和白云石化作用时间加长），白云石晶体粒径逐渐增大；白云石晶体粒径大于原岩颗粒粒径时，原岩颗粒结构难以保留；白云石晶体粒径小于原岩颗粒粒径时，原岩颗粒结构易于保留。这是造成晶粒白云岩（细、中、粗、巨晶白云岩）有的仍残留原岩颗粒结构，有的无残留颗粒结构的根本原因；显然，原岩的颗粒结构越细、埋藏白云石化程度越强，越不利于原岩颗粒结构的保留，这也很好地解释了残留颗粒结构主要见于细—中晶白云岩中的原因。

构造—热液白云岩是埋藏期由构造—热液作用形成的白云岩，形成时间上和埋深上可脱离正常的埋藏演化序列，与构造活动相关。常发育有两种产状。一是沿断裂系统、不整合面等深源流体通道发育的白云岩体，呈透镜状、斑块状和栅状分布，以交代或重结晶的中粗—粗晶白云岩体为主，原岩为石灰岩或白云岩；二是沿断裂系统、不整合面、溶蚀孔洞分布的粗晶—巨晶白云岩，以沉淀的鞍状白云石为主，围岩为石灰岩或白云岩。常伴生石英、萤石、金属硫化物（黄铁矿、方铅矿、闪锌矿）等热液矿物。

总之，上述白云岩类型的划分方案总体上应属于成因分类，随着时间的推移和成岩环境的变迁，依次出现不同类型的白云岩，更加突出了白云岩类型间的连续性和系统性。自然界中的所有白云岩都可以在上述时间序列和形成环境中找到相应的位置，也就是说自然界中的所有白云岩都可以在表2的分类方案中找到自己的位置。

2 白云岩识别特征和成因

表2的白云岩类型划分方案给出的白云岩类型无论是岩石学特征、形成环境及时间序列的界线是清晰的，这就为应用白云岩的岩石学特征、地球化学特征识别不同成因类型的白云岩奠定了基础。本文将通过大量的实例讨论表2所列的3类6亚类白云岩的岩石学和地球化学识别特征，分析不同成因类型白云岩岩石学特征和地球化学特征的差异。

2.1 早期低温白云岩识别特征和成因

2.1.1 海水（岛屿）白云岩

前已述及，海水（岛屿）白云岩应该定义为潮湿气候下形成的早期低温白云岩，由于大量实例来自现代海洋的岛屿环境（表3），故称为海水（岛屿）白云岩，但不仅限于岛屿环境。前人用混合水白云石化[13]和海水热对流白云石化[16]模式解释这类白云岩的成因。

这类白云岩的地层时代为新近纪—现代，白云石化发生于准同生期，周围被海水包围（孤立台地），成岩环境相对简单。白云岩或与之伴生的岩石年代新，地层未经历过埋藏，白云石化温度接近地表温度，无后期埋藏成岩改造。以南海西沙群岛石岛中—上新统为例阐述这类白云岩的岩石特征和地球化学特征[39]。小巴哈马浅滩[16]、太平洋 Enewetak 环礁[40]和加勒比海 Cayman 群岛[41]中—上新统也发育有特征和成因相似的白云岩。

表3 全球广泛分布的新生代海水（岛屿）白云岩

序号	岛屿名称	所在地区	序号	岛屿名称	所在地区
1	Bahamas	巴哈马群岛	12	Funafuti Atoll	富纳富提岛
2	Andros Island	安德罗斯岛	13	Mururoa Atoll	中太平洋群岛
3	Sugarloaf Key	墨西哥湾	14	Niue Island	纽埃岛（新西兰）
4	Ambergris Cay，Belize	伯利兹城	15	Rangiora Atoll	瑞吉拉（新西兰）
5	San Andres Island	哥伦比亚	16	Aitutaki	库克群岛
6	West Caicos Island	西印度群岛	17	Fuerteventura	加那利群岛
7	Barbados	巴巴多斯岛	18	Enewetak Atoll	太平洋
8	Florida Bay Mud Islands	佛罗里达	19	Midway Atoll	中途岛
9	Cayman Island	加勒比海	20	Jamaica	牙买加
10	Bonaire	博内尔岛	21	Makatea	波利尼西亚
11	Curacao	安地列斯群岛	22	Okinawa	琉球

南海西沙群岛石岛西科 1 井中新统宣德组和上新统永乐组顶部均发育有沉积间断面（暴露面）及与之相关的生物碎屑白云岩和藻屑白云岩（图 2a、b），厚度分别为 150 m 和 10 m，原岩结构保存完好，沉积原生孔及早表生暴露溶扩孔为主。X 衍射揭示该类白云岩质纯和有序度低（0.4 左右），$\delta^{13}C$、$\delta^{18}O$ 均为正值（1‰～3‰ PDB），不具相关性，与混合水白云石截然不同，$\delta^{13}C$ 值随深度的变化趋势与全球同期海水变化趋势一致，锶同位素比值位于同期海水范围内，且变化趋势一致，低 Mn（小于 40×10^{-6}）、低 Fe（小于 200×10^{-6}）和较高 Sr〔（150～250）$\times10^{-6}$〕含量，Sr—Fe、Sr—Mn 之间无相关性，稀土元素配分模式与现代海水类似，氧同位素地质温度计（D47）揭示白云岩形成温度介于 20～35℃，白云石胶结物的同位素绝对年龄为 5±0.2Ma，这些均证实白云石化作用发生在沉积之后不久，还未完全脱离海水成岩环境。

2.1.2 微生物白云岩

前已述及，微生物白云岩指微生物活动导致的低温白云石沉淀形成的原生白云岩。特殊类型的微生物（硫酸盐还原菌、产甲烷古菌、蓝细菌等）、一定的盐度和碱度条件（盐度为 35‰～100‰，pH 值大于 8.5）、一定的温度条件（30～45℃）、低硫酸根和高碳酸根及镁离子浓度是低温天然白云石形成的条件。微生物活动产生的胞外聚合物（EPS）是导致白云石沉淀的主要因素[23]，高盐碱度环境嗜盐古菌通过细胞表面的羧基官能团作用促进白云石沉淀[42]。天然沉淀白云石与培养实验沉淀的白云石具有相似的球形、椭球形和哑铃状形态特征，是微生物成因白云岩的重要识别标志[23]。现代微生物白云岩广布于阿布扎比、科隆潟湖、拉戈阿韦梅利亚等萨布哈高盐碱度区域，四川盆地震旦系灯影组和三叠系雷口坡组、塔里木盆地震旦系奇格布拉克组和寒武系肖尔布拉克组、华北蓟县系雾迷山组也规模发育微生物白云岩，而且均为重要的油气储层[43]。以阿布扎比（Abu Dhabi）萨布哈海岸微生物席内沉淀的原生白云石和四川盆地灯影组四段微生物白云岩为例，阐述这类白云岩的岩石特征和地球化学特征。

　　阿布扎比现代海岸微生物席内（99.60% 的微生物属种为 Desulfovibrio brasiliensis）沉淀的原生白云石氧同位素组成为正—低负值（–3‰～7‰ PDB），碳同位素组成为低正值（0～2‰ PDB）[22]。这类白云岩往往以藻纹层、藻叠层、藻格架、藻砂屑、藻凝块白云岩为特征（图2c），白云石具球形特征和胞外聚合物（EPS），原岩结构保留完好，沉积原生孔及早表生暴露溶扩孔为主，反映咸化环境与微生物有关的早期低温沉淀白云石特征[23]。

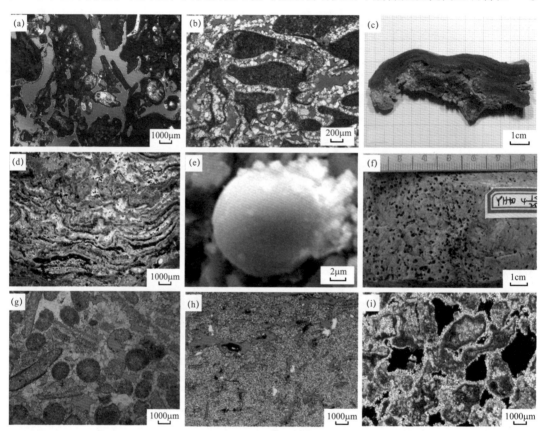

图2　早期3类低温白云岩岩石特征

（a）南海西沙群岛石岛，西科1井，中新统宣德组，生屑白云岩，粒间孔；（b）南海西沙群岛石岛，西科1井，中新统宣德组，生屑白云岩，粒间孔和生屑铸模孔，白云石胶结物部分充填；（c）Abu Dhabi 萨布哈海岸（据文献［22］），潮间带下部表层微生物席（Desulfovibrio brasiliensis）；（d）四川盆地，磨溪17井，5067.35m，灯影组四段，藻纹层或藻叠层白云岩，藻架孔发育，亮晶白云石胶结物；（e）四川盆地，磨溪8井，5108.07m，灯四段，藻纹层及藻叠层白云岩中的球形白云石；（f）塔里木盆地，牙哈10井，中—下寒武统，黄灰色膏质泥晶云岩，蜂窝状或米粒状的膏模孔；（g）塔里木盆地，牙哈7X–1井，5833.00m，中寒武统，颗粒白云岩，粒间白云石胶结，发育铸模孔和残留粒间孔；（h）鄂尔多斯盆地，陕30井，3629.00m，马家沟组，泥粉晶白云岩，板状石膏铸模孔，充填少量石英；（i）四川盆地，中坝80井，3134.02m，雷口坡组，藻格架白云岩，等厚环边状白云石胶结物，藻架孔和粒间孔

　　四川盆地灯影组四段微生物白云岩与阿布扎比海岸现代微生物白云岩具相似的岩石特征（图2d、e），白云石有序度为0.4～0.5，氧同位素组成偏负（–8‰～–4‰ PDB），碳同位素组成为低正值（0～2‰ PDB），锶同位素比值与沉积期海水锶同位素比值参考值相当[44]，富铁、低锶和锰，阴极发光呈暗橙色，氧同位素地质温度计（D47）揭示白云岩

形成温度为 30～35℃，同位素绝对年龄为 542～555Ma，与地层年龄一致。这些特征与阿布扎比现代海岸微生物白云岩具相似性，但在某些特征上发生了变化，如氧同位素组成更为偏负，这与叠加埋藏成岩改造有关。

2.1.3 蒸发白云岩

早期低温白云石既有与微生物活动相关的原生沉淀白云石，又有交代成因的蒸发白云石，前人用渗透回流白云石化模式[10]、毛细管浓缩白云石化模式[11]和蒸发泵白云石化模式[12]解释这类白云岩的成因。蒸发白云岩形成于干旱—蒸发性气候环境，与微生物活动无关（因盐碱度过高导致微生物死亡），但比微生物白云岩具有更高的盐度（100‰～350‰）和碱度（pH 值大于 9），故其常伴生石膏结核或胶结物沉淀，垂向上分布于微生物白云岩与膏盐岩之间。与蒸发环境相关的白云岩在各个时期广泛发育（表 4），以塔里木盆地中—下寒武统白云岩为例（图 2f、g），阐述这类白云岩的岩石特征和地球化学特征。鄂尔多斯盆地马家沟组（图 2h）和四川盆地雷口坡组（图 2i）均发育有这类白云岩，且是重要的油气储层。

表 4　全球广泛发育的现代和地质历史时期的蒸发白云岩

序号	现代	序号	地质历史时期
1	Abu Dhabi 潮坪，边缘海萨布哈	10	美国 Williiston 盆地奥陶系 Red River 组，边缘海萨布哈
2	佛罗里达州南部，边缘海萨布哈	11	美国 Williiston 盆地石炭系 Mission Canyon 组，边缘海萨布哈
3	巴哈马 Anddros 岛，边缘海萨布哈	12	美国 Texas 州西部奥陶系 Ellenburger 组，边缘海萨布哈
4	内蒙古新巴尔虎左旗，湖盆萨布哈	13	美国 Texas 州二叠系 Guadalupian 组，边缘海蒸发潟湖
5	内蒙古吉布胡郎图诺尔，湖盆萨布哈	14	美国 Texas 州西部 South Cowden 油田二叠系，边缘海蒸发潟湖
6	Brejo do Espinho，Brazil，边缘海萨布哈	15	美国 Texas 州东部侏罗系 Smackover 组，边缘海蒸发潟湖
7	Peru Margin，Pacific，边缘海蒸发潟湖	16	塔里木盆地寒武系盐下白云岩，边缘海萨布哈和蒸发潟湖
8	Coorong Lagoons，澳大利亚，边缘海蒸发潟湖	17	四川盆地三叠系嘉陵江组和雷口坡组，边缘海萨布哈和蒸发潟湖
9	Lagoa Vermelha，南美洲，边缘海蒸发潟湖	18	鄂尔多斯盆地奥陶系马家沟组，边缘海萨布哈和蒸发潟湖

塔里木盆地中—下寒武统蒸发白云岩以含膏结核的泥晶白云岩、颗粒白云岩（粒间往往被石膏充填）为主，上覆膏盐岩层，原岩结构保留完好，膏模孔、颗粒铸模孔、残留粒间孔为主（图 2f、g）。白云石有序度为 0.6～0.7，碳稳定同位素组成为低正—低负值（-2‰～2‰ PDB），氧稳定同位素组成为低负值（-8‰～-4‰ PDB），锶同位素比值受壳源锶注入影响高于同期海水，稀土元素配分模式与同期海水相当，Fe、Mn 含量总体偏低，不发光或发暗橙色光，氧同位素地质温度计（D47）揭示白云岩形成温度为 35～60℃，形成时间与地层年龄相当或略晚。

（准）同生期 3 类低温白云岩的地球化学特征及变化趋势见图 3。

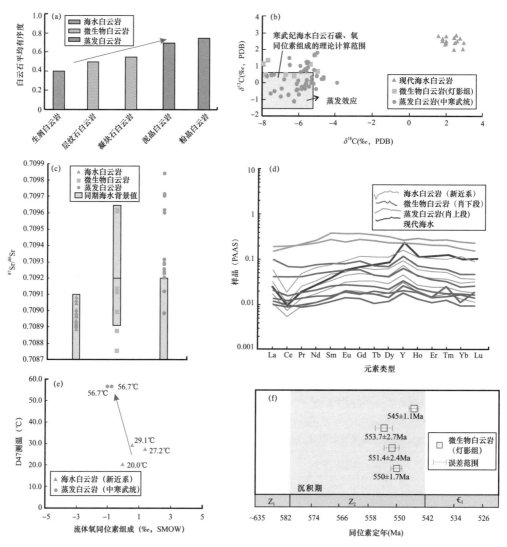

图3 （准）同生期低温白云岩由海水（岛屿）白云岩→微生物白云岩→
蒸发白云岩的地球化学特征及变化趋势

（a）白云石有序度总体偏低，但有逐渐升高的趋势；（b）碳、氧稳定同位素组成由低正值逐渐向低负值偏移；
（c）锶同位素比值由与同期海水参考值相当逐渐向高值偏移；（d）稀土元素由与同期海水参考值相当逐渐向高值偏移；
（e）氧同位素温度（D47）为常温但有逐渐偏高的趋势；（f）同位素年龄与地层年龄相当或略晚

2.2 埋藏期结晶白云岩识别特征和成因

埋藏期白云石化作用形成晶粒结构和残留原岩结构两类白云岩。晶粒结构白云岩以细晶和中晶白云岩为主，少量粗晶白云岩，粗晶和巨晶白云岩主要见于构造—热液白云岩中，发育晶间孔和晶间溶孔。残留原岩结构白云岩以颗粒白云岩为主，颗粒由细、中晶白云石构成。

2.2.1 残留颗粒结构晶粒白云岩

这类白云岩的原岩可以是颗粒灰岩或蒸发白云岩。主要出现在粗颗粒结构的颗粒灰岩或蒸发白云岩中，颗粒由细、中晶白云石构成，细、中晶白云石的成因与晶粒结构白云岩相似，通过埋藏环境的交代、重结晶和次生加大作用形成。正因为原岩颗粒粒度大于白云石晶粒的粒度，原岩颗粒结构才能得以保留。晶粒结构白云岩与残留颗粒结构晶粒白云岩之间视原岩颗粒结构的保留程度，可出现一系列的过渡类型，故它们之间往往相互伴生或混生。以四川盆地飞仙关组鲕粒白云岩为例，阐述这类白云岩的岩石特征和地球化学特征。

构成鲕粒白云岩的鲕粒由细晶和中晶白云石构成，半自形—自形晶，粒间孔和鲕模孔发育，方解石和白云石胶结物少见（图4a、b、c）。白云石有序度0.5～0.8，并随晶体的变大和自形程度的提高，有序度逐渐升高，碳稳定同位素组成为低正值（0.5‰～3‰ PDB），氧稳定同位素组成为低负值—高负值（-8‰～-4‰ PDB），并随晶体的变大和自形程度的提高，向高负值偏移的趋势，锶同位素比值接近于同期海水值，轻稀土元素含量大于重稀土元素含量的配分模式反映了白云岩为埋藏成因[45]，较高的Fe、Mn含量（629.2×

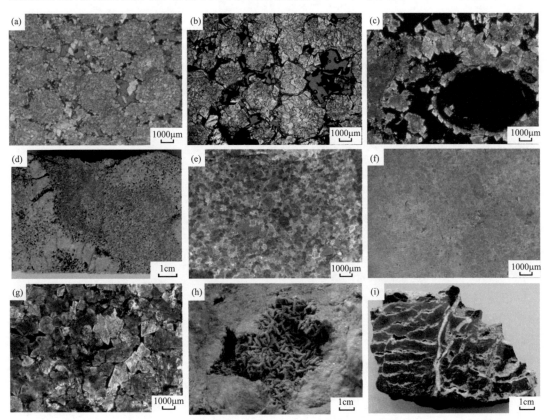

图4　晚期3类埋藏、热液白云岩岩石特征

（a）四川盆地，龙岗26井，5626.00m，飞仙关组，粉细晶白云岩，残留鲕粒结构，粒间孔；（b）四川盆地，罗家2井，3243.97m，飞仙关组，细晶白云岩，残留鲕粒结构，粒间孔；（c）四川盆地，龙岗28井，5976.00m，长兴组，细晶白云岩，残留颗粒结构，晶间（溶）孔和体腔孔；（d）四川盆地，矿2井，2423.00m，栖霞组，砂糖状细中晶白云岩，针孔状晶间孔发育，岩心；（e）四川盆地，矿2井，2423.55m，栖霞组，细晶白云岩，晶间（溶）孔；（f）视域同e，原岩为砂屑生屑灰岩，体腔孔和溶孔；（g）四川盆地，双探8井，7328.60m，栖霞组，中粗晶白云岩，晶间（溶）孔；（h）四川盆地，广元车家坝剖面，栖霞组，白云岩中的溶蚀孔洞部分为鞍状白云岩充填；（i）四川盆地，露头剖面，茅口组，白云岩中的裂缝为鞍状白云石充填

$10^{-6} \sim 1194.0 \times 10^{-6}$、$58.7 \times 10^{-6} \sim 83.8 \times 10^{-6}$），发强橙色光，包裹体均一温度 80～150℃不等，与氧同位素地质温度计（D47）具有较高的一致性，反映白云石形成于埋藏环境，而且是多期次交代或重结晶作用的结果，同位素定年揭示不同期次白云石的绝对年龄均晚于地层年龄。

2.2.2 晶粒结构白云岩

前已述及，晶粒结构白云岩以细晶和中晶白云岩为主，原岩主要为颗粒灰岩[38]，当晶粒粒度小于原岩颗粒粒度时，原岩的颗粒结构可以得到较好的保存，当晶粒粒度大于原岩颗粒粒度时，原岩的颗粒结构则难以保存。随着埋藏深度的加大和白云石化作用时间的加长，白云石晶体粒度逐渐增大。前人用埋藏—压实白云石化[15]、调整—压实白云石化[3, 14]解释这类白云岩的成因。晶粒结构白云岩在塔里木盆地上寒武统、奥陶系蓬莱坝组、鹰山组下段、鄂尔多斯盆地马四段及马五段中组合、四川盆地龙王庙组、栖霞组、长兴组和飞仙关组广布，并往往与残留颗粒结构白云岩伴生。

以四川盆地栖霞组为例，阐述这类白云岩的岩石特征和地球化学特征。与残留颗粒结构晶粒白云岩相比，晶粒结构白云岩几乎见不到残留颗粒结构，他形—半自形晶白云石为主（图 4d、e、f），晶体更为粗大，镶嵌状接触，晶间孔和晶间溶孔为主，常见白云石胶结物。与残留颗粒结构晶粒白云岩具相似的地球化学特征及变化趋势，数据变化跨度大，反映埋藏环境持续多期次交代或重结晶的产物。

2.3 构造—热液白云岩识别特征和成因

以四川盆地栖霞组和茅口组为例。交代和沉淀两种作用导致构造—热液白云岩有两种产状。一是沿断裂系统、不整合面等深源流体通道分布的准层状、透镜状或斑块状白云岩体，孔隙建造和破坏作用并重，大部分孔隙是对原岩孔隙的继承，由中粗—粗晶非典型鞍状白云石构成（图 4g）。深源富镁热液通过不整合面、断裂系统向上运移（温度比围岩环境略高：5℃或更高），导致邻近石灰岩发生交代白云石化形成白云岩体。前人用构造—热液白云石化[17]解释这类白云岩的成因。

二是沿断裂系统、不整合面、溶蚀孔洞发生沉淀形成鞍状白云石[17, 46]，由粗—巨晶白云石构成，围岩为石灰岩或白云岩（图 4h、i）。多以充填孔洞缝的胶结物形式产出，以破坏孔隙为主，残留孔洞缝。可单独产出，也可与石英、萤石、重晶石、金属硫化物（黄铁矿、方铅矿、闪锌矿）等热液矿物共生。

构造—热液白云石具晶体粗大、弯曲的晶面、波状消光和相对较低的有序度（0.6～0.8）特征。流体包裹体均一温度和同位素温度（D47）（190～220℃）明显高于白云石形成时的地层埋藏温度，流体中富集挥发分气体和 ^{18}O，高盐度（12%～25%），氧稳定同位素组成严重亏损（–25‰～–10‰ PDB），强烈发光或与不发光环带间互，与 Fe、Mn 含量的变化有关。锶同位素比值（$^{87}Sr/^{86}Sr$）明显高于鞍状白云石赋存的围岩地层，同位素定年揭示鞍状白云石的绝对年龄均晚于地层年龄。

埋藏期 3 类高温晶粒白云岩的地球化学特征及变化趋势见图 5。

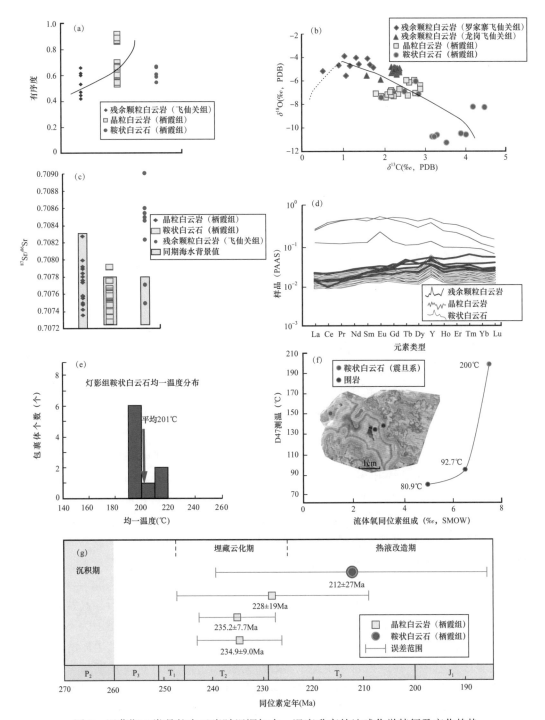

图 5 埋藏期 3 类晶粒白云岩随埋深加大、温度升高的地球化学特征及变化趋势

（a）白云石有序度总体较高，而且有逐渐偏高的趋势，鞍状白云石有序度偏低；（b）氧稳定同位素组成由低负值逐渐
向高负值偏移，碳同位素组成可升高或降低；（c）锶同位素比值可接近或高于同期海水值，鞍状白云石的锶同位素比
值（$^{87}Sr/^{86}Sr$）明显高于其赋存的围岩地层；（d）轻稀土元素含量大于重稀土元素含量；（e）较高包裹体均一温度；
（f）鞍状白云石氧同位素温度（D47）与包裹体均一温度具有较好的一致性，显著高于围岩温度；（g）不同期次白云石
的绝对年龄均晚于地层年龄

需要指出的是，鉴于白云岩形成后均会经历不同程度的后期成岩作用改造，以上地球化学指标部分可能会发生一定程度的迁移，因此在实际应用中需要结合成岩演化对地球化学数据进行具体分析。但尽管如此，不同时间序列上形成的白云岩之间地球化学指标变化趋势应该是可以延续下来的。

3 白云岩的成储作用

前已述及，白云岩储层的孔隙成因一直是多年来的研究热点。根据大量实例中储层孔隙类型及发育程度与白云石化的关系，认为白云石化对孔隙形成的直接贡献有所夸大，规模白云岩储层中的孔隙主要来自对原生孔隙的继承和表生溶蚀，部分来自埋藏溶蚀，早期白云石化有利于孔隙的保存，而非白云石化作用直接形成。

3.1 白云石化对孔隙建造的评价

基于理论计算结果，封闭环境下白云石化过程中摩尔置换会导致岩石体积减小，多数学者[32, 47-49]认为白云岩储层中的孔隙是白云石化的产物；黄思静等针对川东北飞仙关组晶粒白云岩储层的地球化学分析，提出了封闭体系下的埋藏白云石化作用可对储层形成起重要作用[50]；同时，研究显示白云石化作用也会导致孔隙的破坏[29, 33, 51-52]。因此，总体上白云石化作用对储层孔隙形成的贡献尚无定论。可接受的观点是根据地质条件和化学动力学反应差异，白云石化作用可以破坏、保持或强化孔隙发育[5]。

本文针对 3 大盆地白云岩储层实例的研究揭示了白云石化对孔隙改造作用的多样性，主要体现在以下 3 个方面。

一是白云石化作用可以形成一定数量的孔隙。以塔中 62 井区良里塔格组部分云化生屑灰岩为例，海绵骨针和组织均已发生不同程度的白云石化（图 6a、b），成分以高钙白云石为主，沿生物体自身结构分布。海绵组织在发生白云石化后明显增加了微孔缝（图 6c）。需要指出的是，虽然该实例证明了白云石化对孔隙建造的存在，但总体上，由白云石化作用形成的孔隙对总体储集空间的贡献非常有限，仅可能为后期成岩流体改造提供渗流通道，本身无法构成规模优质储层。

二是早期白云石化有利于先存孔隙的保存。白云岩具非常强的抗压实能力，使其具有很高的保存早期孔隙的能力。如表生环境下白云石的溶解能力远不及文石、高镁方解石及石膏等易溶矿物，这些易溶矿物溶解形成的铸模孔之所以能得以保存，是因为不易溶的白云石构成了铸模孔的格架（图 2f）。此外，白云岩的抗压实导致几乎不产生压溶产物（缝合线主要见于灰岩中，在白云岩中少见），缺乏埋藏胶结的物源，这是早期与蒸发环境相关白云岩中缺乏胶结物而使先存孔隙得到保存的重要原因之一。白云岩的脆性特征容易产生脆性裂缝也是白云岩的储层物性普遍好于灰岩的重要原因之一。

三是伴生的白云石胶结物和鞍状白云石沉淀破坏孔隙。白云石交代方解石之后如果白云石化流体继续持续供给，就可能发生过度白云石化作用或是白云石的胶结作用，如早表生期岩石经白云石化后，粒间孔隙中沉淀形成的白云石胶结物（图 2b、i），埋藏环境下的埋藏白云石化和热液白云石化在改造母岩或围岩的同时，在孔洞、孔隙或裂缝中沉淀白云石，均造成对溶蚀孔洞或裂缝的充填破坏。

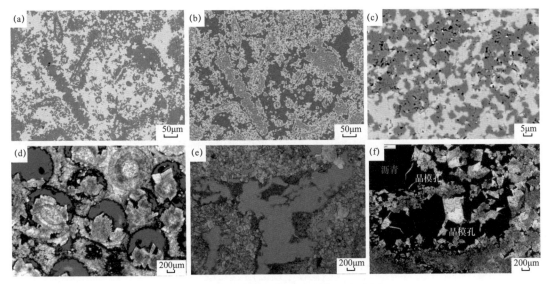

图6 白云岩储层的储集空间类型和成因

（a）四川盆地，龙岗001井，长兴组，背散射电子图像，海绵骨针、海绵组织及海绵丝均已白云石化；（b）视域同a，Mg元素面分析图像，背散射电子图像中的暗色组构皆由白云石组成；（c）视域a的局部放大，背散射电子图像，发生白云石化后产生的微孔隙（P），微孔隙主要发育于白云石（D）中，方解石（L）中欠发育；（d）四川盆地，罗家2井，飞仙关组，残留颗粒结构细晶白云岩，鲕模孔；（e）塔里木盆地，牙哈10井，中下寒武统，粉细晶白云岩，埋藏溶蚀作用形成的非组构选择性溶孔；（f）四川盆地，磨溪21井，龙王庙组，细晶白云岩，白云石晶体铸模孔

3.2 白云岩储层中的孔隙来源

虽然白云岩储层中的孔隙主要不是来自白云石化自身，但仍可形成优质储层。白云岩储层中的孔隙主要来自对原生孔隙的继承，其次是早表生环境大气淡水溶蚀形成的溶扩孔和埋藏环境埋藏—热液溶蚀作用形成的溶蚀孔洞。

对于原岩结构保留完好或残留原岩结构的白云岩，仍然保留了大量的粒间孔、格架孔（图2d、g、i）、体腔孔、铸模孔（图4c、图6d）和溶扩孔（原生孔被进一步溶蚀扩大），粒间孔、格架孔、体腔孔是沉积成因的原生孔隙，铸模孔和扩溶孔与早表生大气淡水溶蚀有关。埋藏环境埋藏—热液溶蚀作用可以形成非组构选择性溶蚀孔洞（图6e、f），是白云岩储层储集空间的重要补充。上述3种成因类型的孔隙构成了白云岩储层储集空间的主体[53]。

4 结论

基于岩石特征、形成环境和时间序列等3个方面，对白云岩成因进行了分类。（准）同生期低温白云石的发育与古气候古环境密切相关，随气候由潮湿向干旱的变迁（温度、盐度和碱度的升高），依次发育海水（岛屿）白云岩、微生物白云岩、蒸发白云岩，直至膏盐岩。（准）同生期低温白云石有沉淀（原白云石）和交代两种成因，（膏）泥晶白云岩和礁（丘）滩相白云岩为主，原岩结构保留完好。埋藏期3类白云岩以晶粒白云岩为主，原岩结构难以保留，即使残留颗粒结构，颗粒也由晶粒白云岩构成，而且随着埋藏深度加大、成岩温度升高、白云石化作用时间加长，成岩流体的变化，白云石颗粒变粗变大，自形程度变高。

6类白云岩的地球化学特征具明显的差异性和连续性，但由于自然界有很多白云岩并非单一成因的，早期低温白云岩可以叠加埋藏白云石化的改造，埋藏期形成的晶粒结构白云岩可以叠加构造—热液白云石化的改造，这大大增加了白云岩地球化学特征的复杂性，需要分析随时间的推移和成岩环境的变迁，岩石和地球化学特征的变化趋势，给出更为综合和合理的成因解释。导致不同成因类型白云岩地球化学特征差异的原因还有待做更加深入的工作。

由于白云岩是非常重要的储层，储层物性总体上好于石灰岩，白云石化被认为对孔隙建造有重要的贡献。笔者的研究认为白云石化能明显增加微孔缝，对储集空间的贡献并不大，但这些微孔隙的存在为成岩流体提供了通道，为表生溶蚀、埋藏期规模白云石化和埋藏溶孔的发育奠定了基础。白云岩中的孔隙主要是对原生孔隙的继承和表生溶蚀作用，部分来自埋藏溶蚀作用，过度白云石化作用导致的白云石胶结物和鞍状白云石沉淀可对孔隙造成破坏。早期白云石化有利于先存孔隙的保存（构成孔隙格架、抗压实、减少胶结物物源、产生脆性裂缝）。

参 考 文 献

［1］白国平.世界碳酸盐岩大油气田分布特征［J］.古地理学报，2006，8（2）：241-250.

［2］Land L S. The origin of massive dolomite［J］. Journal of Geological Education, 1985, 33（2）: 112-125.

［3］Hardie L A. Dolomitization : A critical view of some current views［J］. Journal of Sedimentary Research, 1987, 57（1）: 166-183.

［4］Budd D A. Cenozoic dolomites of carbonate islands : Their attributes and origin［J］. Earth-Science Reviews, 1997, 42（1/2）: 1-47.

［5］Warren J. Dolomite : Occurrence, evolution and economically important associations［J］. Earth-Science Reviews, 2000, 52（1）: 1-81.

［6］Machel H G. Concepts and models of dolomitization : A critical reappraisal［C］// Braithwaite C J R, Rizzi G, Darke G. The geometry and petrogenesis of dolomite hydrocarbon reservoirs. London : Geological Society（London）Specia Publication, 2004, 235（1）: 7-63.

［7］张学丰，刘波，蔡忠贤，等.白云岩化作用与碳酸盐岩储层物性［J］.地质科技情报，2010，29（3）：79-85.

［8］黄思静.碳酸盐岩的成岩作用［M］.北京：地质出版社，2010.

［9］黄擎宇，刘伟，张艳秋，等.白云石化作用及白云岩储层研究进展［J］.地球科学进展，2015，30（5）：539-551.

［10］Adams J E, Rhodes M L. Dolomitization by seepage refluxion［J］. AAPG Bulletin, 1961, 44（12）: 1921-1920.

［11］Bush P R. Some aspects of the diagenetic history of the sabkha in Abu Dhabi, Persian Gulf［C］// PURSER B H. The Persian Gulf. New York : Springer-Verlag, 1973: 395-407.

[12] Mckenzie J A, Hsu K J, Schneider J E. Movement of subsurface waters under the sabkha, Abu Dhabi, UAE, and its relation to evaporative dolomite genesis [C] // Zenger D H, Dunham J B, Ethington R L. Concepts and models of dolomitization. Tulsa : SEPM Special Publication, 1980, 28: 11–30.

[13] Badiozamani K. The Dorag dolomitization model–application to the Middle Ordovician of Wiscons [J] . Journal of Sedimentary Petrology, 1973, 43 (4) : 965–984.

[14] Montanez I P. Late diagenetic dolomitization of Lower Ordovician, Upper Knox Carbonates : A record of the hydrodynamic evolution of the southern Appalachian Basin [J] . AAPG Bulletin, 1994, 78 (8) : 1210–1239.

[15] Mattes B W, Mountjoy E W. Burial dolomitization of the Upper Devonian Miette buildup, Jasper National Park, Alberta [C] // Zenger D H, Dunham J B, Ethington R L. Concepts and models of dolomitization. Tulsa, OK : SEPM Special Publication, 1980, 28: 259–297.

[16] Vahrenkamp V C, Swart P K. Late Cenozoic dolomites of the Bahamas : Metastable analogues for the genesis of ancient platform dolomites [C] //Purser B, Tucker M, Zenger D. Dolomites (International Association of Sedimentologists Special Publication) . Oxford : Blackwell Science, 1994, 21: 133–153.

[17] Graham R Davis, Langhorne B, Smith J R. Structurally controlled hydrothermal dolomite reservoir facies : An overview [J] . AAPG Bulletin, 2006, 90 (11) : 1641–1690.

[18] Land L S. Failure to precipitate dolomite at 25℃ from dilute solution despite 1000–fold oversaturation after 32 years [J] . Aquatic Geochemistry, 1998, 4 (3) : 361–368.

[19] Vasconcelos C, Mckenzie J A, Bernasconi S, et al. Microbial mediation as a possible mechanism for natural dolomite formation at low temperatures [J] . Nature, 1995, 377 (6546) : 220–222.

[20] Vanlith Y, Vasconcelos C, Warthmann R, et al. Bacterial sulfate reduction and salinity : Two controls on dolomite precipitation in Lagoa Vermelha and Brejo do Espinho(Brazil) [J] . Hydrobiologia, 2002, 485 (1/2/3) : 35–49.

[21] Warthmann R, Vasconcelos C, Sass H, et al. Desulfovibrio brasiliensis sp. nov., a moderate halophilic sulfate–reducing bacterium from Lagoa Vermelha (Brazil) mediating dolomite formation [J] . Extremophiles, 2005, 9 (3) : 255–261.

[22] Bontognali T R R, Vasconcgelos C, Warthmann R J, et al. Dolomite formation within microbial mats in the coastal sabkha of Abu Dhabi (UnitedArabEmirates) [J] . Sedimentology, 2010, 57 (3) : 824–844.

[23] Bontognali Tr R, Vasconcelos C, Warthmann R J, et al. Dolomite–mediating bacterium isolated from the sabkha of Abu Dhabi (UAE) [J] . Terra Nova, 2012, 24 (3) : 248–254.

[24] Sánchez–Román M. Aerobic microbial dolomite at the nanometer scale : Implications for the geologic record [J] . Geology, 2008, 36 (11) : 879–882.

[25] Sánchez–Román M, Mckenzie J A, De Luca Rebello Wagener A, et al. Presence of sulfate does not inhibit low–temperature dolomite precipitation [J] . Earth and Planetary Science Letters, 2009, 285 (1): 131–139.

[26] Kenward P A. Ordered low–temperature dolomite mediated by carboxyl–group density of microbial cell walls [J] . AAPG Bulletin, 2013, 97 (11) : 2113–2125.

［27］Roberts J A, Bennett P C, Gonzalez L A, et al. Microbial precipitation of dolomite in methanogenic groundwater［J］. Geology, 2004, 32（4）: 277-280.

［28］Kenward P A, Goldstein R H, Gonzalez L A, et al. Precipitation of low-temperature dolomite from an anaerobic microbial consortium : The role of methanogenic Archaea［J］. Geobiology, 2009, 7（5）: 556-565.

［29］Fairbridge R W. The dolomite question［C］// Le Blanc R J, Breeding J G. Regional aspects of carbonate deposition : A symposium sponsored by the society of economic paleontologists and mineralogists. Wisconsin : George Banta Company, 1957, 5: 125-178.

［30］Moore C H. Carbonate diagenesis and porosity［M］. New York : Elsevier, 1989.

［31］Lucia F J. Carbonate reservoir characterization［M］. Berlin : Springer-Verlag, 1999: 226.

［32］Weyl P K. Porosity through dolomitization : Conservation-of-mass requirements［J］. Journal of Sedimentary Research, 1960, 30（1）: 85-90.

［33］Lucia F J, Major R P. Porosity evolution through hypersaline reflux dolomitization［C］// Purser B, Tucker M, Zenger D. Dolomites（International Association of Sedimentologists Special Publication）. Oxford : Blackwell Science, 1994, 21: 325-341.

［34］Purser B H, Brown A, Aissaoui. Nature, origins and evolution of porosity in dolomites［C］// Purser B, Tucker M, Zenger D. Dolomites（International Association of Sedimentologists Special Publication）. Oxford : Blackwell Science, 1994, 21: 283-308.

［35］Moore C H, Heydari E. Burial diagenesis and hydrocarbon migration in platform limestones : A conceptual model based on the Upper Jurassic of the Gulf Coast of USA［J］. AAPG Bulletin, 1989, 73（2）: 166-181.

［36］Folk R L. Practical petrographic classification of limestones［J］. AAPG Bulletin, 1959, 43（1）: 1-38.

［37］Dunham G R. Classification of carbonate rocks according to depositional texture［C］//HAM W E. Classification of carbonate rocks, Tulsa, OK : AAPG Ehrenberg, 1962, 1: 108-121.

［38］沈安江, 郑剑锋, 陈永权, 等. 塔里木盆地中下寒武统白云岩储层特征、成因及分布［J］. 石油勘探与开发, 2016, 43（3）: 340-349.

［39］张建勇, 郭庆新, 寿建峰, 等. 新近纪海平面变化对白云石化的控制及对古老层系白云岩成因的启示［J］. 海相油气地质, 2013, 18（4）: 46-52.

［40］Saller A H, Dickson J A D. Partial dolomitization of a Pennsylvanian limestone buildup by hydrothermal fluids and its effect on reservoir quality and performance［J］. AAPG Bulletin, 2011, 95（10）: 1745-1762.

［41］Brian Jones, Robert W Luth. Dolostones from Grand Cayman, British West Indies［J］. Journal of Sedimentary Research, 2002, 72（4）: 559-569.

［42］Lasic D D. Applications of liposomes［C］//Lipowsky R Z, Sackmann E. Structure and dynamics of membranes. Amsterdam, Netherlands : Elsevier, 1995: 491-519.

［43］罗平, 王石, 李朋威, 等. 微生物碳酸盐岩油气储层研究现状与展望［J］. 沉积学报, 2013, 31（5）: 807-823.

［44］Halverson G P, Dudásf Ö, Maloof A C, et al. Evolution of the ^{87}Sr/^{86}Sr composition of Neoproterozoic seawater［J］. Paleogeography, Palaeoclimatology, Palaeoecology, 2007, 256（3/4）：103–129.

［45］李鹏春, 陈广浩, 曾乔松, 等. 塔里木盆地塔中地区下奥陶统白云岩成因［J］. 沉积学报, 2011, 29（5）：842–856.

［46］White D E. Thermal waters of volcanic origin［J］. Geological Society of America Bulletin, 1957, 68（12）：1637–1658.

［47］Brach D K. Depositional and digenetic history of Pliocene–Pleistocene carbonates of northwestern Great Bahama Bank；evolution of a carbonate platform［D］. Miami：University of Miami, 1982：600.

［48］徐亮. 东营凹陷碳酸盐岩白云石化储层孔隙形成机理研究［J］. 矿物岩石地球化学通报, 2013, 32（4）：463–467.

［49］韩银学, 李忠, 刘嘉庆, 等. 塔河地区鹰山组灰岩白云石化成因及其对储层的影响［J］. 地质科学, 2013, 48（3）：721–731.

［50］黄思静, Qing H R, 胡作维, 等. 封闭系统中的白云石化作用及其石油地质学和矿床学意义：以四川盆地东北部三叠系飞仙关组碳酸盐岩为例［J］. 岩石学报, 2007, 23（11）：2955–2962.

［51］Schmoker J W, Halley R B. Carbonate porosity versus depth：A predictable relation for south Florida［J］. AAPG Bulletin, 1982, 66（12）：2561–2570.

［52］Halley R B, Schmoker J W. High porosity Cenozoic carbonate rocks of south Florida：Progressive loss of porosity with depth［J］. AAPG Bulletin, 1983, 67（2）：191–200.

［53］沈安江, 赵文智, 胡安平, 等. 海相碳酸盐岩储层发育主控因素［J］. 石油勘探与开发, 2015, 42（5）：545–554.

原文刊于《石油勘探与开发》, 2018, 45（6）：923–935.

微生物白云岩储层特征、成因和分布

——以四川盆地震旦系灯影组四段为例

陈娅娜[1]   沈安江[1,2]   潘立银[1,2]   张 杰[1,2]   王小芳[1]

（1.中国石油杭州地质研究院；2.中国石油集团碳酸盐岩储层重点实验室）

摘　要：基于岩心和薄片观察、单井资料及地球化学分析结果，剖析四川盆地震旦系灯影组四段（简称灯四段）储层特征、成因和分布。微生物白云岩为灯四段主力储层，球形白云石的发现揭示白云石化与微生物作用有关，属早期低温沉淀的原白云石；原生基质孔和准同生溶蚀孔洞构成储集空间的主体，而不是前人所认为的与桐湾运动相关的层间岩溶作用及埋藏—热液溶蚀作用成因。微生物丘滩复合体和准同生溶蚀作用是灯四段储层规模发育和分布的主控因素。台内裂陷周缘的微生物白云岩储层厚度大、连续性好、品质优，是重要的勘探对象。

关键词：四川盆地；震旦系；灯影组；微生物白云岩；丘滩复合体；球形白云石；准同生溶蚀作用；台内裂陷

　　震旦系灯影组白云岩是四川盆地天然气勘探的重要领域，也是近年古老地层微生物碳酸盐岩储层研究的热点[1]。1964年在乐山—龙女寺古隆起上发现了以灯影组为产层的威远气田，探明地质储量$400×10^8m^3$。20世纪70—90年代，围绕乐山—龙女寺古隆起核部及斜坡区，以灯影组为目的层进行了一系列勘探，在龙女寺、安平店、资阳等11个构造上钻探了16口井。1971年，女基井在灯影组5206～5248m井段测试获日产$1.85×10^4m^3$的工业气流，1993—1997年在资阳构造上钻探的资1井、资3井、资7井在灯影组获日产（5.33～11.54）$×10^4m^3$的工业气流。2010年以来，在威远构造东北侧高石梯—磨溪构造的灯影组勘探取得重大突破，揭开了万亿立方米储量规模大气田勘探的序幕。

　　前人虽然针对四川盆地灯影组白云岩储层的成因做过不少研究工作，但分歧很大，归纳起来有4种不同的观点：（1）以向芳等[2-5]为代表的岩溶储层观点，认为震旦系顶部与桐湾运动相关的表生岩溶作用是储层发育的主控因素，视剥蚀强度的不同，不整合面之下出露灯四段、灯三段和灯二段；（2）以王兴志等[6-8]为代表的颗粒滩储层观点，认为滩相沉积的白云石化作用是储层发育的主控因素，储层为具有或不具有残留颗粒结构的晶粒白云岩；（3）以冯明友等[9-10]为代表的热液白云岩储层观点，认为埋藏—热液作用是灯影组白云岩储层发育的主控因素；（4）微生物白云岩储层观点，认为这是一套微生物白云岩储层[11-13]，但没有深入探讨微生物对早期原白云石沉淀和储集空间发育的影响。

基金项目：国家科技重大专项"大型油气田及煤层气开发"（2016ZX05004-002）；中国石油集团科技重大专项"深层油气勘探开发关键技术研究"（2014E-32-02）

高石梯—磨溪构造灯影组工业气流井主要见于灯影组四段（简称灯四段），单井日产量可达百万立方米以上，前人针对灯四段的研究较为薄弱，故本文重点讨论灯四段储层的特征、成因和分布。

1 储层发育地质背景

四川盆地震旦系灯影组自下而上划分为 4 段[14]。灯一段岩性主要为浅灰—深灰色层状泥粉晶白云岩，夹砂屑和藻屑白云岩，局部夹硅质条带和燧石团块，厚度 30～160m。灯二段岩性主要为浅灰—灰白色藻泥晶白云岩，少量凝块石、藻纹层白云岩、砂屑和藻屑白云岩，夹膏盐岩及膏质泥晶白云岩，重结晶后呈粉—细晶白云岩，厚度 350～550m，中部发育十余米厚的葡萄花边状白云岩，见残留溶蚀孔洞。灯三段岩性主要为深灰—灰色泥粉晶白云岩，夹少量砂屑和藻屑白云岩、细晶白云岩，川中地区底部为灰黑色泥岩，向西南方向泥岩逐渐减薄消失，厚度 0～60m。灯四段岩性主要为浅灰—深灰色藻纹层或藻叠层白云岩，少量凝块石、藻泥晶、砂屑和藻屑白云岩，藻纹层和藻叠层构造发育，雪花状及葡萄花边状构造少见，基质孔和溶蚀孔洞发育，残留厚度 0～350m（图 1）。

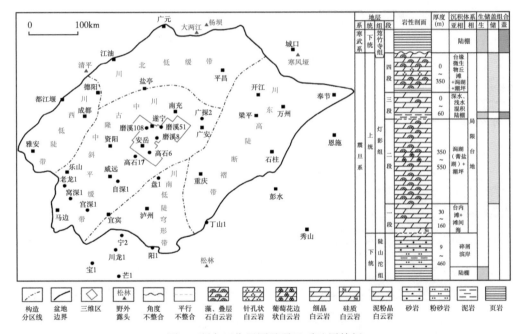

图 1　研究区位置图及震旦系地层特征

四川盆地震旦系灯影组以台地相沉积为主[15]。灯一段是晚震旦世早期海侵的产物，与下震旦统陡山沱组呈整合或假整合接触，与灯二段为连续沉积。灯二段沉积末期气候转为干旱，海水盐度增加，有利于微生物的繁殖，桐湾运动 I 幕[13]使川中地区灯二段抬升遭受风化剥蚀，与灯三段呈假整合接触。灯三段早期发育海侵相的泥岩，晚期发育台缘和台内颗粒滩，与灯四段为连续沉积。灯四段沉积期是台缘和台内微生物丘滩复合体的主要发育期，受灯四段沉积末期桐湾运动 II 幕的影响，灯四段遭受不同程度的淋滤和剥蚀，地层厚度差异较大，威远、资阳等局部地区灯三段也被部分或完全剥蚀，灯二段直接为下寒武统筇竹寺组覆盖呈不整合接触。灯影组沉积特征和构造运动史对储层的类型、特征、成因和分布具重要的控制作用。

四川盆地德阳—安岳地区晚震旦世—早寒武世发育一近南北向展布的负向构造，以汪泽成等[16]和李忠权等[17]为代表认为其是侵蚀谷或拉张侵蚀槽，以钟勇等[18]、魏国齐等[19]、刘树根等[20]和杜金虎等[21]为代表认为其是拉张槽或克拉通内裂陷。侵蚀谷或拉张侵蚀槽的观点认为灯影组沉积末期的桐湾运动Ⅱ幕导致侵蚀谷的形成和灯三段—灯四段地层被剥蚀，其重要的证据是高石17井下寒武统麦地坪组（相当于梅树村组沉积期沉积）与灯二段直接接触，麦地坪组烃源岩主要分布在侵蚀谷内，筇竹寺组沉积期台地被淹没，烃源岩广泛分布，侵蚀谷内烃源岩厚度大于台地上烃源岩厚度，沧浪铺组和龙王庙组沉积期是填平补齐的过程。拉张槽或克拉通内裂陷的观点认为台内裂陷发育于晚震旦世—早寒武世，受北西向为主的张性断裂控制，经历了裂陷形成期（灯影组沉积期）、裂陷发展期（麦地坪组—筇竹寺组沉积期）和裂陷消亡期（沧浪铺组沉积期）3个阶段，其重要的证据是认为裂陷内发育50～100m厚的灯三段—灯四段和100～300m厚的灯一段—灯二段，地层厚度小于裂陷两侧灯影组的厚度（650～920m），而裂陷内麦地坪组和筇竹寺组地层厚度大于裂陷两侧。综合上述两种观点，笔者认为德阳—安岳地区晚震旦世—早寒武世是一个由侵蚀谷向台内裂陷演化的过程。高石17井岩屑薄片见大量具葡萄花边结构的白云岩，是灯二段典型的沉积特征，其上还见有大量炭质泥岩、硅质泥岩、含化石泥质泥晶白云岩、夹瘤状泥晶白云岩和中细砂岩，代表斜坡和盆地相深水沉积，但由于缺乏定年化石，汪泽成等[16]和杜金虎等[21]将其归入麦地坪组和筇竹寺组欠妥，此套地层应包括灯四段深水沉积。总体而言，深水沉积直接覆盖在葡萄花边状白云岩之上揭示了两者间存在侵蚀作用；斜坡和盆地相深水沉积尤其两侧微生物丘滩复合体的发育确立了台内裂陷的存在（图2）。德阳—安岳地区晚震旦世—早寒武世由侵蚀谷向台内裂陷的演化控制了储层的发育和分布。

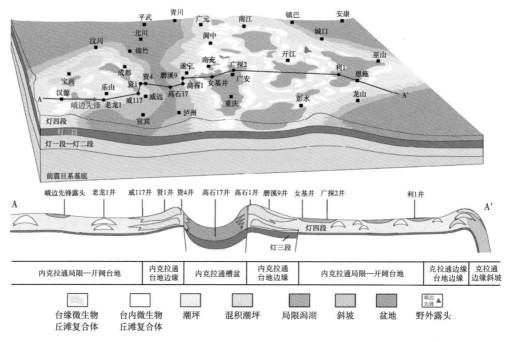

图2 四川盆地灯四段海相克拉通台内裂陷与微生物丘滩复合体分布模式图[22]

2 储层发育主控因素

2.1 微生物丘滩复合体是储层发育的物质基础

微生物泛指一切微观生物，包括细菌、真菌和微生物藻类，其中细菌（尤为蓝细菌）常为微生物碳酸盐岩的主要研究对象，重点强调其对碳酸盐沉积物的形成与固定能力[23]。蓝细菌是一种似藻类细菌并具有营光合和固氮作用[24-25]，在镜下呈球状、丝状及螺旋状。在微生物碳酸盐岩这一术语出现之前，蓝细菌常被当作一种藻类，曾被称为蓝绿藻或蓝藻，并将微生物碳酸盐岩称为隐藻碳酸盐岩[26]，以区别于主要由钙藻骨骼大量堆积而成的钙藻碳酸盐岩，但因其为原核生物，完全区别于真核藻类，故将其归为细菌类[27]。

微生物碳酸盐岩是指由底栖微生物群落（主要为蓝细菌）通过捕获与粘结碎屑沉积物，或经与微生物活动相关的无机或有机诱导矿化作用在原地形成的沉积岩[28-29]，微生物活动主要导致早期低温白云石化作用，其理论基础是地质微生物与地质温度压力具等效性[30]。Aitken[26]最早将藻碳酸盐岩划分为由骨骼钙藻组成的碳酸盐岩和隐藻碳酸盐岩，又将隐藻碳酸盐岩进一步划分为隐藻生物碳酸盐岩和隐藻颗粒碳酸盐岩。前者包括核形石、叠层石、凝块石和藻纹层石，后者包括藻屑和砂屑碳酸盐岩，两者构成微生物碳酸盐岩。该分类中的隐藻即为现在的蓝细菌。

四川盆地震旦系灯影组普遍发育微生物碳酸盐岩，以德阳—安岳台内裂陷周缘灯四段最为发育，主要岩石类型有藻纹层／藻叠层／藻格架白云岩（图 3a—c），少量凝块石（图 3d）、树枝石、均一石、与微生物相关的颗粒白云岩（藻砂屑白云岩）（图 3e—f），保留原岩结构，为与微生物作用相关的早期低温沉淀白云石，尤其是球状白云石的发现（图 3g—h），进一步证实了微生物对灯影组沉积早期低温白云石形成的贡献[31]。化学组分揭示灯影组球状白云石为有序度低的原白云石（表 1）。据 Vasconcelos 等[32]，在咸化环境，通过中度嗜盐好氧细菌 Halomonasmeridiana、Virgibacillusmarismortui 的作用可以在 $30\sim45℃$ 的温度条件下沉淀球形原白云石。叠加埋藏白云石化成岩改造后，可形成粉细晶白云岩（图 3i），但大多残留藻纹层和藻颗粒等原岩结构。藻纹层／藻叠层／藻格架白云岩、凝块石和藻泥晶白云岩构成微生物丘的丘核，代表潮坪或缓坡边缘潮下低能沉积环境，藻砂屑白云岩构成微生物丘的丘基、丘盖、丘翼及滩，代表受波浪作用影响的中高能沉积环境，两者共同构成微生物丘滩复合体。均一石代表丘间沉积。

微生物丘滩复合体具"大丘小滩"的特点，而不像高能格架礁的礁滩复合体，具"小礁大滩"的特征[33]，这可能与其长期的低能生长环境有关，即使是滩相的藻屑和砂屑白云岩，也往往具有藻包覆结构，藻屑和砂屑来自微生物丘自身受波浪作用的破碎。孔隙主要见于丘核相的藻纹层或藻叠层白云岩、凝块石、藻泥晶白云岩，也见于经过叠加埋藏及白云石化改造的粉细晶白云岩中，孔隙类型包括藻架孔和溶蚀孔洞。藻屑和砂屑白云岩孔隙不发育。由此决定了微生物丘滩复合体主体具有较好储集性能并存在较强的非均质性。本文选取磨溪 108 井和磨溪 51 井进行解剖分析。

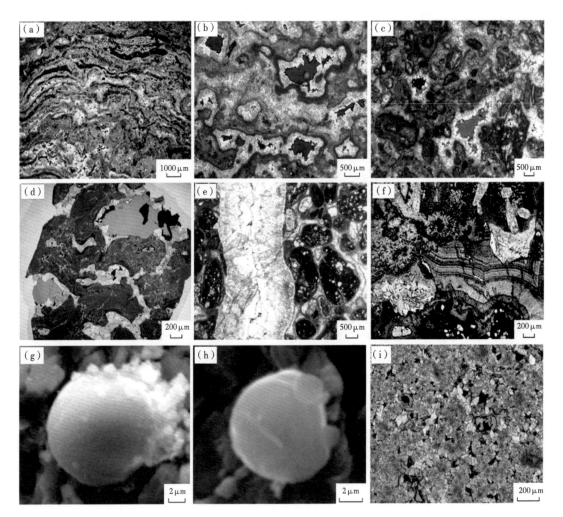

图3　四川盆地灯四段微生物丘滩复合体岩性和储集空间特征

（a）磨溪17井，5067.35m，藻纹层或藻叠层白云岩，藻架孔发育，亮晶白云石胶结物，铸体薄片，单偏光；（b）磨溪51井，5335.72m，藻纹层或藻叠层白云岩，藻架孔发育，亮晶白云石胶结物，铸体薄片，单偏光；（c）磨溪108井，5302.20m，藻纹层白云岩，溶孔发育，残留隐藻结构，铸体薄片，单偏光；（d）磨溪21井，5082.75m，凝块石，溶孔发育，亮晶白云石胶结物，铸体薄片，单偏光；（e）高科1井，5147.40m，藻砂屑（团块）白云岩，裂缝充填白云石及石英，普通薄片，单偏光；（f）磨溪21井，5041.53m，藻屑、藻砂屑白云岩，普通薄片，单偏光；（g）重庆寒风垭剖面，藻纹层及藻叠层白云岩中的球形白云石，扫描电镜；（h）磨溪8井，5108.07m，藻纹层及藻叠层白云岩中的球形白云石，扫描电镜；（i）高石2井，5015.70m，粉细晶白云岩，溶孔发育，残留隐藻结构，铸体薄片，单偏光

　　磨溪108井灯四段沉积期位于台内裂陷周缘，取心段厚47m，岩心观察可划分为2个短期丘滩复合体旋回和9个高频旋回（图4a），1个完整沉积旋回的岩性由下至上依次为：致密无孔的泥晶白云岩/藻泥晶白云岩、致密无孔的树枝石和均一石、无孔或少量基质孔的凝块石（角砾化白云岩）/与微生物相关的颗粒白云岩、面孔率5%～8%的孔隙型藻纹层/藻叠层/藻格架白云岩、面孔率8%～12%的孔隙—孔洞型藻纹层/藻叠层/藻格架白云岩。孔隙主要见于旋回顶部的藻纹层/藻叠层/藻格架白云岩中，但受海平面变化的影响，并不是所有沉积旋回均完整发育上述5套岩性组合，灯四段厚的地区（厚度一般大于250m），沉积旋回往往比较完整，与较高的沉积速率和持续暴露有关，灯四段薄的地区

（厚度150～250m），沉积旋回发育不完整，往往缺顶部的孔隙—孔洞型储层段，与沉积速率相对缓慢和暴露时间短有关。

表1　灯影组球状白云石化学组分

样品分析号	C含量（％）	O含量（％）	Mg含量（％）	Ca含量（％）	总含量（％）
1	29.70	47.90	9.36	13.04	100.00
2	26.03	54.47	10.27	9.23	100.00
3	14.58	61.40	9.79	14.23	100.00
4	37.42	39.46	9.12	14.00	100.00
平均	26.93	50.81	9.64	12.62	100.00

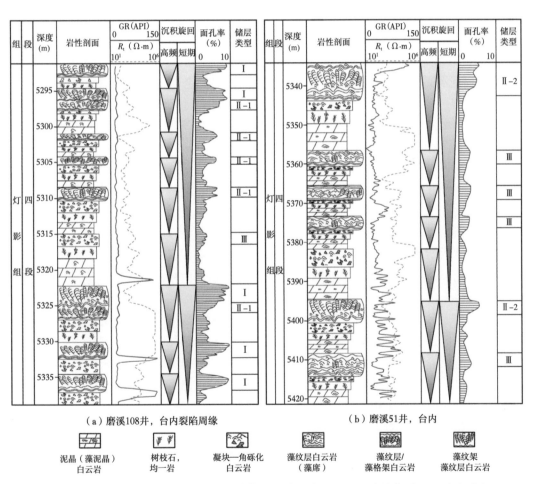

图4　四川盆地灯四段微生物丘滩复合体沉积旋回特征（GR—自然伽马；R_t—电阻率）

　　磨溪51井灯四段沉积期位于台内，取心段厚82m，岩心观察可划分为2个短期丘滩复合体旋回和7个高频旋回（图4b），1个完整沉积旋回的岩性由下至上依次为：致密无孔的泥晶白云岩/藻泥晶白云岩、致密无孔的树枝石和均一石、无孔或少量基质孔的凝块石（角砾化白云岩）/ 与微生物相关的颗粒白云岩、无孔或少量基质孔及晚表生溶蚀孔洞的孔洞型藻泥晶白云岩 / 泥晶白云岩、面孔率 2.5%～5.0% 的孔隙—孔洞型藻纹层白云岩 / 藻格架白云岩。受海平面变化的影响，并不是所有沉积旋回均完整发育上述 5 套岩性组合，孔隙主要发育于 2 个短期丘滩复合体旋回顶部的藻纹层 / 藻叠层 / 藻格架白云岩中。显然，台内微生物丘滩复合体无论是地层厚度、储层层数、有效储层厚度及物性远不如台内裂陷周缘微生物丘滩复合体，而且储集空间以孔隙为主、孔洞少见，这可能与台内地貌较低，微生物丘滩复合体不易于频繁暴露接受准同生期大气淡水溶蚀有关。

2.2 孔隙主要形成于沉积期和准同生期

德阳—安岳台内裂陷周缘微生物丘滩复合体储层主要发育于灯四段，少量见于灯二段。灯四段孔隙主要形成于两个阶段：（1）沉积期，形成原生基质孔隙，如藻格架孔（图 3a—b），同时海水胶结作用可充填部分原生基质孔隙（图 3e）；（2）准同生期，溶蚀作用使原生基质孔隙被进一步溶蚀形成孔洞（图 3i、图 5a—d、g、i），此时的溶蚀孔洞是在原生孔隙基础上的进一步溶蚀扩大，以组构选择性溶蚀形成的溶蚀孔洞为主，被溶蚀的对象是未完全固结和白云石化的沉积物，或有序度低的白云石，解释了磨溪 108 井和磨溪 51 井岩心所见到的溶蚀孔洞主要发育于向上变浅旋回的上部、与同沉积暴露面相关、由暴露面向下溶蚀孔洞逐渐减少的现象（图 4a、b）。反映同沉积暴露的另一证据是干裂缝和窗格构造等暴露蒸发作用标志的出现（图 5e、f）。原生基质孔和准同生期溶蚀孔洞构成储集空间的主体。

溶蚀孔洞可以形成于 3 种地质背景[34]：早期同沉积暴露和溶蚀、晚期表生溶蚀、埋藏溶蚀。有 3 个方面的证据显示德阳—安岳地区灯四段发育的溶蚀孔洞是早期同沉积暴露和溶蚀的产物：（1）孔洞的分布样式。大多数溶蚀孔洞具成层性和顺层分布的特征，位于向上变浅旋回的顶部，多套叠置，具明显的组构选择性，大型的岩溶缝洞少见，与灯四段沉积末期桐湾运动Ⅱ幕的抬升剥蚀和断裂没有明显的关系，显然不是晚期表生岩溶作用的产物。（2）孔洞的发育潜力。微生物碳酸盐岩在同沉积期由与微生物作用相关的早期低温白云石、残留未白云石化的灰质、文石和高镁方解石等易溶矿物构成，即使是早期低温白云石也因有序度低而易于溶蚀[35]，有很好的组构选择性溶孔发育的物质基础。而晚期被抬升到地表的白云岩地层，其矿物成分都已发生高度的稳定化，白云石即使受弱酸性流体的作用也不易被溶蚀。如塔里木盆地牙哈—英买力地区上寒武统—下奥陶统蓬莱坝组潜山白云岩储层以晶间孔和晶间溶孔为主，岩溶缝洞不发育，储集空间也不受潜山面及断裂系统控制，表明储层形成于抬升剥蚀之前，并非晚期表生岩溶作用的产物[36]。（3）孔洞的充填特征。根据岩石薄片观察，溶蚀孔洞中充填有不同期次的成岩产物，由洞壁向中央（由早到晚）依次为叶片状白云石、鞍状白云石、石英、萤石、沥青、方解石（图 5g、i）。叶片状白云石为最早一期胶结物，广泛充填于格架孔、水成岩墙、粒间孔、溶蚀孔洞中，碳—氧稳定同位素和围岩相似（图 6a）均为低正值和低负值，与蒸发海水有关；锶—氧同位素跟围岩类似（图 6b），并与灯影组沉积期海水锶同位素参考值[37]一致，代表早期海水成岩环境的产物；与 Monica 等[31] 和 Vasconcelos 等[32] 提出的现代微生物白云岩地球化学特征具有相似性；阴极发光昏暗—不发光（图 6g）。表明这期胶结物形成于同沉积

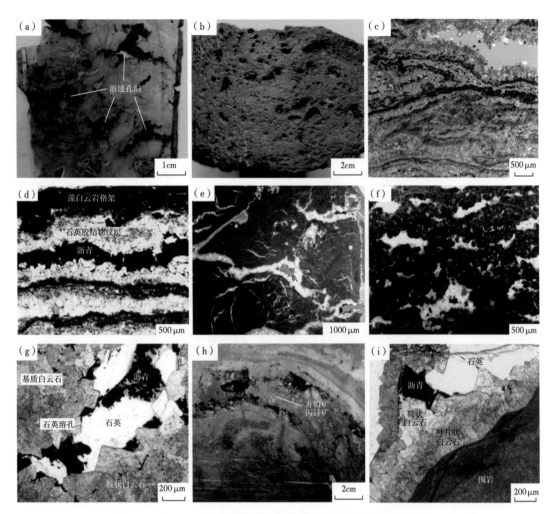

图 5　四川盆地灯四段微生物白云岩成岩现象

（a）磨溪 108 井，5306.54m，藻纹层 / 藻叠层 / 藻格架白云岩，溶蚀孔洞，岩心；（b）磨溪 51 井，5335.72m，藻纹层 / 藻叠层 / 藻格架白云岩，溶蚀孔洞，岩心；（c）磨溪 108 井，5302.20m，藻纹层 / 藻叠层 / 藻格架白云岩，藻架孔及溶蚀孔洞，铸体薄片，单偏光；（d）磨溪 51 井，5351.99m，藻纹层 / 藻叠层 / 藻格架白云岩，藻架孔及溶蚀孔洞为石英胶结物和沥青充填，普通薄片，单偏光；（e）磨溪 108 井，5306.50m，凝块石，溶孔发育，亮晶白云石胶结物，铸体薄片，单偏光；（f）磨溪 108 井，5320.49m，凝块石，溶孔发育，亮晶白云石胶结物，铸体薄片，单偏光；（g）磨溪 108 井，5302.26m，粉细晶白云岩，残留隐藻结构，溶蚀孔洞发育，并为叶片状白云石、鞍状白云石、石英、萤石、沥青、方解石依次充填，铸体薄片，单偏光；（h）高石 102 井，5039.31m，藻纹层 / 藻叠层 / 藻格架白云岩，溶蚀孔洞及裂缝为方铅矿、闪锌矿、石英、萤石、长石、方解石压力双晶等充填，岩心；（i）磨溪 22 井，5408.69m，藻泥晶白云岩，溶蚀孔洞依次为叶片状白云石、鞍状白云石、石英、沥青充填，铸体薄片，单偏光

期，随后的热液矿物鞍状白云石、石英、萤石等进一步充填孔洞（图 6a—f），孔洞的形成时间早于叶片状白云石，不可能是热液作用的产物。

桐湾运动 Ⅱ 幕的抬升剥蚀对灯四段岩溶缝洞的发育有一定的影响，在平面上具有明显的差异性，德阳—安岳台内裂陷周缘的灯四段与寒武系麦地坪组—筇竹寺组几乎呈整合接触，灯四段厚 150～300m，晚表生岩溶作用弱，这也是导致该地区灯四段储集空间主要形成于沉积期和准同生期的原因。台内抬升剥蚀强烈，残留地层厚度小于100m，晚期表生岩溶作用强烈，形成的岩溶缝洞对灯四段储集空间有重要贡献。

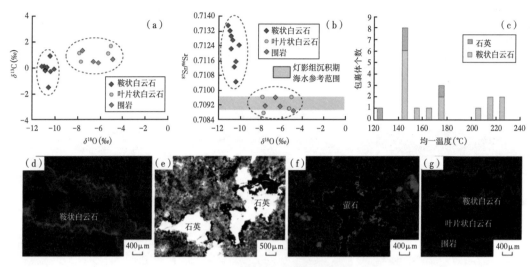

图6　灯四段不同期次成岩产物的地球化学特征图版

（a）磨溪108井，叶片状白云石、鞍状白云石和围岩的碳氧同位素；（b）磨溪108井，叶片状白云石、鞍状白云石和围岩的锶同位素；（c）磨溪108井，石英和鞍状白云石的流体包裹体均一温度；（d）磨溪108井，5306.54m，孔洞中充填的鞍状白云石发亮橙色光；（e）磨溪51井，5335.72m，孔洞中充填的石英；（f）磨溪108井，5291.56m，孔洞中充填的萤石；（g）磨溪108井，5306.54m，孔洞中充填的鞍状白云石发亮橙色光，叶片状白云石不发光

2.3　有机酸和热液活动具孔隙建造和破坏双重作用

埋藏环境通过有机酸、TSR（硫酸盐还原反应）的溶蚀作用可以形成孔隙[38-40]，但笔者认为埋藏环境主要是孔隙保存和调整的场所，通过有机酸、TSR的溶蚀作用形成孔隙，但溶解的产物必然要在邻近的地质体中沉淀封堵孔隙，导致孔隙的富集和减少[34]。埋藏溶蚀与表生溶蚀不一样，表生溶蚀的产物可以通过河流搬运至大海，质量是亏损的，可以新增大量的孔隙；埋藏溶蚀的质量是守恒的，孔隙净增量近于零。

大多数学者认为热液作用对孔隙有重要贡献[41-42]，形成各种各样与热液相关的储层。但笔者认为虽然热液与储层共生，但并不是因为热液作用导致储层的发育，而是因为先有储层和断裂系统的存在，才为热液活动提供了通道，并沉淀各种各样的热液矿物，也正是这些热液矿物证实了热液活动的存在。热液活动从深部携带大量的矿物质，并在浅部随温度的降低而发生沉淀封堵孔隙。所以，热液活动在建造孔隙的同时，也会因沉淀作用而破坏孔隙，但热液活动的产物指示了先存储层和断裂系统的存在。

灯四段微生物丘滩复合体储层发现了很多埋藏溶蚀和热液活动现象，被认为是一套与埋藏—热液活动相关的白云岩储层[43]。这套储层具有明显的相控性和成层性，格架孔及组构选择性溶蚀孔洞形成于沉积作用和准同生期的溶蚀作用，有机酸、TSR的溶蚀作用可以形成少量溶孔，如石英胶结物被溶蚀成港湾状（图5g），并被沥青充填，但更多的是通过黄铁矿、方铅矿、闪锌矿（图5h）、萤石、黄铁矿、鞍状白云石等热液矿物的充填而封堵孔隙（图5g—i）。所以，埋藏—热液作用对灯四段孔隙的贡献不是主要的，更多的是通过热液矿物的沉淀破坏孔隙。

综上所述，灯四段白云岩储层的发育受控于两个因素：（1）微生物丘滩复合体是储层发育的物质基础；（2）频繁和持续的准同生溶蚀作用形成毫米—厘米级的溶蚀孔洞，埋藏—热液活动对储层的改造主要是通过热液矿物的充填封堵孔隙。这一认识带来了储层预测理念的改变，由原来的沿不整合面及断裂找岩溶储层或与热液活动相关储层，转变为寻找与海平面下降相关的暴露面及暴露面之下的微生物丘滩复合体储层。

3 储层评价与分布预测

根据微生物丘滩复合体相带分布、储层孔隙成因及储层特征，四川盆地灯四段发育 2 类 4 亚类储层（表 2）。传统的台缘带微生物丘滩复合体储层由于埋藏深度大，非现实勘探领域，本文不再赘述。

储层成因研究揭示，灯四段主要发育微生物丘滩复合体储层，并受沉积相和层序界面共同控制，灯四段沉积相展布亦可反映出储层的分布，据此，开展了高石梯—磨溪三维区井—震结合储层预测（图 7）。台内裂陷周缘可划分为靠裂陷一侧和靠台地一侧 2 个亚带，台内可划分为洼地（或潟湖）及古地貌高 2 个亚带。

台内裂陷周缘灯四段厚度大于 250m 的地区，岩性主要为藻纹层/藻叠层/藻格架白云岩，位于向上变浅旋回的上部，发育大量沉积成因的原生孔、海平面下降暴露和淋溶形成的早表生溶扩孔，位于旋回顶部的微生物白云岩因持续暴露，还可发育大量的溶蚀孔洞，构成 I 类和 II-1 类储层垂向叠置发育（图 4a）。储层分布于台内裂陷周缘靠裂陷一侧，面积 720km^2（图 7），累计储层厚度 50～100m，孔隙度 5%～12%，渗透率 1～10mD。台内裂陷周缘类似沉积相带在四川盆地还有 3250km^2（图 8），是潜在的有利储层发育区。

台内裂陷周缘灯四段厚度 250～150m 的地区主要发育 II-1 类储层，由于沉积速率相对较慢，地层厚度相对较薄，地貌相对较低，以短暂暴露为主，溶蚀孔洞不发育，以沉积原生孔和溶扩孔为主，缺旋回顶部的 I 类储层。储层分布于台内裂陷周缘靠台地一侧，面积 760km^2（图 7），累计储层厚度约 50m，孔隙度为 5%～8%，渗透率为 0.1～1.0mD。台内裂陷周缘类似沉积相带在四川盆地还有 11000km^2（图 8），是潜在的有利储层发育区。

台内灯四段厚度小于 150m 的地区发育 II-2 类和 III 类储层。受桐湾运动 II 幕的影响，台内灯四段遭受强烈剥蚀，形成少量的溶蚀孔洞（与白云岩地层在表生大气淡水环境难以溶蚀有关），这些溶蚀孔洞如果叠加在台内有一定数量原生沉积孔的藻纹层/藻格架白云岩中（地层厚度 100～150m），则形成 II-2 类储层，主要分布于台内洼地或潟湖周缘的古地貌高部位，面积 740km^2（图 7），累计储层厚度 5～50m，孔隙度为 2.5%～5.0%，渗透率为 0.01～0.10mD。台内类似沉积相带在四川盆地还有 24850km^2（图 8）。如果叠加在致密的藻泥晶白云岩、泥晶白云岩中（地层厚度一般小于 100m），则形成 III 类储层，储层分布于台内洼地或潟湖周缘的古地貌高部位，面积 960km^2（图 7），储层累计厚度 5～35m，孔隙度小于 2.5%，渗透率小于 0.01mD。台内类似沉积相带在四川盆地还有 67800km^2（图 8）。

表 2 四川盆地灯四段微生物丘滩复合体储层类型与评价

储层类型		储层岩性	分布相带	地层(残留)厚度(m)	储集空间类型	储集空间成因	储层累计厚度(m)	储层垂向分布	单井产量($10^4 m^3/d$)	孔隙度(%)	渗透率(mD)	储层评价	实例井
台内裂陷周缘生物丘滩微生物丘滩复合体储层	孔隙—孔洞型	向上变浅旋回顶部的藻纹层/藻叠层/藻格架白云岩	台内裂陷周缘裂陷一侧	>250	基质孔(格架孔、溶扩孔)+溶蚀孔洞	持续暴露	50~100	多次旋回叠加	>80.0	8.0~12.0	1.00~10.00	I类	高石6、磨溪22
	孔隙型	向上变浅旋回上部的藻纹层/藻叠层/藻格架白云岩	台内裂陷周缘裂陷一侧	150~250	基质孔(格架孔、溶扩孔)+溶蚀孔洞	短暂暴露	50	多次旋回叠加	15.0~80.0	5.0~8.0	0.10~1.00	II-1类	高石1、高石10
台内洼地或洼湖周缘古地貌高微生物丘滩复合体储层	孔隙—孔洞型	有规模但呈零星分布的藻纹层云岩	台内洼地或洼湖周缘古地貌高	100~150	基质孔(格架孔、溶扩孔)+溶蚀孔洞	短暂暴露	5~50	多次旋回叠加	2.0~15.0	2.5~5.0	0.01~0.10	II-2类	磨溪8、磨溪11、磨溪12、磨溪13、磨溪17、磨溪19
	孔洞型	藻泥晶白云岩、泥晶白云岩	台内洼地或洼湖周缘古地貌高	<100	相对孤立的溶蚀孔洞	早期难以暴露,原生孔欠发育	5~35	位于剥蚀面之下	0.1~2.0	<2.5	<0.01	III类	磨溪10

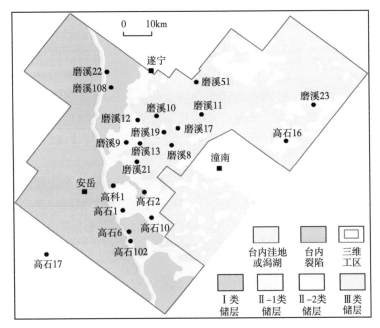

图 7 高石梯—磨溪三维区灯四段储层分布与评价图

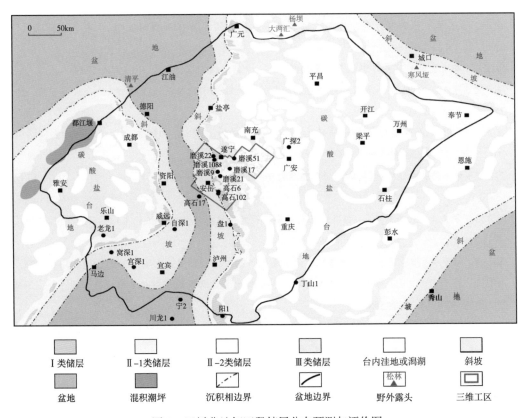

图 8 四川盆地灯四段储层分布预测与评价图

4 结论

四川盆地灯四段微生物丘滩复合体储层主要分布于台内裂陷周缘、台内洼地或潟湖周缘，垂向上多套叠置，发育2类4亚类储层，分别为台内裂陷周缘微生物丘滩复合体孔隙—孔洞型和孔隙型储层、台内洼地或潟湖周缘微生物丘滩复合体孔隙—孔洞型和孔洞型储层。台内裂陷周缘微生物丘滩复合体储层累计厚度大、物性好、连续性好、呈规模分布，属于Ⅰ类和Ⅱ-1类储层；台内洼地或潟湖周缘微生物丘滩复合体储层累计厚度小、物性差、呈零星分布，属于Ⅱ-2类和Ⅲ类储层。

微生物丘滩复合体是储层发育的物质基础，也是原生基质孔隙的载体，白云石化与微生物作用有关，属早期低温沉淀的原白云石，溶蚀孔洞形成于准同生期的暴露溶蚀，有机酸和热液活动具孔隙建造和破坏双重作用，热液作用充填封堵孔隙。微生物丘滩复合体和与层序界面相关的准同生溶蚀作用共同控制储层的发育。台内裂陷周缘古地貌高部位是灯四段台内裂陷周缘微生物丘滩复合体储层的有利发育区。

参 考 文 献

[1] 罗平，王石，李朋威，等.微生物碳酸盐岩油气储层研究现状与展望[J].沉积学报，2013，31（5）：807-823.

[2] 向芳，陈洪德，张锦泉，等.资阳地区震旦系古岩溶储层特征及预测[J].天然气勘探与开发，1998，21（4）：23-28.

[3] 陈宗清.四川盆地震旦系灯影组天然气勘探[J].中国石油勘探，2010，15（4）：1-14.

[4] 施泽进，梁平，王勇，等.川东南地区灯影组葡萄石地球化学特征及成因分析[J].岩石学报，2011，27（8）：2263-2271.

[5] 王东，王国芝.南江地区灯影组储层次生孔洞充填矿物[J].成都理工大学学报（自然科学版），2012，39（5）：480-485.

[6] 王兴志，侯方浩，黄继祥，等.四川资阳地区灯影组储层的形成与演化[J].矿物岩石，1997，17（2）：56-61.

[7] 侯方浩，方少仙，王兴志，等.四川震旦系灯影组天然气藏储渗体的再认识[J].石油学报，1999，20（6）：16-21.

[8] 王士峰，向芳.资阳地区震旦系灯影组白云岩成因研究[J].岩相古地理，1999，19（3）：21-29.

[9] 冯明友，强子同，沈平，等.四川盆地高石梯—磨溪地区震旦系灯影组热液白云岩证据[J].石油学报，2016，37（5）：587-598.

[10] 宋金民，刘树根，孙玮，等.兴凯地裂运动对四川盆地灯影组优质储层的控制作用[J].成都理工大学学报（自然科学版），2013，40（6）：658-670.

[11] 方少仙，侯方浩，董兆雄.上震旦统灯影组中非叠层石生态系兰细菌白云岩[J].沉积学报，2003，21（1）：96-105.

[12] 刘树根，宋金民，罗平，等.四川盆地深层微生物碳酸盐岩储层特征及其油气勘探前景[J].成都理工大学学报（自然科学版），2016，43（2）：129-152.

[13] 王文之，杨跃明，文龙，等.微生物碳酸盐岩沉积特征研究：以四川盆地高磨地区灯影组为例[J].

中国地质, 2016, 43 (1): 306–318.

[14] 邓胜徽, 樊茹, 李鑫, 等. 四川盆地及周缘地区震旦(埃迪卡拉)系划分与对比 [J]. 地层学杂志, 2015, 39 (3): 239–254.

[15] 李英强, 何登发, 文竹. 四川盆地及邻区晚震旦世古地理与构造—沉积环境演化 [J]. 古地理学报, 2013, 15 (2): 231–245.

[16] 汪泽成, 姜华, 王铜山, 等. 四川盆地桐湾期古地貌特征及成藏意义 [J]. 石油勘探与开发, 2014, 41 (3): 305–312.

[17] 李忠权, 刘记, 李应, 等. 四川盆地震旦系威远—安岳拉张侵蚀槽特征及形成演化 [J]. 石油勘探与开发, 2015, 42 (1): 26–33.

[18] 钟勇, 李亚林, 张晓斌, 等. 川中古隆起构造演化特征及其与早寒武世绵阳—长宁拉张槽的关系 [J]. 成都理工大学学报(自然科学版), 2014, 41 (6): 703–712.

[19] 魏国齐, 杨威, 杜金虎, 等. 四川盆地震旦纪—早寒武世克拉通内裂陷地质特征 [J]. 天然气工业, 2015, 35 (1): 24–35.

[20] 刘树根, 王一刚, 孙玮, 等. 拉张槽对四川盆地海相油气分布的控制作用 [J]. 成都理工大学学报(自然科学版), 2016, 43 (1): 1–23.

[21] 杜金虎, 汪泽成, 邹才能, 等. 上扬子克拉通内裂陷的发现及对安岳特大型气田形成的控制作用 [J]. 石油学报, 2016, 37 (1): 1–16.

[22] 杜金虎, 汪泽成, 邹才能, 等. 古老碳酸盐岩大气田地质理论与勘探实践 [M]. 北京: 石油工业出版社, 2015.

[23] Riding R. Microbial carbonates: The geological record of calcified bacterial–algal mats and biofilms [J]. Sedimentology, 2000, 47 (S1): 179–214.

[24] Braga J C, Martin J M, Riding R. Controls on microbial dome fabric development along a carbonate–siliciclastic shelf–basin transect, Miocene, SE Spain [J]. Palaios, 1995, 10 (4): 347–361.

[25] Herrero A, Flores E. The cyanobacteria: Molecular biology, genomics and evolution [M]. Norfolk, UK: Caister Academic Press, 2008.

[26] Aitken J D. Classification and environmental significance of cryptalgal limestones and dolomites, with illustrations from the Cambrian and Ordovician of southwest Alberta [J]. Journal of Sedimentary Research, 1967, 37 (4): 1163–1178.

[27] 戴永定, 刘铁兵, 沈继英. 生物成矿作用和生物矿化作用 [J]. 古生物学报, 1994, 33 (5): 575–594.

[28] Burne R V, Moore L S. Microbialites: Organosedimentary deposits of benthic microbial communities [J]. Palaios, 1987, 2 (3): 241–254.

[29] Riding R. Classification of microbial carbonates [M]. Berlin: Springer, 1991.

[30] 谢树成, 刘邓, 邱轩, 等. 微生物与地质温压的一些等效地质作用 [J]. 中国科学: 地球科学, 2016, 46 (8): 1087–1094.

[31] Monica S R, Vasconcelos C, Schmid T, et al. Aerobic microbial dolomite at the nanometer scale: Implications for the geologic record [J]. Geology, 2008, 36 (11): 879–882.

[32] Vasconcelos C, Mckenzie J A, Bernasconi S, et al. Microbial mediation as a possible mechanism for

natural dolomite formation at low temperatures［J］. Nature, 1995, 377（6546）: 220–222.

［33］赵文智, 沈安江, 周进高, 等. 礁滩储层类型、特征、成因及勘探意义: 以塔里木和四川盆地为例［J］. 石油勘探与开发, 2014, 41（3）: 257–267.

［34］沈安江, 赵文智, 胡安平, 等. 海相碳酸盐岩储层发育主控因素［J］. 石油勘探与开发, 2015, 42（5）: 545–554.

［35］Jones B, Luth R W. Dolostones from Grand Cayman, British West Indies［J］. Journal of Sedimentary Research, 2002, 72（4）: 559–569.

［36］沈安江, 王招明, 郑兴平, 等. 塔里木盆地牙哈—英买力地区寒武系—奥陶系碳酸盐岩储层成因类型、特征及油气勘探潜力［J］. 海相油气地质, 2007, 12（2）: 23–32.

［37］Halverson G P, Dudas F, Maloof A C, et al. Evolution of the Sr-87/Sr-86 composition of Neoproterozoic seawater［J］. Palaeongeography, Palaeoclimatology, Palaeoecology, 2007, 256（4）: 103–129.

［38］蔡春芳, 李宏涛. 沉积盆地热化学硫酸盐还原作用评述［J］. 地球科学进展, 2005, 20（10）: 1100–1105.

［39］刘文汇, 张殿伟, 王晓锋. 加氢和 TSR 反应对天然气同位素组成的影响［J］. 岩石学报, 2006, 22（8）: 2237–2242.

［40］张水昌, 朱光有, 何坤. 硫酸盐热化学还原作用对原油裂解成气和碳酸盐岩储层改造的影响及作用机制［J］. 岩石学报, 2011, 27（3）: 809–826.

［41］Davies G R, Smith L B. Structurally controlled hydrothermal dolomite reservoir facies: An overview［J］. AAPG Bulletin, 2006, 90（11）: 1641–1690.

［42］金之钧, 朱东亚, 胡文宣, 等. 塔里木盆地热液活动地质地球化学特征及其对储层影响［J］. 地质学报, 2006, 80（2）: 245–253.

［43］朱东亚, 金之钧, 孙冬胜, 等. 南方震旦系灯影组热液白云岩化及其对储层形成的影响研究: 以黔中隆起为例［J］. 地质科学, 2014, 49（1）: 161–175.

原文刊于《石油勘探与开发》, 2017, 44（5）: 704–715.

同生—准同生期大气淡水溶蚀对微生物碳酸盐岩储层的控制作用

——以塔里木盆地下寒武统为例

刘 伟 黄擎宇 白 莹 石书缘

（中国石油勘探开发研究院）

摘 要：微生物碳酸盐岩是中国震旦—寒武纪古老地层的重要组成部分，勘探已经证实微生物碳酸盐岩可以形成储层，明确这类储层成因并进行有效预测对于古老碳酸盐岩勘探有重要意义。然而针对塔里木盆地寒武系微生物碳酸盐岩储层成因，尚未形成统一的认识，不同学者提出了诸如同生—准同生期溶蚀、埋藏／热液溶蚀或多种流体综合作用等成因解释。本次研究选择塔里木盆地西北缘什艾日克和肖尔布拉克剖面寒武系肖尔布拉克组为重点研究对象，通过露头和薄片观察、阴极发光和碳氧同位素分析等手段，研究了早成岩期大气淡水溶蚀作用对微生物碳酸盐岩储层形成的影响。结果表明：（1）研究区寒武系肖尔布拉克组识别出 4 种微生物碳酸盐岩岩石类型，分别是叠层石白云岩、凝块石白云岩、泡沫绵层白云岩和与蓝细菌相关的（含砾）颗粒白云岩；微生物碳酸盐岩建造具有复杂的孔隙系统，常见的孔隙类型包括晶间孔、溶孔、不同尺度的溶洞以及裂缝等，但是溶蚀孔洞是最主要的孔隙类型。（2）同生—准同生期大气淡水溶蚀是孔隙形成的主要原因，有三方面证据。一是微生物碳酸盐岩建造顶部发育小型溶蚀坑。二是新月形胶结物和胶结不整合现象表明经历了短期暴露。新月形胶结物通常被看作是渗流带岩作用的产物。胶结物不整合是指在颗粒与埋藏期形成的粒状胶结物之间部分缺失了纤状等厚环边胶结物，这些缺失的纤状胶结物可能是准同生期被大气淡水溶解的。三是胶结物具有斑状中等亮度阴极发光特征，明显有别于表生岩溶与埋藏环境胶结物的阴极发光特征；此外大气淡水是导致微生物丘顶部样品氧同位素值较原岩负漂的原因。（3）储层具有非均质性，分布受微生物丘沉积结构和相对海平面变化控制。微生物丘可以分为丘基、丘核和丘盖三部分，其中丘基主要由凝块石白云岩组成，丘核以泡沫绵层白云岩为主，丘盖主体是含砾颗粒白云岩，储层物性丘核最好，其孔隙度平均为 5.47%，丘盖次之，为 4.27%，丘基较差，为 2.01%。微生物建造岩石组成差异是造成储层非均质性的主要原因。

关键词：微生物碳酸盐岩；同生—准同生期溶蚀；储层结构；寒武系；塔里木盆地

基金项目：国家油气重大专项"寒武系—中新元古界盆地原型、烃源岩与成藏条件研究"（2016ZX05004-001）；中国石油天然气股份有限公司科技专项"碳酸盐岩—膏盐岩组合成藏特征与勘探前景研究"（2016B-0401）

微生物岩（Microbialite）最早由 Burne 和 Moore 提出[1]，后经 Riding 改为"Microbiolite"，是指由底栖微生物群落通过直接或间接作用（捕获、黏结碎屑物或自身的钙化作用等）在原地形成的生物地球化学沉积物[1-8]，其中最为多见的是由碳酸盐组成的微生物岩，也即微生物碳酸盐岩。微生物碳酸盐岩分布十分广泛，自古太古代到新生代均有分布，但以中—新元古界、寒武系和奥陶系等古老地层中最为发育。

微生物碳酸盐岩可以形成有效储层[9]，目前全球范围内微生物碳酸盐岩中已经发现的探明可采储量超过 $100 \times 10^8 t$，国外主要集中在美国亚拉巴马州、巴西桑托斯盆地以及东西伯利亚地区[10-13]，国内则以四川盆地震旦系和中三叠统雷口坡组气田、渤海湾盆地蓟县系雾迷山组任丘油田为代表[14-18]。随着中国油气勘探逐渐向深层拓展，震旦系和寒武系，甚至中—新元古界正在成为重要的接替层系，而在古老地层中含量超过 70%[9] 的微生物碳酸盐岩也成为备受关注的勘探对象。

在国内，前人针对微生物碳酸盐岩储层做了大量的工作，对岩石类型、沉积环境、孔隙特征以及储层成因均有深入的讨论。刘树根等[19]认为四川盆地震旦系灯影组储层形成的主控因素是微生物席、白云石化和风化壳喀斯特作用；单秀琴[20]等认为四川盆地灯影组储层具有相控型白云岩岩溶储层的典型特点，准同生期大气淡水溶蚀、风化壳岩溶作用和埋藏溶蚀作用是主要建设性成岩作用，风化壳岩溶作用在根本上决定了储层的形成；李朋威等[21]通过对塔里木盆地上震旦统—下寒武统的研究认为，白云石化、埋藏溶蚀作用和构造作用是微生物岩储层有效孔隙形成的主要影响因素；石书缘[22]等认为，塔里木盆地上震旦统奇格布拉克组微生物碳酸盐岩储层形成主要受岩溶作用控制；熊鹰等[23]在鄂尔多斯盆地的研究表明，东北部奥陶系马家沟组马五 $_{1+2}$ 微生物碳酸盐岩储集空间主要是晶间（溶）孔、溶扩残余粒间孔和窗格孔等以后期溶蚀改造为主的孔隙。针对塔里木盆地下寒武统肖尔布拉克组微生物碳酸盐岩储层成因尚未形成统一的认识，不同学者提出了诸如同生—准同生期溶蚀[24-25]、埋藏/热液溶蚀[21, 26]或多种流体综合作用等成因解释。

近年来，同生—准同生期暴露溶蚀在古老碳酸盐岩孔隙形成中的作用受到关注，沈安江等[27]认为，尽管碳酸盐岩的高化学活动性贯穿于整个埋藏史，但最为强烈的孔隙改造发生在成岩早期，层序界面之下的沉积物暴露于大气淡水并发生溶蚀。但是中国碳酸盐岩层系通常年代古老，经历了复杂的成岩演化，早期成岩作用的直接证据保存不完整，给储层成因判识带来很大困难。本次研究立足塔里木盆地寒武系，以什艾日克和肖尔布拉克露头剖面为主要研究对象，结合覆盖区舒探 1 井、牙哈 5 井、和 4 井等钻井资料，通过岩心观察、薄片鉴定、物性测试、阴极发光和碳氧同位素等分析手段，分析了同生—准同生期溶蚀在古老层系微生物碳酸盐岩储层形成中的作用和储层空间结构，希望对下寒武统油气勘探提供帮助。

1 微生物碳酸盐岩沉积特征

寒武纪，塔里木克拉通处于稳定拉伸的构造环境，主体为清水碳酸盐岩沉积，自下而上沉积了玉尔吐斯组、肖尔布拉克组和吾松格尔组。在早寒武世早期海侵背景下，塔西地区表现为向北西方向倾斜的碳酸盐岩缓坡，并随克拉通演化逐渐向镶边型台地过渡，至肖尔布拉克组沉积中期已经具有弱镶边结构[28]，到肖尔布拉克组沉积末期可能已经演化为镶边台地，台地边缘大致位于苏盖特布拉克剖面所在位置（图1），呈北北东向展布。什艾日克剖面位于阿克苏市西南，距离苏盖特布拉克剖面约75km，属于碳酸盐岩台地内部沉积环境。剖面出露上震旦统奇格布拉克组和下寒武统玉尔吐斯组、肖尔布拉克组、吾松格尔组。目的层肖尔布拉克组厚约145m，为质纯的碳酸盐岩沉积。

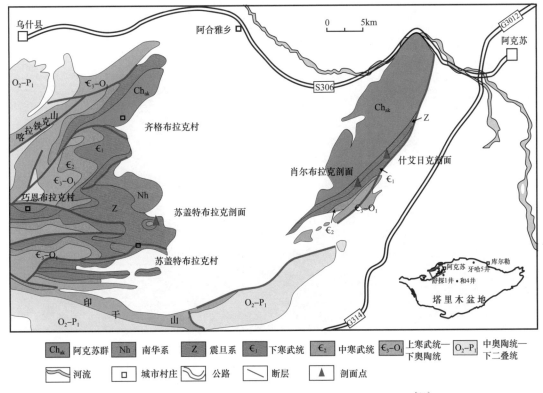

图 1 塔里木盆地柯坪地区地质简图及研究区位置示意图[21]

1.1 主要岩石类型

地质学家根据微生物的活动方式以及相应微生物碳酸盐岩的形态特征，对其进行分类，使用较广的是 Riding 的四分方案，将微生物碳酸盐岩分为叠层石、凝块石、树形石和均匀石[2]。中国学者梅冥相在 Riding 分类的基础上将具有多层包壳结构的核形石和具有层纹结构的纹理石（等同于层纹石）归入微生物碳酸盐岩的分类中，将微生物碳酸盐岩分为 6 大类，即叠层石、凝块石、核形石、纹理石、树形石、均匀石[29]。另外，还有一些类型无法被归入6种基本类型中，例如在四川盆地震旦系灯影组白云岩中广泛发育的具有葡萄状—皮壳状形态的白云岩，以及在四川盆地和塔里木盆地震旦系—寒武系广泛分布的泡沫绵层等。

什艾日克剖面寒武系肖尔布拉克组识别出4种微生物碳酸盐岩岩石类型，分别是叠层石白云岩、凝块石白云岩、泡沫绵层白云岩和与蓝细菌相关的（含砾）颗粒白云岩（图2）。

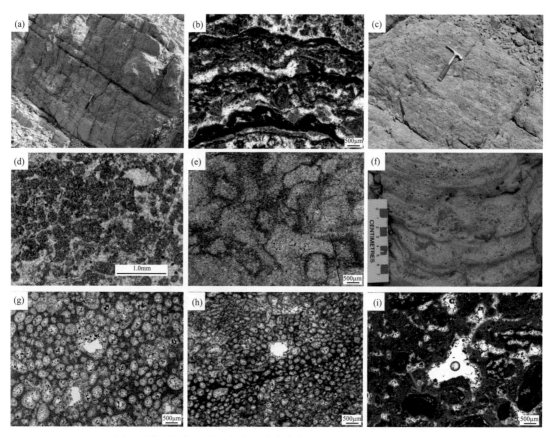

图2 塔里木盆地露头寒武系肖尔布拉克组主要岩石类型与特征

（a）、（b）叠层石宏观呈层状，镜下呈明暗相间的纹层，局部丘状凸起，可见黏结的藻砂屑或球粒，什艾日克剖面；（c）、（d）灰色块状凝块石白云岩，具有不规则的斑状结构，凝块主体为泥晶球粒，什艾日克剖面；（e）包壳状凝块石白云岩，什艾日克剖面；（f）、（h）泡沫绵层白云岩，可见顺层分布的溶蚀孔，泡沫体多呈椭圆形或长条形，什艾日克剖面和肖尔布拉克剖面肖尔布拉克组上部非常发育；（i）含砾颗粒白云岩，颗粒内部可见明显的微生物结构，什艾日克剖面

叠层石白云岩具有明暗相间的纹层结构，纹层呈水平或低幅波状，横向可以不连续甚至杂乱，纹层厚度通常在0.2~3mm，其中暗色纹层以泥晶白云石为主，明亮纹层以粉—细晶白云石为主，并黏结大小不等的藻（蓝菌）砂屑或球粒。宏观上，叠层石白云岩层状和丘状的形态最普遍，叠层石白云岩通常与泡沫绵层白云岩或颗粒白云岩间互发育，反映水体能量较高的潮下带环境。

凝块石白云岩是指具有与叠层石相关的隐藻组构，但缺乏纹层而以宏观的凝块结构为特征的一类岩石[8]。研究区内凝块石白云岩通常为深灰色或灰色中—厚层状或块状，具有不规则的斑状结构。显微镜下，凝块可分为包壳状凝块和斑块状凝块两类。包壳状凝块石通常由泥晶白云石组成的暗色薄层包裹内部的粉晶白云石而成，暗色壳层可见不规则微生物暗边包绕；斑状凝块石主要由不规则的钙化微生物凝块以及凝块间的亮晶白云石充填物组成，凝块部分颜色较深，主体为泥晶球粒。凝块石发育在较深水环境，其沉积水深要大于叠层石[9]。

泡沫绵层白云岩具有由泡沫状蓝细菌组成的海绵状格架微观结构。宏观上，泡沫绵层白云岩呈灰色—灰白色厚层块状或丘状。微观上，其主要由泡沫状蓝细菌组成[10]，泡沫体多为圆形或近椭圆形，少量呈长条形，单个泡沫体直径通常为 0.05～0.2mm。泡沫体边缘由暗色泥晶白云石组成，泡沫体腔内为粉—细晶纤状/粒状白云石胶结物，未充填部分为残余泡沫绵层体腔孔。泡沫绵层白云岩多与叠层石白云岩伴生。

与蓝细菌相关的（含砾）颗粒云岩主要出现在肖尔布拉克组上段的顶部，呈浅灰色块状，见弱层理构造。颗粒主要是砂屑、砾屑、团块和少量核形石，其中砂（砾）屑主要为早期形成的微生物岩（如叠层石、泡沫绵层石等）被波浪打碎后再沉积而成，内部可见明显的微生物结构。颗粒间多为亮晶或微亮晶白云石胶结。大量砾屑及粗砂屑颗粒说明沉积时水体能量高，但颗粒分选较差且磨圆一般，表明搬运距离有限，主要为原地产物。

1.2 微生物碳酸盐岩的宏观沉积构造

微生物碳酸盐岩的宏观沉积构造可以分为微生物层、微生物丘、微生物礁和（微生物）灰泥丘 4 类[9]。碳酸盐岩台地边缘主要发育微生物礁和微生物丘，而台地内部以微生物层和灰泥丘为主。塔里木盆地下寒武统肖尔布拉克组沉积期主体在碳酸盐岩缓坡型台地发育阶段，研究区内微生物层非常发育。微生物层具有层状结构，不具明显的地貌隆起，横向延伸较远。微生物层内局部可以形成以泡沫绵层为主体的丘状建造（图 3），高数米至数十米，延伸可达数百米。纵向上，微生物层（丘）岩石组成有差异。什艾日克剖面肖尔布拉克组上段微生物丘厚度约 40m。下部主要由凝块石白云岩和颗粒白云岩组成，厚约 20m，可以看作是整个微生物建造发育的基座。其上为厚约 15m 的残余砂屑粉晶白云岩和泡沫绵层白云岩，其中泡沫状蓝细菌相互黏结组成微生物丘的主体骨架，占总厚度的 70% 以上。再往上是厚度约 5m 的颗粒白云岩，颗粒是微生物丘被波浪打碎后再沉积的产物，这部分可以看作是微生物丘的顶部。微生物碳酸盐岩建造纵向上岩性变化与其自身演化相关，我们简单地将其划分为丘基、丘核和丘盖三部分。肖尔布拉克组下段仅有泥晶白云岩—凝块石白云岩的岩相序列，推测并不是一个完整的微生物丘演化旋回，可能只沉积了丘基部分（图 3）。

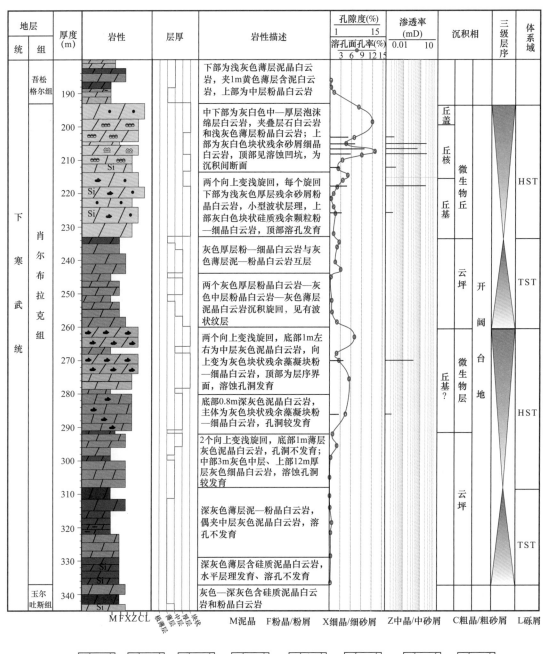

图 3　塔里木盆地什艾日克剖面寒武系肖尔布拉克组沉积储层综合柱状图

2　微生物碳酸盐岩储层特征及形成

2.1　孔隙类型及特征

微生物碳酸盐岩具有复杂的孔隙系统。塔里木盆地下寒武统微生物碳酸盐岩常见的孔隙类型包括晶间孔、溶孔、不同尺度的溶洞以及各类裂缝等，其中溶孔和小型溶洞是主体（图4）。晶间孔主要见于微生物丘的丘基粉细晶白云岩或泡沫绵层体腔孔白云石胶结物中，孔径小，在0.01~0.2mm，呈分散状分布。溶孔主要为粒间溶孔和生物体腔孔，在颗粒白云岩和泡沫绵层白云岩中最发育。泡沫绵层体被溶蚀后仅保留了其形状或边缘，孔隙大小取决于泡沫绵层体的大小，连通性通常较好。李朋威等[21]对塔里木盆地下寒武统泡沫绵层白云岩的统计表明，泡沫绵层白云岩面孔率介于12%~15%，实测孔隙度为3.07%~8.38%。小型溶洞是另一类重要的孔隙类型，在凝块石白云岩和泡沫绵层白云岩中均比较常见，通常顺层分布，大小不等，主体介于0.5~3mm，最大可超过3cm。微生物碳酸盐岩受沉积结构影响，可以形成不同类型的原生生物格架孔，例如具有层状格架的叠层石和层纹石形成顺层发育的原始格架孔（图4），而在具有坚实骨架的凝块石、核型石和树枝石中，原生孔隙倾向于在生物格架间发育[9, 30]，目前所见小型溶洞多数是对原生生物格架孔的进一步改造。

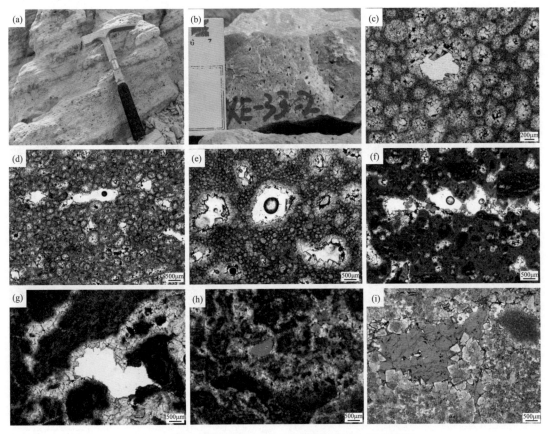

图4　塔里木盆地寒武系微生物碳酸盐岩储层孔隙特征

（a）、（b）泡沫绵层白云岩层状分布溶孔，什艾日克和肖尔布拉克剖面；（c）、（e）泡沫绵层白云岩中的溶孔、溶洞，（c）中泡沫体腔早期被溶蚀，后被亮晶白云石充填并残留部分孔隙（箭头），（d）和（e）中小型溶洞具有层状分布的特点，什艾日克和肖尔布拉克剖面；（f）凝块石白云岩内小型溶洞具层状发育特征（红色为方解石），什艾日克剖面；（g）、（h）凝块石溶蚀孔，（g）白色部分为孔隙，（h）紫色部分为孔隙（石膏试板），肖尔布拉克剖面；（i）方解石充填溶洞，什艾日克剖面

2.2 储层成因

什艾日克剖面肖尔布拉克组孔隙以溶孔和溶洞为主，说明溶蚀作用是孔隙形成的主要控制因素。同生—准同生期溶蚀发生在沉积物沉积不久，沉积环境尚未发生变化，但沉积物与上覆水体已经基本脱离的环境下[31]，主要受沉积自旋回控制，与相对海平面下降导致的沉积物短暂暴露和大气淡水淋滤有关。从研究露头剖面来看，有三方面证据表明同生—准同生期大气淡水溶蚀对下寒武统肖尔布拉克组微生物碳酸盐岩孔隙形成有重要控制作用。

（1）古地形证据。

肖尔布拉克组与上覆吾松格尔组在露头剖面表现为假整合接触关系。尽管在覆盖区部分钻井的电测曲线在这一界面呈突变形态，但是在地震剖面上并未见到明显的超覆或削截形态[32]，说明这一地区并未经历构造隆升而形成的岩溶界面。赵宗举等[33]对相邻肖尔布拉克剖面的研究认为，肖尔布拉克组顶部黄灰色、局部暗紫红色白云质泥岩是潮上带暴露成因。什艾日克剖面肖尔布拉克组顶部并非平整的沉积面，其顶面与吾松格尔组之间呈较为平缓的波状接触关系，分布凹凸不平的溶蚀坑，溶蚀坑规模不大（图5）。根据前人研究结合本次野外观察到的溶蚀坑现象，认为肖尔布拉克组顶部存在暴露面，曾接受大气降水溶蚀改造，但是改造强度较弱，只是发生了短暂的暴露。

图5　塔里木盆地寒武系肖尔布拉克组微生物碳酸盐岩同生—准同生期溶蚀证据

（a）什艾日克剖面肖尔布拉克组顶部凹凸不平，发育规模不等的溶蚀坑；（b）大气淡水渗流带新月形胶结物，肖尔布拉克剖面；（c）胶结不整合现象，在颗粒与埋藏期粒状胶结物之间缺少纤柱状胶结物，肖尔布拉克剖面；（d）斑状中等亮度阴极发光特征，与（b）为同一视野；（e）岩溶角砾岩亮红色/橘红色阴极发光，牙哈5井，上寒武统；（f）热液成因胶结物具有暗红色环带状发光特点，和4井，下寒武统

（2）岩石学证据。

露头区和盆地覆盖区在肖尔布拉克组上段均发现了新月形胶结物（图5）。新月形胶结物是孔隙水受表面张力及重力作用的影响在颗粒间形成的新月形或悬垂形方解石胶结物，这是判断古代碳酸盐岩是否经历过淡水渗流环境的标志[31]。新月形胶结物的出现表

明沉积物曾经暴露地表，接受大气淡水溶蚀改造。

此外，在没有发生暴露的情况下，沉积物通常经历正常海水环境到埋藏环境的成岩演化，并形成相应的胶结物序列，例如颗粒间具有纤状等厚环边胶结物→粒状胶结物两个世代不同类型的胶结物。等厚环边胶结物是正常海水环境的产物。海水对方解石、文石等碳酸盐岩矿物都是过饱和的，因而胶结作用是海水潜流环境最重要的成岩作用，胶结物结构多样，包括纤状等厚环边、杂乱针状、葡萄状等[31]，但是绝大多数浅海非生物成因胶结物以纤状—叶片状等厚环边的方式沉淀。埋藏阶段，晶体生长缓慢，通常胶结物粒度较粗，形态包括棱柱状、等粒状等。镜下观察表明，肖尔布拉克组顶部样品部分位置出现了胶结不连续现象，即部分缺失了纤状胶结物，亮晶粒状胶结物直接在岩石颗粒外侧生长。可以推测，沉积物早期经历了大气淡水溶蚀，将部分纤状胶结物溶解，从而表现为"颗粒→粒状亮晶胶结物"的特征，有别于正常成岩序列。

（3）地球化学证据。

碳酸盐矿物的阴极发光性主要受铁和锰含量控制，不同的 Mn、Fe 含量碳酸盐矿物有不同的控制机制[34]。因此碳酸盐岩的阴极发光性可以反映矿物形成时的成岩环境。前人大量研究表明，一般来说，表生岩溶环境形成的方解石矿物呈亮红色/橘红色阴极发光，例如塔里木盆地奥陶系不整合面之下的岩溶角砾岩[31]；而埋藏期受热液活动影响的矿物具有暗红色环带状发光特点，例如塔里木盆地和 4 井肖尔布拉克组（图 5）。肖尔布拉克组上段阴极发光测试显示新月形胶结物以及与潜流带相关的马牙状等厚环边胶结物多发中等亮度斑状红色光，有别于表生岩溶与埋藏环境的阴极发光特征。

与塔里木盆地牙哈 5 井、和 4 井典型岩溶和热液作用产物的对比分析可以看出，肖尔布拉克组上段样品胶结物的锰含量远小于岩溶缝洞方解石胶结物，与围岩更接近，却又略大于围岩的含量（图 6）。海水中 Fe、Mn 质量分数极低，分别为在淡水中的 1/50 和 1/197[35]，因此未蚀变的碳酸盐岩铁锰含量很低。当经历大气淡水溶蚀改造时，碳酸盐岩矿物溶解，与大气水发生元素交换，并沉淀具有较高的铁锰含量的碳酸盐岩矿物。当这一过程时间足够长，元素交换充分的情况下，沉淀的碳酸盐岩矿物具有与大气水相平衡的微量元素构成。露头剖面样品胶结物 Fe、Mn 含量略大于围岩，远小于岩溶缝洞方解石胶结物，反映成岩过程尽管受到大气淡水的影响，但是时间较短，元素交换可能不够充分。

碳酸盐岩碳氧同位素组成对成岩环境有明显响应，可以帮助判断成岩环境。自然界中淡水具有最低 $\delta^{18}O$ 值，沉积海相碳酸盐岩和土壤中的钙结石具有最高的 $\delta^{18}O$ 值；无机碳源有关的含碳物质具有较高的 $\delta^{13}C$ 值，而与有机碳源有关的含碳物质具有较低的 $\delta^{13}C$ 值[31]。因此大气淡水成岩环境中，$\delta^{18}O$ 的协变趋势和 $\delta^{13}C$ 倾向于低值趋势是一样的[31]，也就是说碳氧同位素比值会同步负漂。塔里木盆地寒武系不同成岩环境碳氧同位素分析表明，表生成岩环境形成的岩溶缝洞碳酸盐岩胶结物的氧同位素在 −14.2‰～−8.5‰ 之间，碳同位素在 −5.5‰～−1.9‰ 之间，相对原岩（$\delta^{18}O$=−7.6‰～−4.2‰，$\delta^{13}C$=−2.2‰～−1.4‰）发生明显负漂（图 6）。鞍形白云石通常被看作是高温热液活动的产物[36]，由于较高的形成温度造成氧同位素值降低，无机碳源的加入还造成 $\delta^{13}C$ 值略微升高。鞍形白云石碳氧同位素分布范围分别是 $\delta^{18}O$=−8.5‰～−16.8‰，$\delta^{13}C$=−0.2‰～−1.2‰。什艾日克剖面肖尔布拉克组上段样品碳氧同位素组成分别是 $\delta^{18}O$=−9.4‰～−7.2‰，$\delta^{13}C$=

−2.3‰～−1.2‰，与前述两类样品差异明显（图 7），而与同层位未受溶蚀作用改造的残余砂屑白云岩相近，表明其成岩环境与典型岩溶和热液环境不同。

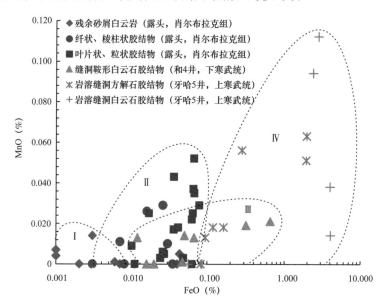

图 6　塔里木盆地寒武系不同成岩环境样品铁锰含量

Ⅰ 原岩；Ⅱ 同生—准同生期溶蚀；Ⅲ 埋藏热液溶蚀；Ⅳ 表生期岩溶

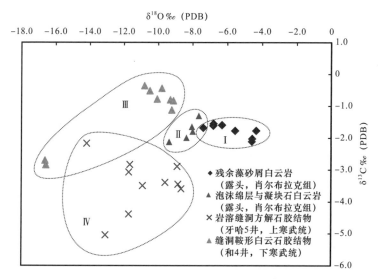

图 7　塔里木盆地寒武系不同成岩环境稳定碳氧同位素分布

Ⅰ 原岩；Ⅱ 同生—准同生期溶蚀；Ⅲ 埋藏热液溶蚀；Ⅳ 表生期岩溶

　　岩石学和阴极发光分析表明，肖尔布拉克组未受热液活动影响，大气淡水应是导致氧同位素值较原岩负漂的原因。经历大气淡水改造的泡沫绵层和凝块石白云岩胶结物 $\delta^{18}O$ 值偏低，因此导致全岩样品 $\delta^{18}O$ 值低于未受大气淡水溶蚀改造的藻砂屑白云岩，这也说明该层段经历了暴露溶蚀作用。

总体而言，什艾日克剖面寒武系肖尔布拉克组受到暴露溶蚀的影响，铁锰含量和碳氧同位素证据表明，与典型表生岩溶相比，其受大气淡水影响程度要弱，具有短暂暴露的特点。另外，从肖尔布拉克组储层孔隙特征来看，以溶孔和毫米级小型溶洞为主，不同于震旦系奇格布拉克组缝洞型岩溶储层[22]。根据以上证据可以推测，下寒武统微生物碳酸盐岩经历同生—准同生期短暂暴露溶蚀作用，这对储层的形成有重要影响。

2.3 储层结构与控制因素

微生物碳酸盐岩建造储层具有非均质性。从寒武系肖尔布拉克组上段来看，丘核最好，孔隙度为4.03%～7.8%，平均为5.47%，渗透率为0.015～2.197mD，平均为0.849mD；丘盖次之，孔隙度3.29%～5.2%，平均为4.27%，渗透率0.058～3.627mD，平均为1.472mD；丘基较差，孔隙度1.08%～3.01%，平均为2.01%，渗透率0.018～0.566mD，平均为0.236mD（图3）。

储层的这种分布特点，受微生物丘岩性变化和相对海平面变化两方面因素控制。前面提到，微生物丘可以分为丘基、丘核和丘盖三部分（图3），其中丘基主要由凝块石白云岩组成，丘核以泡沫绵层白云岩为主，丘盖主体是含砾颗粒白云岩。从不同岩性和物性统计关系来看（图8），颗粒白云岩和泡沫绵层白云岩物性最好，凝块石白云岩较差。这可能与前者沉积后保留了较好的原生孔隙，利于大气淡水进入改造有关。在什艾日克剖面凝块石白云岩凝块间多被泥晶基质填充填，残余少量凝块间孔隙，凝块内溶孔被粉晶白云石充填，孔隙发育程度低。这一点与苏盖特布拉克剖面和于提希等剖面有所不同[29]。

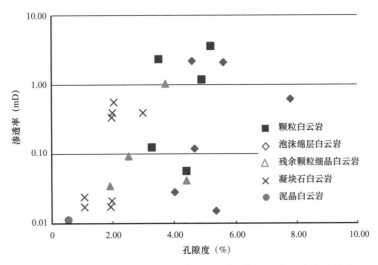

图8 塔里木盆地寒武系不同类型微生物碳酸盐岩孔隙度渗透率

另一方面，微生物丘演化的不同阶段与海平面的相对位置有所不同。在早期阶段，也即丘基形成阶段，水深较大，受大气淡水影响较小。在演化的中后期，微生物丘加积生长，更靠近海平面，发生短暂暴露受大气降水影响更为频繁，更容易被改造。白莹等[30]研究认为，新疆苏盖特布拉克剖面微生物建造的物性好于于提希剖面，是因为地势较高的苏盖特布拉克剖面比于提希剖面更容易遭受大气水溶蚀改造，并且苏盖特布拉克剖面礁脊的位置要高于前礁相和礁后相，因此储层发育更好。就什艾日克剖面而言，肖尔布拉克组上段微生物建造演化比较充分，形成了完整的丘基—丘核和丘盖结构，储层发育较好；而肖尔布拉克组下段微生物丘演化不充分，总体处于水体较深的丘基阶段，受到同生—准同生期大气淡水改造的概率小，因此孔隙发育程度也较低（图3）。

3 结论

通过对塔里木盆地西缘露头剖面和部分钻井下寒武统微生物碳酸盐岩的分析，可以得出以下几点结论：

（1）塔里木盆地寒武系肖尔布拉克组主体由4种类型微生物碳酸盐岩岩石组成，分别是叠层石白云岩、凝块石白云岩、泡沫绵层白云岩和与蓝细菌相关的（含砾）颗粒白云岩。微生物碳酸盐岩具有复杂的孔隙系统，常见的孔隙类型包括晶间孔、溶孔、溶洞以及各类裂缝等，其中溶孔和毫米级小型溶洞是主体。

（2）塔里木盆地寒武系肖尔布拉克组微生物碳酸盐岩孔隙形成受同生—准同生期暴露溶蚀作用控制。主要证据有：微生物丘顶部没有明显的沉积间断，但是具有溶蚀坑等短期暴露溶蚀的痕迹；在肖尔布拉克组上段发现了新月形胶结物和胶结不连续现象，推测是大气淡水溶蚀所致；阴极发光显示胶结物多发中等亮度斑状红色光，有别于表生岩溶环境形成的方解石呈亮红色/橘红色阴极发光和受埋藏热液活动影响的矿物具有暗红色环带状发光的特点。另外碳氧同位素相对于围岩而言，同步低幅度负偏，表明经历了大气淡水弱改造。

（3）塔里木盆地寒武系肖尔布拉克组微生物碳酸盐岩储层具有非均质性，受微生物碳酸盐岩建造岩性和相对海平面变化两方面因素控制。发育完整的微生物丘更容易频繁的受大气降水影响，改造更充分，储层条件更好。单个微生物丘通常丘核最好、丘盖次之、丘基较差。

参 考 文 献

［1］Burne R V, Moore I S. Microbialites : Organosedimentary deposits of benthic microbial communities［J］. Palaios, 1987, 2（3）: 241-254.

［2］Riding R. Classification of microbial carbonates［M］. In : Calcareous Algae and Stromatolites. Springer-Verlag. Berlin, 1991: 21-51.

［3］Riding R. Microbial carbonates : the geological record of calcified bacterial-algal mats and biofilms［J］. Sedimentology, 2000, 47（Suppl.1）: 179-214.

［4］Riding R. Microbial carbonate abundance compared with fluctuations in metazoan diversity over geological time［J］. Sedimentary Geology, 2006, 185（3-4）: 229-238.

［5］Riding R. The Nature of Stromatolites : 3500 Million Years of History and a Century of Research［M］. In Reitner J et al. 1（eds）, Advances in Stromatolite Geobilogy. Lecture Notes in Earth Science, Springer-Verlag Berlin, Heidelberg, 2011: 29-74.

［6］Riding R. Microbialites, stromatolites, and thrombolites［M］. In Reitner J and Thiel V（eds),

Encyclopedia of Geobiology. Encyclopedia of Earth Science Series, Springer, Heidelberg, 2011: 635–654.

［7］Braga J C, Martin J M and Riding R. Controls on microbial dome fabric development along a carbonate-siliciclastic shelf–basin transect, Miocene, S.E.Spain［J］. Palaios, 1995, 10: 347–361.

［8］Aitken J D. Classification and environmental significance of cryptalgal limestones and dolomites, with illustrations from the Cambrian and Ordovician of southwest Alberta［J］. Journal of Sedimentary Petrology, 1967, 37: 1163–1178.

［9］罗平, 王石, 李朋威, 等. 微生物碳酸盐岩油气储层研究现状与展望［J］. 沉积学报, 2013, 31（5）: 807–823.

［10］Mancini E A, Parcell W C, Ahr W M, et al. Upper Jurassic updip stratigraphic trap and associated Smackover microbial and nearshore carbonate facies, Eastern Gulf Coastal Plain［J］. AAPG Bulletin, 2008, 92（4）: 417–442.

［11］Ahr W M, Mancini E A, Parcell W C. Pore characteristics in microbial carbonate reservoirs［R］. Houston: AAPG Annual Convention and Exhibition, 2011.

［12］Mancini E A, Benson D J, Hart B S, et al. Appleton field case study（eastern Gulf coastal plain）: Field development model for Upper Jurassic microbial reef reservoirs associated with paleotopographic basement structures［J］. AAPG Bulletin, 2000, 84（11）: 1699–1717.

［13］Mancini E A, Llinás J C, Parcell W C, et al. Upper Jurassic thrombolite reservoir play, northeastern Gulf of Mexico［J］. AAPG Bulletin, 2004, 88（11）: 1573–1602.

［14］费宝生, 汪建红. 中国海相油气田勘探实例之三渤海湾盆地任丘古潜山大油田的发现与勘探［J］. 海相油气地质, 2005, 10（3）: 43–50.

［15］王兴志, 侯方浩, 刘仲宣, 等. 资阳地区灯影组层状白云岩储集层研究［J］. 石油勘探与开发, 1997, 24（2）: 37–40.

［16］刘树根, 马永生, 孙玮, 等. 四川盆地威远气田和资阳含气区震旦系油气成藏差异性研究［J］. 地质学报, 2008, 82（3）: 328–337.

［17］魏国齐, 沈平, 杨威, 等. 四川盆地震旦系大气田形成条件与勘探远景区［J］. 石油勘探与开发, 2013, 40（2）: 129–138.

［18］李凌, 谭秀成, 曾伟, 等. 四川盆地震旦系灯影组灰泥丘发育特征及储集意义［J］. 石油勘探与开发, 2013, 40（6）: 666–673.

［19］刘树根, 宋金民, 罗平, 等. 四川盆地深层微生物碳酸盐岩储层特征及其油气勘探前景［J］. 成都理工大学学报（自然科学版）, 2016, 43（2）: 129–152.

［20］单秀琴, 张静, 张宝民, 等. 四川盆地震旦系灯影组白云岩溶储层特征及溶蚀作用证据［J］. 石油学报. 2016, 37（1）: 17–29.

［21］李朋威, 罗平, 宋金民, 等. 微生物碳酸盐岩储层特征与主控因素——以塔里木盆地西北缘上震旦统—下寒武统为例［J］. 石油学报. 2015, 36（9）: 1074–1089.

［22］石书缘, 刘伟, 黄擎宇, 等. 塔里木盆地北部震旦系齐格布拉克组白云岩储层特征及成因［J］. 天然气地球科学. 2017, 28（8）: 1226–1234.

［23］熊鹰, 姚泾利, 李凌, 等. 鄂尔多斯盆地东北部奥陶系马五1+2微生物碳酸盐岩沉积特征及储集意义［J］. 沉积学报. 2016, 34（5）: 963–972.

［24］黄擎宇，胡素云，潘文庆，等.台内微生物丘沉积特征及其对储层发育的控制——以塔里木盆地柯坪—巴楚地区下寒武统肖尔布拉克组为例［J］.天然气工业.2016, 36（6）：21-29.

［25］严威，郑剑锋，陈永权，等.塔里木盆地下寒武统肖尔布拉克组白云岩储层特征及成因［J］.海相油气地质.2017, 22（4）：35-43.

［26］邓世彪，关平，庞磊，等.塔里木盆地柯坪地区肖尔布拉克组优质微生物碳酸盐岩储层成因［J］.沉积学报.2018, 36（6）：1218-1232.

［27］沈安江，赵文智，胡安平，等.海相碳酸盐岩储集层发育主控因素［J］.石油勘探与开发.2015, 42（5）：545-554.

［28］刘伟，张光亚，潘文庆，等.塔里木地区寒武纪岩相古地理及沉积演化［J］.古地理学报.2011, 13（5）：529-538.

［29］梅冥相.微生物碳酸盐岩分类体系的修订：对灰岩成因结构分类体系的补充［J］.地学前缘, 2007, 14（5）：222-234.

［30］白莹，罗平，王石，等.台缘微生物礁结构特点及储集层主控因素——以塔里木盆地阿克苏地区下寒武统肖尔布拉克组为例［J］.石油勘探与开发, 2017, 44（3）：349-358.

［31］黄思静.碳酸盐岩的成岩作用［M］.北京：地质出版社, 2010.

［32］肖朝晖，王招明，姜仁旗，等.塔里木盆地寒武系碳酸盐岩层序地层特征［J］.石油与天然气地质, 2011, 32（1）：1-10, 16.

［33］赵宗举，张运波，潘懋，等.塔里木盆地寒武系层序地层格架［J］.地质论评, 2010, 56（5）：609-620.

［34］黄思静.碳酸盐矿物的阴极发光性与其Fe, Mn含量的关系［J］.矿物岩石, 1992, 12（4）：74-79.

［35］黄思静.海相碳酸盐矿物的阴极发光性与其成岩蚀变的关系［J］.岩相古地理, 1990,（4）：9-15.

［35］Allan J R , Wiggins W D . Dolomite Reservoirs : Geochemical Techniques for Evaluation Origin and Distribution［M］. Tulsa : AAPG, 1993：1-109.

原文刊于《地学前缘（中国地质大学（北京）；北京大学）》, 2021, 28（1）：225-234.

碳酸盐岩—膏盐岩共生体系白云岩成因及储盖组合

胡安平[1,2]　沈安江[1,2]　杨翰轩[1,2]　张　杰[1,2]　王　鑫[1,2]　杨　柳[1,2]　蒙绍兴[1,2]

（1.中国石油杭州地质研究院；2.中国石油天然气集团有限公司碳酸盐岩储层重点实验室）

摘　要： 针对碳酸盐岩—膏盐岩共生体系中储层发育规律和储盖组合类型不清的问题，开展该体系岩性组合特征、白云岩与储层成因和储盖组合类型研究。在全球碳酸盐岩油气藏调研的基础上，解剖分析国内外4个碳酸盐岩—膏盐岩组合剖面，综合应用地质和实验分析工作，取得以下3个方面的地质认识：（1）潮湿气候到干旱气候的变迁决定了碳酸盐岩—膏盐岩共生体系岩性组合序列，正常情况下形成微生物灰岩/生屑灰岩→微生物白云岩→膏云岩→膏盐岩系列，反之亦然，气候的突变会导致某种岩性的缺失。（2）碳酸盐岩—膏盐岩共生体系中主要发育3类储层，包括微生物灰岩/生屑灰岩、微生物白云岩和膏云岩储层，存在沉淀和交代2种成因的白云岩。微生物早期降解和微生物岩晚期热解释放的 CO_2 气体和有机酸，以及早期白云石化作用是微生物白云岩能够成为优质储层的主控因素。（3）碳酸盐岩—膏盐岩共生体系理论上存在6类14种储盖组合类型，目前的油气发现主要集中在4种组合中，包括微生物灰岩/生屑灰岩→微生物白云岩→膏云岩→膏盐岩组合、微生物灰岩/生屑灰岩→膏盐岩组合、微生物白云岩→膏云岩→膏盐岩组合和膏云岩→微生物白云岩→致密碳酸盐岩或碎屑岩组合，这显然与地质历史时期古气候变迁的内在规律有关。通过解剖已发现的油气藏，揭示在碳酸盐岩—膏盐岩体系中以上4种储盖组合最为现实，勘探前景较好。

关键词： 碳酸盐岩—膏盐岩共生体系；岩性组合序列；微生物白云岩；膏云岩；储盖组合

全球碳酸盐岩—膏盐岩组合广泛分布[1-4]，中国碳酸盐岩—膏盐岩组合主要发育于寒武纪—奥陶纪、石炭纪—二叠纪、三叠纪、古近纪[5-8]。碳酸盐岩—膏盐岩组合在油气勘探中具有重要的地位，据全球206个主要碳酸盐岩油气田统计，碳酸盐岩—膏盐岩共生组合蕴藏的油气田数为63个，占全球碳酸盐岩总油气田数的30.6%，储量约占碳酸盐岩总储量的46%[9-10]。中东是碳酸盐岩—膏盐岩共生组合蕴藏油气田数最多的地区，储量占中东碳酸盐岩总储量的40%。全球最大的油气田为沙特的加瓦尔（Ghawar）油气田，可采油储量为 $90.11×10^8t$，天然气为 $5.27×10^{12}m^3$；全球最大的气田为卡塔尔—伊朗的北帕斯（North-Pars）气田，可采天然气储量为 $36.73×10^{12}m^3$[11]，储层为碳酸盐岩，盖层均为膏盐岩。中亚—俄罗斯70%的油气田和80%的油气储量蕴藏在碳酸盐岩—膏盐岩共生组合

基金项目：国家科技重大专项"大型油气田及煤层气开发"（2016ZX05004-002）；中国石油天然气股份有限公司直属院所基础研究和战略储备技术研究基金（2018D-5008-03）；中国石油天然气股份有限公司重大科技项目"深层油气储层形成机理与分布规律"（2018A-0103）

中，Karachaganak 油田可采油为 $41.10 \times 10^8 t^{[11]}$，储层亦为碳酸盐岩，盖层为膏盐岩。四川盆地碳酸盐岩—膏盐岩组合主要分布于下三叠统飞仙关组、雷口坡组和嘉陵江组，均发现了规模不等的气藏。鄂尔多斯盆地碳酸盐岩—膏盐岩组合主要分布于奥陶系马家沟组和寒武系。塔里木盆地碳酸盐岩—膏盐岩组合主要分布于中—下寒武统，为重要勘探层系。因此，开展碳酸盐岩—膏盐岩共生体系储层类型、成因和储盖组合类型研究不但具有重要的理论意义，而且对中国海相碳酸盐岩油气勘探具重要的现实意义。

前人对碳酸盐岩—膏盐岩共生体系做过大量的石油地质基础研究[11-20]。关于碳酸盐岩—膏盐岩体系中储层和储盖组合问题，近几年的研究揭示膏盐岩之下除发育膏云岩储层外，还发育有微生物白云岩储层和微生物灰岩/生屑灰岩储层[15-16]，膏盐岩作为盖层有利于油气成藏[17-20]。但该体系中白云岩成因不清、早期低温白云石化对储层发育的贡献不清，微生物白云岩和生屑灰岩储层与膏盐岩共生关系的必然性或偶然性认识不清，有的组合中膏盐岩之下缺白云岩储层的现象难以解释，储盖组合类型认识仍需进一步提高。

本文在全球碳酸盐岩油气藏调研的基础上，解剖了国内外 4 个碳酸盐岩—膏盐岩组合剖面，建立岩性共生组合序列，探讨古气候和古海洋地球化学特征变迁与碳酸盐岩—膏盐岩岩性组合序列的耦合关系。同时，通过地质与实验分析，探究碳酸盐岩—膏盐岩体系中白云岩类型、成因，明确储层成因。最后，根据已知油气藏的解剖，分析碳酸盐岩—膏盐岩共生体系中储盖组合特征及类型，以期为勘探领域评价提供依据。

1 碳酸盐岩—膏盐岩体系岩性组合特征

通过鄂尔多斯盆地靳 2 井下奥陶统马家沟组、鄂尔多斯盆地金粟山露头马家沟组、巴西 A 盆地 B 井 Ariri–Barra Velha 组和四川盆地鸭深 1 井雷口坡组 4 个剖面的研究，建立起碳酸盐岩—膏盐岩沉积体系完整的岩性组合序列，并揭示古气候变迁与岩性组合特征的关系。

1.1 鄂尔多斯盆地靳 2 井下奥陶统马家沟组剖面

靳 2 井下奥陶统马家沟组马五$_6$—马五$_{10}$亚段是典型的碳酸盐岩—膏盐岩组合（图 1），主要由藻纹层白云岩、藻叠层白云岩、藻砂屑白云岩、膏云岩和膏岩组成，总体反映了微生物白云岩→膏云岩→膏盐岩→泥晶灰岩的岩性组合序列特征。

由下向上膏盐岩含量逐渐增加，反映气候逐渐变干旱的旋回。旋回的下部以藻纹层/藻叠层/藻砂屑白云岩与泥晶白云岩互层或夹层为特征；旋回的中部藻纹层/藻叠层/藻砂屑白云岩明显减少，以膏云岩为主，含藻纹层/藻叠层白云岩透镜体或薄层，夹薄层膏岩；旋回的上部为大套的膏岩，夹薄层膏云岩、藻纹层/藻叠层白云岩。马五$_5$亚段相变为泥晶灰岩，代表另一个由潮湿向干旱气候旋回的开始。大旋回中的每种岩性又由若干个小旋回构成，如主体为微生物白云岩，夹薄层膏云岩；主体为膏云岩，夹薄层微生物白云岩及膏岩；主体为膏岩，夹薄层的膏云岩及微生物白云岩。大旋回是区域古气候变迁的产物，小旋回可能与古地貌特征的差异有关。

1.2 鄂尔多斯盆地金粟山露头马家沟组剖面

金粟山露头剖面马家沟组六段下部主要为藻灰岩和生屑灰岩，藻灰岩包括藻纹层灰岩、藻叠层灰岩、藻砂屑灰岩，上部主要为藻纹层白云岩、藻叠层白云岩、藻砂屑白云岩

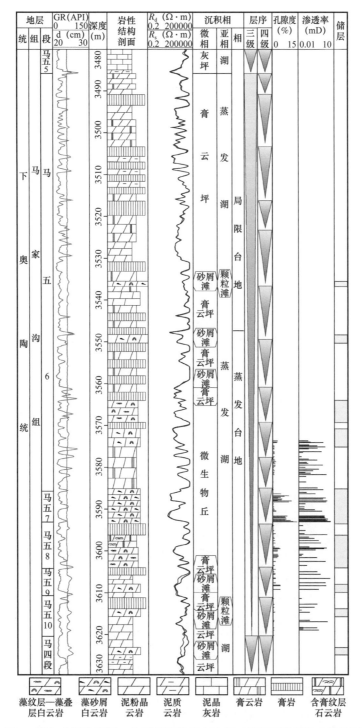

图 1　鄂尔多斯盆地靳 2 井下奥陶统马家沟组五段沉积储层综合柱状图

GR—自然伽马测井；d—井径测井；R_s—浅侧向电阻率测井；R_d—深侧向电阻率测井

段，由下向上，微生物碳酸盐岩含量逐渐增加（图 2）。在露头剖面上部并没有出现靳 2 井出现过的膏云岩和膏盐岩段，有两种可能性，一是露头地层出露不全，尤其是膏盐岩，

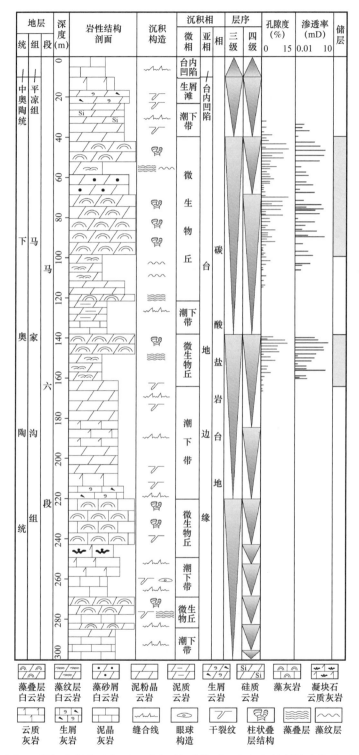

图 2　鄂尔多斯盆地金粟山露头下奥陶统马六段沉积储层综合柱状图

很容易被溶蚀、风化和覆盖，二是在这个地区古气候旋回未出现极度干旱阶段，缺膏云岩和膏盐岩段。但在下部却出现了靳2井未曾出现的生屑/藻纹层/藻叠层/藻砂屑灰岩，这也有两种可能，一是靳2井未钻遇生屑/藻纹层/藻叠层/藻砂屑灰岩段，二是未经历潮湿气候阶段，缺生屑/藻纹层/藻叠层/藻砂屑灰岩段。

从靳2井和金粟山露头剖面均发育藻纹层/藻叠层/藻砂屑白云岩段分析，可以建立起气候由潮湿到干旱旋回完整的岩性组合序列，即由下向上依次为微生物灰岩/生屑灰岩→微生物白云岩→膏云岩→膏盐岩组合序列，是气候变迁的必然响应，气候的突变或旋回序列的不完整会导致岩性组合序列的不完整。

1.3 巴西 A 盆地 B 井 Ariri–Barra Velha 组剖面

巴西 A 盆地 B 井下白垩统 Ariri–Barra Velha 组提供了一个气候由潮湿突变到干旱时，岩性组合序列呈突变式变化的案例（图 3）。Barra Velha 组为泥晶灰岩、生屑灰岩和藻灰岩组合，向上直接突变为 Ariri 组膏盐岩，缺微生物白云岩、膏云岩等过渡岩性。

比较分析，可以看出巴西 A 盆地 B 井下白垩统和靳2井马家沟组马五$_6$亚段到马五$_5$亚段记录了两种相反的气候突变。巴西 A 盆地 B 井下白垩统记录了气候由潮湿突变到干旱时的岩性组合，由 BarraVelha 组的泥晶灰岩、生屑灰岩和藻灰岩向上直接突变为 Ariri 组膏盐岩；靳2井马五$_6$亚段到马五$_5$亚段记录了相反气候突变的岩性组合，由极度干旱气候的膏盐岩突变到潮湿气候的泥晶灰岩。这进一步说明气候的突变或旋回序列的不完整会导致岩性组合序列的不完整，也解释了有的碳酸盐岩—膏盐岩成藏组合中缺微生物白云岩和膏云岩储层的问题。

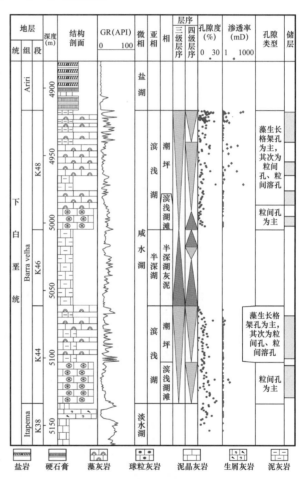

图 3 巴西 A 盆地 B 井下白垩统 Ariri–Barra Velha 组沉积储层综合柱状图

1.4 四川盆地鸭深 1 井雷口坡组剖面

四川盆地鸭深 1 井中三叠统雷口坡组剖面提供了一个气候由干旱向潮湿迁移时，岩性组合呈反旋回的案例（图 4）。在海侵体系域中，随着气候由干旱向潮湿迁移，岩性依次

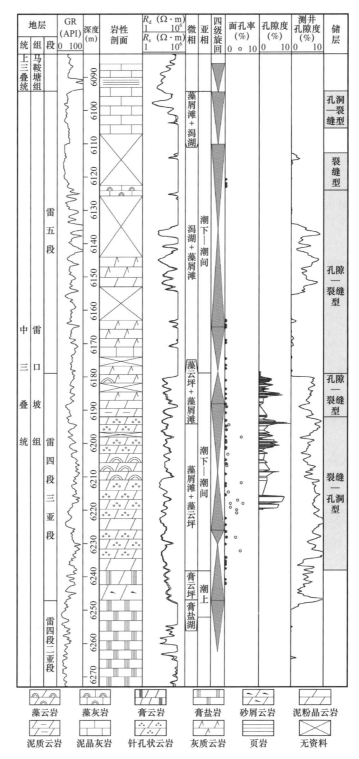

图 4　四川盆地鸭深 1 井中三叠统雷口坡组沉积储层综合柱状图

出现膏盐岩→膏云岩→藻云岩（主要包括藻纹层白云岩、藻叠层白云岩、藻砂屑白云岩）→藻灰岩组合序列。

比较分析鸭深 1 井雷口坡组和靳 2 井马家沟组所记录的气候变化，可以得出气候由干旱向潮湿迁移具两种形式。一是以靳 2 井马家沟组为代表的突变式，由马五$_6$亚段到马五$_5$亚段，气候由极度干旱的膏盐岩段突变到潮湿气候的泥晶灰岩段；二是以鸭深 1 井雷口坡组为代表的渐变式，膏盐岩和石灰岩段之间出现膏云岩、微生物白云岩等过渡岩性。这更揭示了碳酸盐岩—膏盐岩组合，随气候由潮湿向干旱变迁或由干旱向潮湿变迁，岩性由石灰岩→微生物白云岩→膏云岩→膏盐岩组合序列的必然性，反之亦然。

总之，碳酸盐岩与膏盐岩沉积体系古气候变迁与岩性组合序列关系密切。潮湿气候背景以正常海相灰岩（泥晶灰岩、生屑 / 藻纹层 / 藻叠层 / 藻砂屑灰岩）沉积为特征。随着气候逐渐变得干旱和盐度的升高，嗜盐古菌或硫酸盐还原菌、产甲烷古菌开始繁盛，有利于微生物白云岩的发育，美国犹他州大盐湖盐度 15%～25%，58 种古菌和 42 种细菌微生物席快速生长[21]。随着气候进一步的干旱和盐度的升高，古菌或细菌死亡，开始出现石膏结核沉淀，形成膏云岩。当盐度大于 350‰时，开始出现石膏或石盐沉积[22]，形成成层的膏盐岩。故石灰、微生物白云岩、膏云岩和膏盐岩组合序列的变化是古气候变迁的响应，既可以渐变，也可以突变，既可以由潮湿→干旱的正旋回，也可以由干旱→潮湿的反旋回。通过以上碳酸盐岩—膏盐岩岩性组合序列的研究揭示该沉积体系中主要发育两类白云岩，即微生物白云岩和膏云岩，下文就对这两类白云岩成因进行详细阐述。

2 碳酸盐岩—膏盐岩共生体系中两类白云岩成因

碳酸盐岩—膏盐岩共生体系中主要发育两种类型的白云岩，一是保留藻纹层 / 藻叠层等原岩结构的微生物白云岩，二是含石膏斑块或结核的泥晶白云岩（膏云岩），其形成于干旱气候背景，属早期低温白云石[23]。通过嗜盐古菌诱导白云石沉淀实验和现代湖泊考察进一步证实，微生物白云岩为沉淀成因的，而含石膏斑块或结核的泥晶白云岩（膏云岩）是交代成因的。

2.1 微生物白云岩成因

Land[24]指出在地表温压条件下（小于 50℃，数米深压力）经历 32 年的地质作用也未能通过纯无机途径产生白云石，由此人们把白云岩成因研究转向有机成因上，并开展了微生物诱导白云石化的实验研究。微生物无处不在，碳酸盐岩—膏盐岩组合序列下部的微生物灰岩的存在足以说明并不是所有的微生物都能诱导白云石的沉淀，其可能与特殊类型的微生物有关。Vasconcelos 等[25]通过实验指出硫酸盐还原菌能够诱导白云石的沉淀，Warthmann 等[26]通过实验指出产甲烷菌能够诱导白云石的沉淀，Kenward 等[27]将实验室沉淀的白云石与拉戈阿韦梅利亚咸化海岸的白云石进行比较，两者具相似的球形和低有序度特征，进而推断特殊类型的微生物（硫酸盐还原菌、产甲烷菌）是沉淀原白云石的条件。

前人实验已揭示硫酸盐还原菌和产甲烷菌可诱导沉淀原白云石。而较高盐度环境中嗜盐古菌较容易大量繁盛，考虑到碳酸盐岩—膏盐岩体系中较干旱气候背景，本文开展了嗜盐古菌诱导白云石沉淀的实验研究，实验结果来自中国地质大学生物地质与环境地质国家重点实验室，发现嗜盐古菌能够诱导原白云石的沉淀。*Natrinemas* sp.（极端嗜盐古菌）作用 72 小时后沉淀了原白云石（图 5a），*Haloferax volcanii*（沃氏富盐菌）作用 72 小时后沉淀了原白云石（图 5b、c），与 Vasconcelos 等[25]和 Warthmann 等[26]实验沉淀的原白云石具相似的球形特征。实验还发现较高的细胞浓度有利于原白云石沉淀（图 6a），低盐度时，无原白云石沉淀，提高盐度可以增加细胞表面羧基密度，促进原白云石沉淀（图 6b、c），短时间蒸发过程不显著影响微生物诱导原白云石沉淀。高盐度环境嗜盐古菌细胞表面的羧基官能团对白云石沉淀起到重要作用。

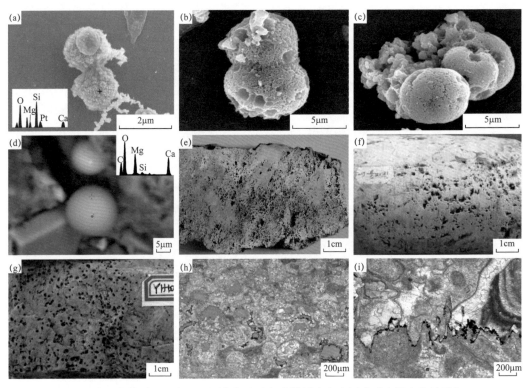

图 5　嗜盐古菌诱导原白云石沉淀实验（实验结果来自中国地质大学生物地质与
环境地质国家重点实验室）

（a）*Natrinemas sp.* 作用 72 小时后形成的球形原白云石；（b）*Haloferax volcanii* 作用 72 小时后形成的纺锤形原白云石；（c）*Haloferax volcanii* 作用 48 小时后形成的球形原白云石；（d）内蒙古吉布胡郎图诺尔现代盐湖松散沉积物切片扫描电镜下照片和能谱测试结果，球形白云石；（e）狮 49-1 井，3764.20m，古近系下干柴沟组上段（E_3^2）藻灰岩，岩石呈蜂窝状，藻架孔发育，孔隙度达到 20%；（f）高深 1 井，5880m，岩心，中元古界蓟县系雾迷山组，微生物白云岩，叠加显生宙岩溶改造后，孔隙度可以达到 15%；（g）牙哈 10 井，岩心 4-10/25，下寒武统，泥晶白云岩，膏模孔发育；（h）龙岗 001-11 井，6086.50m，下三叠统飞仙关组，鲕粒白云岩，鲕模孔发育，未见方解石或白云石胶结物，铸体薄片，单偏光；（i）龙岗 001-11 井，6088.50m，飞仙关组，泥晶砂屑生屑灰岩，缝合线，粒间孔和体腔孔被完全亮晶方解石充填，压溶产物为胶结物提供来源，铸体薄片，单偏光

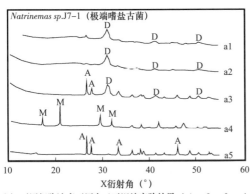

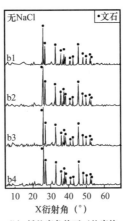

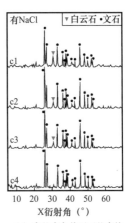

(a) 不同细胞浓度下原白云石沉淀实验结果（a1、a2、a3、a4、a5分别代表极端嗜盐古菌Natrinemas sp.J7-1的细胞浓度（单位是吸光度）为2.5、2.0、1.5、1.0、0时的实验结果，A—文石，D—白云石，M—单水方解石）

(b) 低盐度条件下（盐度约11%）原白云石沉淀实验结果（b1、b2、b3、b4分别代表基微球浓度为$1×10^8$、$1×10^7$、$1×10^6$、0时的实验结果）

(c) 高盐度条件下（盐度约200%）原白云石沉淀实验结果（c1、c2、c3、c4分别代表基微球浓度为$1×10^8$、$1×10^7$、$1×10^6$、0时的实验结果）

图6　原白云石沉积实验后X衍射图谱

上述实验研究结果足以证实碳酸盐岩—膏盐岩组合中，微生物白云岩发育的必然性，只要盐度高到适合嗜盐古菌繁盛的盐度范围，就会导致嗜盐古菌的大量繁殖并诱导原白云石沉淀，形成微生物白云岩。海水中Mg^{2+}、Ca^{2+}是以水化合物或络合物的形式存在，而Mg^{2+}与水之间的静电引力比Ca^{2+}与水之间和Mg^{2+}与CO_3^{2-}之间的静电引力大，低温条件下低Mg^{2+}浓度不易使Mg^{2+}进入到碳酸钙晶格中形成白云石，较高盐度和温度会导致海水中Mg^{2+}浓度升高，微生物作用可以克服Mg^{2+}与水之间的静电引力，增大Mg^{2+}与CO_3^{2-}之间的静电引力，使Mg^{2+}更容易进入到碳酸钙晶格中，诱导白云石沉淀。

2.2　膏云岩成因

原白云石沉淀实验的成功导致"微生物诱导原白云石沉淀说"盛行，把地质历史时期保留原岩结构的白云岩均纳入微生物诱导沉淀成因。但事实上，地质历史时期与膏盐岩伴生的泥晶白云岩和膏云岩，并没有明显的微生物结构，而且大面积分布，如鄂尔多斯盆地马家沟组[28]、四川盆地嘉陵江组和雷口坡组[29]、塔里木盆地寒武系[30]盐下大量发育的泥晶白云岩和膏云岩，难以用"微生物诱导原白云石沉淀说"来解释其成因。

笔者考察了内蒙古吉布胡郎图诺尔、噶布金托呼各克、都兰油泥泉3个盐湖和塔日根、塔日根诺尔、达布散诺尔、敦德诺尔、布日德诺尔、呼吉日诺尔6个非盐湖。3个盐湖的盐度分别为57.4g/L、120‰和100‰，取松散沉积物样分析揭示无任何微生物痕迹，经X衍射分析，盐湖底沉积物中发现X衍射峰值为30.95°的原白云石，镜下观察白云石含量达30%～40%（图5d），而盐湖周边沉积物中无白云石，非盐湖沉积物无论在湖底还是在湖缘均无白云石。这说明在高盐碱度环境不需要微生物诱导，也可以形成白云石。前人实验已经证实地表温压条件下（小于50℃，数米深压力）无法沉淀原白云石[24]，一般认为低温白云石有两种成因，包括微生物诱导沉淀成因和交代成因，而此实验的盐湖中沉积物分析揭示无微生物痕迹，故这些白云石是早期交代成因的，而非直接从湖水中沉淀的产物，形成的白云岩以泥晶白云岩为主，含石膏斑块和结核，无藻纹层、藻叠层等微生物构造。

这不但很好地解释了地质历史时期绝大多数与干旱气候相关的泥晶白云岩和膏云岩的成因，而且揭示了微生物白云岩与膏云岩上下叠置序列的必然性。当盐度在适宜嗜盐古菌繁盛的范围时（35‰～100‰），嗜盐古菌的繁盛和诱导原白云石沉淀，导致微生物白云岩大量发育，当气候进一步干旱，盐度进一步升高至超出嗜盐古菌适宜繁殖的盐度范围时，嗜盐古菌死亡，微生物白云岩为膏云岩所取代，石膏结核和斑块的大量出现暗示了超出嗜盐古菌繁盛的盐度范围，当气候极度干旱，盐度进一步升高时（大于350‰），膏云岩为膏盐岩取代，除非气候变迁发生突变和逆转。

3　微生物白云岩储层发育主控因素

碳酸盐岩—膏盐岩共生体系主要发育 3 类储层：

（1）潮湿气候背景下形成的微生物灰岩 / 生屑灰岩储层，以微生物灰岩、生屑灰岩为主，少量砂屑生屑灰岩，粒间孔和格架孔为主，如巴西桑托斯盆地下白垩统 Ariri-BarraVelha 组微生物生屑灰岩、柴达木盆地古近系下干柴沟组上段藻灰岩（图 5e），这类储层具相控性，礁滩相沉积是这类储层发育的基础[31]。

（2）过渡气候背景下形成的微生物白云岩储层，藻架孔为主，如四川盆地震旦系灯影组四段[15]、华北任丘蓟县系雾迷山组微生物白云岩。微生物白云岩具有极佳的优质储层发育潜力，岩心和露头手标本呈蜂窝状（图 5f），几乎见不到方解石胶结物，与颗粒灰岩形成鲜明的对比。

（3）干旱气候背景下形成的膏云岩储层，膏模孔为主，如鄂尔多斯盆地马家沟组上组合[28]，膏云岩储层也同样具有相控性，平面上呈环带状分布于膏盐湖周缘的膏云坪相带，垂向上紧邻膏盐岩层，早期白云石化对膏模孔的保存具重要意义[32-33]，表生环境不易溶的白云岩构成了膏模孔的格架（图 5g）。

碳酸盐岩—膏盐岩共生体系中的 3 类储层中，微生物灰岩 / 生屑灰岩和膏云岩储层的成因已有很多文献述及[31-33]，本文重点讨论微生物白云岩储层发育的主控因素。

3.1　储层发育的物质基础

微生物碳酸盐岩是该类储层发育的物质基础，是原生孔隙的载体。巴哈马台地现代微生物碳酸盐岩考察揭示，无论是潟湖底部石化的微生物碳酸盐岩，还是潟湖边缘未石化的微生物席，原生孔孔隙度最大可达 54%（图 7）。此外，东西伯利亚地区新元古界发育晚里菲期和晚文德期两套微生物白云岩储层，以原生孔为主，晚里菲期微生物白云岩储层孔隙度超过 10%，晚文德期微生物白云岩孔隙度为 7%～10%，油气可采储量达 22×10^8t[34-35]。华北任丘蓟县系雾迷山组微生物白云岩储层在原生孔隙基础上叠加显生宙岩溶改造后，孔隙度可以达到 15%（图 5g）。

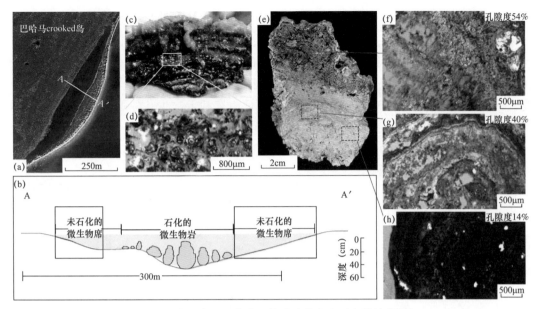

图 7　巴哈马台地现代微生物碳酸盐岩岩石和孔隙特征

（a）巴哈马 crooked 岛内湖泊分布图；（b）穿过巴哈马 crooked 岛内湖泊的地质剖面 A—A′，剖面位置见图 a；（c）湖泊边缘未石化的微生物席；（d）图 c 的局部放大，主要由微生物黏附灰泥构成，孔隙度可以达到 60%；（e）湖泊中央石化的微生物岩；（f—h）图 e 的局部放大，不同部位孔隙度有较大差异，分别为 54%、40% 和 14%

3.2　微生物早期降解对孔隙的影响

微生物早期降解形成的 CO_2 气体有利于孔隙发育和保存。微生物通过厌氧呼吸、发酵、硝酸盐还原作用导致的早期低温降解形成的 CO_2 气体使碳酸盐岩地层孔隙水处于酸性环境[36]，这可能是微生物白云岩缺乏方解石或白云石胶结物的原因之一（干旱气候背景碳酸钙产率低也是重要原因之一），有利于次生孔隙的形成和先存孔隙的保存。

3.3　微生物碳酸盐岩热解对孔隙的影响

微生物碳酸盐岩热解形成的 CO_2 气体和有机酸有利于孔隙发育和保存。选取 3 组样品，开展微生物碳酸盐岩生烃模拟实验研究。第 1 组为取自柴达木盆地古近系的微生物碳酸盐岩样品，TOC 值为 0.30%，S_1（含游离烃量）为 0.04mg/g，S_2（热解烃）为 0.18mg/g，HI（氢指数）为 60mg/g，R_o 值为 0.42%，现今处于未成熟—低成熟阶段，地质历史上未经历生烃高峰；第 2 组为取自泌阳凹陷古近系的灰色泥岩，TOC 值为 2.64%，S_2 值为 15.83mg/g，HI 值为 600mg/g，R_o 值为 0.38%；第 3 组为取自禄劝茂山剖面中二叠统的泥灰岩，TOC 值为 3.33%，S_1 值为 1.11mg/g，S_2 值为 13.9mg/g，HI 值为 403mg/g，R_o 值为 0.42%。模拟实验由中国石化无锡石油地质研究所完成，实验设备是无锡石油地质研究所自行研制的地层孔隙热压模拟实验仪，型号为 DK–Ⅲ，实验条件见参考文献 [37]。模拟实验在封闭条件下进行加水热解，起始温度设为 280℃，最高温度为 380℃。所有温度点按 1℃/min 的升温速率升至设定温度，恒温 48 小时，再降温至 150℃ 时收集烃类气体与无机气体产物进行测试分析[37]。

实验结果（图 8）揭示微生物碳酸盐岩的油产率、烃气产率均不亚于灰色泥岩、泥灰岩，具备生烃的潜力，与黑色泥岩相比，虽然不是优质烃源岩，但有规模，可能是现实的烃源岩。模拟实验进一步揭示，微生物碳酸盐岩热解生烃过程中还伴生 CO_2 气体和有机酸的形成，从图8可见，微生物碳酸盐岩的 CO_2 气体产率随温度升高明显增加，也明显高于灰色泥岩和泥灰岩，其意义在于构建了微生物碳酸盐岩地层孔隙水的酸性环境，阻止了埋藏期方解石或白云石胶结物的沉淀，有利于次生孔隙的形成和先存孔隙的保存。

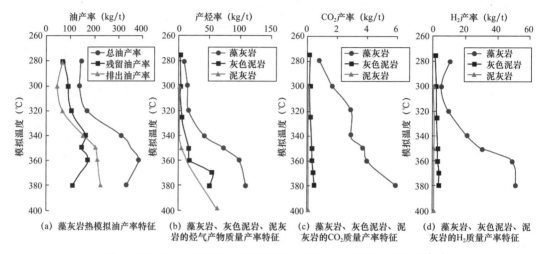

图 8　藻灰岩、灰色泥岩、泥灰岩热解生烃和生酸模拟实验结果[37]

3.4　早期白云石化对孔隙的影响

微生物白云岩早期白云石化有利于孔隙的保存。如前文所述，微生物白云岩是微生物诱导沉淀成因的，埋藏前就已经是富集藻架孔的白云岩，该类白云岩在埋藏环境下经历的压实压溶作用与石灰岩完全不同。首先由于早期白云石化导致的密度加大（大于石灰岩）和早期固结（巴哈马台地现代微生物岩已发生固结），白云岩的抗压实能力要大于石灰岩，这是微生物白云岩能保留更多沉积原生孔的原因之一。其次，微生物白云岩的抗压溶能力远大于石灰岩，在石灰岩中常见的压溶缝合线在白云岩中几乎见不到，这也是埋藏环境下微生物白云岩先存孔隙得到更多保留的重要原因。一个典型的案例是四川盆地龙岗地区飞仙关组 6085～6090m 井段的岩心，在 6088m 处为白云岩（6085～6088m）和石灰岩（6088～6090m）的分界线，白云岩段无缝合线，几乎见不到方解石或白云石胶结物充填，鲕模孔保留完好（图5h），石灰岩段缝合线发育，粒间孔、体腔孔和铸模孔被亮晶方解石完全充填（图5i），压溶的产物为方解石胶结物提供了物源。

4　碳酸盐岩—膏盐岩共生体系储盖组合类型

碳酸盐岩—膏盐岩组合的烃源具有多样性，本文重点讨论储盖组合类型。前已述及，碳酸盐岩—膏盐岩体系发育微生物灰岩/生屑灰岩、微生物白云岩和膏云岩 3 类储层，分盐下和盐上两种背景，理论上应该存在盐下 3 类 7 种储盖组合和盐上 3 类 7 种储盖组合，共有 6 类 14 种储盖组合（表 1），同样是古气候由潮湿→干旱、由干旱→潮湿、由渐变→突变的响应。

表 1　碳酸盐岩—膏盐岩沉积体系储盖组合类型

气候变迁		储层		盖层
气候变化	渐变/突变	类型	岩性	
潮湿→干旱（盐下）	气候突变	石灰岩	微生物灰岩/生屑灰岩	膏盐岩
		白云岩	微生物白云岩 膏云岩 微生物白云岩＋膏云岩	
		石灰岩＋白云岩	微生物灰岩/生屑灰岩＋微生物白云岩 微生物灰岩/生屑灰岩＋膏云岩	
	气候渐变		微生物灰岩/生屑灰岩＋ 微生物白云岩＋膏云岩	
干旱→潮湿（盐上）	气候突变	石灰岩	微生物灰岩/生屑灰岩	致密碳酸盐岩或碎屑岩
		白云岩	微生物白云岩 膏云岩 膏云岩＋微生物白云岩	
		石灰岩＋白云岩	微生物白云岩＋微生物灰岩/生屑灰岩 膏云岩＋微生物灰岩/生屑灰岩	
	气候渐变		膏云岩＋微生物白云岩＋ 微生物灰岩/生屑灰岩	

上述储盖组合中，微生物灰岩/生屑灰岩和微生物白云岩都可以发育成优质储层，以基质孔为主，孔隙连通性好，具高孔隙度高渗透率特征，膏云岩以膏模孔为主，具高孔隙度低渗透率特征。膏盐岩的封盖作用和塑性特征有利于盐下和盐上形成良好的储盖组合[13]。本文重点介绍以下 4 种储盖组合油气藏的案例。

4.1　微生物灰岩/生屑灰岩→微生物白云岩→膏云岩→膏盐岩组合

膏盐岩是非常优质的区域盖层，下伏 3 套碳酸盐岩储层，分别为微生物/生屑灰岩、微生物白云岩和膏云岩储层。烃源可以来自碳酸盐岩—膏盐岩组合体系外，也可部分来自体系内的微生物岩热解。

位于卡塔尔—伊朗境内的全球最大气田 North–Pars 气田属于该类组合[38]（图 9）。该气田位于卡塔尔半岛东北波斯湾浅海内，探明天然气可采储量 $36.73 \times 10^{12} \mathrm{m}^3$。气田主要产层为二叠系 Khuff 组白云岩和微生物灰岩，主要盖层是二叠系中部的 Sudair 组硬石膏层及页岩，主要气源岩是寒武系和奥陶系浅海相泥页岩。非洲古近系 Zeit Bay 和 Ras Fanar 油气田也属于这种类型[11]。

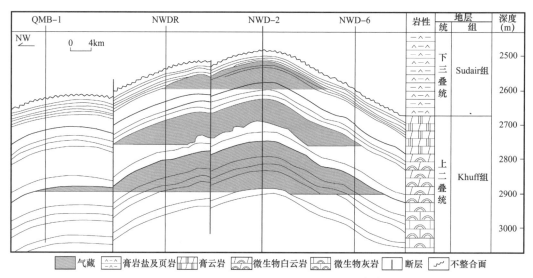

图 9 卡塔尔—伊朗 North–Pars 气藏剖面[38]

4.2 微生物灰岩 / 生屑灰岩→膏盐岩组合

膏盐岩是非常优质的区域盖层，下伏微生物灰岩 / 生屑灰岩储层。烃源主要来自碳酸盐岩—膏盐岩组合之外，组合内的微生物碳酸盐岩可提供少量的烃源。

全球最大的油气田沙特阿拉伯 Ghawar 油气田属于该组合类型[11]（图 10），探明可采储量油 90.11×10^8t，天然气 5.27×10^{12}m³。主要产层为侏罗系 Arab 组微生物灰岩、生屑灰岩、砂屑生屑灰岩，烃源岩主要为下部的 Tuwaiq 组灰质泥岩生油岩，盖层为膏盐岩。中亚—俄罗斯的中二叠统 Tengiz、Korofevskoy、Zhanazhol、Urikhtau、Karachaganak 油气田也属于这种类型[39]。

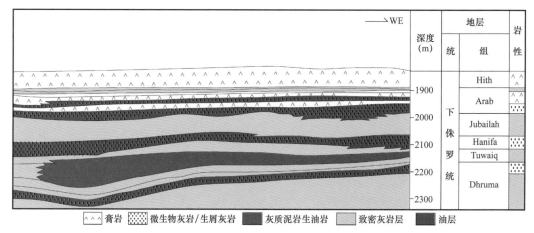

图 10 沙特阿拉伯 Ghawar 油气田剖面[11]

4.3 微生物白云岩→膏云岩→膏盐岩组合

膏盐岩是非常优质的区域盖层，下伏微生物白云岩和膏云岩两套储层，两套白云岩储层可以同时出现，也可能只出现一套。烃源可以来自于碳酸盐岩—膏盐岩组合体系外，也可部分来自体系内的微生物碳酸盐岩热解。

亚太油气区中三叠统 Wuolonghe 油气田和下奥陶统 Jingbian 油气田属于该组合类型[38]，中国四川盆地嘉陵江组和雷口坡组气藏[40]、鄂尔多斯盆地马家沟组中组合（马五6亚段—马五10亚段）气藏也属于这种组合类型[6]（图11），塔里木盆地寒武系盐下白云岩属于这类勘探领域。鄂尔多斯盆地马家沟组中组合探明天然气地质储量 $2007 \times 10^8 m^3$。

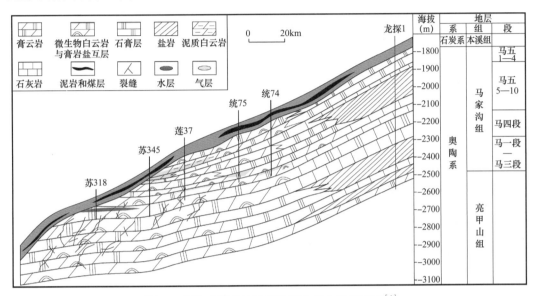

图11 鄂尔多斯盆地马家沟组中组合气藏剖面[6]

4.4 膏云岩→微生物白云岩→致密碳酸盐岩或碎屑岩组合

前3种储盖组合是古气候由潮湿变干旱背景下的组合类型。在古气候由干旱变潮湿背景下形成的岩性组合序列中，膏盐岩→膏云岩→微生物白云岩与上覆致密碳酸盐岩或碎屑岩形成的储盖组合中也有油气藏发现。在这种组合中，储层为膏云岩与微生物白云岩，盖层为致密碳酸盐岩或细粒碎屑岩地层，而非膏盐岩层，由于下伏膏盐岩层的隔挡作用，烃源主要来自上覆的新地层。

鄂尔多斯盆地马家沟组上组合（马五1亚段—马五4亚段）属于膏盐岩→膏云岩→微生物白云岩→细粒碎屑岩组合的气藏[41]（图12），以膏云岩储层为主，膏模孔是主要储集空间，气源被认为主要来自上覆石炭系沼泽相沉积，盖层为石炭系细粒碎屑岩，探明天然气地质储量 $6547 \times 10^8 m^3$。

从目前掌握的资料和油气发现统计来看，碳酸盐岩—膏盐岩体系绝大多数的油气藏分布于以上4种储盖组合中，显然与地质历史时期古气候变迁的内在规律有关。通过以上研究揭示微生物灰岩/生屑灰岩→微生物白云岩→膏云岩→膏盐岩组合、微生物灰岩/生屑灰岩→膏盐岩组合、微生物白云岩→膏云岩→膏盐岩组合和膏云岩→微生物白云岩→致密碳酸盐岩或碎屑岩组合是现实的储盖组合，勘探前景值得期待，但不能排除其他储盖组合油气藏的存在，这也正是该沉积体系储盖组合研究的意义所在。

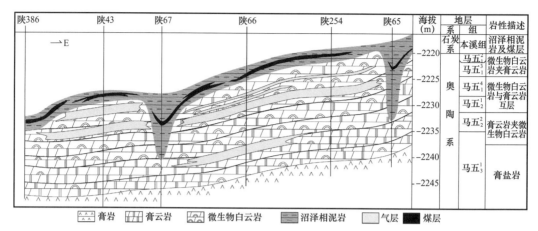

图12 鄂尔多斯盆地马家沟组上组合气藏剖面[41]

5　结论

本文在全球碳酸盐岩油气藏调研的基础上，解剖了国内外4个碳酸盐岩—膏盐岩剖面，取得了以下3个方面的认识。

潮湿气候→干旱气候的变迁决定了碳酸盐岩—膏盐岩体系岩性序列，由微生物灰岩/生屑灰岩→微生物白云岩→膏云岩→膏盐岩变化的必然趋势，反之亦然，其间气候的突变会导致某种岩性的缺失。

碳酸盐岩—膏盐岩共生体系发育沉淀和交代两种成因的白云岩和微生物灰岩/生屑灰岩、微生物白云岩和膏云岩3类储层。微生物白云岩之所以能成为优质储层是由于微生物早期降解和微生物岩晚期热解形成的 CO_2 和有机酸具有溶蚀作用，有利于孔隙的发育，早期白云石化作用有利于孔隙的保持。

建立了碳酸盐岩—膏盐岩体系盐下和盐上两种背景下6类14种储盖组合类型，目前的油气发现主要位于4种储盖组合中，包括微生物灰岩/生屑灰岩→微生物白云岩→膏云岩→膏盐岩组合、微生物灰岩/生屑灰岩→膏盐岩组合、微生物白云岩→膏云岩→膏盐岩组合和膏云岩→微生物白云岩→致密碳酸盐岩或碎屑岩组合，这与地质历史时期古气候变迁的内在规律有关。通过已发现油气藏的储盖组合解剖，揭示在碳酸盐岩—膏盐岩体系中以上4种组合是现实的储盖组合，勘探前景值得期待，但不能排除其他储盖组合油气藏的存在，这也正是该沉积体系储盖组合研究的意义所在。

参 考 文 献

[1] Liu H, Tan X, Li Y, et al. Occurrence and conceptual sedimentary model of Cambrian gypsum–bearing evaporites in the Sichuan Basin, SW China [J]. Geoscience Frontiers, 2018, 9 (4): 1179–1191.

[2] Andreeva V P. Middle Devonian (Givetian) supratidal sabkha anhydrites from the Moesian Platform (Northeastern Bulgaria) [J]. Carbonates and Evaporites, 2015, 30 (4): 439–449.

[3] Abrantes F R, Nogueira A C R, Soares J L. Permian paleogeography of west-central Pangea : Reconstruction using sabkha-type gypsum-bearing deposits of Parnaíba Basin, Northern Brazil [J].

Sedimentary Geology, 2016, 341（15）：175-188.

［4］Kasprzyk A. Sedimentological and diagenetic patterns of anhydrite deposits in the Badenian evaporite basin of the Carpathian foredeep, southern Poland［J］. Sedimentary Geology, 2003, 158（3）：167-194.

［5］王淑丽，郑绵平. 我国寒武系膏盐岩分布特征及其对找钾指示［J］. 矿床地质，2012，31（S1）：487-488.

［6］孙玉景，周立发. 鄂尔多斯盆地马五段膏盐岩沉积对天然气成藏的影响［J］. 岩性油气藏，2018，30（6）：67-75.

［7］魏水建，冯琼，冯寅，等. 川东北通南巴地区三叠系膏盐岩盖层预测［J］. 石油实验地质，2011，33（1）：81-86.

［8］许丽，李江海，王洪浩，等. 库车坳陷大北地区古近纪沉积特征及盐湖演化［J］. 特种油气藏，2016，23（5）：56-61.

［9］刘朝全，姜学峰. 2016年国内外油气行业发展报告［R］. 北京：石油工业出版社，2016.

［10］穆龙新. 全球油气勘探开发形势及油公司动态（2017）［M］. 北京：石油工业出版社，2017.

［11］卫平生，蔡忠贤，潘建国，等. 世界典型碳酸盐岩油气田储层［M］. 北京：石油工业出版社，2018.

［12］蔡习尧，李越，钱一雄，等. 塔里木板块巴楚隆起区寒武系盐下勘探潜力分析［J］. 地层学杂志，2010，34（3）：283-288.

［13］胡素云，石书缘，王铜山，等. 膏盐环境对碳酸盐岩层系成烃、成储和成藏的影响［J］. 中国石油勘探，2016，21（2）：20-27.

［14］Liu Wenhui, Zhao Heng, Liu Quanyou, et al. Significance of gypsum-salt rock series for marine hydrocarbon accumulation［J］. Petroleum Research, 2017, 2（3）：222-232.

［15］陈娅娜，沈安江，潘立银，等. 微生物白云岩储层特征、成因和分布：以四川盆地震旦系灯影组四段为例［J］. 石油勘探与开发，2017，44（5）：704-715.

［16］吴世祥，李宏涛，龙胜祥，等. 川西雷口坡组碳酸盐岩储层特征及成岩作用［J］. 石油与天然气地质，2011，32（4）：542-550.

［17］卓勤功，赵孟军，李勇，等. 膏盐岩盖层封闭性动态演化特征与油气成藏：以库车前陆盆地冲断带为例［J］. 石油学报，2014，35（5）：847-856.

［18］王海云，金鑫，陈小青. 蒸发岩地层成因及与油气藏的关系浅析［J］. 国外测井技术，2013，34（2）：53-56.

［19］林良彪，郝强，余瑜，等. 四川盆地下寒武统膏盐岩发育特征与封盖有效性分析［J］. 岩石学报，2014，30（3）：718-726.

［20］李永豪，曹剑，胡文瑄，等. 膏盐岩油气封盖性研究进展［J］. 石油与天然气地质，2016，37（5）：634-643.

［21］Tazi L, Breakwell D P, Harker A R, et al. Life in extreme environments：Microbial diversity in Great Salt Lake, Utah［J］. Extremophiles, 2014, 18（3）：525-535.

［22］Folk R L, Land L S. Mg/Ca ratio and salinity：Two controls over crystallization of dolomite［J］. AAPG Bullutin, 1975, 59：60-68.

［23］赵文智，沈安江，乔占峰，等. 白云岩成因类型、识别特征及储集空间成因［J］. 石油勘探与开发，2018，45（6）：923-935.

［24］Land L S. Failure to precipitate dolomite at 25 ℃ from dilute solution despite 1000–fold oversaturation after 32 years［J］. Aquatic Geochemistry, 1998, 4（3）: 361–368.

［25］Vasconcelos C, Mckenzie J A, Bernasconi S, et al. Microbial mediation as a possible mechanism for natural dolomite formation at low temperatures［J］. Nature, 1995, 377（6546）: 220–222.

［26］Warthmann R, Vasconcelos C, Sass H, et al. Desulfovibrio brasiliensis sp. nov., a moderate halophilic sulfate–reducing bacterium from Lagoa Vermelha（Brazil）mediating dolomite formation［J］. Extremophiles, 2005, 9（3）: 255–261.

［27］Kenward P A, Ueshima M U, Fowle D A. Ordered low–temperature dolomite mediated by carboxyl–group density of microbial cell walls［J］. AAPG Bulletin, 2013, 97（11）: 2113–2125.

［28］苏中堂, 陈洪德, 徐粉燕, 等. 鄂尔多斯盆地马家沟组白云岩成因及其储集性能［J］. 海相油气地质, 2013, 18（2）: 15–22.

［29］陈莉琼, 沈昭国, 侯方浩, 等. 四川盆地三叠纪蒸发岩盆地形成环境及白云岩储层［J］. 石油实验地质, 2010, 32（4）: 334–340.

［30］沈安江, 郑剑锋, 陈永权, 等. 塔里木盆地中下寒武统白云岩储层特征、成因及分布［J］. 石油勘探与开发, 2016, 43（3）: 340–349.

［31］沈安江, 赵文智, 胡安平, 等. 海相碳酸盐岩储层发育主控因素［J］. 石油勘探与开发, 2015, 42（5）: 545–554.

［32］赵文智, 沈安江, 郑剑锋, 等. 塔里木、四川及鄂尔多斯盆地白云岩储层孔隙成因探讨及对储层预测的指导意义［J］. 中国科学: 地球科学, 2014, 44（9）: 1925–1939.

［33］赵文智, 沈安江, 胡素云, 等. 中国碳酸盐集层岩储大型化发育的地质条件与分布特征［J］. 石油勘探与开发, 2012, 39（1）: 1–12.

［34］IHS ENERGY. Global Upstream Performance Review［DB/CD］. Houston: IHS Inc, 2016.

［35］童晓光, 张光亚, 王兆明, 等. 全球油气资源潜力与分布［J］. 石油勘探与开发, 2018, 45（4）: 727–736.

［36］刘文汇, 腾格尔, 王晓锋, 等. 中国海相碳酸盐岩层系有机质生烃理论新解［J］. 石油勘探与开发, 2017, 44（1）: 155–164.

［37］佘敏, 胡安平, 王鑫, 等. 湖相叠层石生排烃模拟及微生物碳酸盐岩生烃潜力［J］. 中国石油大学学报（自然科学版）, 2019, 43（1）: 12–22.

［38］Aleklett K. The global oil and gas factory［M］. New York: Springer, 2012.

［39］甘克文. 概论全球油气分布［J］. 石油科技论坛, 2007, 26（3）: 27–32.

［40］蒲莉萍, 张哨楠, 王泽发, 等. 四川中坝气田雷口坡组成藏条件及油气主控因素［J］. 四川地质学报, 2014, 34（1）: 53–57.

［41］李伟, 涂建琪, 张静, 等. 鄂尔多斯盆地奥陶系马家沟组自源型天然气聚集与潜力分析［J］. 石油勘探与开发, 2017, 44（4）: 521–530.

原文刊于《石油勘探与开发》, 2019, 46（5）: 916–928.

华北克拉通南缘长城系裂谷特征与油气地质条件

王　坤　王铜山　汪泽成　罗　平　李秋芬　方　杰　马　奎

（中国石油勘探开发研究院）

摘　要：华北克拉通广泛发育中—新元古界，其中又以长城系分布最为广泛。以华北克拉通南缘长城系为研究对象，通过同位素年代学及岩石学综合分析，认为熊耳裂谷为响应于 Columbia 超大陆裂解的地幔柱裂谷。地震资料显示被显生宇覆盖的鄂尔多斯盆地南部及沁水盆地均发育长城系裂谷，分别为大型箕状断陷型裂谷和地堑型裂谷。航磁资料揭示熊耳裂谷以西发育 NE 向裂谷，沁水盆地裂谷属于熊耳裂谷北支的延伸。长城系裂谷的充填过程可分为 4 个阶段：裂陷早期发育巨厚安山质火山岩，裂陷晚期发育大套粗碎屑沉积岩，坳陷期发育细粒沉积岩，陆表海期开始沉积碳酸盐岩。坳陷期崔庄组和陈家洞组发育暗色泥岩，其中崔庄组黑色页岩为有效烃源岩。洛峪口组白云岩裂缝中可见沥青充填，龙家园组见溶蚀孔及大型溶洞。中—下寒武统泥质砂岩、泥质灰岩可作为有效的盖层，与下伏崔庄组烃源岩、洛峪群储层构成长城系潜在成藏组合，该组合现今仍可能有效。

关键词：鄂尔多斯盆地；长城系；裂谷；发育特征；充填序列；成藏组合

1　问题的提出

尽管在 3.8Ga 之前就已经有沉积岩的出现[1]，并且在 3.5Ga 的叠层石中就已有原核生物的出现[2]，但与沉积作用和沉积岩密切相关的油气资源，在很长的一段时期内，被认为只能形成于显生宇[3-4]。1960 年之后，在全球前寒武系中已发现数十处原生（古）油藏，油气均由前寒武纪烃源岩生成，且其中大部分（古）油气藏和烃源岩发现于元古宇[5-7]。如加蓬 Franceville 盆地古元古界烃源岩，西伯利亚克拉通的中—新元古界油气藏等[8]。中国四川盆地安岳大气田震旦系灯影组中的天然气被认为部分来自震旦系陡山沱组[9]，燕山地区冀北坳陷待建系下马岭组中发现了中国最古老的古油藏[10]，表明中国前寒武系，特别是中—新元古界含油气系统的有效性已经得到证实[11-12]。

基金项目：国家重点研发计划项目（2016YFC0601002）；中国石油勘探开发研究院超前基础研究项目（2015yj-09）

华北克拉通在1.90～1.85Ga完成了最终的克拉通化（吕梁运动），之后在结晶基底之上沉积了中—新元古界[13-15]。中元古界自下而上划分为长城系、蓟县系和待建系[16]，其中长城系在华北克拉通的分布最为广泛[17]。根据野外露头和地层年代学的研究，华北克拉通在中—新元古代共发育熊耳、北缘、燕辽、徐淮4大裂谷[18]（图1）。其中徐淮裂谷形成于新元古代青白口纪[19-21]，故笔者不对其进行讨论。

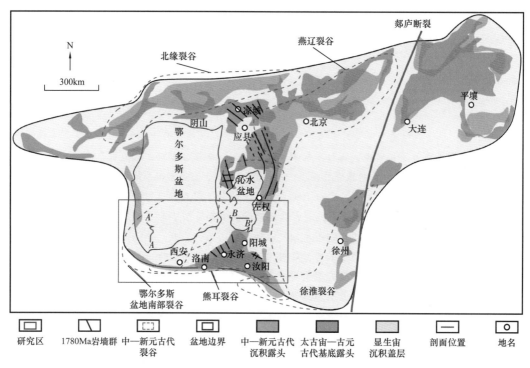

图1　华北克拉通中—新元古代裂谷与地层分布（据文献［13，19］修改）

位于克拉通南缘的熊耳裂谷出露较多[22]，熊耳裂谷长城系在永济—阳城—汝阳地区自下而上分别发育熊耳群、汝阳群、洛峪群；在秦岭造山带北缘洛南—熊耳山地区长城系自下而上分别发育熊耳群、高山河群[13]（图2）。以往很多学者将以白云岩为主体岩性的洛峪群、官道口群（图2）划归蓟县系（1.6～1.4Ga）。但苏文博等[23-24]发表了1.61Ga的洛峪口组凝灰岩夹层锆石U-Pb年龄，并且认为洛峪口组与上覆龙家园组界限附近的砾石形成于潮间带环境，并无明显沉积间断。据此将整个洛峪群下拉到长城系，在时代上对应于燕辽裂谷大红峪组与高于庄组之间的平行不整合。陕南地区的官道口群目前尚未有地层年代数据发表，笔者仍按照前人观点将其划归蓟县系。

目前对于裂谷充填序列的演变规律，显生宇覆盖区长城系裂谷的空间展布与发育时代，以及裂谷内是否发育潜在的成藏组合等问题，前人的研究还较少。笔者以华北克拉通南缘长城系为例，厘定了裂谷的发育时代，分析了裂谷的发育样式和空间展布；并以野外露头为基础，结合钻井资料，论述了长城纪裂谷的充填序列和潜在成藏组合。

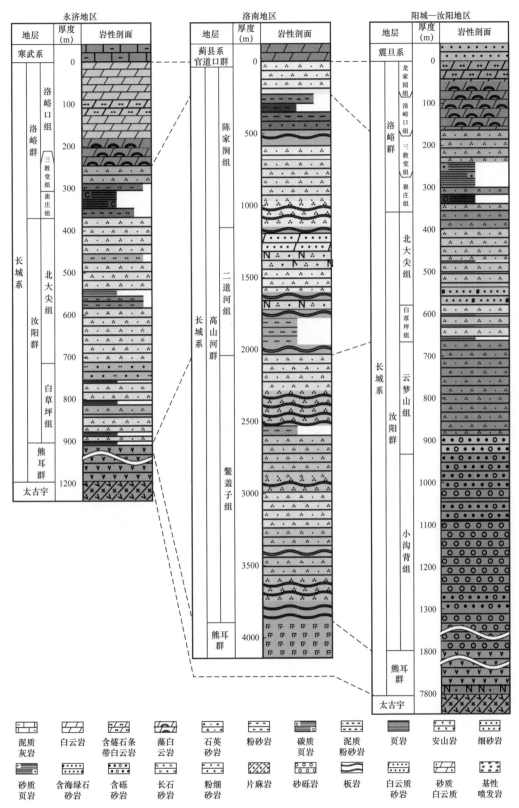

图 2　华北克拉通南缘中—新元古代地层柱状图[13, 35-36]

2 长城纪裂谷与 Columbia 超大陆裂解

Piper 基于古地磁数据最早提出了中元古代存在的 Columbia 超大陆[25]，该超大陆被认为存在于 1.9~1.5Ga，从约 1.6Ga 开始发生裂解并一直持续到 1.4Ga[26-27]。国际地层委员会据此将 1.6Ga 作为中元古代的底界年龄。而中国一直将 1.8Ga 作为中元古代的开始时间，长城纪时限为 1.8~1.6Ga[13]。作为熊耳裂谷最下部的地层序列，熊耳群为一套厚度 3~7km 的火山岩系，自下而上分别为大古石组、许山组、鸡蛋坪组和马家河组。除大古石组为紫红色含砾砂岩、砂岩外，其余各组岩性以安山岩为主。这一火山岩多被认定为是拉斑系列[28-29]，经历了地壳混染和分离结晶[29]。熊耳群下部太古宇太华群的变质年龄约为 1.84Ga[30]；熊耳群岩浆岩和侵入马家河组顶部的石英闪长岩的锆石 U–Pb 年龄均在约 1.78Ga[30-33]；大古石组碎屑锆石的年龄将其沉积时代限定在 1.8Ga 之后[34]。另外，熊耳裂谷北段吕梁山地区太古宇吕梁群之上汉高山群中段小两岭组以火山岩为主，其锆石 U–Pb 年龄也约为 1.78Ga[22]，因此可以将熊耳裂谷启动的时间限定在 1.80~1.78Ga。

拉斑岩系和约 1.78Ga 的岩墙群的出现表明华北克拉通的开裂早于 Rogers 和 Santosh[26] 所认为的 Columbia 超大陆开始解体的时间。Peng 依据地幔柱岩浆岩的判别标准，认为熊耳裂谷为响应于 Columbia 超大陆裂解的地幔柱裂谷[37-38]，其依据包括：（1）火山作用之前存在抬升事件；（2）具有放射状几何形态的基性岩墙群（图 1）；（3）很大空间尺度上的火山岩层具有对比性；（4）岩浆活动晚期出现具有地幔柱产物的岩墙群。这表明 Columbia 超大陆在约 1.8Ga 就已发生区域性裂解，华北克拉通长城系为这一全球性事件的产物。

3 裂谷发育特征

3.1 裂谷发育样式

依据中—新元古界露头可基本落实熊耳裂谷的展布范围，但显生宙强烈的造山运动使裂谷原始形态特征及发育样式丧失殆尽。华北克拉通南缘多被显生宙沉积盖层所覆盖，如鄂尔多斯盆地南部和沁水盆地等。这些地区无长城系野外露头资料，需利用钻井及地震资料来确定是否发育长城系裂谷。另外，这些地区更加靠近克拉通内部，受后期构造运动的破坏相对较少，更利于开展裂谷发育样式的研究。

3.1.1 鄂尔多斯盆地南部裂谷

研究区内有多口钻井钻遇长城系，但均未钻穿，进尺最大的宁探 1 井揭示了约 600m 厚的洛峪口组白云岩，宜探 1 井等则钻揭北大尖组石英砂岩。据此可知熊耳裂谷以西，鄂尔多斯盆地南部显生宇覆盖区发育长城系裂谷。笔者利用沁水盆地和鄂尔多斯盆地二维地震资料对克拉通南缘显生宇覆盖区的裂谷发育样式进行研究。

地震剖面显示，鄂尔多斯盆地南部长城系裂谷（南部裂谷）为 NE 向的多条大型箕状断陷型裂谷组成的裂谷群，单个裂谷的宽度最大可达 200km 以上，边界断层呈铲式发育，断层倾角向深部逐渐变缓（图 3a）。若长城系按 5500m/s 的地震波传播速度计算，南部裂谷陡坡带一侧长城系最厚约 8km，这与野外露头资料所得到的熊耳裂谷长城系厚度（7850m）可对比。靠近缓坡带一侧长城系厚度减薄明显。受地震资料时间域范围的约束，无法对箕状裂谷边界断层进行完整成像。由于熊耳裂谷为地幔柱上隆所形成，可推测位于熊耳裂谷以西的南部裂谷，受地壳差异抬升的影响，地壳发生简单剪切而发育铲式断层（图 3c）。

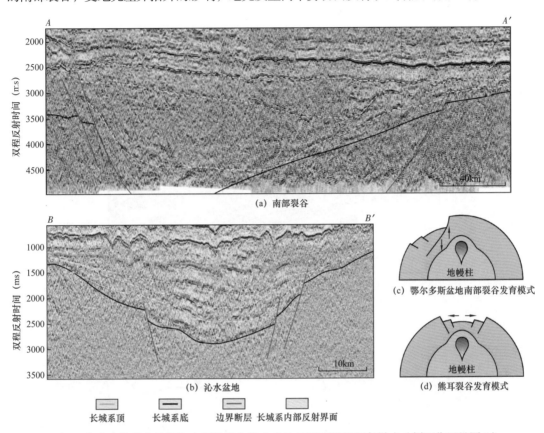

(a) 南部裂谷

(b) 沁水盆地

(c) 鄂尔多斯盆地南部裂谷发育模式

(d) 熊耳裂谷发育模式

长城系顶　长城系底　边界断层　长城系内部反射界面

图 3　华北克拉通南缘鄂尔多斯盆地与沁水盆地长城系裂谷发育样式（剖面位置见图 1）

3.1.2　沁水盆地裂谷

沁水盆地二维地震剖面可识别出近 NS 向的长城系裂谷。裂谷的形态与鄂尔多斯盆地南部裂谷存在差异，表现为东西近对称的地堑，断层较陡直，宽度约 65km（图 3b）。目前沁水盆地尚未有井钻遇前寒武系，根据南部裂谷和熊耳裂谷的地层发育情况，推测该裂谷应为中元古代裂谷。由于华北克拉通南缘尚未见有报道 1.6～1.4Ga 的岩浆锆石年龄，且缺乏蓟县系发育的确凿证据，故推测沁水盆地裂谷的发育时间为长城纪。依据地震解释方案，裂谷中心长城系厚度超过 3km，向裂谷两翼地层逐步上超减薄。从裂谷的空间分布关系看，沁水盆地裂谷属于露头资料所圈定的熊耳裂谷北支，故推测地幔拱张所形成的纯剪切应力导致了近对称的地堑型裂谷的发育（图 3d）。

3.2　裂谷空间展布

作为华北克拉通中元古代最早响应于 Columbia 超大陆裂解的裂谷，1.78Ga 的拉斑系列火山岩是识别熊耳裂谷最直接的依据。依据露头可以大体勾勒出熊耳裂谷的三叉式形态，其中 2 支与克拉通南部边界平行，1 支向北延伸至吕梁山地区。目前单纯依靠钻井及地震资料还无法实现对裂谷空间展布的准确预测。由于沉积盖层与基底火山岩及高级变质岩的磁化率存在明显差异（沉积岩具有很低的磁化率而岩浆岩、高级变质岩的磁化率较高），使得利用航磁资料预测深部沉积盖层成为可能。笔者以航磁资料为基础（图4），结合钻井、地震资料编制了华北克拉通南缘长城系平面等厚度图（图5）。

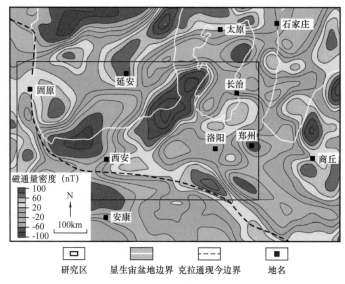

图4　华北克拉通南缘通航磁异常分布（向上延拓10km）

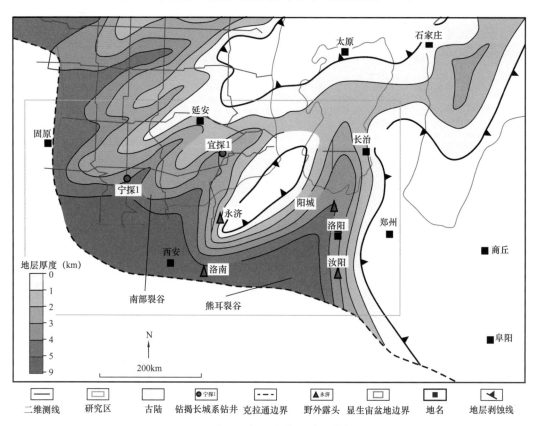

图5　华北克拉通南缘长城系分布

熊耳裂谷更靠近秦岭造山带，长城系多次被抬升至地表并且发生了不同程度的变质作用，加之其底部发育一套磁化率较高的安山质喷发岩，使其在局部显示出中—高强度的磁化率。沁水盆地裂谷整体表现出中—低强度的磁化率，并且与熊耳裂谷之间无强磁分隔带。吕梁山地区的野外露头资料证实熊耳裂谷北支已延伸至沁水盆地附近，因此沁水盆地裂谷应为熊耳裂谷向北的延伸，其裂谷规模及长城系厚度均小于熊耳裂谷核心部位。

南部裂谷与熊耳裂谷之间存在强磁异常带，南部裂谷表现为 NE 向的弱磁异常带，在鄂尔多斯盆地西南部磁化率最低，向 NE 向略有增强。极低的磁化率表明南部裂谷的火山活动很弱，近 8km 厚的长城系以沉积岩为主。根据航磁资料，熊耳裂谷与南部裂谷在沁水盆地裂谷附近相连并继续向 NE 向延伸，推测其可能延伸至燕辽裂谷。南部裂谷以北发育 NE 向展布的中—高磁异常区，钻井及地震资料证实在固原—延安一线基底发生隆起，长城系厚度变薄，推测该区为裂谷间隆起，中等的磁化率可能与变质基底埋藏浅有关。该凸起带沿 NE 向至太原以北磁化率逐渐增强，地震资料显示该地区并无长城系发育，为基底的磁化率响应。

4 裂谷充填序列

由于取心资料少，长城系裂谷沉积充填序列的研究仍以野外露头为主。其中永济地区与阳城—汝阳地区露头分别代表了南部裂谷与熊耳裂谷的地层充填序列，洛南地区露头位于两裂谷结合部，同时更靠近克拉通边缘。这 3 个露头区的岩性发育特征具有足够的代表性，能够代表华北克拉通南缘长城纪裂谷的地层发育情况。根据长城系岩石类型的差异及岩相变化规律，可将华北克拉通南缘长城系裂谷的充填过程划分为 4 个阶段，分别为裂陷早期、裂陷晚期、坳陷期及陆表海期，其记录了裂谷环境从初始形成到壮大再到萎缩和消亡的全过程。

4.1 裂陷早期

裂陷早期阶段裂谷以充填巨厚的熊耳群火山岩系为特征，最下部为大古石组碎屑岩。阳城地区野外露头显示在太古界片麻岩基底角度不整合之上，大古石组为一套厚度不足50m 的陆源碎屑建造。底部为厚层砾岩，主体岩性为紫灰、紫红色岩屑砂岩、岩屑长石砂岩（图 6a、图 7a）。底砾岩以及大量长石、岩屑的出现表明其为华北克拉通裂解初期，未发生大规模海侵之前的冲积扇—扇三角洲沉积，具有近源快速堆积的特征。大古石组的元素地球化学特征也支持其为陆相环境[39]。大古石组之上发育巨厚火山岩沉积，厚度近6km，该套火山岩下部可见枕状玄武岩及多套片岩夹层（图 6b），表明此时海侵已到达熊耳裂谷。洛南地区长城系熊耳群出露不全，出露岩性以玄武质火山岩为主，这与阳城地区的枕状熔岩可对比，但厚度更大，显示其更靠近地幔柱的核心。永济地区野外露头靠近南部裂谷，对于熊耳群的出露并不完整，但根据航磁资料分析，该地区仍发育巨厚火山岩系。永济地区以西较低的航磁异常表明南部裂谷主体并无巨厚火山岩系发育。推测其原因为：（1）距地幔柱裂谷核心相对较远，火山活动较熊耳裂谷弱；（2）缺乏火山喷发，具有更大的可容纳空间接受巨量的碎屑沉积。总体上，裂陷早期阶段在经历短暂的地壳初始开

(a) 熊耳群大古石组紫红色中层岩屑砂岩，阳城露头

(b) 熊耳群马家河组枕状熔岩，阳城露头

(c) 汝阳群小沟背组上部砂砾岩、石英质砾石，汝阳露头

(d) 汝阳群云梦山组紫红色中—薄层岩屑石英砂岩，汝阳露头

(e) 汝阳群北大尖组灰绿色薄层泥质粉砂岩与上覆粉红色厚层石英砂岩，永济露头

(f) 汝阳群崔庄组黑色碳质页岩，永济露头

(g) 洛峪群洛峪口组砖红色含柱状叠层灰质白云岩，永济露头

(h) 洛峪群龙家园组灰白色薄层—块状白云岩，永济露头

图 6　华北克拉通南缘长城系野外露头特征（以永济—阳城—汝阳地层分区为例）

裂之后，随着地幔柱的快速上隆，岩石圈剧烈拉张减薄，大量岩浆物质沿三叉裂谷喷发至地表和海底，海水开始间歇性侵入。

4.2 裂陷晚期

裂陷晚期阶段以沉积厚度超千米的粗碎屑沉积为特征，在汝阳地区为小沟背组和云梦山组，在洛南地区为高山河群鳖盖子组。汝阳地区小沟背组厚度近900m，岩性以紫红色砾岩、砂砾岩及砂岩为主（图6c），底部以一套底砾岩与熊耳群不整合接触。小沟背组下部砾石含量高，呈次棱角状，局部呈叠瓦状分布，整体表现出洪冲积扇的沉积特征。中—上部石英质砾石及砂岩含量逐渐增多，主要为中—粗砂，并以长石砂岩及岩屑长石砂岩为主。砂砾岩与砂岩中发育大型交错层理及分流河道冲刷形成的沟槽，指示环境逐渐演变为辫状河道—辫状河三角洲相沉积。云梦山组与小沟背组成角度不整合接触。岩性以紫红色石英砂岩夹粉砂岩为主（图6d、图7b），底部为一套砂砾岩。云梦山组砂岩石英含量高于小沟背组，该组广泛发育大型交错层理、分流河道冲刷形成的透镜状沟槽、向上变粗的反粒序结构，显示其主要为辫状河三角洲相沉积。

一般而言，辫状河及其所形成的三角洲以较低的成分成熟度和分选性为特征。但云梦山组在辫状河三角洲环境下发育了较高石英含量的砂岩，推测其原因是1.7Ga前的大气圈—水圈特征明显区别于现今。中元古代大气氧含量不大于4%PAL（现今大气氧气浓度）[40]，CO_2分压远大于显生宙，其所带来的温室效应、湿热气候也明显强于显生宙，从而形成更强的风化作用[41]，使碎屑物质可以在相对较短的搬运距离内达到较高的成熟度。另外，元古代植物的缺乏、湿热的气候和强风化作用也会造成地表径流量大、水流载荷高、河床泛滥频繁，河流整体以辫状河为主，曲流河难以稳定发育[42]。这种元古代特殊的大气圈—水圈条件导致小沟背与云梦山组普遍以辫状河道及其所形成的三角洲沉积为主，并且在距离源区相对较近的条件下形成较高成熟度的石英砂岩沉积。

洛南地区鳖盖子组以大套石英岩与板岩互层为主要特征，沉积厚度巨大。板岩的原岩主要为泥质粉砂岩及粉砂岩，与石英岩构成多个向上变浅的反旋回序列，为滨岸环境。巨厚的沉积厚度表明该地区已经形成被动陆缘环境。永济地区缺乏小沟背组—云梦山组沉积，表明克拉通南缘裂陷晚期阶段的裂陷规模有所减弱，只在地幔柱中心地带及持续受剪切应力作用的南部裂谷中心地带继续发生地壳的开裂，其他地区裂陷早期形成的可容纳空间多被早期沉积作用和火山活动所充填。

4.3 坳陷期

坳陷期阶段以沉积石英砂岩、粉砂岩、泥页岩为主要特征，在永济、阳城—汝阳地区沉积白草坪组、北大尖组、崔庄组与三教堂组，洛南地区为高山河群陈家涧组和二道河组。白草坪组整体为一套肉红色、白色石英砂岩夹紫红色、灰绿色粉砂岩、页岩沉积，与下伏云梦山组或熊耳群火山岩呈角度不整合接触。镜下可见石英砂岩中石英含量在85%以上，分选磨圆度逐步变好（图7c）。石英砂岩的出现表明滨岸环境开始发育，波浪作用增强。北大尖组厚层—块状石英砂岩（图7d）具反韵律相序结构，与灰绿色薄层粉砂岩、泥质粉砂岩构成多个临滨—前滨沉积旋回（图6e）。至崔庄组下部开始发育灰绿色薄层泥

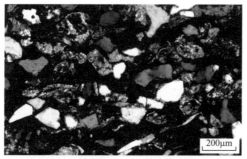

(a) 大古石组岩屑砂岩，主要骨架碎屑成分为石英、长石、岩屑和白云母，阳城露头，正交光

(b) 云梦山组长石石英砂岩，骨架碎屑成分为石英、长石，含少量白云母，阳城露头，正交光

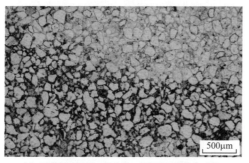

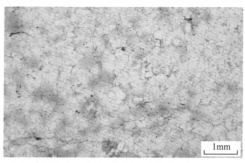

(c) 百草坪组细粒石英砂岩，骨架碎屑成分为石英，发育石英次生加大边，永济露头，单偏光

(d) 百草坪组细—中粒石英砂岩，骨架碎屑成分为石英，含少量黏土矿物，发育石英次生加大，永济露头，单偏光

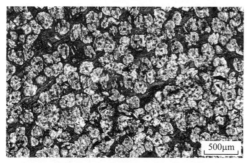

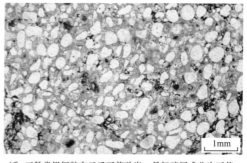

(e) 崔庄组亮晶砂屑白云岩透镜体，粒屑为亮晶砂屑球粒，填隙物以含黏土的泥晶白云石为主，永济露头，单偏光

(f) 三教堂组细粒白云质石英砂岩，骨架碎屑成分为石英，次生加大不明显，白云石胶结，永济露头，单偏光

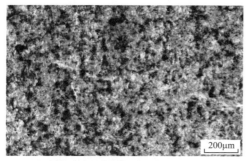

(g) 洛峪口组中晶含方解石白云岩，晶粒呈他形，永济露头，单偏光

(h) 龙家园组粉晶白云岩，见细—中晶石英晶体，永济露头，单偏光

图 7　华北克拉通南缘长城系岩石学特征（以永济—阳城—汝阳地层分区为例）

质粉砂岩，中段发育黑色页岩（图6f），页岩厚度在永济和汝阳地区存在差异。黑色页岩中可见风暴成因的亮晶砂屑白云岩（图7e），向上粉砂质含量逐渐增多，与上覆三教堂组石英砂岩（图7f）整合接触。黑色页岩的出现表明此时海侵作用达到最大，海水已沿裂谷深入到克拉通内部，形成浅海陆棚环境。

洛南地区二道河组下部以灰绿色泥板岩为主，夹中—薄层长石砂岩，向上至陈家涧组下部，岩性主要以石英砂岩、长石砂岩及白云质砂岩为主，夹灰绿色板岩。上部岩性组合可与北大尖组对比，灰绿色板岩与砂岩构成了多个滨岸沉积旋回。陈家涧组中部发育厚层灰绿色板岩、粉砂岩及泥岩，细粒岩沉积的出现表明此时海侵规模达到最大，可与永济及汝阳地区的崔庄组对比。陈家涧组顶部的块状石英砂岩据此可与三教堂组对比，指示了小规模的相对海平面下降。

4.4 陆表海期

随着汝阳群及洛峪群被划归长城系，表明在长城纪晚期华北克拉通南缘就已出现陆表海环境，但分布仅局限在裂谷发育区内。永济地区洛峪口组下部为中晶含方解石白云岩，广泛发育柱状叠层石（图6g），薄片下可见颗粒幻影和少量富有机质条带（图7g），综合推测其为潮下高能环境。目前对于长城纪海水的碳、氧同位素组成尚无系统数据发表，海侵规模最大时期崔庄组中的泥晶白云石胶结物（图7e）可反映开阔海条件下原生白云石的氧同位素特征，据此可推测长城纪正常海水原生白云石的氧同位素 $\delta^{18}O$（PDB）分布范围为 -6.89‰～-4.52‰。4块洛峪口组下部样品的氧同位素 $\delta^{18}O$ 值（-5.27‰～-3.99‰）基本在此范围之内（表1），表明此时克拉通南缘为海水循环良好的潮下环境。龙家园组主体岩性为灰白色、灰色粉细晶白云岩（图7h），见丘状叠层石。单层厚度及晶粒大小显示出多个水体向上变浅的反旋回（图6h），推测为碳酸盐岩滩。4块龙家园组样品的氧同位素 $\delta^{18}O$ 值分布范围（-6.47‰～-3.89‰）显示海水循环良好（表1），为开阔台地环境。

表1　永济露头长城系汝阳群及洛峪群碳酸盐岩氧同位素特征

层位	样品号	岩性	$\delta^{18}O$（‰）	层位	样品号	岩性	$\delta^{18}O$（‰）	层位	样品号	岩性	$\delta^{18}O$（‰）
龙家园组	LYK-1	中晶含灰白云岩	-4.93	洛峪口组	LJY-1	粉晶白云岩	-6.12	崔庄组	CZ-1	泥晶白云石胶结物	-6.89
	LYK-2	中晶含灰白云岩	-5.27		LJY-2	细晶白云岩	-6.47		CZ-2	泥晶白云石胶结物	-4.52
	LYK-3	中晶含灰白云岩	-4.52		LJY-3	粉晶白云岩	-5.43		CZ-3	泥晶白云石胶结物	-6.03
	LYK-4	中晶含灰白云岩	-4.68		LJY-4	粉晶白云岩	-3.89				

若依据前人将洛南地区高山河群之上的白云岩地层（官道口群）划归蓟县系的方案[35-36]，陆表海阶段洛南地区仍以沉积碎屑岩为主，即高山河群顶部的约200m厚的石英砂岩。由于洛南地区靠近陆架斜坡地带，对于碎屑物质的来源，一种可能的解释是洋流

改造碳酸盐岩台地之外的河流三角洲及滨岸砂体并在克拉通斜坡地区发生沉积。笔者认为尽管缺乏可靠的年龄"锚点"，洛南地区官道口群白云岩与永济地区洛峪群十分相似，岩性组合可对比，故不排除官道口群下部白云岩属于长城系的可能。若如此，陆表海环境发育规模可向南推至洛南地区，则原始的被动陆缘已卷入秦岭造山带。

5 油气地质条件

5.1 烃源岩

永济及汝阳地区崔庄组以及洛南地区陈家涧组发育华北克拉通南缘长城系最主要的烃源岩。崔庄组在永济地区累计厚度约 30m，汝阳地区厚度为 10～15m，岩性主要为灰黑色页岩、泥岩、粉砂质泥岩；在洛南地区陈家涧组则发育约 100m 厚的暗色泥岩、粉砂质泥岩、泥质粉砂岩。这 2 套烃源岩均检测到正构烷烃和支链烷烃的存在（图 8）。最常见的支链烷烃有单甲基支链烷烃系列（Br），其被认为是原核生物起源，但直链烷烃受到后期热演化作用影响可以发生转变重排而形成支链烷烃[43]。支链烷烃在崔庄组及陈家涧组均有检出，表明有机质主要来源于原核生物，后期热演化进一步增加了支链烷烃的含量。一般认为低碳数正构烷烃（$<C_{20}$）对应的生物前驱可能是原核微生物，而高碳数的正构烷烃（$>C_{24}$）对应的是硫细菌和真菌孢子[44]。依据崔庄组及陈家涧组暗色泥岩样品的色谱特征可推测长城系烃源岩的形成与真菌孢子和硫细菌有关。

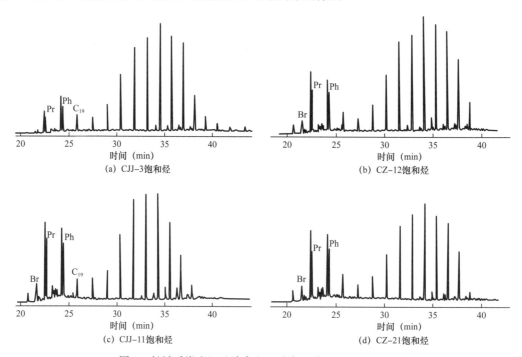

图 8　长城系崔庄组及陈家涧组暗色泥岩饱和烃气相色谱

崔庄组烃源岩样品中，21 块的 TOC 含量分布范围为 0.20%～1.21%、平均为 0.51%，其中 9 块样品 TOC 大于 0.50%；T_{max} 分布范围为 441～602℃、平均为 519.6℃；HI

（氢指数）分布范围为 2～13mg/g、平均为 6.2mg/g。陈家涧组样品中，13 块的 TOC 含量分布范围为 0.15%～0.88%、平均为 0.35%，2 块样品 TOC 含量大于 0.50%；T_{max} 分布范围为 383～557℃、平均为 446.0℃；HI 分布范围为 0.2～65mg/g、平均为 18.7mg/g（表 2）。分析结果显示崔庄组烃源岩整体有效，但丰度偏低且成熟度高；陈家涧组暗色岩系有机质丰度较低，评价为非烃源岩。由于样品热解获得的 S_1 及 S_2 峰普遍很低（$S_1+S_2<0.1$mg/g），所得到的 T_{max} 准确性也偏低。尽管如此，T_{max} 所反映的成熟度信息仍有一定的参考意义。崔庄组与陈家涧组样品的 T_{max} 值与氢指数指示其已达到过成熟阶段。

表 2　长城系崔庄组及陈家涧组暗色泥质岩有机地球化学指标

层位	样品号	岩性	TOC（%）	T_{max}（℃）	HI（mg/g）	层位	样品号	岩性	TOC（%）	T_{max}（℃）	HI（mg/g）
崔庄组	CZ-1	页岩	0.45	530	7.0	崔庄组	CZ-18	页岩	0.76	461	9.0
	CZ-2	页岩	0.39	468	8.0		CZ-19	页岩	0.47	601	8.0
	CZ-3	页岩	0.60	608	3.0		CZ-20	页岩	0.76	441	4.0
	CZ-4	页岩	0.57	594	2.0		CZ-21	页岩	1.21	524	4.0
	CZ-5	页岩	0.64	444	2.0	陈家涧组	CJJ-1	泥岩	0.41	557	33.0
	CZ-6	页岩	0.51	512	4.0		CJJ-2	泥岩	0.38	430	9.0
	CZ-7	页岩	0.42	601	3.0		CJJ-3	泥岩	0.25	453	65.0
	CZ-8	页岩	0.62	509	4.0		CJJ-4	粉砂质泥岩	0.15	406	46.0
	CZ-9	页岩	0.45	461	7.0		CJJ-5	粉砂质泥岩	0.20	424	25.0
	CZ-10	页岩	0.42	602	3.0		CJJ-6	粉砂质泥岩	0.28	433	51.0
	CZ-11	页岩	0.60	597	5.0		CJJ-7	粉砂质泥岩	0.30	438	0.3
	CZ-12	页岩	0.41	513	10.0		CJJ-8	粉砂质泥岩	0.28	383	0.4
	CZ-13	页岩	0.20	508	9.0		CJJ-9	泥岩	0.88	448	0.7
	CZ-14	页岩	0.21	461	10.0		CJJ-10	泥岩	0.68	411	3.0
	CZ-15	页岩	0.35	508	10.0		CJJ-11	泥岩	0.36	453	0.2
	CZ-16	页岩	0.30	523	6.0		CJJ-12	粉砂质泥岩	0.08	412	0.9
	CZ-17	页岩	0.36	445	13.0		CJJ-13	粉砂质泥岩	0.28	550	9.0

崔庄组中—上部为浅海陆棚沉积，泥岩颜色深且页理十分发育，指示其为低能缺氧环境，有利于有机质的保存。推测崔庄组烃源岩现今 TOC 含量偏低（0.20%～1.21%）的原因为：① 地质历史时期曾发生过显著的排烃作用且现今成熟度高；② 早期低等原核生物有机质产率低于显生宙原核生物，有机质原始埋藏量低。

5.2　储层

以崔庄组烃源岩为界，永济—汝阳地区长城系下部发育巨厚的火山岩及碎屑岩，上部以白云岩沉积为主。其中坳陷阶段沉积的百草坪组—北大尖组以石英质含量较高的海相砂岩沉积为主。镜下显示砂岩中的石英颗粒普遍发育次生加大，粒间孔被硅质胶结所充填；中—薄层石英砂岩中石英次生加大现象减弱但粒间多被钙质、白云质所胶结，强烈的胶结成岩作用导致砂岩孔隙度降低。洛南地区陈家涧组烃源岩上下均为碎屑岩，裂谷坳陷阶段同样沉积了石英含量较高的滨岸相砂岩，尽管岩石学特征与永济及汝阳地区略有差异，但均经历了强烈的石英次生加大和胶结成岩作用，导致孔隙度很低。研究区内鄂尔多斯盆地宜探 1 井在长城系进行了取心，岩性为肉红色石英砂岩，石英颗粒同样发生了明显的次生加大而导致孔隙度很低（图 9a）。总体上，长城系碎屑岩经历强烈的胶结成岩作用，原始粒间孔损失殆尽，难以形成有效的储层。

永济—汝阳地区崔庄组以上至寒武系除约 50m 厚的三教堂组石英砂岩外，均为白云岩沉积。洛峪口组整体致密，含泥质，露头未见孔洞发育，但镜下可见微裂缝发育，裂缝内充填少量沥青，显示油气发生过运移（图 9b）。由于崔庄组发育该地区前寒武系唯一的烃源岩，上覆寒武系亦不发育烃源岩，表明崔庄组烃源岩发生过生、排烃，洛峪口组白云岩作为储层是有效的。龙家园组白云岩以细—中晶为主，露头可见宏观溶蚀孔沿微生物成因的波状纹层分布（图 9c），还可见宽度超过 2m 的大型溶洞（图 6e）。盆地内有多口井在龙家园组或其相当层位进行了取心，岩心可见针孔状晶间孔和岩溶垮塌形成的角砾岩。以上特征显示龙家园组可作为一套有效的储层。

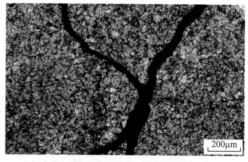

（a）长城系肉红色石英砂岩，硅质胶结，岩性致密，宜探1井，3404.4m

（b）洛峪口组中晶含方解石白云岩，发育张性裂缝，沥青充填，永济露头，单偏光

（c）龙家园组细—中晶白云岩，见生物成因波状纹层，发育溶蚀孔洞，0.2~1.5cm，永济露头

（d）长城系龙家园组与寒武系辛集组不整合面，永济露头

图 9　华北克拉通南缘长城系成藏要素发育特征

5.3 潜在成藏组合

由于洛南地区高山河群陈家涧组烃源岩生烃潜力低，作为潜在储层的石英砂岩受强烈胶结成岩作用的影响而严重致密化，长城系内部无碳酸盐岩发育，因此洛南地区长城系无有效的成藏组合。

自 1.6Ga 之后，华北克拉通地层发育极不连续，1.6～1.0Ga 的地层完全缺失。在永济地区可见长城系白云岩与寒武系辛集组泥质砂岩不整合接触。辛集组整体胶结致密，加之泥质含量高，是有效的直接盖层（图 9d）。馒头组—毛庄组的泥质灰岩、泥质砂岩、泥页岩等在全区分布稳定，可作为区域性盖层。据此笔者认为华北克拉通南缘长城系发育潜在的成藏组合，其中崔庄组烃源岩是油气生成的基础，洛峪群白云岩储层储集空间发育且沥青的出现表明发生过油气的运聚，中—下寒武统发育良好的直接盖层和区域性盖层，三者构成下生上储的成藏组合。但长城系储层与寒武系存在约 1.0Ga 的沉积间断，使得该地区油气有效成藏的条件较为严苛。因此只有在烃源岩晚期成熟，直至具备盖层条件才开始排烃且储层长期有效的条件下，这一成藏组合才可能有效。

从克拉通南缘野外露头地层叠置序列看，长城纪结束后地层遭受持续的抬升剥蚀，形成近 1.0Ga 的沉积间断。烃源岩与风化壳垂向距离近 300m，并未受到长时期风化作用的影响，具备晚期成熟的条件。因此可推断华北克拉通南缘的这一古老成藏组合现今仍可能有效。

6 结论

（1）华北克拉通长城纪为裂谷环境，依据地震、钻井、航磁、露头等资料，可在克拉通南缘识别出鄂尔多斯盆地南部裂谷、熊耳裂谷、沁水盆地裂谷。鄂尔多斯盆地南部裂谷类型主要为大型箕状断陷型裂谷，是在地幔柱上拱形成的简单剪切应力背景下形成的；沁水盆地裂谷主要发育近对称的地堑型裂谷，为熊耳裂谷向克拉通内的延伸。

（2）长城系裂谷的发育分为 4 个阶段：裂陷早期阶段发育巨厚安山质火山岩，反映了裂谷环境的快速形成；裂陷晚期阶段发育大套粗碎屑沉积，反映了强烈的风化剥蚀和近源快速堆积；坳陷阶段沉积滨岸相砂岩、粉砂岩以及陆棚相泥页岩，暗色泥页岩的出现表明海侵达到最大；陆表海期开始发育碳酸盐岩台地，裂谷环境消亡。

（3）汝阳群崔庄组与高山河群陈家涧组暗色泥质岩是克拉通南缘长城系潜在的烃源岩，崔庄组烃源岩整体有效，但丰度偏低且成熟度高。洛峪群碳酸盐岩中见沥青充填并发育宏观溶蚀孔洞，是有效的储层。洛峪群上覆寒武系泥质砂岩、泥质碳酸盐岩可作为有效的盖层，与下伏崔庄组烃源岩、洛峪群储层构成长城系潜在的成藏组合。长时间的沉积间断使得烃源岩晚期成熟，推测这一组合仍可能有效。

符号注释： T_{max}—最高热解峰温；S_1—游离烃含量，mg/g；S_2—热解烃含量，mg/g。

参 考 文 献

［1］Fedo C M, Myers J S, Appel P W U. Depositional setting and paleogeographic implications of earth's oldest supracrustal rocks, the＞3.7 Ga Isua Greenstonebelt, West Greenland［J］. Sedimentary Geology, 2001, 141-142: 61-77.

［2］Byerly G R, Lowe D R, Walsh M M. Stromatolites from the 3300-3500 Myr Swaziland supergroup, Barberton Mountain land, South Africa. Nature, 1986, 319: 489-491.

［3］Dickas A B. Precambrian as a hydrocarbon exploration target［J］. Geoscience Wisconsin, 1986, 11: 5-7.

［4］王铁冠, 韩克猷. 论中—新元古界的原生油气资源［J］. 石油学报, 2011, 32（1）: 1-7.

［5］Dickas A B.Wordwide distribution of Precambrian hydrocarbon deposits［J］. Geoscience Wisconsin, 1986, 11: 8-13.

［6］Kuznetsov V G.Riphean hydrocarbon reservoirs of the Yurubchen-Tokhom Zone, Lena-Tunguska Province, NE Russia［J］.Journal of Petroleum Geology, 1997, 20（4）: 459-474.

［7］Murray G E, Kaczor M J, McArthur R E.Indigenous Precambrian petroleum revisited［J］.AAPG Bulletin, 1980, 64（10）: 1681-1700.

［8］彭平安, 贾望鲁. 前寒武纪烃源岩特征与发育背景浅析［C］//孙枢, 王铁冠. 中国东部中—新元古界地质学与油气资源. 北京: 科学出版社, 2016: 207-218.

［9］魏国齐, 谢增业, 宋家荣, 等. 四川盆地川中古隆起震旦系—寒武系天然气特征及成因［J］. 石油勘探与开发, 2015, 42（6）: 702-711.

［10］刘岩, 钟宁宁, 田永晶, 等. 中国最老古油藏—中元古界下马岭组沥青砂岩古油藏［J］. 石油勘探与开发, 2011, 38（4）: 503-512.

［11］吴因业, 刘伟, 刘艳, 等. 中国冈瓦纳的寒武系下伏沉积及其石油地质意义［J］. 石油学报, 2016, 37（9）: 1069-1079.

［12］管树巍, 吴林, 任荣, 等. 中国主要克拉通前寒武纪裂谷分布与油气勘探前景［J］. 石油学报, 2017, 38（1）: 9-22.

［13］翟明国, 胡波, 彭澎, 等. 华北中—新元古代的岩浆作用与多期裂谷事件［J］. 地学前缘, 2014, 21（1）: 100-119.

［14］潘建国, 曲永强, 马瑞, 等. 华北地块北缘中新元古界沉积构造演化［J］. 高校地质学报, 2013, 19（1）: 109-122.

［15］翟明国. 中国主要古陆与联合大陆的形成—综述与展望［J］. 中国科学: 地球科学, 2013, 43（10）: 1583-1606.

［16］翟明国, 胡波, 彭澎, 等. 华北元古宙的多期伸展与裂谷事件［C］//孙枢, 王铁冠. 中国东部中—新元古界地质学与油气资源. 北京: 科学出版社, 2016: 245-286.

［17］郭彦如, 赵振宇, 张月巧, 等. 鄂尔多斯盆地海相烃源岩系发育特征与勘探新领域［J］. 石油学报, 2016, 37（8）: 939-951, 1068.

［18］胡波, 翟明国, 彭澎, 等. 华北克拉通古元古代末—新元古代地质事件—来自北京西山地区寒武系和侏罗系碎屑锆石 LA-ICP-MS U-Pb 年代学的证据［J］. 岩石学报, 2013, 29（7）: 2508-2536.

［19］Peng P, Bleeker W, Ernst R E, et al.U-Pb baddeleyite ages, distribution and geochemistry of 925 Ma mafic dykes and 900Ma sills in the North China craton: evidence for a Neoproterozoic mantle plume［J］. Lithos, 2011, 127（1-2）: 210-221.

［20］Peng P, Zhai M, Li Q, et al.Neoproterozoic（～900Ma）Sariwon sills in North Korea: geochronology, geochemistry and implications for the evolution of the south-eastern margin of the North China Craton[J]. Gondwana Research, 201120（1）: 243-254.

[21] 王海清, 杨德彬, 许文良. 华北陆块东南缘新元古代基性岩浆活动: 徐淮地区辉绿岩床群岩石地球化学、年代学和 Hf 同位素证据[J]. 中国科学: 地球科学, 2011, 41（6）: 796-815.

[22] 乔秀夫, 王彦斌. 华北克拉通中元古界底界年龄与盆地性质讨论[J]. 地质学报, 2014, 88（9）: 1623-1637.

[23] 苏文博, 李怀坤, 徐莉, 等. 华北克拉通南缘洛峪群—汝阳群属于中元古界长城系: 河南汝州洛峪口组层凝灰岩锆石 LA-MC-ICP-MS U-Pb 年龄的直接约束[J]. 地质调查与研究, 2012, 35（2）: 96-108.

[24] 苏文博. 华北及扬子克拉通中元古代年代地层格架厘定及相关问题探讨[J]. 地学前缘, 2016, 23（6）: 156-185.

[25] Piper J D A.Palaeomagnetic evidence for a Proterozoic supercontinent [J].Philosophical Transactions of the Royal Society of London, 1976, 280（1298）: 469-490.

[26] Rogers J J W, Santosh M. Configuration of Columbia, a Mesoproterozoic supercontinent [J]. Gondwana Research, 2002, 5（1）5-22.

[27] Eriksson P G, Catuneanu O, Nelson D R, et al.Events in the Precambrian history of the Earth : Challenges in discriminating their global significance[J].Marine and Petroleum Geology, 2012, 33: 8-25.

[28] 孙枢, 张国伟, 陈志明. 华北断块地区南部前寒武纪地质演化[M]. 北京: 冶金工业出版社, 1985.

[29] Zhao T, Zhou M, Zhai M, et al.Paleoproterozoic rift-related volcanism of Xiong'er group, North China Cration : Implications for the breakup of Columbia [J].International Geology Review, 2002, 44: 336-351.

[30] 赵太平, 王建平, 张忠慧, 等. 中国王屋山及邻区元古宙地质研究[M]. 北京: 中国大地出版社, 2005.

[31] 赵太平, 翟明国, 夏斌, 等. 熊耳群火山岩锆石 SHRIMP 年代学研究: 对华北克拉通盖层发育初始时间的制约[J]. 科学通报, 2004, 49（22）: 2342-2349.

[32] He Y, Zhao G, Sun M, et al.SHRIMP and LA-ICP-MS zircon geochronology of the Xiong'er volcanic rocks : Implications for the Paleo-Mesoproterozoic evolution of the southern margin of the North China Craton [J].Precambrian Research, 2009, 168（3/4）: 213-222.

[33] 崔敏利, 张宝林, 彭澎, 等. 豫西崤山早元古代中酸性侵入岩锆石 / 斜锆石 U-Pb 测年及其对熊耳火山岩系时限的约束[J]. 岩石学报, 2010, 26（5）: 1541-1549.

[34] 赵太平, 金成伟, 翟明国, 等. 华北陆块南部熊耳群火山岩的地球化学特征与成因[J]. 岩石学报, 2002, 18（1）: 59-69.

[35] 陕西省地质矿产局. 陕西省区域地质志[M]. 北京: 地质出版社, 1989.

[36] 河南省地质矿产局. 河南省区域地质志[M]. 北京: 地质出版社, 1989.

[37] Campbell I H.Identification of ancient mantle Plume [C] // Ernst R E, Buchan K L.Mantle plumes : their identification through time.Geological Society of America, Special Papers, 2001, 352: 5-21.

[38] Peng P.Precambrian mafic dyke swarms in the North China Craton and their geological implications [J].

Science China : Earth Sciences, 2015, 58（5）: 649-675.

［39］徐勇航，赵太平，张玉修，等.华北克拉通南部古元古界熊耳群大古石组碎屑岩的地球化学特征及其地质意义［J］.地质论评，2008，54（3）: 316-326.

［40］Zhang S, Wang X, Wang H, et al.Sufficient oxygen for animal respiration 1, 400 million years ago［J］. PNAS, 2016, 113（7）, 1731-1736.

［41］Corcoran P L, Mueller W U.Archaean sedimentary sequences［C］//Eriksson P G, Altermann W, Nelson D R, et al.The Precambrian Earth : Tempos and Events.Amsterdam : Elsevier, 2004: 613-625.

［42］Bose P K, Eriksson P G, Sarkar S, et al.Sedimentation patterns during the Precambrian : A unique record［J］. Marine and Petroleum Geology, 2012, 33: 34-68.

［43］Kissin Y V.Catagenesis and composition of petroleum : Origin of n-alkanes and isoalkanes in petroleum crudes［J］. Geochimica Et Cosmochimica Acta, 1987, 51（9）: 2445-2457.

［44］王铁冠，黄光辉，徐中一.辽西龙潭沟元古界下马岭组底砂岩古油藏探讨［J］.石油与天然气地质，1988，9（3）: 71-80.

原文刊于《石油学报》, 2018, 39（5）: 504-517.

克拉通盆地构造分异对大油气田形成的控制作用

——以四川盆地震旦系—三叠系为例

汪泽成　赵文智　胡素云　徐安娜　江青春　姜　华　黄士鹏　李秋芬

（中国石油勘探开发研究院）

摘　要： 克拉通盆地是中国海相碳酸盐岩油气赋存的主体，但过去在古老克拉通盆地构造分异对海相碳酸盐岩油气田形成与分布的影响方面缺少系统的研究，导致碳酸盐岩油气勘探有利区带评价优选难度大。为此，基于多年来对四川盆地震旦系—三叠系原型盆地与岩相古地理的研究成果，遵循构造控制沉积及油气分布的思路，分析了克拉通盆地的构造分异型式及其对油气成藏要素与分布的控制作用。结果表明：（1）克拉通内裂陷控制了优质烃源岩及生烃中心，与侧翼台缘带优质储集体构成良好的源—储组合，近源成藏条件优越；（2）克拉通内发育的差异剥蚀型、同沉积型、褶皱型三类古隆起及深大断裂，有利于碳酸盐岩规模储层的形成与分布；（3）多期、多类型构造分异的叠合区有利于形成大油气田。结论认为：四川盆地海相碳酸盐岩油气勘探潜力巨大，具有有利油气成藏条件的德阳—安岳裂陷东翼台缘带震旦系灯影组、川中古隆起斜坡区下寒武统龙王庙组、川中—川西地区中二叠统茅口组等是该盆地天然气勘探的新领域，值得重视。

关键词： 四川盆地；构造分异；克拉通内裂陷；同沉积古隆起；差异剥蚀型古隆起；碳酸盐岩；震旦纪—三叠纪；勘探新区

中国克拉通盆地具有规模小、活动性强等特征[1]，在经历多旋回构造运动之后，克拉通边缘盆地多卷入俯冲消减带或造山带而被强烈改造与破坏，现今保存较完整部分以克拉通盆地为主[2]，是海相碳酸盐岩油气赋存的主体。经过数十年勘探，我国相继在四川、塔里木、鄂尔多斯等盆地发现了一批海相碳酸盐岩大油气田，展示了良好的油气勘探潜力。

近十年来，不少学者针对我国古老海相碳酸盐岩油气地质开展了基础研究，提出了诸多新观点，从不同角度剖析大油气田形成的有利条件，如"分散液态烃晚期成气观"[3]揭示了高—过成熟烃源岩仍具有良好的成气潜力，"源—盖控烃"[4]强调了烃源岩与盖层对油气富集的控制作用，"顺层岩溶"与"层间岩溶"[5]揭示了碳酸盐岩内幕仍发育岩溶储层，"油气四中心耦合成藏"[6]强调了生烃中心、生气中心、储气中心和保气中心的耦合对大气田的控制，"四古控藏"[7]强调古裂陷、古隆起、古丘滩体、古岩性地层圈闭四

基金项目：国家科技重大专项"下古生界—前寒武系碳酸盐岩油气成藏规律、关键技术及目标评价"（2016ZX05004-001）

要素时空配置对安岳大气田形成的控制等。然而，对盆地深层古老海相层系油气的勘探程度和认识程度仍然较低，尤其在古老克拉通盆地构造分异对海相碳酸盐岩大油气田形成与分布中的控制作用方面缺少系统研究，低勘探程度的碳酸盐岩油气勘探有利区带评价优选难度大。

为此，笔者以四川盆地为例，在对震旦纪—三叠纪不同时期原型盆地研究的基础上，探讨构造分异特征及其对碳酸盐岩油气成藏要素分布的控制作用，以期指出有利的油气勘探方向。

1 克拉通盆地构造分异

1.1 构造分异概念

分异作用是自然界常见的一种地质作用过程，如岩浆分异、沉积分异、地域分异等。分异作用最终导致地质要素在空间分布上呈现规律性变化。

"构造分异"术语已在少量文献中出现，但尚未见确切的定义。陈国达提出亚洲大陆中部壳体存在东、西部历史—动力学的构造分异现象，强调陆内地幔热能聚散动力学机制的差异主导了构造分异[8]。张永生等提出沉积期受同沉积断裂控制的构造分异对陕北盐盆下奥陶统马家沟组成钾凹陷有控制作用[9]。汤良杰等强调构造差异性（如构造变形、构造演化、断裂活动等）对油气成藏具有控制作用[10-11]。由此可见，构造分异现象普遍存在于不同尺度的地质体中，对构造格局、沉积作用及油气成藏有着重要影响。

本文的克拉通盆地构造分异指克拉通盆地受构造应力、先存构造、地幔热能聚散动力学机制等因素的影响，形成的差异性构造变形及其有规律变化，主要表现为克拉通盆地的块断活动、隆升与剥蚀、基底断裂多期活化等，形成了诸如克拉通内裂陷、古隆起、古坳陷、深大断裂带等构造单元，对地层层序、沉积作用、岩相古地理及油气成藏要素的控制作用明显。

前人在论述古构造对海相碳酸盐岩大油气田形成的控制作用时，更加关注克拉通盆地的稳定性、碳酸盐岩沉积分异性以及古隆起（尤其是褶皱型古隆起）在油气成藏聚集中的作用。越来越多的研究表明，克拉通盆地构造稳定是相对的，适度的构造分异对海相克拉通盆地优质成藏要素的形成与分布影响很大，因而要从原型盆地恢复、古构造格局重建入手，按照动态演化观点综合分析成藏要素形成与分布的主控因素。这正是笔者提出克拉通盆地构造分异概念的目的。

1.2 构造分异型式

通过对四川、塔里木、鄂尔多斯等盆地深层构造研究，将克拉通盆地构造分异分为三大类型，分别为：拉张构造环境下的构造分异、挤压环境下的构造分异以及多期活动的断裂线性构造带（图1）。

1.2.1 拉张环境下构造分异

主要有两种形式，即陆内裂谷和克拉通内裂陷。

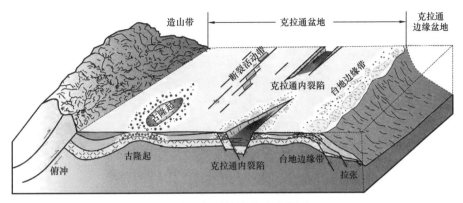

图 1 克拉通构造分异示意图

克拉通盆地形成之前一般要经历陆内裂谷发育阶段，充填地层可达数千米至上万米，裂谷初期伴随火山活动等特征。陆内裂谷形成与大陆裂解有关，如 Rodinia 超大陆裂解的构造动力学背景下上扬子克拉通形成南华系裂谷[12-13]；华北克拉通早中元古代裂谷是 Columbia 超大陆裂解产物[14-15]。

克拉通内裂陷是指在区域拉张构造作用下克拉通盆地内部形成的局部断陷，具规模小、早断晚坳、火山活动不明显等特征，裂陷内充填地层数百米至上千米，重磁电等地球物理剖面上响应特征不明显。如四川盆地晚震旦世—早寒武世德阳—安岳裂陷、晚二叠世—早三叠世开江—梁平裂陷（前人也称为开江—梁平海槽[16]）等。

1.2.2 挤压环境下构造分异

受区域挤压作用影响，克拉通盆地构造分异以古隆起为特征，存在三种成因的古隆起，即：差异剥蚀型古隆起、同沉积古隆起、褶皱型古隆起。对于海相碳酸盐岩层系而言，区分和识别不同类型的古隆起具有重要意义。

1.2.3 深大断裂线性构造变形带

深大断裂是克拉通盆地常见的构造形迹，通常表现为高角度断裂发育带，可见花状构造。断裂经历了多期构造运动和多期活动，现今的断裂形态是多期活动的结果。由于埋深大、断距小、深层地震分辨率有限等原因，有的断裂在地震剖面上可识别，可称之为显性断裂[17-18]，如塔北隆起主要断裂在地震剖面上表现为近乎自立状。大多数断裂在地震剖面上无法识别，只能借助地质与地球物理资料的蛛丝马迹进行综合判断，可称之为隐性断裂[17-18]。这些断裂多期活动对沉积、储层有影响，尤其对碳酸盐岩油气成藏与富集具有重要影响，应引起高度重视。

2 区域地质背景

四川盆地是在扬子克拉通基础上发展起来的大型多旋回叠合盆地。盆地演化经历了四个重要阶段：（1）陆内裂谷阶段，主要发生在南华纪[12]。晋宁—四堡造山之后，上扬子地块成为 Rodinia 超级大陆的一部分[12]。随着 Rodinia 超级大陆的解体，不仅在上扬子地块边缘发育裂谷系[12]，而且在上扬子地块内部的四川盆地发育 NE 向为主的南华纪裂谷[13]，充填厚度介于3000～5000m的沉积[19]。（2）克拉通盆地阶段，发生在震旦纪—中三叠世[19]，以海相沉积为主。这一阶段发生了多幕构造运动，在四川盆地内部产生了多期、多类型的构造分异。（3）前陆盆地演化阶段，发生在晚三叠世—白垩纪[20]。其中，晚三叠世前陆盆地沉积中心位于川西坳陷，沉积厚度介于2500～3000m的上三叠统须家河组；侏罗纪前陆盆地沉积中心位于川西北—川北地区，沉积厚度介于2000～2500m。（4）晚期构造形变阶段，发生在白垩纪末期—新近纪。受喜马拉雅运动影响，四川盆地周缘发生强烈构造变形，形成了龙门山褶皱—冲断带、米仓山—大巴山褶皱—冲断带、川东高陡构造带，盆地内部构造变形相对较弱。

3 四川盆地震旦纪—早中生代构造分异

震旦纪—中三叠世，四川盆地作为上扬子克拉通海相盆地一部分，以碳酸盐岩沉积为主。历经了兴凯运动、桐湾运动、加里东运动、东吴运动及印支运动等多幕构造运动，在盆地腹部产生了多期、多类型的构造分异。以下按构造分异样式进行归纳总结。

3.1 克拉通内裂陷

3.1.1 晚震旦世—早寒武世德阳—安岳裂陷

德阳—安岳裂陷位于四川盆地腹部，呈"喇叭"形近南北向展布，往北向川西海盆开口，往南向川中、蜀南地区延伸，宽度介于50～300km，南北长320km，在盆地范围内面积达$6 \times 10^4 km^2$（图2）。

德阳—安岳裂陷分布受断裂控制。裂陷内部及两侧发育NW为主的张性断层，其中控边断层断距大，具有从北向南断距变小趋势，高石梯—威远以南断层不发育。纵向上，震旦系及下寒武统筇竹寺组断距最大，且具有同沉积断层特征，震旦系灯影组三段底界断距在400～500m，寒武系底界断距在300～400m，向上到沧浪铺组断距减小；除边界断层外的多数断层消失在下寒武统龙王庙组。需要指出，在下寒武统沧浪铺组底界拉平的地震剖面上，灯三段底界反射层断距不明显，也就导致了裂陷是否发育同沉积断裂的质疑。笔者认为，用层拉平技术恢复的地震剖面忽略了"裂陷"区水体深度及泥岩压实情况，并不能代表灯三段沉积期的地层格局；另一方面，加里东运动造成的裂陷西侧资阳地区的寒武系遭受剥蚀，使得现今地震剖面上难以识别灯影期断裂。

德阳—安岳裂陷演化经历了三个阶段：（1）震旦纪灯影组沉积期为裂陷形成期，裂陷内构造沉降快，沉积厚度介于150～300m，发育较深水槽盆相的泥晶白云岩和瘤状泥晶白云岩。裂陷两侧控边断裂上升盘处于浅水高能带，形成厚度介于650～1000m的台地边缘丘滩复合体，发育微生物格架白云岩（如凝块石、泡沫绵层、叠层石等）和颗粒白云岩。（2）早寒武世早期为裂陷强盛期，下部充填麦地坪组斜坡—盆地相沉积，厚度可达100～200m，裂陷外围区发育碳酸盐岩台地相，厚度小于50m；上部充填下寒武统筇竹寺组深水陆棚相沉积，以深灰色含硅磷页岩、泥岩为主，厚度可达400～800m，邻区发育浅水陆棚相碎屑岩沉积，厚度只有100～300m。（3）早寒武世沧浪铺组沉积期为裂陷消亡期，裂陷与邻区的构造沉降差异不明显，地层厚度变化不大，为150～200m。

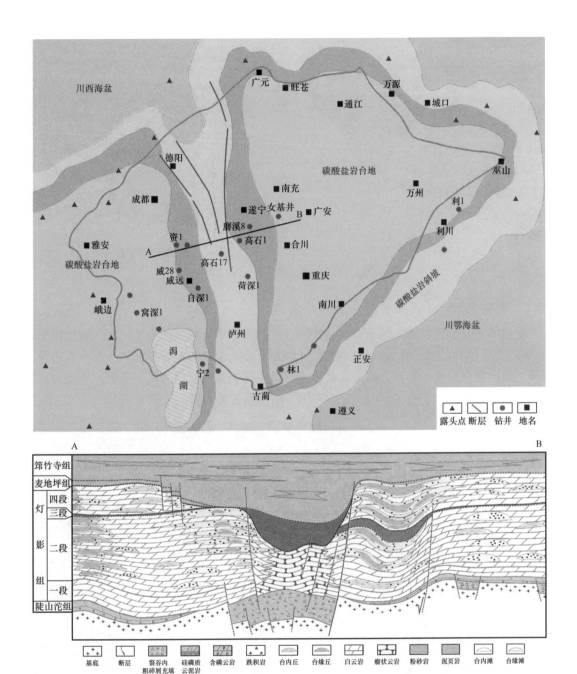

图2 四川盆地震旦纪灯影组沉积期盆地原型图

从区域构造背景看，德阳—安岳克拉通内裂陷向北与川西海盆相连，且裂陷的规模从北往南减小。据此推断裂陷形成与川西海盆拉张作用有关。灯影组沉积期，受川西海盆拉张影响，形成由川西海盆向上扬子克拉通内部延伸的拉张裂陷。早期（相对于灯影组二段沉积期），受张性断层活动影响，形成规模较小的裂陷；到灯影组四段沉积期，裂陷规模不断扩大（图3a）。到早寒武世早期，随着区域拉张构造活动增强，裂陷快速沉降，充填巨厚的泥质岩（图3b）。

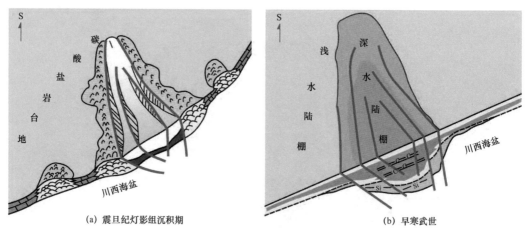

(a) 震旦纪灯影组沉积期   (b) 早寒武世

图 3   德阳—安岳裂陷形态示意图

3.1.2 晚二叠世—早三叠世开江—梁平裂陷

受勉略古洋扩张控制，扬子克拉通在晚古生代—早中生代又经历了一次区域性拉张作用[16]。受其影响，晚二叠世—早三叠世，上扬子克拉通发生块断作用，从克拉通边缘到腹部，依次发育城口—鄂西大陆边缘盆地、开江—梁平克拉通内裂陷、蓬溪—武胜台内洼地，均呈北西向平行展布，形成"三隆三凹"的构造古地理格局（图4）。

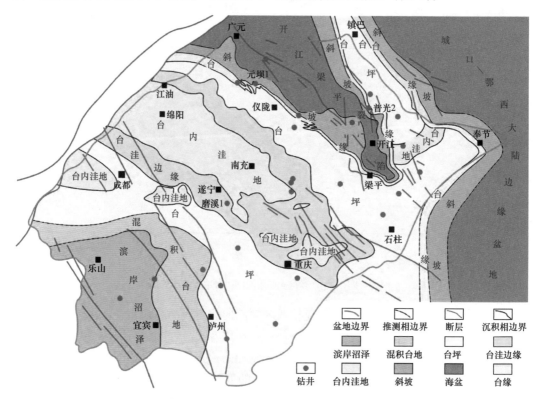

图 4   四川盆地长兴组沉积期古地理格局图

开江—梁平裂陷位于四川盆地北部，呈向西北开口的喇叭形，两侧发育同沉积正断层，长 300km，西段宽 100km，向东逐渐收拢，到梁平以东消失。该裂陷演化经历了早断、晚坳两个阶段。长兴组沉积期—飞仙关组沉积早期为裂陷期，充填深水沉积，地层薄（小于 150m），发育一套暗色薄层硅质岩、泥质岩、硅质泥岩及硅质灰岩沉积，多含放射虫、海绵骨针、薄壳菊石、微体有孔虫等[21]。裂陷两侧台缘带发育长兴组生物礁和飞仙关组鲕粒滩，具加积生长、厚度大特点，平面上沿台地边缘带呈窄条状分布。地震资料预测，开江—梁平裂陷两侧台缘礁滩体长 650km，宽 2~4km，厚度介于 300~500m，发育台地边缘礁滩体 25 个。飞仙关组沉积中晚期为坳陷期，以填平补齐作用为主，地层厚度可介于 600~800m，而其他地区地层厚度仅在 200~400m；飞仙关组沉积晚期，随着海平面下降，开阔海沉积逐渐消失，以蒸发台地、局限台地、混积台地和河流三角洲沉积为主。

3.2 三类古隆起

3.2.1 褶皱型古隆起

褶皱型古隆起是指碳酸盐岩地层在强烈的挤压构造作用下褶皱而成的古隆起，是区域构造运动产物。主要特征如下：（1）古隆起定型后覆盖区域性不整合面，不整合面下伏地层广遭剥蚀，与上覆地层呈角度不整合接触；（2）不整合面上下两套地层在构造特征及沉积环境发生重大变革，如塔里木盆地塔中古隆起、鄂尔多斯盆地庆阳古隆起、四川盆地乐山—龙女寺古隆起等。

四川盆地早古生代—中三叠世历经多期构造运动，形成了多个走向与形态不同构造型古隆起。其中，广西运动形成的乐山—龙女寺古隆起和印支运动形成的开江—泸州古隆起，前人多有论述，在此不再赘述。

"东吴运动"由李四光先生于 1931 年所创立，认为是我国东南部古生代晚期一次重要的造山（褶皱）运动[22]。对于华南地区东吴运动的认识虽有分歧[23]，但由于上扬子地区的东吴运动响应特征显著，其存在普遍得到认可[24-26]，并认识到东吴构造运动导致四川盆地中二叠统茅口组遭受不同程度剥蚀及蜀南地区茅口组存在风化壳岩溶储层[27]。东吴运动能否在四川盆地内形成大型的古隆起？这不仅关系到该构造运动在盆内的响应，更关系到茅口组是否发育大面积风化壳岩溶储层及其天然气勘探潜力。

近年来，笔者针对上述问题，开展了 200 余口探井的茅口组对比、10 余条露头剖面的牙形石分析等基础研究，提出了四川盆地存在东吴期古隆起，并命名为"泸州—通江古隆起"（图 5）。该古隆起具如下特征：（1）古隆起核部位于大巴山地区，轴部走向呈北东—南东向，由川北向川中、蜀南方向倾伏，呈现大型鼻状古隆起，面积可超过 $8 \times 10^4 km^2$。（2）牙形石带对比表明，茅口组上部普遍缺失 C.hongshuiensis 牙形石带和 J.granti 牙形石带。其中，川西北和川东北可见 J.altudaensis 以下牙形石带，缺失卡匹敦阶 6~7 个牙形石带；川中可见 J.prexuanhan 以下牙形石带，缺少 4 个牙形石带；川西南与川东南可见 J.granti 以下牙形石带，缺少 2 个牙形石带。表明盆地北部茅口组遭受剥蚀层位多，往盆地西南方向剥蚀层位逐渐减少。（3）层序地层对比结果表明，茅口组可分为 2 个层序，层序 1 对应于茅口组茅一段—茅三段,层序 2 对应于茅四段。层序缺失揭示古隆起轴部剥蚀地层多,如川北地区缺失层序 2 及层序 1 上部(相对于茅三、茅四段剥蚀殆尽,茅二段上部部分遭受剥蚀),川中地区缺失茅四段及部分茅三段。古隆起翼部剥蚀程度弱,川东地区及川西南地区仅缺失茅四段上部。(4)川中地区大量钻井、测井资料证实茅口组三段普遍发育风化壳岩溶储层,钻井液漏失及放空现象普遍[28],成像测井上表现出"上部垂直渗流带、下部水平渗流带、底部致密层"的风化壳岩溶结构特征。(5)茅口组顶部的风化壳岩溶在地震剖面上表现为"低频弱振幅""杂乱反射"及亮点响应等特征[28]。泸州—通江东吴期古隆起的提出展示了川中—川西地区茅口组具良好的油气勘探前景。

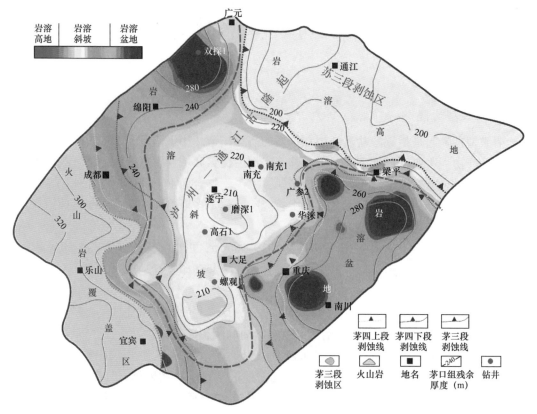

图 5　四川盆地东吴期古隆起分布图(底图为恢复古地貌)

3.2.2 碳酸盐岩台地同沉积古隆起

碳酸盐岩台地同沉积古隆起是指碳酸盐岩台地生长发育过程中形成的同沉积隆起,可以是水下隆起,对碳酸盐岩沉积相、沉积厚度及短暂剥蚀有明显控制作用。主要特征如下:(1)古隆起区地层薄、翼部地层厚;(2)古隆起区水体浅、颗粒滩发育;(3)随着同沉积古隆起不断"生长",不同层系颗粒滩发生规律性迁移;(4)古隆起高部位易于受海平面升降影响,可形成多期暴露侵蚀面。

基于上述碳酸盐岩台地同沉积古隆起特征分析,利用钻井、地震资料,提出并刻画川中同沉积古隆起,发育时代为早寒武世沧浪铺组沉积期—志留纪,分布面积达 $(6\sim8)\times10^4\mathrm{km}^2$(图 6)。主要特征如下:

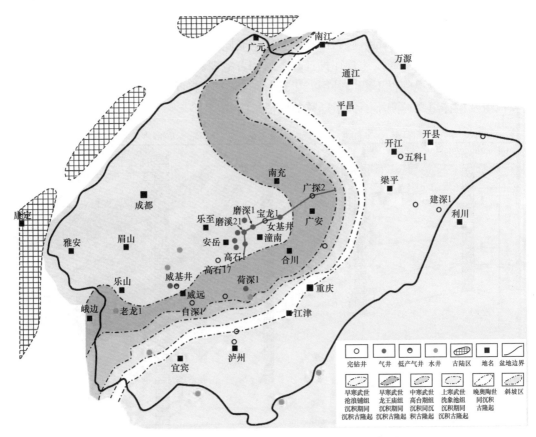

图 6　四川盆地川中同沉积古隆起及颗粒滩分布图

（1）川中同沉积古隆起是上扬子克拉通构造转换期的产物。早寒武世早期区域拉张作用，形成了德阳—安岳裂陷。早寒武世沧浪铺组沉积期开始进入区域挤压环境，上扬子克拉通西缘开始形成古陆，如汉南古陆、宝兴古陆、康滇古陆[29]。其中，宝兴古陆向四川盆地内部延伸到南充、广安一带，表现为水下同沉积古隆起。到志留纪末期的广西运动，川中同沉积古隆起发生褶皱，形成著名的乐山—龙女寺褶皱型古隆起。可见，川中同沉积古隆起是区域拉张作用向区域挤压作用转换的产物，为乐山—龙女寺褶皱型古隆起的形成与分布奠定了基础。

（2）川中同沉积古隆起对沧浪铺组—志留系分布的控制。依据新编制的沧浪铺组、龙王庙组、洗象池组及下奥陶统等地层厚度图，揭示同沉积古隆起区地层厚度较薄，位于斜坡区的川东—川东南区地层厚度大。如沧浪铺组在古隆起区厚度为 100～200m，斜坡区厚度增至 200～400m；龙王庙组在古隆起区为 70～120m，斜坡区厚度增至 160～200m；高台组在古隆起区为 0～100m，斜坡区厚度增至 120～200m；洗象池组在古隆起区为 0～150m，斜坡区厚度增至 200～600m；奥陶系在古隆起区为 0～150m，斜坡区厚度增至 200～500m；志留系在古隆起区为 0～200m，斜坡区厚度增至 1000～1200m。

（3）川中同沉积古隆起区颗粒滩发育。碳酸盐岩台地背景上的同沉积古隆起，沉积古地貌相对高、水体浅，有利于颗粒滩相发育。如龙王庙组颗粒滩体表现为环绕川中古隆起区分布，面积可达 8000km²。勘探已证实磨溪地区龙王庙组颗粒滩体，纵向上至少有 3

套，单层厚度介于 10～30m，累计厚度可介于 30～70m，平面上叠合连片。

（4）川中同沉积古隆起区颗粒滩迁移特征。受同沉积古隆起演化控制，高部位发育的颗粒滩体随着年代变新而发生规律性迁移。岩相古地理研究表明，川中同沉积古隆起在早寒武世中晚期至早奥陶世不断向外围"生长"，横穿古隆起近东西向剖面展示了龙王庙组、洗象池组及桐梓组颗粒滩不断向东迁移的特征（图6、图7）。

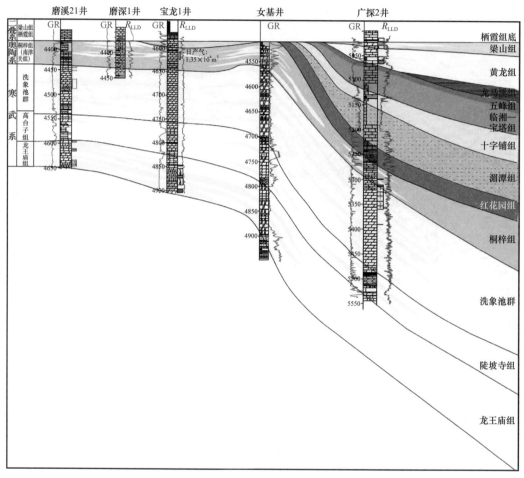

图7 川中同沉积古隆起不同层系颗粒滩分布（剖面位置见图6）

（5）川中同沉积古隆起高部位更容易受海平面升降变化影响，发育多期侵蚀暴露面或短暂侵蚀不整合面，有利于形成多套岩溶储层。综合钻井、地震资料分析，川中古隆起的寒武系—志留系至少存在三期局部侵蚀不整合面，即：沧浪铺组与龙王庙组之间侵蚀不整合、龙王庙组与洗象池组之间侵蚀不整合、奥陶系与志留系之间侵蚀不整合。钻井揭示龙王庙组、洗象池组及奥陶系均发育岩溶储层。

3.2.3 差异剥蚀型古隆起

差异剥蚀型古隆起特指在区域抬升或者海平面区域性下降背景下碳酸盐岩地层因剥蚀程度不同而形成的侵蚀古地貌高地，对上覆地层沉积有明显控制的作用。与褶皱型古隆起的区别在于：（1）从构造环境看，差异剥蚀型古隆起可以发生在拉张环境（如全球性或区域性海平面下降）或挤压环境（如隆升作用），而褶皱型古隆起只能是挤压环境褶皱作用的产物；（2）从形成机制看，差异剥蚀型古隆起强调因地层剥蚀量差异而形成的古地貌，与遭受剥蚀的原始地层厚度有关，地层厚地区经剥蚀后的残余地层厚度大，表现岩溶古地貌高；反之，地层薄地区经剥蚀后的残余地层厚度小，表现岩溶洼地。与上覆地层假整合接触。而褶皱型古隆起是构造运动产物，往往经历了较长时间的剥蚀夷平，与上覆地层角度不整合接触。当然，两类古隆起均能形成风化壳岩溶储层。

差异剥蚀型古隆起典型实例为桐湾期古隆起。

桐湾运动在四川盆地及邻区主要表现为垂直升降运动，可划分出 3 幕运动[30-31]。其中，桐湾运动Ⅱ幕发生在灯影组沉积期末，表现为灯影组与下寒武统假整合接触，分布广泛。受该幕运动影响，灯影组广泛遭受剥蚀。然而，在德阳—安岳裂陷及两侧灯影组存在较大厚度差，裂陷区地层薄，而尽管均遭受剥蚀作用，但裂陷两侧台缘带残余地层厚度大，如磨溪地区灯四段残余地层厚度介于 200～320m，资阳地区受加里东运动剥蚀影响，灯四段剥蚀殆尽，推测桐湾运动Ⅱ幕的残余地层厚度超过 200m，而裂陷区灯四段剥蚀殆尽，残余灯三段厚度仅为 0～30m。图 8 为四川盆地及邻区灯影组顶界古岩溶地貌图，显示出盆地腹部存在磨溪—广元和资阳—成都两个古隆起。到早寒武世沉积时，这两个古隆起区下寒武统麦地坪组厚度薄，仅为 0～50m，而德阳—安岳裂陷区厚度可达100～200m。到筇竹寺组沉积时，仍然继承了麦地坪组的沉积格局，古隆起区筇竹寺组厚

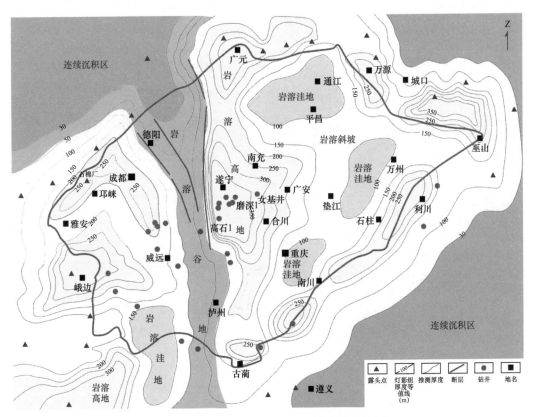

图 8　四川盆地及邻区灯影组顶古岩溶地貌图

度介于200~300m，以浅水陆棚含砂质泥岩沉积为主，而德阳—安岳裂陷区沉积厚度达500~800m，以深水陆棚泥页岩沉积为主，是重要的优质烃源岩发育区。由此可见，灯影组沉积末期因剥蚀差异形成的古地貌（即差异剥蚀型古隆起）对上覆地层沉积具有控制作用。

4 构造分异对油气成藏差异性的控制作用

如前所述，构造分异作用使得"稳定"的克拉通盆地发育不同样式的古构造单元，进而控制了岩相古地理格局以及油气成藏要素。不同类型的构造分异对油气成藏要素、油气分布的控制作用存在明显差异。

4.1 克拉通内裂陷对台缘带油气富集区分布的控制

4.1.1 克拉通内裂陷控制优质烃源岩厚值区及生烃中心

如晚震旦世—早寒武世德阳—安岳裂陷，发育三套优质烃源岩，包括灯影组灯三段泥质岩、麦地坪组泥质岩及筇竹寺组泥页岩。从表1的数据统计结果看，裂陷区的烃源岩厚度、有机碳含量、生烃潜力等参数，均要比相邻地区高出2~3倍，分布面积超过$6.0 \times 10^4 km^2$，为安岳特大型气田形成提供了充足的烃源条件。

表1 德阳—安岳克拉通内裂陷与邻区烃源岩对比表

层位	评价参数	威远以西	德阳—安岳裂陷区	高石梯—磨溪—龙女寺	川东地区	备注
筇竹寺组	厚度（m）	100~200	350~450	150	200	川东地区为露头样品（168块）；其余均为钻井岩心样品（458块）
	有机碳含量（%）	0.8~2.0	1.8~2.8	0.8~1.2	0.8~2.4	
	生气强度（$10^8 m^3/km^2$）	20~40	60~140	10~20	20~30	
	成熟度（%）	2.0~2.4	2.0~2.4	2.0~3.6	3.5~4.5	
麦地坪组	厚度（m）	0~25	50~100	0~5		样品为钻井岩心（46块）
	有机碳含量（%）	0.5~0.8	1.0~3.0			
	生气强度（$10^8 m^3/km^2$）	5~10	16~40			
	成熟度（%）	2.0~2.4	2.2~2.4			
灯影组三段	厚度（m）	0~5	10~30	10~20	5~10	川东地区为露头样品（38块）；其余均为钻井岩心样品（126块）
	有机碳含量（%）	0.5~0.9	1.0~1.2	0.6~1.0	0.5~0.7	
	生气强度（$10^8 m^3/km^2$）	0~2	4~12	4~6	2~5	
	成熟度（%）	2.0~2.4	2.8~3.0	3.2~3.6	4.0~4.4	

4.1.2 裂陷两侧台缘带发育优质储层

沿克拉通内裂陷两侧分布的台缘带丘滩体或礁滩体，经过白云石化、岩溶作用等建设性成岩作用改造，可形成优质储层，具带状分布、储层厚度大等特征。与台缘带相比，台内礁滩体或丘滩体无论是储层厚度还是物性条件均明显变差。如德阳—安岳裂陷东翼的高石梯地区灯影组灯四段储层以藻砂屑云岩为主白云岩，累计厚度可介于60～150m，平均孔隙度可达4.2%，溶孔、溶洞、洞穴及裂缝发育；台内储层以藻纹层云岩、泥质白云岩为主，厚度介于30～70m，平均孔隙度小于2.0%。再如，龙岗地区长兴组白云岩储层平均厚度为32m，平均孔隙度为5.2%，粒间溶孔、晶间孔为主；台内储层平均厚度不足10.0m，平均孔隙度为3.6%，以粒间溶孔、晶间微孔为主。

4.1.3 裂陷两侧台缘带油气富集、高产

沿台缘带分布的丘滩体或礁滩体呈"串珠状"分布，其间被滩间海分隔，有利于形成"一礁一圈闭""一滩一圈闭"，并构成沿台缘带分布的岩性圈闭群，与裂陷烃源岩组成良好的源储组合，有利于形成油气富集带。勘探已证实环开江—梁平裂陷两侧台缘带长兴组—飞仙关组礁滩气藏气层厚度大，单个气藏储量丰度可达（5～15）×10^8m³/km²，而台内生物礁气藏储量规模小、丰度低。高石梯—磨溪地区灯四段上部普遍含气，构造主体灯四段少见水层，目前测试产量超过百万立方米的高产井主要集中在台缘带。

4.2 构造分异对碳酸盐岩规模储集体的控制

海相碳酸盐岩规模储层形成受控于沉积相及成岩改造作用"双重因素"控制[32]，而构造分异不仅对沉积相展布具有控制作用，而且对碳酸盐岩的成岩作用也有着影响。因此，有必要区分同沉积期和后沉积期两个时期的构造分异，分析其对储层形成与分布的控制作用（图9）。

关键时期	构造分异作用	对储层的控制作用	示意图
同沉积期	隆升作用	控制缓坡型颗粒滩体分布	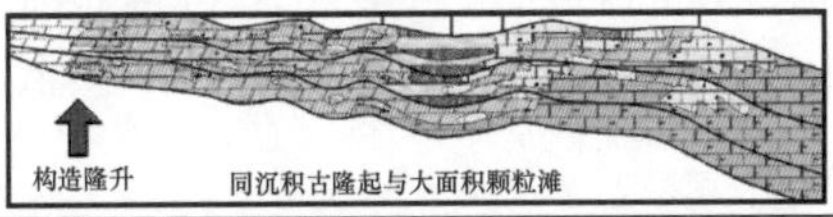
同沉积期	裂陷作用	控制台缘带礁滩体储层分布	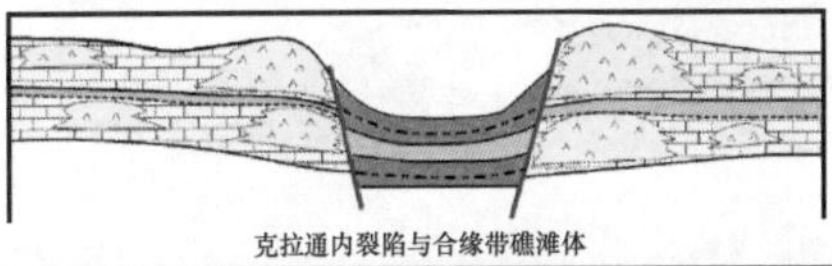
后沉积期	断裂活动	控制垂向岩溶、热液白云岩储层	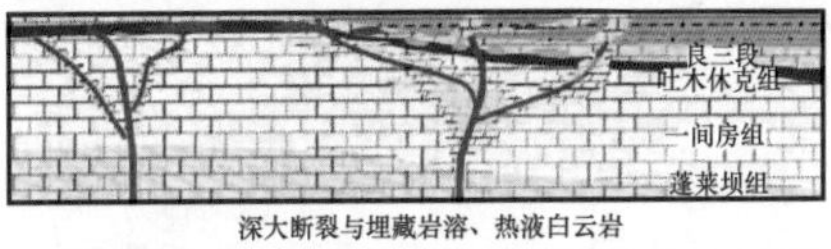
后沉积期	克拉通内差异隆升与剥蚀作用	控制风化壳—层间岩溶、准层状岩溶储层	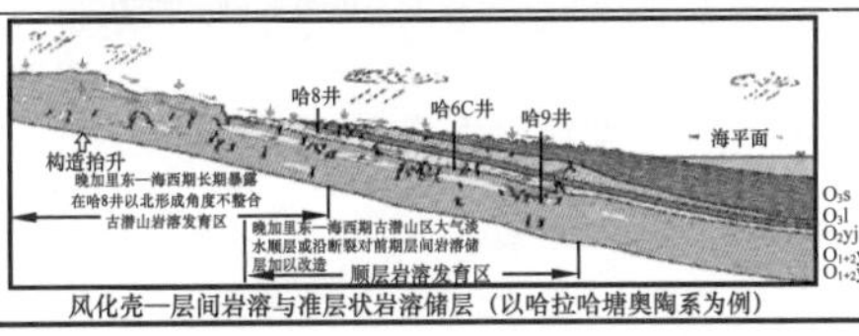

图9 构造分异对碳酸盐岩储层形成与分布控制作用示意图

同沉积期构造分异表现为克拉通内裂陷及同沉积古隆起，前者有利于形成沿裂陷两侧台缘带规模分布的丘滩体或礁滩体，后者有利于形成环古隆起大面积分布的颗粒滩体，为两类优质储层形成奠定了基础。

后沉积期的构造分异表现为差异剥蚀型古隆起、褶皱型古隆起以及深大断裂构造带。对于前两者，在古隆起高部位均发育风化壳型岩溶储层，在古隆起的斜坡区发育层间岩溶型及顺层岩溶型储层。深大断裂构造带易受深部热流体向上侵入的影响，可形成沿断裂带分布的深部岩溶储层及热液白云岩储层[33]。

笔者总结了四川盆地震旦系—中三叠统碳酸盐岩储层发育的特点，认为其存在四类与构造分异相关的碳酸盐岩规模储层：（1）沿克拉通内裂陷两侧分布的台缘带丘滩体或礁滩体，具带状分布、储层累计厚度大等特征，如德阳—安岳裂陷两侧的灯影组、开江—梁平裂陷两侧的长兴组与飞仙关组；（2）同沉积古隆起及斜坡区发育的颗粒滩体，经白云石化及岩溶作用叠加改造，可形成大面积分布的优质储层，如磨溪地区寒武系龙王庙组；（3）褶皱型古隆起及斜坡区分布的风化壳岩溶储集体，具有分布面积广、缝洞发育、储层非均质性强等特征，如川中古隆起灯影组、泸州—通江古隆起的茅口组；（4）沿深大断裂带分布的热液白云岩体，具沿断裂带分布特征，如盆地中部15号基底断裂对中二叠统栖霞组—茅口组白云岩分布控制明显[34]。

4.3 多期构造分异的叠合区有利于形成大油气田

近年来发现的安岳特大型气田，发育灯影组、龙王庙组两套主力含气层。总结该气田形成的有利条件，可概括为"四古"控制论[7]，即：古裂陷控制生烃中心、古丘滩体控制优质储层、古地层—岩性圈闭控制油气成藏、古隆起控制油气富集。

如前述，安岳气田所处位置经历多期构造分异作用，不同时期构造分异的叠合为"四古"要素空间匹配创造了有利条件，是特大型气田形成的关键因素（图10）：（1）晚震旦世—早寒武世，磨溪—高石梯地区处于德阳—安岳裂陷的东翼，不仅具有紧邻生烃中心的有利条件，而且还发育灯影组台缘带丘滩体；（2）震旦纪末期的桐湾运动，使得灯影组丘滩体发育厚层状岩溶储层，与下寒武统泥质岩相接，有利于形成沿台缘带分布的地层圈闭；（3）早寒武世晚期—奥陶纪，磨溪—高石梯地区位于川中同沉积古隆起高部位，发育大面积颗粒滩及岩性圈闭；（4）志留纪末—海西期，磨溪—高石梯地区位于加里东古隆起轴部，并继承性发育，不仅有利于形成震旦系—奥陶系风化壳岩溶储层，而且有利于形成古油藏[35-36]；（5）燕山晚期—喜马拉雅期，随着威远背斜的隆升，安岳地区位于乐山—龙女寺古隆起低部位，德阳—安岳裂陷充填的泥质岩为安岳气田天然气向上运移提供良好的侧向封堵条件，是古老气田得以保存的关键。

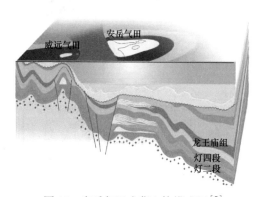

图10 安岳气田成藏立体模式图[7]

5 结论

（1）四川盆地在震旦纪—早中三叠世经历了多期构造分异，形成了克拉通内裂陷、差异剥蚀型古隆起、同沉积古隆起、褶皱型古隆起等古构造单元，对地层展布、岩相古地理格局、有利储集相带分布具有控制作用。

（2）克拉通盆地构造分异对碳酸盐岩油气成藏要素及大油气田形成分布具有控制作用。克拉通内裂陷控制优质烃源岩及近源成藏组合；构造分异对碳酸盐岩规模储集体及地层—岩性圈闭群的形成与分布均有控制作用；多期构造分异的叠合区有利于形成大油气田。

（3）四川盆地海相碳酸盐岩油气勘探潜力大。德阳—安岳裂陷东翼台缘带灯影组、川中古隆起斜坡区龙王庙组、川中—川西地区茅口组等新领域，油气成藏条件有利，值得重视。

参考文献

[1] 贾承造, 魏国齐, 李本亮. 中国中西部小型克拉通盆地群的叠合复合性质及其含油气系统 [J]. 高校地质学报, 2005, 11（4）: 479-492.

[2] 赵文智, 汪泽成, 胡素云, 等. 中国陆上三大克拉通盆地海相碳酸盐岩油气藏大型化成藏条件与特征 [J]. 石油学报, 2012, 33（增刊2）: 1-10.

[3] 赵文智, 王兆云, 王东良, 等. 分散液态烃的成藏地位与意义 [J]. 石油勘探与开发, 2015, 42（4）: 401-413.

[4] 金之钧. 从源—盖控烃看塔里木台盆区油气分布规律 [J]. 石油与天然气地质, 2014, 35（6）: 763-770.

[5] 张宝民, 刘静江. 中国岩溶储层分类与特征及相关的理论问题 [J]. 石油勘探与开发, 2009, 36（1）: 12-29.

[6] 刘树根, 秦川, 孙玮, 王国芝, 等. 四川盆地震旦系灯影组油气四中心耦合成藏过程 [J]. 岩石学报, 2012, 28（3）: 879-888.

[7] 杜金虎. 古老碳酸盐岩大气田地质理论与勘探实践 [M]. 北京: 石油工业出版社, 2015.

[8] 陈国达, 彭省临, 戴塔根. 亚洲大陆中部壳体东、西部历史—动力学的构造分异及其意义 [J]. 大地构造与成矿学, 2005, 29（1）: 7-16.

[9] 张永生, 郑绵平, 包洪平, 等. 陕北盐盆马家沟组五段六亚段沉积期构造分异对成钾凹陷的控制 [J]. 地质学报, 2013, 87（1）: 101-109.

[10] 汤良杰, 漆立新, 邱海峻, 等. 塔里木盆地断裂构造分期差异活动及其变形机理 [J]. 岩石学报, 2012, 28（8）: 2569-2583.

[11] 汤良杰, 李萌, 杨勇, 等. 塔里木盆地主要前陆冲断带差异构造变形 [J]. 地球科学与环境学报, 2015, 37（1）: 46-56.

[12] 王剑. 华南新元古代裂谷盆地演化——兼论与Rodinia解体的关系 [M]. 北京: 地质出版社, 2000.

[13] 汪泽成, 姜华, 王铜山, 等. 上扬子地区新元古界含油气系统与油气勘探潜力 [J]. 天然气工业,

2014, 34（4）: 27–36.

［14］翟明国. 克拉通化与华北陆块的形成［J］. 中国科学（地球科学），2011, 41（8）: 1037–1046.

［15］翟明国. 华北前寒武纪成矿系统与重大地质事件的联系［J］. 岩石学报，2013, 29（5）: 1759–1773.

［16］杜金虎. 四川盆地二叠—三叠系礁滩天然气勘探［M］. 北京：石油工业出版社，2010.

［17］汪泽成，赵文智，门相勇，等. 基底断裂"隐性活动"对鄂尔多斯盆地上古生界天然气成藏的作用［J］. 石油勘探与开发，2005, 32（1）: 9–13.

［18］汪泽成，赵文智，李宗银，等. 基底断裂在四川盆地须家河组天然气成藏中的作用［J］. 石油勘探与开发，2008, 35（5）: 541–547.

［19］张健，沈平，杨威，等. 四川盆地前震旦纪沉积岩新认识与油气勘探的意义［J］. 天然气工业，2012, 32（7）: 1–5.

［20］汪泽成，赵文智，张林，吴世祥. 四川盆地构造层序与天然气勘探［M］. 北京：地质出版社，2002.

［21］王一刚，文应初，张帆，等. 川东地区上二叠统长兴组生物礁分布规律［J］. 天然气工业，1998, 18（6）: 10–15.

［22］Lee JS. Variskian or Hercynian movement in south–eastern China［J］. Bulletin of the Geological Society of China, 1931, 11（2）: 209–217.

［23］陈显群，刘应楷，童鹏. 东吴运动质疑及川黔运动之新见［J］. 石油与天然气地质，1987, 8（4）: 412–423.

［24］冯少南. 东吴运动的新认识［J］. 现代地质，1991, 5（4）: 378–384.

［25］何斌，徐义刚，王雅玫，肖龙. 东吴运动性质的厘定及其时空演变规律［J］. 地球科学——中国地质大学学报，2005, 30（1）: 89–96.

［26］李旭兵，曾雄伟，王传尚，等. 东吴运动的沉积学响应——以湘鄂西及邻区二叠系茅口组顶部不整合面为例［J］. 地层学杂志，2011, 35（3）: 299–304.

［27］颜其彬，庞雯. 川南茅口灰岩岩溶特征与油气关系［J］. 西南石油学院学报，1993, 15（3）: 11–16.

［28］江青春，胡素云，汪泽成，等. 四川盆地茅口组风化壳岩溶古地貌及勘探选区［J］. 石油学报，2012, 33（6）: 949–960.

［29］刘宝珺，许效松. 中国南方岩相古地理图集：震旦纪—三叠纪［M］. 北京：科学出版社，1994.

［30］汪泽成，姜华，王铜山，等. 四川盆地桐湾期古地貌特征及成藏意义［J］. 石油勘探与开发，2014, 41（3）: 305–312.

［31］李宗银，姜华，汪泽成，等. 构造运动对四川盆地震旦系油气成藏的控制作用［J］. 天然气工业，2014, 34（3）: 23–30.

［32］赵文智，沈安江，周进高，等. 礁滩储层类型、特征、成因及勘探意义——以塔里木和四川盆地为例［J］. 石油勘探与开发，2014, 41（3）: 257–267.

［33］沈安江，赵文智，胡安平，等. 海相碳酸盐岩储层发育主控因素［J］. 石油勘探与开发，2015, 42（5）: 545–554.

［34］汪华，沈浩，黄东，等. 四川盆地中二叠统热水白云岩成因及其分布［J］. 天然气工业，2014, 34（9）: 25–32.

［35］罗冰，周刚，罗文军，夏茂龙．川中古隆起下古生界—震旦系勘探发现与天然气富集规律［J］．中国石油勘探，2015，20（2）：18-29.

［36］魏国齐，杨威，杜金虎，等．四川盆地高石梯—磨溪古隆起构造特征及对特大型气田形成的控制作用［J］．石油勘探与开发，2015，42（3）：257-265.

原文刊于《地质勘探》，2017，37（1）：9-23.

鄂尔多斯盆地中东部奥陶系盐下侧向供烃成藏特征及勘探潜力

包洪平 [1,2]　黄正良 [1,2]　武春英 [1,2]　魏柳斌 [1,2]　任军峰 [1,2]　王前平 [1,2]

（1. 中国石油长庆油田公司勘探开发研究院；2. 低渗透油气田勘探开发国家工程实验室）

摘　要： 鄂尔多斯盆地中东部奥陶系马家沟组发育厚达近千米的碳酸盐岩与膏盐岩共生的地层组合，埋深偏大。这套远离风化壳的奥陶系盐下层系能否具备烃源有效供给及规模成藏，是制约勘探的关键问题。基于奥陶系沉积期后构造演化及其与上古生界煤系烃源层配置关系的研究，认为奥陶系盐下在邻近古隆起区存在与上古生界煤系烃源层直接接触且规模性分布的供烃窗口，窗口区在生排烃高峰期处于构造下倾部位，生烃增压等因素产生运移动力，有利于天然气向高部位运聚；膏盐岩封盖层与白云岩储集体横向连续稳定分布构成良好的储盖组合；盆地中东部奥陶系盐下具有规模成藏的潜力，乌审旗—靖边—延安一带为有利勘探区，值得勘探重视。

关键词： 供烃窗口；侧向供烃；奥陶系盐下；岩性圈闭；运移动力；鄂尔多斯盆地

世界上蒸发膏盐岩沉积盆地是大油气田分布的重点领域 [1-8]，表明膏盐岩与油气藏的形成关系密切。鄂尔多斯盆地中东部奥陶系马家沟组发育厚达 600～900m 的碳酸盐岩与膏盐岩共生的沉积体系，为一套碳酸盐岩与膏盐岩交替沉积的旋回性沉积产物，分布面积达 $10 \times 10^4 km^2$ 以上。鄂尔多斯盆地奥陶系与膏盐岩有关的沉积层系能否规模成藏、勘探潜力如何，长期受到石油地质学界和油气勘探家的极大关注 [9-12]。

鄂尔多斯盆地奥陶系是重要含气层系，以往勘探在盆地中部发现了以靖边气田为代表的奥陶系顶部古风化壳型大气田。对于远离风化壳的奥陶系盐下或盐间能否规模成藏、膏盐岩发育区是否存在有效的烃源岩，乃至奥陶系顶部风化壳气藏的气源问题（如靖边气田），均存在较大争议 [13-24]。针对上述问题流行三种观点：一种观点认为，奥陶系膏盐岩—碳酸盐岩共生体本身发育有效的海相烃源岩，有机质丰度相对较低（TOC 多在 0.1%～0.5%，平均仅为 0.3% 左右），但成烃转化率高，因而仍具有较大的生烃潜力而能供烃成藏 [25-35]。第二种观点认为，奥陶系自身的烃源岩生烃潜力有限，盐下与盐间内幕成藏气源来自上古生界煤系烃源。但中东部地区远离上古生界煤系烃源层，天然气很难穿过巨厚的膏盐岩，盐下天然气成藏受到质疑，有学者提出第三种观点，即由上古生界煤系烃源层侧向供烃成藏的观点 [36]，但运移距离太远、能否规模成藏等问题也受到质疑。

基于对奥陶系沉积层后期构造演化及其与上古生界煤系烃源层配置关系的研究，本文

基金项目：国家科技重大专项"鄂尔多斯盆地奥陶系—元古界成藏条件研究与区带目标评价"（2016ZX05004-006）

从供烃窗口、运移动力、圈闭有效性等方面，论证了鄂尔多斯盆地中东部奥陶系盐下层系具有长距离供烃、大规模聚集成藏的潜力。

1 奥陶系盐下层系天然气地球化学特征

1.1 盐下层系的天然气勘探发现

自 20 世纪 80 年代后期在鄂尔多斯盆地东部发现奥陶系发育厚层盐岩沉积后，中东部盐下层系的天然气成藏潜力就一直是油气勘探家关注的重点。早期勘探主要集中于盆地东部的盐洼沉积中心区，由于对烃源岩、储层及圈闭要素等问题的认识不清，勘探一直未获突破；进入 21 世纪以来，加强了对中东部盐下领域的探索，基于对盐洼中心区高盐度环境利于嗜盐性生物繁盛和有机质保存，因而更有可能发育有效海相烃源岩的认识，于 2007、2010 年又并先后针对盆地东部的盐下勘探目标部署实施了龙探 1 井、龙探 2 井两口风险探井，实钻仅在龙探 1 井的马五 $_6$ 亚段盐下试气获 407m³/d 的低产气流，证实盐下有效储层、但盐下烃源层的总体生烃能力相对较差；2013 年以来，在奥陶系中组合勘探突破的启示下，按照膏盐岩之下的奥陶系盐下地层在其西侧下倾方向存在供烃窗口，与上古生界煤系烃源岩层直接沟通接触，因而具有侧向供烃成藏潜力的认识，加大了对盆地中部（靖边—横山地区）盐下层系的勘探力度，终于实现了盐下领域勘探的历史性突破，目前已有多口井在盐下层系获工业气流，其中靖边地区的统 74 井在马五 $_6$ 盐下的马五 $_7$ 白云岩中试气获得日产百万立方米的高产天然气流，展示出盐下层系良好的勘探前景。

1.2 盐下层系天然气组分特征

根据目前已有探井的天然气样品分析资料，盐下产层的天然气组分构成中，甲烷占绝对优势，其甲烷化系数（甲烷占烃类组分的比例）多达 0.980 以上；乙烷含量多在 0.05%～1%，个别可达 1～3%；丙烷、丁烷等含量则不足 0.5%，戊烷、己烷等较高分子量的烃类则含量在 0.01% 以下。因此，单从烃类气体组成的特征来看，盐下天然气与来源于上古生界煤系烃源岩的奥陶系风化壳气藏（以靖边气田马五 $_{1+2}$ 气藏为代表）和上古生界砂岩气藏的天然气成分基本一致（表 1），说明盐下气藏可能与风化壳气藏和上古生界砂岩气藏具有共同的气源，即来源于上古生界煤系烃源岩。

表 1 盐下气藏与风化壳气藏上古生界砂岩气藏天然气组分对比表

样品来源	井号	层位	天然气主要组分（%）								甲烷化系数
			甲烷	乙烷	丙烷	异丁烷	正丁烷	氮气	CO_2	H_2S	
中东部盐下气层	桃 38	马五 $_{7+9}$	99.23	0.205	0.208			0.183	0.15	9.897	0.996
	统 74	马五 $_7$	96.67	0.721	0.103	0.035	0.018	1.417	1.024	1.29	0.991
	统 75	马五 $_7$	93.47	1.745	0.330	0.061	0.061	2.525	1.766	8.89	0.977
	统 58	马五 $_7$	95.18	0.061	0.001			2.162	2.597	22.22	0.999
	桃 36	马四	82.24	0.037	0.004	0.001	0.001	6.224	11.491		0.999
	桃 37	马四	88.05	0.082	0.010	0.005	0.003	5.674	6.167		0.999

样品来源	井号	层位	天然气主要组分（%）								甲烷化系数
			甲烷	乙烷	丙烷	异丁烷	正丁烷	氮气	CO_2	H_2S	
靖边气田风化壳气层	陕2	马五$_{1+2}$	93.68	0.640	0.120	0.020	0.020	3.7	3.4	0.006	0.992
	陕5	马五$_1$	97.63	0.140	0.040			0.33	3.58	0.005	0.998
	陕参1	马五$_{1+2}$	95.54	2.380	0.070	0.010	0.010	1.54	3.21	0.052	0.975
	陕12	马五$_{1+2}$、马五$_4$	97.18	0.420	0.070	0.010	0.010	0.63	3.35	0.020	0.995
	陕93	马五$_{1+2}$	95.85	0.130	0.030			1.41	2.56	0.031	0.998
	G16-9	马五$_{1+2}$	95.42	0.140	0.010			4.43	4.49	0.047	0.998
上古生界砂岩气层	陕173	石盒子组	95.11	1.190	0.400	0.110	0.140	1.98	1.03		0.981
	陕179	石盒子组	94.92	0.180	0.030			4.87			0.998
	陕149	石盒子组	94.55	0.620	0.100	0.020	0.030	3.97	0.68		0.992
	陕9	山西组	94.61	0.600	0.090			3.06	1.63		0.993
	陕141	山西组	93.77	1.010	0.310	0.110	0.110	2.83	1.73		0.984

注：H_2S 数据为生产生产现场所测数据，其余为实验室色谱分析数据。

在氮气、CO_2 的占比方面，盐下天然气也与风化壳气藏和上古生界砂岩气藏的天然气大体相近，多数为 1%～5%。唯一不同的是盐下气藏中 H_2S 普遍较高，多数为 1%～10%，这主要是由于盐下天然气在成藏后于较高温度下与地层中的硬石膏岩发生 TSR 反应生成了 H_2S 气体，因而 H_2S 的含量并不反映天然气的来源。目前已有同位素资料证实，盐下气藏中 H_2S 气体的硫同位素组成与地层中硬石膏岩的硫同位素极为接近，均在 -25‰左右。

1.3 盐下层系天然气碳、氢同位素特征

天然气主要成分是甲烷，其主要化学元素为碳和氢，碳和氢的同位素组成对其来源有一定的指示意义。通过对盐下天然气样品进行同位素分析，并将之与风化壳气藏和上古生界砂岩气藏的天然气碳、氢同位素组成进行对比分析，表明其具有一定的相似性，也具有反映其同源性的指示意义。

如表2所示，盐下天然气的甲烷碳同位素多分布在 -32‰～-42‰，与风化壳气藏和上古生界砂岩气藏大体分布在相同区间，但略具"偏轻"；盐下天然气的乙烷碳同位素多在 -20‰～-30‰，与风化壳气藏和上古生界砂岩气藏的分布区间较为接近，且与上古生界砂岩气藏的乙烷碳同位素有较高的重叠程度（图1）。

再从氢同位素组成来看，盐下天然气的甲烷氢同位素多分布在 -140‰～-172‰，与风化壳气藏和上古生界砂岩气藏分布区间相重叠，但略具"偏重"；盐下天然气的乙烷的碳同位素多在 -112‰～-159‰之间，也略具"偏重"。从甲烷碳同位素和氢同位素交会图上看，盐下层系天然气的碳同位素与风化壳气藏和上古生界砂岩气藏相比偏离稍远、但氢同位素仍具较高的重叠程度（图1）。

表2 盐下气藏与风化壳气藏及上古生界砂岩气藏碳、氢同位素组成对比表

样品来源	井号	地质层位	$\delta^{13}C_1$	$\delta^{13}C_2$	$\delta^{13}C_3$	δD_1	δD_2	δD_2
中东部盐下气藏	统74	马五$_7$	−39.50	−29.90	−21.16	−165.00	−135.00	−118.00
	统75	马五$_7$	−32.52	−22.78		−172.00	−159.00	−156.00
	统58	马五$_7$	−33.16			−152.00		
	统9	马五$_{7+9}$	−37.09	−20.26	−20.14			
	龙探1	马五$_7$	−39.26	−23.78	−19.72	−139.00	−108.00	−88.00
	桃39	马五$_8$	−35.70			−146.00		
	统52	马四	−41.70	−25.80	−24.60	−167.00	−117.00	−111.00
	统51	马四	−42.10	−26.20		−158.00	−112.00	−102.00
风化壳气藏	陕277	马五$_1$	−32.43	−25.26	−24.52			
	陕339	马五$_1$	−31.59	−37.25	−29.45			
	陕381	马五$_{1+2}$	−30.96	−35.18	−27.42			
	陕400	马五$_2$	−29.76	−31.10	−28.80			
	米35	马五$_1$	−35.47	−22.59	−21.56			
	双15	马五$_1$	−37.73	−33.42	−28.96			
	双113	马五$_{1+2}$	−32.99			−176.00	−160.00	−160.00
	双107	马五$_{1+2}$				−184.00	−141.00	−131.00
	双118	马五$_{1+2}$				−175.00	−167.00	−160.00
上古生界砂岩气藏	苏216	山1	−27.65	−29.31	−30.83	−169.60	−167.40	—
	双101	盒8	−38.00	−24.80	−24.30	−217.00	−167.00	−147.00
	米40	山1	−38.50	−25.50	−24.00	−216.00	−162.00	−144.00
	桃9	盒8上	−31.80	−24.60	−25.40	−182.00	−163.00	−172.00
	苏250	山1、山2	−30.70	−23.40	−26.30	−175.00	−162.00	−164.00
	莲56	盒8下	−28.30	−31.00	−27.40	−160.00		

对比分析盐下天然气与风化壳气藏和上古生界砂岩气藏的碳—氢同位素构成，可以得出以下两个结论：一是其总体特征差别不大，且具有较多的重叠区域，这反映其共同来源于煤系烃源层的同源性；二是它们之间又确实存在一定的趋势性（系统性）差异，这可能主要与上古生界煤系烃源层在向上排烃和向下排烃之间会存在一定的同位素重力分馏效应有关（尤其是对于氢同位素而言更是如此，因烷烃分子氢原子数明显多于碳原子数，以甲烷分子为例，1个C原子周围有4个H原子，当多个重氢D同聚一个甲烷分子时，其增重效应会明显高于1个重碳^{13}C的增重效应），导致重同位素更偏向于向下运移进入风化壳和盐下层系，而轻同位素则偏向于向上运移进入上古生界砂岩储层。

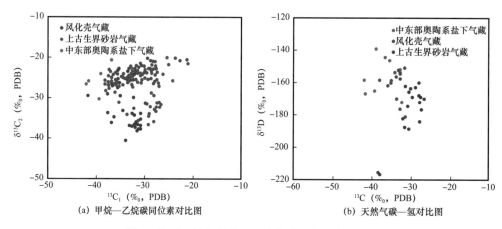

图1 盐下天然气甲烷—乙烷与碳—氢同位素对比图

2 奥陶系盐下侧向供烃成藏特征

2.1 中东部奥陶系盐下供烃窗口

2.1.1 风化壳期差异抬升剥蚀

奥陶纪马家沟组沉积期在碳酸盐岩—膏盐岩共生体系形成后，鄂尔多斯盆地即开始进入整体抬升的加里东构造运动阶段，一直持续晚石炭世本溪组沉积期才开始接受新一轮的沉积作用，期间经历了大约1.4亿年左右的沉积间断期，使奥陶系顶部大多经历了一定的抬升剥蚀及风化淋滤改造作用，并在其顶部形成大面积分布的风化壳溶孔型储层，这是以靖边气田为代表的风化壳溶孔型碳酸盐岩储层形成的重要条件之一。

但实际这种抬升剥蚀作用并非全区均衡发育的，突出表现在靠近中央古隆起的区域抬升剥蚀更为强烈，而向盆地中东部地区抬升剥蚀幅度相对较低，如在中央古隆起核部附近的镇原地区，奥陶系整体缺失，乃至在核部寒武系已剥蚀殆尽（图2）；中央古隆起核部与伊盟隆起之间的地区（中央古隆起北段）则大部分剥露至马四段白云岩地层；盆地中东部大部分地区保留有较全的马五段，局部地区甚至还残存马六段。

因此，由图3所示的东西向地层岩性对比剖面可见，由东向西至靠近中央古隆起方向，奥陶系有马五段上部—马五段下部—马四段依次剥露的抬升剥蚀特征，显示出中央古隆起在加里东末期的构造抬升阶段仍相对较为活动，古隆起区的抬升幅度明显要高于远离古隆起的盆地中东部地区。

2.1.2 上古生界、下古生界削截不整合接触

晚石炭世本溪组沉积期，在经历了长期风化剥蚀后，鄂尔多斯盆地又与华北地块一起开始整体沉降，接受上石炭世—早二叠世的煤系地层沉积。由于上石炭统沉积前所经历的1亿多年的风化剥蚀作用已使前石炭纪的古地貌呈准平原化特征，因而晚石炭世—早二叠世沉积基本呈平铺的"披覆式"覆盖于下伏的下古生界风化壳之上，仅在靠近古隆起的区域存在小规模的"超覆"沉积特征。

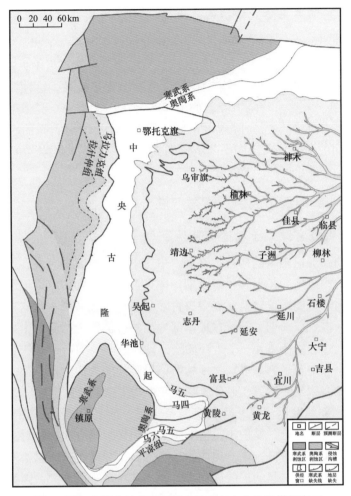

图2　鄂尔多斯盆地前石炭纪古地质与上古生界供烃窗口

因此，从鄂尔多斯盆地中东部地区的总体特征来看，上古生界、下古生界之间整体呈现为明显的削截不整合式的地层接触关系（图3）。

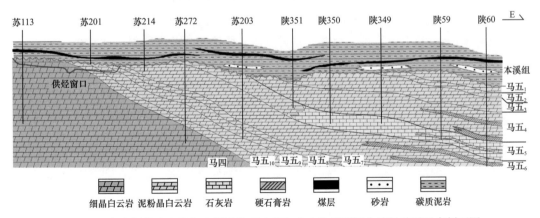

图3　鄂尔多斯盆地古隆起东侧奥陶系上部与上古生界不整合接触关系示意剖面图

2.1.3 盐下地层西延至古隆起附近存在与上古生界煤系地层直接接触的窗口区

在东西向削截不整合的上古生界、下古生界发育背景下，位于鄂尔多斯盆地中东部地区远离风化壳不整合面的盐下"深层"的地层，在向西延伸至靠近中央古隆起附近时，则又处在了风化壳不整合面上，与上古生界煤系烃源层直接接触，这种接触关系在区域分布上有较大的范围，大致呈环绕古隆起的半环状分布，成为一个类似于供给"窗口"的巨型分布区。如果以前石炭纪古隆起以东地区马五$_6$含盐地层剥露的底界线与马家沟组底的剥露界线之间的地层分布范围来圈定，则"窗口"区南北延伸 320～420km，东西宽 40～110km，分布范围可达 $3.7×10^4km^2$（图 2）。

2.2 成藏关键期侧向长距离供烃的有效性

2.2.1 主成藏期供烃窗口位于构造低部位

奥陶纪沉积期及加里东末的构造抬升期，由于中央古隆起的存在，鄂尔多斯盆地总体呈现为西高东低的构造格局。但到了海西期，中央古隆起在鄂尔多斯地区的影响开始逐渐消退，至印支期则开始构造反转，尤其中央古隆起核部所在区域在印支末期则已转变为最大的构造沉降区。再到燕山期，随着盆地东部地区的整体构造抬升，中央古隆起所在区域也整体沦为最为低洼的构造单元——天环坳陷，盆地的整体构造格局基本定型。

因此，印支—燕山期是鄂尔多斯盆地构造格局转换的关键时期，这一时期的构造格局转换对盆地古生界天然气的生成、运聚成藏也产生了十分重要的影响。

对于盆地中东部地区远离风化壳的奥陶系深层的盐下白云岩储集体及其圈闭体系而言，在其西侧存在的"窗口"是位于构造下倾方向还是上倾方向，这对其供烃成藏的意义是完全不一样的。如果"窗口"位于构造的上倾方向，则通过其所供给的天然气向下倾方向的运移主要靠烃浓度差引起的扩散运移来完成，实在是难度太大，因为此时浮力成为天然气运移的巨大阻力，天然气难以形成规模的长距离运移；相反，如"窗口"处于构造下倾方向，则浮力可直接成为天然气运移的主要动力，再加上扩散运移的叠加作用，向上倾方向的运移则成为"顺势而为"的必然行为，这对于通过"窗口"供给的天然气向中东部盐下深层的大规模、长距离运移是十分必要甚至是必须的条件。

对盆地上古生界煤系烃源岩的生烃演化分析表明，海西期上古生界煤系烃源岩总体尚处于未成熟的生物气生成阶段，含煤烃源层段在二叠纪末期总体埋深不过 600～900m，天然气并未大量生成，因此，此时尽管"窗口"处于构造上倾方向，不利于向东部上倾方向运移，但由于所生成气量小，烃源岩中总的烃类物质并未大量损失。但到了印支期末，埋深已逐渐加大至 2500～3000m，煤系烃源岩已逐步演化至成熟阶段，天然气开始大量生成，而此时随着西南部地区的大规模沉降，盆地构造格局也开始反转为东高西低，尤其是下古生界构造层已基本处于简单西倾状态，进入窗口区天然气的主体运移方向也必然指向了中东部地区，而这一时期中东部盐下深层的圈闭体系也已基本定型，随着天然气的大量生成和规模运移，盐下深层开始进入天然气运聚成藏的主成藏期。至燕山期盆地东部整体抬升，天然气向中东部地区规模运移的趋势和方向更为明确，也更增强了向这一方向规模运移的动力。

2.2.2 生烃增压等因素为长距离运移提供动力条件

2.2.2.1 煤系烃源岩的生烃增压提供初次运移动力

盆地模拟分析表明，鄂尔多斯盆地上古生界煤系烃源岩在生排烃高峰期，由于有机质由固态向气态的转化，可产生巨大的生烃增压作用，根据对盆地上古生界煤系烃源岩的热模拟实验分析，低阶煤样在进入高—过成熟演化阶段时，其气态烃生成率可达 $60\sim100m^3/t$，按 $150℃$ 的地层温度和 10% 的孔隙体积（暂不考虑烃源岩中的孔隙被地层水占据的影响）、并排除掉 $20\sim30m^3/t$ 煤层吸附气的影响估算，则其所形成的游离态天然气至少可产生 $30\sim50MPa$ 的生烃增压，但考虑到在生烃过程中所形成的天然气会不断从烃源层中逸散排出，仅按 $1/3\sim1/4$ 的剩余积累估算，也会累积 $8\sim12MPa$ 的生烃增压，这对于窗口区的煤系烃源岩生成的天然气向下古生界盐下储层系的运移无疑是一份强劲的动力。

2.2.2.2 构造部位高低不同引起的静水压差支撑二次运移

自印支期末开始，鄂尔多斯盆地中东部地区盐下地层的海拔就开始高于其下倾方向窗口区的海拔，随着盆地东部进一步抬升，至燕山晚期两者的海拔落差进一步加大，按现今构造落差 $1200\sim1500m$ 推算，因海拔落差引起的静水柱压差已达 $10\sim13MPa$。

煤系烃源岩生成的天然气中甲烷占绝对优势，在较高温度下非常接近于理想气体。根据靖西地区中组合气藏的高压物性实验分析结果，天然气压力大于 $30MPa$、温度大于 $90℃$ 时的偏差系数为 $0.99\sim1.02$，因此可按理想气体的状态方程计算天然气以气泡形式运移过程中的浮力变化。

根据阿基米德定律和理想气体的状态方程计算结果可知，在由西部深处向东部浅处的运动过程中，气泡自身的质量未变、而其所受到的浮力却显著增大（共增长了约 1.4 倍），这就形成了强势的运移势能。因此，仅有静水压差所造成的动力就足以驱动进入"窗口"的天然气以气泡形式不断向上倾方向进行长距离的运移（图 4）。

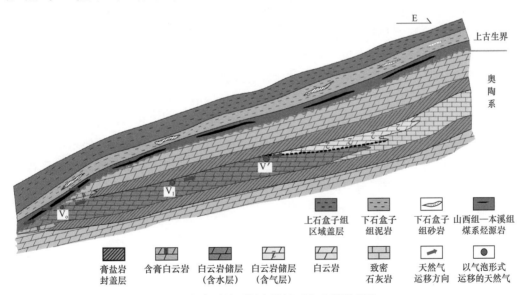

图 4 奥陶系盐下侧向供烃运聚成藏模式图

2.2.2.3 东部地区在抬升过程中的降温减压

燕山期鄂尔多斯盆地东部抬升，地层温度有一定的降低。按白垩纪末期鄂尔多斯盆地东部地区地层抬升剥蚀恢复至少可达1000m推算，奥陶系盐下地层的抬升幅度也达1000m左右，盐下的地层温度则可由原来的最大埋深时的130～150℃下降到抬升后的80～90℃，则其对应的等容降压作用也可导致3～5MPa的压力下降。

同时，根据高温高压条件的实验分析可知，水在150℃时的饱和蒸汽压为0.476MPa，而在80℃时饱和蒸汽压则降为0.047MPa[37]，这意味着在地层抬升降温的过程中，当圈闭中绝大部分为气体（天然气和水蒸气）占据时，由于水蒸气凝聚为水，则气态分子数量的减少也可导致0.4～0.5MPa的压力下降。

因而从整体情况看，在印支末—燕山晚期的生排烃高峰期，除存在因地势高低不同而产生的静水柱压差外，还存在下倾窗口区的生烃增压和中东部地层的抬升减压（降温减压和水蒸气聚凝减压），且增压与减压发生的时间基本同期，由这两者叠合所产生的压差可能达到20～30MPa，这为通过"窗口"进入盐下层系的天然气向中东部地区运移提供了十分强劲的动力，足以确保其能产生大规模、长距离的运移作用。

2.3 奥陶系盐下成藏聚集模式

2.3.1 碳酸盐岩—膏盐岩旋回性交替发育

鄂尔多斯盆地中东部奥陶系马家沟组是一套旋回性沉积层，具有碳酸盐岩与膏盐岩旋回性交替发育的沉积特征，其中马一段、马三段、马五段以海退背景的蒸发膏盐岩沉积为主，而马二段、马四段、马六段则以海侵背景的碳酸盐岩沉积为主。其沉积作用受层序旋回的控制极为明显，按层序结构可分为3个准层序组旋回，大体相对于vail的三级层序旋回，其周期大致在2～5Ma，除三级层序旋回外，其内部又可划分出次一级的层序旋回（高频层序），如马五段按沉积旋回由上到下可划分为马五$_1$—马五$_{10}$十个亚段，其中马五$_{10}$、马五$_8$、马五$_6$、马五$_4$以短期海退背景的蒸发膏盐岩沉积为主，而马五$_9$、马五$_7$、马五$_5$、马五$_{3-1}$则以短期海侵环境形成的白云岩及石灰岩沉积为主。

由层序旋回控制了纵向上沉积岩性的交替叠置发育，进而导致了其在后期的成藏过程中所担任角色的不同。膏盐岩层是天然气运移的隔挡层，也是圈闭成藏的封盖层，它能使天然气在运移时被局限于层状通道中通行而不致大量逸散，也确保天然气聚集成藏后能长期封存在其下的圈闭体系中；碳酸盐岩（尤其是白云岩）层则因其多具有一定的孔隙空间及少量的微裂隙，而成为天然气运移的主要通道层，另外其在有效的圈闭体系中还同时扮演着储集体的角色。在盆地中东部地区的马家沟组中，正是由于其碳酸盐岩与膏盐岩的旋回性，导致了封盖层及运移通道的多层性及有效储层的多层段发育。

2.3.2 区域岩性相变及圈闭有效性

2.3.2.1 区域岩性相变规律

马家沟组沉积期，由于中央古隆起的存在，使鄂尔多斯盆地中东部地区奥陶系沉积无论海侵期、还是海退期都呈现出明显的东西向区域性岩性相变规律。

海退期沉积以马一段为例，此时中央古隆起区大多暴露于地表，对隔绝西南的开阔外海起重要的障壁作用。在邻近中央古隆起的靖边以西地区主要发育含膏云坪相沉积，向东水体变深，沉积也加厚，依次发育盆缘相云质石膏岩及盐洼盆地相的石盐岩沉积，因此在鄂尔多斯盆地中东部地区自西向东依次形成白云岩—石膏岩—石盐岩的区域性岩性相变的沉积格局。但值得注意的是，无论是膏岩还是盐岩沉积区都发育白云岩或膏质云岩的薄夹层，其形成则主要受次级层序旋回控制，也具有较好的"层控性"分布特征。

海侵期沉积以马四段为例，此时由于海平面大幅上升，中央古隆起的障壁作用大为减弱，导致鄂尔多斯盆地整体以碳酸盐岩沉积为主，但由中央古隆起向中东部地区的区域性岩性相变规律却依然存在，主要表现为在中央古隆起及邻近地区大多发育浅水台地颗粒滩相的白云岩地层，而向东则逐渐相变为较深水的灰泥洼地相石灰岩沉积（图5）。与海退期相似，在海侵期厚层石灰岩为主的沉积中也大多间夹有薄层的白云岩层，尤其是在东部的较深水沉积区更是如此，其形成也主要受次级层序旋回的控制，多发育在四级或五级层序的界面附近。

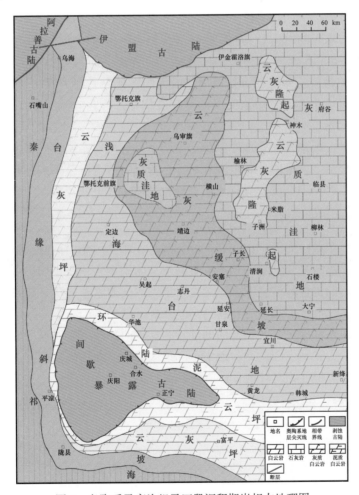

图 5　奥陶系马家沟组马四段沉积期岩相古地理图

2.3.2.2　岩性圈闭成藏模式

鄂尔多斯盆地中东部地区盐下是否存在有效的圈闭体系，这也是侧向供烃能否规模运聚成藏至为关键的因素。

前已述及，无论诸如马三段的海退期沉积层，还是诸如马四段的海侵期沉积层，都存在区域性岩性相变，并且其岩性相变的关键界线都主要发育在盆地中部的榆林—横山—安塞一线。当燕山期东部抬升时，位于东侧的致密岩性分布区又处在区域构造的上倾方向，对其西侧下倾方向的有利储层段构成有效的岩性圈闭遮挡条件，可与上覆的膏盐岩封盖层相配合、共同构成有效性极高的区域性岩性圈闭体系（图4），在盆地中部及东部地区形成大规模分布的岩性圈闭成藏区带（图5）。

3 奥陶系盐下成藏潜力分析

3.1 发育多套规模储层

鄂尔多斯盆地中东部盐下层系中，无论是海侵期还是海退期，都发育有有效的白云岩储层。海侵期沉积以马四段为例，其在邻近中央古隆起的区域主要发育大段厚层的白云岩，在远离中央古隆起的靖边及其以东地区白云岩则多呈夹层状分布于厚层石灰岩中，一般厚1～3m或5～8m不等，层数多在4～6层，有效储层通常有2～3层，整体呈向东逐渐变薄、变致密的趋势。海退期沉积以马三段为例，主要呈现为膏盐岩中夹薄层白云岩，在中部膏云岩相区多呈与云质膏岩交互的薄互层状分布，有效储层多在3～4层，但厚度较薄，一般在1～2m。

因此总体来看，鄂尔多斯盆地中东部盐下层系具有储层多层段发育的特征，虽单层厚度较薄，但层数众多，且横向分布范围广大，在膏盐岩覆盖区范围内，有利储集相带分布范围可达（1.8～2.5）×10^4km²，整体上具有较大的储集体分布规模。

3.2 长期处于相对稳定的构造枢纽带

无论是在加里东期—海西早期西高东低、还是在印支—燕山期乃至喜马拉雅期东高西低的构造变动中，鄂尔多斯盆地中部都一直处于总体构造变动最小的构造枢纽区，因此整体上处于相对稳定的构造环境之下，这无论对于天然气的聚集成藏、还是成藏后的保存以及圈闭有效性而言，无疑都是最为有利的构造因素。

此外，在盆地东部地区，其构造活动性较之盆地西部地区也明显较弱，其整体的保存条件相对而言也较为有利，因此就盆地中东部地区的盐下圈闭体系而言，其大部分圈闭受后期构造破坏的影响程度相对较弱，都应该是有效圈闭。

3.3 勘探潜力及方向

3.3.1 "窗口"供烃成藏的潜力

对鄂尔多斯盆地上古生界煤系烃源岩生烃潜力的分析表明，上古生界煤系烃源层（主力烃源岩以煤层、碳质泥岩及暗色泥岩为主）在鄂尔多斯盆地具有广覆式分布的特征，覆盖了鄂尔多斯盆地的绝大部分地区。由于煤岩发育程度及热演化条件等方面的不同，导致其生烃强度在横向上也存在一定的差异（图6），但总体上在窗口区大多具有较高的生烃强度。

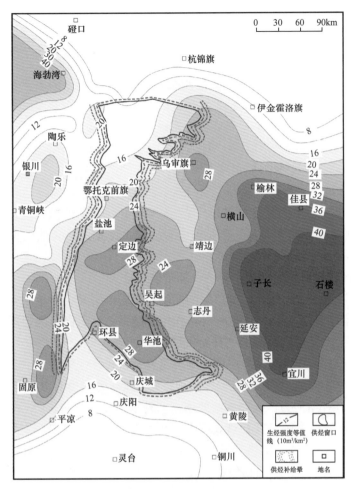

图6　上古生界煤系烃源生烃强度与供烃窗口

3.3.1.1　窗口区煤系烃源的生烃与排烃量估算

在窗口区煤系烃源岩生烃强度多在（20～28）×10^8m³/km²，平均为$24×10^8$m³/km²。窗口区的面积约为$3.7×10^4$km²，扣除掉煤岩在地层条件下的饱和吸附气量（约$2×10^8$m³/km²），则估算窗口区上古生界煤系烃源层的总排烃量可达$33×10^{12}$m³。根据油气地质学的基本原理，煤系烃源层所生成的天然气除少部分滞留在烃源层或在烃源层内运动外，绝大部分都会排出到烃源层外，其排出的方向也无非上、下两个方向，具体向哪个方向多、哪个方向少则主要取决于窗口区烃源层向上和向下的封隔层的致密程度、其与上部及下部储集体系之间的源—储压差，以及储集体系内部的规模连通程度。

仅就窗口区这一有限的范围而言，其主力烃源层厚度约为100m，单从静水柱压力来考虑，其与上部及下部储集体系之间的源—储压差的差异很小，仅在1MPa以内，因而不足以引起天然气向上与向下运移之间的显著差异。

烃源层向上的封隔层为二叠系山西组上部的山1段，其整体岩性以暗色泥岩为主（砂岩层较薄、横向连通性相对较差）；而烃源层向下的封隔层为太原组及本溪组底部的泥岩，厚度相对较薄，也常夹有砂岩层，靠近古隆起的区域有时还可见下切河谷充填的砂岩与奥陶系顶部风化壳的直接接触关系。因此总体而言，向上的封隔层似乎比向下的封隔层更为致密，因而其与主力烃源层的封隔程度也更高。

从储集体系内部的连通程度来看，源上储集体系的近源的山1及石盒子组底部盒8砂岩均为陆相的河道储集砂体为主，相互之间的连通性总体较差；而源下储集体系为海相沉积层系，由于有较强的"层控性"而横向分布较为稳定，白云岩储层由古隆起向东大范围连续分布，因此其规模连通程度似乎明显优于源上储集体系。

因此，从基本的运移分流原因分析来看，上古生界煤系烃源层所生成的天然气向上（源上储集体系）与向下（源下储集体系）两个方向的运移分量，并无太大的差异。本文暂且采取较为保守的方案来估算其经由窗口区向源下储集体系的排烃运移量。煤系烃源层所排出烃类气体仅有一小部分，姑且设定为"一半的一半"，即假设仅约其中的1/4进入"窗口"之下的下古生界盐下地层，则据此推算由窗口区生成的天然气直接进入下古生界盐下层系的气量约 $20.35 \times 10^{12} m^3$。

3.3.1.2 由窗口区排烃泄压后形成两侧的"补给供烃晕"

在窗口区排烃泄压后，邻近"窗口"的两侧烃源岩区则又会由于压差而向窗口区的烃源层补充烃类气体，越靠近窗口区这种补给作用就越强，远离窗口区则逐渐减弱，由此即在烃源层内形成了供烃窗口两侧的"补给供烃晕"（图6）。考虑到气态烃的易流动性（尤其是对于甲烷分子）加之煤系烃源层内微细裂缝发育，孔渗性较好，推断其在烃源层内的运移距离达到20～30km。本文暂且较保守地设定15km为规模有效的烃源补给距离：其中5km之内为较高补给能力区，其补给效率为"补给供烃晕"向窗口区供烃能力的50%；5～10km为中等补给能力区，其补给效率为"补给供烃晕"向窗口区供烃能力的30%计；10～15km则补给效率为"补给供烃晕"向窗口区供烃能力的10%。据此推算由"补给供烃晕"向窗口区供烃补给，然后再经由"窗口"进入下古生界盐下层系的天然气量，分别为 $1.93 \times 10^{12} m^3$、$1.16 \times 10^{12} m^3$、$0.39 \times 10^{12} m^3$，累计可达 $3.48 \times 10^{12} m^3$。

如此，则由上古生界煤系烃源岩层经由供烃窗口进入下古生界盐下层系的总气量可达 $23.83 \times 10^{12} m^3$。

3.3.1.3 聚集成藏规模估算

综合以上对封盖、岩性相变以及构造活动引起的断错遮挡等方面的条件分析，鄂尔多斯盆地中东部地区盐下层系整体的封闭性应该很好，对天然气大规模运聚成藏极为有利。

因此认为，由上古生界煤系烃源层经供烃窗口进入盐下层系的天然气，一则由于上覆膏盐盖层区域性的封盖庇护，二则受到上倾方向的岩性相变遮挡及断错遮挡的阻隔，其发生规模性聚集的概率较高。上古生界聚集系数为0.01～0.03，奥陶系盐下上覆膏盐岩封盖层，封盖性较上古生界好得多，因此，奥陶系盐下的聚集系数按照0.03～0.05估算较为合适，则其聚集在盐下成藏的天然气量可达到 $(0.7～1.19) \times 10^{12} m^3$。

3.3.2 有利勘探方向

从岩性圈闭成藏角度分析，东西向岩性相变的界线附近就是上倾方向岩性圈闭的界线，则此界以西的膏盐岩封盖层覆盖区均是盐下白云岩岩性圈闭成藏的有利区域，但由于涉及烃源充注程度、储盖组合匹配关系及圈闭有效性等方面因素的影响，岩性相变带以西、较为靠近岩性相变带附近的范围，应是成藏聚集最为有利的区域，即大体位于乌审旗—靖边—延安一带的大约 100～120km 的弧形区域内，分布面积约为 $2×10^4km^2$（图 7）。因此从宏观的大区域成藏角度来看，其形成规模岩性圈闭体系的潜力很大。

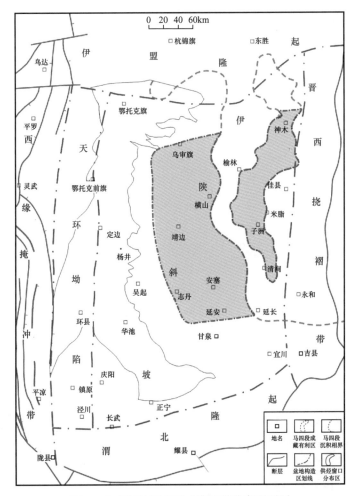

图 7　中东部盐下有利成藏区带分布预测图

此外，马四段在岩性相变带之外的盆地东部神木—米脂地区还存在石灰岩—白云岩低隆带这一相对孤立的岩性圈闭，主要形成于大范围灰质洼地中的低幅度生物建隆（藻丘或灰泥丘）之上，并在次级旋回的顶部发生白云岩化形成云质薄夹层，厚度多在 2～3m，与周围的致密石灰岩形成有效的岩性圈闭体系，其气源仍来自供烃窗口区的上古生界煤系烃源层，运移机制则主要受断层错位后的"窜层运移"所控制。

4　结论

（1）鄂尔多斯盆地中东部奥陶系盐下存在上古生界煤系烃源灶的供烃窗口，成藏关键期具备向中东部盐下层系侧向长距离供烃的有利条件；

（2）晚期构造反转及榆林—横山—延长一线区域性岩性相变遮挡，有利于中东部盐下层系天然气在乌审旗—靖边—延安一带大规模聚集成藏；

（3）奥陶系盐下层系由上古生界煤系烃源岩侧向供烃"进得来""过得去""圈得住"，具规模成藏潜力；下一步勘探重点是加强盐下有效储层预测和构造控藏要素分析，落实有利钻探目标。

参 考 文 献

［1］文竹，何登发，童晓光．蒸发岩发育特征及其对大油气田形成的影响［J］．新疆石油地质，2012，33（3）：373-378．

［2］雷怀彦．蒸发岩沉积与油气形成的关系［J］．天然气地球科学，1996，7（2）：22-28．

［3］李勇，钟建华，温志峰，等．蒸发岩与油气生成、保存的关系［J］．沉积学报，2006，24（4）：596-606．

［4］徐世文，于兴河，刘妮娜，等．蒸发岩与沉积盆地的含油气性［J］．新疆石油地质，2005，26（6）：715-718．

［5］Chritopher G，Kendall S C，Weber L J．The giant oil field evaporite association—A function of the Wilson cycle，climate，basin position and sea level［A］．AAPG Annual Convention，2009，40471．

［6］张永庶，周飞，王波，等．柴西地区天然气成因、类型及成藏规律［J］．中国石油勘探，2019，24（4）：498-508．

［7］李剑，佘源奇，高阳，等．中国陆上深层—超深层天然气勘探领域及潜力［J］．中国石油勘探，2019，24（4）：403-417．

［8］付金华，范立勇，刘新社，等．鄂尔多斯盆地天然气勘探新进展、前景展望和对策措施［J］．中国石油勘探，2019，24（4）：418-430．

［9］张吉森，曾少华，黄建松，等．鄂尔多斯东部地区盐岩的发现、成因及其意义［J］．沉积学报，1991，9（2）：34-43．

［10］苗忠英，陈践发，张晨，等．鄂尔多斯盆地东部奥陶系盐下天然气成藏条件［J］．天然气工业，2011，31（2），39-42．

［11］夏明军，郑聪斌，戴金星，等．鄂尔多斯盆地东部奥陶系盐下储层及成藏条件分析［J］．天然气地球科学，2007，18（2）：204-208．

［12］胡素云，石书缘，王铜山，等．膏盐环境对碳酸盐岩层系成烃、成储和成藏的影响［J］．中国石油勘探，2016，21（2）：20-27．

［13］关德师，张文正，裴戈．鄂尔多斯盆地中部气田奥陶系产层的油气源［J］．石油与天然气地质，1993，14（3）：191-199．

［14］杨华，张文正，昝川莉，马军．鄂尔多斯盆地东部奥陶系盐下天然气地球化学特征及其对靖边气田气源再认识［J］．天然气地球科学，2009，20（1）：8-14．

［15］张士亚．鄂尔多斯盆地天然气气源及勘探方向［J］．天然气工业，1994，14（3）：1-4．

［16］黄第藩，熊传武，杨俊杰，等．鄂尔多斯盆地中部气田气源判识和天然气成因类型［J］．天然气工业，1996，16（6）：1-5．

［17］杨俊杰．陕甘宁盆地下古生界天然气的发现［J］．天然气工业，1991，11（2）：1-6．

［18］李贤庆，侯读杰，胡国艺，等．鄂尔多斯盆地中部地区下古生界碳酸盐岩生烃潜力探讨［J］．矿物岩石地球化学通报，2002，21（3）：152-157．

[19] 王传刚. 鄂尔多斯盆地海相烃源岩的成藏有效性分析 [J]. 地学前缘, 2012, 19（1）: 253-263.

[20] 陈安定. 陕甘宁盆地奥陶系源岩及碳酸盐岩生烃的有关问题讨论 [J]. 沉积学报, 1996, 14（增刊 1）: 90-99.

[21] 陈安定. 论鄂尔多斯盆地中部气田混合气的实质 [J]. 石油勘探与开发, 2002, 29（2）: 33-38.

[22] 陈安定, 代金友, 王文跃. 靖边气田气藏特点、成因与成藏有利条件 [J]. 海相油气地质, 2010, 15（2）: 45-55.

[23] 谢增业, 胡国艺, 李剑, 等. 鄂尔多斯盆地奥陶系烃源岩有效性判识 [J]. 石油勘探与开发, 2002, 29（2）: 29-32.

[24] 刘德汉, 付金华, 郑聪斌, 等. 鄂尔多斯盆地奥陶系海相碳酸盐岩生烃性能与中部长庆气田气源成因研究 [J]. 地质学报, 2004, 78（4）: 542-550.

[25] Dai Jinxing, Li Jian, Luo Xia, Zhang Wenzheng, Hu Guoyi, Ma Chenghua, et al. Stable carbon isotope compositions and source rock geochemistry of the giant gas accumulations in the Ordos Basin, China [J]. Organic Geochemistry, 2005, 36（12）: 1617-1635.

[26] 涂建琪, 董义国, 南红丽, 等. 鄂尔多斯盆地奥陶系马家沟组规模性有效烃源岩的发现及其地质意义 [J]. 天然气工业, 2016, 36（5）: 15-24.

[27] 李伟, 涂建琪, 张静, 张斌, 鄂尔多斯盆地奥陶系马家沟组自源型天然气聚集与潜力分析 [J]. 石油勘探与开发, 2017, 44（4）: 521-530.

[28] 刘文汇, 王杰, 腾格尔, 等. 中国海相层系多元生烃及其示踪技术 [J]. 石油学报, 2012, 33（增刊 1）: 115-125.

[29] 刘文汇, 赵恒, 刘全有, 等. 膏盐岩层系在海相油气成藏中的潜在作用 [J]. 石油学报, 2016, 37（12）: 1451-1462.

[30] 刘文汇, 腾格尔, 王晓锋, 等. 中国海相碳酸盐岩层系有机质生烃理论新解 [J]. 石油勘探与开发, 2017, 44（1）: 155-164.

[31] 张水昌, 梁狄刚, 张大江. 关于古生界烃源岩有机质丰度的评价标准 [J]. 石油勘探与开发, 2002, 29（2）: 8-12.

[32] 彭平安, 刘大永, 秦艳, 等. 海相碳酸盐岩烃源岩评价的有机碳下限问题 [J]. 地球化学, 2008, 37（4）: 415-422.

[33] 王兆云, 赵文智, 王云鹏. 中国海相碳酸盐岩气源岩评价指标研究 [J]. 自然科学进展, 2004, 14（11）: 1236-1243.

[34] 夏新宇, 洪峰, 赵林, 张文正. 鄂尔多斯盆地下奥陶统碳酸盐岩有机相类型及生烃潜力 [J]. 沉积学报, 1999, 17（4）: 638-650.

[35] 胡安平, 李剑, 张文正, 等. 鄂尔多斯盆地上、下古生界和中生界天然气地球化学特征及成因类型对比 [J]. 中国科学 D 辑: 地球科学, 2007, 37（增刊 Ⅱ）: 157-166.

[36] 杨华, 包洪平, 马占荣. 侧向供烃成藏—鄂尔多斯盆地奥陶系膏盐下天然气成藏新认识 [J]. 天然气工业, 2014, 34（4）, 19-26.

[37] 李艳红, 王升宝, 常丽萍. 饱和蒸气压测定方法的评述 [J]. 煤化工, 2006,（5）: 44-47, 57.

原文刊于《中国石油勘探》, 2020, 25（3）: 134-145.

下　篇
古老碳酸盐岩勘探评价新技术

细分小层岩相古地理编图的沉积学
研究及油气勘探意义

——以鄂尔多斯地区中东部奥陶系
马家沟组马五段为例

包洪平[1,2]　杨　帆[1,2]　白海峰[1,2]　武春英[1,2]　王前平[1,2]

（1. 中国石油长庆油田分公司；2. 低渗透油气田勘探开发国家工程实验室）

摘　要： 鄂尔多斯盆地中东部奥陶系发育巨厚的蒸发岩—碳酸盐岩旋回性沉积，地层厚度达 500～900m。对其上部厚约 200～350m 的马家沟组第五段岩性、沉积相的进一步分析表明，其内部仍发育次一级的沉积旋回。而通过细分小层的沉积学研究和岩相古地理编图，对马五段的岩性相变规律及沉积演化特征的认识则更为明晰，对该区奥陶系的沉积学研究与天然气勘探部署也发挥了重要作用，主要体现在以下几方面：一是对于有利沉积相带（尤其是相控储层）的预测更为精准，细分小层的岩相古地理编图对主力目的层的研究分析更具针对性；二是对白云岩化机理的认识进一步深入，基本明确了短期海侵层序中的白云岩化受继承性古地理格局与层序演化的共同控制；三是推动古隆起东侧奥陶系中组合（马五$_5$—马五$_{10}$）岩性圈闭大区带成藏认识的形成，勘探发现了千亿立方米规模储量接替区；四是催生奥陶系盐下"侧向供烃成藏"模式的建立，指导近期盆地中部奥陶系盐下勘探取得重大突破。因此可以初步认为，细分小层的岩相古地理编图可能代表了古地理学发展的一个重要方向，无论是对相带展布、层序演化及白云岩化等沉积学方面的研究，还是对油气勘探工作中的有利储集体预测及圈闭成藏规律的认识，都具有一定的实际意义。

关键词： 蒸发岩；碳酸盐岩；岩相古地理编图；细分小层；鄂尔多斯盆地；马家沟组

　　岩相古地理编图是沉积学研究的重要基础工作，中国老一辈地质工作者对此都非常重视，已为此奠定了非常坚实的基础，最有代表性的如刘鸿允、王鸿祯、冯增昭等自 20 世纪中晚期所做的大区岩相古地理工作[1-10]。进入 21 世纪以来，又有一批学者从构造层序的角度开展了新一轮岩相古地理编图工作[11]，使古地理研究与构造及层序研究的联系更趋紧密。国外学者则更加侧重于构造演化、古气候演化等与岩相古地理编图的结合以及三维古地理重建等方面的工作[12-16]。下一步古地理学该如何发展？也值得引起当前沉积学研究领域的深入思考，以期找到更多古地理学发展的新生长点。本文拟以鄂尔多斯盆地（地理概念同鄂尔多斯地区）奥陶系马家沟组马五段细分小层的岩相古地理编图的实际工作体会为线索，探索接近盆地尺度（跨越古隆起与斜坡区等不同构造分区，以及盆缘白云

基金项目：国家科技重大专项"大型油气田及煤层气开发"（2016ZX05004-006）

岩与硬石膏岩、盐洼区石盐岩等不同岩相分区）的细分小层的岩相古地理编图对古地理学研究及学科发展的意义。

奥陶纪马家沟组沉积期，鄂尔多斯盆地与华北地台主体区的沉积特征具有明显差异，突现出鄂尔多斯盆地从华北地台逐渐分化的演化特征。表现在华北地区马家沟组主要为广海相的石灰岩沉积，而鄂尔多斯盆地地区则发育大规模的局限海蒸发台地相的碳酸盐岩—蒸发岩沉积。以中央古隆起为界，以东主要形成碳酸盐岩与膏盐岩交互的沉积，以西则仍以广海相的碳酸盐岩为主（图 1）。中东部地区的马家沟组可按沉积旋回自下而上划分为马一段、马二段、马三段、马四段、马五段、马六段 6 个段，其中马一段、马三段、马五段以蒸发岩沉积为主，而马二段、马四段、马六段以碳酸盐岩沉积为主。这种分布特征与英格兰东北部 Zechstein 盆地上二叠统碳酸盐岩—蒸发岩地层的特征极为相似，Tucker 曾用克拉通内与广海周期性隔绝干化的模式来解释其蒸发岩成因和层序分布[17]。国外学者对蒸发岩成因观点不一[18]，其中以许靖华提出的"干化深盆说"最有影响[19]。国内部分研究人员对鄂尔多斯地区马家沟组蒸发岩的成因也持类似"干化成因"的观点[20]。

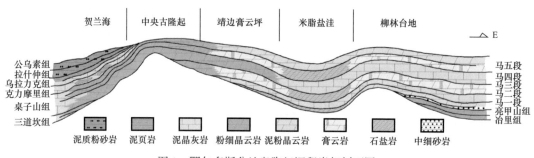

图 1　鄂尔多斯盆地奥陶纪沉积岩相剖面图

马五段是马家沟组最晚一期蒸发岩旋回形成的沉积层，其内部又表现出次一级的碳酸盐岩与蒸发膏盐岩交互的旋回性沉积特征，油气地质工作者按岩性组合及旋回特征由上至下细分为马五$_1$—马五$_{10}$10 个亚段，本文所重点讨论的正是针对这 10 个亚段的小层岩相古地理研究及编图工作。进行这些细分亚段的岩相古地编图对于刻画蒸发旋回盆地的沉积指向与沉积过程的变迁研究具有重要的意义，对于编图方法也具有一定的借鉴意义。

1　问题的提出

鄂尔多斯地区中东部奥陶系发育巨厚的碳酸盐岩—蒸发岩沉积。20 世纪 80 至 90 年代诸多沉积学者及勘探工作者曾就此做过系统的岩相古地理研究及编图工作，对该区奥陶系沉积特征的认识乃至靖边气田的发现及勘探等都发挥了积极的作用。但早期的岩相古地理编图多是以组、段为基本的编图单元[5, 8]，这对于认识宏观的沉积相变规律及指导大的油气勘探方向意义较大[21]，但是，这些编图主要是以段为基本编图单元，对段内更小地层单元的储层横向变化预测则无能为力，因而对于更深入地研究有效储层的变化规律和更为具体地指导油气勘探部署则显示出明显的不足。

如对于靖边气田的奥陶系风化壳储层而言，针对马五段的古地理编图就不能有效解决风化壳储层的预测问题。如图 2 为针对马五段岩性特征及相分析研究按优势相编制的现今盆地范围的马五段沉积期岩相古地理图,因马五段沉积期是鄂尔多斯盆地奥陶系马家沟组最大的海退沉积期,其内部又存在多个次一级振荡性海进—海退旋回,形成膏盐岩与碳酸盐岩交互的互层状沉积,由于海侵时间相对较短,蒸发膏盐岩地层(尤其是在鄂尔多斯盆地中东部地区)占据了马五段的大部分(局部可占60%~70%),因而按"优势相"原则盆地中东部存在一大的"膏盐洼地"相区。而靖边气田在马五段的古地理图中则落在"膏盐洼地"沉积相区。

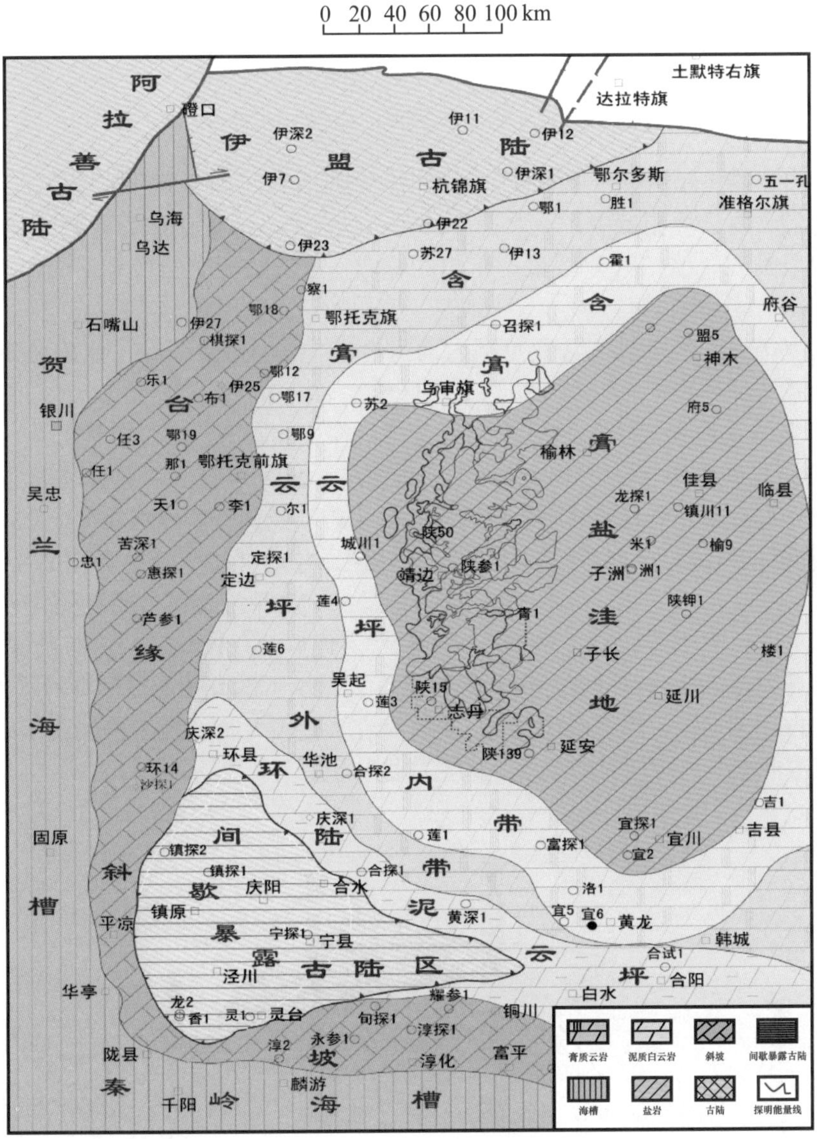

图 2 鄂尔多斯地区奥陶纪马五期岩相古地理图(红色轮廓线示靖边气田位置)

但实际钻探结果表明,靖边气田的马五$_{1+2}$风化壳储层主要发育在马五段顶部的含膏白云岩中(图 3),与"膏盐洼地"的概念似乎相去甚远,因此针对马五段整段的大段地层的岩相古地理编图显然不能解决小的储层段的相控问题。

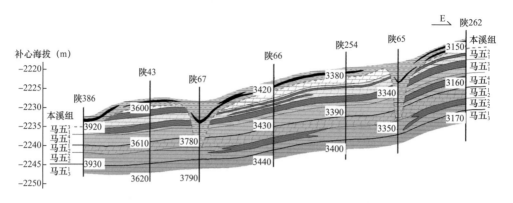

图 3　靖边气田奥陶系风化壳气藏圈闭成藏模式图

此外，由于风化壳储层孔隙发育对沉积组构的选择性（即有效孔隙层段主要发育在含硬石膏结核的含膏云坪相带中，不含膏质的泥粉晶白云岩通常仍然为致密的基质层），因此，即使是以马五$_1$、马五$_2$等亚段为单位的编图，也依然不能准确地反映主要储层段发育的相控特征。

再如对马五$_5$亚段在现今盆地范围内的岩性变化的认识。马五$_5$亚段位于马五段中部（距奥陶系顶部风化壳的距离在靖边气田区约在80～100m之间），其地层厚25～30m。在早期鄂尔多斯盆地中部奥陶系风化壳气藏的勘探中，马五$_5$亚段曾被作为一个区域性稳定分布的石灰岩标志层，俗称"马五$_5$石灰岩"。在对马五段的总体岩相古地理编图中，也只是将其视为一个短期的海进旋回沉积，未曾注意到其岩性在横向上也有一定的变化。直到局部地区在马五$_5$中也发现了白云岩储层，才对其相变规律有所重视。1994年，靖边气田北部的一口探井（陕196井）首次在马五$_5$发现白云岩晶间孔储层及含气显示（图4），试气获工业气流，引起了勘探的关注[22]。但后续在该井区的追踪勘探证实马五$_5$白云岩为小规模透镜体状、分布局限，勘探难度大。由于没有开展专门针对马五$_5$小层的区域性岩相古地理编图，因而对于马五$_5$是否存在大规模发育的白云岩储层，以及其分布规律又如何等问题，一直没有形成统一的整体性认识。

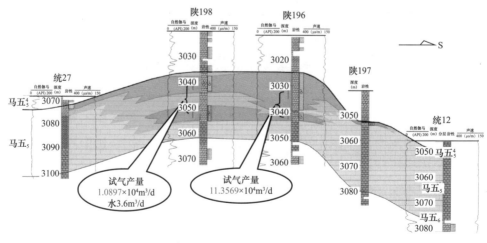

图 4　陕196井区马五5亚段气藏剖面图

图中显示马五$_5$亚段岩性及含气性变化

2 马五段小层划分

2.1 小层划分对比

考虑到钻井岩性特征的可对比性和测井岩性识别的可操作性，结合长庆油田在盆地中东部地区的勘探生产实践，通常以沉积旋回为主、综合相序和岩性组合及测井曲线特征等，将马五段自上而下划分为 10 个亚段（表 1）。

表 1　鄂尔多斯盆地中东部马家沟组马五段小层岩性特征简表

段	亚段	地层厚度（m）	小层划分	岩性简述	备注
马六段		0～10		泥晶灰岩	盆地本部大部缺失
马五段	马五$_1$	15～25	马五$_1^1$	粉晶云岩、含泥云岩	
			马五$_1^2$	泥粉晶云岩	
			马五$_1^3$	泥粉晶云岩	
			马五$_1^4$	泥云岩、凝灰岩	
	马五$_2$	6～9	马五$_2^1$	泥云岩、含灰云岩	
			马五$_2^2$	粉晶云岩、含泥云岩	
	马五$_3$	25～30	马五$_3^1$	白云岩、泥质云岩	
			马五$_3^2$	泥云岩	
			马五$_3^3$	泥云岩、夹硬石膏岩	
	马五$_4$	40～45	马五$_4^1$	粉晶云岩	
			马五$_4^2$	泥云岩夹硬石膏岩	东部发育较厚盐岩
			马五$_4^3$	泥云岩夹膏盐岩	
	马五$_5$	25～30	马五$_5^1$	石灰岩、灰质云岩	
			马五$_5^2$	粉晶云岩、泥晶灰岩	东部以泥晶灰岩为主
			马五$_5^3$	泥晶灰岩、含云灰岩	
	马五$_6$	80～180	马五$_6^1$	膏盐岩、泥云岩	东部盐洼区以盐岩为主，厚度明显增大
			马五$_6^2$	膏盐岩、灰云岩	
			马五$_6^3$	膏盐岩、泥云岩	
	马五$_7$	15～20		粉晶云岩、灰质云岩	
	马五$_8$	10～25		膏岩、盐岩、泥云岩	
	马五$_9$	10～20		灰质云岩、粉晶云岩	
	马五$_{10}$	15～30		膏盐岩、泥云岩	
马四段		100～180		细晶云岩、泥晶灰岩	西部明显增厚

另外在靖边气田勘探早期也有以中部石灰岩为界、将马五段分为上、下两个亚段的方案：下段（马五$_6$—马五$_{10}$）以膏盐岩、膏质白云岩及泥粉晶白云岩为主，厚度一般在100～250m，反映干盐湖及蒸发云坪为主的沉积环境特征，为海平面变化的高水位期（相对静止时期）的产物；上段（马五$_1$—马五$_5$）的底部以泥晶灰岩为主（马五$_5$小层），厚约20～30m，反映海进体系域沉积特征，上部（马五$_1$—马五$_4$）与马五下段有类似的环境及沉积特征，在研究区内一般厚60～80m。

按照目前在鄂尔多斯盆地对下古生界、尤其是奥陶系进行新一轮深入勘探的需求，显然将马五段划分为10个亚段的"十分"方案，对勘探生产及地质研究的重要性更为突出。因此这里按"十分"方案将各小层（马五$_1$—马五$_{10}$）的沉积特征分别进行简要的叙述。

2.2 各小层沉积及岩性特征

马五$_1$亚段厚15～25m，岩性以泥粉晶云岩为主，部分层段含膏质结核，溶蚀后形成球状溶孔。主要形成于潮间带—潮上带沉积环境，发育含膏云坪、颗粒滩、泥云坪等亚相环境的沉积。纵向上自身构成1个小的层序旋回。在马五$_1^1$、马五$_1^2$及马五$_1^3$的含膏白云岩（形成于含膏云坪亚相）中发生膏溶作用，形成有效的溶孔型白云岩储层；在马五$_1^4$的局部地区由颗粒滩相沉积的混合水白云岩化而形成细晶结构的白云岩晶间孔型储层。因此，从相的选择性来讲，滩、坪等沉积相区最易发生各类白云石化作用。

马五$_2$亚段厚6～9m，岩性以粉晶云岩为主，局部层段具膏模孔及溶孔。主要形成于潮间带沉积环境，主要发育云坪、泥云坪等亚相环境的沉积，局部也发育含膏云坪沉积。纵向上与马五$_3$上部一起构成1个层序旋回。该段地层以富含均匀散布膏盐矿物为特征（膏、云质缺乏层状分异），由于表生淋滤—充填作用常形成方解石质的膏盐矿物假晶，可在局部发育为有效的膏模孔型白云岩储层。

马五$_3$亚段厚25～30m，岩性以泥粉晶云岩为主，局部见角砾状构造，主要与风化壳期的膏溶垮塌有关。形成于潮下带—潮间带沉积环境，主要发育云坪、灰泥坪等亚相环境的沉积，局部洼地在间歇暴露期也发育膏盐洼地沉积。纵向上与马五$_4$上部及马五$_2$一起构成两个主要的层序旋回。该段地层由于膏盐矿物含量较少，或由于膏质物集中成层分布（膏、云分异良好）、风化壳期淋溶塌陷后多呈角砾状构造，岩性较为致密，较少发育为有效储层。

马五$_4$亚段厚40～45m，岩性以泥粉晶云岩为主，上部发育含膏质结核的白云岩，局部溶蚀形成孔隙层段。主要形成于潮间带—潮上带沉积环境，发育（潮上）含膏云坪、膏盐洼地、（潮间）云坪等亚相环境的沉积。纵向上与马五$_5$及马五$_3$的下部一起构成4个主要的层序旋回（大体相当于Vail的四级层序）。其中最上部层序刚好位于加里东风化壳期风化淋滤深度带的下限附近，在马五$_4^1$含膏白云岩（形成于含膏云坪亚相）中发生膏溶作用，形成有效的溶孔（核模孔）型白云岩储层。

马五$_5$亚段厚25～30m。岩性在靖西地区以粉晶结构的白云岩为主，向东至靖边及以东地区则相变为以石灰岩为主，局部夹白云岩。是鄂尔多斯盆地奥陶系马五段分界的区域性标志层。主要形成于短期海侵的滨浅海沉积环境，靠近古隆起区为潮坪—滨岸台地，东部地区则主要为浅海沉积环境。

马五$_6$亚段厚80～180m，靖边以东的盆地东部盐洼区可达150～190m。靖西地区以泥粉晶结构的白云岩为主，局部见膏质白云岩；向靖边地区变为硬石膏岩与白云岩互层，鄂尔多斯盆地东部则以石盐岩为主，间夹薄层白云岩。在靖边地区的硬石膏岩分布区，硬石膏岩厚度可占地层厚度的30%～60%，硬石膏岩单层厚多在2～5m，累计厚多在30m以上；靖边东部的横山—安塞盐岩分布区，盐岩厚度可占地层厚度的60%～70%，盐岩单层厚度多在8～15m，累计厚多在60m以上，鄂尔多斯盆地东部的米脂盐洼区则达100m以上。主要形成于海退期的局限海蒸发台地沉积环境，靠近古隆起区为蒸发潮坪，东部地区则主要为局限盐洼沉积环境。

马五$_7$亚段厚15～20m。岩性主体多以粉晶白云岩为主，局部夹薄层膏质白云岩。主要形成于短期海侵的滨浅海沉积环境，靠近古隆起区为潮坪—滨岸台地，东部地区主要为浅海相沉积环境。

马五$_8$亚段厚10～25m。岩性在靖西地区粉晶白云岩为主，靖边地区为硬石膏岩与白云岩互层。盆地东部地区则发育有石盐岩层。主要形成于海退期的局限海蒸发台地沉积环境，靠近古隆起区为蒸发潮坪，东部地区则主要为局限盐洼—沼泽沉积环境。

马五$_9$亚段厚10～20m。岩性主体以粉晶白云岩为主，局部夹薄层膏质白云岩。主要形成于短期海侵的滨浅海沉积环境，靠近古隆起区为潮坪—滨岸台地，东部主要为浅海沉积环境。

马五$_{10}$亚段厚15～30m。靖西地区粉晶白云岩为主，靖边地区为硬石膏岩与白云岩互层，盆地东部地区发育石盐岩层。主要形成于海退期的局限海蒸发台地沉积环境，靠近古隆起区以蒸发潮坪沉积环境为主，东部地区则主要为局限海盐洼沼泽沉积环境。

3 马五段的基本沉积特征

3.1 纵向沉积演化的旋回性

马五段沉积地层厚度一般在200～350m，从三级层序旋回看，仍处在一个大的海退沉积期，总体以蒸发岩—碳酸盐岩沉积为主。马五段内部又进一步表现出多个次一级的旋回性沉积特征，呈膏、盐岩类蒸发岩与碳酸盐岩交互的地层分布特征（图5）。

3.2 横向岩性相变显著

3.2.1 海退期的小层岩相分布格局

马五$_{10}$、马五$_8$、马五$_6$等海退期的蒸发岩沉积，主要形成于与外海相对隔离甚至完全隔绝的局限海沉积环境[20]。

其大区域的沉积相带分布（岩相古地理）格局，具有围绕东部盐洼呈环带状展布的特征。总体上东部地区水体受局限程度高、多发育盐岩沉积，而在靠近古隆起的盆地中西部地区，则硬石膏岩及蒸发潮坪白云岩为主。下面就以马五$_6$沉积期蒸发岩沉积为例来说明短期海退期的沉积相带（古地理）分布格局。（图6）。马五段的膏盐岩即主要集中发育在马五$_6$亚段，表明是海退持续时间较长的一个蒸发岩沉积期，在盆地中东部形成了厚层膏盐岩沉积层。沉积相带呈环绕米脂盐岩盆地的环带状分布特征，由内向外依次发育盐岩盆地、盆缘膏云斜坡、含膏云质缓坡及环隆蒸发云坪等沉积相带，具有"牛眼式"的相带分布格局，基本反映了"干化蒸发"条件下的蒸发岩形成特征[20]。

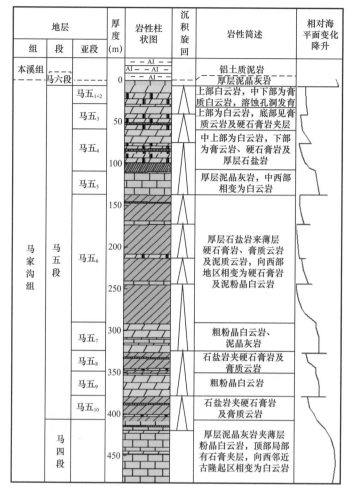

图 5　鄂尔多斯盆地东部奥陶系马五段沉积演化柱状图

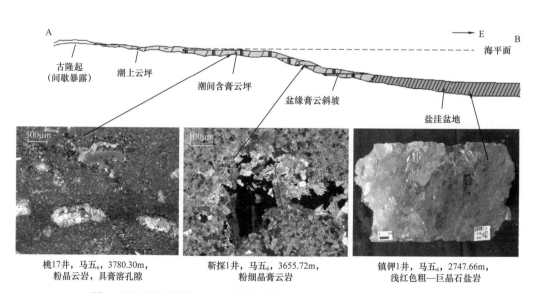

桃17井，马五₆，3780.30m，
粉晶云岩，具膏溶孔隙

靳探1井，马五₆，3655.72m，
粉细晶膏云岩

镇钾1井，马五₆，2747.66m，
浅红色粗—巨晶石盐岩

图 6　马五段沉积期内次一级海退期岩相古地理格局及相带分布模式图

膏盐岩主要分布在靖边—志丹及其以东地区（且靖边—志丹地区主要为硬石膏岩分布区、盆地东部则主要为石盐岩分布区），而乌审旗—吴起—富县的环带上则基本没有膏盐岩，主要发育泥粉晶白云岩，表明膏盐岩及白云岩的分布明显受沉积相带的控制。

3.2.2 海侵期的小层岩相分布格局

前已述及，马五段虽整体为 海退沉积层序，但其内部具有明显的震荡性旋回沉积特征，具体表现在蒸发岩沉积层之间也发育有短期海侵形成的碳酸盐岩沉积层，马五$_9$、马五$_7$、马五$_5$等即是此类夹在蒸发岩之间的短期海侵沉积层。与马五$_{10}$、马五$_8$、马五$_6$等蒸发岩沉积时的局限海沉积环境显著不同，马五$_9$、马五$_7$、马五$_5$等短期海侵层序整体上处于与外海基本沟通的正常浅海沉积环境，主要发育正常海相的碳酸盐沉积层。在大的沉积相带分布格局上，短期海侵沉积层也具有围绕东部洼地呈环带状或半环状分布的特征。总体上东部地区水体相对较深、多发育石灰岩，而在靠近古隆起的盆地中西部地区，则主要发育白云岩。

靖边西侧（靖西）地区的马五段沉积期处在间歇暴露的古隆起区的东侧，其东为膏盐洼地沉积区，西为间歇暴露的中央古隆起区，在大的古地理格局上构成了区域岩性相变的沉积基础，也为其后白云岩化作用提供了特殊的成岩作用环境。虽然马五段沉积期整体处于大的蒸发岩—碳酸盐岩旋回的相对低水位期（海退期），但其间也存在次一级的短期海进旋回的沉积，下面就以马五$_5$亚段为例来说明短期海侵沉积期间的古地理格局（图7）。

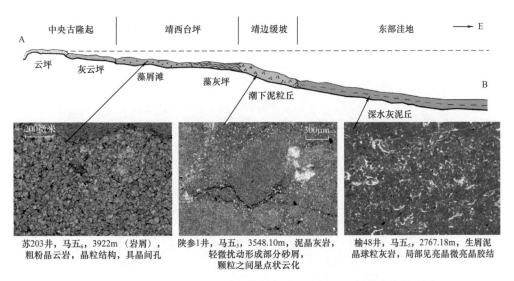

图7 马五段沉积期内次一级海侵期岩相古地理格局及相带分布模式图

马五$_5$亚段沉积期是夹在其间的一次较重要的次级海侵期沉积。其岩相古地理格局呈环带展布，自西向东依次发育环隆云坪、靖西台坪、靖边缓坡及东部石灰岩洼地。东部洼地位于潮下带，沉积期水体开阔，与广海相通，主要沉积深灰色富含生物碎屑的泥晶灰岩，在局部地区有云化的迹象；靖边缓坡总体处于潮间带，主要以石灰岩沉积为主，间夹泥粉晶白云岩；靖西台坪总体处于潮上和潮间交替发育带，马五$_5$亚段沉积早期可处于潮下环境，如苏203井区马五$_5^3$，该带主要以白云岩沉积为主，因古地形相对较高，水体较浅，在局部的高能带可形成台内藻屑滩微相沉积；环陆云坪靠近中央古隆起，主要处于潮上带，沉积物以泥晶白云岩沉积为主，但在加里东期多被剥蚀殆尽。因此，靖西台坪相带是形成白云岩储层最有利的部位，主要发育藻灰坪、藻屑滩、灰云坪等沉积微相，颗粒滩是最有利的沉积微相。在靖西台坪区的局部高部位，是台内滩相颗粒碳酸盐岩沉积发育的有利位置，经后期白云岩化后可形成有效的白云岩晶间孔储层，近期通过地质分析和地震储集体预测结合（图8），在马五$_5$亚段预测了多个滩相沉积体[23]。

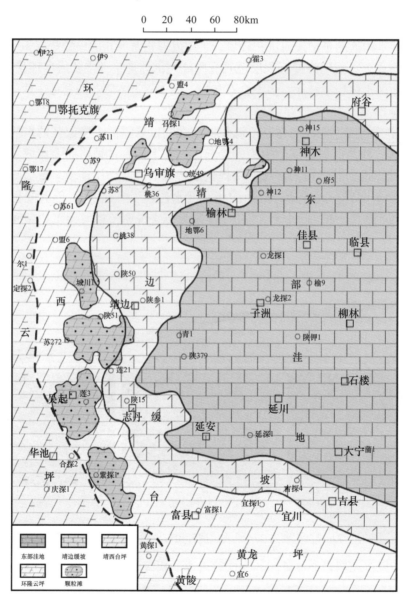

图8　古隆起东侧马五$_5$亚段岩相古地理图

4 细分小层的岩相古地理编图

受控于海进—海退旋回性变化的影响，马五段本身就是由复杂的旋回性分布的膏盐岩与碳酸盐岩构成。因此，按传统的优势相方法编图，难以在一张图中准确反映出马五段沉积期的岩相及古地理分布格局。因而必须考虑细分小层的岩相古地理编图，才能更深入地认识马五段的沉积及其岩相古地理的演化特征，也有利于在勘探实践中精确分析主力目的层储层发育的相控因素。

编图原则及思路：首先是根据对盆地内钻孔资料的精细地层对比与小层划分，选取细分小层的编图单元，以确保各编图单元具有可靠的等时性依据；其次是编绘各单元的地层厚度图、膏盐岩分布图、云地比图等关键的单因素平面分布图；再次是编绘各单元横跨不同岩相分区的岩相对比横剖面图、沉积模式图等重要的分析性图件；然后再综合各类资料，平剖结合，系统编绘各小层的岩相古地理图。

4.1 编图单元选取

按照岩性组合与沉积旋回特征，可将马五段划分为马五$_1$—马五$_{10}$共 10 个亚段，这 10 个亚段即是系统编图的基本单元。其中马五$_{1+2}$、马五$_4$、马五$_6$、马五$_8$、马五$_{10}$为海退期沉积，岩性以蒸发岩、含膏泥—粉晶云岩为主；马五$_3$、马五$_5$、马五$_7$、马五$_9$为夹在蒸发岩层序中的短期海侵沉积，以粉—细晶云岩为主。

4.2 单因素图件编绘

在精细小层划分对比的基础上，系统编绘了马五$_1$—马五$_{10}$小层的地层厚度图。并针对马五$_5$、马五$_7$等重点层段，编绘了白云岩厚度图、云地比图等基础图件，为后续研究白云岩相变规律及白云岩化机理等奠定了基础；针对马五$_{10}$、马五$_8$、马五$_6$等含盐层段，编绘硬石膏岩、盐岩厚度图（图 9），为确定沉积中心（盐洼区）提供基础。

4.3 基本分析图件编绘

一是针对不同沉积相区，优选典型代表性井段、分别编绘了沉积相及相序分析的柱状剖面图，以便于在纵向上更好地了解马五段沉积期的古地理演化特征；二是平面上选井编绘穿越不同相区的地层岩性横向对比剖面，以便于在横向上了解岩性相变的规律性及相序演化的特征；三是综合各方面资料分别编绘海进、海退期的沉积模式图及沉积演化模式图，以利于在三度空间的格架下更好地理解沉积层序演化的系统规律。

4.4 综合岩相古地理图编绘

在综合上述各类基础单因素图件及基本地质分析图件的基础上，系统编绘了马五$_1$—马五$_{10}$各小层的岩相古地理图（图 10）。

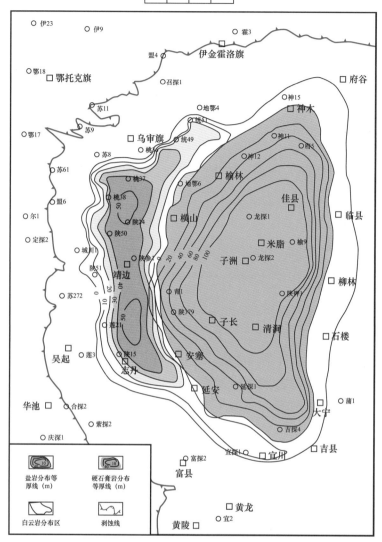

图9 奥陶系马五段马五₆亚段膏盐岩分布图

图例部分：
- 盐岩分布等厚线（m）
- 硬石膏岩分布等厚线（m）
- 白云岩分布区
- 剥蚀线

比例尺：0 20 40 60 80 km

4.5 针对目的层段更细分层的"工业化"岩相古地理图

为了更精准地反映主要储层段发育的相控特征，可以在精细地层对比和小层岩相古地理编图的基础上，开展更细分层的针对主力目的层段的岩相古地理图编图，这对于油气勘探生产部署更具指导意义，可以真正地称其为"工业化的岩相古地理编图"。

如在本区奥陶系风化壳储层的研究中，在前期马五₁、马五₂等亚段编图的基础上，又开展了针对马五₁³、马五₄¹等主力目的层的更细分小层的古地理编图，更进一步明确了在较小的时空尺度内含膏云坪相带对马五₁³、马五₄¹有效储层发育的控制作用；在针对马五₅等白云岩晶间孔储层段的研究中，对马五₅进一步细分为马五₅¹、马五₅²、马五₅³3个小层，分别编绘各小层的岩相古地理图，以进一步明确白云岩化及有效储层时空演化的规律性。

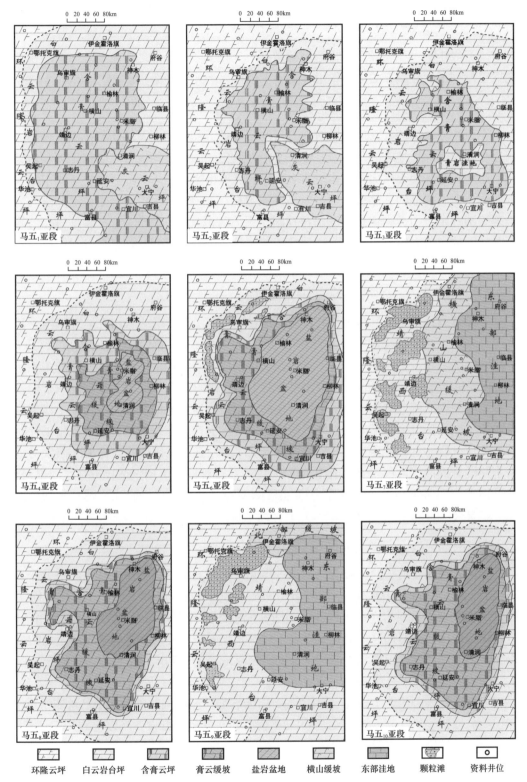

图 10 鄂尔多斯盆地奥陶纪马五₁—马五₁₀各亚段沉积期岩相古地理图

（马五₅亚段沉积期岩相古地理图见图 7）

图例：环隆云坪　白云岩台坪　含膏云坪　膏云缓坡　盐岩盆地　横山缓坡　东部洼地　颗粒滩　资料井位

5 沉积学研究及油气勘探指导意义

对马五段小层沉积相及岩相古地理的精细研究在鄂尔多斯盆地中东部地区奥陶系天然气勘探中发挥了十分重要的指导作用，主要表现在以下几个方面。

5.1 对有利沉积相带（相控储层）的预测更为精准

对于风化壳储层而言，通过针对主力目的层段的沉积相编图及储层相控因素分析，明确靖边气田及其周边地区的马五$_1^3$、马五$_4^1$主力风化壳储层段均以膏质结核云坪及含膏云坪相带为主，是有利于风化壳溶孔型储层发育的沉积相区。

而对于白云岩晶间孔储层，通过对马五$_5$、马五$_7$、马五$_9$等中组合主力储层段的岩相古地理编图并结合白云岩化对储层发育控制作用的认识，明确马五$_5$、马五$_7$、马五$_9$等中组合及盐下的白云岩储层发育主要受台坪相带颗粒滩微相的控制，使近期针对中组合及盐下目标的钻探均取得了较好的勘探成效。

5.2 对短期海侵层序中的白云岩化机理认识进一步深入

马五段发育马五$_5$等短期海侵沉积层，通过对马五$_5$等小层的岩相古地理编图，初步明确了其岩性变化的规律性及白云岩分布的区位性特征；再通过系统的从马五$_1$到马五$_{10}$各小层系统的岩相古地理编图，进一步认识到白云岩化与沉积层序演化旋回性的关系，明确马五$_5$等短期海侵沉积层的白云岩化主要发生在后续海退沉积期的膏盐岩沉积阶段，即由于石膏层的沉淀所造成海水介质中镁钙比的大幅增加所形成的富镁卤水为处于浅埋藏成岩阶段的早期沉积层提供了丰富的镁离子来源；并进而在综合研究的基础上提出了针对古隆起东侧地区以马五$_5$亚段为代表的短期海侵层序的白云岩成因模式，即大气淡水与"富镁卤水"混合的混合水白云岩化成因机理[23]。当然这种成因类型仅适合于马家沟组马五$_5$粗粉晶白云岩，对于马五段的马五$_{1+2}$等层段的泥粉晶结构的白云岩成因则另当别论，应仍以蒸发泵模式解释更为合理。

5.3 推动中组合岩性圈闭大区带成藏认识的形成

在大区岩性相变认识的基础上，提出古隆起东侧的奥陶系马家沟组马五段中下部（马五$_5$—马五$_{10}$）发育白云岩晶间孔型储层（明显有别于靖边地区的马五$_{1+2}$溶孔型储层），向东区域性相变为石灰岩，燕山期鄂尔多斯盆地东部抬升后即构成有效的上倾遮挡条件；邻近古隆起地区白云岩储层与上古生界煤系烃源岩配置关系良好，有利于煤系生烃的规模运聚，其中岩性相变带附近是天然气岩性圈闭聚集成藏的有利区带，形成了中组合岩性圈闭大区带成藏的认识[23]。

近期在奥陶系中组合（马五$_5$—马五$_{10}$）白云岩岩性圈闭气藏的勘探中已落实了桃33、苏203、苏127等多个含气富集区，其中10余口井获日产百万立方米以上高产工业气流。使中组合成为继风化壳之后最重要的碳酸盐岩勘探新领域。

5.4 催生奥陶系盐下"侧向供烃成藏"模式的建立

鄂尔多斯中东部地区奥陶系马家沟组马五$_6$发育厚层膏盐岩，分布面积约 $5 \times 10^4 km^2$，封盖条件较好，因此，盐下深层一直是天然气勘探关注的重要领域。但早期囿于对盐下气源及圈闭运聚等方面认识的局限，盐下勘探长期未取得实质性进展。近期在对马五段碳酸盐岩—蒸发岩层序细分小层的岩相古地理编图工作的基础上，在盐下白云岩储层发育、膏盐岩盖层分布、源储配置输导、岩性相变遮挡等方面的认识进一步深化，逐步形成了由上古生界煤系烃源岩侧向供烃成藏的盐下天然气运聚成藏新模式[24]，为盐下天然气勘探带来了新的启示。近年来，针对鄂尔多斯盆地奥陶系盐下领域的天然气勘探已有多口井在马五$_6$膏盐层之下的马五$_7$白云岩储层中试气获工业气流，并显示出局部高产富集的特征，实现了盐下勘探的重大突破。

此外，细分小层的岩相古地理编图工作对于深时岩相古地理研究也有重要的促进意义。"深时"（DeepTime）是以 Soreghan 教授为代表的古气候研究学者提出的古气候研究计划，着眼于从沉积记录研究前第四纪地质历史时期的地球古气候变化，并试图为未来气候预测提供依据[25]。这一设想的提出主要基于地球的气候系统表现为一个在时间、空间以及各种尺度上的连续统一体，要想全面了解地球气候系统的变化范围，以及控制这种变化的因素，必须要从整个地球历史的角度，从各种空间尺度和时间尺度、各种精度下开展工作[26]。同样对于岩相古地理研究，也完全有必要引入"深时"岩相古地理的工作思路，在连续的时间、空间以及各种尺度上展开统一、精细的岩相古地理编图工作，这对于古气候学、古生物学、考古科学乃至沉积学研究本身都具有十分重要的促进意义[27-29]。那么从这一角度来看，细分小层的岩相古地理编图则可以看作是"深时"岩相古地理的一项十分重要的基础性工作。

因此，细分小层的岩相古地理编图，可能代表了古地理学发展的一个重要方向，尤其是对于海相沉积层，因其代表的时限短、规律性更好把握；而且，小层古地理精细分析对于大区沉积环境研究乃至受沉积环境继承性影响的近地表浅埋藏成岩作用研究（如白云岩化等），也具有重要的指示意义；再者，对于油气勘探而言，与主要勘探目的层段厚度相当尺度的小层古地理编图，或可助力于储层发育及圈闭成藏等研究工作的深入，但这对陆相地层则可能难度较大。

6 结论

（1）对于像鄂尔多斯盆地马家沟组马五段一类的海相旋回性较强的地层而言，细分小层的大区岩相古地理编图，有助于更精准地解决油气勘探中的储层预测等关键地质问题。

（2）细分小层的系统化岩相古地理编图，更有利于从沉积演化的角度深度分析横向岩性相变与纵向层序旋回的时空变化与组合规律，对油气圈闭成藏及白云岩化机理的研究也大有裨益。

（3）细分小层的岩相古地理编图，可能代表了古地理学发展的一个重要方向，因其代表的时限短、规律性更好把握，也更适应于油气勘探实践的需求。

参 考 文 献

［1］刘鸿允. 中国古地理图［M］. 北京：科学出版社，1959.

［2］王鸿祯.中国古地理图集［M］.北京：中国地图出版社，1985.

［3］冯增昭，王英华，李尚武.下扬子地区中下三叠统青龙群岩相古地理研究［M］.昆明：云南科技出版社，1988.

［4］冯增昭，王英华，张吉森，左文岐.华北地台早古生代岩相古地理［M］.北京：地质出版社，1990.

［5］冯增昭，陈继新，张吉森.鄂尔多斯地区早古生代岩相古地理［M］.北京：地质出版社，1991.

［6］冯增昭，金振奎，杨玉卿，等.滇黔桂地区二叠纪岩相古地理［M］.北京：地质出版社，1994.

［7］冯增昭，杨玉卿，金振奎.中国南方二叠纪岩相古地理［M］.东营：石油大学出版社，1997.

［8］冯增昭，张吉森.鄂尔多斯地区奥陶纪地层岩相古地理［M］.北京：地质出版社，1998.

［9］冯增昭，彭勇民，金振奎，等.中国南方寒武纪和奥陶纪岩相古地理［M］.北京：地质出版社，2001.

［10］冯增昭，彭勇民，金振奎，鲍志东.中国寒武纪和奥陶纪岩相古地理［M］.北京：石油工业出版社，2004.

［11］马永生，陈洪德，王国力.中国南方构造—层序岩相古地理图集（震旦纪—新近纪）［M］.北京：科学出版社，2009.

［12］Vérard C，Hochard C，Baumgartner P. Geodynamic evolution of the Earth over 600Ma：Palaeo-topography and Palaeo-bathymetry（from 2D to 3D）［C］// Poster #PP-13D-1848 at the American Geophysical Union Fall Meeting（AGU），San Francisco，California，December 5-9，2011.

［13］Vérard C，Flores K，Stampfli G. Geodynamic reconstructions of the South America-Antarctica plate system［J］. Journal of Geodynamics，2012，53：43-60.

［14］Vérard C，Hochard C，Peter O，Baumgartner，Gérard M，Stampfli. 3D palaeogeographic reconstructions of the Phanerozoic versus sea-level and Sr-ratio variations［J］. Journal of Palaeogeography，2015，4（1）：64-84.

［15］von Raumer J，Bussy F，Schaltegger U，et al. Pre-Mesozoic Alpine basements—their place in the European Paleozoic framework［J］. The Geological Society of America Bulletin，2013，125：89-108.

［16］Michal K，Dušan P，Ján S F，et al. Paleogene palaeogeography and basin evolution of the Western Carpathians，Northern Pannonian domain and adjoining areas［J］. Global and Planetary Change，2016，140（May）：9-27.

［17］Tucker M E. Sequence stratigraphy of carbonate-evaporite basins：models and application to the Upper Permian（Zechstein）of northeast England and adjoining North Sea［J］. Journal of the Geological Society，Londong，1991，148（6）：1019-1036.

［18］Schmalz RF. Deep-water evaperite deposition：Agenetic model［J］. AAPG，1969，53（4）：798-823.

［19］Hsu K J. Origin of saline giants：A critical review after the discovery of meditterance［J］. Earth-Science Review，1972，8：371-386.

［20］包洪平，杨承运，黄建松."干化蒸发"与"回灌重溶"——对鄂尔多斯地区东部奥陶系蒸发岩成因的新认识［J］.古地理学报，2004，6（3）：279-288.

［21］Feng Z Z，Bao H P，Wang Y G. Lithofacies palaeogeography as a guide to petroleum exploration［J］. Journal of Palaeogeography，2013，2（2）：109-126.

［22］陈志远，马振芳，张锦泉.鄂尔多斯盆地中部奥陶系马五5亚段白云岩成因［J］.石油勘探与开发，1998，25（6）：20-22.

［23］杨华，包洪平.鄂尔多斯盆地奥陶系中组合成藏特征及勘探启示［J］.天然气工业，2011，31（12）：11-20.

［24］杨华，包洪平，马占荣.侧向供烃成藏——鄂尔多斯盆地奥陶系膏盐下天然气成藏新认识［J］.天然气工业，2014，34（4）：19-26.

［25］孙枢、王成善."深时"（DeepTime）研究与沉积学［J］.沉积学报，2009，27（5）：792-810.

［26］Soreghan G S，Maples C G，Parrish JT. Report of the NSF sponsored workshop on paleoclimate，2003.

［27］Kim A. Cheek. Exploring the Relationship between Students' Understanding of Conventional Time and Deep（Geologic）Time［J］. International Journal of Science Education，2013，35（11）：1925-1945.

［28］Brian M G. Organic Evolution in Deep Time：Charles Darwin and the Fossil Record［J］. Transactions of the Royal Society of South Australia，2013，137（2）：102-148.

［29］Fouache E，Desruelles S，Magny M，Bordon A，Oberweiler C. Palaeogeographical reconstructions of LakeMaliq（Korça Basin，Albania）between 14，000 BP and 2000 BP［J］. Journal of Archaeological Science，2010，37（3）：525-535.

塔里木盆地柯坪露头区寒武系肖尔布拉克组储层地质建模及其意义

郑剑锋[1, 2]　潘文庆[1, 3]　沈安江[1, 2]　袁文芳[3]　黄理力[2]　倪新锋[1, 2]　朱永进[2]

（1. 中国石油集团碳酸盐岩储层重点实验室；2. 中国石油杭州地质研究院；
3. 中国石油塔里木油田公司）

摘　要：通过对塔里木盆地柯坪露头区寒武系盐下肖尔布拉克组系统解剖，在实测 7 条剖面，观察超过 1000 块薄片，分析 556 个样品物性及大量地球化学测试的基础上，建立了28km 长度范围油藏尺度的储层地质模型。肖尔布拉克组厚度为 158～178m，可划分为 3段 5 个亚段，主要发育层纹石、凝块石、泡沫绵层石、叠层石、核形石、藻砂屑 / 残余颗粒结构的晶粒白云岩和泥粒 / 粒泥 / 泥质白云岩，自下而上的相序组合构成碳酸盐缓坡背景下的以"微生物层—微生物丘滩—潮坪"为主的沉积体系。识别出微生物格架溶孔、溶蚀孔洞、粒间 / 内溶孔和晶间溶孔 5 种主要储集空间类型，认为孔隙发育具有明显的岩相选择性，泡沫绵层石白云岩平均孔隙度最高，凝块石、核形石和藻砂屑白云岩次之；储层综合评价为中高孔、中低渗孔隙—孔洞型储层。揭示肖尔布拉克组白云岩主要形成于准同生—早成岩期，白云石化流体为海源流体；储层主要受沉积相、微生物类型、高频层序界面和早期白云石化作用共同控制；Ⅰ、Ⅱ类优质储层平均厚度为 41.2m，平均储地比为25.6%，具有规模潜力，预测古隆起围斜部位的中缓坡丘滩带是储层发育的有利区。

关键词：塔里木盆地；柯坪地区；寒武系肖尔布拉克组；白云岩；微生物岩；储层成因；地质建模

　　塔里木盆地下古生界白云岩具有厚度大、范围广、油气资源量巨大的特点[1-2]，但其勘探程度却较低，与其发育规模及资源量极不相称，尤其是寒武系盐下勘探领域，自1997 年和 4 井首次揭开寒武系盐下白云岩\膏盐岩储盖组合开始，该领域勘探一直没有取得突破，直到 2012 年中深 1 井获得成功，揭示该领域成藏条件优越、勘探前景广阔[3-5]；然而随着玉龙 6 井、新和 1 井、楚探 1 井、和田 2 井相继失利，使得其勘探方向及潜力受到了一定质疑；但是 2020 年轮探 1 井在 8200m 超深层获得工业油气流，坚定了在塔里木盆地寒武系盐下寻找大油气田的信心和决心。目前，该领域成藏条件认识仍然不足，尤其储层的规模、品质及发育规律认识不清是制约勘探进一步突破的关键。

　　下寒武统肖尔布拉克组是寒武系盐下勘探的重要目的层，也是当前研究的热点，前人对该领域的研究取得了一定的认识：罗平、宋金明等通过对阿克苏地区的露头进行研

基金项目：国家科技重大专项"大型油气田及煤层气开发"（2016ZX05004-002）；中国石油科技重大专项"古老碳酸盐岩油气成藏分布规律与关键技术"（2019B-0405）；"深层油气储层形成机理与分布规律"（2018A-0103）

究，认为肖尔布拉克组上段主要发育微生物礁、包壳凝块石和泡沫绵层叠层石白云岩3种微生物岩储层，储层发育受控于沉积古地貌、成岩作用和微生物结构[6-7]；李保华、王凯等在对柯坪地区7条露头剖面的储层建模中认为台缘带储层受沉积相控制，微生物礁属于特低孔特低渗型储层，颗粒滩是最有利的相带[8-9]；沈安江等对12口井和两条露头剖面研究后，认为肖尔布拉克组礁滩相沉积物中的沉积原生孔是储层发育的关键，台缘礁滩储层既有规模，又有品质[10]；黄擎宇等对柯坪—巴楚地区研究认为，肖尔布拉克组主要发育微生物储层，沉积对微生物丘储层的发育具有明显控制作用[11]；白莹等通过对阿克苏地区5条露头剖面的研究，认为肖尔布拉克组发育低—中孔、低—中渗的台缘微生物礁储层，古地貌、沉积相和同生/准同生期溶蚀作用是储层发育的主控因素[12]；严威等利用井和露头剖面资料，认为肖尔布拉克组储层主要受高能丘滩相的多孔沉积物、早表生期大气淡水溶蚀作用和晚期局部埋藏（热液）溶蚀改造作用3个因素控制[13]；余浩元等通过对肖尔布拉克露头区两条剖面的研究，认为微生物岩是主要的储层岩相，其结构与孔隙特征关系密切，沉积作用通过控制微生物结构来控制微生物白云岩的孔隙特征[14]。综上所述，前人的研究基本明确了塔里木盆地肖尔布拉克组主要发育微生物白云岩储层，储层发育的主控因素主要为微生物礁滩相及早表生大气淡水溶蚀作用，但由于钻井资料少，且露头解剖不够系统等原因，使得关于储层规模及品质的研究或存在差异，或缺乏系统、定量的表征。

本文以柯坪地区肖尔布拉克组露头区为研究对象，其具有垂向上地层完整，横向上分布连续的特点，通过实测7条剖面，在超过1000块薄片、556个样品物性分析及大量地球化学分析的基础上，系统研究了肖尔布拉克组的岩石类型、储层特征，建立了油藏尺度的露头储层地质模型，并阐明了储层发育的主控因素，为塔里木盆地寒武系盐下白云岩的勘探提供了依据。

1 地质背景

柯坪地区肖尔布拉克组露头区位于塔里木盆地西北部（图1），阿克苏市西南约45km处，为一长约28km、近北东向的条带状露头区，构造分区属于塔北隆起柯坪断隆东段，地层区划亦属柯坪地层分区[15]。该露头区寒武系出露完整，自下而上出露下寒武统玉尔吐斯组（与上震旦统齐格布拉克组呈平行不整合接触）、肖尔布拉克组和吾松格尔组，中寒武统沙依里克组、阿瓦塔格组，以及上寒武统下丘里塔格组。2008年塔里木油田公司在采石场蓬莱坝北侧建立了寒武系考察基地剖面，称之为肖尔布拉克剖面（也称肖尔布拉克东沟剖面）。包含东沟剖面，研究区主要有7条剖面可对肖尔布拉克组进行实测，自东向西分别为什艾日克、东3沟、东2沟、东1沟、东沟、西沟和西1沟剖面。

南华纪—震旦纪，塔里木盆地北部发育近东西向的弧后裂谷盆地，在裂谷南部和北部分别形成塔里木盆地中部和北部古隆起[16]。震旦纪末期柯坪运动导致塔里木板块内部强烈构造隆升，震旦系与寒武系之间广泛发育不整合，其中平行不整合主要分布在盆地北部，但在寒武系沉积前，盆地大部分地区已被夷平，形成了非常平缓的古地形地貌，大面积发育滨海环境[17]。早寒武世海侵期塔里木板块具有宽阔的陆表浅海环境，并在肖尔布拉克组沉积期形成缓坡型碳酸盐台地[18-19]，沿塔西南隆起、柯坪—温宿低隆和轮南—牙哈低隆向盆地依次发育混积坪、内缓坡泥云坪、中缓坡丘滩、台洼、外缓坡和盆地等沉积相带（图1）。

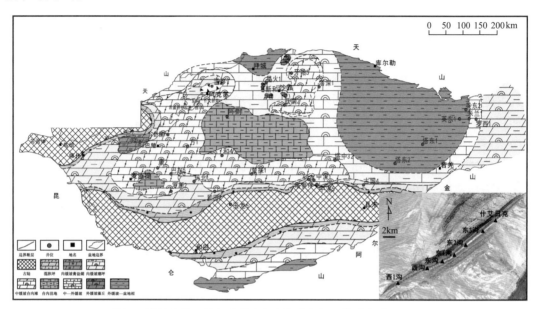

图1　塔里木盆地早寒武世肖尔布拉克组沉积期岩相古地理图

2　地层与沉积特征

2.1　地层特征

研究区肖尔布拉克组平均厚度约168.1m，其中东沟最厚为178.2m，东3沟最薄为158.2m，总体厚度相对稳定。依据颜色、岩性、单层厚度、沉积结构、孔洞发育情况等特征，可以将肖尔布拉克组划分为肖上、肖中、肖下3段，其中肖中段又可分为肖中1、肖中2、肖中3共3个亚段（图2）。

肖下段平均厚度约为22.1m，以黑灰色纹—薄层状微生物白云岩为主；肖中1亚段平均厚度约为30.4m，以深灰色薄层状微生物白云岩为主，发育较多顺层扁平状厘米级溶蚀孔洞；肖中2亚段平均厚度约为34.6m，以灰色中层状微生物白云岩为主，同样见较多顺层发育厘米级溶蚀孔洞，但顶部主要以毫米级溶孔为主；肖中3亚段平均厚度约为36.1m，以浅灰—灰白色厚层—块状滩相、微生物白云岩为主，其中中部微生物白云岩相中顺层的毫米级近圆形溶孔非常发育，而滩相白云岩中溶孔则不均匀发育；肖上段平均厚度约为34.1m，以黄灰色薄层状泥质白云岩、灰色中层状微生物白云岩和灰色、褐灰色薄层状泥粒、粒泥白云岩互层为主。实测自然伽马测井曲线显示肖上段值较高，且呈锯齿状，而肖下段、肖中段则表现为低值且幅度变化小特征。

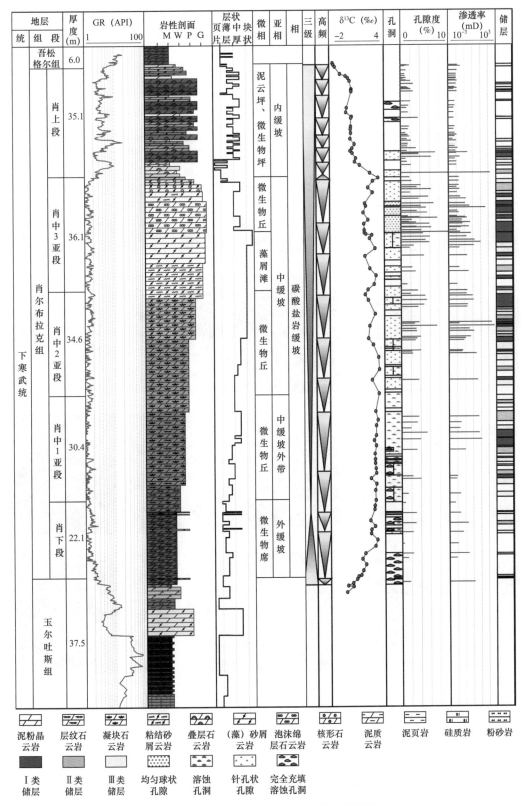

图2 东3沟剖面肖尔布拉克组综合柱状图

2.2 沉积特征

研究区肖尔布拉克组主要发育微生物白云岩、藻砂屑/残余颗粒结构的晶粒白云岩和粒泥/泥粒/泥质白云岩，其中微生物岩是最主要岩类[20-22]，主要包括层纹石、凝块石、泡沫绵层石、叠层石和少量核形石（图3a—i）。不同岩相发育于特定层段，构成了碳酸盐岩缓坡背景下以"微生物层—微生物丘滩—潮坪"为主的沉积序列。

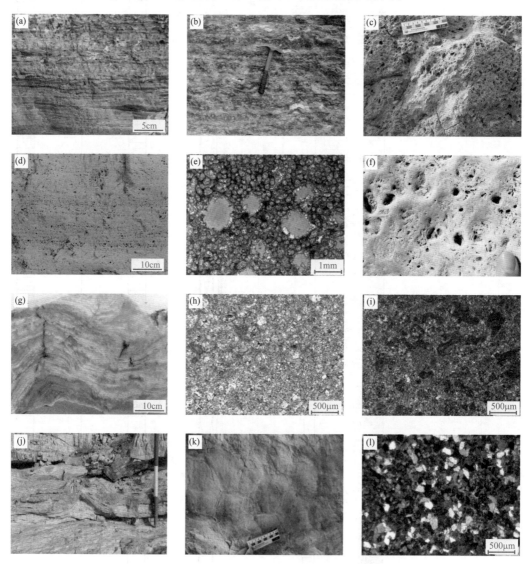

图3　柯坪露头区肖尔布拉克组岩石类型及其特征

（a）层纹石白云岩，肖下段，东3沟剖面，露头；（b）层状凝块石白云岩，顺层发育格架溶孔，肖中1亚段，东1沟剖面，露头；（c）格架状凝块石白云岩，溶蚀孔洞非常发育，肖中2亚段，东沟剖面，露头；（d）泡沫绵层石白云岩，溶孔均匀发育，肖中3亚段，东3沟剖面，露头；（e）泡沫绵层石白云岩，窗格孔较均匀发育，东3沟剖面，肖中3亚段，铸体，单偏光；（f）核形石白云岩，粒内溶孔发育，肖中3亚段，西沟剖面，露头；（g）叠层石白云岩，肖中3亚段，西1沟剖面，手标本；（h）残余藻砂屑粉晶白云岩，粒内/晶间溶孔发育，肖中3亚段，西沟剖面，铸体薄片，单偏光；（i）泥粒白云岩，肖上段，东3沟剖面，铸体薄片，单偏光；（j）帐篷构造，肖上段，什艾日克剖面，露头；（k）泥裂，肖上段，东3沟剖面，露头；（l）石英质粉晶白云岩，肖上段，东3沟剖面，铸体薄片，正交光

肖下段主要发育黑灰纹—薄层状层纹石白云岩，局部夹中层状藻砂屑白云岩，反映其沉积时整体处于中缓坡外带风暴浪基面之下，水体较深、安静、能量弱的沉积环境；肖中1、肖中2亚段主要由深灰—灰色层状—格架状凝块石白云岩组成，反映其沉积时为中缓坡浪基面之下相对低能的沉积环境；肖中3亚段主要由浅灰色厚层状藻砂屑白云岩和灰白色泡沫绵层石丘组成，局部滩体具有交错层理，反映其沉积时为中缓坡浪基面之下，水体较浅、水动力较强的相对高能沉积环境；肖上段主要由灰色中—薄层状叠层石、灰色—浅褐灰色—黄灰色泥粒/粒泥/泥质白云岩互层组成，构成潮坪环境的藻云坪、泥云坪和低能滩，并见帐篷构造、泥裂、石英颗粒混积等暴露标志（图3j—l）。自下而上的相序组合及自然伽马测井曲线特征综合反映了肖尔布拉克组沉积期海水向上逐渐变浅的特征。

3 储层特征

3.1 储集空间特征

根据露头宏观孔洞特征及铸体薄片鉴定综合分析，研究区肖尔布拉克组的储集空间类型主要为微生物格架（溶）孔（图3c）、窗格孔（图3d—e）、粒间（内）溶孔（图3f、图3h—i）和晶间溶孔。

微生物格架（溶）孔主要发育于肖中1、肖中2亚段的凝块石白云岩中，孔径为1~3cm，呈不规则扁平状，以顺层分布为主；此外，肖上段的部分叠层石白云岩也见该类孔隙，多为被细粒白云石半胶结的残余格架孔，形态呈不规则条带状；窗格孔主要发育于肖中3亚段的泡沫绵层石白云岩，溶孔孔径通常为0.2~5.0mm，呈孤立状均匀分布；粒间（内）溶孔主要发育于藻砂屑白云岩中，露头上可见大小、分布不均的毫米级溶孔；晶间溶孔主要发育于肖中3亚段的晶粒白云岩中，大小和形态不规则。

为了分析不同类型储层的微观孔喉结构特征，从而判断储层的有效性[23]，优选基质孔相对发育的凝块石、泡沫绵层石和藻砂屑白云岩的25mm柱塞样进行CT定量表征（图4），实验测试仪器为德国产的定制化工业CT装置VtomeX，由中国石油碳酸盐岩储层重点实验室完成。凝块石白云岩在8μm扫描分辨率下，CT三维成像显示孔隙具有方向性，与微生物的生长结构具有明显相关性；其定量表征的孔隙度为2.49%，孔隙连通体积为52.53%，孔喉半径具有分异小的特征，孔隙半径为30~100μm，结合该类岩相主要以厘米级溶蚀孔洞为主，认为孔洞间基质具有一定的连通性和孔隙度，综合评价该类储层为具有中高孔隙度、中等渗透率特征的孔隙—孔洞型储层。窗格孔均匀发育的泡沫绵层石白云岩在8μm扫描分辨率下，CT三维成像显示孔隙呈椭球状均匀分布，但相对孤立；其定量表征的孔隙度为10.05%，孔隙连通体积占比39.54%，孔喉半径具有分异大的特征，大孔隙（孔隙半径大于200μm）、小孔隙（孔隙半径为50~100μm）都占有一定比例，综合评价该类储层为具有高孔隙度、中低渗透率特征的孔隙—孔洞型储层。粒间溶孔均匀发育的藻砂屑白云岩在8μm扫描分辨率下，CT三维成像显示孔隙呈不规则网状分布；其定量表征的孔隙度为4.45%，孔隙连通体积占比64.24%，孔喉半径具有分异小的特征，除少量溶蚀较大的溶孔外，大量的晶间溶孔半径为 30～120μm，综合评价该类储层为具有中等孔隙度、中等渗透率特征的孔隙—孔洞型储层。

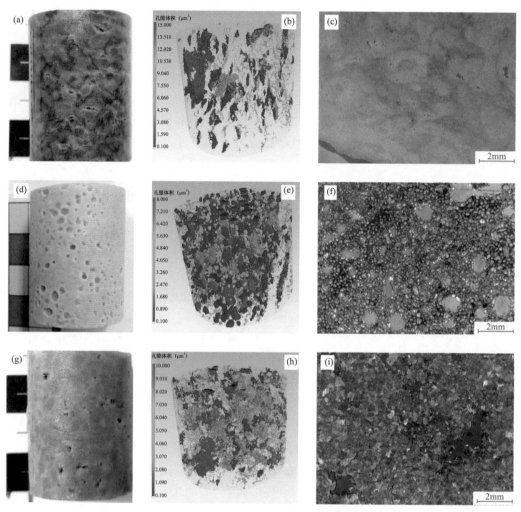

图 4　肖尔布拉克组白云岩储层 CT 表征

（a）凝块石白云岩，肖中 2 亚段，东 1 沟剖面，25mm 柱塞样；（b）图 a 的 CT 三维成像图（不同颜色代表不同级别孔隙体积）；（c）图 a 的铸体薄片照片；（d）泡沫绵层石白云岩，肖中 3 亚段，什艾日克剖面，25mm 柱塞样；（e）图 d 的 CT 三维成像图；（f）图 d 的铸体薄片照片；（g）残余藻砂屑细晶白云岩，肖中 3 亚段，西 1 沟剖面，25mm 柱塞样；（h）图 g 的 CT 三维成像图；（i）图 g 的铸体薄片照片

3.2　储层物性特征

　　野外共采集了 556 个柱塞样，涵盖了肖尔布拉克组的各个层段，其中什艾日克剖面 128 个，东 3 沟剖面 91 个，东 2 沟剖面 25，东 1 沟剖面 77 个，东沟剖面 49 个，西沟剖面 122 个，西 1 沟剖面 64 个，并对所有柱塞样进行物性分析（测试仪器为覆压气体孔渗联合测试仪，中国石油碳酸盐岩储层重点实验室完成）。为了更好地分析储层垂向上的分布规律，按层段对物性测试结果进行统计分析（图 5）：肖下段最大、最小孔隙度分别为 3.78% 和 0.54%，平均孔隙度为 1.33%；肖中 1 亚段最大、最小孔隙度分别为 8.90% 和

0.86%，平均孔隙度为 3.07%；肖中 2 亚段最大、最小孔隙度分别为 8.06% 和 0.61%，平均孔隙度为 2.80%；肖中 3 亚段最大、最小孔隙度分别为 10.92% 和 0.70%，平均孔隙度为 3.39%；肖上段最大、最小孔隙度分别为 7.81% 和 0.64%，平均孔隙度为 1.53%。可以看出，肖中段总体物性较好，是储层的主要发育层段。为了更好地分析储层横向上的分布规律，按剖面分别统计孔隙度大于 4.5%、2.5%～4.5%、1.8%～2.5% 和小于 1.8% 样品的数量。从统计的频率直方图（图 6）可以看出，研究区东部什艾日克、东 3 沟和东 2 沟剖面孔隙度大于 2.5% 的优质储层比例比其他剖面高。总体而言，孔隙度大于 2.5% 的样品个数占总样品量的 45.8%，渗透率大于 0.1mD 的样品个数占总样品数的 23.9%，该结果很好地反映了肖尔布拉克组储层总体具有中高孔隙度、中低渗透率的特征。

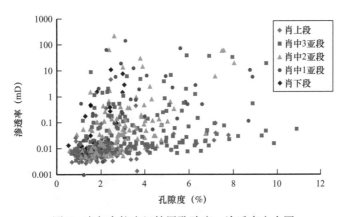

图 5　肖尔布拉克组储层孔隙度—渗透率交会图

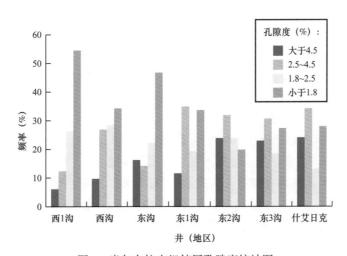

图 6　肖尔布拉克组储层孔隙度统计图

4　储层成因

4.1　白云岩成因

　　根据白云岩的地球化学特征可以较好地分析白云岩成因，因此本次研究优选了不同岩相的白云岩进行了多参数地球化学分析，并利用牙钻获取组分单一的样品，所有测试分析都由中国石油碳酸盐岩储层重点实验室完成。有序度值分析仪器为 PANalytical X'Pert PRO X 射线衍射仪；微量元素和稀土元素值分析仪器为 PANalytical Axios XRF X 射线荧光光谱仪；碳氧同位素分析仪器为 DELTA V Advantage 同位素质谱仪；锶同位素值分析仪器为 TRITON PLUS 热电离同位素质谱仪。

4.1.1　白云石有序度

通常白云岩结晶速度越慢、温度越高，则其有序度越高，反之，有序度越低[24]。根据有序度统计直方图（图7）可以看出，层纹石白云岩、凝块石白云岩、泡沫绵层石白云岩、叠层石白云岩和具有残余颗粒结构的细—中白云岩 5 种发育于不同层段的主要岩相白云岩总体表现为低有序度特征，最大值为 0.77，最小值为 0.45，平均值为 0.60。有序度特征反映了肖尔布拉克组白云岩形成时的温度较低，晶体生长速度快，为成岩早期的产物。

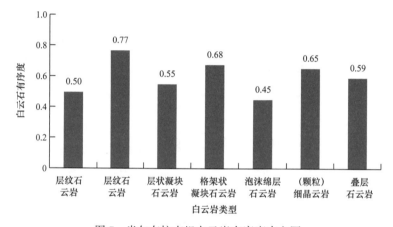

图 7　肖尔布拉克组白云岩有序度直方图

4.1.2　微量元素

通过微量元素 Sr、Na、Fe 和 Mn 的含量能较好地判断白云石化流体的性质、成岩环境。古生代海水中的 Sr、Na 含量通常与海水盐度呈正比关系[25]，因此，早成岩期白云石化作用的流体为海水，其具有相对较高的 Sr、Na 含量，而晚期埋藏成因的白云岩 Sr 含量通常低于 $50×10^{-3}$mg/g，Na 含量通常低于 $100×10^{-3}$mg/g。相反，地表或者早埋藏期形成的白云石的 Fe、Mn 含量相对较低，而晚埋藏期形成的白云石的 Fe、Mn 含量则相对较高，Fe 含量通常大于 $2000×10^{-3}$mg/g，Mn 含量通常大于 $500×10^{-3}$mg/g[26-27]。12 个不同岩相白云岩样品的 Sr、Na 含量分别为（59.8～135.2）$×10^{-3}$mg/g 和（237.45～1049.7）$×10^{-3}$mg/g，Fe、Mn 含量分别主要为（206.45～1339.40）$×10^{-3}$mg/g 和（90.4～373.0）$×10^{-3}$mg/g，其中 11 和 12 号样品 Fe 含量异常高主要是受潮上带氧化环境中泥质的影响（表1）。很明显，研究区肖尔布拉克组白云岩具有高 Sr、Na 和低 Fe、Mn 含量特征，整体反映出白云石化流体为海水，白云石化作用发生在早成岩期，晚期埋藏热液作用影响弱。

表 1 肖尔布拉克组微量元素分析数据表

层段	岩性	含量（10^{-3}mg/g）			
		Sr	Na	Fe	Mn
肖下段	层纹石白云岩 1	111.8	396.50	276.10	180.0
	层纹石白云岩 2	108.2	408.50	1339.40	283.0
肖中 1 亚段	层状凝块石白云岩 1	159.1	626.25	841.85	271.0
	层状凝块石白云岩 2	63.8	390.15	1299.65	322.0
肖中 2 亚段	格架状凝块石白云岩	107.8	506.75	1217.90	205.0
肖中 3 亚段	细晶（砂屑）白云岩	59.8	382.55	1056.40	157.0
	藻砂屑白云岩	72.8	973.10	583.35	141.0
	泡沫绵层白云岩	78.5	237.45	206.45	90.4
肖上段	叠层石白云岩	93.8	314.35	1187.85	150.0
	含泥质颗粒白云岩	135.2	1049.70	9248.70	373.0
	泥质泥晶白云岩	88.8	676.80	15743.90	148.0

4.1.3 稀土元素

碳酸盐岩矿物中稀土元素受成岩作用的影响非常弱，故利用稀土元素分析可以判断白云石化流体的来源，通常寒武系海水来源白云岩的 $\sum$REE 值（稀土元素总量）一般小于 30×10^{-6}，且具有轻稀土元素较重稀土元素富集的特征[28]。根据实验结果（图 8），除了肖上段两个含泥质云岩样品的 $\sum$REE 值由于受陆源泥岩的影响而呈现高值外 $[（90.2 \sim 99.3）\times 10^{-6}]$，其余不同岩相白云岩的 $\sum$REE 值为（$1.8 \sim 31.3）\times 10^{-6}$，平均为 8.7×10^{-6}，且稀土元素配分曲线都表现为轻稀土元素含量大于重稀土元素含量的配分模式，与寒武系泥晶灰岩的稀土元素配分模式一致[29]。显然，研究区肖尔布拉克组白云岩形成时的白云石化流体为海水，晚埋藏期成岩作用没有明显改变稀土的分配。

4.1.4 稳定碳氧同位素组成

通常海水蒸发作用使海水的碳、氧同位素组成向偏正方向迁移，相反，埋藏条件下混合地下卤水与高温作用使氧同位素组成向偏负方向迁移[30]。利用牙钻钻取不同岩相白云岩的基质和胶结物进行稳定碳氧同位素组成分析，不同层段、不同岩相白云岩基质的 $\delta^{18}O$ 值为 $-8.24‰ \sim -5.41‰$，$\delta^{13}C$ 值为 $-0.78‰ \sim -3.39‰$；孔洞中的白云石胶结物的 $\delta^{18}O$ 值为 $-12.02‰ \sim -10.14‰$，$\delta^{13}C$ 值为 $0.32‰ \sim 0.52‰$，孔洞中方解石胶结物的 $\delta^{18}O$ 值为 $-15.27‰ \sim -11.14‰$，$\delta^{13}C$ 值为 $-4.28‰ \sim -1.69‰$。从 $\delta^{18}O$—$\delta^{13}C$ 交会图（图 9）可以看出，$\delta^{18}O$ 和 $\delta^{13}C$ 呈非线性关系，测试数据可靠。Veizer 通过统计全球 $\delta^{18}O$ 数据，认为早—中寒武世全球海水的 $\delta^{18}O$ 值为 $-6‰ \sim -8‰$[31]，因此研究区肖尔布拉克组 $\delta^{18}O$ 值范围或与同期海水相当，说明白云岩主要形成于低温环境，白云石化流体为正常海水；而孔洞中白云石胶结物的 $\delta^{18}O$ 值则小于 $-10‰$，明显偏负，说明其形成于高温环境，为晚埋藏期的成岩产物，但方解石胶结物的 $\delta^{13}C$ 值偏负则反映其为大气水成因。

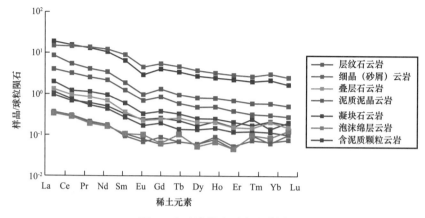

图 8　白云岩稀土元素配分图

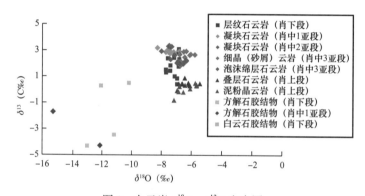

图 9　白云岩 $\delta^{18}O$—$\delta^{13}C$ 交会图

4.1.5　锶同位素组成

水的蒸发作用不会对 Sr 同位素组成有较大影响，所以蒸发环境形成的白云岩一般将保持着海水的 Sr 同位素特征，^{87}Sr 的相对丰度可用 $^{87}Sr/^{86}Sr$ 值来表征。Denison 通过统计全球 $^{87}Sr/^{86}Sr$ 分析数据，认为早—中寒武世全球海水的 $^{87}Sr/^{86}Sr$ 值在 0.7090 附近[32]。根据实验结果（表 2），不同层段、不同岩相白云岩的 $^{87}Sr/^{86}Sr$ 值主体范围为 0.7088～0.7098，指示研究区肖尔布拉克组白云岩的 $^{87}Sr/^{86}Sr$ 值总体与同期海水值相近，反映白云石化流体为海水，白云岩形成于早成岩期；肖上段两个含泥质样品 $^{87}Sr/^{86}Sr$ 值大于 0.7132，说明白云岩在形成过程受到了壳源锶干扰[25]，反映白云岩形成于早表生期暴露氧化环境。

由于研究区肖尔布拉克组主要发育微生物白云岩，所以有人提出是微生物作用导致了白云石化，但本次研究结合早期塔里木盆地寒武系白云岩成因研究认识，认为这种观点的证据是不充分的：（1）研究区肖尔布拉克组不管是微生物岩相还是滩相沉积物都发生了白云石化，如果将其视为微生物白云石化作用的产物，则很难合理解释其他岩相沉积物同时发生白云石化的原因；（2）全球范围下寒武统白云岩的比例非常高，前人研究多数也认为在早寒武世古海水、古气候背景下，浅水碳酸盐台地受到蒸发作用，可以发生大规模白云石化作用[33-34]。因此，结合岩石特征、地球化学特征，认为肖尔布拉克组白云岩主要形成于准同生或早埋藏期，白云石化流体主要为海源流体，因此本研究认为在早寒武世碳酸盐缓坡背景下，可以用蒸发白云石化和渗透回流白云石化两种模式解释其成因。

表2　肖尔布拉克组锶同位素分析数据表

岩性	层段	$^{87}Sr/^{86}Sr$	2δ	岩性	层段	$^{87}Sr/^{86}Sr$	2δ
层纹石白云岩	肖下段	0.709821	7	藻砂屑白云岩	肖中3亚段	0.709324	8
层纹石白云岩	肖下段	0.709374	3	藻砂屑白云岩	肖中3亚段	0.709412	6
层纹石白云岩	肖下段	0.708945	9	藻砂屑白云岩	肖中3亚段	0.709113	17
层纹石白云岩	肖下段	0.708992	8	泡沫绵层石白云岩	肖中3亚段	0.709105	6
层状凝块石白云岩	肖中1亚段	0.709811	5	细晶（砂屑）白云岩	肖中3亚段	0.709122	8
层状凝块石白云岩	肖中1亚段	0.709289	13	叠层石白云岩	肖上段	0.709787	5
层状凝块石白云岩	肖中1亚段	0.708843	6	泥质泥晶白云岩	肖上段	0.713343	11
格架状凝块石白云岩	肖中2亚段	0.709257	4	含泥质颗粒白云岩	肖上段	0.713218	2
格架状凝块石白云岩	肖中2亚段	0.709089	4	泥—粉晶白云岩	肖上段	0.708946	8

4.2　早期白云石化作用对储层的控制作用

众所周知，白云石化作用能使石灰岩完全白云石化，它改变了原岩的成分和结构组成。由于白云岩相对石灰岩更抗压实、压溶，故准同生期或早埋藏期白云石化作用可以使原岩中原生孔隙和早期次生溶蚀孔隙得以保存。以外，高温高压溶蚀模拟实验证实，在埋藏较深的条件下，白云岩要比石灰岩易溶，这在继承白云岩孔隙的同时，还能进一步改造孔隙[10]。研究区肖尔布拉克组的白云岩形成于早成岩期，因此沉积期微生物堆积过程中形成的格架孔、藻屑粒间孔及准同生期受大气淡水溶蚀形成的窗格孔、粒间（内）溶孔在经历漫长的埋藏过程后仍能部分保留。

4.3　岩相对储层的控制作用

肖尔布拉克组不但岩相发育具有层段性，而且储层孔隙发育也具有层段性，即肖中段总体物性较好，而肖上段和肖下段储层物性相对较差，因此不同岩相与储层孔隙之间也具有很好的相关性。为了进一步明确储层孔隙与岩相的相关性，对所有物性样品按岩相分类统计（图10），其中肖下亚段层纹石白云岩的最大、平均孔隙度分别为2.74%和1.41%；

肖中 1 亚段层状凝块石白云岩的最大、平均孔隙度分别为 8.90% 和 3.07%；肖中 2 亚段格架状凝块石白云岩的最大、平均孔隙度分别为 8.06% 和 2.80%；肖中 3 亚段藻砂屑白云岩的最大、平均孔隙度分别为 9.52% 和 2.58%，泡沫绵层石白云岩的最大、平均孔隙分别为 10.92% 和 4.70%，核形石白云岩的最大、平均孔隙分别为 5.25% 和 3.02%，叠层石白云岩的最大、平均孔隙分别为 4.15% 和 2.21%，泥粒 / 粒泥白云岩的最大、平均孔隙分别为 1.54% 和 1.02%。显然，研究区肖尔布拉克组储层孔隙度和岩相具有较好的相关性，泡沫绵层石白云岩孔隙度最高，凝块石、核形石、藻砂屑白云岩次之，因此岩相是储层发育的控制因素之一。

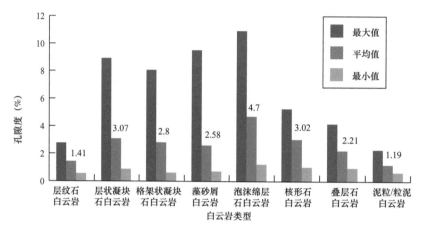

图 10　肖尔布拉克组不同岩相白云岩储层孔隙度统计图

4.4　高频层序界面对储层的控制作用

肖尔布拉克组储层孔隙在横向上具有顺层分布的特征，在垂向上则具有层段性，表现出一定旋回性特征。整体而言，海侵体系域储层差，其与海平面旋回相关性弱；高位体系域水体向上逐渐变浅的过程中，沉积的微生物岩和滩体经常会暴露水面，并受到大气淡水的淋滤，形成孔隙发育层[35]，因此储层发育与海平面旋回是具有相关性的。具体到肖中 1 亚段、肖中 2 亚段，岩性虽然都以凝块石白云岩为主，但格架溶孔并不是均匀发育，而是孔洞层和致密层互层发育；肖中 3 亚段藻砂屑和泡沫绵层石白云岩中孔隙发育特征同样并不是无规律或是均匀分布的，而是孔隙层和非隙层具有间互发育的特征，因此可以说明相同岩相不同孔隙发育程度的原因与高频层序界面有关。

虽然肖中段发育大量孔洞段，但露头上几乎找不到典型的沉积间断面或暴露面标志。通常 $\delta^{13}C$ 值负偏特征可以被认为是沉积暴露标志，因此，对东 3 沟剖面的 89 个样品分析了 $\delta^{13}C$ 值，建立了 $\delta^{13}C$ 剖面（图 2）。由图 2 可以看出，肖中段在相对平直的 $\delta^{13}C$ 曲线背景下，出现多处 $\delta^{13}C$ 值负偏点，而这些负偏点又恰好与孔隙发育段对应关系良好，因此可将其视为准同生期地层中受到短暂暴露的间接依据，从而反映高频层序界面是储层发育的控制因素之一。

综上所述，优势岩相是研究区肖尔布拉克组储层发育的物质基础，受高频层序界面控制的早表生大气淡水溶蚀作用是储层发育的关键，早期白云石化作用使原岩孔隙得到继承和保留。

5 储层地质建模及意义

5.1 沉积微相模型

根据露头区 7 条剖面垂向上的微相发育特征及各剖面间横向对比追踪分析，建立研究区肖尔布拉克组沉积微相模型，外缓坡主要发育层纹石微生物层，中缓坡外带主要发育凝块石丘，中缓坡主要发育藻砂屑滩和泡沫绵层石丘，内缓坡主要发育叠层石坪和泥云坪。显然，各微相具有厚度相对稳定性、横向展布连续性特征，反映了缓坡型台地沉积相对稳定的特征。但也存在差异，主要表现在西 1 沟剖面藻砂屑滩的比例比其他剖面大，并且肖中 3 亚段不发育泡沫绵层石丘。由于露头区西北部存在温宿古隆起，结合盆地内部井资料可以推断由古隆向台地内部，中缓坡由以微生物丘为主导相的沉积体系逐渐变为由藻砂屑滩为主导相的沉积体系[36]。

5.2 储层模型

根据 7 条剖面的物性资料，结合铸体薄片信息及野外孔洞段发育位置，刻画了研究区肖尔布拉克组储层发育规律，建立了储层地质模型（图 11）。很明显，储层主要发育于肖中段凝块石、藻砂屑和泡沫绵层石白云岩中，具有相控性、成层性和旋回性的特征，反映其主要受沉积相、微生物类型和高频层序界面控制。以储层物性为主要评价依据，根据塔里木油田碳酸盐岩储层评价标准（孔隙度大于 4.5%、渗透率大于 3mD 为 I 类储层；孔隙度为 2.5%～4.5%、渗透率为 0.1～3.0mD 为 II 类储层；孔隙度为 1.8%～2.5%、渗透率为 0.01～0.10mD 为 III 类储层；孔隙度小于 1.8%、渗透率小于 0.01mD 为非储层），对各储层段进行评价并统计厚度（表 3），可看出什艾日克剖面 I 类、II 类优质储层厚度最大，为 65.6m，储地比为 41.2%；东 3 沟剖面次之，为 51.4m，储地比为 32.5%；西 1 沟剖面最小，为 16.1m，储地比为 12.2%。7 条剖面平均优质储层厚度为 41.2m，平均储地比为 25.6%。

5.3 对勘探的意义

通过露头区储层地质建模，可以明确塔里木盆地肖尔布拉克组发育优质储层，并且储层具有规模潜力及可预测性，古隆起围斜部位的中缓坡丘滩带是储层发育的有利区。基于此，评价了塔中—巴东地区的颗粒滩型储层发育带、柯坪—巴楚地区的丘滩型储层发育带和轮南牙哈地区丘滩型储层发育带 3 个有利勘探区带。储层特征、成因认识及量化的储层地质模型为寒武系盐下领域的风险目标优选提供了可靠的沉积、储层依据，基于此部署的楚探 1 井、和田 2 井和中寒 1 井最终证实了肖尔布拉克组发育规模优质储层，其优质储层厚度分别为 54.0m、47.0m 和 32.0m，因此该认识为塔里木油田把寒武系盐下领域作为 3 大主攻风险勘探领域之一提供了重要依据。

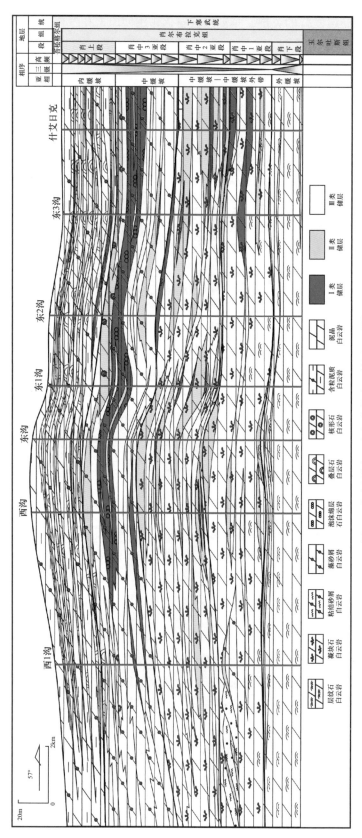

图 11　柯坪露头区肖尔布拉克组储层地质模型

表 3 肖尔布拉克组储层厚度统计表

剖面	厚度（m）			I 、II 类储地比（%）
	I 类	II 类	III 类	
西 1 沟	3.0	13.1	45.7	12.2
西沟	10.3	31.1	43.7	26.8
东沟	9.2	33.9	31.5	24.2
东 1 沟	10.9	31.7	30.3	25.3
东 2 沟	12.3	16.3	38.4	17.1
东 3 沟	30.0	21.5	35.4	32.5
什艾日克	32.5	33.1	24.9	41.2

6 结论

塔里木盆地柯坪露头区肖尔布拉克组可划分为 3 个段 5 个亚段，主要发育层纹石、凝块石、泡沫绵层石、叠层石、核形石、藻砂屑 / 残余颗粒结构的晶粒白云岩和泥粒 / 粒泥 / 泥质白云岩，自下而上的相序组合构成碳酸盐缓坡背景下的以"微生物层—微生物丘滩—潮坪"为主的沉积体系。肖尔布拉克组储层的储集空间类型主要为微生物格架溶孔、溶蚀孔洞、粒间 / 内溶孔和晶间溶孔；孔隙发育具有明显的岩相选择性，泡沫绵层石白云岩平均孔隙度最高为 4.7%，凝块石、核形石和藻砂屑白云岩次之，平均孔隙度为 2.58%～3.07%；储层综合评价为中高孔、中低渗孔隙—孔洞型储层。低白云石有序度，高 Sr、高 Na、低 Fe、低 Mn 含量，与寒武系泥晶灰岩具有相同的稀土配分模式，以及与寒武纪海水相似的 $\delta^{18}O$、$^{87}Sr/^{86}Sr$ 值等地球化学特征，表明肖尔布拉克组白云岩主要形成于准同生—早成岩期，白云石化流体为海源流体，偏负的 $\delta^{13}C$ 值特征表明准同生期地层受到短暂暴露，储层主要受沉积相、微生物类型、高频层序界面和早期白云石化作用共同控制。I 类、II 类优质储层平均厚度为 41.2m，储地比平均为 25.6%，具有一定规模潜力，预测古隆起围斜部位的中缓坡丘滩带是储层发育的有利区。

参 考 文 献

[1] 郑和荣，吴茂炳，邬兴威，等 . 塔里木盆地下古生界白云岩储层油气勘探前景 [J]. 石油学报，2007，28（2）：1-8.

[2] 杜金虎，李启明，等 . 塔里木盆地碳酸盐岩大油气区特征与主控因素 [J]. 石油勘探与开发，2011，38（6）：652-661.

[3] 王招明，谢会文，陈永权，等 . 塔里木盆地中深 1 井寒武系盐下白云岩原生油气藏的发现与勘探意义 [J]. 中国石油勘探，2014，19（2）：1-13.

[4] 杜金虎，潘文庆 . 塔里木盆地寒武系盐下白云岩油气成藏条件与勘探方向 [J]. 石油勘探与开发，

2016, 43（3）：327–339.

［5］陈代钊，钱一雄.深层—超深层白云岩储层：机遇与挑战［J］.古地理学报，2017，19（2）：187-196.

［6］罗平，王石，李朋威，等.微生物碳酸盐岩油气储层研究现状与展望［J］.沉积学报，2013，31（5）：807–823.

［7］宋金民，罗平，杨式升，等.塔里木盆地下寒武统微生物碳酸盐岩储层特征［J］.石油勘探与开发，2014，41（4）：404–413.

［8］李保华，邓世彪，陈永权，等.塔里木盆地柯坪地区下寒武统台缘相白云岩储层建模［J］.天然气地球科学，2015，26（7）：1233–1244.

［9］王凯，关平，邓世彪，等.塔里木盆地下寒武统微生物礁储集性研究及油气勘探意义［J］.沉积学报，2016，34（2）：386–396.

［10］沈安江，郑剑锋，陈永权，等.塔里木盆地中下寒武统白云岩储层特征、成因及分布［J］.石油勘探与开发，2016，43（3）：340–349.

［11］黄擎宇，胡素云，潘文庆，等.台内微生物丘沉积特征及其对储层发育的控制：以塔里木盆地柯坪—巴楚地区下寒武统肖尔布拉克组为例［J］.天然气工业，2016，36（6）：21–29.

［12］白莹，罗平，王石，等.台缘微生物礁结构特点及储层主控因素：以塔里木盆地阿克苏地区下寒武统肖尔布拉克组为例［J］.石油勘探与开发，2017，44（3）：349–358.

［13］严威，郑剑锋，陈永权，等.塔里木盆地下寒武统肖尔布拉克组白云岩储层特征及成因［J］.海相油气地质，2017，22（4）：35–43.

［14］余浩元，蔡春芳，郑剑锋，等.微生物结构对微生物白云岩孔隙特征的影响：以塔里木盆地柯坪地区肖尔布拉克组为例［J］.石油实验地质，2018，40（2）：233–243.

［15］吴根耀，李曰俊，刘亚雷，等.塔里木西北部乌什—柯坪—巴楚地区古生代沉积—构造演化及成盆动力学背景［J］.古地理学报，2013，15（2）：203–218.

［16］任荣，管树巍，吴林，等.塔里木新元古代裂谷盆地南北分异及油气勘探启示［J］.石油学报，2017，38（3）：255–266.

［17］赵宗举，罗家洪，张运波，等.塔里木盆地寒武纪层序岩相古地理［J］.石油学报，2011，32（6）：937–948.

［18］邬光辉，李浩武，徐彦龙，等.塔里木克拉通基底古隆起构造—热事件及其结构与演化［J］.岩石学报，2012，28（8）：2435–2452.

［19］吴林，管树巍，任荣，等.前寒武纪沉积盆地发育特征与深层烃源岩分布：以塔里木新元古代盆地与下寒武统烃源岩为例［J］.石油勘探与开发，2016，43（6）：905–915.

［20］Riding R. Microbial carbonates：The geological record of calcified bacterial–algal mats and biofilms［J］. Sedimentology，2000，47（S1）：179–214.

［21］Riding R. Mircobial carbonate abundance compared with fluctuations in metazoan diversity over geological time［J］.Sedimentary Geology，2006，185：229–238.

［22］Leinfelder R R，Schmid D U. Mesozoic reefal thrombolites and other microbolites［C］//Riding R. Microbial sediments. Berlin：Springer，2010：289–294.

［23］郑剑锋，陈永权，倪新锋，等.基于CT成像技术的塔里木盆地寒武系白云岩储层微观表征［J］.

天然气地球科学，2016，27（5）：780-789.

［24］郑剑锋，沈安江，刘永福，等.多参数综合识别塔里木盆地下古生界白云岩成因［J］.石油学报，2012，32（S2）：731-737.

［25］郑荣才，史建南，罗爱君，等.川东北地区白云岩储层地球化学特征对比研究［J］.天然气工业，2008，28（11）：16-22.

［26］Maurice E，Tucker V，Paul Wright. Carbonate sedimentology［M］. Oxford：Blackwell Science，1990：379-382.

［27］郑剑锋，沈安江，乔占峰，等.柯坪—巴楚露头区蓬莱坝组白云岩特征及孔隙成因［J］.石油学报，2014，35（4）：664-672.

［28］胡文瑄，陈琪，王小林，等.白云岩储层形成演化过程中不同流体作用的稀土元素判别模式［J］.石油与天然气，2010，31（6）：810-818.

［29］郑剑锋，沈安江，乔占峰，等.塔里木盆地下奥陶统蓬莱坝组白云岩成因及储层主控因素分析：以巴楚大班塔格剖面为例［J］.岩石学报，2013，29（9）：3223-3232.

［30］Moore C H. Carbonate reservoirs-porosity evolution and digenesis in a sequence stratigraphic framework［M］. Amsterdam：Elsevier，2001：145-183.

［31］Veizer J，Ala D，Azmy K，et al. $^{87}Sr/^{86}Sr$，^{13}C and ^{18}O evolution of Phanerozoic seawater［J］. Chemical Geology，1999，161（1）：59-88.

［32］Denison R E，Koepnick R B，Burke W H，et al. Construction of the Cambrian and Ordovician seawater $^{87}Sr/^{86}Sr$ curve［J］. Chemical Geology，1998，152（3/4）：325-340.

［33］张静，胡见义，罗平，等.深埋优质白云岩储层发育的主控因素与勘探意义［J］.石油勘探与开发，2010，37（2）：203-210.

［34］郑剑锋，沈安江，刘永福，等.塔里木盆地寒武系与蒸发岩相关的白云岩储层特征及主控因素［J］.沉积学报，2013，31（1）：89-98.

［35］赵文智，沈安江，胡素云，等.中国碳酸盐岩储层大型化发育的地质条件与分布特征［J］.石油勘探与开发，2012，39（1）：1-12.

［36］郑剑锋，陈永权，黄理力，等.苏盖特布拉克剖面肖尔布拉克组储层建模研究及其勘探意义［J］.沉积学报，2019，37（3）：601-609.

原文刊于《石油勘探与开发》，2020，47（3）：499-511.

激光原位 U—Pb 同位素定年技术及其在碳酸盐岩成岩—孔隙演化中的应用

沈安江[1,2]　胡安平[1,2]　程　婷[3,4]　梁　峰[1,2]　潘文庆[5]　俸月星[3]　赵建新[3]

（1. 中国石油天然气集团公司碳酸盐岩储层重点实验室；2. 中国石油杭州地质研究院；
3. 昆士兰大学地球与环境科学学院放射性同位素实验室；4. 中国地质科学院北京离子探针
中心；5. 中国石油塔里木油田公司勘探开发研究院）

摘　要： 为解决溶液法难以实现的古老海相碳酸盐岩取样和超低 U、Pb 含量样品测年的难题，通过激光剥蚀进样系统与多接收电感耦合等离子体质谱仪的连用和对年龄为 209.8Ma 实验室工作标样的开发和标定，建立了适用于古老海相碳酸盐岩的激光原位 U—Pb 同位素定年技术，并应用于四川盆地震旦系灯影组成岩—孔隙演化研究。通过充填孔洞、孔隙和裂缝中不同期次白云石胶结物的测年，指出灯影组白云岩储层的埋藏成岩过程主要是原生孔隙和表生溶蚀孔洞逐渐被充填的过程。孔洞的充填作用发生在早加里东、晚海西—印支、燕山—喜马拉雅期 3 个阶段，孔隙的充填作用主要发生于早加里东期，未被胶结物充填的残留孔洞、孔隙和裂缝构成了主要储集空间，明确了四川盆地灯影组白云岩储层的成岩—孔隙演化史。这些认识与该地区的构造—埋藏史、盆地热史具有很高的吻合度，说明测年数据的可靠性和激光原位 U—Pb 同位素定年技术的有效性，为古老海相碳酸盐岩成岩—孔隙演化研究和油气运移前有效孔隙评价提供了新的方法。

关键词： 激光原位剥蚀；U—Pb 同位素定年；四川盆地；震旦系灯影组；成岩—孔隙演化史；碳酸盐岩

　　碳酸盐岩在全球油气勘探中占有重要地位，近 50% 的油气资源分布在碳酸盐岩中。储层成因和分布预测是碳酸盐岩油气勘探面临的关键问题之一，前人在这方面做了大量研究工作，取得了很多认识。碳酸盐岩孔隙成因问题，Kerans 等[1]和 Moore 等[2]认为早成岩和高化学活动性导致碳酸盐岩以次生孔隙为主，而且主要形成于埋藏溶蚀作用，James 和 Choquette[3]、Lucia 等[4]则提出碳酸盐岩以沉积原生孔为主。白云石化对孔隙的贡献问题，由于白云岩储层的物性普遍好于石灰岩，储层主要发育于白云岩中，故大多数学者认为白云石化对孔隙的发育有重要贡献[5]，而 Lucia 等[6]、Purser 等[7]则认为只有 CO_3^{2-} 来源很受局限的成岩环境，白云石化作用才能导致孔隙增加。热液作用对孔隙贡献问题，Davis 等[8]认为受构造控制的热液活动导致白云岩储层的发育。层序格架中储层分布问题，Moore[2]指出台缘带和蒸发台地是碳酸盐岩储层最有利的发育相带。

基金项目：国家科技重大专项"大型油气田及煤层气开发"（2016ZX05004-002）；中国石油天然气股份有限公司直属院所基础研究和战略储备技术研究基金（2018D-5008-03）；中国石油天然气股份有限公司重大科技项目"深层油气储层形成机理与分布规律"（2018A-0103）

中国海相碳酸盐岩具年代古老、埋藏深和经历多期成岩叠加改造的特点[9]，成储和成藏历程均非常复杂，勘探实践证实，优质储层发育段并不总是油气层段，也有可能是水层或干层，除缺烃源外，还和孔隙发育时间与油气运移时间不匹配有关。这就需要开展储层成岩—孔隙演化研究，评价油气运移前的有效孔隙，碳酸盐岩成岩矿物绝对年龄的确定是储层成岩—孔隙演化史恢复的关键。碳酸盐 U—Th 溶液法可以进行 0～500000 年碳酸盐矿物的绝对年龄测定，精度可达 1～2 年[10-11]，碳酸盐 U—Pb 溶液法同位素定年在中新生代年轻的孔洞和洞穴充填物定年研究中也有不少报道[12-16]，但由于 U 含量普遍偏低、缺乏合适的标样、难以钻取足够量的粉末样品（6～8 个平行样品，每份 200mg）等问题，导致古老海相碳酸盐岩溶液法定年费时，适合定年的样品不多，测试成功率低，无法推广。

本文通过对碳酸盐矿物的激光 MC–ICPMS 原位 U—Pb 同位素定年技术的建立和新的实验室工作标样的开发和标定，解决了同位素稀释溶液法在采样和测试方面难以解决的一系列技术难题，成功建立了适用于古老海相碳酸盐岩的同位素定年新技术。该技术应用于四川盆地震旦系灯影组白云岩成岩—孔隙演化研究，取得的认识与工区的构造—埋藏史、盆地热演化史非常吻合，说明测年数据的可靠性和激光原位 U—Pb 同位素定年技术的有效性，为古老海相碳酸盐岩成岩—孔隙演化研究和油前孔隙评价提供了技术支撑。

1 地质背景和样品描述

1.1 区域地质背景

四川盆地震旦系灯影组自下而上可划分为灯一段、灯二段、灯三段和灯四段[17]，以台地沉积为主[18-19]。灯一段沉积是晚震旦世早期海侵的产物，主要为浅灰—深灰色层状泥粉晶白云岩，夹砂屑和藻屑白云岩，与下震旦统陡山陀组呈整合或假整合接触，厚300～450m。灯二段沉积由早期至晚期，由浅水台地藻纹层和藻砂屑白云岩（重结晶后呈粉—细晶白云岩）转变为膏云岩及膏盐岩沉积，海水盐度的增加有利于微生物的繁殖，发育葡萄花边状构造，残留孔洞发育，受桐湾运动 I 幕影响，使灯二段抬升遭受风化剥蚀，形成近南北向展布的侵蚀谷[20]，与上覆地层呈假整合接触，厚400～800m。灯三段沉积早期发育海侵相的泥岩，向南西方向泥岩逐渐减薄消失，晚期发育浅水台地泥粉晶白云岩和颗粒滩沉积。灯四段沉积期是台内裂陷发育的鼎盛期[21]，台缘和台内微生物丘滩复合体发育，岩性主要为藻纹层或藻叠层白云岩，基质孔和孔洞发育，受桐湾运动 II 幕影响，使灯四段遭受不同程度的淋滤和剥蚀，与上覆地层呈假整合接触，残留厚度 30～400m。灯影组构造—岩相古地理特征对成储有重要的控制作用。

四川盆地加里东古隆起自灯影组沉积以来，经历了 5 期构造演化阶段[22]。（1）加里东旋回早期构造演化阶段：发生桐湾 I 幕和桐湾 II 幕两期构造运动，分别导致灯二段和灯四段的抬升和剥蚀。（2）加里东旋回中晚期构造演化阶段：寒武纪—奥陶纪发生了3 次超覆沉积与 3 次隆升剥蚀，分别为兴凯运动、郁南运动和都匀运动；志留纪末期的广西运动导致川中加里东古隆起整体抬升剥蚀，并与二叠系呈平行不整合接触。（3）海西期构造演化阶段：上扬子区泥盆系—石炭系整体隆升剥蚀，石炭纪末受云南运动影响，川中进一步遭受剥蚀；二叠纪四川盆地主体处于沉降沉积期，东吴运动导致二叠系茅口组遭受剥蚀。（4）印支—燕山期构造演化阶段：中—晚三叠世之交的印支运动完成了四川盆地由海相向陆相沉积的转换，中—下三叠统遭受不同程度的剥蚀。（5）喜马拉雅期构造演化阶段：古隆起东段的高石梯—龙女寺相对稳定，埋深大，而古隆起西段的乐山—资阳强烈褶皱，埋深小。构造演化对四川盆地灯影组白云岩储层改造、油气成藏及演化具重要的控制作用[19, 23]。

1.2 样品特征与产状

灯影组白云岩是四川盆地重要的油气储层，主要发育于灯二段和灯四段，累计厚20～100m，台缘带厚度明显大于台内，孔隙（藻格架孔、粒间孔）、孔洞和裂缝构成主要的储集空间，裂缝—孔隙—孔洞型储层，并有沥青充填[19]。选取充填孔洞的各期胶结物（葡萄花边状白云石胶结物）及围岩样品、充填藻纹层格架孔和藻砂屑粒间孔的各期胶结物及围岩样品、充填裂缝的各期胶结物样品，开展定年研究，为成岩—孔隙演化史的建立和油气运移前有效孔隙的确定提供重要信息。定年检测样品来源、层位、产状和检测目的的信息见表1和图1。

表 1　定年检测样品来源、层位、产状和检测目的信息表

样品编号	剖面/井号	层位	深度（m）	样品产状	检测目的
XF-Z$_2$dn$_2$-S4	先锋剖面（XF）	灯二段		藻纹层或藻叠层白云岩（围岩）	地层年龄或白云石化时间
GC-Z$_2$dn$_2$-B3	鼓城剖面（GC）	灯二段			
XF-Z$_2$dn$_2$-S5	先锋剖面（XF）	灯二段		同心环边状白云石胶结物（暗色花边）	孔洞形成时间和孔洞充填的时间、期次
YB-Z$_2$dn$_2$-B2	杨坝剖面（YB）	灯二段			
GC-Z$_2$dn$_2$-B5	鼓城剖面（GC）	灯二段			
XF-Z$_2$dn$_2$-S4	先锋剖面（XF）	灯二段		放射状白云石胶结物（浅色花边）	
GC-Z$_2$dn$_2$-B4	鼓城剖面（GC）	灯二段			
XF-Z$_2$dn$_2$-S4	先锋剖面（XF）	灯二段		纹层状浅灰—暗色白云石胶结物	
YB-Z$_2$dn$_2$-B2	杨坝剖面（YB）	灯二段			
GC-Z$_2$dn$_2$-B5	鼓城剖面	灯二段		充填孔洞的晚期中—粗晶白云石胶结物	
XF-Z$_2$dn$_1$-B2	先锋剖面（XF）	灯二段		充填孔洞的最晚一期粗晶白云石胶结物	
GC-Z$_2$dn$_2$-B3	鼓城剖面（GC）	灯二段			

样品编号	剖面 / 井号	层位	深度 （m）	样品产状	检测目的
GS6-Z_2d_2-1	高石 6	灯二段	5363.04	充填藻丘格架孔的等轴粒状白云石胶结物	孔隙形成时间和孔隙充填的时间、期次
MX22-Z_2d_2-2	磨溪 22	灯二段	5418.70	充填孔隙的叶片状白云石胶结物	
MX8-Z_2d_4-1	磨溪 8	灯四段	5115.19	充填孔隙的中—粗晶白云石胶结物	
MX22-Z_2d_2-3	磨溪 22	灯二段	5418.70		
XF-Z_2d_1-B2	先锋剖面（XF）	灯一段		泥晶白云岩中裂缝充填的白云石胶结物	裂缝形成时间及期次，比较孔洞、孔隙、裂缝充填物的相关性
GS1-Z_2d_4-2	高石 1	灯四段	4985.00		
MX9-Z_2d_2-1	磨溪 9	灯二段	5422.10	藻纹层白云岩中多期裂缝被白云石充填	
MX22-Z_2d_2-4	磨溪 22	灯二段	5416.90	藻纹层白云岩中裂缝被粗晶白云石充填	

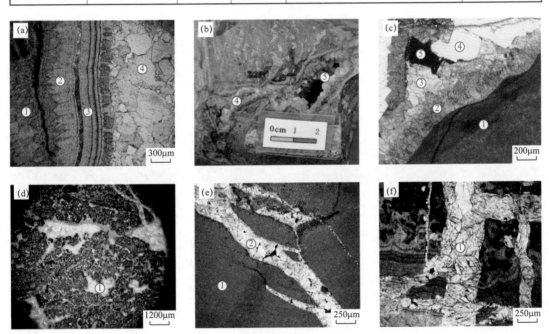

图 1　定年检测样品产状和特征

（a）（b）充填溶蚀孔洞的各期胶结物，由①至⑤分别代表同心环边状白云石胶结物、放射状白云石胶结物、纹层状浅色和暗色白云石胶结物、晚期中—粗晶白云石胶结物、最晚一期粗晶白云石胶结物，先锋剖面灯二段；（c）充填溶蚀孔洞的各期胶结物，由①至⑤分别代表围岩、叶片状白云石胶结物、粗晶白云石胶结物、石英、沥青，磨溪 22 井灯二段 5418.70m；（d）充填藻丘格架孔的等轴粒状白云石胶结物，高石 6 井灯二段 5363.04m；（e）泥晶白云岩，由①至②分别代表围岩和裂缝中充填的白云石胶结物，高石 1 井灯四段 4985.00m；（f）裂缝及充填的白云石胶结物，磨溪 9 井灯二段 5422.10m

2 分析方法

2.1 碳酸盐矿物铀铅同位素定年方法和标样

使用传统的同位素稀释法对碳酸盐矿物进行 U—Pb 溶液法定年，要求待测样品具有足够高的 U、Pb 含量，能够从一块手标本上获得足够量的一组小样，并且这组小样的 U/Pb 值有足够的变化范围，能够拟合出一条 $^{207}Pb/^{206}Pb$ 与 $^{238}U/^{206}Pb$ 等时线，使用这组数据拟合出的等时线和 Tera-Wassenburg 谐和线的下交点计算下交点年龄，代表碳酸盐矿物的结晶年龄。然而，碳酸盐矿物通常成因复杂，具有多期多阶段性，且易遭受后期改造，故选择同源、同时、封闭体系且 U/Pb 值有一定变化范围能拟合出等时线的理想定年样品非常困难。而传统的同位素稀释法不适用于低铀碳酸盐矿物，一是所需样品量大，而大样品量全溶后 U/Pb 值均一化，不同小样的 U/Pb 值变化范围小，在 Tera-Wassenburg 谐和图上难以构筑理想的等时线以获取精确的下交点年龄；二是取样和化学分离过程中非常容易污染，对超净实验室本底要求非常高。因此，过去 20 多年来，这个方法虽然少数研究领域有几项成功的例子[13, 15]，但由于 U 含量、样品量、U/Pb 值和实验室本底等诸多因素的限制，难以应用于古老海相碳酸盐岩，至今未见这方面任何报道。

近 20 年来，随着激光剥蚀技术的日益兴盛，激光原位 U—Pb 同位素定年技术已经广泛应用于测定高 U 矿物比如锆石、独居石、磷钇矿、榍石、金红石、磷灰石、石榴石等矿物的高精度年龄上，成为地质年代学研究领域中最常用的测年方法。近年来，一些低 U 矿物的激光原位 U—Pb 同位素定年工作也逐渐受到关注，尤其碳酸盐矿物[24-30]。相比较于同位素稀释溶液法 U—Pb 测年，LA—（MC）—ICP—MS 碳酸盐矿物微区 U—Pb 同位素定年技术具有原位、制样流程简单、样品消耗量小、低本底、空间分辨率高、分析速度快（单点分析仅需 3~5min）等优点。一般碳酸盐矿物具有明显低 U 特征（通常比锆石低 2~4 个数量级，即其测量信号只有锆石的 1/10000~1/100），故检测难度非常大。但碳酸盐本身铀含量有好几个数量级的变化，分布范围从（1~2）$\times 10^{-6}$mg/g 到（1~10）$\times$ 10^{-3}mg/g，一般在（0.05~0.50）$\times 10^{-3}$mg/g。

前人使用扇形场（Sector-field）单接收 ICP—MS（如 Elements2，Elements XR，Attom 等），或多接收 MC—ICPMS（如 Nu Plasma 或 Neptune）进行碳酸盐矿物 U—Pb 同位素测定，初见成效[24-30]。但是，扇形场单接收 ICP—MS 的灵敏度没有 MC—ICPMS 高，而且因为采用跳峰法测量效率低。大多数 MC—ICPMS 虽然实现 ^{238}U—^{208}Pb—^{207}Pb—^{206}Pb 的高效率静态测量，但只有 ^{208}Pb—^{207}Pb—^{206}Pb 在离子计数器上测量，^{238}U 往往在 $10^{11}\Omega$ 的通用法拉第杯上测量，通常当 U 含量小于 0.2×10^{-3}mg/g 时，^{238}U 是很难精确测量的。为了解决这个问题，笔者在昆士兰大学的 Nu Plasma Ⅱ MC—ICPMS 上最高质量端 H10 法拉第杯安装了 10^{12} Ω 的高灵敏度前置放大器（使灵敏度高 10 倍）和一个离散打拿极倍增器（discrete dynodemultiplier），用于静态测量 ^{238}U 同位素，前者使测试 ^{238}U 离子流的灵敏性比普通法拉第杯提高 10 倍，后者提高 100 倍。当 U 含量足够高时（如大于 0.1×10^{-3}mg/g），使用高灵敏度法拉第杯测量；当 U 含量低时（如小于 0.1×10^{-3}mg/g），使用倍增器测量。由于倍增器的背景极低，一般 U 含量高于 1×10^{-6}mg/g 时就能精确测量。

除此以外，笔者的 Nu Plasma Ⅱ MC—ICPMS 在低质量范围还配有 5 个倍增器，分别用于静态测量 ^{208}Pb、^{207}Pb、^{206}Pb、^{204}Pb（和 ^{204}Hg 干扰峰）和 ^{202}Hg。目前，如果待测样品的 U/Pb 比足够高，即使其 U 含量低至 $1×10^{-6}$mg/g，笔者也能够对其有效定年。

笔者使用的激光剥蚀系统 ASI RESOlution SE 由澳大利亚科学仪器公司（Australian Scientific Instruments，简称 ASI）生产，包括 193nm 的 ArF 准分子激光器和 Laurin Technic 双室样品室。笔者首先使用 RESOlution SE 激光器和 Thermo iCap-RQ 四极杆 ICPMS 联动对样品靶的微量元素含量进行预扫描，在微区尺度下能够快速清晰辨别样品中 U、Pb、U/Pb 值的变化范围。然后选择 U/Pb 值高普通 Pb 低的样品，并根据 U、Pb 含量，选择激光束斑直径，在 Nu Plasma Ⅱ MC—ICPMS 上进行年代测定。

使用 LA—MC—ICP—MS 法进行碳酸盐矿物 U—Pb 同位素年龄测定的一个重要难题是寻找合适的天然矿物标样，并且为了避免不同矿物间的基体效应，使用的矿物标样在成分和结构上应尽可能与待测样品相近。目前被应用于碳酸盐矿物测年的两个标样分别是 ASH15E（采自以色列 Negev 沙漠的石笋）[28, 31-32] 和 WC-1（美国新墨西哥城 Whites City 以西 0.5 km 的 Walnut 峡谷的方解石脉）[24-25, 27, 30]，用它们来校正古老海相碳酸盐岩样品，均存在一定局限性。ASH15E 标样的同位素稀释溶液法标定年龄仅为 3.001Ma，与古老海相碳酸盐岩年龄相比明显偏年轻得多，不是古老海相碳酸盐岩的理想标样。WC-1 标样的推荐年龄为 254.4Ma，虽然与古老海相碳酸盐岩年龄相近，但该标样的不均一性导致其自身可能存在 3%～5% 的不确定性[26, 28]。另外，这两个国际标样极其有限，不适合作为消耗量极大的笔者实验室的工作标样。

但是，笔者从塔里木盆地阿克苏地区下寒武统肖尔布拉克组中发现了更加适合古老海相碳酸盐岩定年的标样 AHX-1，经标定后可作为实验室内部标准。AHX-1 标样为充填沿断裂分布之孔洞的纯净方解石晶体，样品纯净、均一、广泛分布，是同源同期的成岩产物。过去一年以来，笔者用 LA—（MC）ICP—MS 对该样品的微量元素和 U—Pb 同位素比值进行了反复检测，获取数千组数据（表 2），发现该样品非常适合激光原位 U—Pb 同位素测年，绝大多数部位 ^{208}Pb 的含量几乎为零，这说明样品没有普通 Pb 的影响，^{206}Pb 和 ^{207}Pb 均为 U 衰变的产物，^{238}U 的平均含量大约 $0.15×10^{-3}$mg/g，虽然锆石标样 91500 的 U 含量比其大约 70 多倍，但与笔者的 MC—ICPMS 仪器的 U 含量检测极限 $1×10^{-6}$mg/g 相比，完全满足检测需求。

笔者在不同时段，应用激光法在 Nu Plasma Ⅱ 上将标样 ASH15E 与 AHX-1 反复对测 20 多次，使用 ASH15E 的推荐年龄 3.001Ma[24] 来标定 AHX-1 的年龄，所获得的 20 多组年龄的加权平均值为 209.8±1.3Ma。图 2a 为以 ASH15E 为标样，检测 AHX-1 的其中一次年龄为 209.1±1.2Ma。同时，笔者假定 AHX-1 为标样，检测 ASH15E 和 WC-1 的年龄，测得的年龄分别为 2.960±0.025Ma（图 2b）和 259.0±4.1Ma（图 2c）。笔者的多次测量结果表明，AHX-1 是一种更加理想的碳酸盐矿物标样，每次测量不但具有很高的稳定性，绝大多数数据点分布在谐和线的下交点附近，有很低的普通 Pb，少数数据的分布在等时线上，其结果是给出更小的年龄误差和上交点误差（上交点代表样品的普通铅组成），更适合做标样。但是，目前该标样目前只作为实验室工作标样，不同测年方法（溶液法和激光法）间的标定工作正在开展中。笔者以 AHX-1 为假定的标样，测量四川盆地五花洞北剖面泥盆系观雾山组方解石胶结物，U 平均含量 0.01×10⁻³mg/g，测得的年龄为 244.3±2.1Ma（图 2d），与以 ASH15E 和 WC-1 为标样测得的年龄相当（分别为 246.1±2.3Ma 和 245.4±1.7Ma），进一步验证了 AHX-1 标样的有效性。

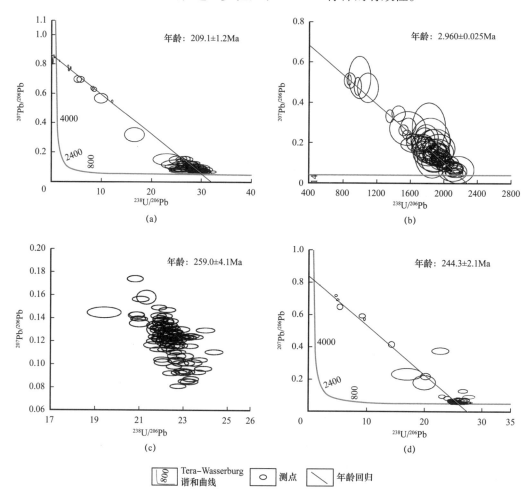

图 2　以 AHX-1 为工作标样、ASH15E 和 WC-1 作为未知样品的一次 LA—MC—ICPMS U—Pb 定年结果

表 2　AHX-1 标样微量和稀土元素分析

检测日期	含量（10⁻³mg/g）					
	¹⁷⁶Lu	¹⁷⁸Hf	²⁰⁶Pb	²⁰⁷Pb	²⁰⁸Pb	²³⁸U
AHX-1.17.01.01.43	0.5060	0.0005	0.149	0.008	0	0.981
AHX-1.17.01.01.44	0.3790	0.0001	1.122	0.006	0	0.752
AHX-1.17.01.01.45	0.4770	0.0015	0.139	0.009	0	0.961
AHX-1.17.01.01.46	0.4650	0.0010	0.130	0.008	0	0.869
AHX-1.17.01.01.47	0.4640	0.0015	0.152	0.008	0.001	0.947

检测日期	含量（10^{-3}mg/g）					
	^{176}Lu	^{178}Hf	^{206}Pb	^{207}Pb	^{208}Pb	^{238}U
AHX–1.17.01.01.48	0.4380	0.0005	0.163	0.008	0	1.084
AHX–1.17.01.01.49	0.4730	0.0009	0.157	0.014	0	1.063
AHX–1.17.01.01.50	0.4640	0.0010	0.164	0.011	0.001	1.065
AHX–1.17.01.01.51	0.4810	0.0017	0.197	0.012	0	1.264
AHX–1.17.01.01.52	0.5310	0.0010	0.170	0.008	0	1.109
AHX–1.17.01.01.53	0.4260	0.0022	0.142	0.011	0	1.019
AHX–1.17.01.01.54	0.4320	0.0020	0.163	0.011	0	1.018
AHX–1.17.01.01.55	0.4910	0.0002	0.155	0.009	0.001	1.011
AHX–1.17.01.01.56	0.4100	0.0009	0.149	0.008	0	0.987
AHX–1.17.01.01.57	0.4420	0	0.220	0.011	0	1.372
AHX–1.17.01.01.58	0.4850	0.0013	0.209	0.010	0	1.353
AHX–1.17.01.01.59	0.4600	0.0002	0.151	0.011	0	1.035
AHX–1.17.01.01.60	0.3650	0.0013	0.160	0.010	0	1.086

2.2 未知样品制备、测试和数据处理

符合激光原位 U—Pb 同位素定年的样品需同源、同期和均一的方解石或白云石晶体，可以是围岩，也可以充填于孔隙、孔洞或裂缝中。首先挑选符合定年要求的样品，然后切割、清洁后进行制靶。本研究激光靶的制备在杭州地质研究院碳酸盐岩储层重点实验室完成。激光剥蚀（LA）碳酸盐靶的制备方法与 SHRIMP 锆石靶的制备相似[33]。为了消除制样中的 Pb 污染，样品测试前还需要在超净室对待测样靶做进一步超净处理。

检测前先用激光剥蚀电感耦合等离子体质谱仪（LA—ICP—MS）对样品进行微量和稀土元素原位分析，尤其是 ^{238}U、^{206}Pb、^{207}Pb、^{208}Pb 的含量，帮助笔者判断样品是否适合激光原位 U—Pb 同位素定年。激光系统工作条件是输出能量为 3J/cm^2，激光束斑直径视结构组分大小和 U 的含量可做不同选择，一般使用 100μm 束斑，剥蚀频率 10Hz。装入样品靶后，气体连续冲洗样品池约 2h，除去样品池和气路中可能存在的普通 Pb。采样方式为单点剥蚀，单点分析时间一般为 3min，单点剥蚀之前对样品点预剥蚀 2s 以消除表面 Pb 污染。信号较高的 ^{238}U 使用法拉第杯（Faraday cup）接收，信号较低的 ^{207}Pb、^{206}Pb、^{208}Pb、^{232}Th、^{204}Pb（$+^{204}$Hg）、^{202}Hg 用离散打拿极倍增器接收，超低 ^{238}U 含量的信号用 IC5 接收。在连接激光之前必须用 Pb、Th、U 的混合测试液对质谱仪 Nu Plasma Ⅱ 进行质量标定和杯结构、透镜参数进行优化。连接激光之后采用对 NIST612 线扫描的方式调节仪器参数，使 Th/U 值接近于 1，UO/U 值小于 0.3%，并且最优化仪器灵敏度。

数据处理可以在线或离线完成，先使用 Iolite 3.6 软件[34]处理原始数据，以获得相应的同位素比值，然后在 Isoplot 3.0 软件[35]上完成谐和图绘制及年龄计算。

3 应用实例

以四川盆地灯影组为例，开展围岩和不同期次白云石胶结物的激光原位 U—Pb 同位素定年分析，同时对平行样开展二元同位素（D47）、碳氧稳定同位素、微量和稀土元素、锶同位素组成、阴极发光、包裹体均一温度分析。定年分析结果见表 3、图 3 和图 4，D47 或包裹体均一温度、碳氧稳定同位素组成、阴极发光分析结果见表 3，微量和稀土元

表 3　围岩和白云石胶结物 U—Pb 同位素年龄和地球化学特征[19]

样品编号	同位素年龄（Ma）	阴极发光	地球化学特征		
			D47 或包裹体均一温度（℃）	同位素含量（‰）	
				氧	碳
XF–Z₂dn₂–S4	584±32	不发光		−4～−1	1～3
GC–Z₂dn₂–B3	592±24				
XF–Z₂dn₂–S5	546±7.7	不发光	63.9（D47）	−6～−4	1～3
YB–Z₂dn₂–B2	545±6				
GC–Z₂dn₂–B5	545±12				
XF–Z₂dn₂–S4	546.3±7.4	暗橙色昏暗发光	91.2（D47）	−8～−6	2～4
GC–Z₂dn₂–B4	514±14				
XF–Z₂dn₂–S4	482±14	橙黄色中等发光	135（D47）	−10～−8	2～4
YB–Z₂dn₂–B2	487±21				
GC–Z₂dn₂–B5	268±45	橙黄色明亮发光	185（包裹体）220（包裹体）	−12～−9	1～2
XF–Z₂dn₁–B2	20±130				
GC–Z₂dn₂–B3	115±69				
GS6–Z₂d₂–1	545.7±8.5	不发光	71.6（D47）	−5～−3	1～3
MX22–Z₂d₂–2	499±25	昏暗发光	89.3（D47）	−8～−4	0～2
MX8–Z₂d₄–1	457±17	橙黄色中等发光	127.5（D47）	−15～−9	−2～2
MX22–Z₂d₂–3	468±12				
XF–Z₂d₁–B2	20±130	橙黄色中等发光	175～225（D47）		
GS1–Z₂d₄–2	16±67				
MX9–Z₂d₂–1	34±38				
MX22–Z₂d₂–4	472±21				

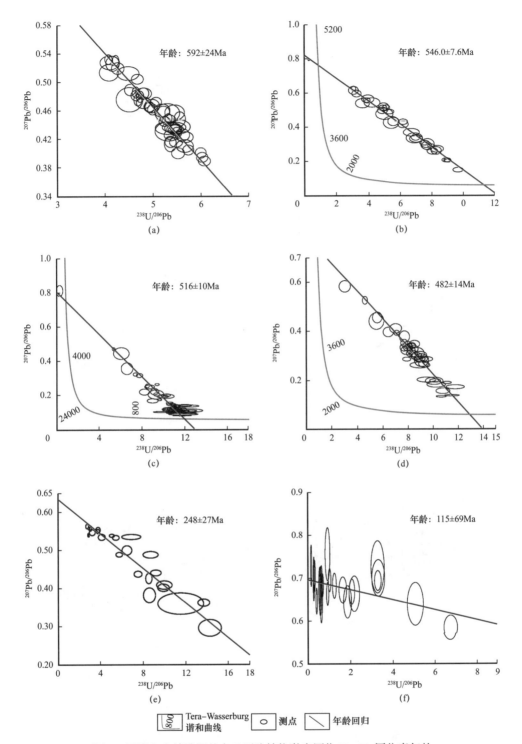

图 3 围岩和充填孔洞的白云石胶结物激光原位 U—Pb 同位素年龄

（a）围岩年龄 592±24Ma，样品号 GC-Z$_2$dn$_2$-B3；（b）同心环边状白云石胶结物年龄 546±7.6Ma，样品号 XF-Z$_2$dn$_2$-S5；（c）放射状白云石胶结物年龄 516±10Ma，样品号 XF-Z$_2$dn$_2$-S4；（d）纹层状浅灰—暗色白云石胶结物年龄 482±14Ma，样品号 XF-Z$_2$dn$_2$-S4；（e）充填孔洞的晚期中—粗晶白云石胶结物年龄 248±27Ma，样品号 GC-Z$_2$dn$_2$-B5；（f）充填孔洞的最晚一期粗晶白云石胶结物年龄 115±69Ma，样品号 GC-Z$_2$dn$_2$-B3

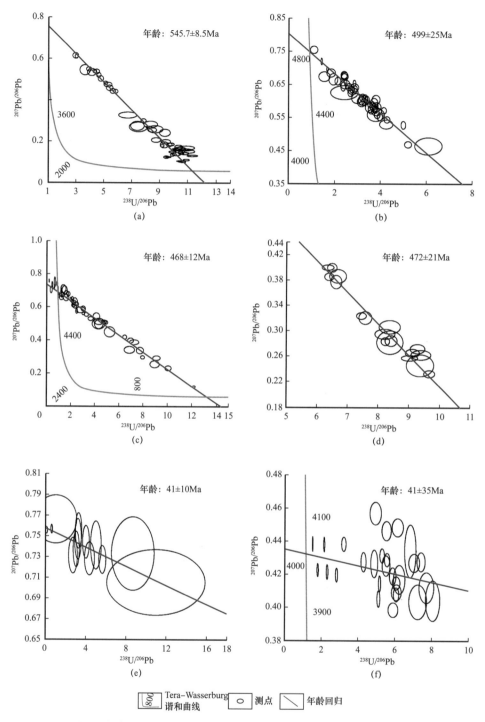

图4 充填孔隙和裂缝的白云石胶结物激光原位 U—Pb 同位素年龄

（a）充填藻丘格架孔的等轴粒状白云石胶结物年龄 545.7±8.5Ma，样品号 GS6-Z₂d₂-1；（b）充填孔隙的叶片状白云石胶结物年龄 499±25Ma，样品号 MX22-Z₂d₂-2；（c）充填孔隙的中—粗晶白云石胶结物年龄 468±12Ma，样品号 MX22-Z₂d₂-3；（d）泥晶白云岩中充填裂缝的白云石胶结物年龄 472±21Ma，样品号 MX22-Z₂d₂-4；（e）藻纹层白云岩中充填裂缝的白云石胶结物年龄 41±10Ma，样品号 GS1-Z₂d₄-2；（f）藻纹层白云岩中裂缝的粗晶白云石胶结物年龄 41±35Ma，样品号 MX9-Z₂d₂-1

素、锶同位素分析结果见表4。微量和稀土元素、锶同位素数据来自昆士兰大学地球科学学院放射性同位素实验室，二元同位素（D47）数据来自加利福尼亚大学洛杉矶分校地球与空间科学系同位素实验室，阴极发光、碳氧稳定同位素、包裹体均一温度数据来自中国石油集团碳酸盐岩储层重点实验室。激光原位U—Pb同位素定年数据来自中国石油集团碳酸盐岩储层重点实验室和昆士兰大学地球科学学院放射性同位素实验室，两家共同开发激光原位U—Pb同位素定年技术，标样测定在澳方MC—ICP—MS（Nu Plasma Ⅱ）上完成，灯影组样品年龄测定在中方LA—ICP—MS（Element XR）上完成。

表4虽然只罗列了6个测年样品的微量和稀土元素、锶同位素的地球化学特征，但基本代表了本次用于测年的20个样品的地球化学特征。从表4的地球化学特征可知，^{238}U的含量较高，6类结构组分的均值分别达到3.50×10^{-3}mg/g、3.67×10^{-3}mg/g、1.97×10^{-3}mg/g、1.57×10^{-3}mg/g、5.88×10^{-3}mg/g、2.69×10^{-3}mg/g，远高于检测的极限值，来自^{238}U衰变的^{206}Pb和^{207}Pb的含量也较高，是理想的测年样品，只是普通Pb含量偏高，不如AHX-1标样理想，在计算年龄时需考虑普通Pb的干扰。

表4 围岩及白云石胶结物微量和稀土元素、锶同位素组成地球化学特征

检测样品编号	样品产状	含量（10^{-3}mg/g）						^{87}Sr/^{86}Sr
		^{176}Lu	^{178}Hf	^{206}Pb	^{207}Pb	^{208}Pb	^{238}U	
XF–Z$_2$dn$_2$–S4–01	藻泥晶白云岩围岩	0.00007	0.0022	1.170	0.165	0.108	3.110	0.708792
XF–Z$_2$dn$_2$–S4–02		0.00017	0.0048	1.310	0.144	0.0628	4.060	0.708733
XF–Z$_2$dn$_2$–S4–03		0.00029	0.0089	1.270	0.153	0.068	3.670	0.708508
XF–Z$_2$dn$_2$–S4–04		0.00054	0.0063	1.360	0.175	0.103	3.310	0.708763
XF–Z$_2$dn$_2$–S4–05		0.00022	0.0031	1.240	0.260	0.190	3.360	0.708792
XF–Z$_2$dn$_2$–S5–01	同心环边状白云石胶结物	0.00143	0.0007	0.422	0.0678	0.045	0.970	0.708922
XF–Z$_2$dn$_2$–S5–02		0.00077	0.0048	2.230	0.370	0.193	4.730	0.708579
XF–Z$_2$dn$_2$–S5–03		0.00056	0.0105	2.060	0.268	0.102	6.000	0.708785
XF–Z$_2$dn$_2$–S5–04		0.00057	0.0045	1.190	0.265	0.209	2.980	0.708643
XF–Z$_2$dn$_2$–S4–06	放射状白云石胶结物	0.00444	0.0078	1.280	0.164	0.097	2.750	0.708970
XF–Z$_2$dn$_2$–S4–07		0.00028	0.0029	0.882	0.117	0.074	2.730	0.709242
XF–Z$_2$dn$_2$–S4–08		0.00041	0.0071	0.706	0.121	0.085	1.890	0.709386
XF–Z$_2$dn$_2$–S4–09		0.00042	0.0066	0.324	0.125	0.119	0.502	0.709809
XF–Z$_2$dn$_2$–S4–10	纹层状浅—暗色白云石胶结物	0.00135	0.0107	0.483	0.129	0.113	0.940	0.709352
XF–Z$_2$dn$_2$–S4–11		0.00329	0.0024	0.410	0.143	0.106	0.593	0.709387
XF–Z$_2$dn$_2$–S4–12		0.00034	0.0064	0.569	0.110	0.064	1.340	0.709507
XF–Z$_2$dn$_2$–S4–13		0.00074	0.0061	1.341	0.209	0.138	3.400	0.708499

检测样品编号	样品产状	含量（10^{-3}mg/g）						^{87}Sr/^{86}Sr
		^{176}Lu	^{178}Hf	^{206}Pb	^{207}Pb	^{208}Pb	^{238}U	
GC-Z$_2$dn$_2$-B5-01	晚期中—粗晶白云石胶结物	0.00051	0.0087	2.420	0.244	0.095	7.560	0.711630
GC-Z$_2$dn$_2$-B5-02		0.00024	0.0060	2.550	0.278	0.140	9.700	0.710930
GC-Z$_2$dn$_2$-B5-03		0.00036	0.0077	1.030	0.174	0.126	2.870	0.711520
GC-Z$_2$dn$_2$-B5-04		0.00008	0.0036	1.320	0.176	0.103	3.370	0.711810
XF-Z$_2$dn$_1$-B2-01	最晚一期粗晶白云石胶结物	0.00041	0.0056	1.130	0.202	0.143	2.860	0.712130
XF-Z$_2$dn$_1$-B2-02		0.00024	0.0071	0.950	0.183	0.111	2.630	0.711930
XF-Z$_2$dn$_1$-B2-03		0.00044	0.0088	1.350	0.250	0.132	3.320	0.712087
XF-Z$_2$dn$_1$-B2-04		0.00042	0.0170	1.020	0.197	0.152	1.950	0.711970

4　讨论

四川盆地灯影组白云岩储集空间主要发育于藻纹层、藻叠层和藻砂屑白云岩中，具有相控性，类型主要有孔洞（2～100mm）、孔隙（0.01～2.00mm）和裂缝（见图3）。孔洞和孔隙均有原生、表生溶蚀和埋藏—热液溶蚀3种成因观点[19, 36-37]，裂缝的期次及对孔洞、孔隙发育与充填的影响更是认识的空白。本文根据成岩产物的激光原位 U—Pb 同位素定年数据及二元同位素、碳氧同位素、锶同位素、微量和稀土元素地球化学特征，结合构造—埋藏史、盆地热史和烃源岩生烃史，分析四川盆地灯影组白云岩储层的孔隙成因和成岩—孔隙演化史，为油气运移前有效孔隙评价提供依据。

4.1　围岩和孔洞缝充填物绝对年龄

白云岩围岩：测得 2 个围岩（藻纹层或藻叠层白云岩）年龄的数据分别为 584±26Ma 和 592±24Ma，与 Ediacaran 系年龄（542～635Ma）相当，代表了地层年龄，还可能反映了早期白云石化的年龄，白云石化被认为与同沉积期蒸发的气候背景有关，保留藻纹层和藻叠层的原岩结构[38]。阴极发光下不发光、碳同位素低正值（1‰～3‰）、氧同位素低负值（-4‰～-1‰）、锶同位素均值 0.708718（与同期海水相当），是早期干旱氧化的萨布哈背景典型的地球化学特征[2]。

孔洞充填物：孔洞中发育 5 期白云石胶结物，构成葡萄花边状构造，代表了完整的胶结充填序列，大孔洞的胶结充填序列完整，甚至有残留孔洞，小孔洞的胶结充填序列不完整，无残留孔洞。大多数学者认为葡萄花边状构造是沉积成因的，孔洞为沉积原生孔、表生溶扩孔或埋藏溶蚀孔[39-41]。

同心环边状白云石胶结物测得 3 个年龄数据，分别为 546±7.7Ma、545±6Ma 和 545±12Ma。放射状白云石胶结物测得 2 个年龄数据，分别为 546.3±7.4Ma 和 514±14Ma。纹层状浅灰—暗色白云石胶结物测得 2 个年龄数据，分别为 482±14Ma 和 487±21Ma。

这3期胶结物均形成于早加里东期，推测与工区的兴凯运动、郁南运动和都匀运动有关。中—粗晶白云石胶结物测得的年龄为268±45Ma，可能与晚海西期东吴运动导致的热液活动有关。最晚一期粗晶白云石胶结物测得2个年龄数据，分别为20±130Ma和115±69Ma，误差虽然很大（误差大的原因是铀含量低但普通铅很高所致），但均反映很年轻的胶结物，可能与喜马拉雅期乐山—资阳强烈褶皱导致的热液活动和充填有关。工区尚未发现晚加里东—早海西期与广西运动相关的成岩产物。这些认识说明孔洞形成时间早于同心环边状白云石胶结物年龄，应该形成于埋藏前，与多幕次的桐湾运动导致的地层暴露和大气淡水淋溶有关，非埋藏或热液溶蚀的产物。五期白云石胶结物由早至晚，阴极发光强度逐渐增强、D47温度或包裹体均一温度逐渐升高、氧同位素逐渐偏负（表3）的趋势佐证了孔洞充填过程中深埋逐渐加大、温度逐渐升高的特征[2]，并遭受晚海西期和喜马拉雅期热液活动的改造。

需要指出的是，这5期胶结物的锶同素变化反映了中—粗晶和粗晶白云石胶结物的热液活动痕迹。同心环边状白云石胶结物、放射状白云石胶结物、纹层状浅灰—暗色白云石胶结物的锶同位素均值分别为0.708732、0.709351、0.709186，基本反映同期海水的锶同位素特征，而中—粗晶白云石胶结物、粗晶白云石胶结物的锶同位素均值分别为0.711473和0.712029，与同期海水相比明显偏高，是受到来自深部热液影响。深部热液在上升过程中会受到通道中围岩的放射性成因Sr的影响而偏高。

5期孔洞充填物的绝对年龄数据为葡萄花边状白云岩和孔洞的成因新解提供了证据，葡萄花边状构造显然不是沉积成因的，是埋藏后多期胶结作用的产物，孔洞形成于沉积期（原生孔）或经历早表生的大气淡水溶蚀作用（溶扩孔）。

孔隙充填物：孔隙中主要发育3期白云石胶结物，部分或完全充填孔隙。等轴粒状白云石胶结物测得的年龄为545.7±8.54Ma，与充填孔洞的同心环边状白云石胶结物年龄相当。叶片状白云石胶结物测得的年龄为499±25Ma，与充填孔洞的放射状白云石胶结物年龄相当。中—粗晶白云石胶结物测得2个年龄数据，分别为457±17Ma和468±12Ma，略早于充填孔洞的纹层状浅灰—暗色白云石胶结物年龄。这3期胶结物均形成于早加里东期，但反映了连续充填的过程，未见晚加里东、海西和喜马拉雅期热液矿物（鞍状白云石、闪锌矿等）对孔隙的充填，与同期孔洞充填物具相似的阴极发光、D47温度或包裹体均一温度、氧同位素特征。晚加里东、海西和喜马拉雅期胶结充填物的缺失是因为孔隙不如孔洞大的缘故，早加里东期的3期胶结物就足以把孔隙充填满，并非同期没有埋藏—热液活动。

裂缝充填物：裂缝中白云石胶结物测得4个年龄数据，分别为472±21Ma、20±130Ma、41±10Ma和41±35Ma，第1个年龄数据代表早加里东期断裂活动和白云石胶结物的年龄，充填孔隙的中—粗晶白云石胶结物和充填孔洞的纹层状浅灰—暗色白云石胶结物可能与这期断裂活动有关。后3个年龄数据差别虽然很大，但均反映很年轻胶结物的年龄，代表喜马拉雅期断裂活动和白云石胶结物的年龄，充填孔洞的最晚一期粗晶白云石胶结物可能与这期断裂活动有关。虽然未测得与晚海西期年龄相当的充填裂缝的白云石胶结物年龄，但并不意味着工区没有晚海西期的断裂活动，也可能没取到对应的样品，充填孔洞的中—粗晶白云石胶结物应该与这期断裂活动有关。阴极发光下呈橙黄色中等发光、高 D47 温度及氧同位素高负值均佐证了充填裂缝白云石胶结物的热液，受断裂活动控制。

孔隙和孔洞中早加里东 3 期白云石胶结物在产状和特征上有很大差异，同样，裂缝中充填的白云石胶结物与孔隙、孔洞中充填的白云石胶结物在产状和特征上也有很大差异，常规技术手段很难将它们的成因期次相关联，碳酸盐矿物的激光原位 U—Pb 同位素定年技术为不同产状和特征胶结物成因期次对比研究提供了技术手段。

孔洞缝中缺晚加里东—早海西期白云石胶结物的绝对年龄，这可能与志留纪—石炭纪的广西运动、云南运动以整体抬升和剥蚀有关，以平行不整合接触为特征，构造挤压不强烈。孔洞缝中同样缺印支—燕山期白云石胶结物的绝对年龄，这可能与中晚三叠世之交的印支运动完成了四川盆地由海相向陆相沉积的转换，随后进入持续和稳定地沉降，并被陆相沉积充填有关，构造总体稳定，构造挤压不强烈。晚海西期是四川盆地乃至全球大火山岩的发育期，喜马拉雅期是四川盆地构造调整期，构造活动强烈，白云石胶结物的出现具有必然性。

4.2　成岩—孔隙演化史重建及应用

白云石胶结物绝对年龄的获得为四川盆地灯影组白云岩储层的成因提供了新证据，更为储层成岩—孔隙演化史和有效孔隙评价提供了手段。灯影组白云岩储层的储集空间形成于埋藏前的沉积和表生环境，既有沉积原生孔隙（藻格架孔、粒间孔），又有溶蚀扩大的孔洞，孔隙和孔洞中充填的第 1 期白云石胶结物年龄与地层年龄相当，足以说明这些孔隙和孔洞不是埋藏溶蚀作用的产物，灯影组白云岩储层的埋藏过程实际上是孔隙和孔洞逐渐被充填的过程。根据白云石胶结物的绝对年龄，孔洞的充填作用发生在早加里东、晚海西、喜马拉雅期 3 个阶段，孔隙的充填作用主要发生于早加里东期，裂缝作为成岩介质的运移通道为充填孔洞和孔隙的胶结物提供了物源，未被胶结物充填的残留孔洞、孔隙和裂缝构成了主要储集空间。

参照 Clyde H Moore[2] 的初始孔隙度值和镜下残留孔隙、胶结物分布面积累加，初始孔隙度选 30%，表生溶蚀作用增孔 10%，埋藏前的总孔隙度达 40%。早加里东期 3 期白云石胶结物使平均孔隙度由 40% 下降到 15%，晚海西期白云石胶结物使平均孔隙度由 15% 下降到 10%，并一直保持到燕山末期，喜马拉雅期白云石胶结物使平均孔隙度由 10% 下降到 8%，裂缝对孔隙的贡献不大，主要是作为埋藏—热液的通道，且大多被充填。据此建立了灯影组白云岩储层的成岩—孔隙演化史（图 8），综合灯影组的构造—埋藏史[42]、盆地热史[43] 和寒武系筇竹寺组烃源岩的生烃史[44]，就可对油气运移时间、油气运移前孔隙和成藏期次做出评价。

四川盆地高石梯—磨溪构造灯影组气藏的烃源被认为来自寒武系筇竹寺组[44]，随着加里东期的持续埋藏，志留纪末筇竹寺组烃源岩开始生烃并发生初次运移和成藏，此时的有效孔隙度可达 15%，以残留孔洞为主。志留纪末油藏随着泥盆纪—石炭纪的构造抬升发生裂解，原油裂解气逸散或聚集成藏，残留薄膜状沥青主要分布于孔洞中，此时的孔隙度可以达到 12%～15%。石炭纪末的持续深埋，筇竹寺组烃源岩进入生烃高峰期，在海西末期—印支期（晚二叠世末—三叠纪）聚集成藏，是主成藏期，此时的孔隙度可达 12%。随着埋深的持续加大，原油发生裂解，形成斑块状沥青充填于孔洞中，原油裂解气逸散或聚集形成燕山期气藏，安岳气田就属于燕山期定型的气藏，此时的孔隙度可达8%～10%。喜马拉雅期为气藏的调整期，燕山期气藏经喜马拉雅构造运动改造发生调整，部分被调整到喜马拉雅期构造圈闭中聚集成藏，威远气田就属于喜马拉雅期定型的气藏，此时的孔隙度可达8%。

综上所述，碳酸盐矿物的激光原位U—Pb同位素定年技术的开发不仅解决了碳酸盐矿物的绝对年龄问题，而且还可以通过碳酸盐胶结物的绝对年龄和含量，恢复储层的成岩—孔隙演化史，结合构造—埋藏史和生烃史，评价油气运移前的有效孔隙度和成藏有效性问题。前人[45-46]主要通过油气包裹体均一温度确定成藏期次，油气运移前有效孔隙度和成藏有效性评价为油气成藏期次的确定开辟了更为有效的途径。

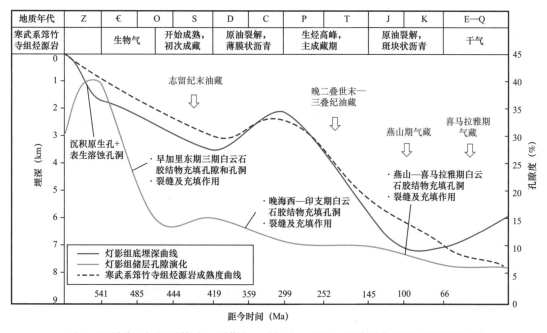

图5　四川盆地灯影组构造—埋藏史、成烃史、成岩—孔隙演化史和油气成藏史图

5　结论

通过标定年龄为209.8Ma实验室工作标样AHX-1a的开发、激光剥蚀进样系统与多接收电感耦合等离子体质谱仪的连用，解决了溶液法难以实现的古老海相碳酸盐岩标样、取样和超低U、Pb含量（极限值大于1×10^{-6}mg/g）样品的测年难题，建立了适用于古老海相碳酸盐岩的激光原位U—Pb同位素定年技术。

通过充填孔洞、孔隙和裂缝中不同期次白云石胶结物的测年，指出灯影组白云岩储层的埋藏成岩过程主要是原生孔隙（藻格架孔、粒间孔）和表生溶蚀孔洞逐渐被充填的过程。孔洞的充填作用发生在早加里东、晚海西、喜马拉雅期3个阶段，孔隙的充填作用主要发生于早加里东期，3期裂缝白云石充填物与孔洞、孔隙中3期白云石胶结物年龄有很高的吻合度，明确了充填孔洞、孔隙和裂缝各期白云石胶结物的成因对应关系。未被胶结物充填的残留孔洞、孔隙和裂缝构成了主要储集空间，据此，建立了川中地区灯影组白云岩储层的成岩—孔隙演化史。

四川盆地灯影组白云岩储层的成岩—孔隙演化史认识与该地区的构造—埋藏史、盆地热史具有很高的吻合度，说明测年数据的可靠性和激光原位 U—Pb 同位素定年技术的有效性，结合寒武系筇竹寺组烃源岩生烃史，为古老海相碳酸盐岩储层胶结物形成时间确定、成岩—孔隙演化研究和油气运移前有效孔隙评价提供了新的方法。

参 考 文 献

［1］Kerans C. Karst–controlled reservoir heterogeneity in Ellenburger Group carbonates of west Texas ［J］. AAPG Bulletin, 1988, 72（10）: 1160–1183.

［2］Moore C H. Carbonate reservoirs–porosity evolution and diagenesis in a sequence stratigraphic framework ［M］. Amsterdam: Elsevier, 2001: 293–298.

［3］James N P, Choquette P W. Paleokars ［M］. Berlin: Springer Verlag, 1988.

［4］Lucia F J. Carbonate reservoir characterization ［M］. Berlin: Springer–Verlag, 1999.

［5］Choquette P W, Pray L C. Geologic nomenclature and classification of porosity in sedimentary carbonates ［J］. AAPG Bulletin, 1970, 54（2）: 207–250.

［6］Lucia F J, Major R P. Porosity evolution through hypersaline reflux dolomitization ［J］. Sedimentary Geology, 1994, 21: 325–341.

［7］Purser B H, Aissaoui B A. Nature, origins and evolution of porosity in dolomites ［J］. Sedimentary Geology, 1994, 21: 283–308.

［8］Davis G R, Smith J L B. Structurally controlled hydrothermal dolomite reservoir facies: An overview ［J］. AAPG Bulletin, 2006, 89: 1636–1684.

［9］赵文智，沈安江，乔占峰，等. 白云岩成因类型、识别特征及储集空间成因 ［J］. 石油勘探与开发，2018, 45（6）: 1–13.

［10］王兆荣，彭子成，陈文寄，等. 腾冲地区年轻火山岩高精度热电离质谱（HP-TIMS）铀系法年龄研究 ［J］. 科学通报，1999, 44（17）: 1878–1881.

［11］Zhao Jianxin, Neil D T, Feng Yuexing, et al. High–precision U–series dating of very young cyclone-transported coral reef blocks from Heron and Wistari reefs, southern Great Barrier Reef, Australia ［J］. Quaternary International, 2009, 195（1/2）: 122–127.

［12］Woodhead J, Hellstrom J, Maas R, et al. Taylor "U–Pb geochronology of speleothems by MC–ICP–MS ［J］. Quaternary Geochronology, 2009, 1（3）: 208–221.

［13］Rasbury E T, Cole J M. Directly dating geologic events: U—Pb dating of carbonates ［J］. Reviews of Geophysics, 2009, 47（3）: 4288–4309.

［14］Pickering R, Kramers J D. A re-appraisal of the stratigraphy and new U\Pb dates at the Sterkfontein hominin site, South Africa ［J］. Journal of Human Evolution, 2010, 56: 70–86.

［15］Woodhead J, Pickering R. Beyond 500ka: Progress and prospects in the UPb chronology of speleothems, and their application to studies in palaeoclimate, human evolution, biodiversity and tectonics ［J］.

Chemical Geology, 2012, 322/323: 290-299.

[16] Hill C A, Polyak V J, Asmerom Y. Constraints on a Late Cretaceous uplift, denudation, and incision of the Grand Canyon region, southwestern Colorado Plateau, USA, from U—Pb dating of lacustrine limestone [J]. Tectonics, 2016, 35 (4): 896-906.

[17] 邓胜徽, 樊茹, 李鑫, 等. 四川盆地及周缘地区震旦 (埃迪卡拉) 系划分与对比 [J]. 地层学杂志, 2015, 39 (3): 239-254.

[18] 李英强, 何登发, 文竹. 四川盆地及邻区晚震旦世古地理与构造—沉积环境演化 [J]. 古地理学报, 2013, 15 (2): 231-245.

[19] 陈娅娜, 沈安江, 潘立银, 等. 微生物白云岩储层特征、成因和分布: 以四川盆地震旦系灯影组四段为例 [J]. 石油勘探与开发, 2017, 44 (5): 704-715.

[20] 汪泽成, 姜华, 王铜山, 等. 四川盆地桐湾期古地貌特征及成藏意义 [J]. 石油勘探与开发, 2014, 41 (3): 305-312.

[21] 刘树根, 王一刚, 孙玮, 等. 拉张槽对四川盆地海相油气分布的控制作用 [J]. 成都理工大学学报 (自然科学版), 2016, 43 (1): 1-23.

[22] 李伟, 易海永, 胡望水, 等. 四川盆地加里东古隆起构造演化与油气聚集的关系 [J]. 天然气工业, 2014, 34 (3): 8-15.

[23] 魏国齐, 杨威, 杜金虎, 等. 四川盆地震旦纪—早寒武世克拉通内裂陷地质特征 [J]. 天然气工业, 2015, 35 (1): 24-35.

[24] Li Q, Parrish R R, Horstwood M S A, et al. U—Pb dating of cements in Mesozoic ammonites [J]. Chemical Geology, 2014, 376: 76-83.

[25] Coogan L A, Parrish R R, Roberts N M W. Early hydrothermal carbon uptake by the upper oceanic crust: Insight from in situ U—Pb dating [J]. Geology, 2016, 44 (2): 147-150.

[26] Roberts N M W, Walker R J. U—Pb geochronology of calcite-mineralized faults: Absolute timing of rift-related fault events on the northeast Atlantic margin [J]. Geology, 2016, 44 (7): 531-534.

[27] Roberts N M W, Rasbury E T, Parrish R R, et al. A calcite reference material for LA-ICP-MS U—Pb geochronology [J]. Geochemistry, Geophysics, Geosystems, 2017, 18 (7): 2807-2814.

[28] Nuriel P R, Weinberger A R C, Kylander-Clark, et al. The onset of the Dead Sea transform based on calcite age-strain analyses [J]. Geology, 2017, 45 (7): 587-590.

[29] Hansman R J, Albert R, Gerdex A, et al. Absolutely ages of multiple generations of brittle structures by U—Pb dating of calcite [J]. Geology, 2018, 46 (3): 207-210.

[30] Godeau N, Deschamps P, Guihou A, et al. U-Pb dating of calcite cement and diagenetic history in microporous carbonate reservoirs: Case of the Urgonian Limestone, France [J]. Geology, 2018, 46 (3): 247-250.

[31] Vaks A, Woodhead J, Bar-Matthews M, et al. Pliocene-Pleistocene climate of the northern margin of Saharan-Arabian Desert recorded in speleothems from the Negev Desert, Israel [J]. Earth and Planetary Science Letters, 2013, 368: 88-100.

[32] Mason A J, Henderson G M, Vaks A. An acetic acid-based extraction protocol for the recovery of U, Th and Pb from calcium carbonates for U- (Th) -Pb geochronology [J]. Geostandards and Geoanalytical

Research，2013，37（3）：261-275.

［33］宋彪，张玉海，刘敦一.微量原位分析仪器SHRIMP的产生与锆石同位素地质年代学［J］.质谱学报，2002，23（1）：58-62.

［34］Paton C，Hellstrom J，Paul B，et al. Iolite：Freeware for the visualisation and processing of mass spectrometric data［J］. Journal of Analytical Atomic Spectrometry，2011，26（12）：2508-2518.

［35］Ludwig K R. User's Manual for ISOPLOT 3.00：A geochronological toolkit for Microsoft excel. Berkeley Geochronology Center，Berkeley，California［R］. Berkeley，California：Berkeley Geochronology Center，2003.

［36］施泽进，梁平，王勇，等.川东南地区灯影组葡萄石地球化学特征及成因分析［J］.岩石学报，2011，27（8）：2263-2271.

［37］冯明友，强子同，沈平，等.四川盆地高石梯—磨溪地区震旦系灯影组热液白云岩证据［J］.石油学报，2016，37（5）：587-598.

［38］沈安江，赵文智，胡安平，等.海相碳酸盐岩储层发育主控因素［J］.石油勘探与开发，2015，42（5）：545-554.

［39］郝毅，周进高，陈旭，等.四川盆地灯影组"葡萄花边"状白云岩成因及地质意义［J］.海相油气地质，2015，20（4）：57-64.

［40］郝毅，杨迅，王宇峰，等.四川盆地震旦系灯影组表生岩溶作用研究［J］.沉积与特提斯地质，2017，37（1）：48-54.

［41］邓韦克，刘翔，李翼杉.川中震旦系灯影组储层形成及演化研究［J］.天然气勘探与开发，2015，38（3）：12-16.

［42］李伟，刘静江，邓胜徽，等.四川盆地及邻区震旦纪末—寒武纪早期构造运动性质与作用［J］.石油学报，2015，36（5）：546-556.

［43］袁海锋，刘勇，徐昉昊，等.川中安平店—高石梯构造震旦系灯影组流体充注特征及油气成藏过程［J］.岩石学报，2014，30（3）：727-736.

［44］魏国齐，王志宏，李剑，等.四川盆地震旦系、寒武系烃源岩特征、资源潜力与勘探方向［J］.天然气地球科学，2017，28（1）：1-13

［45］李宏卫，曹建劲，李红中，等.油气包裹体在确定油气成藏年代及期次中的应用［J］.中山大学研究生学刊（自然科学、医学版），2008，29（4）：29-35.

［46］刘文汇，王杰，陶成，等.中国海相层系油气成藏年代学［J］.天然气地球科学，2013，24（2）：199-209.

原文刊于《石油勘探与开发》，2019，46（6）：1062-1074.

华北克拉通北部中元古代化德群碎屑锆石特征及源区研究：对哥伦比亚超大陆裂解的启示

刘晓光[1]　李三忠[1,2]　李玺瑶[1,2]　赵淑娟[1,2]　王铜山[3]

于胜尧[1,2]　戴黎明[1,2]　周在征[1]　郭润华[1]

（1.海底科学与探测技术教育部重点实验室，中国海洋大学海洋地球科学学院；2.青岛海洋科学与技术国家实验室，海洋矿产资源评价与探测功能实验室；3.中国石油勘探开发研究院，中国石油天然气股份有限公司）

摘　要：中元古代时期，华北克拉通（NCC）沉积盆地的构造演化及其在哥伦比亚超大陆中的古位置现今仍然存在很大的争议，并且由于稀少的中元古代地质记录，该问题也没有得到很好的限定。本论文对华北北缘中元古界化德群上部三夏天组中的浅变质沉积岩做了详细的U—Pb年代学以及微量元素地球化学分析。研究发现，三夏天组最年轻的年龄峰值约为1357Ma，该年龄限定了三夏天组的沉积年龄在1400Ma之后。通过综合分析现今华北克拉通北缘的年代学资料，本文认为化德群三夏天组、白云鄂博群白音宝拉格组、渣尔泰群刘鸿湾组以及燕辽地区的下马岭组具有可对比性，可能沉积于同一时期的华北克拉通北缘的中元古代沉积盆地中。三夏天组碎屑锆石物源特征显示，少部分的～2530Ma的锆石可能来自华北克拉通新太古代末期新生地壳的生长；明显的～1850Ma年龄峰值的锆石可能来自华北克拉通中部造山带内的同构造以及造山后期的花岗岩；～1750—1600Ma年龄的锆石同样可能来自华北克拉通，并且可能跟华北克拉通化完成以后的岩浆活动有关。U—Pb年龄小于1600Ma的锆石形成两个峰值，分别为1575Ma和1357Ma，这些锆石可能来自华北克拉通之外，并且1357Ma峰值年龄的锆石可能与华北克拉通北缘从哥伦比亚超大陆的裂解有关。本文在全面收集北印度、西澳大利亚、北澳大利亚、西伯利亚以及劳伦地块的碎屑锆石资料的基础上，发现这两个峰值年龄的锆石最可能来自澳大利亚或者印度，从而为华北克拉通在哥伦比亚超大陆的裂解提供了制约。

1　引言

在地球的演化历史过程中存在多个超大陆已成为共识，并且前人众多研究者已经对早期的超大陆从不同方面做出了研究[1-3]。自从古—中元古代哥伦比亚超大陆提出以来[4-6]，关于其陆块的组成、拼合以及裂解的时间已经被广泛探讨[7-14]。前人的一些研究认为华北克拉通不同陆块的基底的形成与碰撞与哥伦比亚超大陆的聚合具有密切的关系[7,14-18]。然而，现今对于华北克拉通在哥伦比亚超大陆的位置、拼合时间以及方式仍然存在较大争议[10,19-21]。

一些学者认为元古代华北克拉通北缘与印度克拉通相连，并且通过成矿、岩浆以及沉积盆地的发育特征，认为华北克拉通中部的古元古代造山带是印度中部构造带的延续[14, 22-23]；有的学者根据中元古代古地磁特征的相似性认为华北克拉通可能与西伯利亚或者西澳大利亚克拉通相邻[10, 19]；而有的学者根据大面积分布的1400—1300Ma的基性岩墙，认为华北克拉通的北缘可能与西伯利亚或者是劳伦大陆相邻[24]，而最近的基性岩墙的研究又认为华北克拉通北缘可能与北澳大利亚克拉通相连接[21]。

由上述可以看出，前人从不同的角度，包括古地磁、古元古代造山带的分布以及基性岩墙群的分布特征对哥伦比亚超大陆进行了重建[7, 8, 10, 19, 21, 25-27]。过去20年，碎屑锆石U—Pb年代学已经被广泛应用于沉积物源分析、限定地层最大沉积年龄、辅助古地理重建以及验证不同地块之间的亲缘关系[28-35]。

在之前的重建模型中，几乎所有的模型都认为华北克拉通北缘是与另一个陆块相连，而华北北缘以渣尔泰群、白云鄂博群及化德群为代表的沉积盆地的形成与演化则被认为与哥伦比亚超大陆的裂解具有密切的关系[14]，并且这对于中元古代华北北缘古地理演化的研究具有重要意义。因此，对化德群的研究为探索在超大陆裂解体制下华北北缘的构造演化提供了一个重要窗口。然而渣尔泰群、白云鄂博群、化德群以及燕山—辽西地区经典的长城系、蓟县系青白口系之间的年代地层对比关系仍然不明确。自从下马岭组发现凝灰岩夹层以及进行精确定年以后，燕山—辽西地区中元古界地层年代格架已经发生了明显的变化。下马岭组的沉积年龄被限定在1400—1200Ma[36-39]。除了上述年代地层方面，沉积盆地的沉积物源以及盆地属性同样对超大陆重建具有重要的指示作用。尽管前人针对化德群的沉积时间以及物源特征做过初步研究[40-41]，但是从碎屑锆石的角度来探索华北克拉通北缘与其他地块亲缘关系的研究仍然较为缺乏。

化德群的沉积位置主要位于华北克拉通北缘渣尔泰—白云鄂博—化德裂谷系与燕辽裂谷之间，其地层格架、沉积以及变质时间仍然没有很好地限定。一些研究根据侵入化德群的二长花岗岩中的锆石年龄推测化德群的沉积时间为古元古代并进一步认为化德群为古元古代造山运动的增生楔沉积[42-43]。Liu等质疑花岗岩与化德群的交切关系并且根据碎屑锆石年代学的资料限定化德群的沉积时间约在1850—1340Ma。另有研究者根据化德群不同层组的碎屑锆石资料认为化德群的沉积时间约在1800—1457Ma，并且认为化德群的物源主要来自阴山地块与西部陆块之间的孔兹岩带[41]。

本文对化德群上部三夏天组变沉积岩展开详细的锆石U—Pb年代学以及全岩微量元素地球化学组分的分析。在整合前人已发表年代学以及基础地质资料的基础上，旨在：（1）限定化德群三夏天组的沉积时间及其与华北北缘其他地层单元的年代地层对比关系；（2）分析化德群三夏天组的物源特征；（3）探讨中元古代末期华北克拉通在哥伦比亚超大陆裂解过程中的构造演化。

2 地质背景

2.1 大地构造背景

对于华北克拉通的形成一般认为是由多个微陆块拼合形成[19, 44]。根据岩石组合、地球化学、构造地质特征以及变质历史的不同，华北克拉通古元古代变质基底可以划分为三部分，分别为西部陆块、东部陆块及中部造山带。其中，西部陆块由阴山地块与鄂尔多斯地块在～1950Ma拼合而成，中部造山带则可能是东西部陆块在～1850Ma的拼合记录[14, 19, 45]（图1）。

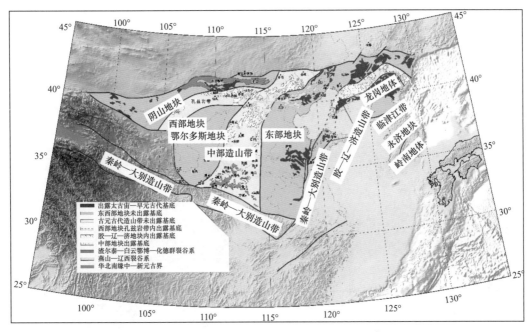

图1　华北克拉通中元古界分布[40, 60, 62-63]

虽然对华北克拉通化的最终时间存在～2.5Ga和～1.85Ga的争议，较为一致的认识是～1.85Ga吕梁造山运动之后，华北克拉通进入伸展体制，在变质基底上沉积了第一套稳定的沉积盖层[18-19]。中元古代沉积盖层广泛分布在燕山—辽西地区，在以前的文献中一般被称为"燕辽裂谷"，还有就是华北北缘的渣尔泰山、白云鄂博地区及华北南缘地区（图1）。在燕山—辽西地区，由于越来越多的年代学资料，中元古代地层划分已经取得显著的进展。其中，根据长城系底部下伏的环斑花岗岩的锆石年龄，限定长城系的起始时间小于1670Ma[46-48]；根据高于庄组内部凝灰岩的锆石年龄及长城系内部不同层位的锆石年龄将长城系与蓟县系的分界定在1600Ma[37, 49-55]；根据下马岭组凝灰岩夹层的年龄新划分出待建系，时间大约限定在1400—1200Ma[36-37, 39]。现今对于华北南缘熊耳群这套火山碎屑岩的大地构造背景仍然存在很大争议[56-59]，本文暂不考虑讨论关于华北南缘的争议。相比于燕山—辽西地区近年来在年代地层以及沉积盆地演化方面的进展，由于渣尔泰—白云鄂博—化德群经历的变质作用以及出露地层较少的原因，研究程度相对较低[60]。

在华北克拉通北缘，中元古代沉积岩系是以渣尔泰群、白云鄂博群、化德群为代表。根据赵国春等关于古元古代华北克拉通基底的划分，这一套沉积体系分布在阴山地块之上。按照现今的构造格架，再向北是横贯东西的古生代中亚造山带（图1、图2a）。前人有研究认为当时渣尔泰群沉积环境为内克拉通盆地而白云鄂博—化德群则是处于大陆边缘盆。从地层分布上（图2），渣尔泰群与白云鄂博群并不相邻，渣尔泰群南部以佘太—

固阳断裂与华北克拉通基底构造接触，余太—固阳断裂可能向东与集宁—隆化断裂相连，向北不整合于华北克拉通古元古代变质基底（孔兹岩系）之上。白云鄂博群在南部不整合覆盖在华北克拉通古元古代基底乌拉山岩群或者色尔腾山群之上，向北则是古生代白乃庙岛弧带，白云鄂博群与岛弧带之间为乌兰宝力格断裂，向东可能延伸至赤峰，再向北则依次是包尔汉图—温都尔庙加里东期加积杂岩带、索伦山—西拉木伦河海西期加积杂岩带，再北边则是西伯利亚地块[60]。

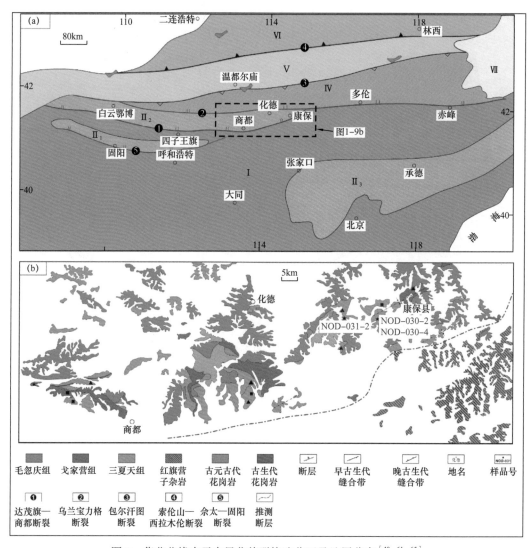

图 2　华北北缘中元古界化德群构造分区及地层分布[40, 61, 65]

I—华北克拉通，II₁—渣尔泰群，II₂—白云鄂博—化德群，II₃—燕山—辽西裂谷，IV—白乃庙岛弧带，
V—早古生代加积杂岩带，VI—晚古生代加积杂岩带，VII—中生代盆地

2.2　区域地层特征

化德群位于北缘沉积体系的最东段，主要分布在化德、商都、康保和太仆寺旗一带，南部毗邻古元古代孔兹岩带、红旗营子杂岩以及新太古代 TTG 片麻岩[41, 64]，整体岩性上

为一套碎屑岩与碳酸盐岩组合，主要岩石类型为石英岩、变质石英砂岩、二云石英片岩、片岩、钙硅酸盐以及大理岩等[42, 64]。在《内蒙古自治区岩石地层》中，直接将化德群与白云鄂博群合并，实际上在全国1∶20万地质图商都幅与康保幅实际上两套地层在平面上相互连续名称却不同，在康保幅是以化德群命名，而在商都地区则是归入白云鄂博群（内蒙古自治区地质矿产局，1997）。化德群的划分和对比存在很大的分歧，在康保幅中，化德群被划分为7个岩组，其中下亚群为4个岩组，上亚群为3个岩组。李承东根据地层特征将化德群划分为毛忽庆组、戈家营组和三夏天组，并且将原来第四、第五以及第六岩组（《内蒙古自治区岩石地层》中将第五岩组以及第六岩组与白音宝拉格组对比）归为三夏天组，第三岩组归为戈家营组，第一、第二岩组归为最下部的毛忽庆组，并且认为原来的第七岩组与上覆地层接触关系不明，根据岩性特征，将其归入戈家营组[42]（图3）。

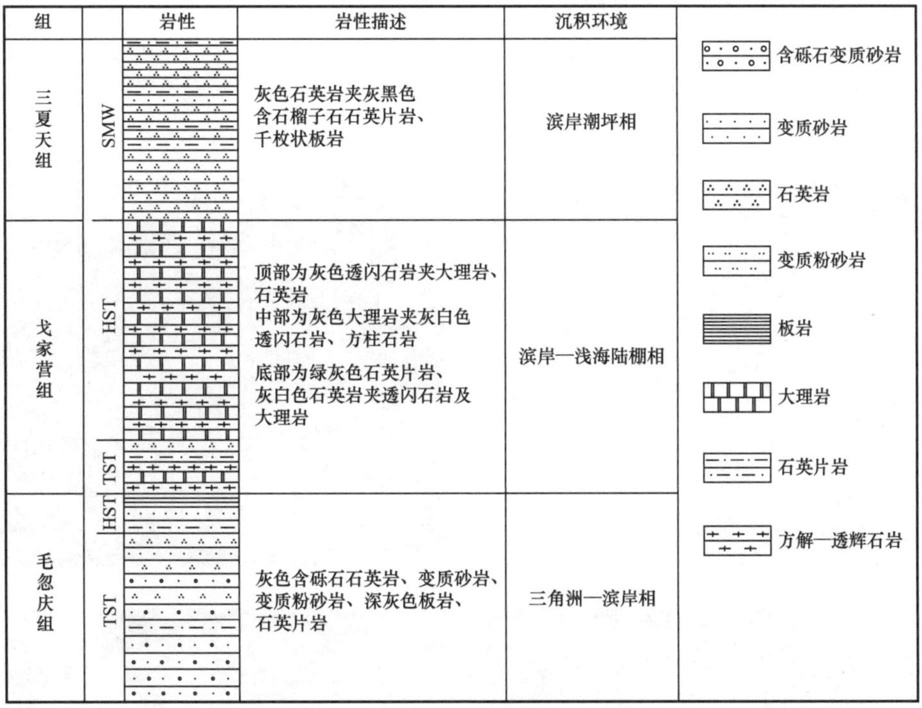

组		岩性	岩性描述	沉积环境			
三夏天组	SMW		灰色石英岩夹灰黑色含石榴子石石英片岩、千枚状板岩	滨岸潮坪相	▫·▫		含砾石变质砂岩
					▫·▫		变质砂岩
戈家营组	HST		顶部为灰色透闪石岩夹大理岩、石英岩中部为灰色大理岩夹灰白色透闪石岩、方柱石岩底部为绿灰色石英片岩、灰白色石英岩夹透闪石岩及大理岩	滨岸—浅海陆棚相	▫▫		变质粉砂岩
					▬		板岩
	HST TST				▦		大理岩
毛忽庆组	HST				▫·▫		石英片岩
	TST		灰色含砾石石英岩、变质砂岩、变质粉砂岩、深灰色板岩、石英片岩	三角洲—滨岸相	+▫+		方解—透辉石岩

图3 化德群群地层柱状图[40-42]

毛忽庆组相当于白云鄂博群的都拉哈拉组与尖山组，其上被戈家营组整合覆盖，主要岩石类型为浅灰色含砾二云长石石英砂岩、二云石英岩、变质细砂岩、灰褐色板岩夹绢云母石英片岩和含石榴石二云石英片岩；戈家营组可以与白云鄂博哈拉霍疙特组对比，为一套灰色大理岩，灰白色透辉岩、方柱石岩和石英岩、二云石英片岩组合，其原岩为一套石英砂岩钙质砂泥岩和不纯的碳酸盐岩，总体为滨海—浅海相沉积；三夏天组整合覆盖在戈家营组之上，相当于白云鄂博群的比鲁特组和白音宝拉格组，主要为一套黄白色、青灰色石英岩和紫灰色含十字石石榴二云石英片岩不等厚互层，且含有少量变粒岩。其原岩为泥岩、泥质粉砂岩—石英砂岩、长石石英砂岩。发育变余的纹层状构造冲洗交错层理和浪成交错层理，为滨岸潮间带沉积[41-42, 64]。

3 样品描述及实验方法

3.1 样品描述

本次研究选取的样品是来自化德群上部三夏天组中的变长石砂岩、石英片岩及千枚状板岩，编号分别为 NOD-028-2、NOD-030-2、NOD-030-4。下面对每个样品的岩石学特征予以分述。

3.1.1 NOD-028-2

该样品取自河北省张家口市康保县东部闫油坊镇，点位信息 GPS：N41°48.803′ E114°46.176′。根据全国 1∶20 万地质图康保幅的描述与划分，NOD-028-2 为化德群第五岩组，主要岩性为灰褐色含石榴石、十字石二云石英片岩。此处野外剖面岩性为变质长石石英砂岩，变质程度很低，为低绿片岩相。能清晰分辨出原生的平行层理，垂向上与黑云片岩互层（图 4a）。根据镜下的特征，矿物成分以斜长石为主，多数存在格子双晶，石英含量较低，说明成分成熟度较低，片状矿物主要是黑云母（图 4b）。

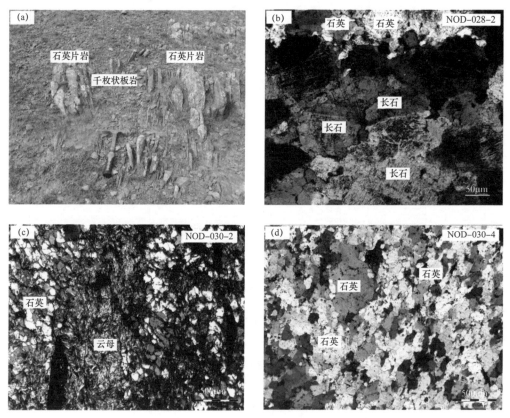

图 4　华北北缘化德群三夏天组野外露头及镜下照片

3.1.2 NOD-030-2 与 NOD-030-4

两个样品取自河北省张家口市康保县向郭家营子西行的路上，根据全国 1∶20 万地质图划定，此处地层化德群第五岩组，岩性描述同上，点位信息 N41°50.557′，E114°28.976′。野外露头的特征岩性为变细粒石英片岩，上部为薄层千枚状板岩。整体上该点位为轴向进东西向的向斜，可能是加里东期构造运动对中元古代地层的改造。NOD-030-2 为千枚状板岩，镜下特征石英呈一定定向排列，片状矿物黑云母，呈定向排列明显，部分呈现出放射状特征（图 4c）。NOD-030-4 岩性为石英片岩，镜下矿物几乎全部为石英，石英明显呈嵌晶结构（图 4d）。

3.2 测试分析方法及条件

以上三个样品均做了全岩地球化学成分分析，全岩微量元素含量的分析实验在武汉上谱分析科技有限责任公司利用 Agilent 7700e ICP-MS 分析完成。用于 ICP-MS 分析的样品处理如下：（1）将 200 目样品置于 105℃ 烘箱中烘干 12 小时；（2）准确称取粉末样品 50mg 置于 Teflon 溶样弹中；（3）先后依次缓慢加入 1mL 高纯 HNO_3 和 1mL 高纯 HF；（4）将 Teflon 溶样弹放入钢套，拧紧后置于 190℃ 烘箱中加热 24 小时以上；（5）待溶样弹冷却，开盖后置于 140℃ 电热板上蒸干，然后加入 1mL HNO_3 并再次蒸干；（6）加入 1mL 高纯 HNO_3、1mL MQ 水和 1mL 内标 In（浓度为 1mg/L），再次将 Teflon 溶样弹放入钢套，拧紧后置于 190℃ 烘箱中加热 12 小时以上；（7）将溶液转入聚乙烯料瓶中，并用 2% HNO_3 稀释至 100g 以备 ICP-MS 测试。

其中 NOD-030-2、NOD-030-4 两个样品挑选做碎屑锆石 U—Pb 年代学实验分析，首先对两个样品进行研磨并且利用重水以及磁性方法对锆石进行筛选，随后被挑选出的锆石被黏到环氧树脂上进行抛光，抛光打磨至锆石颗粒一半的厚度。锆石的内部结构是利用 CL 图像进行分析。锆石阴极发光图像拍摄在武汉上谱分析科技有限责任公司完成，仪器为高真空扫描电子显微镜（JSM-IT100），配备有 GATAN MINICL 系统。工作电场电压为 10.0～13.0kV，钨灯丝电流为 80～85μA。

锆石的 U—Pb 同位素以及微量元素分析是在西北大学动力学国家重点实验室完成。激光器为德国 MicroLas 公司生产的 GeoLas200M 型 193nm ArF 准分子激光器，将其与 ICP-MS 仪器相连接。ICP-MS 为美国 Agilent 公司生产的 Argilent 7500a，该仪器采用 Omega Ⅱ 离轴透镜系统，特有的 Shield Torch 技术可明显提高溶液分析的灵敏度。在标准模式下，采用 100μL/min PFA 微量雾化器及通信双筒雾室，优化仪器至 89Y 的灵敏度＞60Mcps/10⁻⁶，205TI＞30Mcps/10⁻⁶，并具有最小的氧化物产率（CeO+/Ce+＜1%）和最低的背景值（220 和 5 质量分峰＜5cps）。改在激光剥蚀固体进样条件下，采用 He 作为剥蚀物质的载气，当激光束斑直径为 20μm，频率为 6Hz 时，用美国国家标准技术研究院研制的人工合成硅酸盐玻璃标准参考物质 NIST610 进行仪器最佳化，使一起达到最佳灵敏度（238U 灵敏度＞460cps/10⁻⁶）、最小的氧化物产率（ThO/Th＜1%）以及最低的背景值（U、Th、Pb 计数均小于 100）和稳定的信号。

激光采样采用单点剥蚀的方式。ICP-MS 数据采集模式为 Time-revolved Analysis，采用每个质量峰采集一点的跳峰方式，单点的滞留时间分别设定为 6ms（Si、Nb、Ta 及 REE），20ms（²⁰⁴Pb、²⁰⁶Pb、²⁰⁷Pb、²⁰⁸Pb），10ms（²³²Th、²³⁸U）。每测定 6 个样品点测定两个 91500 和一个 NIST610，间隔 12 个样品点测定一个 GJ-1。每个分析点的气体背景采集时间为 20s，信号采集时间为 40s。数据处理采用 GLITTER（version4.0）程序，$^{207}Pb/^{206}Pb$、$^{207}Pb/^{235}U$、$^{206}Pb/^{238}U$、$^{208}Pb/^{232}Th$ 的比值则采用标准锆石 91500 为外部标准进行校正。元素浓度计算以 Si 做内标，采用 NIST 610 作外标。锆石协和图用 Isoplot 程序（version 3.0）获得[66]，碎屑锆石年龄分布统计直方图利用 densityplot 制作[67]。利用 $^{207}Pb/^{235}U$ 年龄与 $^{206}Pb/^{238}U$ 年龄的比值判定协和度，不协和度大于 10% 测试点被排除掉。

4 结果

4.1 地球化学特征

NOD-028-2、NOD-030-2 以及 NOD-030-4 被用来做全岩分析以探讨化学组成，总体来说，变质长石砂岩（NOD-028-2）以及石英片岩（NOD-030-4）总 REE 含量要明显要小于千枚状板岩（NOD-030-2），其总 REE 含量分别为，17.8μg/g、25.95μg/g 和 235.21μg/g。三块样品都显示出轻稀土元素富集，然而这种轻稀土富集的趋势在石英片岩中更加明显（图 5），三个样品的 La/Yb 值分别为 9.67、6.04 以及 11.77。样品 NOD-

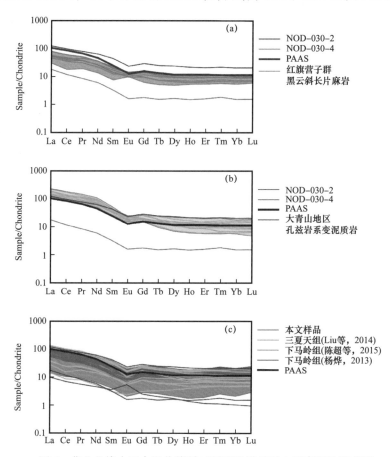

图 5 华北北缘中元古界化德群三夏天组样品稀土元素配分模式图

（a）与红旗营子杂岩黑云斜长片麻岩对比（数据引自［72］）；（b）与大青山地区孔兹岩系变泥质岩对比（数据引自［73］）；（c）与下马岭组以及前人所测定的三夏天组对比（数据引自［40，74，75］），PAAS 数据引自［68，69］

030-2 和 NOD-030-4 表现出明显的 Eu 负异常（Eu/Eu* 分别为 0.66 和 0.67），与上地壳（UCC）和澳洲后太古代页岩（PAAS）值类似[68-70]，然而样品 NOD-028-2 却表现出 Eu 正异常，这可能与矿物成分中富含斜长石有关（图 4），千枚状板岩（NOD-030-2）中的过渡性元素（Ni，Cr，Sc 和 V），与 PAAS 相比，除了 Cr 与 Ni 有略微的亏损外，其余的过渡性元素都呈现出富集的特征（图 6）。大离子亲石元素（LILE），包括 Rb、Cs、Sr 和 Ba，除了明显在 NOD-028-2 中存在 Rb、Cs 和 Ba 的富集，其他两个样品都显示出相对于 PAAS 亏损的特征。高场强元素方面（Sc、Y、Zr、Hf），与 PAAS 以及 UCC 相比，千枚状板岩 NOD-030-2 呈现出富集的特征，而其他两个样品则显示出更少的含量。三个样品都显示出很小的 Ce 异常，说明受到很少的热液作用的影响[40, 71]。

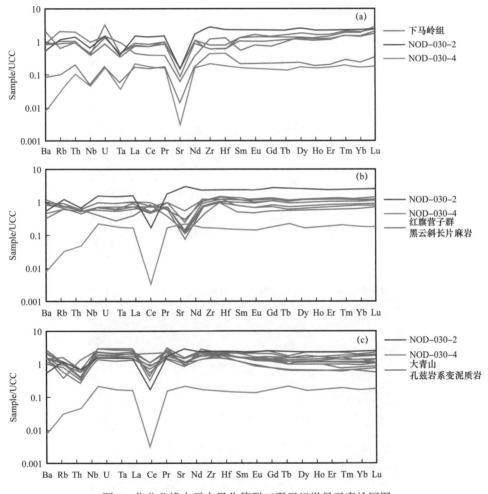

图 6　华北北缘中元古界化德群三夏天组微量元素蛛网图

（a）与待建系下马岭组对比（数据引自［74，75］）；（b）与红旗营子群黑云斜长片麻岩对比（数据引自［72］）；
（c）与大青山地区孔兹岩系变泥质岩对比（数据引自［73］）

4.2　年代学特征

　　NOD-030-2 千枚状板岩，测试 84 个点，其中 83 个点获得和谐年龄，从反射光及透射光显微照片来看，多数锆石颗粒呈半自形、次圆状或者是完整晶体的破碎部分，表明经过了长距离的搬运。大多数锆石颗粒的长轴大于或者接近100μm。根据CL图像显示其内部结构来看，其中岩浆锆石占大多数，具有清晰的生长环带，少量为变质锆石，主要表现出环带被后期构造热事件将内部元素分布均一化从而不显示环带或者以变质边的形式围绕核部重结晶（图7）。锆石的Th/U值变化范围为0.09～1.57；绝大多数锆石的比值大于0.5，与CL图像显示绝大多数为岩浆锆石所一致。锆石 $^{207}Pb/^{206}Pb$ 年龄主要分布在1336±15Ma到2566±6Ma之间，并且大多数的锆石是落在古元古代晚期或者中元古代

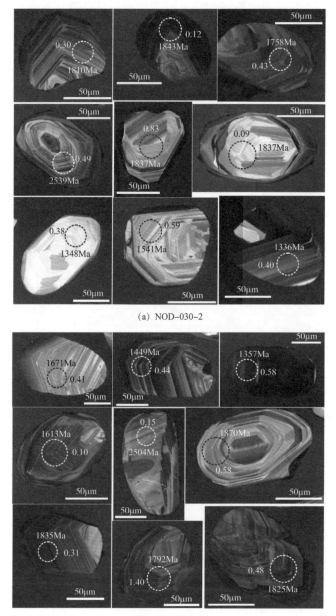

(a) NOD-030-2

(b) NOD-030-4

图7 NOD-030-2（千枚状板岩）及NOD-030-4（石英片岩）碎屑锆石测试点CL图像及Th/U值

时期。除了一小部分锆石是新元古代年龄（～2500Ma），多数锆石的年龄在1516±13Ma到1894±12Ma，并且形成了四个主要的峰值，分别是1835Ma、1753Ma、1688Ma及1573Ma。其中最年轻的四颗锆石获得平均年龄1360Ma，其中最小的一颗锆石年龄为1336±15Ma（图8）。

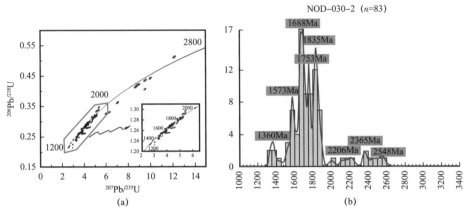

图8　华北北缘化德群三夏天组NOD-030-2千枚状板岩碎屑锆石
Concordia谐和图及碎屑锆石统计直方图

NOD-030-4石英片岩，测试84个点，共有82个点获得谐和年龄，从透射光、反射光显微照片所观察，大多数碎屑锆石呈现出次圆状，同样表现出较长距离的搬运。大多数的锆石的长轴接近或者大于100μm。从CL图像显示的特征，大部分锆石显示清晰的震荡环带，具有岩浆锆石的特征，Th/U的变化范围为0.07～2.60，绝大多数的锆石比值大于0.5（图7）。锆石$^{207}Pb/^{206}Pb$年龄主要的分布范围在1190±34Ma到2892±6Ma，大多数落在1350—1900Ma。一小部分锆石年龄中—新太古代，并且峰值年龄为2541Ma，其余的大部分锆石年龄形成了5个年龄峰值，分别为1845Ma、1726Ma、1575Ma、1458Ma及1355Ma。只有一颗锆石的年龄为最年轻的1190±34Ma，三颗锆石形成了次年轻的峰值，平均年龄为1355Ma（图9）。

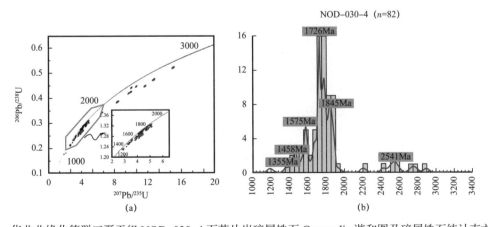

图9　华北北缘化德群三夏天组NOD-030-4石英片岩碎屑锆石Concordia谐和图及碎屑锆石统计直方图

5 讨论

5.1 华北北缘中元古界年代地层对比

关于华北克拉通北缘中—新元古界化德群的地层特征、地层年代学及沉积物源，前人做过初步研究[40-42]，但是其与西部渣尔泰群、白云鄂博群以及中部燕辽地区的地层对比工作明显不足，现今华北北缘也没有根据精确可靠的年代学资料建立统一的地层对比格架。在最近对西缘渣尔泰群的研究中，碎屑锆石资料显示在整个渣尔泰群中没有小于1700Ma的锆石年龄，从而有研究者认为渣尔泰群可以与中部燕辽地区长城系、白云鄂博底部都拉哈拉组和尖山组对比，并将整个渣尔泰群的沉积时间限定为大于1600Ma[76]。也有学者根据层序地层学特征，将渣尔泰群内部两个不整合面，即增隆昌组顶部不整合面和阿古鲁沟组顶部不整合面分别与白云鄂博群尖山组顶部和比鲁特组顶部不整合面对比[77]。这两种观点相互矛盾，结合本文的年代学资料，我们更倾向于后者的结论。从渣尔泰群、白云鄂博群、化德群的沉积大地构造背景来看，渣尔泰群的沉积位置更接近于克拉通内部，实际上大地构造背景与中部燕辽地区长城系类似，属于内克拉通盆地，而白云鄂博群与化德群沉积位置位于克拉通边缘，属于陆缘盆地，所以在渣尔泰群沉积时期，必然更多地接受到来自华北克拉通内部的物源，从而渣尔泰群碎屑锆石谱图具有明显的华北克拉通的特征，即~2500Ma、~1850Ma碎屑锆石峰值特别显著，并且这种特征在燕山—辽西地区也特别明显，即在整个长城系、蓟县系及新元古界青白口系沉积地层中没有小于1600Ma的碎屑锆石年龄[78]，从而将整个渣尔泰群沉积时限全部归入长城系有待商榷，这也说明在没有明确的火山岩年代学资料的限定的情况下，利用碎屑锆石做年代学对比以及地层沉积年龄的限定一定要审慎，要结合区域地质资料。

关于白云鄂博群与燕辽地区长城系、蓟县系对比工作，前人也做过初步的研究[28, 79]。前人的研究中，根据结晶基底的相似性，认为白云鄂博群内部两个不整合面可与长城系、蓟县系及青白口系之间的不整合界面对比[79]。最近有研究者利用碎屑锆石年代学资料，得出了类似的结论，同样将白云鄂博群都拉哈拉组、尖山组与长城系对比，沉积时限1800—1600Ma；将哈拉霍疙特组、比鲁特组与蓟县系对比（1600—1400Ma）；将白音宝拉格组、呼吉尔图组与青白口系对比，沉积时限为1000—800Ma[28]。近十几年来在华北燕辽地区，地质年代学取得了很多重要进展[80]，其中最重要的进展是对下马岭组内部凝灰岩层锆石年龄的确定，从而将原来归属为青白口系的下马岭组单独划分为"待建系"，将铁岭组与下马岭组之间的不整合面定义为蓟县系与待建系的分界，时间划定为~1400Ma。以上年代学资料表明，增隆昌顶部不整合面可与白云鄂博群尖山组顶部不整合面在年代上可对比，对应时限为1600Ma；而阿古鲁沟组顶部的不整合面可以与比鲁特顶部不整合面对比，对应时限为1400Ma。李承东等认为化德群下部毛忽庆组可以与白云鄂博群都拉哈拉组、尖山组对比，三夏天组可以与白音宝拉格组对比。根据本文中化德群三夏天组的碎屑锆石年龄数据，结合前人已经在化德群戈家营组[40]、白云鄂博群比鲁特组[28, 81]和白音宝拉格组[82]发表的碎屑锆石年代学资料，发现在化德群戈家营组以及白云鄂博群比鲁特组，没有小于1400Ma的锆石年龄，并且最小的年龄峰值集中在

1330～1357Ma（图10c、d），然后在上覆的三夏天组以及白音宝拉格组中，大量出现更年轻的锆石年龄（图10a、b），结合前人利用区域地质资料所做的地层对比工作，我们认为三夏天组沉积年龄要小于1400Ma，并且可能其与下伏戈家营组之间的时限界面可能为1400Ma，与燕辽地区铁岭组与下马岭组之间的界面从年代学上可以对比。在化德群三夏天组中最年轻的碎屑锆石年龄峰值为1358—1369Ma，这与下马岭组中凝灰岩夹层中锆石年龄类似[36, 38-39]。这也说明化德群三夏天组、白云鄂博群白音宝拉格组、渣尔泰群刘鸿湾组及燕辽地区待建系下马岭组沉积时限类似。

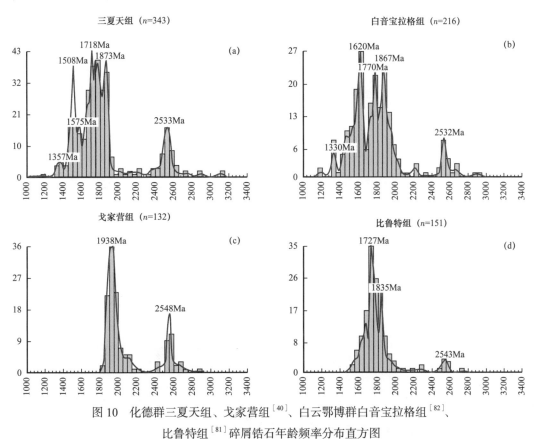

图10　化德群三夏天组、戈家营组[40]、白云鄂博群白音宝拉格组[82]、
比鲁特组[81]碎屑锆石年龄频率分布直方图

另一方面，在华北北缘的岩浆活动的年代学资料同样可以为地层对比提供佐证，在华北燕辽地区，广泛发育基性岩浆事件，包括侵入下马岭组的～1320Ma的基性岩脉[21, 83]，侵入雾迷山组的～1350Ma的基性岩脉[24]，侵入到白云鄂博群比鲁特组～1342的辉长岩体[84]，这些基性岩浆事件说明燕辽地区的雾迷山组以及白云鄂博群的比鲁特组可能具有相似的沉积时限。

综合上述分析，我们建立了华北北缘统一的地层对比格架，并且认为，渣尔泰群书记沟组和增隆昌组、白云鄂博群都拉哈拉组和尖山组、化德群毛忽庆组组与长城系可对比，其顶界面时限可能为1600Ma；渣尔泰群阿古鲁沟组、白云鄂博群哈拉霍疙特组合比鲁特组、化德群戈家营组、蓟县系可以对比，并且其顶界时限可能为1400Ma；而渣尔泰群刘鸿湾组、白云鄂博群白音宝拉格组、化德群三夏天组、待建系下马岭组可以对比（图11）。

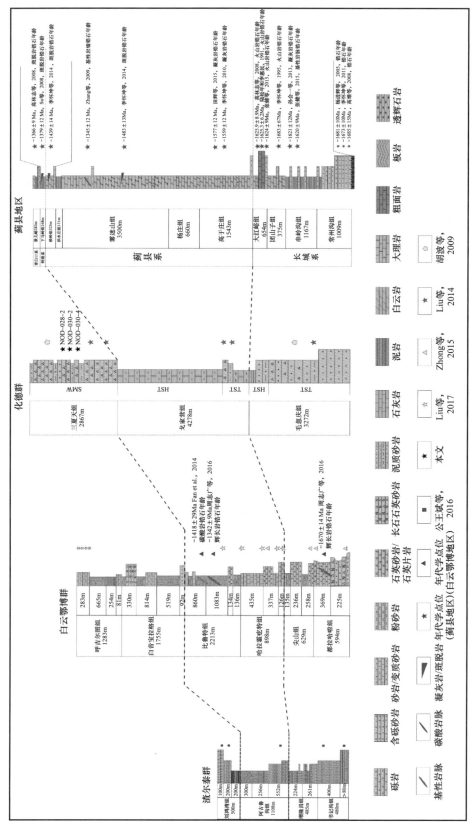

图 11　渣尔泰群、白云鄂博群、化德群以及燕辽地区中新元古界地层年代学格架对比图（引用数据包括文献 [24、28、36-41、46-55、76、84-86]）

5.2 华北北缘中元古界沉积物源分析

本文中对华北北缘化德群三夏天组中碎屑锆石的分析，结合前人在北缘以及中部碎屑锆石资料[40-41]，呈现出几个明显不同峰值，包括～2530Ma、～1873Ma、～1718Ma、～1575Ma、～1508Ma以及～1360Ma（图10a）。当探讨碎屑锆石物源时，由于沉积物沉积路径已经被后期构造运动破坏，很难评价古老沉积物对碎屑锆石的贡献，特别是前寒武纪等地质历史早期的沉积路径更加难以恢复。从全岩微量元素特征来看（图6），与孔兹岩系以及西南部红旗营子群全岩元素特征相比，华北北缘化德群三夏天组具有明显的Sr亏损和Zr富集，说明三夏天组具有明显的再循环特征[87]。前人的研究中，认为北缘化德群中1900—1800Ma的锆石颗粒可能来源于孔兹岩系变沉积岩的再循环，并且认为该年龄区间的锆石多数为变质锆石。本文中结合新增样品，对北缘及中部碎屑锆石年龄的峰值做出新的解释。

在这些年龄峰值中，～2530Ma的岩浆以及变质事件在华北克拉通广泛发育，包括固阳杂岩中2556—2520Ma的闪长岩及花岗岩[88-89]和2516～2500Ma的变质英安岩[40]；内蒙古武川杂岩中的2545—2507Ma含斜方辉石TTG片麻岩体[90]；以及分布于燕辽裂谷和北缘裂谷系之间的红旗营子杂岩中2535—2484Ma的正片麻岩[40-41, 72, 91]。然而～2500Ma的锆石年龄在孔兹岩系中却没有报道[41]，这说明北缘化德群三夏天组中～2530Ma锆石可能来自华北克拉通新太古代基底而不是来自孔兹岩带，并且组成～2530Ma峰值的锆石颗粒Th/U值范围在0.15～1.05，多数具有岩浆锆石的特征。前人的研究也显示三夏天组中多数～2500Ma锆石的Hf同位素εHf具有正值[40]，也说明这些锆石可能来自新太古代的新生地壳。该年龄群的锆石可能表征了华北克拉通东西部地块大规模的地壳生长[18, 92-93]。

华北北缘～1870Ma峰值锆石年龄主要集中在1802～1936Ma，其Th/U值范围在0.11～0.87，所有的比值大于0.1，根据Hoskin和Schaltegger的研究，典型的岩浆锆石Th/U值大于0.5而变质锆石的Th/U值小于0.1，并且CL图像也显示多数～1870Ma锆石具有振荡环带结构，很少具有均一化的内部结构或者变质边，所以我们推测多数～1870Ma锆石可能更多地来源于岩浆锆石[94]。蔡佳等认为阴山地块与鄂尔多斯地块在～1950Ma碰撞，并且可能在～1860Ma折返抬升。所以如果孔兹岩带是华北北缘三夏天组中～1870Ma碎屑锆石的来源，应该有更多的～1950Ma锆石进入沉积盆地而被保留，然而～1950Ma锆石年龄峰值仅在下伏戈家营组中较为显著（图10），这说明戈家营组与上覆三夏天组发生了明显的物源变化[40]。在华北北缘集宁至凉城一线，近年来有古元古代岩浆事件报道，主要为S形花岗岩侵入体，但这些侵入体中的锆石年龄大多老于～1900Ma[95-97]，所以北缘的孔兹岩带以及古元古代岩浆岩体应该都不是华北北缘三夏天组的沉积物质来源。

～1850Ma变质事件广泛发育在华北克拉通中部带中（TNCO），包括宣化杂岩[98-100]，怀安杂岩[45, 99, 101]以及其他～1850Ma的变质杂岩体[44, 102-106]。在这些杂岩中几乎所有的～1850Ma的锆石都为变质锆石[41, 45, 101, 107]，这与北缘～1870Ma锆石主要为岩浆锆石相矛盾，而在华北中部带北部怀安以及吕梁杂岩中，同样广泛发育～1850Ma花岗质侵入体，这些侵入体是东西部地块同碰撞或者碰撞后期的侵入岩体[101, 108-109]，所以通过上述分析，在华北北缘～1870Ma发育的岩浆锆石主要来自中部带内的侵入岩体。

在华北北缘三夏天组中～1718Ma以及中部吕梁地区～1731Ma的锆石年龄，与此相关的地质事件在华北克拉通也有分布，包括～1750—～1680Ma碱性环斑花岗岩类（AMGRS）[46-47, 110]，～1683Ma碱性火山岩[52]，～1731Ma基性岩脉[111]。这些岩浆活动被解释为与华北克拉通东西部地块沿中部带在～1850Ma碰撞后拉张事件有关[14]。

关于华北北缘更年轻的锆石峰值～1508Ma以及～1575Ma，除了在华北中部高于庄组内见到～1560Ma和～1577Ma凝灰岩锆石外，在华北克拉通很少有同期的岩浆侵入事件。杨正赫等认为在华北克拉通缺乏1600—1400Ma的岩浆事件表明当时华北克拉通自1600Ma以来处于稳定沉积盖层的发展阶段[112]。在华北克拉通青白口系沉积地层中也没有小于1600Ma的碎屑锆石年龄[78, 113]。据此，这些小于1600Ma的锆石可能来自华北克拉通之外[40]。

在华北北缘化德群三夏天组中最年轻的锆石年龄峰值为～1357Ma（图10a），有研究者认为该年龄峰值的锆石来自华北克拉通之外[40]，但并没有进一步探讨其来源。在华北中部燕辽地区，下马岭组内凝灰岩夹层内锆石年龄为～1368Ma[36, 38-39]。有研究者个根据这些凝灰岩夹层的全岩地球化学特征，推测～1368Ma凝灰岩夹层来自岛弧环境，并且据此认为当时华北北缘为安第斯型大陆边缘[114-115]，这与广泛分布的基性岩墙事件所表征的持续性伸展环境不相符，并且在北缘除了有上述年龄的凝灰岩锆石年龄的报道，并没有同期的花岗岩体报道。虽然在华北克拉通寒武系中发现了～1380Ma的碎屑锆石[116]，但数量很少，很难说明这些锆石来自华北克拉通内部。Meng等利用华北北缘及中部中元古界不整合面的分布规律探讨了华北北缘的沉积大地构造演化，同样表明华北北缘在中元古代处于长期伸展的构造体制，并且认为当时燕辽裂谷为发育在克拉通之上的内克拉通裂谷，而化德群的沉积环境为陆缘裂谷[60]。从而，这些1400—1300Ma的锆石很可能同样来自华北克拉通外部，并且可能表征了华北克拉通从Columbia超大陆裂离的岩浆活动[40]。

5.3 华北北缘中元古代大地构造演化及超大陆重建

前已述及，现今对早期超大陆重建主要依据不同陆块之间的古地磁资料、基性岩浆事件的分布等。利用碎屑锆石资料探讨不同陆块之间的亲缘性也得到了很好的应用[33, 117]。前文的探讨中认为华北北缘～1575Ma—1357Ma年龄范围内的锆石不是来自华北克拉通内部，那么在Columbia超大陆体制内与华北北缘相毗邻的克拉通成了该年龄群段锆石的潜在物源，从而为地质历史早期超大陆重建提供佐证。

华北克拉通在Columbia超大陆中的位置在不同的模型中各不相同[8]。前人有研究者利用古元古代造山带的分布来追溯Columbia超大陆的不同块体的相对位置，并且认为华北克拉通中部造山带（TNCO）与印度地块中央造山带相连，从而认为在 Columbia 超大陆体制下华北克拉通北缘与印度克拉通相连，并且最终华北北缘与印度的分离导致了北缘裂谷体系的沉积[6]。后来有研究者利用华北克拉通中元古代不同时期的古地磁资料建立了视极移曲线，认为在 Columbia 超大陆内，华北克拉通北缘与印度、澳大利亚毗邻[118]。另有学者根据全球不同克拉通的古地磁资料，认为中元古代华北克拉通北缘可能与澳大利亚克拉通相邻[10]。Liu 等认为在化德群上部中 1660—1330Ma 的碎屑锆石可能来自 North America 或者 Baltica，从而认为中元古代华北北缘与这两个陆块相连[40]。最近研究根据在华北北缘及中部广泛分布的 1330—1300Ma 基性岩墙群，认为当时在燕辽地区存在一个大火成岩省，并且根据基性岩墙的分布特征认为当时华北北缘与北澳大利亚（NAC）毗邻[21]。

这些前人根据不同资料重建的模型的约束，为探讨华北北缘碎屑锆石中非克拉通内的物源以及与华北北缘可能毗邻的克拉通陆块提供了良好的研究基础。在利用碎屑锆石讨论与华北北缘可能相邻的陆块和华北克拉通在 Columbia 超大陆当中的古位置时，古地磁资料提供了相对可靠的框架性约束。现今的 Columbia 超大陆重建模型中，有几种模型得到越来越多的采用与认可，一种是"NENA"模式，该模式认为 Laurentia 大陆东部与 Baltica 芬兰斯堪的纳维亚相连[119-121]；一种是"SWEAT"模型，该模型认为在 Columbia 超大陆体制中，Laurentia 大陆西部与澳大利亚相连；另一种是"SAMBA"模型，该模型中沿用了 NENA 模式并进一步发展，认为 Baltica 东部以及南部分别与 West Africa 和 Amazonia 陆块相连[118, 122]。在这些模型当中，Baltica 陆块都不与华北克拉通相毗邻，从而我们在利用碎屑锆石资料探讨华北与其他陆块亲缘性时，排除了 Baltica 的考虑。

本文收集了全球不同克拉通沉积盆地的碎屑锆石资料，包括北印度（NIB）的 Delhi 群、Vindhyan 盆地的 Kaimur 群和 Rewa 群[123-126]；Laurentia 陆块西北的 Lower Fifteenmile 群和 Hess Canyon 群[127-128]；西澳大利亚 Wongawobbin 盆地[129]；北澳大利亚现代沉积盆地[130-131]；Siberia 地块周缘中新元古代盆地[132-134]。研究发现，小于 1600Ma 的锆石峰值在北印度（NIB）、西澳大利亚（West Australia）、北澳大利亚（North Australia）非常明显，特别是～1357Ma 的锆石峰值在西澳大利亚（West Australia）陆块非常显著，在北印度（NIB）也存在～1400—～1300Ma 的锆石，并且在北澳大利亚（North Australia）存在明显的～1547Ma 峰值，也可能为华北克拉通提供物源（图 12）。在劳伦大陆（Laurentia）中元古代沉积盆地碎屑锆石中也存在大量小于 1600Ma 的锆石年龄（图 12），然而 1.61—1.49Ma 事件范围属于 Laurentia 大陆的岩浆活动静默期（NAMG），近年来的研究也表明在 Laurentia 大陆此时间范围内的锆石并非来自 Laurentia 大陆内部，而是来自澳大利亚陆块[117, 128]。所以华北北缘小于～1600Ma 的锆石可能来自澳大利亚地块或者印度地块，从而说明华北克拉通在中元古代末与澳大利亚、印度分离，并最终从 Columbia 超大陆裂离出来。

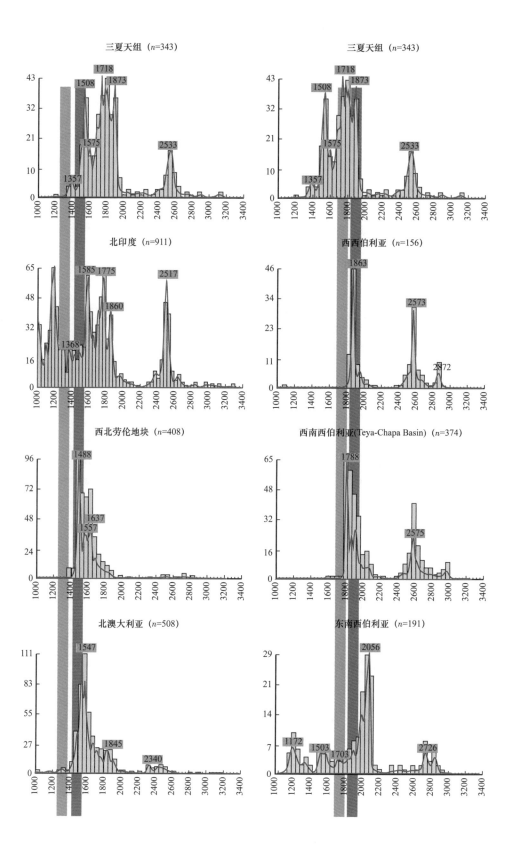

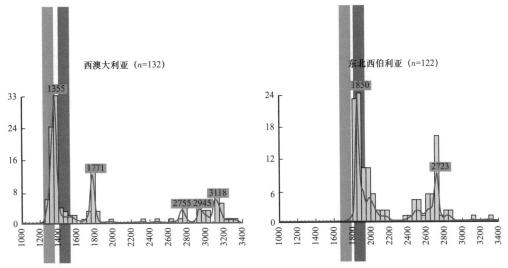

图12　华北北缘中元古界与全球不同克拉通碎屑锆石对比图谱（碎屑锆石年代学数据引自文献［123-134］）

6　结论

（1）通过整合化德群上部三夏天组、戈家营组、白云鄂博群白音宝拉格组以及比鲁特组碎屑锆石年代学资料，建立起华北北缘中元古界年代地层格架，认为化德群三夏天组可以与白云鄂博群白音宝拉格组及燕山—辽西地区下马岭组对比。

（2）根据碎屑锆石年龄组成特征，化德群三夏天组与戈家营组具有明显不同的沉积物质来源。

（3）在三夏天组中，相对古老的碎屑锆石年龄峰值，包括～2530Ma、～1850Ma 和～1718Ma 所表征的沉积物源可能来自华北克拉通内部，广泛发育的岩浆及变质事件在华北克拉通内部广泛发育；而小于1600Ma 的锆石，表征了沉积物源可能来自华北克拉通外部。

（4）在整合华北北缘化德群三夏天组以及不同陆块，包括北印度，西北劳伦地块，北澳大利亚、西澳大利亚以及西伯利亚地块的碎屑锆石资料的基础上，可以推断，上述来自华北克拉通之外的碎屑锆石可能来自澳大利亚或者印度。这表示在哥伦比亚超大陆体制内，华北北缘可能与上述两个地块相邻。

参 考 文 献

［1］Dalziel I W D. Pacific margins of Laurentia and East Antarctica–Australia as a conjugate rift pair：Evidence and implications for an Eocambrian supercontinent［J］. Geology, 1991, 19：598–601.

［2］Hoffman P F. Did the breakout of Laurentia turn Gondwanaland inside–out？［J］. Science, 1991, 252（5011）：1409–1412.

［3］Moores E M. Southwest U.S.–East Antarctic（SWEAT）connection：A hypothesis［J］. Geology, 1991, 19：425–428.

［4］Rogers J, Santosh M. Configuration of Columbia, a mesoproterozoic supercontinent［J］. Gondwana

Research, 2002, 5（1）: 5–22.

[5] Wilde S A, Zhao G C, Sun M. Development of the North China Craton during the late Archaean and its final amalgamation at 1.8 Ga : Some speculations on its position within a global Palaeoproterozoic supercontinent [J] . Gondwana Research, 2002, 5（1）: 85–94.

[6] Zhao G C, Cawood P A, Wilde S A, et al. Review of global 2.1–1.8 Ga orogens : implications for a pre-Rodinia supercontinent [J] . Earth–Science Reviews, 2002, 59（P Ⅱ S0012–5282（2）00073–91–4）: 125–162.

[7] Zhao G C, Sun M, Wilde S A, et al. A Paleo–Mesoproterozoic supercontinent : assembly, growth and breakup [J] . Earth–Science Reviews, 2004, 67（1–2）: 91–123.

[8] Evans D A D. Reconstructing pre–Pangean supercontinents [J] . Geological Society of America Bulletin, 2013, 125（11–12）: 1735–1751.

[9] Meert J G, Santosh M. The Columbia supercontinent revisited [J] . Gondwana Research, 2017, 50: 67–83.

[10] Pisarevsky S A, Elming S, Pesonen L J, et al. Mesoproterozoic paleogeography : Supercontinent and beyond [J] . Precambrian Research, 2014, 244（SI）: 207–225.

[11] Wang W, Cawood P A, Zhou M, et al. Paleoproterozoic magmatic and metamorphic events link Yangtze to northwest Laurentia in the Nuna supercontinent [J] . Earth and Planetary Science Letters, 2016, 433: 269–279.

[12] Wang W, Zhou M, Zhao X, et al. Late Paleoproterozoic to Mesoproterozoic rift successions in SW China : Implication for the Yangtze Block–North Australia–Northwest Laurentia connection in the Columbia supercontinent [J] . Sedimentary Geology, 2014, 309: 33–47.

[13] Zhao G C, Cawood P A, Wilde S A, et al. Review of global 2.1 1.8 Ga orogens : implications for a pre–Rodinia supercontinent [J] . Earth–Science Reviews, 2002, 59（1–4）: 125–162.

[14] Zhao G C, Li S Z, Sun M, et al. Assembly, accretion, and break–up of the Palaeo–Mesoproterozoic Columbia supercontinent : record in the North China Craton revisited [J] . International Geology Review. 2011, 53（11–12SI）: 1331–1356.

[15] Li S, Zhao G, Wilde S A, et al. Deformation history of the Hengshan–Wutai–Fuping Complexes : Implications for the evolution of the Trans–North China Orogen [J] . Gondwana Research,2010,18（4）: 611–631.

[16] Li S, Zhao G, Santosh M, et al. Paleoproterozoic structural evolution of the southern segment of the Jiao–Liao–Ji Belt, North China Craton [J] . Precambrian Research, 2012, 200: 59–73.

[17] Zhai M, Santosh M. Metallogeny of the North China Craton : Link with secular changes in the evolving Earth [J] . Gondwana Research, 2013, 24（1SI）: 275–297.

[18] Zhai M G, Santosh M. The early Precambrian odyssey of the North China Craton : A synoptic overview [J] . Gondwana Research, 2011, 20（1SI）: 6–25.

[19] Zhao G, Cawood P A, Li S, et al. Amalgamation of the North China Craton : Key issues and discussion [J] . Precambrian Research, 2012, 222–223: 55–76.

[20] Hou G T, Santosh M, Qian X L, et al. Configuration of the Late Paleoproterozoic supercontinent

Columbia : Insights from radiating mafic dyke swarms [J]. Gondwana Research, 2008, 14 (3):
395-409.

[21] Zhang S H, Zhao Y, Li X H, et al. The 1.33—1.30 Ga Yanliao large igneous province in the North
China Craton : Implications for reconstruction of the Nuna (Columbia) supercontinent, and specifically
with the North Australian Craton [J]. Earth and Planetary Science Letters, 2017, 465: 112-125.

[22] Zhao G C, Sun M, Wilde S A. Correlations between the Eastern Block of the North China Craton and
the South Indian Block of the Indian Shield : an Archaean to Palaeoproterozoic link [J]. Precambrian
Research, 2003, 122 (P II S0301-9268 (2) 00212-71-4SI): 201-233.

[23] Li C, Chen D, Chen J, et al. Correlations between the North China Craton and the Indian Shield :
Constraints from regional metallogeny [J]. Geoscience Frontiers, 2015, 6 (6SI): 861-873.

[24] Zhang S H, Zhao Y, Yang Z Y, et al. The 1.35 Ga diabase sills from the northern North China Craton :
Implications for breakup of the Columbia (Nuna) supercontinent [J]. Earth and Planetary Science
Letters, 2009, 288 (3-4): 588-600.

[25] Yakubchuk A. Restoring the supercontinent Columbia and tracing its fragments after its breakup : A new
configuration and a Super-Horde hypothesis [J]. Journal of Geodynamics, 2010, 50 (3-4SI): 166-175.

[26] Ernst R E, Wingate M T D, Buchan K L, et al. Global record of 1600—700Ma Large Igneous
Provinces (LIPs): Implications for the reconstruction of the proposed Nuna (Columbia) and Rodinia
supercontinents [J]. Precambrian Research, 2008, 160 (1-2): 159-178.

[27] Kusky T M, Santosh M. The Columbia connection in North China [M]. Geological Society, London,
Special Publications, 2009.

[28] Liu C H, Zhao G C, Liu F L, et al. Detrital zircon U—Pb and Hf isotopic and whole-rock geochemical
study of the Bayan Obo Group, northern margin of the North China Craton : Implications for Rodinia
reconstruction [J]. Precambrian Research, 2017, 303 (SI): 372-391.

[29] Cawood P A, Nemchin A A, Freeman M, et al. Linking source and sedimentary basin : Detrital zircon
record of sediment flux along a modern river system and implications for provenance studies [J]. Earth
and Planetary Science Letters, 2003, 210 (1-2): 259-268.

[30] Dhuime B, Bosch D, Bruguier O, et al. Age, provenance and post-deposition metamorphic overprint
of detrital zircons from the Nathorst Land group (NE Greenland) – A LA-ICP-MS and SIMS study [J].
Precambrian Research, 2007, 155 (1-2): 24-46.

[31] Dhuime B, Hawkesworth C J, Storey C D, et al. From sediments to their source rocks : Hf and Nd
isotopes in recent river sediments [J]. Geology, 2011, 39 (4): 407-410.

[32] Fedo C M, Sircombe K N, Rainbird R H. Detrital zircon analysis of the sedimentary record [M].
Reviews in Mineralogy & Geochemistry, Hanchar J M, Hoskin P, 2003.

[33] Li S, Zhao S, Liu X, et al. Closure of the Proto-Tethys Ocean and Early Paleozoic amalgamation of
microcontinental blocks in East Asia [J]. Earth-Science Reviews, 2017, 167: 400-407.

[34] Wang W, Zhou M. Provenance and tectonic setting of the Paleo- to Mesoproterozoic Dongchuan Group
in the southwestern Yangtze Block, South China : Implication for the breakup of the supercontinent
Columbia [J]. Tectonophysics, 2014, 610: 110-127.

［35］Liu C，Zhao G，Liu F，et al. Late Precambrian tectonic affinity of the Alxa block and the North China Craton：Evidence from zircon U—Pb dating and Lu-Hf isotopes of the Langshan Group［J］. Precambrian Research，2019，326：312-332.

［36］高林志，张传恒，史晓颖，等.华北古陆下马岭组归属中元古界的锆石 SHRIMP 年龄新证据［J］. 科学通报，2008，（21）：2617-2623.

［37］高林志，张传恒，尹崇玉，等.华北古陆中、新元古代年代地层框架 SHRIMP 锆石年龄新依据［J］. 地球学报，2008，（3）：366-376.

［38］高林志，张传恒，史晓颖，等.华北青白口系下马岭组凝灰岩锆石 SHRIMP U—Pb 定年［J］.地质 通报，2007，（3）：249-255.

［39］Su W B，Zhang S H，Huff W D，et al. SHRIMP U—Pb ages of K-bentonite beds in the Xiamaling Formation：Implications for revised subdivision of the Meso- to Neoproterozoic history of the North China Craton［J］. Gondwana Research，2008，14（3）：543-553.

［40］Liu C H，Zhao G C，Liu F L. Detrital zircon U-Pb，Hf isotopes，detrital rutile and whole-rock geochemistry of the Huade Group on the northern margin of the North China Craton：Implications on the breakup of the Columbia supercontinent［J］. Precambrian Research，2014，254：290-305.

［41］胡波，翟明国，郭敬辉，等.华北克拉通北缘化德群中碎屑锆石的 LA-ICP-MSU—Pb 年龄及其构 造意义［J］.岩石学报，2009，（1）：193-211.

［42］李承东，郑建民，张英利，等.化德群的重新厘定及其大地构造意义［J］.中国地质，2005，（3）： 353-362.

［43］郑建民，刘永顺，陈英富，等.冀北康保花岗岩锆石 U—Pb 年龄及化德群时代探讨［J］.地质调查 与研究，2004，（1）：13-17.

［44］赵国春，孙敏，Wilde S A.华北克拉通基底构造单元特征及早元古代拼合［J］.中国科学（D 辑： 地球科学），2002，（7）：538-549.

［45］Wang J，Wu Y，Gao S，et al. Zircon U—Pb and trace element data from rocks of the Huai'an Complex： New insights into the late Paleoproterozoic collision between the Eastern and Western Blocks of the North China Craton［J］. Precambrian Research，2010，178（1-4）：59-71.

［46］高维，张传恒，高林志，等.北京密云环斑花岗岩的锆石 SHRIMP U—Pb 年龄及其构造意义［J］. 地质通报，2008，（6）：793-798.

［47］杨进辉，吴福元，柳小明，等.北京密云环斑花岗岩锆石 U—Pb 年龄和 Hf 同位素及其地质意义 ［J］.岩石学报，2005，（6）：1633-1644.

［48］李怀坤，苏文博，周红英，等.华北克拉通北部长城系底界年龄小于1670Ma：来自北京密云花岗 斑岩岩脉锆石 LA-MC-ICPMS U—Pb 年龄的约束［J］.地学前缘，2011，18（3）：108-120.

［49］田辉，张健，李怀坤，等.蓟县中元古代高于庄组凝灰岩锆石 LA-MC-ICPMS U—Pb 定年及其地 质意义［J］.地球学报，2015，（5）：647-658.

［50］李怀坤，朱士兴，相振群，等.北京延庆高于庄组凝灰岩的锆石 U—Pb 定年研究及其对华北北部中 元古界划分新方案的进一步约束［J］.岩石学报，2015，（7）：2131-2140.

［51］李怀坤，苏文博，周红英，等.中-新元古界标准剖面蓟县系首获高精度年龄制约——蓟县剖面雾迷 山组和铁岭组斑脱岩锆石 SHRIMP U—Pb 同位素定年研究［J］.岩石学报，2014，（10）：2999-3012.

［52］李怀坤，李惠民，陆松年.长城系团山子组火山岩颗粒锆石 U—Pb 年龄及其地质意义［J］.地球化学，1995，（1）：43-48.

［53］陆松年，李惠民.蓟县长城系大红峪组火山岩的单颗粒锆石 U—Pb 法准确定年［J］.中国地质科学院院报，1991，（1）：137-146.

［54］孙会一，高林志，包创，等.河北宽城中元古代串岭沟组凝灰岩 SHRIMP 锆石 U—Pb 年龄及其地质意义［J］.地质学报，2013，（4）：591-596.

［55］张健，田辉，李怀坤，等.华北克拉通北缘 Columbia 超大陆裂解事件：来自燕辽裂陷槽中部长城系碱性火山岩的地球化学、锆石 U—Pb 年代学和 Hf 同位素证据［J］.岩石学报，2015，（10）：3129-3146.

［56］Zhai M G, Hu B, Peng P, et al. Meso-Neoproterozoic magmatic events and muti-stage rifting in the NCC［J］. Earth Science Frontiers, 2014, （1）: 100-119.

［57］He Y H, Zhao G C, Sun M. Geochemical and Isotopic Study of the Xiong'er Volcanic Rocks at the SouthernMargin of the North China Craton : Petrogenesis and Tectonic Implications［J］. The Journal of Geology, 2010, 118: 417-433.

［58］Peng P, Zhai M G, Ernst R E, et al. A 1.78 Ga large igneous province in the North China craton : The Xiong'er Volcanic Province and the North China dyke swarm［J］. Lithos, 2008, 101（3-4）: 260-280.

［59］Zhao G C, He Y H, Sun M. The Xiong'er volcanic belt at the southern margin of the North China Craton : Petrographic and geochemical evidence for its outboard position in the Paleo-Mesoproterozoic Columbia Supercontinent［J］. Gondwana Research, 2009, 16（2）: 170-181.

［60］Meng Q R, Wei H H, Qu Y Q, et al. Stratigraphic and sedimentary records of the rift to drift evolution of the northern North China craton at the Paleo-to Mesoproterozoic transition［J］. Gondwana Research, 2011, 20（1）: 205-218.

［61］周建波，郑永飞，杨晓勇，等.白云鄂博地区构造格局与古板块构造演化［J］.高校地质学报，2002，（1）：46-61.

［62］Zhao G C, Sun M, Wilde S A, et al. Late Archean to Paleoproterozoic evolution of the North China Craton : key issues revisited［J］. Precambrian Research, 2005, 136（2）: 177-202.

［63］汪校锋.华北南缘中—新元古代地层年代学研究及其地质意义［D］.北京：中国地质大学，2015.

［64］刘超辉，刘福来.华北克拉通中元古代裂解事件：以渣尔泰—白云鄂博—化德裂谷带岩浆与沉积作用研究为例［J］.岩石学报，2015，（10）：3107-3128.

［65］Wilde S A. Final amalgamation of the Central Asian Orogenic Belt in NE China : Paleo-Asian Ocean closure versus Paleo-Pacific plate subduction-A review of the evidence［J］. Tectonophysics, 2015, 662（SI）: 345-362.

［66］Ludwig K R. User'sMannual for Isoplot 3.00: A Geochronological Toolkit for Microsoft Excel［Z］. Berkeley, CA : Berkeley Geochronology Center, 2003.

［67］Vermeesch P. On the visualisation of detrital age distributions［J］. Chemical Geology, 2012, 312-313: 190-194.

［68］Taylor S R, Mclennan S M. The Continental Crust : its Composition and Evolution［Z］. Oxford :

Blackwell Scientific Publication, 1985.

[69] Cullers R. The controls on the major- and trace-element evolution of shales, siltstones and sandstones of Ordovician to Tertiary age in the Wet Mountains region, Colorado, U.S.A [J]. Chemical Geology, 1995, 123 (1-4): 107-131.

[70] Taylor S R, Mclennan S M. The geochemical evolution of the continental crust [J]. Reviews of Geophysics, 1995, 33 (2): 241-265.

[71] Plank T, Langmuir C H. The chemical composition of subducting sediment and its consequences for the crust and mantle [J]. Chemical Geology, 1998, 145 (3-4): 325-394.

[72] 张静, 倪志耀, 翟明国, 等. 冀北赤城红旗营子群黑云斜长片麻岩的岩石学、地球化学及原岩特征 [J]. 岩石矿物学杂志, 2012, (3): 307-322.

[73] 蔡佳, 刘福来, 刘平华, 等. 内蒙古乌拉山—大青山地区变泥质岩的地球化学特征及构造意义 [J]. 岩石学报, 2016, (7): 1980-1996.

[74] 陈超, 魏文通, 修迪, 等. 华北燕山东段下马岭组黑色岩系元素地球化学组成——对其沉积作用的约束 [J]. 岩石矿物学杂志, 2015, (5): 685-696.

[75] 杨烨. 华北地台中元古代下马岭组沉积期古海洋环境的地球化学证据 [D]. 北京: 中国地质大学 (北京), 2013.

[76] 公王斌, 胡健民, 李振宏, 等. 华北克拉通北缘裂谷渣尔泰群 LA-ICP-MS 碎屑锆石 U—Pb 测年及地质意义 [J]. 岩石学报, 2016, (7): 2151-2165.

[77] 乔秀夫, 姚培毅, 王成述, 等. 内蒙古渣尔泰群层序地层及构造环境 [J]. 地质学报, 1991, (1): 1-16.

[78] Wan Y S, Liu D Y, Wang W, et al. Provenance of Meso- to Neoproterozoic cover sediments at the Ming Tombs, Beijing, North China Craton: An integrated study of U-Pb dating and Hf isotopic measurement of detrital zircons and whole-rock geochemistry [J]. Gondwana Research, 2011, 20 (1): 219-242.

[79] 贾和义, 许立权, 张玉清. 白云鄂博群中两个重要不整合界面特征及区域对比 [J]. 内蒙古地质, 2002, (2): 5-10.

[80] Li H K, Lu S N, Su W B, et al. Recent advances in the study of the Mesoproterozoic geochronology in the North China Craton [J]. Journal of Asian Earth Sciences, 2013, 72 (SI): 216-227.

[81] 胡萌萌. 内蒙古四子王旗地区白云鄂博群碎屑锆石年龄及其地质意义 [D]. 北京: 中国地质大学 (北京), 2016.

[82] 王子风. 内蒙古白云鄂博群白音宝拉格组碎屑锆石 U—Pb 定年及地质意义 [D]. 北京: 中国地质大学 (北京), 2015.

[83] 李怀坤, 陆松年, 李惠民, 等. 侵入下马岭组的基性岩床的锆石和斜锆石 U—Pb 精确定年——对华北中元古界地层划分方案的制约 [J]. 地质通报, 2009, (10): 1396-1404.

[84] 周志广, 王果胜, 张达, 等. 内蒙古四子王旗地区侵入白云鄂博群辉长岩的年龄及其对白云鄂博群时代的约束 [J]. 岩石学报, 2016, 32 (6): 1809-1822.

[85] Fan H, Hu F, Yang K, et al. Integrated U—Pb and Sm-Nd geochronology for a REE-rich carbonatite dyke at the giant Bayan Obo REE deposit, Northern China [J]. Ore Geology Reviews, 2014, 63: 510-519.

［86］Zhong Y, Zhai M G, Peng P, et al. Detrital zircon U-Pb dating and whole-rock geochemistry from the clastic rocks in the northern marginal basin of the North China Craton : Constraints on depositional age and provenance of the Bayan Obo Group［J］. Precambrian Research, 2015, 258: 133-145.

［87］Mclennan S M, Hemming S, Mcdaniel D K, et al. Geochemical approaches to sedimentation, provenance, and tectonics［J］. Geological Society of America Special Paper, 1993, （1）: 27-35.

［88］Jian P, Zhang Q, Liu D, et al. SHRIMP dating and geological significance of Late Archean high-Mg diorite（sanukite）and hornblende-granite at Guyang of Inner Mongolia［J］. Acta Petrologica Sinica, 2005, （1）: 153-159.

［89］Jian P, Kroener A, Windley B F, et al. Episodic mantle melting-crustal reworking in the late Neoarchean of the northwestern North China Craton : Zircon ages of magmatic and metamorphic rocks from the Yinshan Block［J］. Precambrian Research, 2012, 222（SI）: 230-254.

［90］董晓杰, 徐仲元, 刘正宏, 等. 内蒙古中部西乌兰不浪地区太古宙高级变质岩锆石 U—Pb 年代学研究［J］. 中国科学: 地球科学, 2012, 42（7）: 1001-1010.

［91］刘树文, 吕勇军, 凤永刚, 等. 冀北红旗营子杂岩的锆石、独居石年代学及地质意义［J］. 地质通报, 2007, （9）: 1086-1100.

［92］Geng Y, Du L, Ren L. Growth and reworking of the early Precambrian continental crust in the North China Craton : Constraints from zircon Hf isotopes［J］. Gondwana Research, 2012, 21（2-3SI）: 517-529.

［93］Zhao G C, Zhai M G. Lithotectonic elements of Precambrian basement in the North China Craton : Review and tectonic implications［J］. Gondwana Research, 2013, 23（4）: 1207-1240.

［94］Hoskin P, Schaltegger U. The composition of zircon and igneous and metamorphic petrogenesis［C］. 2003, 27-62.

［95］钟长汀, 邓晋福, 万渝生, 等. 华北克拉通北缘中段古元古代造山作用的岩浆记录: S 型花岗岩地球化学特征及锆石 SHRIMP 年龄［J］. 地球化学, 2007, （6）: 585-600.

［96］张玉清, 张婷, 陈海东, 等. 内蒙古凉城蛮汗山石榴石二长花岗岩 LA-MC-ICP-MS 锆石 U—Pb 年龄及成因讨论［J］. 中国地质, 2016, （3）: 768-779.

［97］钟长汀, 邓晋福, 万渝生, 等. 内蒙古大青山地区古元古代花岗岩: 地球化学、锆石 SHRIMP 定年及其地质意义［J］. 岩石学报, 2014, （11）: 3172-3188.

［98］Jiang N, Guo J, Zhai M, et al. similar to 2.7 Ga crust growth in the North China craton［J］. Precambrian Research, 2010, 179（1-4）: 37-49.

［99］Guo J H, Sun M, Chen F K, et al. Sm-Nd and SHRIMP U—Pb zircon geochronology of high-pressure granulites in the Sanggan area, North China Craton : timing of Paleoproterozoic continental collision［J］. Journal of Asian Earth Sciences, 2005, 24（5）: 629-642.

［100］Liu C, Zhao G, Sun M, et al. Detrital zircon U—Pb dating, Hf isotopes and whole-rock geochemistry from the Songshan Group in the Dengfeng Complex : Constraints on the tectonic evolution of the Trans-North China Orogen［J］. Precambrian Research, 2012, 192-95: 1-15.

［101］Zhao G C, Wilde S A, Sun M, et al. Shrimp U—Pb zircon geochronology of the Huai'an Complex : Constraints on late Archean to paleoproterozoic magmatic and metamorphic events in the Trans-North

China Orogen [J]. American Journal of Science, 2008, 308 (3): 270-303.

[102] Liu C, Zhao G, Liu F, et al. Zircons U—Pb and Lu-Hf isotopic and whole-rock geochemical constraints on the Gantaohe Group in the Zanhuang Complex: Implications for the tectonic evolution of the Trans-North China Orogen [J]. Lithos, 2012, 146: 80-92.

[103] Kroener A, Wilde S A, Zhao G C, et al. Zircon geochronology and metamorphic evolution of mafic dykes in the Hengshan Complex of northern China: Evidence for late Palaeoproterozoic extension and subsequent high-pressure metamorphism in the North China Craton [J]. Precambrian Research, 2006, 146 (1): 45-67.

[104] Liu S, Zhao G, Wilde S A, et al. Th-U—Pb monazite geochronology of the Luliang and Wutai Complexes: Constraints on the tectonothermal evolution of the Trans-North China Orogen [J]. Precambrian Research, 2006, 148 (3-4): 205-224.

[105] Trap P, Faure M, Lin W, et al. Late Paleoproterozoic (1900-1800Ma) nappe stacking and polyphase deformation in the Hengshan-Wutaishan area: Implications for the understanding of the Trans-North-China Belt, North China Craton [J]. Precambrian Research, 2007, 156 (1-2): 85-106.

[106] Trap P, Faure M, Lin W, et al. Paleoproterozoic tectonic evolution of the Trans-North China Orogen: Toward a comprehensive model [J]. Precambrian Research, 2012, 222 (SI): 191-211.

[107] Zhao G C, Wilde S A, Sun M, et al. SHRIMP U-Pb zircon ages of granitoid rocks in the Lüliang Complex: Implications for the accretion and evolution of the Trans-North China Orogen [J]. Precambrian Research, 2008, 160 (3): 213-226.

[108] Trap P, Faure M, Lin W, et al. The LüliangMassif: a key area for the understanding of the Palaeoproterozoic Trans-North China Belt, North China Craton [J]. Geological Society, London, Special Publications, 2009, 323 (1): 99-125.

[109] Liu C, Zhao G, Liu F, et al. 2.2Ga magnesian andesites, Nb-enriched basalt-andesites, and adakitic rocks in the Lüliang Complex: Evidence for early Paleoproterozoic subduction in the North China Craton [J]. Lithos, 2014, 208-209: 104-117.

[110] Zhang S, Liu S, Zhao Y, et al. The 1.75—1.68Ga anortho site-mangerite-alkali granitoid-rapakivi granite suite from the northern North China Craton: Magmatism related to a Paleoproterozoic orogen [J]. Precambrian Research, 2007, 155 (3-4): 287-312.

[111] Peng P, Liu F, Zhai M, et al. Age of the Miyun dyke swarm: Constraints on the maximum depositional age of the Changcheng System [J]. Chinese Science Bulletin, 2012, 57 (1): 105-110.

[112] 杨正赫, 彭澎, 郑哲寿, 等. 朝鲜平南盆地古元古界—下古生界沉积岩碎屑锆石年龄谱对比及意义 [J]. 岩石学报, 2016, (10): 3155-3179.

[113] 第五春荣, 孙勇, 刘养杰, 等. 秦皇岛柳江地区长龙山组石英砂岩物质源区组成——来自碎屑锆石 U—Pb-Hf 同位素的证据 [J]. 岩石矿物学杂志, 2011, (1): 1-12.

[114] 苏文博, 李志明, 史晓颖, 等. 华南五峰组—龙马溪组与华北下马岭组的钾质斑脱岩及黑色岩系——两个地史转折期板块构造运动的沉积响应 [J]. 地学前缘, 2006, (6): 82-95.

[115] 乔秀夫, 王彦斌. 华北克拉通中元古界底界年龄与盆地性质讨论 [J]. 地质学报, 2014, 88 (9): 1623-1637.

［116］胡波，翟明国，彭澎，等．华北克拉通古元古代末—新元古代地质事件——来自北京西山地区寒武系和侏罗系碎屑锆石 LA–ICP–MS U—Pb 年代学的证据［J］．岩石学报，2013，29（7）：2508–2536.

［117］Mulder J A, Halpin J A, Daczko N R. Mesoproterozoic Tasmania : Witness to the East Antarctica–Laurentia connection within Nuna［J］. Geology, 2015, 43（9）：759–762.

［118］Zhang S H, Li Z X, Evans D A D, et al. Pre–Rodinia supercontinent Nuna shaping up : A global synthesis with new paleomagnetic results from North China［J］. Earth and Planetary Science Letters, 2012, 353–354：145–155.

［119］Evans D A D, Mitchell R N. Assembly and breakup of the core of Paleoproterozoic–Mesoproterozoic supercontinent Nuna［J］. Geology, 2011, 39（5）：443–446.

［120］Cawood P A, Pisarevsky S A. Laurentia–Baltica–Amazonia relations during Rodinia assembly［J］. Precambrian Research, 2017, 292：386–397.

［121］Gower C F, Ryyan A B, Rivers T. Mid–Proterozoic Laurentia–Baltica : An overview of its geological evolution and a summary of the contributions made by this volume［C］. Geological Association of Canada Special Paper, 1990.

［122］Johansson A. Baltica, Amazonia and the SAMBA connection–1000 million years of neighbourhood during the Proterozoic［J］. Precambrian Research, 2009, 175（1–4）：221–234.

［123］Turner C C, Meert J G, Pandit M K, et al. A detrital zircon U—Pb and Hf isotopic transect across the Son Valley sector of the Vindhyan Basin, India : Implications for basin evolution and paleogeography［J］. Gondwana Research, 2014, 26（1SI）：348–364.

［124］Malone S J, Meert J G, Banerjee D M, et al. Paleomagnetism and Detrital Zircon Geochronology of the Upper Vindhyan Sequence, Son Valley and Rajasthan, India : A ca. 1000Ma Closure age for the Purana Basins［J］. Precambrian Research, 2008, 164（3–4）：137–159.

［125］Mckenzie N R, Hughes N C, Myrow P M, et al. Correlation of Precambrian–Cambrian sedimentary successions across northern India and the utility of isotopic signatures of Himalayan lithotectonic zones［J］. Earth and Planetary Science Letters, 2011, 312（3–4）：471–483.

［126］Wang W, Cawood P A, Pandit M K, et al. Zircon U—Pb age and Hf isotope evidence for an Eoarchaean crustal remnant and episodic crustal reworking in response to supercontinent cycles in NW India［J］. Journal of the Geological Society, 2017, 174（4）：759–772.

［127］Doe M F, Jones J V I, Karlstrom K E, et al. Basin formation near the end of the 1.60–1.45 Ga tectonic gap in southern Laurentia : Mesoproterozoic Hess Canyon Group of Arizona and implications for ca. 1.5 Ga supercontinent configurations［J］. Lithosphere, 2012, 4（1）：77–88.

［128］Medig K P R, Thorkelson D J, Davis W J, et al. Pinning northeastern Australia to northwestern Laurentia in the Mesoproterozoic［J］. Precambrian Research, 2014, 249：88–99.

［129］Sheppard S, Krapez B, Zi J, et al. The 1320Ma intracontinental Wongawobbin Basin, Pilbara, Western Australia : A far–field response to Albany–Fraser–Musgrave tectonics［J］. Precambrian Research, 2016, 285：58–79.

［130］Griffin W L, Belousova E A, Walters S G, et al. Archaean and Proterozoic crustal evolution in the Eastern Succession of the Mt Isa district, Australia : U—Pb And Hf–isotope studies of detrital zircons［J］.

Australian Journal of Earth Sciences, 2006, 53（1）: 125-149.

［131］Murgulov V, Beyer E, Griffin W L, et al. Crustal evolution in the georgetown inlier, north queensland, Australia : a detrital zircon grain study［J］. Chemical Geology, 2007, 245（3-4）: 198-218.

［132］Khudoley A, Chamberlain K, Ershova V, et al. Proterozoic supercontinental restorations : Constraints from provenance studies of Mesoproterozoic to Cambrian clastic rocks, eastern Siberian Craton［J］. Precambrian Research, 2015, 259（SI）: 78-94.

［133］Khudoley A K, Rainbird R H, Stern R A, et al. Sedimentary evolution of the Riphean-Vendian basin of southeastern Siberia［J］. Precambrian Research, 2001, 111（1-4）: 129-163.

［134］Priyatkina N, Khudoley A K, Collins W J, et al. Detrital zircon record of Meso- and Neoproterozoic sedimentary basins in northern part of the Siberian Craton : Characterizing buried crust of the basement［J］. Precambrian Research, 2016, 285: 21-38.

原英文刊于《Precambrian Research》, 2018, 310, 305-319.

烷烃气稳定氢同位素组成影响因素及应用

黄士鹏　段书府　汪泽成　江青春　姜　华　苏　旺　冯庆付

黄彤飞　袁　苗　任梦怡　陈晓月

（中国石油勘探开发研究院）

摘　要：为了研究烷烃气氢同位素组成及其影响因素，探讨其在天然气成因和成熟度鉴别上的应用，对 118 井次鄂尔多斯盆地石炭系—二叠系、四川盆地三叠系及 68 井次四川盆地震旦系、寒武系以及塔里木盆地奥陶系和志留系天然气的组分、碳氢同位素组成等地球化学特征进行了综合分析。认识如下：（1）鄂尔多斯盆地石炭系—二叠系和四川盆地三叠系须家河组天然气均以烷烃气为主，前者的干燥系数和成熟度普遍高于后者，而后者的烷烃气稳定氢同位素组成要明显比前者更重；（2）建立了 $\delta^2 H_{CH_4}$—C_1/C_{2+3} 天然气成因鉴别图版，并提出重烃气与甲烷氢同位素组成之差和烷烃气氢同位素组成相关图可以用来鉴别天然气成因；（3）在两个盆地分区域建立了煤成气 $\delta^2 H_{CH_4}$—R_o 关系式，提出了煤成气（$\delta^2 H_{C_2H_6}$—$\delta^2 H_{CH_4}$）—R_o 关系式，为煤成气成熟度判别提供了新的指标；（4）烷烃气稳定氢同位素组成值受到烃源岩母质、成熟度、天然气混合和烃源岩沉积水体介质等多重因素的影响，其中古水体盐度是其中极为关键、重要的一种影响因素。综上，烷烃气氢同位素组成受到多重因素的影响，其在天然气成因、成熟度鉴别以及指示烃源岩沉积水体环境方面具有重要应用价值。

关键词：烷烃气；成熟度；氢同位素组成；天然气成因；水体盐度；鄂尔多斯盆地；四川盆地；塔里木盆地

^{1}H 和 ^{2}H（D）相对于其他稳定同位素组成具有最大的同位素组成质量差异，使得有机质的氢同位素组成值域具有很宽的范围[1]。在分析天然气成因类型、母质来源、成熟度、混合作用以及生物降解、硫酸盐热化学还原反应（TSR）等方面，烷烃气氢同位素组成结合碳同位素组成和烷烃气组分发挥着非常重要的作用[2-19]。相对于碳同位素组成，烷烃气氢同位素组成的影响因素更为多样且复杂，除了母质类型、成熟度以及生物降解和 TSR 以外，烃源岩沉积时以及发生成岩作用时的水体环境（如盐度等）也发挥着重要作用[20-21]。

前人对鄂尔多斯盆地二叠系以及四川盆地上三叠统须家河组天然气的氢同位素组成特征开展了大量研究，并依据烷烃气碳氢同位素组成以及组分特征分析了其天然气的成因、来源，证明该地区天然气均为煤成气[22-32]，并提出了鉴别天然气成因和 R_o 值的氢同位素组成指标[19, 29]。另外，部分学者对影响烷烃气氢同位素组成的影响因素进行了探讨[19, 29]。然而，前人关于这两个盆地二叠系天然气以及上三叠统须家河组天然气（甲烷及其同系

基金项目：国家科技重大专项"寒武系—中新元古界盆地原型、烃源岩与成藏条件研究"（2016ZX05004-001）

物）的氢同位素组成、影响因素探讨大多仅是对单一盆地进行论述，虽然有的进行了对比分析[29]，但仅限于甲烷的氢同位素组成，对于乙烷、丙烷等重烃气的氢同位素组成、影响因素、成熟度和天然气成因鉴别指标的讨论较少。本文将依据鄂尔多斯盆地二叠系和四川盆地上三叠统煤成气的氢同位素组成，明确不同地区烷烃气氢同位素组成特征，对比两个盆地煤成气氢同位素组成差异性，分析不同因素对其影响的程度，优选适用于鉴别和判识天然气成因类型及 R_o 值的烷烃气氢同位素组成指标，力争在发展完善煤成气成因和鉴别理论及在天然气勘探中发挥重要作用。

1 地质背景

鄂尔多斯盆地是中国重要的含油气盆地之一，地质构造性质稳定，具有中生界含油、古生界含气，浅部含油、深部含气的特征[33]。古生界面积约 $25×10^4km^2$，具有明显的双层结构，下古生界为海相碳酸盐岩、膏岩沉积，上古生界为陆相碎屑岩、煤系沉积（图1）。

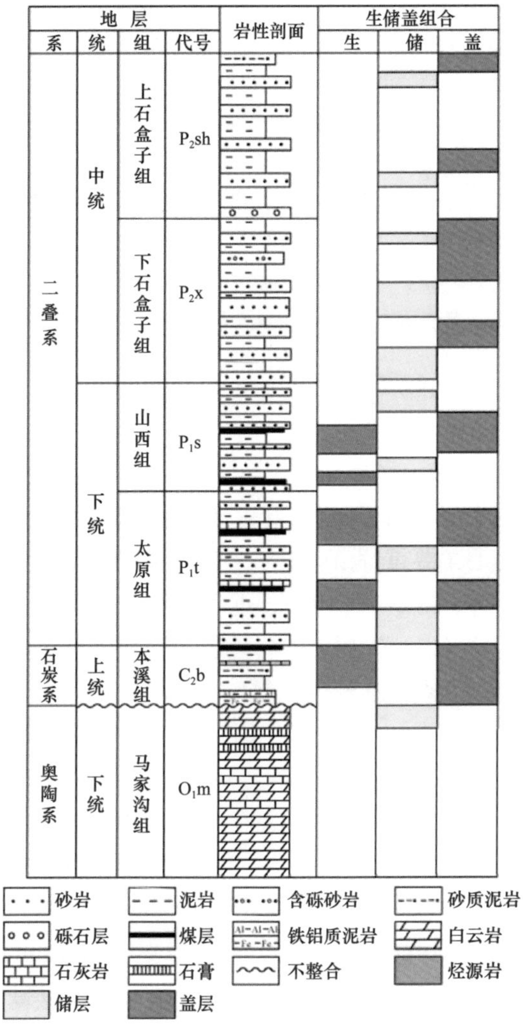

地层				岩性剖面	生储盖组合		
系	统	组	代号		生	储	盖
二叠系	中统	上石盒子组	P₂sh				
		下石盒子组	P₂x				
	下统	山西组	P₁s				
		太原组	P₁t				
石炭系	上统	本溪组	C₂b				
奥陶系	下统	马家沟组	O₁m				

图例：砂岩　泥岩　含砾砂岩　砂质泥岩　砾石层　煤层　铁铝质泥岩　白云岩　石灰岩　石膏　不整合　烃源岩　储层　盖层

图1　鄂尔多斯盆地奥陶系—中二叠统综合柱状图[23]

盆地上古生界二叠系发育大型河流—三角洲沉积、储集砂体大面积展布、煤系普遍发育，相继发现了榆林、乌审旗、大牛地、苏里格、子洲、神木、延安等探明储量达千亿立方米级的大型气田，已累计探明煤成气地质储量 $5.24 \times 10^{12} m^3$ [34]。煤层厚度一般为 $10\sim15m$，局部达 40m，暗色泥岩累计厚度可达 200m，中、东部泥岩厚度一般为 70m [35-36]。泥岩 TOC 值一般为 2%~4%，煤 TOC 值平均可达 60%，有机质类型主要为 Ⅲ 型，部分泥岩为 Ⅱ₂ 型。鄂托克旗—乌审旗—子洲以北石炭系烃源岩 R_o 值小于 2.0%，以南则达过成熟阶段，靖边—宜川—庆阳以西地区 R_o 值大于 2.4% [37]。

四川盆地也是中国重要的含油气盆地之一，盆地面积约 $18 \times 10^4 km^2$，自印支后期开始经历燕山期与喜马拉雅期的多期强烈构造运动，形成现今的构造格局 [38]。震旦系—中三叠统为海相沉积，以碳酸盐岩沉积为主，上三叠统—第四系主要为一套碎屑岩 [38]。其中上三叠统须家河组为前陆盆地沉积，开始沉积时，海水逐渐从盆地西南部退出，主要为陆相半咸水—淡水河流—三角洲—湖泊碎屑岩沉积 [37]。2005 年以来，在四川盆地须家河组相继发现广安、合川等大型气田 [39]。须家河组在盆内厚度差异较大，总体呈现从北西—南东方向逐渐减薄的趋势 [40]。从下至上划分为须一段—须六段（T_3x_1—T_3x_6）（图 2），

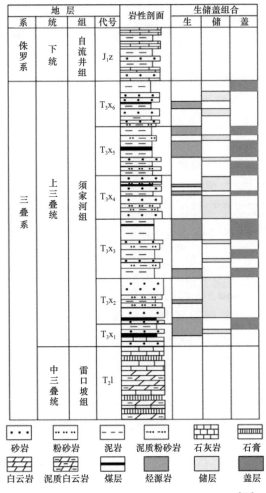

图 2　四川盆地三叠系须家河组综合柱状图 [37]

其中须一段为海陆交互相沉积，上部的须二段—须六段为陆相沉积。须一、三和五段主要发育暗色泥岩和煤层，是重要的烃源岩层段，须二、四和六段以砂岩和粉砂岩为主，为主要的储层段，形成了有利的源—储成藏组合[41]。须家河组泥岩有机质极为丰富，有机碳含量为0.5%～9.7%，平均为1.96%，有机质类型以II_2型和III型为主[42]。须家河组烃源岩R_o呈现西北高、东南低的特征，须一段R_o值为1.0%～2.5%，大部分处于高成熟—过成熟阶段；须三段R_o值为1.0%～1.9%，旺苍—南充—遂宁—雅安以西达到高成熟，四川盆地中部地区（后文简称"川中地区"）和四川盆地南部地区（后文简称"川南地区"）大致分布在1.0%～1.3%；须五段R_o值为0.9%～1.5%[37]。

2 实验和结果

在鄂尔多斯盆地和四川盆地分别采集8口井和5口井的天然气样品，在中国石油勘探开发研究院进行组分含量和稳定碳、氢同位素组成测试，同时结合搜集的前人公开发表的175井次天然气组分和碳、氢同位素组成数据，其中包括68个四川盆地震旦系、寒武系以及塔里木盆地奥陶系、志留系以及石炭系的天然气数据[16, 31, 43-48]，进行综合对比分析，天然气组分及氢同位素组成数据见表1、表2。

鄂尔多斯盆地二叠系以及四川盆地三叠系须家河组天然气中烷烃气组分占比最大，且甲烷及重烃气含量随着碳数增加而逐渐减小，含有少量的二氧化碳和氮气。

鄂尔多斯盆地二叠系天然气甲烷含量为86.05%～96.68%，平均含量为92.86%；乙烷含量为0.30%～8.37%，平均值为3.43%；丙烷含量为0.02%～2.33%，平均值为0.68%；丁烷含量为0.01%～1.13%，平均值为0.32%。在干燥系数（C_1/C_{1-4}）方面，鄂尔多斯盆地南部（延安气田）天然气的值明显较高，分布区间为0.991～0.997，平均值为0.994，均为典型的干气；北部地区（苏里格、榆林、大牛地、子洲、米脂、东胜等气田）的天然气干燥系数分布相对较宽，值域为0.882～0.983，平均值为0.946，大部分天然气为湿气。盆地除了南部的延安气田以外，甲烷及其同系物氢同位素组成主体上随着碳数的增加而逐渐变重（$\delta^2H_{CH_4} < \delta^2H_{C_2H_6} < \delta^2H_{C_3H_8}$）（图3a），延安气田甲烷和乙烷氢同位素组成发生倒转（$\delta^2H_{CH_4} > \delta^2H_{C_2H_6}$）（图3b）。甲烷氢同位素组成值域为–210‰～–163‰，平均值为–186‰；乙烷氢同位素组成值域为–197‰～–150‰，平均值为–169‰；丙烷氢同位素组成范围为–183‰～–134‰，平均值为–160‰。

四川盆地上三叠统须家河组天然气甲烷含量为83.86%～96.50%，平均含量为89.99%；乙烷含量为1.57%～10.13%，平均值为6.06%；丙烷含量为0.12%～3.86%，平均值为1.70%；丁烷含量值为0.03%～2.32%，平均值为0.78%。盆地西部天然气干燥系数分布区间为0.885～0.982，平均值为0.937，大部分为湿气；中部地区的天然气干燥系数较西部要小一些，值域为0.853～0.964，平均值为0.892，绝大部分为湿气。氢同位素组成方面，甲烷及其同系物随着碳数的增加而逐渐变重（图3c、d）。甲烷氢同位素组成值域为–173‰～–147‰，平均值为–162‰；乙烷氢同位素组成值域为–147‰～–108‰，平均值为–129‰；丙烷氢同位素组成范围为–139‰～–96‰，平均值为–119‰。

表 1 鄂尔多斯盆地石炭系—二叠系天然气地球化学组成

气田	井号	层位	天然气主要组分（%）								$\delta^{13}C$（‰）				δ^2H（‰）			数据来源
			CH_4	C_2H_6	C_3H_8	iC_4H_{10}	nC_4H_{10}	C_1/C_{1-4}	CO_2	N_2	CH_4	C_2H_6	C_3H_8	C_4H_{10}	CH_4	C_2H_6	C_3H_8	
延安大气田	试 2	P_2x	96.68	0.73	0.09	0.02	0.06	0.991	1.31	1.07	−29.2	−30.7	−31.9		−168	−190		[30]
	试 217	P_2x	96.30	0.62	0.05			0.993	2.27	0.76	−27.6	−34.9			−170	−183		
	试 225	P_1s	93.87	0.42	0.03			0.995	5.01	0.67	−28.8	−34.1			−163	−167		
	试 38	P_1s	95.91	0.42	0.03			0.995	3.11	0.53	−28.2	−36.1	−34.5		−167	−185−		
	试 212	P_1s	93.24	0.41	0.02			0.995	5.63	0.69	−29.7	−35.1			−167	184		
	试 127	P_1s	93.45	0.43	0.03			0.995	5.72	0.37	−29.3	−33.7	−30.7		−168	−184−		
	试 231	P_1s	93.14	0.40	0.02			0.995	5.96	0.47	−29.4	−34.4	−34.0		−168	197		
	试 36	P_1s	93.90	0.43	0.02	0.01	0.01	0.995	4.93	0.72	−29.2	−35.4			−166	−182		
	试 6	P_1s	96.32	0.76	0.07			0.991	1.97	0.86	−28.1	−30.5	−30.4		−168	−187		
	试 210	P_1s	93.39	0.43	0.03			0.995	5.85	0.30	−29.7	−34.9	−34.5		−168	−187		
	延 217−1	P_1s	94.45	0.30	0.02			0.997	4.79	0.43	−29.3	−34.0			−167	−178		
	试 209	P_1s	89.90	0.42	0.02			0.995	9.08	0.57	−28.9	−34.7			−170	−190		
	试 48	C_2b	94.89	0.52	0.04			0.994	4.29	0.25	−29.9	−36.5			−163	−186		
	试 37	C_2b	96.60	0.42	0.03			0.995	2.73	0.22	−30.8	−37.1	−37.3		−170	−173		
	试 12	C_2b	95.31	0.53	0.04			0.994	3.51	0.59	−30.6	−37.2	−35.8		−165	−183		
苏里格	苏 21	P_1s, P_2x	92.39	4.48	0.83	0.13	0.14	0.943	0.99	0.68	−33.4	−23.4	−23.8	−22.7	−194	−167	−163	[23]
	苏 53	P_1s, P_2x	86.05	8.36	2.17	0.37	0.44	0.884	1.13	0.72	−35.6	−25.3	−23.7	−23.9	−202	−165	−160	

气田	井号	层位	天然气主要组分（%）								$\delta^{13}C$（‰）				δ^2H（‰）			数据来源
			CH_4	C_2H_6	C_3H_8	iC_4H_{10}	nC_4H_{10}	C_1/C_{1-4}	CO_2	N_2	CH_4	C_2H_6	C_3H_8	C_4H_{10}	CH_4	C_2H_6	C_3H_8	
苏里格	苏75	P_2x	92.47	3.92	0.66	0.11	0.11	0.951	1.30	1.10	-33.2	-23.8	-23.4	-22.4	-194	-163	-157	[23]
	苏76	P_1s，P_2x	86.41	8.37	2.33	0.39	0.51	0.882	0.13	1.21	-35.1	-24.6	-24.4	-24.4	-203	-165	-161	
	苏95	P_2x	92.24	3.95	0.66	0.11	0.11	0.950	1.64	1.00	-32.5	-23.9	-24.0	-22.7	-193	-167	-160	
	苏139	P_1s，P_2x	93.16	3.05	0.51	0.07	0.07	0.962	1.31	1.45	-30.4	-24.2	-26.8	-23.7	-192	-178	-180	
	苏336	P_1s，P_2x	90.20	1.40	0.15	0.02	0.01	0.983	0.00	8.06	-28.7	-22.6	-25.1		-189	-169	-168	
	苏14-0-31	P_2x_8，P_1s	93.00	4.05	0.65	0.11	0.10	0.950	1.20	0.59	-32.0	-23.8	-24.7	-22.0	-196	-168	-172	
	苏14-2-14	P_2x	91.71	4.70	1.03	0.19	0.21	0.937			-31.7	-23.8	-24.1	-22.5	-190	-169	-170	[19]
	苏14-22-41	P_1s	91.74	4.81	1.25	0.25	0.25	0.933			-32.6	-23.6	-23.4	-23.0	-193	-169	-171	
	苏14-4-08	P_2x	91.97	4.37	0.94	0.18	0.19	0.942		0.57	-31.3	-23.8	-23.8	-22.9	-190	-169	-163	[23]
	苏14-22-21	P_1s	91.74	4.81	1.25	0.25	0.25	0.933		1.14	-32.6	-23.6	-23.4	-23.0	-193	-169	-171	
	苏36-10-9	P_1s	92.45	3.52	0.73	0.14	0.14	0.953		1.07	-34.0	-25.1	-25.7	-24.8	-193	-167	-179	
	苏36-21-4	P_2x	93.05	3.99	0.79	0.14	0.14	0.948			-32.7	-24.6	-24.9	-23.5	-193	-169	-172	
	苏48-2-86	P_1s	92.85	4.00	0.63	0.11	0.10	0.950	1.44		-31.7	-23.2	-24.3	-22.3	-190	-172	-170	
	苏48-14-76	P_1s，P_2x	92.73	3.48	0.65	0.13	0.11	0.955	1.47	0.87	-33.5	-22.8	-24.2	-22.2	-192	-172	-171	
	苏48-15-68	P_2x_8	92.79	3.28	0.61	0.11	0.12	0.957	1.70		-29.8	-23.4	-25.0	-22.6	-195	-170	-172	
	苏53-78-46H	P_1s，P_2x	89.82	6.21	1.24	0.22	0.24	0.919	0.93	0.93	-33.9	-23.9	-23.0	-23.2	-198	-165	-156	
	苏75-64-5X	P_2x	89.45	6.36	1.26	0.22	0.24	0.917	0.13		-33.5	-24.0	-23.3	-22.8	-199	-167	-159	

续表

气田	井号	层位	天然气主要组分（%）								δ¹³C（‰）				δ²H（‰）			数据来源
			CH₄	C₂H₆	C₃H₈	iC₄H₁₀	nC₄H₁₀	C₁/C₁₋₄	CO₂	N₂	CH₄	C₂H₆	C₃H₈	C₄H₁₀	CH₄	C₂H₆	C₃H₈	
苏里格	苏76-1-4	P₂x	90.38	6.03	1.18	0.21	0.22	0.922	0.82	0.71	-32.7	-23.6	-22.9	-23.0	-198	-168	-165	[23]
	苏77-2-5	P₂x	89.90	5.53	1.24	0.24	0.27	0.925	1.46	0.70	-30.8	-22.7	-23.3	-22.9	-194	-168	-164	
	苏77-6-8	P₂x₈	89.90	5.80	1.24	0.22	0.24	0.923	0.60	0.79	-33.6	-23.9	-24.1	-23.5	-201	-165	-165	
	苏120-52-82	P₁s, P₂x	91.64	3.69	0.64	0.11	0.10	0.953	2.58	0.93	-31.1	-23.3	-25.6	-23.6	-192	-176	-179	
	桃2-3-14	P₁s	93.46	4.09	0.69	0.10	0.11	0.949			-31.0	-23.5	-23.9	-22.9	-190	-162	-160	[19]
	桃2-6-11	P₁s	93.89	4.26	0.77	0.18	0.14	0.946			-31.7	-24.3	-24.5	-22.9	-191	-166	-167	
	桃3-6-10	P₂x	94.25	3.31	0.51	0.08	0.09	0.959			-31.5	-24.3	-24.9	-23.6	-191	-165	-169	
	召61	P₁s	88.98	6.83	1.53	0.31	0.37	0.908	0.55	0.85	-33.2	-23.5	-23.3	-23.2	-194	-159	-154	[23]
	榆47-7	P₁s	92.46	4.42	0.80	0.12	0.14	0.944			-32.0	-25.1	-22.6	-22.0	-182	-170	-166	
榆林	榆44-13	P₁s	93.19	4.27	0.69	0.10	0.11	0.947			-31.7	-25.2	-22.4	-22.8	-185	-171	-160	
	榆69	P₁s	93.51	4.10	0.88	0.17	0.18	0.946			-31.7	-25.1	-23.2	-22.4	-180	-166	-160	[19]
	榆50-8	P₁s	92.63	4.49	0.76	0.13	0.13	0.944			-32.4		-22.3	-22.3	-188	-155	-146	
	榆34-16	P₁s	93.09	4.35	0.80	0.15	0.13	0.945			-34.9	-24.6	-21.0	-21.0	-188	-155	-146	
	榆45-18	P₁s	95.34	3.92	0.13	0.01	0.03	0.959			-32.7	-23.7	-22.4	-22.7	-186	-162		
	榆58	P₁s	92.97	3.89	0.83	0.16	0.16	0.949	1.84	0.32	-31.3	-25.2	-23.6	-22.9	-180	-170	-166	[23]
	榆217	P₁s	93.02	2.69	0.36	0.05	0.05	0.967			-31.1	-26.5	-24.4	-23.4	-185	-171	-156	
	榆42-1	P₁s	91.18	5.03	1.36	0.32	0.32	0.928			-31.0	-25.9	-24.7	-23.2	-183	-170	-156	
	榆43-6	P₁s	88.81	6.04	2.03	0.50	0.57	0.907	0.24		-31.6	-26.1	-23.8	-22.9	-185	-169	-157	

续表

气田	井号	层位	天然气主要组分（%）								δ¹³C（‰）				δ²H（‰）			数据来源
			CH_4	C_2H_6	C_3H_8	iC_4H_{10}	nC_4H_{10}	C_1/C_{1-4}	CO_2	N_2	CH_4	C_2H_6	C_3H_8	C_4H_{10}	CH_4	C_2H_6	C_3H_8	
子洲	洲 21-24	P_1s	94.22	3.12	0.48	0.08	0.07	0.962	1.58	0.32	-32.7	-25.1	-23.2	-22.2	-183	-163	-155	本文
	洲 25-38	P_1s	94.67	2.87	0.42	0.07	0.06	0.965	1.40	0.38	-32.6	-25.7	-23.3	-22.9	-185	-165	-154	
	洲 35-28	P_1s	94.81	2.97	0.44	0.06	0.07	0.964	1.20	0.37	-32.5	-25.7	-23.6	-23.3	-181	-164	-157	
	榆 30	P_1s	94.1		0.48	0.07	0.08	0.961	1.62	0.38	-33.1	-23.0	-23.4	-21.7	-183	-161	-154	
	榆 45	P_1s	94.17	3.14	0.48	0.08	0.08	0.962	1.58	0.36	-33.2	-25.2	-23.1	-22.5	-183	-164	-155	
	榆 69	P_1s	94.93	3.12	0.4	0.06	0.06	0.966	1.27	0.35	-32.8	-26.3	-24.1	-21.7	-179	-162	-151	
	洲 16-19	P_1s	91.53	5.22	1.16	0.19	0.20	0.931	0.06		-34.5	-24.3	-21.7	-21.7	-183	-157	-149	
	洲 17-20	P_1s	91.55	5.07	1.13	0.19	0.21	0.933	0.02		-33.0	-24.5	-22.0	-21.7	-184	-161	-154	[23]
	洲 22-18	P_1s	93.12	4.22	0.76	0.14	0.13	0.947			-31.1	-25.7	-24.3	-23.1	-182	-162	-160	
	洲 28-43	P_1s	90.44	5.42	1.54	0.31	0.34	0.922			-33.0	-23.2	-22.4	-21.1	-175	-150	-143	
大牛地	大 10	P_1s									-34.0	-24.0	-23.5	-23.6	-203	-161	-150	本文
	大 11	P_2sh_1	94.66	2.90	0.53	0.08	0.11	0.963	0.18	1.39	-34.5	-26.3	-24.7	-22.9	-191	-163	-149	
	大 13	P_1s	94.49	1.71	0.31	0.04	0.03	0.978	0.28	0.25	-36.0	-25.7	-24.5	-22.6	-206	-164	-156	[23]
	大 16	P_2sh	94.37	2.52	0.26	0.06	0.09	0.970	0.37	1.96	-35.1	-27.1	-26.0	-23.9	-194	-157	-136	
	大 22	P_1t_2	86.21	4.11	0.81	0.11	0.13	0.944	1.05	7.31	-38.1	-25.3	-23.0	-21.7	-204	-160	-151	
	大 24	P_2sh	87.95	6.92	1.83	0.45	0.63	0.899	0.33	1.49	-37.1	-26.1	-25.3	-23.7	-210	-168	-167	
	大开 4	P_2sh	96.19	2.48	0.32	0.05	0.05	0.971	0.32	0.35	-34.9	-26.4	-24.0	-23.0	-187	-164	-154	

气田	井号	层位	天然气主要组分（%）								δ¹³C（‰）				δ²H（‰）			数据来源
			CH_4	C_2H_6	C_3H_8	iC_4H_{10}	nC_4H_{10}	C_1/C_{1-4}	CO_2	N_2	CH_4	C_2H_6	C_3H_8	C_4H_{10}	CH_4	C_2H_6	C_3H_8	
大牛地	大开9	P_2sh	96.31	2.21	0.18	0.04	0.03	0.975	0.26	0.42	−35.0	−26.0	−23.4	−21.9	−185	−161	−134	[23]
	大开13	P_2x	95.10	1.65	0.29	0.00	0.07	0.979	0.30	2.43	−34.7	−25.6	−24.2	−22.4	−186	−163	−155	本文
	大开17	P_2s	93.64	3.46	0.54	0.08	0.11	0.957	0.18	1.64	−36.0	−27.2	−25.6	−23.3	−186	−164	−156	[23]
米脂	米37−13	P_1s	94.19	3.77	0.53	0.11	0.09	0.954	0.71	0.39	−33.0	−23.2	−22.4	−21.1	−182	−156	−145	[23]
东胜	伊深1	P_2x	93.96	3.62	0.87	0.19	0.18	0.951	0.20	0.81	−33.5	−25.1	−24.6	−23.6	−189	−168	−170	[32]
	ES4	P_2x	93.71	3.57	0.86	0.19	0.18	0.951	0.19	1.08	−33.3	−24.5	−23.2	−22.9	−186	−166	−172	
	锦11	P_2x	93.69	3.57	0.87	0.17	0.17	0.951		1.34	−33.8	−25.0	−24.5	−23.6	−187	−171	−179	
	ESP2	P_2x	93.74	3.64	0.85	0.15	0.14	0.951		1.32	−33.2	−25.3	−24.9	−24.4	−190	−173	−183	
	J11P4H	P_2x	93.87	3.71	0.92	0.16	0.16	0.950	0.03	1.04	−33.1	−25.1	−24.6	−23.6	−189	−170	−158	
	锦26	P_2x	93.79	3.67	0.90	0.11	0.10	0.951	0.09	1.13	−33.7	−25.6	−25.3	−24.0	−190	−175	−162	

表2 四川盆地三叠系须家河组天然气地球化学组成

区域	气田	井号	层位	天然气主要组分（%）								δ¹³C（‰）				δ²H（‰）			数据来源
				CH_4	C_2H_6	C_3H_8	iC_4H_{10}	nC_4H_{10}	C_1/C_{1-4}	CO_2	N_2	CH_4	C_2H_6	C_3H_8	C_4H_{10}	CH_4	C_2H_6	C_3H_8	
川西	新场	新882	T_3x_4	93.41	3.78	0.93	0.20	0.18	0.948	0.46	0.85	-34.3	-23.1	-21.4	-20.0	-166	-139	-132	
	邛西	邛西3	T_3x_2	93.57	3.85	0.59	0.09	0.07	0.953	1.55	0.23	-33.1	-23.0	-22.7	-20.6	-157	-133	-135	
		邛西4	T_3x_2	93.52	3.19	0.62	0.10	0.08	0.959	1.47	0.24	-32.9	-23.2	-23.0	-22.0	-157	-133	-137	
		邛西6	T_3x_2	95.95	2.48	0.30	0.04	0.04	0.971	0.92	0.21	-31.2	-23.2	-23.1	-20.9	-158	-132	-118	[23]
		邛西10	T_3x_2	93.57	3.85	0.59	0.09	0.07	0.953	1.55	0.23	-33.2	-22.8	-22.8	-20.4	-154	-135	-123	
		邛西13	T_3x_2	93.49	3.90	0.63	0.11	0.08	0.952	1.47	0.25	-33.7	-24.1	-23.4	-20.9	-158	-134	-137	
		邛西14	T_3x_2	96.50	1.57	0.12	0.02	0.01	0.982	1.55	0.23	-30.5	-24.1	-23.8		-157	-135	-137	
		邛西16	T_3x_2	96.46	1.74	0.16	0.02	0.02	0.980	1.39	0.20	-30.8	-23.8			-159	-134	-139	
		邛西006-X1	T_3x_2	93.17	4.12	0.71	0.13	0.11	0.948	1.36	0.26	-31.6	-22.4	-22.4		-157	-132	-139	
	中坝	中2	T_3x_2	90.82	5.77	1.44	0.31	0.36	0.920	0.47	0.27	-35.5	-24.3	-22.9	-22.5	-170	-144	-136	[25]
		中16	T_3x_2	89.80	6.10	1.65	0.38	0.43	0.913	0.56	0.49	-35.6	-24.3	-22.8		-171	-147	-138	[25]
		中19	T_3x_2	90.36	5.81	1.53	0.31	0.36	0.919	0.45	0.63	-35.0	-24.0	-22.5	-22.2	-170	-144	-135	[25]
		中29	T_3x_2	87.86	6.53	2.10	0.60	0.83	0.897	0.39	0.28	-34.8	-24.8	-23.7	-23.5	-171	-133		[25]
		中34	T_3x_2	90.80	5.70	1.43	0.30	0.40	0.921	0.13	1.20	-35.4	-24.5	-22.8		-170	-143	-135	[23]
		中36	T_3x_2	90.90	5.75	1.49	0.31	0.35	0.920	0.52	0.21	-31.2	-23.2	-23.1	-20.9	-158	-132	-118	[25]
		中39	T_3x_2	87.82	6.36	2.70	0.93	1.39	0.885	0.32	0.33	-36.9	-25.6	-23.2		-173	-147	-135	[25]
		中44	T_3x_2	90.19	5.79	1.55	0.32	0.36	0.918	0.47	0.91	-35.0	-24.0	-22.7	-22.6	-171	-145	-137	[25]
		中63	T_3x_2	91.00	5.75	1.43	0.31	0.35	0.921	0.46	0.28	-35.5	-24.4	-23.0	-22.5	-170	-145	-136	[25]
川中	合川	合川106	T_3x_2	89.28	6.83	1.87	0.46	0.37	0.904	0.21	0.39	-39.8	-27.0	-24.1		-156	-117	-104	[23]
		合川108	T_3x_2	85.76	8.24	3.25	0.67	0.68	0.870	0.26	0.54	-41.4	-28.3	-25.0	-27.2	-167	-123	-103	[23]

续表

区域	气田	井号	层位	天然气主要组分（%）								$\delta^{13}C$（‰）				δ^2H（‰）			数据来源
				CH_4	C_2H_6	C_3H_8	iC_4H_{10}	nC_4H_{10}	C_1/C_{1-4}	CO_2	N_2	CH_4	C_2H_6	C_3H_8	C_4H_{10}	CH_4	C_2H_6	C_3H_8	
川中	合川	合川 109	T_3x_2	92.54	5.15	0.98	0.28	0.20	0.933	0.15	0.31	-38.3	-26.2	-23.6		-147	-124	-111	[23]
		合川 001-1	T_3x_2	89.27	6.98	1.89	0.46	0.35	0.902	0.16	0.44	-39.5	-27.1	-23.9	-24.4	-153	-120	-101	
		合川 001-2	T_3x_2	89.87	6.64	1.69	0.43	0.32	0.908	0.16	0.41	-39.0	-26.8	-23.8	-25.5	-150	-108	-96	
		合川 001-30-x	T_3x_2	90.46	6.14	1.51	0.41	0.35	0.915	0.20	0.39	-38.8	-27.6	-24.5		-150	-109	-105	
		潼南 1	T_3x_{2-4}									-41.8	-27.1	-24.5	-26.7	-163	-117	-107	
		潼南 104	T_3x_2	86.44	7.69	2.96	0.73	0.67	0.878	0.26	0.43	-41.0	-27.4	-24.0	-25.9	-163	-116	-104	
		潼南 105	T_3x_2	87.78	7.42	2.32	0.57	0.50	0.890	0.27	0.37	-40.4	-27.4	-24.0	-26.1	-157	-116	-103	
		潼南 001-2	T_3x_2	87.10	7.65	2.56	0.65	0.59	0.884	0.30	0.39	-40.7	-27.5	-24.5	-24.7	-160	-111	-101	
	广安	广安 002-39	T_3x_6									-38.8	-26.9	-25.6	-25.2	-164	-133	-131	[23]
	安岳	岳 101	T_3x_2	84.38	7.87	2.50	0.69	0.79	0.877	0.35	0.71	-41.3	-26.8	-23.7	-26.2	-172	-120	-110	[23]
		岳 105	T_3x_2	84.64	8.67	3.86	0.70	0.73	0.858	0.29	0.59	-41.6	-28.5	-25.4	-25.6	-167	-117	-104	
		威东 12	T_3x_2	84.15	10.04	2.95	0.70	0.61	0.855	0.31	0.42	-41.2	-27.4	-23.8	-24.9	-163	-116	-103	本文
		威东 2-C1	T_3x_2	84.50	10.12	2.78	0.61	0.50	0.858	0.30	0.50	-40.6	-26.4	-22.8	-25.1	-167	-116	-105	
		岳 101-11	T_3x_2	83.95	10.13	3.00	0.70	0.60	0.853	0.30	0.43	-41.1	-26.3	-23.0	-25.3	-162	-117	-102	
		岳 101-X12	T_3x_2	84.18	9.97	2.83	0.66	0.59	0.857	0	0.51	-40.8	-27.5	-23.8	-24.7	-168	-117	-105	
		岳 101-X12	T_3x_2	83.86	10.13	2.89	0.68	0.62	0.854	0	0.47	-40.8	-27.3	-23.3	-24.6	-165	-119	-101	
	八角场	角 33	T_3x_4	92.95	4.93	1.14	0.20	0.24	0.935		0.38	-40.1	-27.4	-24.6		-166	-132	-123	[23]
		角 48	T_3x_6	91.90	5.30	1.38	0.26	0.31	0.927		0.67	-40.3	-26.5	-24.2	-22.7	-169	-141	-127	
		角 49	T_3x_2	96.26	2.85	0.53	0.10	0.09	0.964		0.11	-37.0	-27.3	-24.2	-22.9	-156	-132	-124	
		角 57	T_3x	90.99	5.51	1.71	0.33	0.33	0.920	0.41	0.25	-37.3	-25.5	-22.9	-22.7	-162	-132	-123	

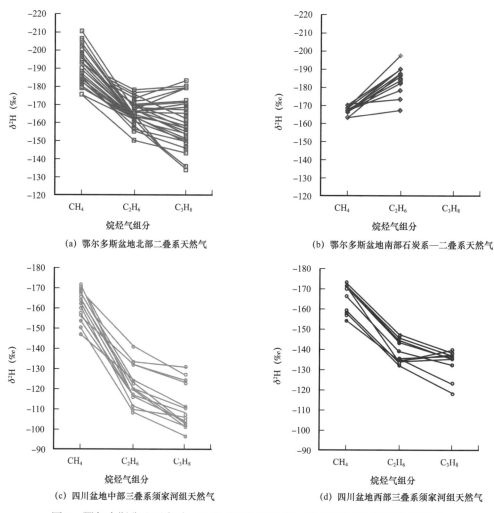

图 3　鄂尔多斯盆地石炭系—二叠系以及四川盆地三叠系天然气氢同位素组成

（数据来源据文献［19，23，25–26，30，32］）

3　烷烃气氢同位素组成的影响因素

3.1　母质继承性

3.1.1　天然气母质类型

烷烃气氢同位素组成与碳同位素组成一样，均受烃源岩母质的影响，即具有母质继承性[4，9，11]。海洋中或者高盐度的湖相环境下沉积的烃源岩，其生成的天然气具有富 ^2H 的特征[3，43]，因此可以利用烷烃气氢同位素组成来判断天然气的成因，进而判断烃源岩的干酪根类型。应用 $\delta^{13}C_{CH4}$—C_1/C_{2+3} 天然气成因判别图版（图 4）[10]，可以看出鄂尔多斯盆地二叠系以及四川盆地三叠系须家河组天然气均分布在Ⅲ型干酪根区域，表明该天然气为煤成气，这一认识与前人的观点[8，24–26，44]一致。四川盆地安岳气田震旦系、寒武系天然气以及塔里木盆地轮南、塔中奥陶系、志留系和石炭系天然气乙烷碳同位素组成均轻于 –28.5‰，并且在 $\delta^{13}C_{CH_4}$—C_1/C_{2+3} 天然气成因判别图版上主要分布在 II 型干酪根区域，说明这部分天然气为油型气，这也与前人认识一致[16, 45-49]。应用四川盆地、鄂尔多斯盆地和塔里木盆地天然气数据（表1和表2），本文绘制了 $\delta^2H_{CH_4}$—C_1/C_{2+3} 天然气成因鉴别图版（图5）。从该图版来看，腐殖型干酪根生成天然气即煤成气的 $\delta^2H_{CH_4}$ 值一般小于 –150‰，C_1/C_{2+3} 一般小于 1000；腐泥型干酪根生成气即油型气的 $\delta^2H_{CH_4}$ 值一般大于 –160‰，C_1/C_{2+3} 值域分布范围比煤成气要广（图5）。随着成熟度的增加，煤成气的 $\delta^2H_{CH_4}$ 值以及 C_1/C_{2+3} 值均逐渐变重／大；图5中油型气选用了四川盆地震旦系、寒武系以及塔里木盆地奥陶系、志留系以及石炭系的天然气，两个盆地天然气的来源有着明显差异，$\delta^2H_{CH_4}$ 值是在 –130‰ 位置发生了反转，出现了变轻现象，这应该是由于不同盆地天然气来源的母质和烃源岩沉积水体环境的差异造成的。除了 $\delta^2H_{CH_4}$ 值域为 –160‰～–150‰ 的少数天然气之外，该图版可以将煤成气和油型气较好地加以区分，鉴别结果与图4基本一致，表明了该图版的有效性，为其他盆地天然气的成因类型鉴别提供了新的手段。$\delta^2H_{CH_4}$ 值域在 –160‰～–150‰ 为煤成气和油型气的重合区，如果有数据点落到这个范围以内，则需要慎重，同时也说明天然气的成因鉴别需要多个参数综合对比，该图版结合其他天然气成因鉴别图版，可以有效判别天然气的成因。

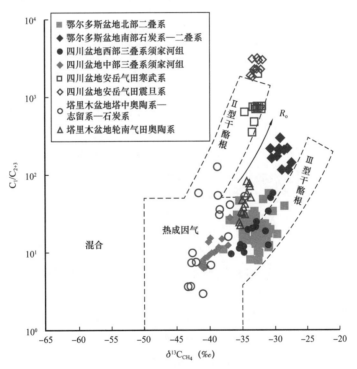

图 4　$\delta^{13}C_{CH_4}$—C_1/C_{2+3} 天然气成因类型鉴别（底图据文献［10］，数据来源据文献［16，19，23，25-26，30-32，45，47-48］）

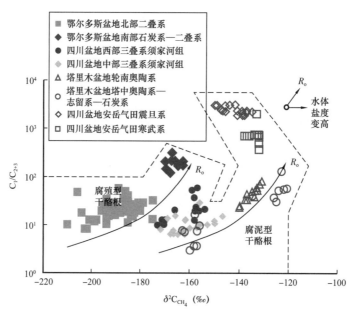

图 5 $\delta^2 H_{CH_4}$—C_1/C_{2+3} 天然气成因类型鉴别图版（数据来源据
文献［16，19，23，25-26，30-32，45，47-48］）

$\Delta\delta^2 H_{C_2H_6-CH_4}$ 是一个比较好的天然气成因类型鉴别指标[19]。鄂尔多斯盆地二叠系以及四川盆地须家河组天然气为煤成气[8, 24-26, 44]，塔里木盆地奥陶系、志留系和石炭系天然气为典型的油型气[16, 45-49]，将这些天然气的重烃气和甲烷氢同位素组成之差与烷烃气氢同位素组成做相关图（图 6），发现（$\delta^2 H_{C_2H_6}$—$\delta^2 H_{CH_4}$）—$\delta^2 H_{CH_4}$（图 6a）、（$\delta^2 H_{C_2H_6}$—$\delta^2 H_{CH_4}$）—$\delta^2 H_{C_2H_6}$（图 6b）、（$\delta^2 H_{C_2H_6}$—$\delta^2 H_{CH_4}$）—$\delta^2 H_{C_3H_8}$（图 6c）、（$\delta^2 H_{C_3H_8}$—$\delta^2 H_{CH_4}$）—$\delta^2 H_{CH_4}$（图 6d）、（$\delta^2 H_{C_3H_8}$—$\delta^2 H_{CH_4}$）—$\delta^2 H_{C_2H_6}$（图 6e）、（$\delta^2 H_{C_3H_8}$—$\delta^2 H_{CH_4}$）—$\delta^2 H_{C_3H_8}$（图 6f）等图版可以用来较好地划分油型气和煤成气。同时基于图 6 可以看出，单纯的一个烷烃气氢同位素组成界限不能有效将不同类型的天然气完全区分开；因此，在天然气成因研究中应进行多个参数综合对比，避免出现错误鉴别结论。

3.1.2   鄂尔多斯盆地石炭系—二叠系与四川盆地须家河组烃源岩干酪根组成差异

显微组分组成是划分烃源岩母质类型的重要参数，不同显微组分的氢同位素组成有着明显的差异，呈现 $\delta^2 H$ 惰质组＞$\delta^2 H$ 镜质组＞$\delta^2 H$ 壳质组的分布规律[9, 50]。鄂尔多斯盆地石炭系—二叠系与四川盆地三叠系须家河组煤的显微组分组成（图 7）表明，前者的惰质组在镜质组—惰质组—壳质组＋腐泥组三者相对组成中的比例为 3.2%～93.6%，平均值为 49.2%；后者的惰质组所占比例为 0.7%～80.7%，平均值为 28.0%[51-52]，前者中的惰质组明显比后者中的占比要高（图 7）。鄂尔多斯盆地石炭系—二叠系煤的干酪根稳定碳同位素组成为 –26.3‰～–21.5‰，49 个样品平均值为 –24.2‰[53]；四川盆地须家河组干酪根碳同位素组成分布范围为 –27.2‰～–24.7‰，平均值为 –25.9‰[52-54]，前后两者间存在较小差异，说明鄂尔多斯盆地石炭系—二叠系干酪根组成中有相对较多的陆相高等植物的贡献。

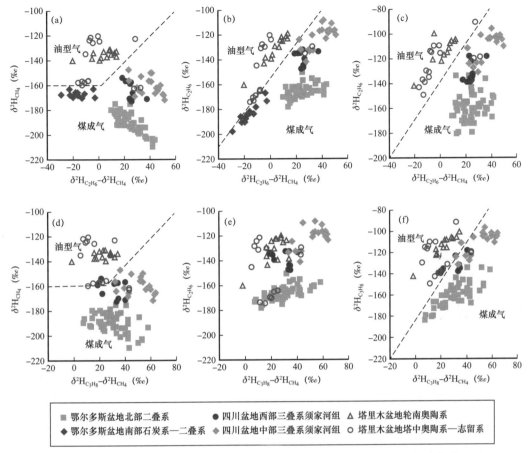

图 6　重烃气和甲烷氢同位素组成之差—烷烃气氢同位素组成相关图（数据来源据文献［16，19，23，
25-26，30-32，45］）

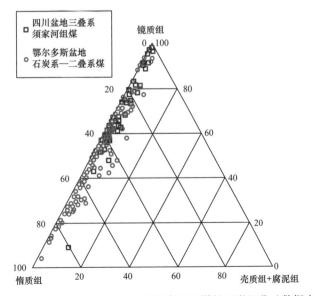

图 7　鄂尔多斯盆地 C—P 以及四川盆地三叠系须家河组煤的显微组分（数据来源据文献［51］）

鄂尔多斯盆地石炭系—二叠系相对于四川盆地须家河组烃源岩的惰质组含量较高。按照烷烃气氢同位素组成继承性特点，在排除其他控制因素的前提下，推断鄂尔多斯盆地石炭系—二叠系煤系生成的烷烃气氢同位素组成应该比四川盆地须家河组煤系生成的烷烃气要重；然而事实却相反，说明相同或相似干酪根类型的母质生成的天然气氢同位素组成可以有较大差异，原始母质组成不同对于烷烃气氢同位素的组成有一定影响，但是还有其他更为重要的控制因素。

3.2　成熟度

烷烃气氢同位素组成随着 R_o 值的增加而逐渐变重[3-4, 6]，相关学者也提出了 $\delta^2 H_{CH_4}$—R_o 的关系式[3, 29]。对于热成因气来说，甲烷的热稳定性最高，成熟度加大的条件下，重烃气会逐渐发生裂解而形成碳数较小的烃类，最终变成热力学上最稳定的甲烷[55]，因此干燥系数（C_1/C_{1-4}）可以反映天然气的成熟程度[2, 56]。由于 $\delta^{13}C_1$—R_o 关系式在确定天然气成熟度方面应用较为成熟，结合实际烃源岩成熟度范围（图8），本文中四川盆地川中地区须家河组天然气 R_o 值采用（1）式[57]，其中 $R_o \leqslant 0.9\%$：

$$\delta^{13}C_1 \approx 48.77 \lg R_o - 34.10 \tag{1}$$

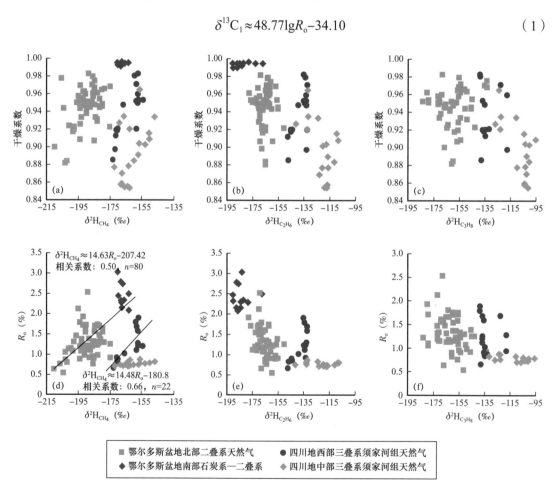

图8　鄂尔多斯盆地石炭系—二叠系以及四川盆地三叠系须家河组天然气氢同位素组成与干燥系数以及 R_o 值关系（数据来源同图3。n—样品数量，个）

其他地区煤成气的 R_o 值则是采用（2）式[58]：

$$\delta^{13}C_1 \approx 14.12 \lg R_o - 34.39 \qquad (2)$$

油型气的 R_o 值则是采用（3）式[58]：

$$\delta^{13}C_1 \approx 15.80 \lg R_o - 42.20 \qquad (3)$$

鄂尔多斯盆地北部二叠系天然气的 R_o 值为 0.55%～2.53%，平均值为 1.30%，绝大部分处于成熟—高成熟阶段；南部天然气的 R_o 值为 1.80%～3.03%，平均为 2.34%，明显高于北部，绝大部分为烃源岩过成熟阶段的产物；四川盆地西部须家河组天然气 R_o 值为 0.66%～1.89%，平均值为 1.18%，大部分为成熟阶段，少部分处于高成熟阶段；中部地区须家河组天然气 R_o 值较低，为 0.70%～0.87%，平均值为 0.76%，均为成熟阶段的产物。上述通过计算得出的天然气 R_o 值与实际的烃源岩 R_o 相符，鄂尔多斯盆地二叠系天然气成熟度相对于四川盆地须家河组天然气明显较高。

甲烷氢同位素组成与 R_o 值以及 C_1/C_{1-4} 的关系较好，呈现出明显的正相关关系（图 8a、d）。分别对不同区域天然气甲烷氢同位素组成和 R_o 值线性回归后，得出鄂尔多斯盆地二叠系天然气 $\delta^2 H_{CH4}$ 与 R_o 的关系式如下，其中，$R^2 = 0.50$，$n = 80$：

$$\delta^2 H_{CH4} \approx 14.63 R_o - 207.42 \qquad (4)$$

川中地区须家河组天然气 $\delta^2 H_{CH4}$ 与 R_o 值的关系式如下；其中，$R^2 = 0.66$，$n = 22$：

$$\delta^2 H_{CH4} \approx 14.48 R_o - 180.80 \qquad (5)$$

鄂尔多斯盆地重烃气氢同位素组成与 R_o 值以及 C_1/C_{1-4} 的关系不是很明显，没有表现出明显的变化趋势（图 8b、c、f）。鄂尔多斯盆地乙烷氢同位素组成与 R_o 值看似表现出了一种负相关关系（图 8e），这是由于盆地南部延安气田天然气在高温条件下乙烷氢同位素组成变得很轻[8, 30]，甲乙烷氢同位素组成发生了倒转所造成的。基于这一特征，将重烃气与甲烷氢同位素组成之差与 R_o 值进行拟合（图 9），发现二者之间存在有明显负相关关系，特别是（$\delta^2 H_{C2H6} - \delta^2 H_{CH4}$）—$R_o$ 值之间的关系更加明显（图 9a），可以作为一个指示 R_o 的判别指标。煤成气关系式如下，其中，$R^2 = 0.57$，$n = 105$：

$$\delta^2 H_{C2H6} - \delta^2 H_{CH4} \approx -26.82 R_o + 58.637 \qquad (6)$$

除了氢同位素组成以外，重烃气与甲烷碳同位素组成之差与 R_o 值之间也存在负相关关系[23, 27]，说明天然气在生成过程中，烷烃气碳氢同位素组成发生了瑞利分馏，随着成熟度的逐渐增大，分馏效应逐渐减小，重烃气与甲烷的碳氢同位素组成趋于一致，在过成熟阶段（$R_o > 2.2\%$）时，甚至出现甲、乙烷碳氢同位素组成发生倒转。

鄂尔多斯盆地南部延安大气田甲烷、乙烷的碳、氢同位素组成普遍发生倒转（即 $\delta^{13}C_{CH4} > \delta^{13}C_{C2H6}$、$\delta^2 H_{CH4} > \delta^2 H_{C2H6}$）（表 1 和图 3）。与无机烷烃气的原生型负碳同位素组成系列相对应，戴金星等将类似于延安大气田中的烷烃气碳同位素组成完全倒转，称为次生型负碳同位素系列[8]。关于商业气田中大规模的次生型负碳同位素系列形成的原因有多

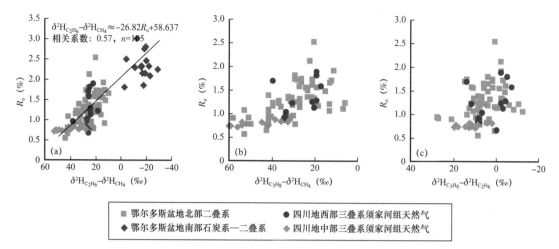

图9　鄂尔多斯盆地石炭系—二叠系以及四川盆地三叠系须家河组天然气重烃气与甲烷氢同位素组成之差和 R_o 值关系（数据来源同图3）

种解释：（1）高—过成熟条件下烃源岩滞留烃的裂解[8, 59]；（2）扩散作用[8, 60]；（3）过渡金属和水介质在250～300℃地温环境下发生氧化还原作用导致乙烷和丙烷瑞利分馏[61]；（4）地温高于200℃[62]。延安大气田二叠系天然气的 R_o 值为1.80%～3.03%，平均值为2.34%，与该地区石炭系—二叠系烃源岩的 R_o 值相吻合，说明天然气是在高温条件下所生成。综合上述造成烷烃气碳同位素组成完全倒转的原因，发现高温作用（过成熟）是一种最为重要的控制因素，而这也是烷烃气氢同位素组成发生完全倒转的主要因素，在此主控因素下可由滞留烃二次裂解、扩散或者过渡金属导致瑞利分馏，从而造成烷烃气氢同位素组成的完全倒转。

塔里木盆地塔中奥陶系—石炭系天然气出现烷烃气氢同位素组成局部倒转，即 $\delta^2H_{CH_4}$ > $\delta^2H_{C_2H_6}$ < $\delta^2H_{C_3H_8}$，而烷烃气碳同位素组成为正常序列。天然气的同位素组成倒转有很多种因素[63]，其中一个重要因素为不同成熟阶段天然气混合。由于 ^1H 和 ^2H（D）相对于其他稳定同位素组成具有最大的同位素质量差异，氢同位素组成分馏效应明显比碳同位素组成明显，使得后期更高热演化阶段的干气（如干酪根裂解气）与高成熟阶段的油裂解气混合时发生了甲烷氢同位素组成与乙烷氢同位素组成的倒转，而由于这种混合程度较低，没有触发碳同位素组成达到倒转的程度，这就形成了塔里木盆地奥陶系—石炭系部分天然气甲烷和乙烷碳同位素组成为正常序列，而氢同位素组成反而出现倒转。Wu 等[64]也认为造成塔中气田奥陶系天然气氢同位素组成倒转是不同烃源岩来源的腐泥型天然气或者是相同来源的不同成熟阶段气的混合所造成。

3.3　水体介质条件

在实验条件下发现，水直接参与了天然气的生成；水与烃源岩发生了氢交换，进而影响了所生成烷烃气的稳定氢同位素组成[29, 65-67]。尽管烷烃气与水体可以发生氢的交换[15, 66]，但是这种反应在自然条件下，速度极慢，比如在温度超过200～240℃的上亿年时间内，$\delta^2H_{CH_4}$ 几乎没有发生变化[4, 66]；所以天然气在生成之后，其与水体的氢同位素组成交换可以被忽略[29]，只考虑烃源岩沉积时的水体环境即可。

沉积相研究表明，须家河组开始沉积时，海水从四川盆地西南部地区逐渐退出[67-68]，须一段为海陆过渡相，须二段—须六段为陆相沉积[40]，但是海绿石矿物以及生物标志化合物组成特征表明须二段—须三段沉积期存在海侵现象[69-70]。Sr/Ba 值与古盐度呈正相关关系[71-72]，对比四川盆地须家河组与鄂尔多斯盆地太原组—山西组 Sr/Ba 值发现，前者分布区间为 0.2～1.0，须一段可达 1.0，须二段—须三段部分层段大于 0.5[73]，而鄂尔多斯盆地除了太原组部分层段样品 Sr/Ba 值大于 0.5 以外，山西组 Sr/Ba 值普遍小于 0.5[74-75]。通过分析硼、锶、钡以及钾元素含量，确定须家河组从下到上盐度逐渐降低，须一段和须二段的古盐度比较高，达到了 37‰[68, 72]。鄂尔多斯盆地石炭系本溪组和二叠系太原组为陆表海沉积环境[76-77]，而山西组则为海陆过渡相沉积[74]。通过硼元素和黏土矿物计算的太原组—山西组的古盐度表现出明显降低的趋势，太原组古盐度为 5.79‰～44.61‰，平均值为 24.18‰；山西组为 8.32‰～39.78‰，平均值为 18.45‰[74]。

　　从以上论述可知，四川盆地须家河组须一段—须三段沉积环境的古盐度要高于鄂尔多斯盆地太原组和山西组。四川盆地须家河组相对于鄂尔多斯盆地石炭系—二叠系干酪根碳同位素组成偏轻、显微组分中氢同位素组成偏重的惰质组含量较低、且烃源岩 R_o 值又较低，但是其天然气的氢同位素组成要明显重于后者；这说明，烃源岩沉积环境的水体介质条件，特别是古盐度对烷烃气氢同位素的组成具有极为重要的影响。

　　四川盆地川中地区须家河组烷烃气氢同位素组成要普遍重于川西地区（图 3），前者的 R_o 值较低，说明 R_o 值对于须家河组烷烃气氢同位素组成的控制作用相对古盐度并不明显，川中地区古盐度相对较高是造成其烷烃气氢同位素组成重于川西地区的重要因素。

　　四川盆地安岳气田震旦系天然气 R_o 值为 3.35%～42%，平均值为 3.79%；寒武系天然气 R_o 值为 2.98%～36%，平均值为 3.90%，两个层系天然气的成熟度差异并不明显，但是震旦系天然气甲烷氢同位素组成要轻于寒武系（图 5）。震旦系天然气来源于筇竹寺组和灯影组三段泥岩，寒武系天然气则主要来源于筇竹寺组[47-49]。大量的伽马蜡烷指示烃源岩沉积时的强还原超盐度环境[78-79]，伽马蜡烷 /C_{30} 藿烷值能够反映烃源岩沉积水体的盐度[78]。从伽马蜡烷 /C_{30} 藿烷值来看，筇竹寺组烃源岩的值要低于灯影组[80]，虽然没有就伽马蜡烷绝对含量进行比较，但伽马蜡烷 /C_{30} 藿烷值也在一定程度上说明筇竹寺组烃源岩沉积时的水体盐度要高于灯影组烃源岩。两套气层天然气氢同位素组成的区别是由于灯三段和筇竹寺组烃源岩沉积水体环境的差异造成的，这一认识和前人的观点[47, 81]相一致。

　　四川盆地安岳气田的成熟度要明显高于塔里木盆地奥陶系天然气，但是前者的 $\delta^2 H_{CH_4}$ 值，特别是震旦系天然气的 $\delta^2 H_{CH_4}$ 值要比塔里木奥陶系天然气轻，即前文提到 $\delta^2 H_{CH_4}$ 值在 -30‰位置发生了反转（图 5）。通过查阅文献，关于四川盆地寒武系筇竹寺组、灯三段烃源岩以及塔里木盆地寒武系、奥陶系烃源岩的伽马蜡烷绝对含量以及 Sr/Ba 比值等的研究鲜有报道，故不能比较两个盆地烃源岩沉积时的水体盐度。由于分属于两个盆地，烃源岩的沉积时代、母质组成有着巨大差异，作者团队推测"四川盆地震旦系天然气甲烷氢同位素组成轻于塔里木盆地奥陶系天然气"的原因是由于烃源岩母质组成和沉积水体环境的差异造成的。

4 结论

鄂尔多斯盆地二叠系和四川盆地三叠系须家河组天然气均为典型的煤成气，前者干燥系数、成熟度普遍高于后者，而后者的烷烃气稳定氢同位素组成要明显比前者更重。

建立 $\delta^2 H_{CH_4}$—C_1/C_{2+3} 天然气成因鉴别图版，并提出重烃气与甲烷氢同位素组成之差和烷烃气氢同位素组成相关图可以用来鉴别天然气成因。在两个盆地分区域建立了煤成气 $\delta^2 H_{CH_4}$—R_o 关系式，并提出了煤成气（$\delta^2 H_{C_2H_6}$–$\delta^2 H_{CH_4}$）—R_o 关系式，为煤成气成熟度判别提供了新的指标。

烷烃气稳定氢同位素组成值受到烃源岩母质、成熟度、天然气混合和烃源岩沉积水体介质等多重因素的控制，其中沉积水体盐度是其中极为重要且关键的一种因素。

参 考 文 献

［1］Bigeleisen J. Chemistry of isotopes［J］. Science, 1965, 147（3657）: 463–471.

［2］Stahl W J. Carbon and nitrogen isotopes in hydrocarbon research and exploration［J］. Chemical Geology, 1977, 20: 121–149.

［3］Schoell M. The hydrogen and carbon isotopic composition of methane from natural gases of various origins［J］. Geochimica et Cosmochimica Acta, 1980, 44（5）: 649–661.

［4］Schoell M. Recent advances in petroleum isotope geochemistry［J］. Organic Geochemistry, 1984, 6: 645–663.

［5］Schoell M. Multiple origins of methane in the earth［J］. Chemical Geology, 1988, 71（1/2/3）: 1–10.

［6］戴金星, 裴锡古, 戚厚发. 中国天然气地质学（卷一）［M］. 北京: 石油工业出版社, 1992.

［7］Dai J X, Xia X Y, Li Z S, et al. Inter–laboratory calibration of natural gas round robins for $\delta^2 H$ and $\delta^{13} C$ using off–line and on–line techniques［J］. Chemical Geology, 2012, 310/311: 49–55.

［8］Dai J X, Ni Y Y, Gong D Y, et al. Geochemical characteristics of gases of from the largest tight sand field（Sulige）and shale gas field（Fuling）in China［J］. Marine and Petroleum Geology, 2017, 79: 426–438.

［9］Whiticar M J, Faber E, Schoell M. Biogenic methane formation in marine and freshwater environments: CO_2 reduction vs. acetate fermentation–isotope evidence［J］. Geochimica et Cosmochimica Acta, 1986, 50（5）: 693–709.

［10］Whiticar M J. Carbon and hydrogen isotope systematics of bacterial formation and oxidation of methane［J］. Chemical Geology, 1999, 161（1/2/3）: 291–314.

［11］Shen P, Xu Y C. Isotopic compositional characteristics of terrigenous natural gases in China［J］. Chinese Journal of Geochemistry, 1993, 12（1）: 14–24.

［12］徐永昌. 天然气成因理论及应用［M］. 北京: 科学出版社, 1994.

［13］Galimov E M. Isotope organic geochemistry［J］. Organic Geochemistry, 2006, 37（10）: 1200–1262.

［14］Kinnaman F S, Valentine D L, Tyler S C. Carbon and hydrogen isotope fractionation associated with aerobic microbial oxidation of methane, ethane, propane and butane［J］. Geochimica et Cosmochimica Acta, 2007, 71（2）: 271–283.

［15］Ni Y Y, Ma Q S, Geoffrey S E, et al. Fundamental studies on kinetic isotope effect（KIE）of hydrogen isotope fractionation in natural gas systems［J］. Geochimica et Cosmochimica Acta, 2011, 75（10）: 2696-2707.

［16］Ni Y Y, Dai J X, Zhu G Y, et al. Stable hydrogen and carbon isotopic ratios of coal-derived an oil-derived gases : A case study in the Tarim Basin, NW China［J］. International Journal of Coal Geology, 2013, 116/117: 302-313.

［17］Liu Q Y, Worden R H, Jin Z J, et al. Thermochemical sulphate reduction（TSR）versus maturation and their effects on hydrogen stable isotopes of very dry alkane gases［J］. Geochimica et Cosmochimica Acta, 2014, 137: 208-220.

［18］Liu Q Y, Jin Z J, Meng Q Q, et al. Genetic types of natural gas and filling patterns in Daniudi gas field, Ordos Basin, China［J］. Journal of Asian Earth Sciences, 2015, 107: 1-11.

［19］Li Jian, Li Jin, Li Zhisheng, et al. The hydrogen isotopic characteristics of the Upper Paleozoic natural gas in Ordos Basin［J］. Organic Geochemistry, 2014, 74: 66-75.

［20］Session A L, Brugoyne T W, Schimmelmann A, et al. Fractionation of hydrogen isotopes in lipid biosynthesis［J］. Organic Geochemistry, 1999, 30（9）: 1193-1200.

［21］Li M W, Huang Y, Obermajer M, et al. Hydrogen isotopic compositions of individual alkanes as a new approach to petroleum correlation : Case studies from the Western Canada Sedimentary Basin［J］. Organic Geochemistry, 2001, 32（12）: 1387-1399.

［22］Wang Y P, Dai J X, Zhao C Y, et al. Genetic origin of Mesozoic natural gases in the Ordos Basin（China）: Comparison of carbon and hydrogen isotopes and pyrolytic results［J］. Organic Geochemistry, 2010, 41（9）: 1045-1048.

［23］戴金星, 倪云燕, 胡国艺, 等. 中国致密砂岩大气田的稳定碳氢同位素组成特征［J］. 中国科学: 地球科学, 2014, 44（4）: 563-578.

［24］Hu G Y, Li J, Shan X Q, et al. The origin of natural gas and the hydrocarbon charging history of the Yulin Gas field in the Ordos Basin, China［J］. International Journal of Coal Geology, 2010, 81（4）: 381-391.

［25］Hu G Y, Yu C, Ni Y Y, et al. Comparative study of stable carbon and hydrogen isotopes of alkane gases sourced from the Longtan and Xujiahe coal-bearing measures in the Sichuan Basin, China［J］. International Journal of Coal Geology, 2014, 116/117: 293-301.

［26］吴小奇, 王萍, 刘全有, 等. 川西坳陷新场气田上三叠统须五段天然气来源及启示［J］. 天然气地球科学, 2016, 27（8）: 1409-1418.

［27］Huang S P, Fang X, Liu D, et al. Natural gas genesis and sources in the Zizhou gas field, Ordos Basin, China［J］. International Journal of Coal Geology, 2015, 152（Part A）: 132-143.

［28］Li Jian, Li Jin, Li Zhisheng, et al. Characteristics and genetic types of the lower Paleozoic natural gas, Ordos Basin［J］. Marine and Petroleum Geology, 2018, 89: 106-119.

［29］Wang X F, Liu W H, Shi B G, et al. Hydrogen isotope characteristics of thermogenic methane in Chinese sedimentary basins［J］. Organic Geochemistry, 2015, 83/84: 178-189.

［30］Feng Z Q, Liu D, Huang S P, et al. Geochemical characteristics and genesis of natural gas in the Yan'an gas field, Ordos Basin, China［J］. Organic Geochemistry, 2016, 102: 67-76.

［31］Wu X Q, Tao X W, Hu G Y. Geochemical characteristics and source of natural gases from southeast depression of the Tarim Basin, NW China［J］. Organic Geochemistry, 2014, 74: 106-115.

［32］彭威龙, 胡国艺, 黄士鹏, 等. 天然气地球化学特征及成因分析: 以鄂尔多斯盆地东胜气田为例［J］. 中国矿业大学学报, 2017, 46（1）: 74-84.

［33］杨俊杰, 裴锡古. 中国天然气地质学（卷四）［M］. 北京: 石油工业出版社, 1996.

［34］杨华, 刘新社. 鄂尔多斯盆地古生界煤成气勘探进展［J］. 石油勘探与开发, 2014, 41（2）: 129-137.

［35］戴金星, 陈践发, 钟宁宁, 等. 中国大气田及其气源［M］. 北京: 科学出版社, 2000.

［36］Dai J X, Li J, Luo X, et al. Stable carbon isotope compositions and source rock geochemistry of the giant gas accumulations in the Ordos Basin, China［J］. Organic Geochemistry, 2005, 36（12）: 1617-1635.

［37］戴金星. 中国煤成大气田及气源［M］. 北京: 科学出版社, 2014.

［38］瞿光明. 中国石油地质志卷十: 四川油气区［M］. 北京: 石油工业出版社, 1989.

［39］李伟, 秦胜飞, 胡国艺, 等. 水溶气脱溶成藏: 四川盆地须家河组天然气大面积成藏的重要机理之一［J］. 石油勘探与开发, 2011, 38（6）: 662-670.

［40］朱如凯, 赵霞, 刘柳红, 等. 四川盆地须家河组沉积体系与有利储层分布［J］. 石油勘探与开发, 2009, 36（1）: 46-55.

［41］邹才能, 陶士振, 袁选俊, 等. "连续型"油气藏及其在全球的重要性: 成藏、分布与评价［J］. 石油勘探与开发, 2009, 36（6）: 669-682.

［42］Dai J X, Ni Y Y, Zou C N, et al. Stable carbon isotopes of alkane gases from the Xujiahe coal measures and implication for gas-source correlation in the Sichuan Basin, SW China［J］. Organic Geochemistry, 2009, 40（5）: 638-646.

［43］沈平, 申岐祥, 王先彬, 等. 气态烃同位素组成特征及煤型气判识［J］. 中国科学: 化学, 1987, 17（6）: 647-656.

［44］Dai J X, Ni Y Y, Zou C N, et al. Stable carbon and hydrogen isotopes of natural gases sourced from the Xujiahe Formation in the Sichuan Basin, China［J］. Organic Geochemistry, 2012, 43（1）: 103-111.

［45］刘全有, 戴金星, 李剑, 等. 塔里木盆地天然气氢同位素地球化学与对热成熟度和沉积环境的指示意义［J］. 中国科学: 地球科学, 2007, 37（2）: 1599-1608.

［46］Liu Q Y, Jin Z J, Li H L, et al. Geochemistry characteristics and genetic types of natural gas in central part of the Tarim Basin, NW China［J］. Marine and Petroleum Geology, 2018, 89（Part 1）: 91-105.

［47］魏国齐, 谢增业, 白贵林, 等. 四川盆地震旦系—下古生界天然气地球化学特征及成因判识［J］. 天然气工业, 2014, 34（3）: 44-49.

［48］魏国齐, 谢增业, 宋家荣, 等. 四川盆地川中古隆起震旦系—寒武系天然气特征及成因［J］. 石油勘探与开发, 2015, 42（6）: 702-711.

［49］Zou C N, Wei G Q, Xu C C, et al. Geochemistry of the Sinian-Cambrian gas system in the Sichuan Basin, China［J］. Organic Geochemistry, 2014, 74: 13-21.

［50］Schwartzkopf T. Carbon and hydrogen isotopes in coals and their by-products［D］. Bochum: Ruhr Uni

Bochum, 1984: 39.

［51］戴金星，钟宁宁，刘德汉，等．中国煤成大中型气田地质基础和主控因素［M］．北京：石油工业出版社，2000．

［52］杨阳，王顺玉，黄羚，等．川中—川南过渡带须家河组烃源岩特征［J］．天然气工业，2009，29（6）：27-30．

［53］戴金星，戚厚发，王少昌，等．我国煤系的气油地球化学特征、煤成气藏形成条件及资源评价［M］．北京：石油工业出版社，2001．

［54］黄世伟，张廷山，王顺玉，等．四川盆地赤水地区上三叠统须家河组烃源岩特征及天然气成因探讨［J］．天然气地球科学，2004，15（6）：590-592．

［55］Hunt J. Petroleum geochemistry and geology, 2nd edition［M］. New York : W H Freeman and Company，1996．

［56］Prinzhofer A，Mello M R，Takaki T. Geochemical characterization of natural gas : A physical multivariable approach and its application in maturity and migration estimates［J］. AAPG Bulletin，2000，84（8）：1152-1172．

［57］刘文汇，徐永昌．煤型气碳同位素演化二阶段分馏模式及机理［J］．地球化学，1999，18（4）：359-366．

［58］戴金星，戚厚发．我国煤成烃气的 $\delta^{13}C$—R_o 关系［J］．科学通报，1989，34（9）：690-692．

［59］Xia X，Chen J，Braun R，et al. Isotopic reversals with respect to maturity trends due to mixing of primary and secondary products in source rocks［J］. Chemical Geology，2013，339（2）：205-212．

［60］戴金星，倪云燕，黄士鹏，等．次生型负碳同位素系列成因［J］．天然气地球科学，2016，27（1）：1-7．

［61］Burruss R C，Laughrey C D. Carbon and hydrogen isotopic reversals in deep basin gas : Evidence of limits to the stability of hydrocarbons［J］. Organic Geochemistry，2009，41（12）：1285-1296．

［62］Vinogradov A P，Galimov E M. Isotopism of carbon and the problem of oil origin［J］. Geochemistry，1970，3：275-296．

［63］Dai J X，Xia X Y，Qin S F，et al. Origins of partially reversed alkane $\delta^{13}C$ values for biogenic gases in China［J］. Organic Geochemistry，2004，35（4）：405-411．

［64］Wu X Q，Tao X W，Hu G Y. Geochemical characteristics and genetic types of natural gas from Tazhong area in the Tarim Basin，NW China［J］. Energy Exploration & Exploitation，2014，32（1）：159-174．

［65］Schimmelmann A，Lewan M D，Wintsch R P. D/H isotope ratios of kerogen, bitumen, oil, and water in hydrous pyrolysis of source rocks containing kerogen types I, Ⅱ, Ⅱ S and Ⅲ［J］. Geochimica et Cosmochimica Acta，1999，63（22）：3751-3766．

［66］Schimmelmann A，Boudou J P，Lewan M D，et al. Experimental controls on D/H and $^{13}C/^{12}C$ ratios of kerogen, bitumen and oil during hydrous pyrolysis［J］. Organic Geochemistry，2001，32（8）：1009-1018．

［67］邓康龄．四川盆地形成演化与油气勘探领域［J］．天然气工业，1992，12（5）：7-13．

［68］郭正吾，邓康龄，韩永辉，等．四川盆地形成与演化［M］．北京：地质出版社，1996．

［69］金惠，杨威，谢武仁，等．黏土矿物在四川盆地须家河组沉积环境研究中的应用［J］．石油天然气学报（江汉石油学院学报），2010，32（6）：17-21．

［70］李兴，张敏，黄光辉．川西坳陷须家河组下段腐殖煤系气源岩饱和烃分布异常研究［J］．长江大学学报（自然版）：2013，10（8）：49-52．

［71］邓宏文，钱凯．沉积地球化学与环境分析［M］．兰州：甘肃科学出版社，1993．

［72］郑荣才，柳海青．鄂尔多斯盆地长6油层组古盐度研究［J］．石油与天然气地质，1999，20（1）：20-25．

［73］白斌，邹才能，朱如凯，等．利用露头、自然伽马、岩石地球化学和测井地震一体化综合厘定层序界面［J］．天然气地球科学，2010，21（1）：78-86．

［74］彭海燕，陈洪德，向芳，等．微量元素分析在沉积环境识别中的应用：以鄂尔多斯盆地东部二叠系山西组为例［J］．新疆地质，2006，24（2）：202-205．

［75］陈洪德，李洁，张成弓，等．鄂尔多斯盆地山西组沉积环境讨论及其地质启示［J］．岩石学报，2011，27（8）：2213-2229．

［76］郭英海，刘焕杰，权彪，等．鄂尔多斯地区晚古生代沉积体系及古地理演化［J］．沉积学报，1998，16（3）：44-52．

［77］陈洪德，侯中健，田景春，等．鄂尔多斯地区晚古生代沉积层序地层学与盆地构造演化研究［J］．矿物岩石，2001，21（3）：16-24．

［78］Moldowan J M，Seifert W K，Galldgos E K．Relationship between petroleum composition and depositional environment of petroleum source rocks［J］．American Association of Petroleum Geologists Bulletin，1985，69（8）：1255-1268．

［79］Chang X C，Wang T G，Li Q M，et al．Geochemistry and possible origin of petroleum in Palaeozoic reservoirs from Halahatang Depression［J］．Journal of Asian Earth Sciences，2013，74：129-141．

［80］Chen Z H，Simoneit B R，Wang T G，et al．Biomarker signatures of Sinian bitumens in the Moxi-Gaoshiti Bulge of Sichuan Basin，China：Geological significance for paleo-oil reservoirs［J］．Precambrian Research，2017，296：1-19．

［81］Wu W，Luo B，Luo W J，et al．Further discussion about the origin of natural gas in the Sinian of central Sichuan paleo-uplift，Sichuan Basin，China［J］．Journal of Natural Gas Geoscience，2016，1（5）：353-359．

原文刊于《石油勘探与开发》，2019，46（3）：496-508．

熊耳裂陷槽中元古界 LA—ICP—MS 碎屑岩锆石 U—Pb 年代学及其古环境分析

代　榕[1]　张　严[2]　罗顺社[1,3]　汪泽成[4]　王铜山[4]　吕奇奇[2]　官玉龙[2]

（1.长江大学油气资源与勘探技术教育部重点实验室；2.长江大学地球科学学院；

3.非常规油气湖北省协同创新中心；4.中国石油勘探开发研究院）

摘　要： 为了解汝阳群在地质历史上的沉积时代和大地构造环境特征，本文应用 LA—ICP—MS 方法，对河南新安黛眉山地区中元古界汝阳群小沟背组底部开展了碎屑岩锆石 U—Pb 同位素年代学研究。结果显示小沟背组的锆石年龄分布于 1720—2727Ma，其靠近谐和线的最年轻的碎屑锆石年龄为 1720±60Ma，主要峰值年龄为 2547Ma，次峰值年龄有 2178Ma、1832Ma。因此，作者认为小沟背组的时代下限~1720Ma。小沟背组的物源区主要来自新太古代晚期和古元古代早期、古元古代中期、古元古代晚期以及新元古代早期的地质体，同时样品的碎屑锆石年龄峰值与华北克拉通前寒武地质事件具有较好的响应关系，揭示了当时的古构造环境。

关键词： 锆石；LA—ICP—MS；U—Pb 测年；小沟背组；长城系；熊耳裂陷槽；华北克拉通

1　引言

　　关于熊耳裂陷槽地层年代的划分众说纷纭：关保德[1]、邢裕盛[2] 等主张将兵马沟组—北大尖组组成的汝阳群归入中元古界蓟县系，将崔庄组—洛峪口组组成的洛峪群归入新元古界青白口系；而陈晋镳[3] 等则将兵马沟组—洛峪口组统称为"汝阳群"，统一归入中元古界蓟县系。为了限定地层年代，关保德等[1] 率先在三教堂组和崔庄组获得海绿石 K—Ar 测年数据，分别为 1071—1089Ma、1138—1159Ma，成为将洛峪群划归进入青白口系的依据；乔秀夫等[4] 在洛峪口组获得碳酸盐岩 Pb—Pb 年龄 855±54Ma；刘鸿允[5] 等在崔庄组获得了黏土矿物 Rb—Sr 年龄 1125±3Ma，在董家组燧石中获得 Ar—Ar 年龄 918.8Ma。近年来，苏文博[6] 等在该地区取得重要进展，在河南汝州阳坡村附近对洛峪口组中部"沉凝灰岩"夹层开展了锆石 U—Pb 测年研究，得了 1611±8Ma 的高精度年龄，为该地区洛峪口组及其下伏地层洛峪群、汝阳群提供了精确的年代数据。同年胡国辉[7] 等对嵩山地区五佛山群底部马鞍山组开展了碎屑岩 LA—ICP—MS 锆石 U—Pb 年龄测定，两块样品最年轻的锆石年龄分别为 1732±11Ma 和 1655±22Ma，对

基金项目：国家科技重大专项（2016ZX05004-001）；中国石油勘探开发研究院超前基础研究项目（2015yj-09）

嵩山—箕山地层小区的沉积时代进行了限定，认为佛山群沉积时代晚于 1655Ma；Hu 等[8] 在云梦山的底部获得了最年轻为 1744±22Ma 的碎屑锆石年龄，限定了裂陷槽继熊耳群火山岩后的碎屑岩沉积时代。均对本地区地层对比和年代地层格架的建立具有重要意义。

此外，黛眉山地区是国家地质公园，也是 AAAAA 级风景区，其独特的自然环境离不开构造活动、岩石类型以及气候等多种因素的共同作用，其中构造活动对其后期的成因具有重要意义，因此对其地质历史时期构造环境的分析有利于加强其现代地理环境的认识。

笔者分别对河南新安黛眉山地区汝阳群小沟背组进行了 LA—ICP—MS 碎屑岩锆石 U—Pb 测年。综合前人对本地区的研究成果，对比华北克拉通南缘不同地区同期锆石年龄，揭示华北克拉通南缘结晶基底及熊耳裂陷槽的形成、演化特征。

2 区域地质背景

熊耳裂陷槽主要分布在中国豫、晋、陕三省交界处（图 1a），以"豫西"地区为主，其中—新元古界主要由下部熊耳群发育巨厚（最厚达 7000m）的中性夹酸性火山岩基底和上部碎屑岩、碳酸盐岩沉积盖层组成。根据地区岩性组合和沉积特征等将其中—新元古代地层划分为小秦岭—栾川地层小区（Ⅰ）、渑池—确山地层小区（Ⅱ）和嵩山—箕山地层小区（Ⅲ）三个地层小区（图 1b）。

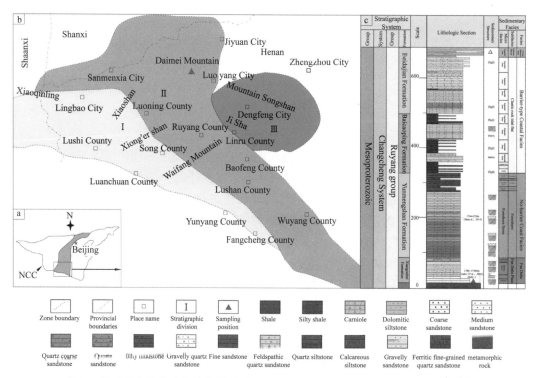

图 1　熊耳裂陷槽大地构造背景（a）、地层分区图（b）以及采样位置图（c）[6]

3 剖面和采样位置

此次研究的剖面位于河南省洛阳市新安县境内的黛眉山地区（图1b），前期对小沟背组和云梦山组进行了详细的观察与测量。小沟背组（厚73.0m）不整合于下伏熊耳群马家河组变质岩之上，主要为灰色—灰白色中厚层含砾石英砂岩、紫红色中—细粒长石石英砂岩，发育大型交错层理、透镜状层理、平行层理，为扇三角洲沉积。用于锆石测年的样品分别采自第1层棕黄色厚层石英岩化细中粒长石石英砂岩（可见变余构造）（图2）。

图2 河南黛眉山地区小沟背组（DMS-1）镜下照片

注：细中粒长石石英砂岩，可见石英次生加大，碎裂岩化现象明显，似有炭质充填微裂隙，泥质杂基充填，小沟背组（DMS-1）岩石薄片镜下照片，单偏光（a），正交偏光（b）

4 分析方法及数据处理

样品粉碎以及锆石挑选由廊坊市科大岩石矿物分选技术股份有限公司协作完成。采用浮选法和电磁法进行分选，在双目镜下挑选晶体形态不同，大小不同的单颗粒锆石以保证其代表性。

一般而言，对于小于1000Ma的年轻锆石年龄一般采用$^{206}Pb/^{238}U$年龄，然而大于1000Ma的古老锆石，由于存在铅丢失现象，一般则采用$^{207}Pb/^{206}Pb$年龄则更为可靠[9]。实验结束后，应用ICPMSDataCal软件[10]和Isoplot程序[11]（3.0版本）进行数据的分析处理对数据进行处理，计算出加权平均年龄以及绘制谐和图。

5 样品及分析结果

5.1 锆石形态和Th/U值

样品中锆石颗粒大小差异，形状以等轴状居多，其次为长柱状、纺锤形，粒径介于50～150μm之间。磨圆以次圆状、次棱角状为主，偶见浑圆状颗粒，由此可见样品中的锆石可能来自较远的物源区而经受了较长时间的搬运和较强的磨蚀。

阴极发光图像分析显示样品中的锆石内部特征差异明显，大部分锆石具有明显的岩浆生长振荡环带结构，且其中大部分结晶环带较窄，显示岩浆岩偏酸性（图3），个别锆石可见核幔结构。

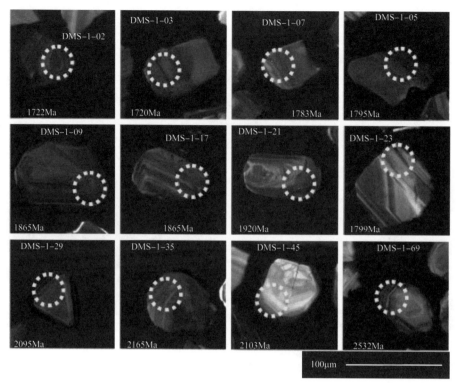

图 3　河南黛眉山地区小沟背组（DMS-1）

代表性锆石阴极发光（CL）图像（束斑直径为 24μm）

5.2　U—Pb 年龄

小沟背组（样品 DMS-1）获得 86 个有效数据点，其表面年龄的谐和度均大于 90。对样品的有效数据作谐和曲线图和年龄分布柱状图，可见多数数据点沿谐和线及其附近分布（图 4）。由于所测锆石的年龄平均年龄均大于 1000Ma，所以选取 $^{207}Pb/^{206}Pb$ 作为锆石的形成年龄，其中小沟背组（样品 DMS-1）的锆石年龄分布于 1720—2727Ma 之间，其靠近谐和线的最年轻的碎屑锆石年龄为 1720±60Ma（测点 DMS-1-03），主要峰值年龄为 2547Ma，次峰值年龄有 2178Ma、1832Ma（图 4）。

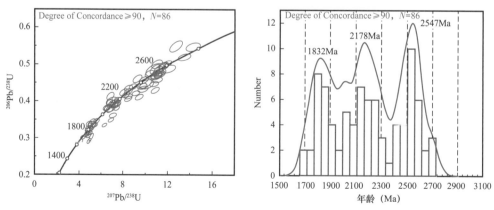

图 4　河南黛眉山地区中远古代小沟背组（样品 DMS-1）碎屑锆石 U—Pb 谐和曲线图和年龄分布柱状图

6 讨论

6.1 最年轻的碎屑锆石谐和年龄对小沟背组时代的约束

在样品没有被污染，测试系统稳定的情况下，沉积岩中碎屑锆石获得的最年轻的年龄数据将提供沉积物最大的沉积年龄。本文研究的小沟背组碎屑锆石的最小谐和年龄为 1720±60Ma（测点 DMS-1-03），因此代表了小沟背组最大的沉积年限。汝阳群—洛峪群的顶界年龄限定在 1.6Ga，底界年龄限定在 1.75Ga，结合测年结果，显示在 1750—1720Ma 之间或存在沉积间断，但是由于缺少更为精确的凝灰岩年代数据，这一猜想有待进一步验证。

6.2 碎屑锆石的物源区分析

通过对锆石年龄分布柱状图的分析，显示小沟背组年龄分布分为 3 组，分别为：2.75—2.4Ga（峰值为 2547Ma），2.4—2.0Ga（峰值为 2178Ma），2.0—1.7Ga（峰值为 1832Ma），对应所占整个锆石年龄分布的比例分别为占 34%、37%、29%（图 5），认为小沟背组的物源区来自新太古代晚期和古元古代早期、古元古代中期、古元古代晚期及新元古代早期的地质体。

6.3 碎屑锆石对华北克拉通前寒武地质事件的响应

6.3.1 地壳生长以及克拉通化事件

小沟背组碎屑锆石记录了～2.5Ga 的峰值年龄以及少数的～2.7Ga 的年龄分布。一直以来，2.9～2.7Ga 被认为是华北克拉通大规模陆壳生长的时期，来自岩体的证据主要有鲁西地区的绿岩带和 TTG 片麻岩以及来自胶东、恒山、阜平、冀东、中条山、河南和内蒙古等地的 TTG 片麻岩，除此之外，在华北地区元古宙沉积盆地的碎屑锆石分亦可见～2.7Ga 的年龄峰值，这与熊耳裂陷槽小沟背组和云梦山组碎屑锆石～2.7Ga 的年龄记录均证实 2.9—2.7Ga 岩石普遍存在。同时，克拉通内部片麻岩、TTG 和花岗质片麻岩具有 2.9—2.7Ga 的 Hf 和 Nd 模式年龄，认为其形成时代或其从地幔上涌的时代是 2.9—2.7Ga，反映华北克拉通在此时间段内有大规模陆壳形成过程[15]。

6.3.2 古元古代裂谷事件

小沟背组碎屑锆石 U—Pb 年龄分布显示存在大量 2.4—1.95Ga 的年龄分布，峰值为～2.1Ga。据报道，在 2.3—2.0Ga 期间，华北克拉通可能经历了一次基底陆块的断裂—拉伸事件，在华北北缘、东缘以及中部地区形成丰镇、胶辽和晋豫三个裂谷带，从而形成丰镇、胶辽和晋豫三个克拉通内部凹陷盆地（或裂谷带），且已发现的与该时期同期的基性岩墙、裂谷型火山岩以及 A 型花岗岩[12]等均具有伸展性质，可以有效地论证这一观点。

6.3.3 古元古代造山带以及中元古代裂谷事件

此外，小沟背组碎屑锆石 U—Pb 年龄还有很大部分分布在 1.95—1.7Ga，峰值年龄为～1.8Ga。据报道，华北克拉通在1.95—1.82Ga发生的大规模变质事件及与变质作用有关的花岗岩和伟晶岩脉的侵入，可能与1.95—1.8Ga丰镇、胶辽和晋豫三个裂谷带的造山活动相关。在1.8—1.75Ga年龄分布的锆石则对应熊耳裂陷槽的发育，伴随有1.78Ga基性岩墙群的侵入[16]，此事件也预示了整个华北克拉通中远古代裂谷事件和沉积事件的开端。

7 结论

（1）小沟背组的时代下限～1.72Ga，在熊耳群与汝阳群小沟背组之间即1.75—1.72Ga之间或存在沉积间断。

（2）小沟背组的物源区来自新太古代晚期和古元古代早期、古元古代中期、古元古代晚期以及新元古代早期的地质体。

（3）小沟背组的碎屑锆石年龄峰值与华北克拉通前寒武地质事件具有较好的响应关系：来自～2.7Ga的年龄分布主要反映了克拉通地壳生长，～2.5Ga的峰值年龄反映了华北克拉通化的演化过程，2.4—1.9Ga的年龄分布主要反映了古元古代裂谷事件，1.95—1.8Ga的年龄分布主要与丰镇、胶辽和晋豫三个裂谷带的造山活动相关，而1.8—1.75Ga的年龄分布则主要是反映熊耳裂陷槽的发育，以及预示着整个华北克拉通中远古代裂谷事件的开端。

参 考 文 献

[1] 关保德，潘泽成，耿午辰，等. 东秦岭北坡震旦亚界[A]. 天津地质矿产研究所编. 中国震旦亚界[C]. 天津：天津科学技术出版社，1980.

[2] 邢裕盛，高振家，王自强，等. 中国地层典——新元古界[M]. 北京：地质出版社，1996.

[3] 陈晋镳，张鹏远，高振家，等. 中国地层典——中元古界[M]. 北京：地质出版社，1999.

[4] 乔秀夫，高劢. 中国北方青白口系碳酸岩Pb—Pb同位素测年及意义[J]. 地球科学，1997，22（1）：1-7.

[5] 刘鸿允，郝杰，李日俊，等. 中国中东部晚前寒武纪地层与地质演化[M]. 北京：科学出版社，1999.

[6] 苏文博，李怀坤，徐莉，等. 华北克拉通南缘洛峪群—汝阳群属于中元古界长城系—河南汝州洛峪口组层凝灰岩锆石LA—MC—ICPMS U—Pb年龄的直接约束[J]. 地质调查与研究，2012，35（2）：96-108.

[7] 胡国辉，赵太平，周艳艳，等. 华北克拉通南缘五佛山群沉积时代和物源区分析：碎屑锆石U—Pb年龄和Hf同位素证据[J]. 地球化学，2012，41（4）：326-342.

[8] Hu G H, Zhao T P, Zhou YY. Depositional age, provenance and teconic setting of the Proterozoic Ruyang Group, southern margin of the NorthChina Craton [J]. Precambrian Research, 2014, 246：296-318.

[9] Black L P, Kamo S L, Allen C M, et al. TEMORA 1: A new zircon standard for Phanerozoic U—Pb geochronology. Chemical Geology, 2003, 200：155-170

[10] Liu Yongsheng, Gao Shan, Hu Zhaochu, et al. Continental and oceanic crust recycling-induced melt-

peridotite interactions in the Trans–North China Orogen : U—Pb dating, Hf isotopes and trace elements in zircons from mantle xenoliths [J]. Journal of Petrology, 2009, 51 (1–2): 537–571.

[11] Ludwig K R. User's manual for Isoplot/Ex, version3.00. A geochronological toolkit for Microsoft Excel [J]. Geochronology Center Special Publication, 2003, 4: 1–70.

[12] Zhou Yanyan, Zhao Tai–ping, Wang Christina Yan, et al. Geochronology and geochemistry of 2.5 to 2.4 Ga granitic plutons in the southern margin of the North China Craton : Implications for a tectonic transition from arc to post–collisional setting [J]. Gondw Res, 2011, 20 (1): 171–183.

[13] 万渝生, 刘敦一, 王世炎, 等. 登封地区早前寒武纪地壳演化—地球化学和锆石 SHRIMP U—Pb 年代学制约 [J]. 地质学报, 2009, 83 (7): 982–999.

[14] 胡国辉, 胡俊良, 陈伟, 等. 华北克拉通南缘中条山—嵩山地区 1.78Ga 基性岩墙群的地球化学特征及构造环境 [J]. 岩石学报, 2010, 26 (5): 1563–1576.

[15] Jahn B M, Liu D Y, Wan Y S, et al. Archean crustal evolution of the Jiaodong Peninsula, China, as revealed by zircon SHRIMP geochronology, elemental and Nd–isotope geochemistry American [J]. Journal of Science, 2008, 308 (3): 232–269

[16] Cui M L, Zhang B L and Zhang L C. U—Pb dating of baddeleyite and zircon from the Shizhaigou diorite in the southern margin of North China craton : Constrains on the timing and tectonic setting of the Paleoproterozoic Xiong'er Group [J]. Gondwana Research, 2011, 20 (1): 184–193.

高石梯—磨溪地区寒武系储层主控因素的地震地层学解释

李劲松　于　豪　李文科　马晓宇

（中国石油勘探开发研究院）

摘　要： 四川盆地高石梯—磨溪地区寒武系发育颗粒滩白云岩储层，有着良好的天然气勘探前景。为了确定优质储层分布范围，通过地震地层学解释，利用钻井和地震资料将龙王庙组—洗象池群间划分为 4 个四级层序，标定了 4 个海平面升降变化旋回；结合最大波峰振幅属性和地层厚度，认为颗粒滩白云岩储层受海平面变化和古地貌的双重控制。其中，颗粒滩白云岩储层发育受四级海平面下降期的控制，呈带状展布，优质储层发育在层序上超位置附近，近岸古地貌微幅度变化进一步影响储层物性，局部古地貌高部位储层物性更为优越。地震地层学解释可以确定颗粒滩白云岩优质储层发育区，并将对下一步该区具备相似成藏条件的奥陶系储层研究提供参考。

关键词： 地震地层学；四川盆地；高石梯—磨溪地区；寒武系龙王庙组；颗粒滩白云岩；优质储层

川中地区是四川盆地的重要产气区，主要产层为海相碳酸盐岩，储层的发育受乐山—龙女寺古隆起的控制。其中，寒武系龙王庙组发育颗粒滩白云岩储层。2012 年 9 月，磨溪 8 井获高产气流[1]，揭示了其良好的油气勘探前景。

颗粒滩相储层属于沉积型碳酸盐岩，主要受古地理环境和沉积作用控制。前人对其发育条件、有利区分布特征等有着较为系统、清晰的认识[2-3]。

龙王庙组白云岩颗粒滩主要发育在台隆区相对较高部位，受海平面变化和古地貌的双重控制。依据钻井、露头、岩心和薄片等资料，认为古构造控制白云岩滩体分布，海平面的变化控制滩体发育期次[4-5]。这种认识对于气藏宏观方面的研究具有指导意义，但是由于沉积等时性证据的匮乏，以岩性分层为主导的研究一般会导致海平面升降、空间分布的认识简单化，不利于勘探区带目标优选、气藏精细评价。为了改变这种局面，必须借助地震地层学的研究方法和手段。

地震地层学是以地震资料为基础，进行地层划分对比、沉积环境分析、岩相岩性预测的地层学分支学科[6]。地震地层学理论依据是：地震反射同相轴基本上是沉积等时面，而非岩性界面的反映。地震地层学可以克服空间采样资料严重不足而造成的井间对比的不确定性，对于认识等时沉积面在空间上的横向变化具有十分重要的作用[7-9]。因此，本文利

基金项目：国家科技重大专项"下古生界—前寒武系碳酸盐岩油气成藏规律、关键技术及目标评价"（2016ZX05004-003）

用地震及钻井资料，开展地震地层学解释，分析高石梯—磨溪地区寒武系颗粒滩白云岩优质储层展布规律，以期进一步提高龙王庙组白云岩储层的研究精度，指导气田勘探开发。

1 区域地质背景

1.1 构造地质背景

前人研究[10-12]认为：乐山—龙女寺古隆起是震旦纪以来长期持续发育的继承性古隆起，即晚震旦世灯影组沉积期—寒武纪形成雏形，奥陶纪继承发展，志留纪末基本定型。震旦纪末的桐湾运动导致地壳隆升，四川盆地古地形趋势为西北隆、中部高、东南低。后经下寒武统筇竹寺组（包括麦地坪组）和沧浪铺组陆棚碎屑岩填平补齐后，古地貌趋于平缓。四川盆地寒武系底界与震旦系灯影组为假整合接触，顶界与奥陶系为假整合（西部）或整合（盆地中、东部）接触。加里东期主要发生3次构造事件，即郁南事件、都匀事件和广西事件。寒武纪末的郁南运动使乐山—龙女寺古隆起震旦系、寒武系隆升，并遭受风化剥蚀和溶蚀作用，造成盆地西部寒武系不同程度缺失，而东部寒武系则比较齐全，基本上没有遭受剥蚀，并与上覆奥陶系呈整合接触；奥陶纪末的都匀事件造成志留系与奥陶系之间的不整合接触。前两次事件抬升剥蚀时间相对较短，剥蚀量不大，对油气成藏影响较小。最后一期构造事件——广西事件自中志留世末开始，导致四川盆地抬升、剥蚀，到石炭、二叠纪才再次沉降、接受沉积，持续时间长达120Ma，不整合面上、下地层缺失多。

1.2 沉积背景

受早寒武世区域拉张构造环境的影响，基底断裂复活，断裂下降盘演化成为台内坳陷，而上升盘成为台隆区。因此，在龙王庙组颗粒滩白云岩储层开始沉积时，四川盆地总体表现为向东倾斜的隆坳相间的古地理格局[10-12]，这种古地理背景对随后地层的发育和展布具有控制作用。

根据四川盆地整体、川中地区和威远地区寒武纪层序的研究[13-15]，认为寒武纪可划分为两个半三级层序级别的海侵—海退旋回。最大海侵发生在早寒武世筇竹寺组沉积期，形成了一套巨厚的浅海陆棚相泥质烃源岩；随后发生大规模的海退，形成了沧浪铺组滨岸相和三角洲相碎屑沉积，发育障壁沙坝、分流河道、河口坝等潜在的砂岩储层；在早寒武世晚期发生第二次海侵，形成了龙王庙组局限台地相、开阔台地相沉积，发育台内鲕滩、砂屑滩等碳酸盐岩储层；中寒武世发生第二次海退，形成了高台组局限台地相沉积，砂泥坪、混合坪扩大，储层不甚发育；中—晚寒武世发生第三次海侵，形成了洗象池群局限台地相沉积，与龙王庙组类似，为一个重要的砂砾屑滩、鲕滩等碳酸盐岩储层发育期。

龙王庙组总体属于一个三级层序，包括海侵至海退的完整旋回。海侵期水体较深，以细粒沉积为主；海退期水体变浅，滩体发育。其中，龙王庙组高水位域大致经历了四期的次一级海平面变化，每一期相当于一个四级旋回，使得龙王庙组纵向上发育了多期滩体。

1.3 古地貌分析

龙王庙组颗粒滩相白云岩为浅水台内滩沉积，储层受海底古地貌高地控制[2-3]。因此，对于颗粒滩等沉积型碳酸盐岩储层，古地貌研究是非常重要的[16-17]。

四川盆地川中高石梯—磨溪地区寒武系内部各组、群间基本为连续沉积[10-12]。虽然郁南事件、广西事件对寒武系地层发育有影响，但都属于整体抬升剥蚀，现今的寒武系基本保留了原始沉积时的关系。因此，龙王庙组底界—奥陶系底界（下称研究目的层）残余时间厚度图（图1）能够近似反映当时沉积古地貌。

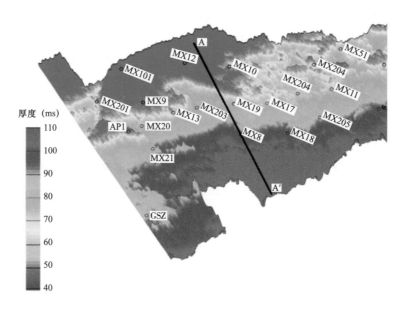

图1　寒武系龙王庙组底界—奥陶系底界地层残余时间厚度图

从图1中可以看出，古地貌西北高、东南低。西部（红色区域）是寒武系部分遭受剥蚀的区域，而向东寒武系基本得到保存。同时，可见3个明显的区间，即红色、绿色和紫色范围，分别代表时间厚度主体为40～50ms、70～80ms和100～110ms，表明研究区存在时间厚度的突变带，研究目的层开始沉积时存在古地貌的陡坎带。残余厚度的细节变化对研究目的层的沉积环境及优质储层的发育都具有十分重要的意义。

2 寒武系地震地层学解释

2.1 层序的识别和划分

在寒武系龙王庙组底界之上，每一个古地形的隆起部位，都可见由一个波峰反射和一个波谷反射组成的反射波组上超于该隆起（图2）。研究目的层一共出现这样的四组反射波组，每一组反射波组的上超位置都与时间厚度突变带相对应（图1），即出现在古地貌的陡坎带附近。同时，古地貌高与地震反射波组的上超边界有着良好的对应关系。

需要说明的是，图2中第1个和第4个（从左向右数）上超处厚度差异较小，由于成图精度不够，图1未能清楚反映。相对地震剖面而言，厚度图表现细节的能力尚有不足，只是揭示了反映厚度差异大的第2个和第3个上超处的陡坎带。

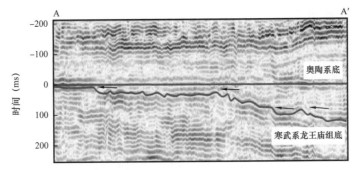

图 2　上超地震反射（奥陶系底界拉平，测线位置见图 1）

Vail 等[18]主要关心海岸上超的相对海平面意义，认为这些向陆终止反射层是近海沉积作用向陆边界的证据，代表着在低坡度的侵蚀海岸平原上地表沉积物或浅海—潮上碳酸盐岩沉积物的上超。由于坡度低，上超终止点可能高出平均海平面数米，但仍可近似视为海平面的位置。

将识别出的四组上超于古地貌高的反射波组划分为四个地震沉积层序，同一个波峰 / 波谷反射代表同一期海平面条件下沉积的时间地层，而不同上超反射波组之间整合接触，表示各波组反映的是不同时期海平面条件下时间地层的连续沉积。

2.2　单井海平面升降变化旋回划分

研究区内已钻井中，宝龙 1 井揭示的目的层沉积层序比较完整（图 3）。

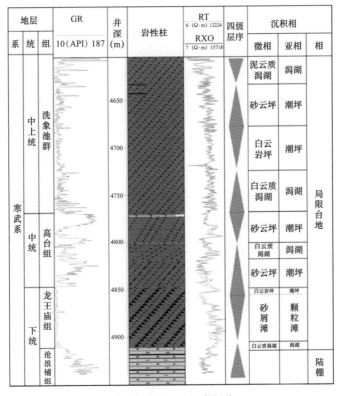

图 3　宝龙 1 井层序划分

宝龙 1 井龙王庙组底部自然伽马值约为 55°API，录井及测井解释表明主要岩性为灰色白云岩，构成了海侵体系域。龙王庙组中上部地层自然伽马值迅速降低为 15°API 左右，曲线呈平直箱状，为灰色鲕状白云岩和砂屑云岩，构成了第一期高位域和海退体系域。

进入高台组后，自然伽马曲线呈齿状，数值整体较高，可达 40～70°API（中位数）。岩性为深灰色泥质白云岩，并最终以一套深色页岩结束，为向上变细的正旋回，指示海水环境由浅变深，属于第二期海平面升降变化旋回的海侵体系域。

高台组顶部地层自然伽马值逐渐降低，由 130°API 下降到 40°API，岩性逐渐变化为灰色砂质白云岩和灰色白云岩，为向上变粗的反旋回。指示海水深度由深变浅，构成了四级海平面下降旋回的高位域沉积。至此，第二个四级海平面升降变化旋回基本结束。

宝龙 1 井揭示的洗象池群厚度超过 160m，共发育第三、第四个四级海平面升降变化旋回。第三个变化旋回始于洗象池群底界，止于 4678m 自然伽马曲线尖峰处。第四个变化旋回随即开始，直至奥陶系底界。

进入洗象池群后至 4724m 自然伽马第一个尖峰，自然伽马值整体较高，曲线呈高频齿状，岩性从深灰色砂岩向上逐渐变化为灰色白云岩，反映出近岸条件下海平面的上升，构成四级海平面上升旋回的海侵体系域。从 4724m 至 4678m，伽马曲线围绕中值线呈高频低幅度变化，显示岩性变化小。录井显示岩性为灰色白云岩，构成了四级海平面下降旋回的高位域沉积。至此，第三个四级海平面变化旋回基本结束。

从 4678m 至奥陶系底界，为一个四级旋回，自然伽马数值增高，变化幅度加大。岩性主要是深灰色白云质泥岩，反映出近岸条件下的海平面上升，构成了四级海平面上升旋回的海侵体系域，并终止于 4633m 处自然伽马曲线的尖峰处。向上地层自然伽马曲线呈现中值下降的趋势，但尖峰较多，岩性演化为灰色白云岩，反映出近岸条件水体相对较深情况下的海平面下降旋回。至此，第四个四级海平面变化旋回基本结束。

利用上述方法，可以完成研究区内钻、测井海平面升降变化旋回划分（图 3）。

2.3 时间地层格架的建立

利用合成地震记录，可以将单井海平面升降变化旋回划分结果与井旁地震道进行对比、标定（图 4）。

宝龙 1 井的合成地震记录揭示，自然伽马的变化点基本上都对应于上超波组中波峰反射到波谷反射的过零点位置。这说明地震资料可以反映四级层序级别的海平面位置，每一个四级海平面升降旋回都对应着一组由一个波峰反射和一个波谷反射组成上超反射波组，四期四级海平面变化旋回对应着四组上超波组。同时，波峰反射主要对应于海平面下降旋回，波谷反射主要对应于海平面上升旋回。

基于单井海平面升降旋回划分结果，可以选择典型连井地震测线进行地震沉积层序标定、对比与解释（图 5）。上覆于龙王庙组底界（沧浪铺组顶界，蓝色的地震拾取层位）之上的波峰反射（黑色）为龙王庙组白云岩地层。由此可见，龙王庙组底部具有一定规模的、较纯的颗粒白云岩并不是同时发育的，而是随着海平面的变化于不同时期沉积形成的，颗粒滩白云岩的发育主要受四期四级海平面变化中海退期的控制。

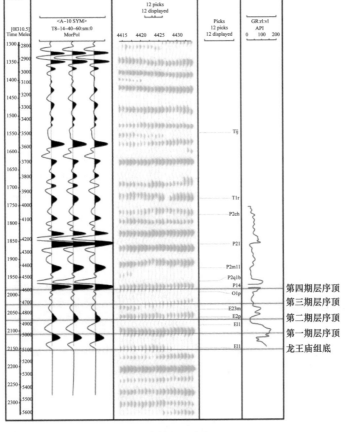

图 4　宝龙 1 井合成地震记录

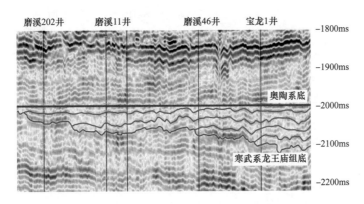

图 5　磨溪 202—磨溪 11—磨溪 46—宝龙 1 井连井地震解释剖面（奥陶系底界拉平）

　　根据单井沉积层序划分结果，利用三维地震资料进行地震沉积层序对比。拾取每一组上超反射波组中波谷反射的峰值作为一期四级海平面变化旋回的结束（图 5 中的红色拾取层位），将上超发育位置作为海平面的发育位置，将上超反射终止位置作为海平面变化旋回的终止位置。依此可以对四个四期海平面升降变化旋回进行全区追踪和解释，从而建立时间—地层格架。

2.4 沉积相分析

Vail 等[18]认为海相上超反射包括海岸上超和海相深水上超两类，两种海相上超内部地震反射结构不同：海岸上超的地震反射结构主要以平行反射为主，属于浅海—潮上碳酸盐岩上超于侵蚀的海岸地层；而海相深水上超一般都表现出某种程度的上超充填，内部地震反射结构常常表现为杂乱、丘状、前积和（或）平行—发散类型。

研究目的层沉积层序地震反射结构为中—强振幅、似席状的中等连续的亚平行反射（图3、图5），属于浅水海岸上超，反映了研究区从早寒武世晚期至寒武世末期处于宽阔而相对稳定的陆棚沉积环境。似席状的亚平行地震反射向西尖灭，因此西边为向陆的方向。研究区的上超地层主要为碳酸盐岩地层，可以推断属于浅海—潮上碳酸盐岩上超海岸地层，即在有一定起伏的海岸线的海岸附近直接发育海滩，因此可以确定研究目的层为浅海陆棚—台地相沉积环境。

海岸上超的地层中，是否在向盆地方向出现从陆相沉积相到浅海相的变化，或者是碳酸盐岩地层直接上超于大陆架之上，主要取决于海平面上升、盆地沉降与沉积速率之间的平衡关系[18]。在有大量河流—三角洲沉积物补给的盆地中，在侵蚀海岸或高低起伏海岸，直接发育海滩并上超于海岸之上的现象是很少见的。而在本研究区，在向岸方向未发现陆源冲积的现象，说明陆源沉积物补给不足。由此可见，由于乐山—龙女寺古隆起为早寒武世沉积时期发育的古隆起，虽然盆地沉降引起海平面的相对上升，但由于古隆起的隆升速率大于沉积速率，导致在研究区的陆棚浅海沉积并没有充足的河流—三角洲沉积物补给。最终形成在地震资料所示的碳酸盐岩地层直接上超于前寒武系之上。

3 颗粒滩白云岩优质储层发育主控因素分析

在寒武系沉积时期，四川盆地川中地区属于乐山—龙女寺古隆起，发育缓坡古地貌，沉积环境为相对宽缓的局限台地。目前钻遇的龙王庙组白云岩属于沉积型储层，其沉积期次受控于四级海平面变化。

海侵期海水深度快速增大，白云岩沉积主要为细粒沉积；在海退期，由于向陆方向水体较浅且水动力能量强，发育颗粒白云岩沉积，而在向海方向，由于水体变深和水动力能量的减弱，颗粒滩的发育明显变弱，直至发育细粒沉积。海侵、海退的交互作用，造成颗粒滩体在垂向上表现为多期叠置发育，并呈阶梯状向陆方向展布（图6）。

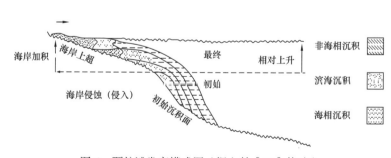

图6　颗粒滩发育模式图（据文献［18］修改）

如上所述，海退期近岸部位的水动力高能区控制了颗粒滩白云岩的分布，每一个海退期沉积形成的颗粒滩在平面上具有带状展布的特征。不同时期发育的颗粒滩体在纵向上呈阶梯状、平面上大面积相连。海平面升降变化旋回终止位置基本代表了海岸线大致位置，颗粒滩白云岩储层主要沿海岸线近岸发育，因此四期四级海平面升降变化旋回终止位置平面图（图7）可用于确定优质颗粒滩白云岩储层的分布，高石梯—磨溪地区寒武系颗粒滩白云岩优质储层主要受海平面变化和古地貌双重控制。

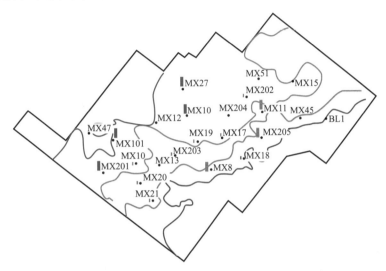

图 7 四期四级海平面升降变化旋回终止位置平面分布图

外边框是地震资料边界；井名旁的立柱高低代表该井的试产情况，较长的立柱试气量超过百万立方米/天，较短的立柱代表试气产量低于 $50 \times 10^4 \, m^3/d$；立柱颜色代表地层层序，与沉积旋回终止线一致。

3.1 海平面变化控制颗粒滩白云岩优质储层的展布范围

颗粒滩储层主要发育在高频海退时期，其中优质储层发育在时代较老的地层上（即与沧浪铺组直接接触）。这是由于该沉积部位水体较浅，滩体发育，同时，近岸波浪作用造成水动力较强。

在层序地层框架下，可利用地震属性和地层体切片技术等[19-20]研究储层发育质量。颗粒滩白云岩储层主要是在浅水滨岸环境中形成的，近岸水动力较强，颗粒滩白云岩物性好，与上覆地层之间的波阻抗差异较大，形成强反射波峰；而在向海的方向，随着水动力能量的变化，以及由于水体变深造成沉积岩性的变化，沉积地层与下伏地层之间的波阻抗差异逐渐减小，地震反射能量明显减弱。因此，在建立了全区的时间—地层格架之后，可利用层序界面间地震反射的最大振幅属性（图8）反映颗粒滩沉积中水动力最强、滩体物性最优的部位。强振幅（红色区域）主要分布在海平面升降变化旋回终止位置附近，证实了优质颗粒白云岩储层主要发育在上超位置附近。

分析钻井试气量与不同时期海平面升降变化旋回终止边界的对应关系（图7），发现高产井一般在不同时期海平面升降变化旋回终止边界以内，且与边界距离较近，如MX8井、MX11井、MX12井、MX27井、MX101井等；相反，低产井一般在不同时期海平面升降变化旋回终止边界以外，如MX18井、MX21井、MX16井、MX17井、MX19井、

MX202 井、MX203 井等。已钻井试气产量与不同时期海平面升降变化旋回终止边界的对应关系从一个侧面说明,海平面变化对颗粒滩白云岩优质储层平面展布具控制作用。

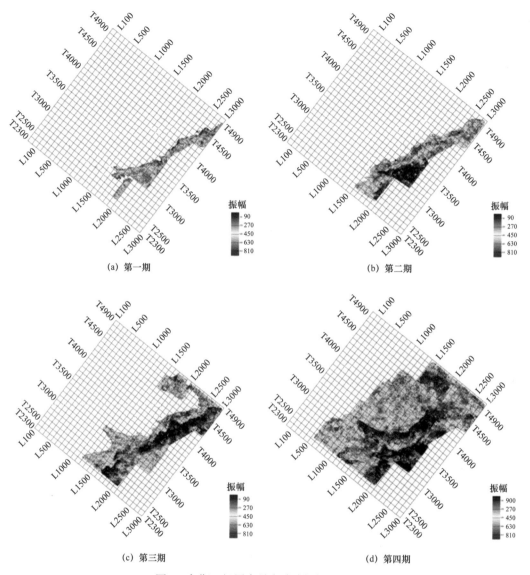

图 8   各期四级层序最大波峰振幅属性平面图

3.2   古地貌局部起伏控制颗粒滩白云岩优质储层的发育

四级海平面的变化控制了颗粒滩体的发育,即沿着层序边界呈条带状展布。但是,沿着层序边界颗粒滩体的发育质量也是有变化的,其主要受控于古地貌的局部起伏。古地貌较高部位,水体较浅,颗粒滩生长旺盛,颗粒较粗;而在局部古地貌低部位,水体相对较深,沉积颗粒较细,储层质量下降。

四个层序地层等厚图(图 9)与其相应的最大波峰振幅属性(图 8)对比可见,振幅强与地层厚度小(古构造高部位)有很好的对应关系。沿着第二期海平面升降变化旋回终止边界，为红色显示区，最大波峰振幅较强（图8b）。但是在研究区西侧有一处振幅明显减弱的区域，与图9b对比可以看出，该处地层厚度明显增大，说明当时水体相对较深。每一期沉积地层的振幅强与地层厚度小（古构造高部位）有很好的对应关系，说明在海平面变化控制颗粒滩体白云岩优质储层平面展布的基础上，古地貌微幅度变化进一步控制储层物性。

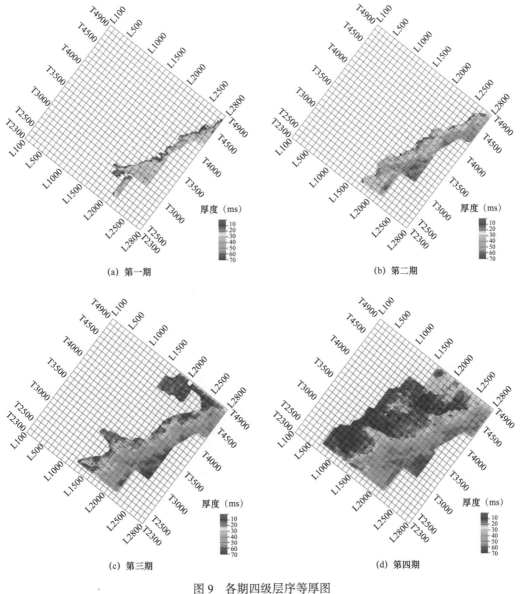

(a) 第一期　　　　　　　　　　　　　　　　(b) 第二期

(c) 第三期　　　　　　　　　　　　　　　　(d) 第四期

图9　各期四级层序等厚图

4　结论

（1）下寒武统龙王庙组—中上寒武统洗象池群间发育四个四级层序，即四个海平面升降变化旋回；

（2）高石梯—磨溪地区寒武系颗粒滩白云岩优质储层主要受海平面变化和古地貌双重控制。海平面变化控制颗粒滩白云岩优质储层的展布范围，古地貌局部起伏控制颗粒滩白云岩优质储层的发育。颗粒滩白云岩储层的发育受四级海平面变化旋回中海退期的控制，优质储层发育位置为层序上超位置附近，平面上具有带状展布特征。

（3）通过对下寒武统龙王庙组—中上寒武统洗象池群间地层的地震地层学解释，可以确定颗粒滩白云岩优质储层发育区。这将为下一步该区类似油气藏条件的奥陶系储层研究提供可以借鉴的方法。

参 考 文 献

［1］杜金虎，邹才能，徐春春，等.川中古隆起龙王庙组特大型气田战略发现与理论技术创新［J］.石油勘探与开发，2014，41（3）：268-277.

［2］赵文智，沈安江，胡素云，等.中国碳酸盐岩储层大型化发育的地质条件与分布特征［J］.石油勘探与开发，2012，39（1）：1-12.

［3］万晶，孙玉朋.颗粒滩相碳酸盐岩储层发育演化的主控因素［J］.断块油气田，2009，16（4）：60-62.

［4］姚根顺，周进高，邹伟宏，等.四川盆地下寒武统龙王庙组颗粒滩特征及分布规律［J］.海相油气地质，2013，8（4）：1-8.

［5］何永，王英民，许翠霞，等.生物礁、滩、灰泥丘沉积特征及地震识别［J］.石油地球物理勘探，2014，49（5）：971-984.

［6］L F 布朗，W L 费歇尔著，曾洪流，等译.地震地层学解释与石油勘探［M］.北京：石油工业出版社，1988.

［7］吴晓川，蒲仁海，张功成，等.琼东南盆地南部深水区碳酸盐岩台地的地震解释［J］.石油地球物理勘探，2017，52（2）：381-391.

［8］李玉存，李君，孙明，等.地震解释技术在高北斜坡带中深层岩性圈闭评价中的应用［J］.石油地球物理勘探，2017，52（增刊1）：207-213.

［9］乐靖，王晖，范廷恩，等.基于地震，等时格架的倾角导向储层静态建模方法［J］.石油物探，2017，56（3）：449-458.

［10］四川油气区石油地质编写组.中国石油地质志（卷10）：四川油气区［M］.北京：石油工业出版社，1989.

［11］汪泽成，赵文智，张林，等.四川盆地构造层序与天然气勘探［M］.北京：地质出版社，2002.

［12］袁玉松，孔冬胜，李双建，等.四川盆地加里东期剥蚀量恢复［J］.地质科学，2013，48（3）：581-591.

［13］张满郎，谢增业，李熙喆，等.四川盆地寒武纪岩相古地理特征［J］.沉积学报，2010，28（1）：128-139.

［14］李伟，余华琪，邓鸿斌.四川盆地中南部寒武系地层划分对比与沉积演化特征［J］.石油勘探与开发，2012，39（6）：681-690.

［15］李凌，谭秀成，夏吉文，等.海平面升降对威远寒武系滩相储层的影响［J］.天然气工业，2008，28（4）：19-22.

［16］王治国, 尹成. 地震地貌学的发展及应用前景［J］. 石油地球物理勘探. 2014, 49（2）: 410-420.

［17］喻林, 何燕, 陈红, 等. 基于古地貌恢复的湖相碳酸盐岩沉积模式研究［J］. 石油地球物理勘探, 2016, 51（增刊1）: 126-130.

［18］Vail P R, Mitchum R M, Thompson S. Seismic Stratigraphy and Global Changes of Sea Level, Part 3: Relative Changes of Sea Level from Coastal Onlap［M］. Seismic Stratigraphy Applications to Hydrocarbon Exploration. AAPG Memoir, 1977, 26: 63-81.

［19］陈茂山. 地震地层体及其分析方法［J］. 石油地球物理勘探, 2014, 49（5）: 1020-1026.

［20］陈文浩, 王志章, 侯加根, 等. 地层切片技术在沉积相研究中的应用探讨［J］. 石油地球物理勘探, 2015, 50（5）: 1007-1015.

原文刊于《石油地球物理勘探》, 2019, 54（1）: 208-217.

微晶结构对碳酸盐岩地震弹性与
储层物性特征变化规律的影响

潘建国[1]　邓继新[3]　李　闯[1]　王宏斌[1]　赵建国[4]　唐跟阳[4]

（1.中国石油勘探开发研究院西北分院；2.油气藏地质及开发工程国家重点实验室（成都
理工大学）；3.成都理工大学地球物理学院地球物理系；4.国石油大学（北京）油气资源
与探测国家重点实验室）

摘　要：碳酸盐岩储层是油气勘探的重要储层类型，不同地区的碳酸盐岩储层在沉积、成
岩过程都存在着明显的差异，影响其物性及地震弹性性质变化的因素也存在差异。为认识
这种机制，针对不同地区碳酸盐岩进行物性与地震弹性性质的对比分析十分重要。在本
文中我们对塔里木盆地不同地区不同层位的碳酸盐岩储层样品进行了系统地岩石学特征、岩
石微观结构特征、物性特征和地震弹性特征识别分析，在此基础上研究了样品物性与地震
弹性性质的变化规律及其影响因素。研究结果表明，碳酸盐岩样品物性与地震弹性性质整
体变化规律受微晶方解石结构特征的控制，而传统的岩石结构及孔隙结构分类不能完全反
映上述特征的变化。依据形态特征可将样品微晶结构分为多孔微晶、紧密微晶体和致密微
晶3种类型，随着上述3种微晶中晶体边界紧密缝合接触的程度增加，其微晶晶间孔隙度
与孔喉半径逐渐减小，同时方解石晶体颗粒边界刚度特征与弹性均匀性的逐渐增强，致使
样品渗透率与速度等地震弹性特征表现出随孔隙增大而逐渐减小的总体趋势。对于以致密
微晶为主的低孔隙度样品（孔隙度 $\phi < 5\%$），微晶孔隙对样品孔隙及渗透率贡献较小，同
时微晶弹性性质接近岩石基质，致使岩石宏观物性特征与弹性性质受裂隙、溶蚀孔隙等的
影响更为明显，样品物性与地震弹性性质的表现为孔隙结构的控制作用。孔隙纵横比对孔
隙类型也具有较好的指示作用，溶蚀孔隙的体积模量纵横比高于0.2，粒间孔体积模量纵
横比介于 $0.1 \sim 0.2$ 之间，多孔微晶与紧密微晶体积模量纵横比小于0.15，而致密微晶的体
积模量纵横比接近于0.2。研究结果可为碳酸盐岩储层的分类以及相关储层的岩性及烃类
地震检测提供依据。

关键词：碳酸盐岩；微晶结构；地震弹性性质；储层特征；孔隙纵横比

1　引言

　　碳酸盐岩分布面积占全球沉积岩总面积的20%，所蕴藏的油气储量占世界总储量的
52%，全球高达90%的油气储量发现于海相地层。碳酸盐岩储层也是中国陆上油气勘探

基金项目：国家自然科学基金项目（41774136；41374135）；国家科技重大专项课题《下古生界—前寒
武系地球物理勘探关键技术研究》（2016ZX05004–003）

的重要储层类型，已相继在塔里木盆地奥陶系鹰山组、鄂尔多斯盆地奥陶系马家沟组、四川盆地多套层系（主要包括震旦系灯影组、下寒武统龙王庙组、三叠系飞仙关组与雷口坡组）以及东营凹陷沙河街组的碳酸盐岩层系中发现众多大、中型油气田[1-4]。随着认识程度的不断加深，碳酸盐岩储层逐渐跳出利用地震手段直接寻找响应明显的"串珠"等大尺度油气储集空间，而扩展至寻找响应较弱，且分布广泛的小尺度储层作为接替目标，如哈拉哈塘与古城地区的鹰山组裂隙—溶蚀孔隙型碳酸盐岩储层，相似孔隙类型还包括鄂尔多斯盆地奥陶系马家沟组以及四川盆地下寒武统龙王庙组。四川盆地震旦系灯影组、三叠系飞仙关组与雷口坡组以及东营凹陷沙河街组碳酸盐岩储层孔隙类型主要表现为孔洞型与孔隙型，亦表现为小尺度储集体。不同于地震方法识别响应明显的"串珠"储集体，地震响应较弱的小尺度碳酸盐岩储层的地震预测不仅对成像有更精确的要求，而且预测更偏重于储层特征（如岩性、孔隙类型及发育程度）宏观预测与烃类检测，而其基础则是对碳酸盐岩地震岩石物理特征的研究与表征[5-7]。

国内外许多学者都对碳酸盐岩的地震岩石物理特征进行了大量的实验和理论研究，结果表明碳酸盐岩地震岩石物理性质受岩石结构、孔隙结构、孔隙度与孔隙流体等多种因素影响。通过对碳酸盐岩超声速度测量与微观结构观察表明孔隙类型差异是造成相同孔隙度下碳酸盐岩样品表现出明显速度差异的主要原因[6]，在相同孔隙度下含有近球形铸模孔隙的碳酸盐岩样品出现速度超过 2500m/s 的差异[8]。孔隙结构特征对高孔隙度碳酸盐岩样品的渗透率与地震波速度亦有明显的控制作用，高渗透率与低速度的碳酸盐岩样品具有较高的孔隙比表面特征[9-10]。具有复杂孔隙结构的碳酸盐岩样品在饱和流体后同样表现出复杂的地震弹性性质变化规律，具有较高比表面的岩石样品表现出更为强烈的流体—岩石骨架的相互作用，从而使岩石剪切模量明显降低，碳酸盐岩样品微观结构不均匀造成的介质中流体流动差异控制速度随饱和度的变化方式[11]。在理论模型方面则利用不同纵横比的夹杂体来表示碳酸盐岩中的各类孔隙，通过自洽模型（SCA）或者微分等效模型（DEM）定量表征具有特定孔隙类型的碳酸盐岩其孔隙度变化对速度等弹性特征的影响，如利用高纵横比孔隙表示岩石中的铸模或者孔洞类型孔隙，该类孔隙具有比粒间或者晶间孔隙更多的颗粒接触边界，因此在相同的孔隙度下会使岩石介质具有更高的弹性模量或者速度[12-13]。考虑流固耦合作用通过双孔理论建立了流体饱和岩石介质频散方程，并针对碳酸盐岩储层验证了该理论在研究地震频散方面的有效性[14]。

从以上研究不难看出，对碳酸盐岩地震弹性性质变化规律的分析往往偏重于单一因素的影响，要求实验样品来自同一套储层，具有相同的沉积、成岩过程。而国内不同地区的碳酸盐岩储层在沉积、成岩过程中存在明显差异，致使碳酸盐岩油气藏储集空间特殊、类型多、次生变化明显、非均质性强，显然影响其物性及地震弹性性质变化的因素也存在差异，需要通过系统岩石物理实验对比分析不同特征碳酸盐岩的地震弹性性质及物性特征变化规律，以及这些变化规律与储层岩石特征之间的关系，进而厘清控制地震弹性特征变化的地质因素。

本文主要通过对塔里木盆地古城与哈拉哈塘奥陶系鹰山组三段、鄂尔多斯盆地大牛地奥陶系马家沟组五段以及东营凹陷古近系沙河街组四段等 4 个不同地区的碳酸盐岩储层样品的系统岩石学特征、物性特征和地震弹性特征测量，分析碳酸盐岩储层样品物性与地震弹性性质变化规律。通过对样品不同岩石学特征的划分，确定影响储层岩石样品物性与地震弹性性质变化的地质因素，该研究将为相关的岩性、储层地震预测及烃类检测提供依据。

2 样品制备与实验测量方法

本次研究所选用的98块碳酸盐岩样品取自塔里木盆地古城与哈拉哈塘奥陶系鹰山组三段（取样深度6600～6900m）、鄂尔多斯盆地大牛地奥陶系马家沟组五段（取样深度4100～5500m）以及东营凹陷古近系沙河街组四段（取样深度1700～3100m）等4个不同地区的碳酸盐岩储层。钻取的岩心直径均为25.4mm，高度大于60mm，并进一步切制为高度在35～55mm、斜度小于0.05mm的柱塞样品，以进行物性及地震弹性性质测试；并将切下的部分用于X射线衍射全岩心分析〔PANalytical（Empyrean）X-ray diffractometer〕、光学薄片分析以及进行背散射电子成像（Quanta250FEG）。利用背散射电子成像表征样品结构特征时，放大倍数分别选用100倍与6000倍，用于观察样品整体结构形态与微晶形态。沙河街组样品埋深较浅采用稳态气测法测量孔隙度与渗透率，其余样品则采用脉冲气测法测量孔隙度与渗透率（CMS-300覆压孔渗测量仪）。

利用超声波脉冲穿透法测定样品在干燥条件下的纵、横波速度，首先将样品置于温度为70℃的烘箱中均匀烘干48小时以使样品达到"相对"干燥条件（样品中仅含结晶水与黏土约束水），然后将烘干后的样品在潮湿空气露天放置24小时以上得到约含有2%～3%水分的"干燥"样品以消除黏土矿物脱水对岩石骨架的破坏作用。实验压力从2MPa开始加至70MPa，间隔5MPa测量一次，压力点测量间隔15分钟以保证围压在样品中平衡，压力偏差小于0.3%。装置配套纵波PZT换能器的主频为800kHz，横波主频为350kHz。所用示波器时间测试误差不大于0.01μs，则测试系统速度测量相对误差的量级纵波约为1%，横波约为2%。

3 样品岩石学特征及分类方法

3.1 样品岩石学特征

依据样品的薄片和X射线衍射全岩心分析结果，古城鹰三段25块储层石灰岩样品主要包括亮晶砂屑灰岩与泥灰岩，表现为不同能级的台缘滩和台内滩沉积环境的产物，其中亮晶灰岩砂屑含量大于70%，鲕粒呈点、线接触，分选、磨圆性中等，鲕粒边缘可见泥晶化，微晶及亮晶方解石颗粒以嵌晶的方式胶结原生粒间孔隙（图1a）。泥灰岩由微晶方解石颗粒构成，见少量溶蚀孔隙及微裂隙（图1a、b）。

哈拉哈塘鹰三段39块储层样品岩石类型亮晶灰岩为主，少量泥灰岩，沉积环境为中—高能量粒屑滩和台内滩环境。亮晶灰岩中鲕粒含量大于70%，鲕粒呈点接触，分选、磨圆性中等，鲕粒边缘可见微晶化，不同粒径方解石颗粒以嵌晶的方式胶结原生粒间孔隙（图1c）；泥灰岩由微晶方解石颗粒构成（图1d）。微观储集空间主要有溶孔隙和微裂缝两大类，孔隙包括粒间溶孔、粒内溶孔、铸模孔及其他溶孔，为成岩后期以及后成岩期热液活动改造结果，但热液活动同时造成粒间和晶间原始孔隙消失殆尽。微裂缝主要为成岩后期构造运动改造结果以及成岩过程中的压溶缝，其中大部分为方解石半充填或全充填，也可以见到少量未充填微裂隙，可普遍见到沿裂缝的溶蚀现象。

大牛地奥陶系马家沟组五段 10 块储层样品岩石类型为亮晶灰岩，表现为开阔、能量较强的局限—蒸发海台地沉积环境。亮晶灰岩中砂屑鲕粒含量大于 80%，鲕粒呈点接触，分选、磨圆性较好，微晶方解石晶体以嵌晶的方式胶结原生粒间孔隙，致使孔隙类型以残余粒间孔隙为主（图 1e）。

东营凹陷古近系沙河街组四段 24 块储层样品岩石类型为泥灰岩与亮晶鲕粒灰岩，沉积环境为富含生物化石的咸水湖沉积环境，其中泥晶体灰岩主要由微晶方解石颗粒构成，孔隙类型则主要为晶间孔及少量溶蚀孔隙（图 1f）；亮晶鲕粒灰岩中砂屑含量大于 60%，鲕粒呈点接触，分选、磨圆性较好，同样可见微晶方解石颗粒以嵌晶的方式胶结原生粒间孔隙，致使孔隙类型主要表现为粒间孔隙与晶间孔隙（图 1f）。

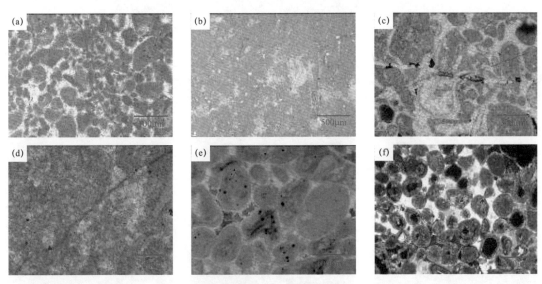

图 1　碳酸盐岩样品岩石学特征

（a）古城亮晶灰岩（晶间孔隙与微裂隙发育）；（b）古城泥灰岩（溶蚀孔隙与微裂隙发育）；（c）哈拉哈塘亮晶灰岩（溶蚀孔隙与微裂隙发育）；（d）哈拉哈塘泥灰岩（微裂隙发育）；（e）大牛地亮晶灰岩（粒间孔隙发育）；（f）东营亮晶灰岩（粒间孔隙发育）

3.2　碳酸盐岩样品分类方法

已有研究表明碳酸盐岩物性特征及地震弹性特征受矿物组分、结构及孔隙类型的综合影响，选择合理的岩石结构及孔隙结构分类能够准确反映物性特征及地震弹性特征的整体变化规律[15-18]。在岩石结构分类方面，顿哈姆根据碳酸盐岩的沉积结构、支撑关系将碳酸盐岩分为颗粒支撑和灰泥支撑两种岩石结构类型，以表现不同能量条件下形成的碳酸盐岩的结构特征差异。冯增昭在顿哈姆分类基础上，以颗粒含量为标准将颗粒灰岩—泥灰岩划分为颗粒灰岩（颗粒含量高于 50%）、颗粒质灰岩（颗粒含量介于 25%～50%）、含颗粒质灰岩（颗粒含量介于 10%～25%）以及无颗粒灰岩（颗粒含量小于 10%）4 种结构类型。冯增昭分类系统的中的颗粒灰岩包括亮晶灰岩和灰泥颗粒灰岩，即顿哈姆分类系统中的颗粒灰岩（grainstone）和灰泥颗粒灰岩（packstone），颗粒质灰岩与含颗粒灰岩则主要对应粒泥灰岩（wackstone），而无颗粒灰岩对应泥晶灰岩（mudstone）。综合两种划分标准，并结合本次研究中碳酸盐岩样品颗粒含量特征，分别以颗粒含量10%、50%、75%为界限，将石灰岩样品分为颗粒灰岩、灰泥颗粒灰岩（packstone）、粒泥灰岩（wackstone）和泥晶灰岩（mudstone）4种岩石结构类型（图2、图3）；而在孔隙结构分

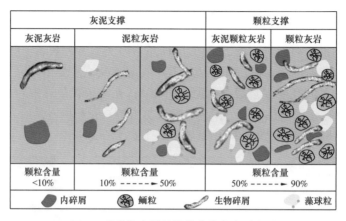

图2　碳酸盐岩样品结构分类方案示意图

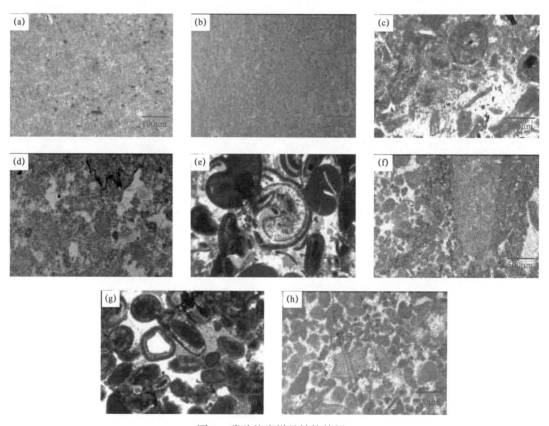

图3　碳酸盐岩样品结构特征

（a）东营灰泥灰岩；（b）哈拉哈塘灰泥灰岩；（c）东营泥粒灰岩；（d）哈拉哈塘泥粒灰岩；
（e）东营灰泥颗粒灰岩；（f）哈拉哈塘灰泥颗粒灰岩；（g）东营颗粒灰岩；（h）古城颗粒灰岩

类方面，Choquett and Pray[15]依据碳酸盐岩孔隙系统成因与演化将孔隙划分为结构选择性孔隙与非结构选择性孔隙，结构选择性孔隙主要包括粒间孔隙、粒内孔隙、晶间孔隙、铸模孔隙及微孔，表现为初始沉积骨架或非骨架颗粒（碎屑、晶体颗粒与胶结物）中的孔隙空间，结构非选择性孔隙则主要包括裂隙、溶蚀孔洞及穴状孔隙；Anselmetti 和 Eberli[6]依据碳酸盐岩样品速度—孔隙度关系将孔隙分为粒间与晶间孔隙、微孔、铸模孔及生物碎屑内孔隙等 4 种主要类型。综合上述两种孔隙结构分类方法，并依据本次实验样品铸体薄片与 SEM 所观察的孔隙特征，将样品孔隙分为粒间与晶间孔隙、微孔隙（光学显微镜下不能分辨孔隙）、溶蚀孔隙及裂隙孔隙（图 4）。实验样品可表现为上述 4 种孔隙类型的组合，如灰泥灰岩以微晶孔隙为主，可以出现溶蚀孔隙及微裂隙；而具有颗粒结构和泥粒结构的灰岩粒间孔隙、微晶孔与溶蚀孔隙可能同时存在，按孔隙结构分类时均以样品中主要孔隙类型进行划分（图 5）。

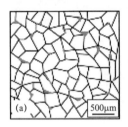 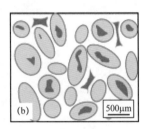 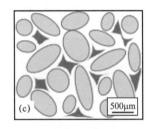 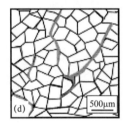

图 4 碳酸盐岩样品孔隙分类方案示意图
（a）微晶孔隙；（b）溶蚀孔隙；（c）粒间孔隙；（d）微裂隙

所研究样品的微孔隙特征受其所赋存的微晶方解石（方解石晶体直径小于 10μm）结构形态控制，依据 Deville de Periere 等[19]的微晶分类标准，结合本次样品中微晶的形态特征可将样品微晶结构分为多孔微晶、紧密微晶及致密微晶 3 种类型（图 6）：多孔微晶是由圆形 / 半自形微晶方解石晶体呈圆形—次圆形产出的，粒径 0.5~2μm，颗粒边缘较为光滑，微晶颗粒间主要表现为点接触或线接触，部分微晶颗粒间具有缝合接触特征，微晶堆积方式较为疏松，微晶间孔隙及孔洞发育（图 7a、b）；紧密微晶的微晶颗粒粒径 2~4μm，自形微晶方解石晶体呈紧密缝合接触，可区分微晶颗粒边界，仅发育少量晶间孔隙（图 7c、d）；致密微晶的微晶颗粒粒径 2~6μm，微晶方解石晶体呈完全紧密缝合接触，微晶边界不可区分，晶间孔隙极不发育（图 7e、f）。不同岩石结构的石灰岩样品各种类型的微晶均匀发育，不同类型微晶相对含量与成岩作用阶段有较大关系，如颗粒灰岩即可表现为早成岩阶段的多孔微晶体为主，也可表现为晚成岩阶段的紧密微晶为主，3 种微晶类型可看作是不同成岩演化阶段的结果。方解石颗粒在机械风化过程中破碎及浮游植物经生物风化而形成初始钙质微晶颗粒（充填原生粒间孔隙），这种疏松颗粒集合体在早期埋深过程中不稳定的文石类晶体颗粒发生溶解作用，并逐渐沉积在稳定的方解石晶体或者其他方解石颗粒（鲕粒）边缘，形成早期泥晶方解石颗粒胶结，从而减缓压实作用致使微晶方解石晶体颗粒间的孔隙得以较好的保存，形成多孔隙微晶，在随后的埋深过程中，机械压实及化学压实的加强使得多孔隙微晶逐步演化为紧密微晶与致密微晶。

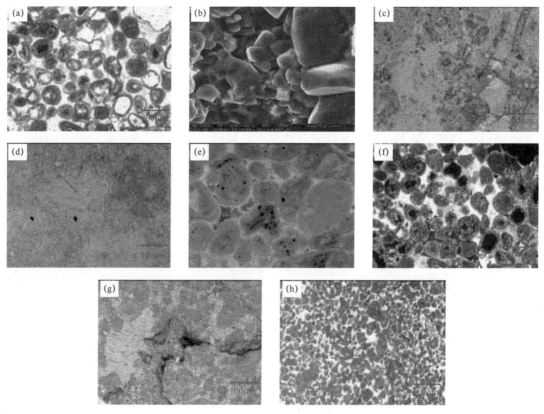

图 5 碳酸盐岩样品孔隙特征

（a）东营微孔隙灰岩（孔隙度：15.7%；渗透率：1.58mD）；（b）微孔隙 SEM 特征；（c）哈拉哈塘溶蚀孔隙灰岩（孔隙度：4.2%；渗透率：0.06mD）；（d）古城溶蚀孔隙灰岩（孔隙度：4.2%；渗透率：0.05mD）；（e）大牛地粒间孔隙灰岩（孔隙度4.5%；渗透率：0.012mD）；（f）东营粒间孔隙灰岩（孔隙度：15.1%；渗透率：7.76mD）；（g）古城微裂隙灰岩（孔隙度：3.5%；渗透率：0.52mD）；（h）古城微裂隙灰岩（孔隙度：1.6%；渗透率：0.041mD）

扫描电镜特征	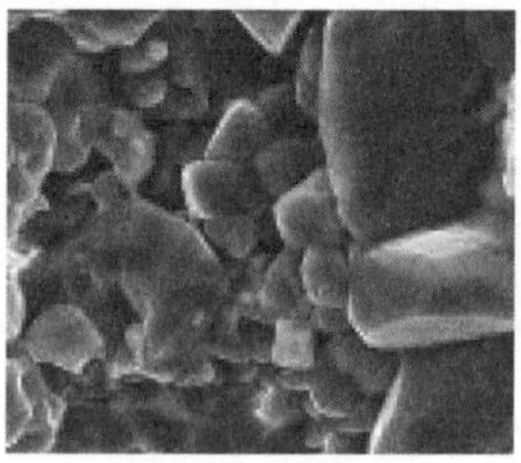	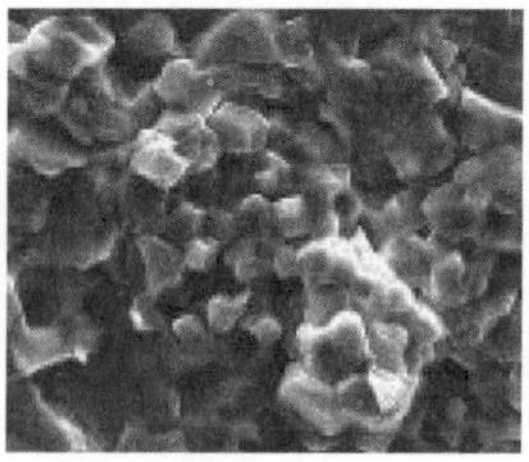	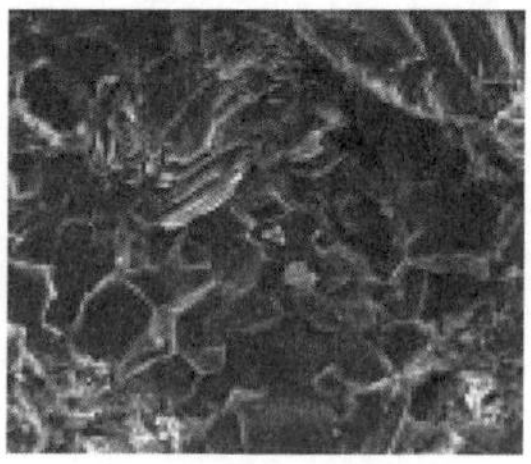
微晶类型	多孔微晶	紧密微晶	致密微晶
微晶形态	圆形/半自形	半自形/自形	自形
晶间接触方式	点、线接触	线接触/紧密缝合接触	紧密缝合接触

图 6 碳酸盐岩样品微晶分类方案

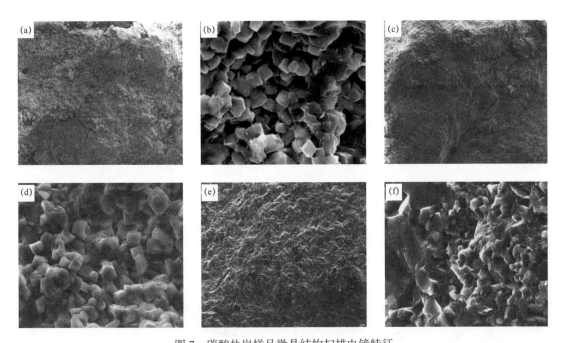

图 7　碳酸盐岩样品微晶结构扫描电镜特征

（a）、（b）东营微孔隙微晶灰岩（孔隙度：19.5%；渗透率：2.29mD）；（c）、（d）哈拉哈塘紧密微晶微孔隙
（孔隙度：8.4%；渗透率：0.26mD）；（e）、（f）古城致密微晶（孔隙度 1.9%；渗透率：0.002mD）

4　碳酸盐岩样品物性变化特征

　　分别按岩石结构、孔隙类型与微晶体特征进行分类，图 8 给出碳酸盐岩样品孔隙度—渗透率变化特征，实验样品渗透率变化较大（0.003～20.4mD），渗透率高于 1mD 的样品主要为相对成岩过程较短与埋深较浅的古近系沙河街组四段石灰岩样品，而奥陶系鹰山组及马家沟组样品的渗透率均小于 1mD，并且其中 80% 的样品渗透率低于 0.1mD，样品渗透率随孔隙度表现出较弱的正相关关系，相同孔隙度下渗透率可出现 1～2 个量级的变化，尤其是对于孔隙度小于 5% 的致密样品。对样品按岩石结构进行分类（图 8a），虽然灰泥灰岩样品渗透率整体偏小，但不同岩石结构石灰岩样品的数据点在孔隙度—渗透率关系图中存在明显的重叠，相同结构的岩石在孔隙度及渗透率上均有明显的变化，甚至样品岩石结构及孔隙度均相同，其渗透率也可表现出量级上的变化，说明石灰岩结构分类并不能准确反映具有复杂成岩过程的碳酸盐岩物性特征。按岩石样品主要孔隙类型进行分类同样表现出相似特征（图 8b），不同孔隙类型样品的数据点在孔隙度—渗透率关系图中也存在明显的重叠，相同孔隙类型样品在孔隙度及渗透率上也存在明显的变化，即仅依据孔隙类型也不能准确反映样品的物性特征变化。将样品按微晶结构进行划分（图 8c），石灰岩样品的数据点在孔隙度—渗透率关系图中分区性明显增强，多孔微晶表现出最高的孔隙度与渗透率平均值（$\phi_{mean}=19\%$，$K=3.76mD$），同时渗透率值变化较小，孔隙度—渗透率关系不

具有明显相关性，紧密微晶体的孔隙度与渗透率值次之（$\phi_{mean}=7.8\%$，$K=1.16\text{mD}$），而致密微晶的孔隙度与渗透率值最低（$\phi_{mean}=2.3\%$，$K=0.06\text{mD}$），紧密微晶与致密微晶的孔隙度—渗透率正相关性也较强。

对比 3 种分类方法可以看出，部分实验样品在结构上具有颗粒支撑结构（灰泥颗粒灰岩、颗粒灰岩），但粒间部分均被微晶方解石充填（图 5a、e—g），原生粒间孔隙并不发育（仅少量样品以粒间孔隙为主），致使物性特征主要取决于微晶方解石的特征，从多孔微晶→紧密微晶→致密微晶，晶体边界紧密缝合接触逐渐增加，晶间孔隙度及孔喉半径逐渐逐渐降低（图 7），表现为样品孔隙度与渗透率的降低。对于孔隙度小于 5% 的致密样品，微晶类型以致密微晶为主，但后期构造运动改造使样品中微裂隙有不同程度的发育（图 5f、g），微裂隙的存在则会明显增加样品的渗透率，而对孔隙的影响较小。

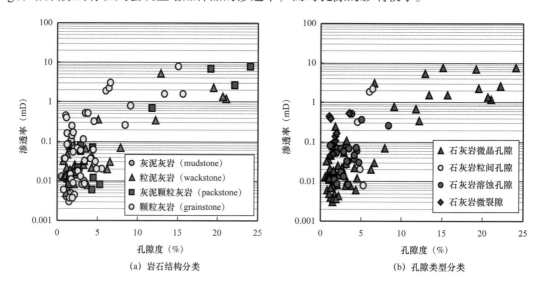

(a) 岩石结构分类　　　　　　　　　　　(b) 孔隙类型分类

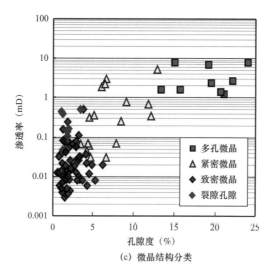

(c) 微晶结构分类

图 8　碳酸盐岩样品渗透率随孔隙度变化关系

5 碳酸盐岩样品速度变化特征

图9a—f给出干燥条件下样品纵、横波速度随孔隙度的变化（实验围压30MPa，应力释放裂隙闭合），样品纵波速度变化范围为3.0～6.7km/s，横波速度的变化范围为1.7～3.6km/s，并且纵、横波均随孔隙度增加呈线性减小趋势，这种变化趋势对于孔隙度高于5%的样品更为明显，表明对于该部分碳酸盐岩样品孔隙度是控制速度变化的首要因素；而对于孔隙度小于5%的样品，这种趋势并不明显，不能建立简单的速度—孔隙度模型，反映孔隙度与孔隙结构的共同作用，也造成在相同孔隙度下样品纵、横波速度表现出较大的变化范围，如纵波速度差异可超过2.0km/s，而横波差异可超过1.0km/s。按岩石结构将样品进行分类（图9a、b），不同岩石结构石灰岩样品的数据点在孔隙度—速度关系图中存在的重叠，受低孔隙度样品孔隙结构对速度的影响，仅见灰泥颗粒灰岩样品具有线性孔隙度—速度关系，而其他结构样品分布较散；按岩石样品主要孔隙类型进行分类同样与结构分类表现出相似特征（图9c、d），不同孔隙类型样品的数据点在孔隙度—速度关系图中也表现出明显的重叠，样品孔隙度—速度关系的斜率（$dV/d\phi$）可反映所含孔隙的平均力学特性，微晶孔隙具有较低的斜率，而裂隙孔隙的孔隙度—速度关系的斜率较高，表明样品孔隙类型从裂隙孔隙→微晶孔隙，其孔隙刚度逐渐增大；而粒间孔隙与溶蚀孔隙主要为致密样品，受多种孔隙结构的共同影响，其孔隙度—速度关系较为复杂；按微晶结构进行划分（图9e、f），石灰岩样品的数据点在孔隙度—速度关系图中存在明显的分区性，致密微晶表现出最高的速度平均值（$V_{pmean}=3.7$km/s，$V_{smean}=2.04$km/s），紧密微晶体的速度值次之（$V_{pmean}=4.87$km/s，$V_{smean}=2.73$mD），而多孔微晶的速度值最低（$V_{pmean}=5.83$km/s，$V_{smean}=3.16$km/s）。可从微晶特征来说明上述速度变化特征，从多孔微晶到致密微晶，颗粒接触特征从点、线接触变为不能明显区分晶体颗粒边界的紧密缝合接触，晶体边界紧密缝合接触逐渐增加，多孔微晶表现为具有的大量晶体界面的力学不均匀介质，致密微晶则表现为晶体界面较少的力学连续介质，这个过程中颗粒边界刚度明显增大并接近于方解石颗粒自身弹性性质（弹性性质上限）；颗粒介质宏观等效弹性响应取决于微观颗粒边界的力学性质，从多孔微晶到致密微晶颗粒接触边界刚度明显增大，也造成介质等效弹性性质的增大，表现为传播弹性波的速度逐渐增高；从多孔微晶到致密微晶，微晶孔隙度也逐渐降低，致使速度表现出随孔隙增加而降低的整体趋势。

对比3种分类方法可以看出，样品中微晶体结构控制孔隙度—速度的整体变化趋势。对于孔隙度小于5%的致密样品，微晶类型以致密微晶为主，致密微晶孔隙不发育，力学性质上接近于岩石基质（弹性性质上限），但后期构造运动改造使得样品中溶蚀孔隙与微裂隙发育程度不同（图5f、g），溶蚀孔隙与微裂隙的存在对样品孔隙与纵、横波速度等弹性特征的影响更为明显，致使孔隙结构对速度等弹性的控制作用更为明显。

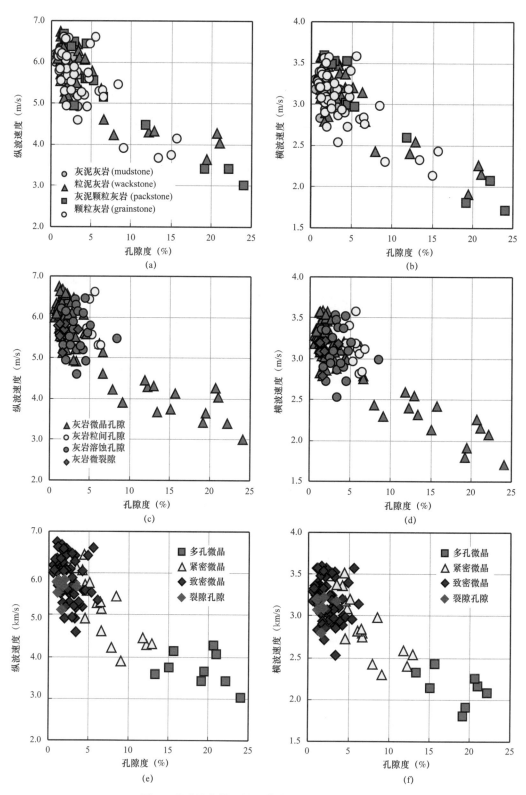

图 9　碳酸盐岩样品纵、横波速度随孔隙度变化

（a）、（b）岩石结构分类；（c）、（d）孔隙类型分类；（e）、（f）微晶结构分类

6 碳酸盐岩样品孔隙平均纵横比变化特征

碳酸盐岩在成分上相较于砂岩更为单一，常用微分等效模量表征其孔隙度～速度变化关系，同时利用孔隙纵横比反映孔隙结构对地震弹性性质的影响[12-13, 20]。假定孔隙形状近似为长椭球，其体积模量纵横比 α_k 与剪切模量纵横比 α_μ 可通过微分等效模量公式计算[21]：

$$
\begin{aligned}
(1-\phi)\frac{d}{d\phi}\left[K^*(\phi)\right] &= \frac{1}{3}\left[K_i - K^*(\phi)\right]T_1(\alpha) \\
(1-\phi)\frac{d}{d\phi}\left[\mu^*(\phi)\right] &= \frac{1}{5}\left[\mu_i - \mu^*(\phi)\right]T_2(\alpha)
\end{aligned}
\tag{1}
$$

其中，ϕ 为样品孔隙度；K_i 为孔隙流体体积模量；K^*、μ^* 分别为岩石等效体积与剪切模量（在实验样品未饱和孔隙流体情况下，等于样品干燥条件下的体积与剪切模量，可通过干燥样品纵、横波速度计算）；极化因子 $P(\alpha_k)$、$Q(\alpha_\mu)$ 分别为 α_k 与 α_μ 的函数[21]。利用公式（1）所计算的 α_k 与 α_μ 代表样品孔隙的平均纵横比。

图10a、b别给出实验样品 α_k 与 α_μ 随孔隙度的变化规律。在 α_k—孔隙度交会图中，微裂隙型孔隙 α_k 小于0.1，粒间孔隙型与溶蚀孔隙型样品的 α_k 均大于0.1，大部分微晶孔隙型样品的 α_k 也高于0.1。粒间孔隙型、溶蚀孔隙型与微晶孔隙型样品的 α_k 变化范围较大，粒间孔隙型 α_k 变化范围为0.1～0.35，α_k 平均值为0.18，样品 α_k 主要分布在0.1～0.2。溶蚀孔隙型 α_k 变化范围为0.12～0.66，α_k 平均值为0.29，其中超过50%的样品 α_k 值高于0.2。微晶孔隙型样品 α_k 变化范围为0.061～0.321，α_k 平均值为0.164，其中76%的样品 α_k 低于0.2，且孔隙度大于5%的微晶孔隙型石灰岩样品其 α_k 小于0.15。体积模量纵横比 α_k 与剪切模量纵横比 α_μ 存在较弱的正相关性（图10c），微裂隙型孔隙型样品 α_k 值略小于 α_μ 值，而粒间孔隙型与溶蚀孔隙型样品的 α_k 值大于 α_μ 值，且 α_k 值越高，两者之间的差异越大。因此，在 α_μ—孔隙度交会图中，不同孔隙类型样品的可区分性减弱。从孔隙纵横比所反应的孔隙刚度来看，溶蚀孔隙→粒间孔隙→微晶孔隙→微裂隙，孔隙刚度整体具有依次减小的趋势。

将微晶孔隙按其所赋存的方解石微晶类型进行分类，从多孔微晶→紧密微晶→致密微晶，体积模量纵横比 α_k 与剪切模量纵横比 α_μ 呈增大趋势，以多孔微晶为主的石灰岩样品 α_k、α_μ 平均值分别为0.093与0.08，而紧密微晶 α_k、α_μ 平均值分别为0.14与0.12，致密微晶样品 α_k、α_μ 平均值分别为0.2与0.14。相较于多孔微晶与紧密微晶，致密微晶灰岩样品的纵横比 α_k 与 α_μ 表现出较大的变化范围，虽然 α_k 平均值高于0.2，但 α_k 值高于0.2的致密微晶灰岩样品也仅占全部致密微晶灰岩样品的36%。样品从多孔微晶→紧密微晶→致密微晶，体积模量纵横比 α_k 与剪切模量纵横比 α_μ 逐渐增大可认为是储层埋深过程中压实过程及成岩过程加强的结果，致使方解石微晶间的孔隙形状从多孔微晶的多变形转变为致密微晶体的三角形，孔隙刚度逐渐增大，也表现为纵横比 α_k 从多孔微晶的0.093逐渐增大至致密微晶的0.2。部分致密微晶样品纵横比 α_k 高于0.2亦可能是由于该部分样品中出现一定含量的溶蚀型孔隙（图5f、g）。

α_k—孔隙度交会图可用于对不同孔隙结构石灰岩进行定性划分，溶蚀孔隙为主的石灰岩样品纵横比 α_k 高于 0.2，粒间孔隙灰岩纵横比 α_k 介于 0.1～0.2，而以多孔微晶与紧密微晶为主的灰岩样品其纵横比 α_k 小于 0.15。在孔隙度小于 5% 的条件下，粒间孔隙型与致密微晶样品的 α_k 变化范围有较大的重合，但对微晶孔隙型的石灰岩样品其所含微晶类型不同对应的纵横比 α_k 也具有一定的区分度。

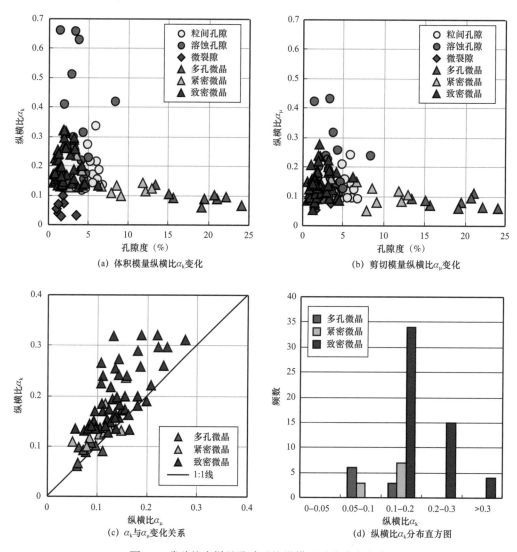

图 10 碳酸盐岩样品孔隙平均纵横比随孔隙度变化

7 结论

本文对塔里木盆地古城与哈拉哈塘奥陶系鹰山组二段、鄂尔多斯盆地大牛地奥陶系马家沟组五段以及东营凹陷古近系沙河街组四段等 4 个不同地区的碳酸盐岩储层样品进行了系统的岩石学特征、物性及地震弹性实验研究，对实验结果的变化规律及影响因素进行了探讨，主要结论如下：

（1）碳酸盐岩样品的微孔隙特征受其所赋存的微晶方解石（方解石晶体直径小于 10μm）结构形态控制，依据形态特征可将样品微晶结构分为多孔微晶、紧密微晶体和致密微晶 3 种类型。

（2）样品物性特征（孔隙度、渗透率）变化整体受微晶方解石结构特征控制，从多孔微晶→紧密微晶→致密微晶中微晶晶间孔隙度及孔喉半径逐渐降低，表现为样品孔隙度与渗透率的降低。对于孔隙度小于 5% 的致密样品，微晶类型以致密微晶为主，微裂隙的存在明显增加样品的渗透率，而对孔隙的影响较小，从而使孔隙度—渗透率整体变化趋势出现局部变化，表现为微晶类型与孔隙类型共同控制渗透率的变化。

（3）从多孔微晶→紧密微晶→致密微晶，颗粒接触特征从点、线接触变为不能明显区分晶体颗粒边界的紧密缝合接触，多孔微晶表现为具有的大量晶体界面的力学不均匀介质，致密微晶则表现为晶体界面较少的力学连续介质，这个过程中颗粒接触边界刚度明显增大，表现为传播弹性波的速度逐渐增高，样品整体表现出随孔隙增加而降低的整体趋势。

（4）体积模量纵横比 α_k—孔隙度交会图可用于对不同孔隙结构的石灰岩进行定性划分，溶蚀孔隙为主的石灰岩样品纵横比 α_k 高于 0.2，粒间孔隙灰岩纵横比 α_k 介于 0.1～0.2；从多孔微晶→紧密微晶→致密微晶其所代表的孔隙纵横比 α_k 逐渐增大，而以多孔微晶与紧密微晶为主的石灰岩样品其纵横比 α_k 小于 0.15，而致密微晶纵横比 α_k 接近于 0.2。

参 考 文 献

［1］金之钧，蔡立国. 中国海相油气勘探前景、主要问题与对策［J］. 石油与天然气地质，2006，27（6）：722-727.

［2］赵宗举，范国章，吴兴宁，等. 中国海相碳酸盐岩的储层类型、勘探领域及勘探战略［J］. 海相油气地质，2007，1（1）：1-11.

［3］赵文智，汪泽成，胡素云，等. 中国陆上三大克拉通盆地海相碳酸盐岩油气藏大型化成藏条件与特征［J］. 石油学报，2012，33（S2）：1-9.

［4］马新华，杨雨，文龙，等. 四川盆地海相碳酸盐岩大中型气田分布规律及勘探方向［J］. 石油勘探与开发，2019，46（1）：1-13.

［5］Campbell A E, Stafleu J. Seismic Modeling of an Early Jurassic, drowned carbonate platform : Djebel Bou Dahar, High Atlas, Morocco（1）［J］. AAPG Bulletin, 1992, 76: 1760-1777.

［6］Anselmetti F S, Eberli G P. The Velocity-Deviation Log : A tool to predict pore type and permeability trends in carbonate drill holes from sonic and porosity or density logs［J］. AAPG Bulletin, 1999, 83: 450-466.

［7］Verwer K, Braaksma H, Kenter J A. Acoustic properties of carbonates : Effects of rock texture and implications for fluid substitution［J］. Geophysics, 2008, 73: 51-65.

［8］Baechle G, Colpaert A, Eberli G, Weger R. Effects of microporosity on sonic velocity in carbonate rocks［J］. The Leading Edge, 2008, 27: 1012-1018.

［9］Weger R J, Eberli G P, Baechle G T, et al. Quantification of pore structure and its effect on sonic velocity and permeability in carbonates [J]. AAPG Bulletin, 2009, 93: 1297–1317.

[10] Pan J G, Wang H B, Li C, et al. Effect of pore structure on seismic rock–physics characteristics of dense carbonates [J]. Applied Geophysics, 2015, 12 (1): 1–10.

[11] Sharma R, Prasad M, Batzle M and Vega S. Sensitivity of flow and elastic properties to fabric heterogeneity in carbonates [J]. Geophysical Prospecting, 2013, 61: 270–286.

[12] Xu S Y, Payne M A. Modeling elastic properties in carbonate rocks [J]. The Leading Edge, 2009, 28 (2): 66–74.

[13] Zhao L, Nasser M, Han D. Quantitative geophysical pore–type characterization and its geological implication in carbonate reservoirs [J]. Geophysical Prospecting, 2013, 61: 827–841.

[14] Ba J, Carcione J M, Nie J X. Biot–Rayleigh theory of wave propagation in double–porosity media [J]. Journal of Geophysical Research–solid earth, 2011, 116: 6–20.

[15] Choquette P W, Pray L C. Geologic nomenclature and classification of porosity in sedimentary carbonates [J]. AAPG Bulletin, 1970, 54: 207–250.

[16] Lucia F J. Rock–fabric/petrophysical classification of carbonate pore space for reservoir characterization [J]. AAPG Bulletin, 1995, 79: 1275–1300.

[17] Lucia F J. Carbonate Reservoir Characterization [M]. Berlin : Springer, 2007.

[18] Lønøy A, Making sense of carbonate pore systems [J]. AAPG Bulletin, 2006, 90: 1381–1405.

[19] Deville de Periere M, Durlet C, Vennin, L, et al. Morphometry of micrite particles in cretaceous microporous limestones of the Middle East : Influence on reservoir properties [J]. Mar. Pet. Geol, 2011, 28: 1727–1750.

[20] Fournier F, Borgomano J. Critical porosity and elastic properties of microporous mixed carbonate-siliciclastic rocks [J]. Geophysics, 2009, 72: 93–109.

[21] Mavko G, Mukerji J, Dvorkin J. The rock physics handbook : tools for seismic analysis in porous media [M]. New York : Cambridge University Press.

原英文刊于《Applied Geophysics》, 2019, 16 (4): 399–413.

附表 1　碳酸盐岩样品岩石物理特征

样号	取样地区	岩性	孔隙度（%）	渗透率（mD）	干燥 V_p（km/s）	干燥 V_s（km/s）	饱水 V_p（km/s）	饱水 V_s（km/s）	孔隙类型	岩石结构	微晶类型
1	东营	含生物碎屑微晶灰岩	3.3	0.01	4.92	2.88	5.48	3.01	石灰岩微晶晶间孔隙	颗粒灰岩	致密微晶
2	东营	团粒微晶灰岩	12.1	0.78	5.33	2.92	5.81	3.14	石灰岩微晶晶间孔隙	颗粒灰岩	紧密微晶
3	东营	含生物碎屑鲕粒灰岩	1.5	0.003	5.52	3.03	5.91	3.29	石灰岩微晶晶间孔隙	颗粒灰岩	致密微晶
4	东营	泥晶灰岩	1.7	0.005	5.44	2.94	5.81	3.16	石灰岩微晶晶间孔隙	泥灰岩	致密微晶
5	东营	生物碎屑灰岩	24.5	2.29	3.65	1.91	3.80	2.20	石灰岩微晶晶间孔隙	粒泥灰岩	多孔微晶
6	东营	生物碎屑灰岩	27.2	2.63	3.41	2.07	4.12	2.37	石灰岩微晶晶间孔隙	灰泥颗粒灰岩	多孔微晶
7	东营	含生物碎屑鲕粒灰岩	20.7	1.58	4.14	2.43	4.31	2.68	石灰岩微晶晶间孔隙	颗粒灰岩	多孔微晶
8	东营	含生物碎屑鲕粒灰岩	20.1	7.76	3.74	2.13	3.94	2.32	石灰岩微晶晶间孔隙	颗粒灰岩	多孔微晶
9	东营	含生物碎屑鲕粒灰岩	18.4	1.58	3.67	2.32	3.99	2.44	石灰岩微晶晶间孔隙	颗粒灰岩	多孔微晶
10	东营	含生物碎屑鲕粒灰岩	2.9	0.08	4.94	3.19	5.28	3.30	石灰岩微晶晶间孔隙	灰泥颗粒灰岩	致密微晶
11	东营	鲕粒生物碎屑灰岩	3.2	0.11	5.76	3.17	5.87	3.44	石灰岩微晶晶间孔隙	颗粒灰岩	致密微晶
12	东营	含生物碎屑灰岩	17.2	0.35	4.30	2.40	4.47	2.55	石灰岩微晶晶间孔隙	粒泥灰岩	紧密微晶
13	东营	含生物碎屑针孔状灰岩	26.1	1.2	4.05	2.16	4.12	2.39	石灰岩微晶晶间孔隙	粒泥灰岩	多孔微晶
14	东营	针孔状灰岩	25.7	1.35	4.27	2.26	4.30	2.50	石灰岩微晶晶间孔隙	粒泥灰岩	多孔微晶
15	东营	针孔状生物碎屑灰岩	24.2	6.92	3.42	1.81	3.80	2.09	石灰岩微晶晶间孔隙	灰泥颗粒灰岩	多孔微晶
16	东营	针孔状生物碎屑灰岩	29.1	7.76	3.02	1.71	3.29	2.01	石灰岩微晶晶间孔隙	灰泥颗粒灰岩	多孔微晶
17	东营	针孔状含生物碎屑灰岩	17.9	5.37	4.32	2.54	4.50	2.72	石灰岩微晶晶间孔隙	粒泥灰岩	紧密微晶

样号	取样地区	岩性	孔隙度（%）	渗透率（mD）	干燥 V_p（km/s）	干燥 V_s（km/s）	饱水 V_p（km/s）	饱水 V_s（km/s）	孔隙类型	岩石结构	微晶类型
18	东营	针孔状含生物碎屑灰岩	16.8	0.68	4.46	2.59	4.62	2.69	石灰岩微晶孔隙	灰泥颗粒灰岩	紧密微晶
19	东营	生物碎屑泥晶灰岩	1.2	0.004	5.81	2.98	6.04	3.10	石灰岩微晶孔隙	泥灰岩	致密微晶
20	东营	泥晶灰岩	6.6	0.03	4.62	2.79	5.19	2.98	石灰岩微晶孔隙	粒泥灰岩	紧密微晶
21	东营	泥晶灰岩	3.7	0.008	5.30	3.10	5.67	3.24	石灰岩微晶孔隙	粒泥灰岩	致密微晶
22	东营	砂质泥晶生物碎屑灰岩	6.2	0.02	5.36	3.15	5.60	3.31	石灰岩微晶孔隙	粒泥灰岩	致密微晶
23	东营	砂质泥晶灰岩	7.9	0.07	4.23	2.43	4.61	2.58	石灰岩微晶孔隙	粒泥灰岩	紧密微晶
24	东营	泥晶灰岩	3.1	0.008	5.22	2.97	5.58	3.16	石灰岩微晶孔隙	泥灰岩	致密微晶
25	古城	灰色颗粒石灰岩	3.1	0.028	5.50	3.07	5.71	3.25	石灰岩微晶孔隙	粒泥灰岩	致密微晶
26	古城	褐灰色粉—细屑石灰岩	0.6	0.01245	6.19	3.29	6.50	3.51	石灰岩微晶孔隙	泥灰岩	致密微晶
27	古城	褐灰色颗粒灰岩	1.2	0.012	6.33	3.36	6.53	3.60	石灰岩微晶孔隙	泥灰岩	致密微晶
28	古城	褐灰色粉—细屑石灰岩	0.6	0.013	6.00	3.18	6.32	3.39	石灰岩微晶孔隙	泥灰岩	致密微晶
29	古城	褐灰色砂岩	2.7	0.01906	6.10	3.25	6.18	3.47	石灰岩微晶孔隙	泥灰岩	致密微晶
30	古城	灰色颗粒灰岩	4.2	0.022	6.06	3.21	6.48	3.40	石灰岩微晶孔隙	粒泥灰岩	致密微晶
31	古城	灰色颗粒灰岩	0.8	0.013	6.33	3.37	6.56	3.55	石灰岩微晶孔隙	粒泥灰岩	致密微晶
32	古城	灰色颗粒灰岩	1.1	0.014	6.04	3.18	6.28	3.38	石灰岩微晶孔隙	粒泥灰岩	致密微晶
33	古城	灰色颗粒灰岩	0.8	0.006	6.15	3.27	6.34	3.44	石灰岩微晶孔隙	颗粒灰岩	致密微晶
34	古城	灰色颗粒灰岩	0.9	0.037	6.13	3.25	6.36	3.40	石灰岩微晶孔隙	颗粒灰岩	致密微晶
35	古城	灰色颗粒灰岩	1.5	0.057	5.41	2.96	6.07	3.28	石灰岩微晶孔隙	颗粒灰岩	致密微晶

样号	取样地区	岩性	孔隙度（%）	渗透率（mD）	干燥 V_p（km/s）	干燥 V_s（km/s）	饱水 V_p（km/s）	饱水 V_s（km/s）	孔隙类型	岩石结构	微晶类型
36	古城	云质灰岩	4.6	0.02	6.22	3.32	6.86	3.64	石灰岩微晶微晶孔隙	泥灰岩	致密微晶
37	古城	灰色粉—细屑石灰岩	1.1	0.011	6.34	3.34	6.74	3.47	石灰岩微晶微晶孔隙	泥灰岩	致密微晶
38	古城	云质灰岩	1.8	0.016	6.10	3.24	6.53	3.49	石灰岩微晶微晶孔隙	泥灰岩	致密微晶
39	古城	云质灰岩	1.7	0.015	6.25	3.31	6.64	3.43	石灰岩微晶微晶孔隙	泥灰岩	致密微晶
40	古城	云质灰岩	1.1	0.012	6.28	3.34	6.60	3.50	石灰岩微晶微晶孔隙	泥灰岩	致密微晶
41	古城	云质灰岩	2.2	0.04	5.43	3.01	6.31	3.42	石灰岩微晶微晶孔隙	泥灰岩	致密微晶
42	古城	云质灰岩	1.7	0.03	5.28	2.95	5.69	3.21	石灰岩微晶微晶孔隙	泥灰岩	致密微晶
43	古城	云质灰岩	1.8	0.037	5.37	3.21	6.09	3.56	石灰岩微晶微晶孔隙	泥灰岩	致密微晶
44	古城	云质灰岩	2.6	0.042	5.64	3.11	6.15	3.29	石灰岩微晶微晶孔隙	泥灰岩	致密微晶
45	古城	云质灰岩	3.6	0.13	5.46	2.99	6.27	3.45	石灰岩粒间孔隙	颗粒灰岩	致密微晶
46	古城	云质灰岩	4.3	0.018	6.33	3.43	6.82	3.71	石灰岩粒间孔隙	颗粒灰岩	致密微晶
47	古城	硅质灰岩	1.1	0.006	6.03	3.39	6.71	3.62	石灰岩粒间孔隙	颗粒灰岩	致密微晶
48	古城	石灰岩	5.6	0.02	6.50	3.58	6.78	3.74	石灰岩粒间孔隙	颗粒灰岩	致密微晶
49	古城	石灰岩	4.9	0.02	6.43	3.40	6.81	3.56	石灰岩粒间孔隙	颗粒灰岩	致密微晶
50	大牛地	含生物屑微晶灰岩	6.06	1.86	5.30	2.82	5.83	3.04	石灰岩粒间孔隙	颗粒灰岩	紧密微晶
51	大牛地	含生物屑微晶灰岩	6.47	2.19	5.31	2.84	5.80	3.10	石灰岩粒间孔隙	颗粒灰岩	紧密微晶
52	大牛地	含生物屑微晶灰岩	4.58	0.32	5.72	3.18	6.37	3.41	石灰岩粒间孔隙	颗粒灰岩	紧密微晶
53	大牛地	微晶云灰岩	4.29	0.006	5.60	3.01	6.07	3.31	石灰岩微晶微晶孔隙	灰泥颗粒灰岩	致密微晶

样号	取样地区	岩性	孔隙度（%）	渗透率（mD）	干燥 V_p（km/s）	干燥 V_s（km/s）	饱水 V_p（km/s）	饱水 V_s（km/s）	孔隙类型	岩石结构	微晶类型
54	大牛地	微晶含云灰岩	4.52	0.012	5.58	2.99	6.02	3.24	石灰岩微晶孔隙	灰泥颗粒灰岩	致密微晶
55	大牛地	微晶灰岩	1.57	0.0036	6.60	3.56	6.54	3.67	石灰岩微晶孔隙	颗粒灰岩	致密微晶
56	大牛地	微晶灰岩	2.18	0.0044	6.57	3.57	6.65	3.85	石灰岩微晶孔隙	颗粒灰岩	致密微晶
57	大牛地	微晶灰岩	1.88	0.0037	6.54	3.50	6.65	3.76	石灰岩微晶孔隙	颗粒灰岩	致密微晶
58	大牛地	微晶含云灰岩	5.33	0.008	5.55	2.96	5.93	3.24	石灰岩微晶孔隙	灰泥颗粒灰岩	致密微晶
59	大牛地	微晶含云灰岩	6.61	3.02	5.14	2.75	5.78	2.96	石灰岩粒间孔隙	灰泥颗粒灰岩	紧密微晶
60	哈拉哈塘	灰泥生物灰岩	1.74	0.0082	5.29	2.90	5.81	3.05	石灰岩微晶孔隙	粒泥灰岩	致密微晶
61	哈拉哈塘	灰泥生物灰岩	2.01	0.0082	5.19	2.86	5.72	3.10	石灰岩微晶孔隙	粒泥灰岩	致密微晶
62	哈拉哈塘	亮晶球粒灰岩	2.27	0.0159	5.47	2.99	5.84	3.19	石灰岩微晶孔隙	灰泥颗粒灰岩	致密微晶
63	哈拉哈塘	亮晶球粒灰岩	1.82	0.07845	5.60	3.07	5.98	3.28	石灰岩微晶孔隙	灰泥颗粒灰岩	致密微晶
64	哈拉哈塘	亮晶球粒灰岩	1.80	0.24731	6.04	3.33	6.26	3.55	石灰岩微晶孔隙	颗粒灰岩	致密微晶
65	哈拉哈塘	亮晶球粒灰岩	1.78	0.08433	5.58	3.02	5.95	3.27	石灰岩微晶孔隙	颗粒灰岩	致密微晶
66	哈拉哈塘	亮晶球粒灰岩	1.64	0.0149	5.77	3.10	6.07	3.32	石灰岩微晶孔隙	颗粒灰岩	致密微晶
67	哈拉哈塘	亮晶球粒灰岩	0.99	0.03574	6.26	3.39	6.50	3.55	石灰岩微晶孔隙	颗粒灰岩	致密微晶
68	哈拉哈塘	泥晶灰岩	1.78	0.1062	5.70	3.11	6.04	3.36	石灰岩微晶裂隙	颗粒灰岩	裂隙孔隙
69	哈拉哈塘	泥晶灰岩	1.22	0.15986	6.16	3.39	6.53	3.79	石灰岩微晶裂隙	颗粒灰岩	致密微晶
70	哈拉哈塘	灰泥生物灰岩	1.57	0.06808	6.56	3.51	6.61	3.74	石灰岩微晶孔隙	粒泥灰岩	致密微晶
71	哈拉哈塘	灰泥生物灰岩	2.14	0.02532	6.43	3.46	6.49	3.67	石灰岩微晶孔隙	粒泥灰岩	致密微晶

样号	取样地区	岩性	孔隙度（%）	渗透率（mD）	干燥 V_p（km/s）	干燥 V_s（km/s）	饱水 V_p（km/s）	饱水 V_s（km/s）	孔隙类型	岩石结构	微晶类型
72	哈拉哈塘	泥晶灰岩	1.44	0.0873	6.20	3.36	6.38	3.65	石灰岩溶蚀孔隙	颗粒灰岩	致密微晶
73	哈拉哈塘	泥晶灰岩	1.81	0.13709	5.70	3.09	6.02	3.19	石灰岩微晶裂隙	颗粒灰岩	裂隙微晶
74	哈拉哈塘	灰泥生物灰岩	1.21	0.04616	5.54	3.07	6.06	3.24	石灰岩微裂隙	粒泥灰岩	裂隙孔隙
75	哈拉哈塘	泥晶灰岩	2.14	0.06706	5.65	3.05	5.95	3.31	石灰岩溶蚀孔隙	颗粒灰岩	致密微晶
76	哈拉哈塘	泥晶灰岩	2.52	0.06706	5.51	3.01	5.84	3.16	石灰岩溶蚀孔隙	颗粒灰岩	致密微晶
77	哈拉哈塘	灰泥生物灰岩	1.18	0.02129	5.71	3.13	6.14	3.26	石灰岩溶蚀孔隙	粒泥灰岩	致密微晶
78	哈拉哈塘	泥晶灰岩	8.46	0.25507	5.46	2.98	5.55	3.10	石灰岩溶蚀孔隙	颗粒灰岩	紧密微晶
79	哈拉哈塘	泥晶灰岩	1.99	0.05248	6.13	3.34	6.30	3.56	石灰岩溶蚀孔隙	颗粒灰岩	致密微晶
80	哈拉哈塘	灰泥生物灰岩	2.21	0.01453	6.07	3.35	6.26	3.46	石灰岩微晶孔隙	粒泥灰岩	致密微晶
81	哈拉哈塘	泥晶灰岩	1.96	0.16788	5.83	3.22	6.12	3.45	石灰岩微裂隙	颗粒灰岩	裂隙孔隙
82	哈拉哈塘	泥晶灰岩	1.72	0.01089	5.29	2.89	5.81	3.09	石灰岩溶蚀孔隙	颗粒灰岩	致密微晶
83	哈拉哈塘	泥晶灰岩	2.89	0.05779	5.70	3.09	5.93	3.35	石灰岩溶蚀孔隙	颗粒灰岩	致密微晶
84	哈拉哈塘	泥晶灰岩	3.41	0.03222	5.18	2.86	5.56	3.01	石灰岩溶蚀孔隙	颗粒灰岩	致密微晶
85	哈拉哈塘	泥晶灰岩	2.01	0.00859	4.93	2.72	5.57	2.85	石灰岩溶蚀孔隙	颗粒灰岩	致密微晶
86	哈拉哈塘	泥晶灰岩	3.41	0.00823	4.58	2.53	5.19	2.76	石灰岩溶蚀孔隙	颗粒灰岩	致密微晶
87	哈拉哈塘	灰泥生物灰岩	1.50	0.07943	6.36	3.48	6.55	3.71	石灰岩微晶孔隙	粒泥灰岩	致密微晶
88	哈拉哈塘	泥晶灰岩	4.18	0.03622	5.19	2.89	5.52	3.10	石灰岩溶蚀孔隙	颗粒灰岩	致密微晶
89	哈拉哈塘	泥晶灰岩	1.07	0.44361	5.79	3.20	6.23	3.44	石灰岩溶蚀裂隙	颗粒灰岩	裂隙孔隙

样号	取样地区	岩性	孔隙度（%）	渗透率（mD）	干燥 V_p（km/s）	干燥 V_s（km/s）	饱水 V_p（km/s）	饱水 V_s（km/s）	孔隙类型	岩石结构	微晶类型
90	哈拉哈塘	灰泥生物灰岩	0.75	0.03213	6.08	3.33	6.42	3.43	石灰岩微晶孔隙	粒泥灰岩	致密微晶
91	哈拉哈塘	泥晶灰岩	1.20	0.38726	5.82	3.20	6.25	3.30	石灰岩微晶裂隙	颗粒灰岩	裂隙孔隙
92	哈拉哈塘	灰泥生物灰岩	1.57	0.05012	5.13	2.79	5.74	2.95	石灰岩微晶裂隙	粒泥灰岩	裂隙孔隙
93	哈拉哈塘	亮晶灰岩	1.27	0.08098	5.55	3.07	6.08	3.36	石灰岩溶蚀孔隙	颗粒灰岩	致密微晶
94	哈拉哈塘	亮晶灰岩	2.56	0.01717	5.31	2.95	5.73	3.18	石灰岩溶蚀孔隙	颗粒灰岩	致密微晶
95	哈拉哈塘	亮晶灰岩	3.83	0.50414	5.27	2.94	5.60	3.04	石灰岩溶蚀孔隙	颗粒灰岩	致密微晶
96	哈拉哈塘	亮晶灰岩	2.88	0.01289	5.88	3.25	6.10	3.54	石灰岩溶蚀孔隙	颗粒灰岩	致密微晶
97	哈拉哈塘	亮晶灰岩	4.52	0.05976	4.91	2.72	5.30	2.88	石灰岩溶蚀孔隙	颗粒灰岩	紧密微晶
98	哈拉哈塘	亮晶灰岩	4.72	0.03031	5.60	3.09	5.78	3.38	石灰岩溶蚀孔隙	颗粒灰岩	紧密微晶

考虑非均匀地幔的重力—地震联合建模

刘　康[1, 2, 3]　郝天珧[1, 2, 3]　杨　辉[4]　文百红[4]　贺恩远[5]

（1. 中国科学院地质与地球物理研究所，中国科学院油气资源研究重点实验室；2. 中国科学院地球科学研究院；3. 中国科学院大学；4. 中国石油勘探开发研究院；5. 中国科学院南海海洋研究所，中国科学院边缘海地质重点实验室）

摘　要：本文提出在综合地球物理研究中，为了使重力数据处理和反演更加符合实际的地质情况，重力—地震联合建模分析时应当考虑非均匀地幔物质的重力效应。本文针对含油气盆地结构、断裂构造、大陆边缘演化和洋陆转换带等热点地质问题，广泛调研了全球范围内多个地区的综合地球物理研究成果，及其对应的地幔深部结构，发现地幔的横向不均一性是普遍存在的。在以往许多基于重力、地震数据的综合研究实践中，重力异常分离和建模分析通常都是在地壳内部（莫霍面以上）进行的。这种处理方式实际上是以均匀地幔为假设前提，虽然简化了重力异常分离和建模分析的难度，但忽略了地球深部的不均匀性所带来的重力异常，所获得的剩余重力异常和在此基础上进行的密度结构反演、地质解释会存在偏差。本文通过对模型界面的 2D 正演，定量探讨了非均匀地幔对布格重力异常的影响。在对四川盆地的实例研究中，剥离了非均匀地幔的重力效应，2.5D 重力—地震联合模拟的结果明显优于均匀地幔假设条件下的结果。

关键词：综合地球物理；非均匀地幔；2.5D 建模分析；重力异常分离；地震；四川盆地

1　引言

重力场的位势属性使得重力异常具有体积效应，即实测的重力场数据包含了测点上、下及周围所有物质的重力响应[1]。通过纬度校正、地形校正、布格校正等重力校正处理，可以消除地球正常重力场和自然地形起伏引起的重力异常，得到布格重力异常数据。布格重力异常是壳内各种偏离正常密度分布的矿体与构造的综合反映，也包括了地壳下界面（莫霍面）起伏而在横向上相对上地幔质量的巨大亏损或盈余的影响。因此，为了获得某一目标（地层或地质体）的地质、地球物理信息，需要进行重力异常分离，得到剩余重力异常。其物理基础是不同研究目标的密度差异[2-3]，密度差异较大的相邻地层界面称为密度界面，它们与各地层内偏离正常密度分布的地质体是引起重力异常的主要来源。

基金项目：地质调查海洋地质保障工程项目（GZH200900504-207）；国家自然科学基金面上基金（41476033），国家自然科学基金联合基金（U1505232）；"全球变化与海气相互作用"专项国际合作项目（GASI-GEOGE-01）；国家重点研发计划"超深层重磁电震勘探技术研究"项目（2016YFC0601102和2016YFC0601104）；国家科技重大专项"下古生界—前寒武系碳酸盐岩油气成藏规律、关键技术及目标评价"（2016ZX05004003）

重力异常分离方法主要包括空间域—频率域滤波法和重力—地震联合建模法[4-6]。空间域—频率域滤波法是根据重力异常在深源与浅源的形态和频率差异，进行信号分离，提取目标剩余异常。常用的空间域分场方法有徒手圆滑[7]、多项式拟合[8]、多次切割[9-10]等，频率域方法包括解析延拓[11-13]、匹配滤波[14-15]、温纳滤波[16-17]、小波变换[18-21]和优化滤波[22-23]等。重力—地震联合建模法是较为有效的分离手段，利用地震资料获取地下不同深度地质界面的埋深与起伏构造特征，作为结构约束，利用速度—密度的相关性或者测定岩石样品的密度，正演非目标地层或地质体的重力效应，然后从异常总场中剥离，得到反映目标地层或地质体的剩余重力异常。通常认为，空间域—频率域滤波法是一种强经验性的数学方法，在缺少地震资料的情况下可以使用；而重力—地震联合建模法依赖于高精度的地震勘探结果，能够准确地刻画地质构造和速度结构。因此重力—地震联合建模的结果更加可靠。

以高精度的地震数据为约束的 2D/3D 重力拟合、异常分离和反演方法应用十分广泛，在盆地基底构造、大陆边缘构造演化、地壳厚度等研究领域发挥了重要作用。长期以来，研究人员在进行重力—地震综合地球物理研究时，采用"莫霍面—基底—沉积层"的地质地球物理模型，隐含了均匀地幔假设。这一方面是由于地幔内部的密度参数和结构特征不易获知，另一方面是为了简化拟合与异常分离的难度。例如，Oldenburg[24]曾利用美国东海岸的沙漠山岛附近的重力异常数据进行二维反演、解释，受制于当时的研究水平，重力拟合时的地质模型设定为莫霍面及以上地层。在针对含油气沉积盆地[25-26]、克拉通构造[27-28]和大型构造断裂带[29-32]的综合地球物理研究中，研究人员目前也都是建立"莫霍面—基底—沉积层"的地质模型，利用莫霍面以上的地震资料进行联合建模与反演解释。类似的研究思路在南海大陆边缘[33-38]、西非被动大陆边缘[39-40]和北极美亚盆地[41]等全球范围内的诸多重力—地震综合研究中被广泛采用。

但布格重力异常本质上并不仅仅是莫霍面及地壳物质的重力异常，它也包含了地球更深部物质的重力响应。根据最新的一些深地震和噪声成像的速度结构，上述热点研究区都普遍存在横向非均匀地幔。Rychert[42]、Nettles[43]等分别利用纵横波转换和面波频散反演了 Oldenburg[24]曾研究过的沙漠山岛和北美大陆及邻近海区的岩石圈结构，反演结果表明该地区的地幔存在横向非均匀性。Duan 等[44]、王新胜等[45]基于深地震反射 P 波和重力数据的反演结果验证了华北克拉通下部存在横向和纵向密度非均匀的地幔。而 Bao 等[46]、Shen 等[47]利用面波噪声成像获得了中国大陆全域的岩石圈深部结构，结果显示几个含油气盆地和主要构造断裂带下方的地幔也具有非常明显的横向不均匀性。在大陆边缘演化和洋陆转化带的研究中（如南海、西非西海岸和北极美亚盆地等），诸多学者的地震层析成像结果揭示了这些地区的地幔不均匀性[48-52]；Shephard 等[53]总结了美亚盆地多种岩石圈模型，也都体现出了相当明显的地幔横向不均匀性。

由于地幔深度大，其产生的重力异常属于区域异常，当研究区范围较小时，可以视为均匀的背景场，对重力拟合或分离的影响不大；若研究区范围超过了地幔所产生的重力异常的尺度，忽略这部分重力效应则会导致重力异常分离的失真，反演结果就不能准确地反映研究目标的地质信息。因此当前的重震联合研究存在一定缺陷：上地幔内部的横向密度差异也会导致可观的重力异常。为了更好地拟合重力观测数据，一些研究人员不得不对地质模型进行较大改动，比如人工添加密度异常块体、改变地层起伏形态[29, 41, 54-55]等，而这些在地震剖面上并没有明显的证据，使得反演结果的可信度下降。

本文经过广泛的调研，发现许多热点地质问题所在的研究区都存在着横向速度不均匀的地幔。这为考虑非均匀地幔的重力异常分离提供了地质基础。本文通过理论模型计算和实例分析，提出了"考虑非均匀地幔重力效应"的重力—地震联合建模思路，那些有待商榷的、对地质模型的主观干预，可能会因引入非均匀地幔物质的重力异常而得以改善。

2 非均匀地幔的重力效应

2D/2.5D 重力—地震联合建模主要有两个目的：一是通过控制拟合质量（通常是以拟合差为指标），在剖面上确定地层的密度参数，用于进一步的三维异常分离；二是在剖面上进行重力、地震（可加入磁力、大地电磁等）顺序反演或联合反演，得到二维地质解释断面。由于重磁位场数据纵向上分辨较低，上述处理均需要较高精度的地震剖面作为初始的参考模型，也需要较充分的岩石采样测试或物性统计资料，否则建模分析就缺乏约束，导致反演的多解性[56]。

本文利用 2D 正演算法，模拟了不同尺度和不同深度的起伏界面，计算了界面产生的地表重力异常。在对四川盆地的重力—地震综合地球物理研究中，以高精度的地震层析成像结果和岩石物性统计资料作为约束，分析了地幔高速体（mantle high-speed body, MHSB）的重力效应对布格重力异常的贡献。

2.1 起伏界面重力异常

通过归纳总结前人许多地震层析成像的研究成果，本文发现非均匀地幔大多出现在陆壳下方 60～120km 的深度范围内，或在洋壳下方 40～60km 的深度范围内。在这些深度范围内，洋壳和陆壳的非均匀地幔横波速度约为 4～5km/s，横向差异约为 0.1～0.3km/s。假设非均匀地幔界面上下的密度差为 0.1g/cm³。本文利用正弦函数构造了 8 种起伏界面，采用 Parker[57] 提出的密度界面引起的重力异常的正演算法，模拟了起伏界面在地表引起的重力异常。

密度界面函数为 $z=z_0+A\sin(2\pi x/B)$，式中 z 为界面深度，向下为正，z_0 为平均深度，A 是最大起伏厚度，B 为起伏周期，x 为界面长度。Parker 提出的界面正演算法可表示为

$$F[\Delta g]=-\frac{2\pi G\rho}{k}\sum_{n=1}^{\infty}\frac{k^n e^{(-kz_0)}}{n!}F[h^n] \qquad (1)$$

其中，G 为万有引力常数；ρ 为界面密度差；k 为波数；n 为泰勒级数的阶数；h 是界面的起伏深度，即 $h=A\sin(2\pi x/B)$。

本文在平均深度 40km（模拟洋幔）和 90km（模拟陆幔）处，分别以 5km、10km 和 10km、30km，构建了长度为 100km 和 300km 的 8 个起伏界面。采用 5 阶泰勒求和级数，以保证计算精度。图 1 中显示了其中 4 个界面及其产生的重力异常。表 1 汇总了 8 个界面

的形态特征和相应的重力异常的数值范围。从图 1 和表 1 可以看出以下几点：

（1）以正弦函数表示的密度界面（图 1b）所产生的重力异常的形态也接近正弦函数（图 1a）。

（2）对比图 1 中的曲线 I 与曲线 II，两个界面具有相同的深度和起伏厚度，但是空间延展长度不同（图 1b），曲线 I 只有 100km，而曲线 II 有 300km。前者只能产生 −3.47～3.67mgal 的重力异常，而后者产生了 −17.45～19.13mgal 的重力异常，相差 5 倍（表 1）。这意味着对 100km 左右的测线进行重力—地震联合模拟研究时，非均匀地幔的影响较小，可以忽略。

（3）对比图 1 中的曲线 II 和曲线 III，两个界面具有相同的起伏厚度和长度，但是平均深度不同，前者位于 40km 深，后者位于 90km 深（图 1b）。前者产生的重力异常范围是 −17.45～19.13mgal，二后者仅有 −6.30～6.50mgal，相差近 3 倍（表 1）。显然，地层界面越深，其重力效应越弱。由于洋壳和洋幔较浅，地幔的非均匀性对海区的重力—地震联合建模会有较大影响，特别是当测线长度达到几百千米时，其影响不可忽视。

（4）对比图 1 中的曲线 III 和曲线 IV，两个界面具有相同的深度和长度，但是起伏厚度不同（图 1b），前者最大起伏是 ±10km，产生了 −6.30～6.50mgal 的重力异常；后者是 ±30km，产生了 −19.01～21.16mgal 的重力异常，相差 3 倍多（表 1）。起伏厚度表征了非均匀地幔的横向结构差异，起伏越大，横向差异越大，重力效应越强。因此，对于深部的陆幔，需要充分调查研究区的地幔结构特征，如果存在非均匀地幔，则需要正演计算其可能产生的重力异常，分析重力效应的强弱，进而判断是否需要在综合地球物理研究中考虑非均匀地幔的重力效应。

基于本文构造的模型，上述定量研究可以看出，100km 和 300km 长的测线产生了相差 5 倍的重力异常，40km 和 90km 深的界面产生了相差近 3 倍的重力异常，而 ±10km 和 ±20km 的起伏界面的重力异常也相差 3 倍多。由于地幔产生的重力场属于区域场，当研究区范围较小、地壳较厚时，可以视为均匀的背景场，对重力拟合或分离的影响不大；若研究区范围超过了非均匀地幔所产生的重力异常的尺度，忽略这部分重力效应则会导致重力分离和建模分析的失真，反演结果就不能准确地反映目标层或目标密度界面的地质信息。

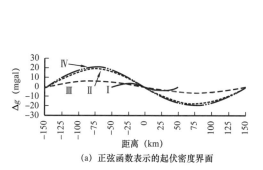
（a）正弦函数表示的起伏密度界面

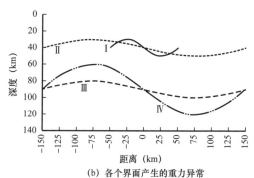
（b）各个界面产生的重力异常

图 1　4 个界面及其产生的重力异常

图中实线 I 表示 40km 深、100km 长的 10km 起伏界面和重力异常，点线 II 表示 40km 深、300km 长的 10km 起伏界面和重力异常，虚线 III 表示 90km 深、300km 长的 10km 起伏界面和重力异常，虚点线 IV 表示 90km 深、300km 长的 20km 起伏界面和重力异常

表1　8个密度界面的形态特征及其重力效应的强度

平均深度（km）	起伏厚度（km）	界面长度（km）	
		100	300
40	±5	−1.70～1.74mgal	−8.88～9.29mgal
40	±10	−3.47～3.67mgal（Ⅰ）	−17.45～19.13mgal（Ⅱ）
90	±10	−0.15～0.15mgal	−6.30～6.50mgal（Ⅲ）
90	±30	−0.66～0.67mgal	−19.01～21.16mgal（Ⅳ）

2.2　四川盆地地幔高速体重力异常

许多地震层析成像的结果认为，四川盆地的上地幔存在高速体，且分布不均一[44-45]。本文参考了宋晓东等[58]和Bao等[46]的最新研究成果，他们基于背景噪声和天然地震的面波数据，获得了高精度的中国大陆岩石圈结构。经作者同意，本文获得了使用相关数据的许可。

为了进行重力—地震综合研究，本文从某油田公司获取了两条穿过盆地的高精度人工地震勘探测线 AA′ 和 BB′（图2），测线长约390km。从宋晓东等[58]和Bao等[46]的数据体中截取了 0～100km 深度的岩石圈横波速度剖面。以横波速度 4.55km/s 为参考值，提取了地幔高速体（MHSB）的埋深和范围（图3c、d）。

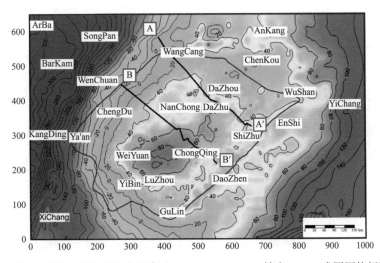

图2　四川盆地及邻区的布格重力异常（1000km×650km，精度5km，成图网格间距1km，等值线单位为mgal）和AA′、BB′测线位置。

常用的密度、波速的转换关系，如加纳德公式及其改进公式[59-60]、Nafe–Drake 拟合公式及其改进公式[61-64]、Miller 和 Stewart[65] 提出的S波—密度转换公式等，都是基于沉积层岩石样本或地壳喷出岩实验室测试的经验关系，对本文所研究的地幔物质缺乏有效指导[66]。因此，本文参考了朱介寿等[67]建立的青藏高原—扬子块体三维结构模型，令高速体（平均S波速度为 4.65km/s）与周围正常地幔（平均S波速度为 4.45km/s）之间的密度差为 +0.1g/cm³（表2）。本文使用LCT平台（Fugro公司研发的一款重磁震联合处理与解释软件），对 AA′ 和 BB′ 测线的非均匀地幔重力效应进行了二维正演计算[68]，结果如图 3a、b 所示。

表 2　青藏高原—扬子块体结构模型

青藏高原				扬子块体			
深度（km）	v_p（km/s）	v_s（km/s）	ρ（g/cm³）	深度（km）	v_p（km/s）	v_s（km/s）	ρ（g/cm³）
44.0	6.593	3.800	3.295	36	8.034	4.400	3.283
	7.114	4.100	3.612		8.381	4.600	3.398
70.0	8.034	4.400	3.612	150	8.536	4.680	3.398
	8.468	4.650	3.732		8.536	4.680	3.602
120.0	8.333	4.630	3.732	210	8.695	4.781	3.632
	7.799	4.425	3.812		8.715	5.023	3.686

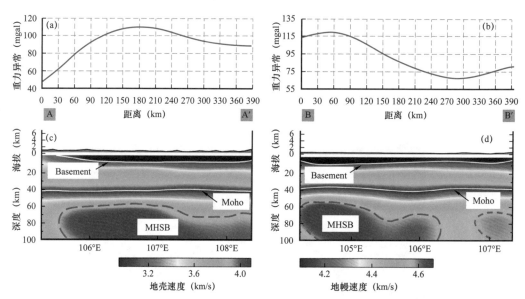

图 3　AA′ 测线（389km）和 BB′ 测线（394km）的岩石圈结构和地幔高速体的重力效应

图 a 和图 b 是以 +0.1g/cm³ 的密度差正演计算的重力异常；图 c 和图 d 中～10km 和～43km 深处的两条白线分别划分了基底面和莫霍面，莫霍面上下使用了两套色标以突出地壳和地幔速度的变化；红色虚线是以 4.55km/s 的横波速度圈定的地幔高速体

3　四川盆地重力—地震联合建模

二维重力正演计算结果表明，四川盆地下方的非均匀地幔会引起不可忽视的重力异常。本文在对该地区进行重力—地震综合研究时，依据该地区的密度统计资料，识别了主要的密度界面；利用 2.5D 剖面拟合技术，对比了"莫霍面—基底—沉积层"模型（M1）和"地幔—莫霍面—基底—沉积层"模型（M2）的拟合效果，发现剥离了非均匀地幔的重力效应后，2.5D 重力—地震联合模拟的结果明显优于均匀地幔假设条件下的结果。

3.1 地质与地球物理背景

四川盆地是目前中国天然气探明储量、气田发现数量和天然气累计产出数量最多的盆地，经过半个多世纪的油气勘探开发，盆地内的中浅层油气藏大部分已经被探明，要实现油气资源的可持续利用，深层油气勘探将是一个非常重要的勘探方向。盆地的基底结构由于控制着深部地层的隆起、凹陷、断裂等构造发育，是深层油气研究中十分重要的内容[69-71]。由于四川盆地是在古生代海相沉积盆地的基础上发展起来的一个陆相盆地（海相碳酸盐岩台地沉积和陆相盆地碎屑沉积叠合），经历了6次构造旋回，基底与盖层的构造关系复杂[72-74]。

四川盆地内部存在一个由中—上元古界（Pt_2—Pt_3）的昆阳群、板溪群、梵净山群等浅变质岩形成的褶皱基底（距今780—1700Ma）。本文对四川盆地及邻区的地层密度进行统计后发现，该地区的在地壳内存在4个主要的密度界面：白垩系与侏罗系地层界面（K—J_3）、三叠系中—上统密度界面（T_3—T_2）、寒武系与震旦系密度界面（$\in_1$—Z_2）和莫霍面（表3）。因此，可以将寒武系与震旦系的密度界面视作该地区的褶皱基底面。

表3 四川盆地地层密度统计表 单位：g/cm³

界	系	统	代号	样本密度	平均密度	平均密度	密度差
新生界	古近—新近系		R		2.48		
中生界	白垩系		K	2.41	2.41	2.41	0.12
	侏罗系	上统	J_3	2.52	2.52	2.53	
		中统	J_2				
		下统	J_1	2.55	2.55		
	三叠系	上统	T_3		2.55	2.68	0.15
		中统	T_2	2.71	2.7		
		下统	T_1	2.68	2.68		
古生界	二叠系	上统	P_2	2.67	2.68	2.68	
		下统	P_1		2.68		
	石炭系……奥陶系						
	寒武系	上统	$\in_3$			2.66	
		中统	$\in_2$	2.68	2.68		
		下统	$\in_1$				
元古界	震旦系	上统	Pt_3　Z_2	2.8		2.8	0.14
		下统	Z_1		2.81		
	前震旦系 褶皱基底		板溪群			2.82	
			恰斯群 通木梁群 黄水河群 会理群　Pt_2				

3.2 沉积构造与地壳结构

本文所获取的 AA′ 测线和 BB′ 测线是油田公司针对中浅层构造所做的地震勘探剖面，展示了从侏罗系到震旦系的沉积构造（图 4）。但是缺乏深部地层的反射震相，尤其是对基底内的构造特征无法刻画。由图 4 可以看出，白垩系以上地层同相轴模糊且不连续，而震旦系以下的地层同相轴不清晰，因此在建模时，提取了 J_1、T_3 和 Z_2 3 个密度界面。图 4 还显示出沉积层横向的波速变化不大，因此在建模时，依据表 3 的统计资料，采用了横向均一的地层密度（表 4），这也基本符合盆地构造相对稳定的地质特征。

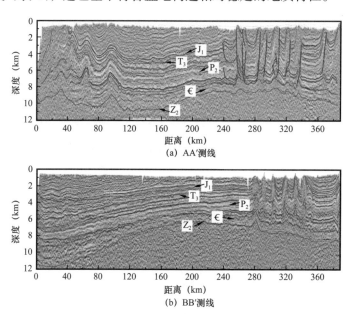

图 4　四川盆地高精度地震反射剖面

表 4　2.5D 剖面拟合的密度参数

地层	密度（g/cm³）
	2.50～2.52
J_1	2.68
T_3	
Z_2	2.66
	2.80

模型采用的莫霍面深度资料来源于全球地壳模型——CRUST 1.0[75]。但是 CRUST 1.0 模型精度较低，特别是对于局部研究区而言，需要对深度资料进行修正。为了提高莫霍面资料的准确性，本文搜集了十余条地震剖面资料[35, 55, 76-81]，提取出每条地震剖面解释的莫霍界面深度，对 CRUST 1.0 模型中的莫霍面深度数据进行对比与厘定，获得了更可靠的数据（图 5c）。根据地震波速—密度转换公式，以 0.6g/cm³ 的密度差，在 LCT 中利用三维界面正演算法[82]，计算了莫霍面的三维重力效应（图 5a），进而提取了 AA′ 测线和 BB′ 测线中莫霍面引起的重力异常（图 5b）。

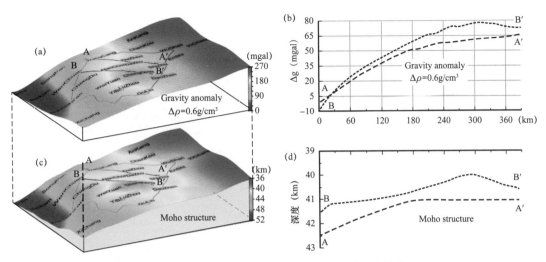

图 5　四川盆地及邻区的莫霍面结构及其重力效应

图 a 是根据三维莫霍面深度资料（图 c）以 0.6g/cm³ 的密度差正演计算的重力异常，图 b 和图 d 分别是 AA′ 测线
（虚线）和 BB′ 测线（点线）的莫霍面结构和重力效应

3.3 "莫霍面—基底—沉积层"模型

本文使用 LCT 重磁震联合解释与分析系统，采用"莫霍面—基底—沉积层"模型（M1），建立了 AA′ 测线和 BB′ 测线的 2.5D 重力—地震综合模型（图 6、图 7）。由于 AA′ 测线和 BB′ 测线均为北西走向，M1 模型中的 J_1、T_3、和 Z_2 3 个地层向东北延伸至盆地的边界，采用表 4 中相应的密度值；盆地以外由于多基岩出露，采用基岩密度，即 Z_2 以下地层密度 2.80g/cm³。测线 AA′ 的 0～47km 段在盆地外，有大量基岩出露，因此对该段地层也设置为基岩密度。

由于模型没有深部结构信息，因此将莫霍面的重力效应从布格异常中减去，所得的结果作为 M1 模型的理论观测重力异常值。莫霍面的重力效应（图 5b）已经由三维界面正演方法计算，不再做 2.5D 处理。

由于模型采用的密度参数是横向均一的，所以模型计算重力值（红线）的形态与地震剖面解释的地层起伏非常接近。而且由于盆地内各个年代的地层起伏形态具有很好的一致性，所以计算值的形态不会因为密度参数的调整而发生明显的变化。比较两条测线的理论观测值（绿线），发现其与模型计算值的吻合度非常差，趋势上差异很大，甚至相反。例如，AA′ 测线（图 6a）0～240km 范围内的观测曲线是平缓起伏的，而模型计算的重力曲线则呈 U 形，无论如何调整直流分量（Direct current，采样信号中与时间无关的本征常定平均值），二者都无法协调，拟合差达到 65mgal，几乎与模型值本身的幅值（0～75magl）相当。BB′ 测线（图 6b）在 170km 左右的地层为隆起形态，但观测曲线却出现明显的下凹，呈 M 形，这与基本的地质事实相悖。对于高精度地震剖面约束下的地质模型，且采用了相对合理的地层密度，上述拟合结果显然是无法接受的。

由此可见，采用"莫霍面—基底—沉积层"模型对 AA′ 测线和 BB′ 测线进行重震联合建模无法满足拟合要求。

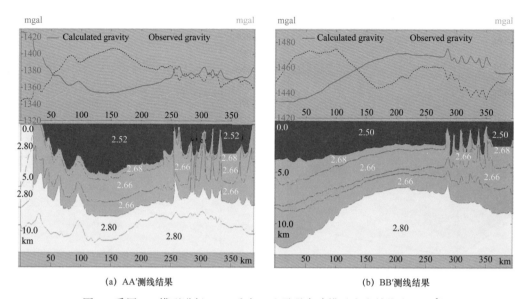

(a) AA′测线结果   (b) BB′测线结果

图 6　采用 M1 模型进行 2.5D 重力—地震联合建模（密度单位为 g/cm³）

图中绿线是消除了莫霍面重力效应的理论观测重力值，对应右侧的绿色坐标；红线是模型计算值，对应左侧红色坐标；两者存在直流分量差；黑色虚线是拟合差

3.4　"地幔—莫霍面—基底—沉积层"模型

图 7 采用"地幔—莫霍面—基底—沉积层"模型（M2），地层划分及其密度参数与图 6 和表 4 一致，因而模型计算值与 M1 相同。从布格重力异常中减去地幔高速体重力效应（图 3a、b）和莫霍面起伏的重力效应（图 5b），作为 M2 模型的理论重力异常。从图 7 可以看出，考虑上地幔高速体的重力效应后，两条测线的拟合效果都获得了很大改善（图 7）。AA′ 测线（图 7a）理论值与模型值都呈 U 形曲线，拟合差比较平缓，幅值缩小为 ±17mgal（M1 为 0～65mgal）。而 BB′ 测线的 M 形重力曲线也因考虑了地幔高速体之后得以修正，拟合差幅值由 ±21mgal 缩小为 ±11mgal。

拟合差 $\delta G = \Delta G_{bg} - \Delta G_{mt} - \Delta G_{mh} - \Delta G_{sd}$，式中 G_{bg} 表示布格重力异常，G_{mt} 表示地幔高速体重力异常，G_{mh} 表示莫霍面起伏的重力异常，G_{sd} 表示沉积盖层的重力异常。在本文的研究中，从布格异常中减去上地幔高速体的重力效应、莫霍面以下物质及其起伏产生的重力效应、寒武系底界、寒武—二叠—三叠系（沉积盖层）的重力效应，得到了剩余重力异常，即拟合差（图 7 中的黑色虚线）。剩余重力异常已经消除了莫霍面起伏和深部地幔物源的影响，同时也剥离了寒武系以上沉积盖层的重力效应，综合反映了四川盆地前寒武系基底的构造特征和密度变化。

M1 模型和 M2 模型唯一的不同是"理论重力值"，即是否考虑了地幔高速体的重力效应。不同的拟合效果表明：非均匀地幔的重力效应在该地区的重力—地震综合研究中是一个不可忽视的因素，对进一步的剖面反演、三维异常分离和地质解释都至关重要。尤其值得注意的是，非均匀地幔并非只存在于四川盆地，已有明显的地震证据表明其在全球范围内普遍存在。因此，在有高精度的深部地震资料的地区，考虑非均匀地幔重力效应的综合地球物理研究思路可能会为盆地结构、洋陆转换带等热点地质问题带来新的地球物理信息和证据。

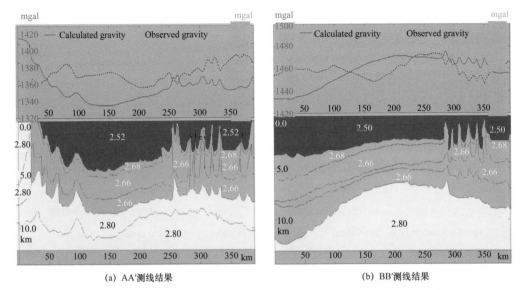

(a) AA′测线结果 (b) BB′测线结果

图 7　采用 M2 模型进行 2.5D 重力—地震联合建模（密度单位为 g/cm³）

图中绿线是消除了莫霍面和非均匀地幔重力效应的理论重力值，对应右侧的绿色坐标；红线是模型计算值（与图 6 红线相同），对应左侧红色坐标；两者存在直流分量差；黑色虚线是拟合差

4　结论

本文在综合地球物理研究思想的指导下，以高精度的地震资料为约束，对重力数据和地震数据进行联合建模分析。经广泛的地震资料调研，本文发现上地幔普遍存在横向不均匀性。通过对密度界面的正演模拟，定量分析了不同尺度（深度、长度、起伏高度等）的非均匀地幔在地表产生的重力异常，并以四川盆地的地幔高速体为实例，计算了非均匀地幔的重力效应。本文根据模拟结果和实例研究，认为当研究区范围超过了非均匀地幔所产生的重力异常的尺度，地幔的重力效应不可忽略，否则会导致重力异常分离和建模分析的失真，反演结果就不能准确地反映目标层或目标密度界面的地质信息。为了使重力数据的处理和解释更符合实际地质情况，本文不再以"均匀地幔假设"为前提，提出了考虑非均匀地幔重力效应的"重力—地震联合建模分析"策略。该策略是对传统"莫霍面—基底—沉积层"建模思路的进一步发展，优化为"地幔—莫霍面—基底—沉积层"的建模新思路。在四川盆地的重力—地震综合研究中，该策略能够有效地提高重力数据处理的准确度。由于非均匀地幔在含油气盆地、克拉通构造、大陆边缘演化和洋陆转换带等诸多热点地质研究区普遍存在，因此，本文提出的考虑非均匀地幔重力效应的"重力—地震联合建模分析"策略具有较好的实际应用价值。

致谢

本文是在刘光鼎院士提出的综合地球物理研究思路的指导下完成的，刘光鼎院士对本文的研究方法提出了非常宝贵的意见，在此对刘光鼎院士致以最诚挚的谢意！感谢中国科学院地质与地球物理所油气资源研究室综合地球物理学科组全体师生的关心和帮助！感谢李雪垒博士对本文的技术流程所提出的建设性意见。感谢中国石油勘探开发研究院的大力支持！感谢审稿专家和编辑部老师的指导！

参 考 文 献

［1］Blakely R J. Potential Theory in Gravity and Magnetic Applications［M］. New York：Cambridge University Press，1995.

［2］Griffin W R. Residual gravity in theory and practice［J］. Geophysics，1949，14（1）：39–56.

［3］王万银，任飞龙，王云鹏，等. 重力勘探在沉积型铝土矿床调查中的应用研究［J］. 物探与化探，2014，38（3）：409–416.

［4］Nettleton L L. Regionals，residuals，and structures［J］. Geophysics，1954，19（1）：1–22.

［5］Li Y G，Oldenburg D W. Separation of regional and residual magnetic field data［J］. Geophysics，1998，63（2）：431–439.

［6］Guo L H，Meng X H，Chen Z X，et al. Preferential filtering for gravity anomaly separation［J］. Computers & Geosciences，2013，51（2）：247–254.

［7］Hinze W J. The role of gravity and magnetic methods in engineering and environmental studies// Geotechnical an Environmental Geophysics：Volume I：Review and Tutorial［J］. Society of Exploration Geophysicists，1990：75–126.

［8］李九亭. 划分重力区域异常与局部异常的变阶滑动趋势分析法［J］. 物探化探计算技术，1998，20（1）：53–61.

［9］文百红，程方道. 用于划分磁异常的新方法——插值切割法［J］. 中南矿冶学院学报，1990，21（3）：229–235.

［10］张丽莉，郝天珧，黄晓霞，等. 北黄海盆地烃渗漏蚀变带“磁亮点”的识别研究［J］. 地球物理学报，2010，53（6）：1354–1365.

［11］Jacobsen B H. A case for upward continuation as a standard separation filter for potential–field maps［J］. Geophysics，1987，52（8）：1138–1148.

［12］姚长利，李宏伟，郑元满，等. 重磁位场转换计算中迭代法的综合分析与研究［J］. 地球物理学报，2012，55（6）：2062–2078.

［13］Abedi M，Oskooi B. A combined magnetometry and gravity study across Zagros orogeny in Iran［J］. Tectonophysics，2015，664：164–175.

［14］Spector A，Grant F S. Statistical models for interpreting aeromagnetic data［J］. Geophysics，1970，35（2）：293–302.

［15］Guimarães S N P，Ravat D，Hamza V M. Combined use of the centroid and matched filtering spectral magnetic methods in determining thermomagnetic characteristics of the crust in the structural provinces of Central Brazil［J］. Tectonophysics，2014，624：87–99.

［16］Pawlowski R S，Hansen R O. Gravity anomaly separation by Wiener filtering［J］. Geophysics，1990，55（5）：539–548.

［17］Sips M，Unger A，Rawald T，et al. Exploring mass variations in the Earth system［J］. Cartography and Geographic Information Science，2016，43（1）：3–15.

［18］Fedi M，Quarta T. Wavelet analysis for the regional-residual and local separation of potential field anomalies［J］. Geophysical Prospecting，1998，46（5）：507-525.

［19］吴健生，刘苗.基于小波的位场数据融合［J］.同济大学学报（自然科学版），2008，36（8）：1133-1137.

［20］侯遵泽，杨文采，于常青.华北克拉通地壳三维密度结构与地质含义［J］.地球物理学报，2014，57（7）：2334-2343.

［21］Xu C，Liu Z W，Luo Z C，et al. Moho topography of the Tibetan Plateau using multi-scale gravity analysis and its tectonic implications［J］. Journal of Asian Earth Sciences，2017，138：378-386.

［22］孟小红，郭良辉，陈召曦，等.基于优选延拓的重力异常分离方法及其应用［J］.应用地球物理（英文版），2009，6（3）：17-99.

［23］郭良辉，孟小红，石磊，等.优化滤波方法及其在中国大陆布格重力异常数据处理中的应用［J］.地球物理学报，2012，55（12）：4078-4088.

［24］Oldenburg D W. The inversion and interpretation of gravity anomalies［J］. Geophysics，1974，39（4）：526-536.

［25］Yu P，Dai M G，Wang J L，et al. Joint Inversion of Gravity and Seismic Data Based on Common Gridded Model with Random Density and Velocity Distributions［J］. Chinese Journal of Geophysics（in Chinese），2008，51（3）：607-616.

［26］Yang H，Wen B H，Zhang Y，et al. Distribution of hydrocarbon traps in volcanic rocks and optimization for selecting exploration prospects and targets in Junggar Basin：Case study in Ludong-Wucaiwan area，NW China［J］. Petroleum Exploration and Development，2009，36（4）：419-427.

［27］Zheng T Y，Chen L，Zhao L，et al. Crust-mantle structure difference across the gravity gradient zone in North China Craton：seismic image of the thinned continental crust［J］. Physics of the Earth and Planetary Interiors，2006，159（1）：43-58.

［28］王谦身，滕吉文，张永谦，等.鄂尔多斯—中秦岭—四川东部的重力异常场与深部地壳结构［J］.地球物理学报，2015，58（2）：532-541.

［29］袁惟正，徐新忠，雷江锁，等.大别山地震波速度剖面的重力拟合及花岗岩带［J］.中国地质，2003，30（3）：235-239.

［30］刘皓，方盛明，嘉世旭.地震—重力联合反演及效果——以天津—北京—赤城地震探测剖面为例［J］.地震学报，2011，33（4）：443-450.

［31］陈科，Gumiaux C，Augier R，等.地质观测、地震剖面和重力测量的综合方法在前陆褶皱冲断带的应用：以天山北麓呼图壁河剖面为例［J］.地球物理学报，2014，57（1）：75-87.

［32］郭文斌，嘉世旭，林吉焱，等.重力—地震联合反演的改进及在遂宁—阿坝剖面的应用［J］.大地测量与地球动力学，2015，35（5）：857-860.

［33］Li C F，Zhou Z Y，Li J B，et al. Structures of the northeasternmost South China Sea continental margin and ocean basin：geophysical constraints and tectonic implications［J］.Marine Geophysical Researches，2007，28（1）：59-79.

［34］李春峰，周祖翼，李家彪，等.台湾岛南部海域的前碰撞构造地球物理特征［J］.中国科学：D辑，2007，37（5）：649-659.

［35］郝天珧，徐亚，孙福利，等.南海共轭大陆边缘构造属性的综合地球物理研究［J］.地球物理学报，2011，54（12）：3098–3116.

［36］林珍，张莉，钟广见.重磁震联合反演在南海东北部地球物理解释中的应用［J］.物探与化探，2013，37（6）：968–975.

［37］Hu W J, Hao T Y, W J J, et al. An integrated geophysical study on the Mesozoic strata distribution and hydrocarbon potential in the South China Sea［J］. Journal of Asian Earth Sciences, 2015, 111（8）：31–43.

［38］He E Y, Zhao M H, Qiu X L, et al. Crustal structure across the post–spreading magmatic ridge of the East Sub–basin in the South China Sea：Tectonic significance［J］. Journal of Asian Earth Sciences, 2016, 121：139–152.

［39］Hirsch K K, Bauer K, Scheck–Wenderoth M. Deep structure of the western South African passive margin–Results of a combined approach of seismic, gravity and isostatic investigations［J］. Tectonophysics, 2009, 470（1）：57–70.

［40］Wilson D J, Peirce C, Watts A B, et al. Uplift at lithospheric swells—I：seismic and gravity constraints on the crust and uppermost mantle structure of the Cape Verde mid–plate swell［J］. Geophysical Journal International, 2010, 182（2）：531–550.

［41］Li L, Stephenson R, Clift P D. The Canada Basin compared to the southwest South China Sea：Two marginal ocean basins with hyper–extended continent–ocean transitions［J］. Tectonophysics, 2016, 691：171–184.

［42］Rychert C A, Fischer K M, Rondenay S. A sharp lithosphere–asthenosphere boundary imaged beneath eastern North America［J］. Nature, 2005, 436（7050）：542.

［43］Nettles M, Dziewoński A M. Radially anisotropic shear velocity structure of the upper mantle globally and beneath North America［J］. Journal of Geophysical Research：Solid Earth, 2008, 113（B2）：1–27.

［44］Duan Y H, Liu B J, Zhao J R, et al. 2–D P–wave velocity structure of lithosphere in the North China tectonic zone：Constraints from the Yancheng–Baotou deep seismic profile［J］. Science China：Earth Sciences, 2015, 58（9）：1577–1591.

［45］王新胜，方剑，许厚泽，等.华北克拉通岩石圈三维密度结构［J］.地球物理学报，2012，55（4）：1154–1160.

［46］Bao X W, Song X D, Li J T. High–resolution lithospheric structure beneath mainland China from ambient noise and earthquake surface–wave tomography［J］. Earth and Planetary Science Letters, 2015, 417：132–141.

［47］Shen W S, Ritzwoller M H, Kang D, et al. A seismic reference model for the crust and uppermost mantle beneath China from surface wave dispersion［J］. Geophysical Journal International, 2016, 206（2）：954–979.

［48］Wu H H, Tsai Y B, Lee T Y, et al. 3–D shear wave velocity structure of the crust and upper mantle in South China Sea and its surrounding regions by surface wave dispersion analysis［J］.Marine Geophysical Researches, 2004, 25（1–2）：5–27.

［49］Begg G C, Griffin W L, Natapov L M, et al. The lithospheric architecture of Africa：Seismic tomography, mantle petrology, and tectonic evolution［J］. Geosphere, 2009, 5（1）: 23-50.

［50］Forte A M, Quéré S, Moucha R, et al. Joint seismic-geodynamic-mineral physical modelling of African geodynamics: A reconciliation of deep-mantle convection with surface geophysical constraints［J］. Earth and Planetary Science Letters, 2010, 295（3）: 329-341.

［51］Tang Q S, Zheng C. Crust and upper mantle structure and its tectonic implications in the South China Sea and adjacent regions［J］. Journal of Asian Earth Sciences, 2013, 62: 510-525.

［52］Huang Z C, Zhao D P, Wang L. S. P wave tomography and anisotropy beneath Southeast Asia: Insight into mantle dynamics［J］. Journal of Geophysical Research: Solid Earth, 2015, 120（7）: 5154-5174.

［53］Shephard G E, Müller R D, Seton M. The tectonic evolution of the Arctic since Pangea breakup: Integrating constraints from surface geology and geophysics with mantle structure［J］. Earth-Science Reviews, 2013, 124: 148-183.

［54］Li C F, Zhou Z Y, Li J B, et al. Precollisional tectonics and terrain amalgamation offshore southern Taiwan: Characterizations from reflection seismic and potential field data［J］. Science in China Series D: Earth Sciences, 2007, 50（6）: 897-908.

［55］胡卫剑, 郝天珧, 秦静欣, 等. 中国海陆莫霍面及深部地壳结构特征——以阿尔泰—巴士海峡剖面为例［J］. 地球物理学报, 2014, 57（12）: 3932-3943.

［56］刘康, 郝天珧. 位场方法在非常规油气勘探中的应用［J］. 地球物理学进展, 2014, 29（2）: 786-797.

［57］Parker R L. The rapid calculation of potential anomalies［J］. Geophysical Journal International, 1973, 31（4）: 447-455.

［58］宋晓东, 李江涛, 鲍学伟, 等. 中国西部大型盆地的深部结构及对盆地形成和演化的意义［J］. 地学前缘, 2015, 22（1）: 126-136.

［59］Gardner G H F, Gardner L W, Gregory A R. Formation velocity and density—The diagnostic basics for stratigraphic traps［J］. Geophysics, 1974, 39（6）: 770-780.

［60］朱广生, 桂志先, 熊新斌, 等. 密度与纵横波速度关系［J］. 地球物理学报, 1995, 38（S1）: 260-264.

［61］冯锐. 中国地壳厚度及上地幔密度分布（三维重力反演结果）［J］. 地震学报, 1985, 7（2）: 22-36.

［62］Barton P J. The relationship between seismic velocity and density in the continental crust—a useful constraint?［J］. Geophysical Journal International, 1986, 87（1）: 195-208.

［63］楼海, 王椿镛. 三维连续密度分布的重力计算及应用［J］. 地震学报, 1999, 21（3）: 297-304.

［64］Brocher T M. Empirical relations between elastic wave speeds and density in the earth's crust［J］. Bulletin of the Seismological Society of America, 2005, 95（6）: 2081-2092.

［65］Miller S L M, Stewart R. The relationship between elastic-wave velocities and density in sedimentary rocks: A proposal［J］. CREWES Research report, 1991, 3: 260-273.

［66］薛翻琴, 汪洋. 中国西部地壳岩石密度及其组成［J］. 地质论评, 2016, 62（6）: 1579-1589.

［67］朱介寿, 曹家敏, 李显贵, 等. 中国及其邻区地球三维结构初始模型的建立［J］. 地球物理学报,

1997, 40（5）: 627–648.

［68］Li J T. Variable–order sliding trend analysis method used in the division of regional and local gravity anomalies［J］. Computing Techniques for Geophysical and Geochemical Exploration（in Chinese）, 1998: 20（1）: 53–61.

［69］Ma Y S, Zhang S C, Guo T L, et al. Petroleum geology of the Puguang sour gas field in the Sichuan Basin, SW China［J］.Marine and Petroleum Geology, 2008, 25（4）: 357–370.

［70］Wang Z C, Zhao W Z, Li Z Y, et al. Role of basement faults in gas accumulation of Xujiahe Formation, Sichuan Basin［J］. Petroleum Exploration and Development, 2008, 35, 541–547.

［71］Wei G Q, Chen G S, Du S M, Zhang L, et al. Petroleum systems of the oldest gas field in China : Neoproterozoic gas pools in the Weiyuan gas field, Sichuan Basin［J］.Marine and Petroleum Geology, 2008, 25, 371–386.

［72］Huang T K. OnMajor Tectonic Forms of China［J］. Geological Memoirs of National Geological Survey of China, Series A, 1945: 20.

［73］黄汲清. 中国主要地质构造单位［M］. 北京: 地质出版社, 1954.

［74］郭正吾, 邓康龄, 韩永辉, 等. 四川盆地形成与演化［M］. 北京: 地质出版社, 1996.

［75］Laske G, Masters G, Ma Z, Pasyanos M. Update on CRUST1.0 – A 1–degree global model of Earth's crust［J］. Geophysical Research Abstracts, 2013, 15: 2013–2658.

［76］张耀国, 马达碧. 利用矿山爆破探讨四川地区地震波速和地壳结构［J］. 地球物理学报, 1985, 28（4）: 377–388.

［77］孙若昧, 刘福田, 刘建华. 四川地区的地震层析成像［J］. 地球物理学报, 1991, 34（6）: 708–716.

［78］王懋基. 黑水—泉州地学断面的重磁解释［J］. 地球物理学报, 1994, 37（3）: 321–329.

［79］王椿镛, Mooney W D, 王溪莉, 等. 川滇地区地壳上地幔三维速度结构研究［J］. 地震学报, 2002, 24（1）: 1–16.

［80］胡圣标, 汪集旸, 汪屹华. 黑水—泉州地学断面东段深部温度与岩石层厚度［J］. 地球物理学报, 1994, 37（3）: 330–337.

［81］王有学, Mooney W D, 韩果花, 等. 台湾—阿尔泰地学断面阿尔金—龙门山剖面的地壳纵波速度结构［J］. 地球物理学报, 2005, 48（1）: 98–106.

［82］Li Xiong, Chouteau M. Three–dimensional gravity modeling in all space［J］. Surveys in Geophysics, 1998, 19（4）: 339–368.

［83］Sun R M, Liu F T, Liu J H. Seismic tomography of sichuan［J］. Chinese Journal of Geophysics（in Chinese）, 1970, 34（6）: 708–719, 807–808.

原文刊于《地球物理学报》, 2018, 61（10）: 3903–3916.

慈利—保靖断裂带大地电磁测深研究

胡 华[1, 2] 严良俊[2, 3] 何幼斌[1, 2] 谢兴兵[2, 3] 周 磊[2, 3]

（1. 长江大学地球科学学院；2. 长江大学油气资源与勘探技术教育部重点实验室；
3. 长江大学地球物理与石油资源学院）

摘 要：慈利—保靖断裂带是雪峰山基底隆升带的西北缘边界。前人对断裂带及邻域的地质认识主要基于地面地质调查和少量地震勘探资料，区域构造研究中对断裂带的构造属性一直存有争议。本文通过多条横跨该断裂带的大地电磁测深反演电阻率剖面，结合重力资料和岩石物性测试结果进行了电性构造分布特征综合解释。结果表明：慈利—保靖断裂带由多条不同尺度且大致平行的正、逆断裂组成；主断裂北陡南缓，收敛于基底滑脱面，不是深切岩石圈的深大断裂；该断裂带作为雪峰山隆升带与扬子地台湘西北褶皱带的分界是合理的；在沅麻盆地的东缘，由于基底拆离上推，沅古坪—沅陵向斜中的寒武系以下地层被推覆构造掩覆深埋，可能成为常规油气或页岩气勘探的有利目标区。

关键词：慈利—保靖断裂带；构造属性；MT 反演；MT 综合解释

1 引言

　　慈利—保靖断裂带属于扬子板块内二级构造单元，由呈南西—北东走向，由花垣经保靖、张家界、慈利向东倾没于江汉盆地之下的断裂系和褶皱系组成，亦称为花垣—张家界断裂。一般认为该断裂为雪峰山基底隆升带的西北缘边界，以此断裂带为界，两侧地层及构造样式迥异。断裂带西北部属于雪峰山西缘扩展带，多出露古生界沉积地层，而东南部则属于雪峰山基底隆升带，新元古界板溪群基底大面积出露[1]。断裂带的属性对于判断整个华南大陆早古生代构造是属于扬子与华夏板块碰撞造山拼合，还是属于陆内两个板块相互作用形成的陆内造山构造有着重要的参考作用[2]。

　　近年来，随着湘鄂西地区油气勘探开发的需要，国内外研究者针对慈利—保靖断裂带的构造属性进行了大量深入的研究，取得一批重要成果的同时，也提出了大量值得探讨的问题。前人对构造带的属性有两种截然不同的观点：一种观点以杨志坚[3-5]为代表，认为慈利—保靖断裂带属于湘黔—江南古断裂的一部分，是一条深切岩石圈的深大断裂；另一种观点以齐小兵等[6]为代表，认为慈利—保靖断裂带为多条断褶系与褶皱系组成的逆冲断层。

　　杨志坚[3-5]研究了慈利—保靖断裂带的构造属性后认为，慈利—保靖断裂带是一

基金项目：国家自然科学基金项目（41574064，41274115）；国家重点研发计划项目（2016YFC0601104）；国家石油重大专项（2016ZX05004-003）

条深切岩石圈，控制着中元古代以后的地质建造与形变，并制约着断裂带两侧地层、岩相、古生物及岩浆活动的生成与演化的深大断裂。张玉岫[7]认为慈利—保靖断裂带是一条深大断裂，并且是引起区域地震活动的主要因素之一。应维华[8]、唐朝永[9]和罗卫等[10]也认为慈利—保靖断裂带是一条向西北突出、规模大、长期活动、控制着两侧沉积和构造面貌以及金属矿床分布的深大断裂。张晓阳等[11]在对花垣、古丈地区开展1：5万区域地质调查工作后认为慈利—保靖断裂带是扬子陆块东南缘武陵地块与雪峰地块的重要边界断裂，为长期活动的区域控岩、控相、控矿断裂。袁照令等[12]则认为慈利—保靖断裂带为一条遭受了两度推覆、一度走滑作用的逆冲推覆构造。齐小兵等[6]通过宏观、微观构造、电子自旋共振（ESR）测年、包裹体测温和差异应力等系统研究发现，慈利—保靖断裂带为一伴随大规模走滑的逆冲断层。汤双立等[13]通过对雪峰山薄皮—厚皮构造转换过程的研究后也认为慈利—保靖断裂带是由东南向西北逆冲的推覆构造。

大地电磁测深法（MT）是一种利用天然电磁场的变化进行深部电性构造勘探的有效方法，在南方复杂山地条件下的油气勘探中得到了广泛应用[14]。近年来已有多条MT剖面穿过慈利—保靖断裂带，为深入了解其深部地质背景提供了地球物理依据。丁道桂等[15]应用万县—桃源大地电磁测深剖面资料解释江南—雪峰山隆起带为"过渡型的基底拆离式"的构造属性，认为保靖—慈利断裂带为武陵山前缘断裂，是具有韧—脆性的高角度冲断层，大体上也是扬子中古生界内克拉通坳陷盆地与克拉通周边坳陷盆地之间岩性、岩相的过渡带与分界线。汪启年等[16]通过贵州道真—湖南娄底的MT测深剖面资料研究了雪峰山西侧地区的深部构造特征，包括断裂、褶皱、地层展布特征以及地面—地覆对比分析。陈思宇等[17]综合利用MT、重磁力资料，以古生界有利油气储层为主要研究对象，进行了雪峰山盆—山过渡带综合物探解释。Chen等[18]对工区内的两条MT剖面进行了处理和解释，对区域的电性构造进行分层和分区，为该区域油气勘探提供了指导。

综上所述，虽然前人基于电磁勘探资料对本区的构造特征取得了一定的认识，但是已有的大地电磁测深剖面点距较大，资料处理和反演方法各异，且受反演的非唯一性影响，致使解释结果存在分歧，深部构造特性的研究难以深化。为此，本文通过研究区多条横跨慈利—保靖断裂带的大地电磁剖面的二维反演，结合重力资料和岩石物性测试结果及相关地质信息对慈利—保靖断裂带构造属性进行解释，揭示了构造带的深部特征。

2 研究区概况

研究区北起湖南桑植，南至安化，覆盖了大约140km×120km范围，构造上横跨慈利—保靖断裂带的北段，延伸并覆盖了断裂带两侧的雪峰山基底隆升带和西缘扩展带（图1）。本文研究主要应用了研究区内5条测线共628个测点的大地电磁资料，测线总长524km，测点分布如图2所示。同时收集并参考了研究区及周缘的重力、磁力、地震、测井和岩石物性测试资料。

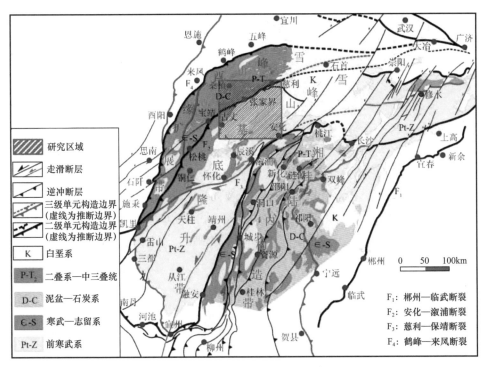

图 1　雪峰山陆内构造系统构造单元及研究区位置图[1]

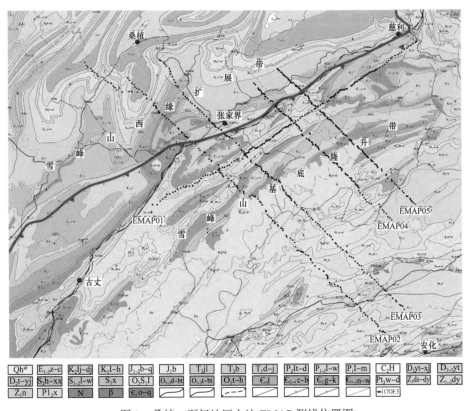

图 2　桑植—石门地区电法 EMAP 测线位置图

2.1 地质构造特征

慈利—保靖断裂带为一倾向南南东的区域大型逆断裂，全长超过 230km，为桑植—石门复向斜与武陵断弯褶皱带的分界。该断裂带由不同级别与不同规模、大致平行的断裂系与褶皱系组成，以强变形带与弱变形带交替、非均匀分布为总体变形特征[6]。

慈利—保靖断裂带形成于武陵运动、加里东运动、印支运动、早燕山运动等挤压事件、白垩纪伸展事件、古近纪中晚期区域北东—北北东向挤压以及古近纪末—新近纪初西北向挤压等构造事件，其中加里东运动和印支运动形成的褶皱与同走向逆断裂组成构造格架[19]。燕山末期，雪峰山周边基底抬升，由于后造山阶段重力不稳定，导致盖层中的泥岩、页岩等软弱岩层向川东滑脱推覆。位于滑覆体后缘的湘鄂西地区多发育隔槽式褶皱组合及后期伸展断陷[20]。喜马拉雅期末印度板块向亚洲板块俯冲产生的挤压应力并未强烈波及该区，构造作用不明显，未能形成一定规模的构造。

2.2 地球物理特征

2.2.1 地层密度与布格重力特征

根据湘鄂西地区的重力勘探资料，该区可分为 6 个密度层，如表 1 所示。第一密度层（三叠—二叠—石炭系）为浅部高密度层，在本区局部分布；第二密度层为泥盆系—志留系，与奥陶系—中上寒武统形成密度界面，密度差为 0.19g/cm^3，是引起本区局部异常的主要因素；第四密度层为下寒武统，与震旦系形成密度界面，密度差为 0.05g/cm^3，埋藏较深，该界面引起的重力异常是区域性的；震旦系与前震旦系密度差较小且埋深较大，分离困难。从 1∶100 万桑植—慈利—沅陵地区重力布格异常图（图 3）可以看出，区域重力异常由西北向东南总体呈台阶展布，雪峰山基底隆升区为高重力异常区，最大异常值为 –8mGal，表明基底浅埋；西缘扩展带为低重力异常区，最小异常值为 –105mGal，表明沉积层厚度大。慈利—沅陵一带为高、低重力异常的过渡带，反映了慈利—保靖断裂带两侧区域内基底的埋深以及沉积地层厚度的差异。

表 1 张家界地区地层密度及分层表

层位	岩性	平均密度（g/cm^3）	密度差（g/cm^3）
三叠—二叠—石炭系	泥晶灰岩、层状生物灰岩、白云岩、页岩	2.70	
泥盆—志留系	砂岩、粉砂岩、砂质页岩	2.55	–0.15
奥陶系—中上寒武统	泥晶灰岩、生屑灰岩、白云岩、灰质云岩	2.74	0.19
下寒武统	泥质岩、白云岩	2.66	–0.08
震旦系	砂岩、白云岩、泥灰岩	2.71	0.05
前震旦系	变质岩	2.75	0.04

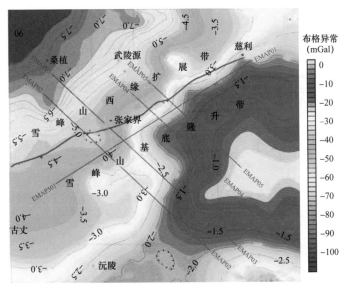

图 3 桑植—石门地区布格重力异常图

2.2.2 电性特征

由于研究区内深钻井较少，为了掌握研究区地层电阻率变化规律，指导电法剖面的地质解释，采用多种资料建立了研究区地层的电性特征模型，包括研究区露头、MT 视电阻率曲线的首支统计、邻区电测井数据、岩石样品实验室测试资料和小四极测试结果。不同方法得到的电阻率统计结果及确定的地层电阻率模型参数详见表 2。需要指出的是，表中给出的是分层统计的平均值，同一地层不同方法获得的电阻率值的差别可能会很大，如在不同井中，电测井采用了不同电极距（探测深度）；实验室测量结果是在岩样含 20% 饱和度盐水条件下测得的，其值会低于实际地层的电阻率值；小四极法由于其电极距很小，测得的结果要远高于根据 MT 数据得到的视电阻率值。虽然电阻率值有差异，但不同地层的电阻率的相对变化关系基本一致。所以在建立解释模型时以 MT 视电阻率曲线的首支统计值为主要依据，同时参考其他方法显示的变化关系。

表 2　研究区地层电阻率模型

地层		平均电阻率（Ω·m）				地电模型		
		视电阻率首支统计	电测井平均值	岩样测量值	小四极	层厚（km）	电阻率（Ω·m）	电性特征
Q					547	<1	100	中低阻
K					83			
T	T₂b			48				
	T₂j	421	5	16	450	1.8~3.8	1000~3000	中高阻
	T₁d			98				

地层		平均电阻率（Ω·m）				地电模型		
		视电阻率首支统计	电测井平均值	岩样测量值	小四极	层厚（km）	电阻率（Ω·m）	电性特征
P			5200	108	2400			
C		312	568			1.8～3.8	1000～3000	中高阻
D				100	1500			
S		31	75	22	150	1～2	50	低阻
O		1007	2100	119	670	1.5～2	1500～5000	中高阻
€	€2-3		20000	102	700			
	€1	132	55	37	380	0.9～2	100	中低阻
Pt3	Z			64	627	1～3	1000～3000	中高阻
	Qb	770		54	475			
Pt2		1762					＞3000	高阻

通过对上述多种资料综合分析，可以看出尽管它们所显示的地层电性在数值上存在差异，但反映的地电断面基本特征是一致的。区域内从新到老为白垩系、三叠—二叠—泥盆系、志留系、奥陶系—中上寒武统、下寒武统、震旦系—板溪群（Pt3）、冷家溪群（Pt2）7个电性层，存在着低—高—低—中高—中低—中高—高阻的电性变化格局。地层与电性层的对应关系清楚（与密度界面也有较好的对应关系），志留系—下寒武统为该区有利的低阻标志层。利用电磁方法对低电阻率地层反应灵敏的特点，可实现对目的层的有效追踪与解释。

3 MT 资料反演

对 MT 资料进行反演之前，需要对观测数据进行精细预处理，主要包括对各测点的数据进行功率谱编辑、去噪滤波、阻抗张量分解并利用低通滤波法进行静态位移校正，以使视电阻率曲线平滑，尽量减少个别异常频点的影响，降低静态位移的影响。

二维反演是目前普遍采用的 MT 数据处理方法。二维反演假定大地电性结构为二维的，即地下介质的电性在垂直于勘探剖面的方向上不变，只随深度和剖面方向变化。通过对研究区地质构造的综合判断，认为该区的电性主轴方向与慈利—保靖断裂带的走向基本一致，为北东东向，且沿走向方向延伸，具有二维分布特征。由图 2 可知，EMAP01测线与断裂带近似平行；而测线 EMAP02～EMAP05 则垂直穿过断裂带。如果采用与EMAP02～EMAP05 测线方向平行的 TM 极化视电阻率进行二维反演，可以得到接近于实际的电性构造分布。

进行二维反演之前，先对每条测线进行 Bostick 一维反演，将一维反演结果作为二维反演的初始模型。二维反演采用含地形的聚焦反演算法[21]，在建立反演的初始模型时，根据实际测点的海拔高程设置起伏的地表，地表上方为空气层。这种反演方法将地形直接融入反演的地电模型之中，地形起伏的电磁响应将直接包含在正演计算结果之中，从而间接地消除了山区地形的影响。

二维反演使用测线上各测点的 TM 极化视电阻率和阻抗相位数据，反演拟合整条剖面各测点和各频点的观测数据，从而求取满足收敛条件的最优模型。图 4 和图 5 分别给出了 EMAP01 和 EMAP02 测线观测的 TM 极化视电阻率和相位以及由反演优化的电阻率模型计算得到的视电阻率和相位响应的比较，各测线通过反演优化得到的电阻率剖面如图 6 和图 7 所示。EMAP01 线平行于构造走向，而 EMAP02 线是垂直于构造走向的一条长测线，TM 极化方式选定的是电场分量平行于 EMAP02 测线的响应。由图 4a 和图 5a 可见：两条测线的观测视电阻率对剖面上电阻率的横向变化具有较高的灵敏度；视电阻率值的变化范围大，最大值大于 $10k\Omega \cdot m$，总体上电性呈现高阻特征；阻抗相位的值基本在 $0°\sim90°$，在 MT 的低能量窗频段有个别噪声大的跳点，总体上变化较平缓。对比观测剖面与计算剖面可以看出，由反演电阻率模型计算的视电阻率和相位整体上较好地拟合了观测数据，特别是视电阻率的拟合度更高，仅有一些微小的差异；计算的相位响应体现了对观测数据的平滑效果，这也反映出观测的相位数据受到噪声干扰要比视电阻率资料更强。

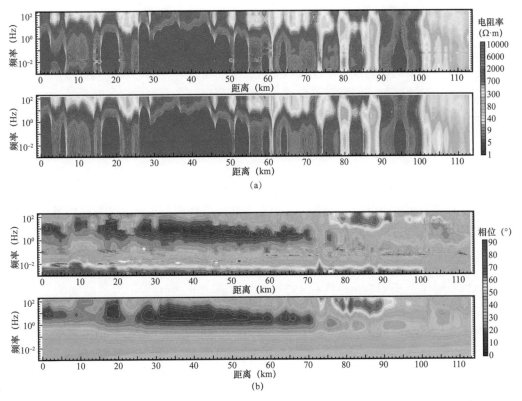

图 4　EMAP01 测线测量（上）和计算（下）的 TM 极化视电阻率（a）和相位（b）拟断面图

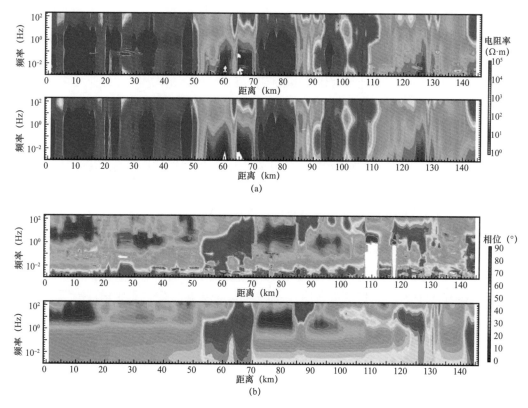

图5　EMAP02测线观测（上）和计算（下）的 TM 极化视电阻率（a）和相位（b）拟断面图

通过对两条典型测线的观测资料与计算的响应的对比分析可知，所采用的反演算法能够通过对地电模型的智能优化实现对观测数据的高度拟合，根据收敛判据得到的最终电阻率模型能够较好地映射观测数据的变化，二维多测点、多参数数据的联合反演也在一定程度上减小了反演的非唯一性，反演结果较可信。其他测线的拟合效果相似，不再一一列举。

4　综合解释

电阻率反演剖面成图以后，参考已知的地质和地球物理信息对 5 条测线的反演结果进行了地质综合解释。

4.1　EMAP01 测线

EMAP01 测线全长 113km，共有 152 个测点（图 2）。图 6 所示为该测线的二维反演电阻率剖面和地质综合解释结果。由图中可以看出，反演电阻率剖面表现出明显的层状特征，在测线上 0～65km 的西南段，上覆中高阻（<3000Ω·m）地层，结构简单，厚度小且变化不大，解释为 Z-Pt₃；下伏为高阻基底 Pt₂（电阻率>3000Ω·m）。在 66～95km 的东北段，高阻基底由隆升转为凹陷，从海拔 -2km 降至约 -11km，上覆地层可明显地划分低阻（S）—中高阻（O+ Є₂₋₃）—中低阻（Є₁）—中高阻（Z—Pt₃）地层；其下为高阻基底，与本区区域沉积地层分布特征基本一致。在 95km 以东，上覆地层厚度相对稳定。

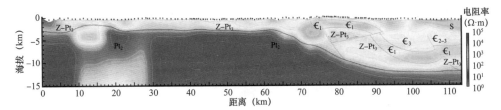

图 6 EMAP01 测线反演视电阻率剖面和综合地质解释结果

4.2 EMAP02 测线

EMAP02 测线全长约 144km，共 154 个测点。该测线的二维反演电阻率剖面和综合地质解释图如图 7 所示。由图可见，电阻率深度剖面可大致分为四段。第一段为测线 0～42km 的西北段，总体表现为中低电阻率特征（约 10～1000 Ω·m）。该段对应西缘扩展带中的桑植—石门复向斜，从构造上表现为深凹（埋深＞10km）区域，寒武系至三叠系大面积出露地表，志留系和下寒武统两套低阻层在剖面上反映明显。42～72km 为第二段，对应为溪口—古丈背斜。该段表层为中低阻（约 100～1000 Ω·m），地层出露奥陶系和寒武系，底部埋深约 2km，为高阻（＞3000 Ω·m）基底 Pt₂。在第一段与第二段的分界附近，高阻隆起顶界面连续平滑，但其上覆的中低阻层连续性较差，根据地表信息，解释为一组（共 6 条）正、逆断裂系，均收敛于高阻基底的滑脱面，构成慈利—保靖断裂带。第三段为 72～94km，表层整体为中低阻（约 600 Ω·m），有一套明显的低阻层显示，电阻率约 10 Ω·m，埋深 2～2.5km，推测为下寒武统。该段对应为沅古坪—沅陵向斜，隶属于沅麻盆地。其下高阻基底界面埋深约为 –6km，电阻率大于 1000 Ω·m。从 94km 往东南至测线终点，即测线东南段，总体表现为高阻特征，电阻率一般大于 3000 Ω·m。其表层为次高阻薄层，电阻率小于 1000 Ω·m，厚度约为 1km。该段地质上对应于雪峰山隆起段，板溪群大面积出露至地表，冷家溪群零星出露。其中 118～130km 段，电阻率剖面显示有深大异常，解释为切断基底的 3 条断裂，地质上对应于新晃—芷江—冷家溪断裂带。在 96～103km 处海拔 –3km 以下明显还有低阻层被高阻层覆盖，推测应是沅古坪—沅陵向斜的寒武系地层在推覆作用下被掩覆深埋所致。

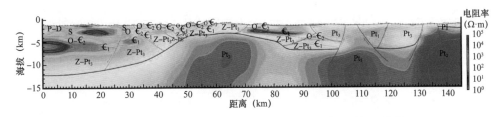

图 7 EMAP02 测线反演视电阻率剖面和综合地质解释结果

4.3 EMAP03 测线

EMAP03 测线共有 141 个测点，剖面全长 125km，在张家界市西南约 4km 处穿过慈利—保靖断裂带，整体与 EMAP02 测线平行，相距约 10km。该测线的反演电阻率剖面和地质解释结果见图 8，可见其电性异常特征和主体构造形态整体上与 EMAP02 测线相似，也分为四段。0～29km 的西北段，总体表现为中低电阻率（约 10～800Ω·m）特征，分层性较好，表层低阻层特征明显，底界海拔为 –2km，推测为志留系。该段对应桑植—石门复向斜的深凹区，地表大面积出露志留系及少量奥陶系、寒武系。第二段为 29～51km，即测线的中西北部，地质上对应于溪口—古丈背斜。其表层为中低阻（100～1000Ω·m），厚度约 2km，解释为出露的奥陶系—板溪群，之下为高阻隆起，电阻率大于 1000Ω·m。桑植—石门复向斜与溪口—古丈背斜之间的三条断裂，地面上分别位于测线的 29km、33.5km 和 36.5km 处，组成慈利—保靖断裂带，由图中可以看出，该断裂带收敛于基底之上的滑脱面。第三段为 51～81km，即测线的中部，上部为中低阻（约 600Ω·m），下部为高阻（＞1000Ω·m），中间夹一套明显的低阻层，电阻率约 10Ω·m，厚度约 1km，推测为下寒武统的低阻标志层。值得注意的是，69～81km 段、海拔 –4km 处，有一明显次低阻层被表层高阻覆盖，厚度达到 2km，推测亦是沅古坪—沅陵向斜寒武系地层在推覆作用下被掩覆深埋所致，推覆的水平距离达 8～10km，与 EMAP02 测线反映的特征基本一致；由测线约 81km 处至测线的东南端可划分为第四段，该段为明显的隆起区，总体表现为高阻（＞3000Ω·m），表层为次高阻（约 1000Ω·m），主要出露地层为 Pt_3，测线最南端已出露 Pt_2。

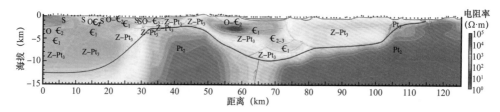

图 8　EMAP03 测线反演视电阻率剖面和综合地质解释图结果

4.4　EMAP04 测线

EMAP04 测线共有 109 个测点，全长约 70km，距 EMAP03 约 20km。二维反演电阻率剖面和地质综合解释图如图 9 所示。由反演视电阻率剖面可以看出，其电性特征仍可分为四段。0～11km 的西北段，总体表现为中低阻（约 10～900Ω·m）深凹特征，分层性较好。该段对应于桑植—石门复向斜构造，表层出露志留系、奥陶系和寒武系。其下可识别出志留和下寒武两套低阻地层，下寒武统底界面位于海拔 –5km 处，再往下则为 Z—Pt 地层。11～37km 段可划为第二段，该段为高阻隆起，地质上对应于溪口—古丈背斜，表层为中阻（100～1000Ω·m），底部埋深约 1.5～2.0km，之下为高阻隆起。第一段与第二段的分界面处有一组断裂，位于测线上 10～12km 处，即为慈利—保靖断裂带。第三段为 37～48km，对应于沅古坪—沅陵向斜，其表层为白垩系和寒武系地层出露，下部为一套明显的低阻层，电阻率约 10Ω·m，埋深为海拔 –2.0～–2.5km，推断为下寒武统，再向下还存在一连续的中低阻层切断下部基底，推测应为深部存在隐伏断裂所致。由 48km 至测线东南端点为第四段，为基底隆升段，地表出露震旦系和板溪群地层，最南端出露白垩系，电阻率表现为次高（约 1000Ω·m）特征，下部为高阻基底。

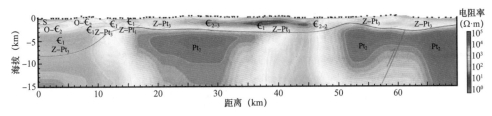

图 9　EMAP04 测线反演视电阻率剖面和综合地质解释图

4.5　EMAP05 测线

EMAP05 测线全长 70km，115 个测点，距 EMAP04 测线约 10km。二维反演电阻率剖面和地质综合解释图见图 10。由图看出，对应于地质构造的四段电阻率深度剖面特征为：0～13km 段对应于桑植—石门复向斜，此段表现为低阻（10～1000Ω·m）浅凹；地表出露白垩系、志留系和寒武系，志留系低阻层的底界面最深至 –1km，Pt_2 的顶界面位于 –1.5～–3.0km，与其他测线相比，该低阻凹陷浅得多。第二段 13～25km 对应于溪口—古丈背斜，地表出露 Z—Pt_3，为中高阻地层；底界面位于约 –2km 处，其下为高阻基底。第三段为 25～46km，对应于沅古坪—沅陵向斜，表层出露白垩、奥陶和寒武系，其下为下寒武统低阻标志层，电阻率约 10Ω·m，厚度约 1km，背斜的底界大致位于海拔 –3km；电阻率剖面显示该段的基底被两条隐伏断层切割。46km 以南至东端点构成第四段，由北往南依次出露板溪群、下寒武统和白垩系，上覆地层总体表现为中低阻特征，表层为低阻，下部为中高阻，高阻基底的顶面位于 –1～–2km；在测线的 60km 处，基底顶面有一隐伏断裂切断基底。

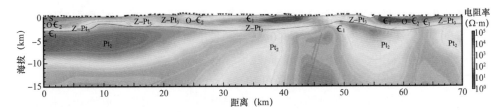

图 10　EMAP05 测线反演视电阻率剖面和综合地质解释图

4.6　区域构造解释

通过 5 条 EMAP 测线反演视电阻率剖面图的综合解释可以看出，反演电阻率剖面的电性构造与已知的地面构造展布具有较好的一致性，总体上呈现出两排向斜夹两排背斜的特点，构造轴线为北东向。由西北向东南，第一排构造由桑植—官地坪向斜与三官寺向斜（江垭向斜）构成，属四极构造单元桑植—石门复向斜东南翼。第二排构造位于第一排构造与慈利—保靖断裂之间，为慈利—永顺背斜，属教字垭构造带。第三排构造位于慈利—保靖断裂东南，沿溪口镇—张家界市—古丈县一线分布，以武陵断弯褶皱带与沅麻盆地两个四极构造单元分界线为界，与第四排构造相邻，为溪口—古丈背斜。第四排构造沿沅古坪镇至沅陵县，为沅麻盆地中的沅古坪—沅陵向斜。

视电阻率反演剖面反映的深部电性构造具有以下特征：基底埋深与盖层构造关系密

切，背斜埋深小，向斜埋深大。从平面上分析，区域内整体构造可以划分为西北段的凹陷带（桑植—石门复向斜）、中部隆起带（武陵断弯褶皱带）、中部凹陷带和东南段的隆起带（雪峰基底拆离带）。以慈利—保靖断裂带为界，研究区东南方向深部地层总体隆升，基底的板溪群和冷家溪群大面积出露地表；雪峰山隆升带前缘向西北方向大距离推覆，将沅古坪—沅陵向斜地层卷入埋深；数条隐伏断裂切割了该段的高阻基底。而慈利—保靖断裂带以西的桑植—石门复向斜为深凹，基底埋深大于 12km。纵向上看，五条测线的电阻率剖面中均出现了一个电阻率变化较大的界面（解释图中的蓝线界面），界面上下地层电阻率差异明显。结合研究区及周边之前开展的地质及地震勘探研究结果，确定研究区内在板溪群与冷家溪群之间应该存在一个滑脱面，这个滑脱面与区域内推覆构造的形成有着重要的关系。

5 结论

（1）视电阻率剖面显示研究区内慈利—保靖断裂带由多条断裂组成，断裂系宽度一般约 2km，但在张家界南西向约 12km 处的 EMAP02 测线附近，断裂系最为复杂，在宽度 8km 范围内由 6 条正、逆断裂构成，总体倾向东南；

（2）从视电阻率剖面上看，板溪群与冷家溪群的电性差异明显，推断研究区基底内存在滑脱面；

（3）反演视电阻率剖面的地质综合解释结果显示，慈利—保靖断裂带收敛于基底滑脱面，不是深切岩石圈的深大断裂；

（4）由反演视电阻率剖面和重力异常图综合分析可以推断，慈利—保靖断裂带是沅麻盆地的西边界，也是雪峰山隆升带与扬子地台湘西北褶皱带的分界；断裂带以东基底隆升浅小，以西基底深凹，虽然 MT 测线向西延伸的长度有限，但从重力布格异常图可以看出，断裂带两侧差异突出，基底深凹一直向西延续；

（5）通过对反演视电阻率剖面的解释可知，在沅麻盆地的东缘，由于基底拆离上推，沅古坪—沅陵向斜的寒武系以下地层被隆升前缘推覆构造掩覆深埋，该推覆带覆盖的地层可能成为油气（或页岩气）勘探的有利目标区。

参 考 文 献

［1］李三忠，王涛，金宠，等.雪峰山基底隆升带及其邻区印支期陆内构造特征与成因［J］.吉林大学学报（地球科学版），2011，41（1）：93-105.

［2］张国伟，郭安林，王岳军，等.中国华南大陆构造与问题［J］.中国科学：地球科学，2013，43（10）：1553-1582.

［3］杨志坚.江南一条地层、岩相、古生物等突变带的性质问题［J］.地质论评，1981，27（2）：123-129.

［4］杨志坚.横贯中国东南部的一条古断裂带［J］.地质科学，1987，22（3）：221-230.

［5］杨志坚.江南一条中强地震带初探［J］.地震地质，1988，10（2）：14-18.

［6］齐小兵，翟文建，章泽军.慈利—保靖断裂带的性质及其演化［J］.地质科技情报，2009，28（2）：

54-59.

［7］张玉岫.湖南省地震地质构造基本特征［J］.华南地震，1982，（4）：44-54.

［8］应维华.湘西北慈利—保靖深大断裂的演化及煤化沥青产出的地质意义［J］.石油勘探与开发，1991，（1）：7-13.

［9］唐朝永.湖南省构造地层地体的划分及其与有色多金属成矿的关系［J］.地质与勘探，2007，43（2）：14-18.

［10］罗卫，尹展，孔令，等.花垣李梅铅锌矿集区地质特征及矿床成因探讨［J］.地质调查与研究，2009，32（3）：194-202.

［11］张晓阳，邹光均.湘西北大庸—古丈—吉首大断裂的新认识［J］.中国地质调查，2015，2（1）：1-8.

［12］袁照令，李大明，易顺华.对保靖—慈利逆冲断裂带的一些认识［J］.地质与勘探，2000，36（5）：59-61.

［13］汤双立，颜丹平，汪昌亮，等.华南雪峰山薄皮—厚皮构造转换过程：来自桑植—安化剖面的证据［J］.现代地质，2011，25（1）：22-30.

［14］严良俊，胡文宝，苏朱刘，等.电磁勘探方法及其在南方碳酸盐岩地区的应用［M］.北京：石油工业出版社，2001.

［15］丁道桂，刘光祥.扬子板内递进变形———南方构造问题之二［J］.石油实验地质，2007，29（3）：238-246.

［16］汪启年，李涛，朱将波.雪峰山西侧深部构造的特征——来自大地电磁测深（MT）的新证据［J］.地质通报，2012，31（11）：1826-1837.

［17］陈思宇，雷宛，邵昌盛，等.综合物探解释在雪峰盆—山过渡带油气勘探中的应用［J］.成都理工大学学报（自然科学版），2014，41（5）：588-595.

［18］Chen M，Ling X X，Wang Y S，et al. Magnetotelluricstudy of the Xuefeng mountain area，Hunan Province，China［J］.Earthquake Science，2016，29（2）：127-137.

［19］柏道远，钟响，贾朋远，等.雪峰造山带北段地质构造特征———以慈利—安化走廊剖面为例［J］.地质力学学报，2015，21（3）：399-414.

［20］杨鑫，刘兴旺，王亚东，等.构造活动对雪峰山邻区海相油气分布的控制［J］.西南石油大学学报（自然科学版），2011，33（4）：7-12.

［21］刘小军，王家林，陈冰，等.二维大地电磁数据的聚焦反演算法探讨［J］.石油地球物理勘探，2007，42（3）：338-342.

原文刊于《石油地球物理勘探》，2018，53（4）：865-875.

一个利用简化德尔塔矩阵法计算面波频散曲线偏导的 MATLAB 包

伍敦仕　王小卫　苏　勤　张　涛

（中国石油勘探开发研究院西北分院）

摘　要： 各种面波勘探方法已经成为调查地下构造特性的重要工具。观测频散曲线的反演往往是这些方法中不可或缺的一环。如果采用线性化反演策略，为了确保反演成功，准确可靠地计算面波频散曲线关于地层参数的偏导是非常关键的。我们开发了一套开源的 MATLAB 软件包 SWPD（Surface Wave Partial Derivative），用于模拟面波（包括瑞雷波与勒夫波）频散曲线（包括相速度与群速度），特别是用于高精度地计算它们的偏导。本软件包基于简化德尔塔矩阵理论与隐函数定理，可以获得勒夫波相速度和群速度的解析偏导。对于瑞雷波群速度偏导的计算，软件包提供了一种半解析法，这种方法解析地计算所有一阶偏微分，并使用中心差分格式近似混合二阶偏微分项。我们提供了实例以展示本软件包的有效性。软件包含了示例脚本以帮助用户复现本文的所有结果，也有利于用户尽快熟悉本软件包的使用。

关键词： 相速度；群速度；面波；勒夫波；瑞雷波；偏导；频散曲线；开源代码；MATLAB 包

1　引言

在过去的 30 多年，各种面波勘探方法成为推断地下构造特性的重要手段，特别是在近地表区域[1-2]。与通常采用的地震体波比较而言，地震面波一般沿自由地表附近传播，在地震记录上表现出明显的频散特征，它们在陆上采集时主要指瑞雷波和勒夫波。面波的这种频散特征一般用所谓的相（群）速度频散曲线进行刻画。通过反演这些频散曲线，可以获得近地表横波速度（v_s）。频散曲线的反演问题本质上是非线性的，可以采用全局优化类方法进行求解，如遗传算法[3]、模拟退火算法[4]、粒子群优化法[5]等，又或者采用各种线性反演策略[1, 6-7]。上述任意一类反演策略的成功都是建立在准确高效地计算面波频散曲线的基础之上。而且，如果选择后一种反演策略，那么为了构建雅可比矩阵（或敏感度矩阵），就必须可靠计算面波频散曲线关于地层参数的偏导，特别是它们需要在整个反演过程中反复计算。

面波频散曲线的高效计算方法不仅得益于 Thomson 和 Haskell[8] 的先驱性工作，也得益于 20 世纪 60 年代之后计算机技术的飞速发展。受到 Thomson 和 Haskell 研究工作的启发，从那时起人们提出了很多方法[10-23]，特别是为了补救高频数值精度丢失问题，该问题是 Haskell 的理论的固有缺陷（更多细节请参考［23］）。在所有这些方法中，由 Dunkin[13] 提取的方法及其变种[14, 23] 因为简单、高效、实用而被频繁作为各种面波频散曲线反演策略的基础。Dunkin 提出的方法基于所谓的德尔塔矩阵理论[13]，利用这套理论可以彻底克服 Haskell 方法的缺陷。

Press 等[10] 开发了第一个用于计算瑞雷波和勒夫波频散曲线的计算机程序。尽管该程序在计算相速度频散曲线时效率很高，但他们采用了相速度的数值微分来获得群速度，这是一种精度较低、可靠性较差的蛮力法。第一类计算面波群速度频散曲线及其偏导的解析方法基于变分理论[24-29]。根据瑞雷原理，Jeffreys[24] 首次导出了解析计算面波群速度的表达式，但是频散曲线的偏导仍采用数值微分近似到一阶精度。此后，利用这一思想，人们又研究了其他更复杂的情况，如 Takeuchi 等[25-26]、Anderson[27]、Harkrider[28] 及 Aki 等[29]，这里只列出了部分研究成果。另一方面，为了避免这类方法的复杂性，Novotný 引入了隐函数法。这是另一类解析方法，先用于求解勒夫波问题[30-31]，后又用于解决两层介质中的瑞雷波问题[32]。随后，Urban 等[33] 成功地将该方法推广到解决多层介质中的瑞雷波。将 Knopoff 的算法[11, 15-16] 与隐函数法相结合，他们成功得到了计算瑞雷波相速度偏导的解析式，并进一步采用 Rodi 的方法[34] 获得群速度。

到目前为止，这方面的大部分进展主要由活跃于 20 世纪 90 年代之前的大尺度地震学家所推动。但是，随着面波方法在近地表勘探方面的推广[1-7]，这一主题在近年来又重新受到了人们的关注。例如，Cercato 最近采用简化的德尔塔矩阵法和隐函数理论得到了瑞雷波相速度[36] 及椭圆率[35] 偏导的解析计算结果。为了提高计算效率，他以矢量传递而非矩阵相乘的形式构建有关公式。但是，这种公式系统使得进一步解析计算群速度偏导变得尤为困难，因为需要处理更为复杂的二阶偏导项。另外，他的研究只考虑了瑞雷波的计算问题。由于这种解析计算法的复杂性，它并没有在目前的面波线性化反演策略中得到普遍使用，许多学者采用了之前提到的全局优化方法，以避开频散曲线偏导的计算。但是，这类全局优化方法的计算量非常大，尤其是当需要反演成千上万条频散曲线时，石油地震勘探资料就属于这种情况。

基于上述原因，我们以矩阵相乘的方式重新推导了一组新的解析表达式，并给出了有关算法来计算面波频散曲线偏导。这项工作可视为对上述研究成果的补充或另一种备选方案。我们以一种可以更方便、更直接考虑所有情况（勒夫波和瑞雷波；相速度和群速度）的方式推导有关公式和算法。进一步地，我们开发了一个开源的 MATLAB 软件包 SWPD（Surface Waves Partial Derivatives），它具有下述优点：（1）它既能处理瑞雷波，也能处理勒夫波；（2）它可以解析地计算面波相速度频散曲线偏导或者用一种高精度半解析法完成瑞雷波群速度频散曲线的计算；（3）所有有关表达式和算法都基于一个使用广泛的框架（即简化德尔塔矩阵法）推导而来，这使得该软件包具有容易使用和扩展的优点。值得指出的是，半解析法是一种折中手段：它解析地计算所有有关的一阶偏导项，但采用了中心差分格式近似唯一的二阶混合偏导项。通过这种做法，我们仍然能获得和解析法[32] 完全相当的结果，同时又避免了二阶项的复杂解析推导。

接下来，我们首先概述简化德尔塔矩阵理论及其在计算面波相速度频散曲线中的应用。然后，给出解析计算相速度偏导的算法和有关公式。详述计算面波群速度偏导的完全解析法和半解析法。之后，我们介绍本软件包，重点是其中的一些关键脚本和函数。最后，我们选择了四个模型来验证本文方法的正确性和软件包的实用性。

2 基于简化德尔塔矩阵法计算面波相速度频散曲线

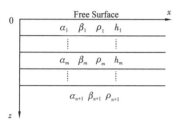

图1 由均匀、各向同性、完全弹性地层组成的水平层状介质模型

我们首先简述简化德尔塔矩阵方法[14, 23, 35]，因为它构成了本文后续部分的理论基础。我们严格遵循 Buchen 等[23] 的公式系统，因为他们的数学符号系统比早期研究更符合现代口味。

建立一个水平层状介质模型（图1），它由许多上覆于半空间并位于自由地表之下的均匀、各向同性、完全弹性地层组成。每层参数为纵波速度 α_m、横波速度 β_m、密度 ρ_m 和层厚度 h_m。根据简化德尔塔矩阵法，面波久期（或频散）方程 F 可以由德尔塔矩阵递推表述为隐函数形式

$$\bar{X}_{m+1}^* = \bar{X}_m^* \bar{T}_m^*, m = 1, 2, \cdots, n$$
$$F(\omega, c) = \bar{X}_{n+1}^* \bar{V}_{n+1}^* = 0 \tag{1}$$

其中，ω 为角频率，c 为相速度，m 为层序号，$n+1$ 对应半空间地层。$\bar{X}_m^*$ 是一个具有不同长度的行向量，取决于研究哪种波（勒夫或者瑞雷波）。$\bar{T}_m^*$ 和 $\bar{V}_{n+1}^*$ 可视为分别对应地层 m 和半空间的简化德尔塔矩阵。这三个矩阵的元素见附录 A。为了得到相速度频散曲线，将待计算频率或周期代入式（1），然后我们综合使用了二分法与 Brent 法进行搜根。在某个频率或周期，通常有多个解或根，其中对应最低相速度的为基阶模态，其他根对应高阶模态。

3 计算面波相速度偏导

在这一部分，我们以矩阵相乘的方式导出计算面波相速度偏导的算法。实际上，面波频散方程 F 也与地下介质物性参数有关。为了方便描述，令矢量 Q 代表这些参数[35]。换言之，即对于瑞雷波有

$$Q_R = (\alpha_1, \cdots, \alpha_{n+1}, \beta_1, \cdots, \beta_{n+1}, \rho_1, \cdots, \rho_{n+1}, h_1, \cdots, h_n) \tag{2a}$$

而对于勒夫波则有

$$Q_L = (\beta_1, \cdots, \beta_{n+1}, \rho_1, \cdots, \rho_{n+1}, h_1, \cdots, h_n) \tag{2b}$$

所以 F 的完整形式应该为

$$F(\omega, c, Q_R) = 0 \text{ 或者 } F(\omega, c, Q_L) = 0 \tag{3}$$

假设我们想计算$\partial c/\partial p_t$，其中 p 代表任意物性参数，如第 t 层的纵波速度、横波速度、密度或层厚度。利用隐函数定理，它可进一步写作

$$\partial c\, /\, \partial p_t = -\frac{\partial F\, /\, \partial p_t}{\partial F\, /\, \partial c} \qquad (4)$$

接下来，我们先考虑$\partial F/\partial c$。根据递推式（1）和求导法则，它可以导出如下

$$\partial F\, /\, \partial c = \frac{\partial \overline{X}_{n+1}^{*}}{\partial c}\overline{V}_{n+1}^{*} + \overline{X}_{n+1}^{*}\frac{\partial \overline{V}_{n+1}^{*}}{\partial c} \qquad (5)$$

显然，$\partial \overline{V}_{n+1}^{*}/\partial c$ 的计算比较直接，而$\partial \overline{X}_{n+1}^{*}/\partial c$ 需要借助递推式（1）从第一层开始计算

$$\partial \overline{X}_{m+1}^{*}\, /\, \partial c = \frac{\partial \overline{X}_{m}^{*}}{\partial c}\overline{T}_{m}^{*} + \overline{X}_{m}^{*}\frac{\partial \overline{T}_{m}^{*}}{\partial c}, m = 1, 2, \cdots, n \qquad (6)$$

为了更清晰地描述算法（表1），我们引入一个新矢量 $\overline{Y}_m^{*} = \partial \overline{X}_m^{*}/\partial c$，则式（6）可以重新整理为

$$\overline{Y}_{m+1}^{*} = \overline{Y}_{m}^{*}\overline{T}_{m}^{*} + \overline{X}_{m}^{*}\frac{\partial \overline{T}_{m}^{*}}{\partial c}, m = 1, 2, \cdots, n \qquad (7)$$

$\overline{Y}_1^{*}$ 显然是一个零矢量，因为 $\overline{X}_1^{*}$ 是一个常矢量。对于$\partial F/\partial p_t$ 的计算也可以导出类似算法（表2），除了需要根据 t 是否等于 $n+1$ 进行分别考虑。所以，利用这两个算法，联合式（4）就可以解析地计算偏导。在附录 B 中我们只给出了$\partial \overline{V}_{n+1}^{*}\, /\, \partial c$、$\partial \overline{T}_{m}^{*}\, /\, \partial c$、$\partial \overline{V}_{n+1}^{*}\, /\, \partial p_{n+1}$ 和$\partial \overline{T}_{t}^{*}\, /\, \partial p_{t}$ 的矩阵元素。至于瑞雷波，由于公式冗长和空间有限，建议读者直接根据本文第五部分的介绍去看源码。

表1　计算$\partial F/\partial c$ 的伪代码

伪代码 1 计算 $\dfrac{\partial F}{\partial c}$
输入：角频率 ω，相速度 c，地层模型 Q_R 或 Q_L
1：初始化四个矢量：$xold = \overline{X}_1^{*}$，$yold = \overline{Y}_1^{*}$，$xnew = 0$ 和 $ynew = 0$
2：for $m = 1 \to n$ do
3：　　　计算 $\overline{T}_m^{*}$ and $\dfrac{\partial \overline{T}_m^{*}}{\partial c}$
4：　　　更新 $xnew$：$xnew = xold'\overline{T}_m^{*}$
5：　　　更新 $ynew$：$ynew = yold'\overline{T}_m^{*} + xold'\dfrac{\partial \overline{T}_m^{*}}{\partial c}$
6：　　　更新 $xold$：$xold = xnew$
7：　　　更新 $yold$：$yold = ynew$
8：　　end for
9：计算 $\overline{V}_{n+1}^{*}$ 和 $\dfrac{\partial \overline{V}_{n+1}^{*}}{\partial c}$
输出：$\dfrac{\partial F}{\partial c} = ynew'\overline{V}_{n+1}^{*} + xnew'\dfrac{\partial \overline{V}_{n+1}^{*}}{\partial c}$

表 2　计算$\partial F / \partial p_t$的伪代码

伪代码 2 计算$\dfrac{\partial F}{\partial p_t}$
输入：角频率ω，相速度c，地层模型Q_R或Q_L，以及目的层序号t
1：初始化一个矢量和一个矩阵：$x=\overline{X}_1$，$T=0$
2：if t equals to $n+1$ then
3：　　for $m=1 \rightarrow n$ do
4：　　　　计算$\overline{T}_m^*$：$T=\overline{T}_m^*$
5：　　　　更新x：$x=x \times T$
6：　　end for
7：　　计算$\dfrac{\partial \overline{V}_{n+1}^*}{\partial p_{n+1}}$
输出：$\dfrac{\partial F}{\partial p_{n+1}} = x' \dfrac{\partial \overline{V}_{n+1}^*}{\partial p_{n+1}}$
8：else
9：　　for $m=1 \rightarrow n$ do
10：　　　　if m equals to t then
11：　　　　　　计算$\dfrac{\partial \overline{T}_t^*}{\partial p_t}$：$T=\dfrac{\partial \overline{T}_t^*}{\partial p_t}$
12：　　　　else
13：　　　　　　计算$\overline{T}_m^*$：$T=\overline{T}_m^*$
14：　　　　end if
15：　　　　更新x：$x=x \times T$
16：　　end for
17：　　计算$\overline{V}_{n+1}^*$
输出：$\dfrac{\partial F}{\partial p_t} = x'\overline{V}_{n+1}^*$
18：end if

4　计算面波群速度偏导

群速度是波包能量的传播速度，它与相速度的关系可表示为[31]

$$U = \partial \omega / \partial k = c / \left[1-\left(\omega / c\right)\partial c / \partial \omega\right] \qquad （8）$$

其中，k为角波数。所以，如果得到了某些模式的相速度频散曲线，则可以由式（8）得到对应的群速度频散曲线。

本软件包实现了两种方法：（1）基于隐函数理论的完全解析法（求解勒夫波）；（2）半解析法（求解瑞雷波）。接下来我们将分别解释两种方法。

4.1　完全解析法

式（8）中的一阶导$\partial c/\partial \omega$也可以通过隐函数理论计算

$$\partial c / \partial \omega = -\frac{\partial F / \partial \omega}{\partial F / \partial c} \qquad (9)$$

虽然表 1 中的伪代码是用于计算 $\partial F/\partial c$ 的，但显然它也适用于计算 $\partial F/\partial \omega$，只需将 ω 替换 c。类似地，群速度关于目的层 t 的一般物性参数 p 的偏导可以由式（8）导出[30–33, 36]

$$\frac{\partial U}{\partial p_t} = \frac{U}{c}\left(2 - \frac{U}{c}\right)\frac{\partial c}{\partial p_t} + \omega\frac{U^2}{c^2}\frac{\partial^2 c}{\partial\omega\partial p_t} \qquad (10)$$

式（10）中的二阶混合偏导项可以由式（4）进一步对角频率求导[31]推出

$$\frac{\partial^2 c}{\partial\omega\partial p_t} = -\left[\frac{\partial^2 F}{\partial\omega p_t} + \frac{\partial^2 F}{\partial\omega\partial c}\frac{\partial c}{\partial p_t} + \left(\frac{\partial^2 F}{\partial c\partial p_t} + \frac{\partial^2 F}{\partial c^2}\frac{\partial c}{\partial p_t}\right)\frac{\partial c}{\partial\omega}\right] / \frac{\partial F}{\partial c} \qquad (11)$$

下面我们以 $\dfrac{\partial^2 F}{\partial c^2}$ 为例说明如何解析计算二阶偏导。至于 $\dfrac{\partial^2 F}{\partial c\partial p_t}$、$\dfrac{\partial^2 F}{\partial\omega\partial p_t}$ 和 $\dfrac{\partial^2 F}{\partial\omega\partial c}$，它们可以相同的方式算出。

$\partial F/\partial c$ 的计算步骤可以递推的形式进行（表 1）：

$$\bar{X}_{m+1}^* = \bar{X}_m^*\bar{T}_m^*, m = 1, 2, \cdots, n$$
$$\bar{Y}_{m+1}^* = \bar{Y}_m^*\bar{T}_m^* + \bar{X}_m^*\frac{\partial\bar{T}_m^*}{\partial c}, m = 1, 2, \cdots, n \qquad (12)$$
$$\partial F / \partial c = \bar{Y}_{n+1}^*\bar{V}_{n+1}^* + \bar{X}_{n+1}^*\frac{\partial\bar{V}_{n+1}^*}{\partial c}$$

所以，对式（12）最后一式关于 c 求导即可得到

$$\partial^2 F / \partial c^2 = \frac{\partial\bar{Y}_{n+1}^*}{\partial c}\bar{V}_{n+1}^* + 2\bar{Y}_{n+1}^*\frac{\partial\bar{V}_{n+1}^*}{\partial c} + \bar{X}_{n+1}^*\frac{\partial^2\bar{V}_{n+1}^*}{\partial c^2} \qquad (13)$$

然后为了得到 $\partial\bar{Y}_{n+1}^*/\partial c$，我们将借助式（12）中的第二式：

$$\partial\bar{Y}_{m+1}^* / \partial c = \frac{\partial\bar{Y}_m^*}{\partial c}\bar{T}_m^* + 2\bar{Y}_m^*\frac{\partial\bar{T}_m^*}{\partial c} + \bar{X}_m^*\frac{\partial^2\bar{T}_m^*}{\partial c^2}, m = 1, 2, \cdots, n \qquad (14)$$

类似地，如果我们引入新矢量 $\bar{Z}_m^* = \partial\bar{Y}_m^*/\partial c$，那么式（14）可重新整理为

$$\bar{Z}_{m+1}^* = \bar{Z}_m^*\bar{T}_m^* + 2\bar{Y}_m^*\frac{\partial\bar{T}_m^*}{\partial c} + \bar{X}_m^*\frac{\partial^2\bar{T}_m^*}{\partial c^2}, m = 1, 2, \cdots, n \qquad (15)$$

显然，$\bar{Z}_1^*$ 也是零矢量。所以利用式（12）、式（15）和式（13），我们最终可以实现解析计算 $\partial^2 F/\partial c^2$（表 3）。附录 C 给出了勒夫波中 $\partial^2\bar{T}_m^*/\partial c^2$ 和 $\partial^2\bar{V}_{m+1}^*/\partial c^2$ 的元素。

表 3　计算 $\partial^2 F/\partial c^2$ 的伪代码

伪代码 3 计算 $\dfrac{\partial^2 F}{\partial c^2}$

输入：角频率 ω，相速度 c，地层模型 Q_R 或 Q_L

1：初始化六个矢量：$x\mathrm{old}=\vec{X}_1^{*}$，$y\mathrm{old}=\vec{Y}_1^{*}$，$z\mathrm{old}=\vec{Z}_1^{*}$，$x\mathrm{new}=0$，$y\mathrm{new}=0$，和 $z\mathrm{new}=0$

2：for $m=1 \to n$ do

3：计算 $\bar{T}_m^{*}$，$\dfrac{\partial \bar{T}_m^{*}}{\partial c}$ 和 $\dfrac{\partial^2 \bar{T}_m^{*}}{\partial c^2}$

4：更新 $x\mathrm{new}$：$x\mathrm{new}=x\mathrm{old}'\bar{T}_m^{*}$

5：更新 $y\mathrm{new}$：$y\mathrm{new}=y\mathrm{old}'\bar{T}_m^{*}+x\mathrm{old}'\dfrac{\partial \bar{T}_m^{*}}{\partial c}$

6：更新 $z\mathrm{new}$：$z\mathrm{new}=z\mathrm{old}'\bar{T}_m^{*}+2\times y\mathrm{old}'\dfrac{\partial \bar{T}_m^{*}}{\partial c}+x\mathrm{old}'\dfrac{\partial^2 \bar{T}_m^{*}}{\partial c^2}$

7：更新 $x\mathrm{old}$：$x\mathrm{old}=x\mathrm{new}$

8：更新 $y\mathrm{old}$：$y\mathrm{old}=y\mathrm{new}$

9：更新 $z\mathrm{old}$：$z\mathrm{old}=z\mathrm{new}$

10：end for

11：计算 $\vec{V}_{n+1}^{*}$，$\dfrac{\partial \vec{V}_{n+1}^{*}}{\partial c}$ and $\dfrac{\partial^2 \vec{V}_{n+1}^{*}}{\partial c^2}$

输出：$\dfrac{\partial^2 F}{\partial c^2}=z\mathrm{new}'\vec{V}_{n+1}^{*}+2\times y\mathrm{new}'\dfrac{\partial \vec{V}_{n+1}^{*}}{\partial c}+x\mathrm{new}'\dfrac{\partial^2 \vec{V}_{n+1}^{*}}{\partial c^2}$

4.2　半解析法

在完全解析法中，式（10）中的关键二阶偏导项 $\dfrac{\partial^2 c}{\partial\omega\partial p_t}$ 被式（11）替换，然后经过递推过程求解。相对地，半解析法采用中心差分格式近似该项[36]，下面简单介绍近似过程。

为了计算 ω_0 处的群速度偏导 $\partial U/\partial p_t$，假设已得到频率 ω_0 处的相速度 c_0 和群速度 U_0。另定义两个邻近频率 $\omega_{-1}=\omega_0 e^{-\delta}$ 和 $\omega_{+1}=\omega_0 e^{+\delta}$。$\delta$ 是一个小量，代表对 $\lg\omega$ 的扰动，更多细节可以参阅文献[36]。继续假设已经得到了对应 ω_0 的相速度偏导 $\partial c_0/\partial p_t$，对应 ω_{-1} 的相速度偏导 $\partial c_{-1}/\partial p_t$，以及对应 ω_{+1} 的相速度偏导 $\partial c_{+1}/\partial p_t$。那么在 ω_0 处的群速度偏导可由下式得到：

$$\partial U_0 / \partial p_t = \frac{U_0}{c_0}\left(2-\frac{U_0}{c_0}\right)\frac{\partial c_0}{\partial p_t}+\frac{U_0^2}{c_0^2}\left(\frac{\partial c_{+1}/\partial p_t-\partial c_{-1}/\partial p_t}{2\delta}\right) \tag{16}$$

我们称式（16）为半解析法因为所有一阶偏导项和群速度 U_0 都由前面介绍的解析法获得，只有 $\dfrac{\partial^2 c}{\partial\omega\partial p_t}$ 使用了中心差分格式进行近似。

5　软件包介绍

软件包 SWPD 基于 MATLAB 编写，由两个互相独立的部分组成，分别用来解决瑞雷波和勒夫波。大部分源文件的作用是用来实现矩阵 $\bar{T}_m^{*}$ 和频散函数 F 的偏导。例如，

reduced_delta_love.m 和 reduced_delta.m 分别实现了对勒夫波和瑞雷波采用德尔塔矩阵递推，即式（1）。reduced_delta_love_dfdc.m 和 reduced_delta_dfdc.m 实现了表1中的伪代码，用于计算频散函数对相速度的偏导。如果要计算 $\partial F/\partial\beta$（如表2所示伪代码），则利用 reduced_delta_love_dfdb.m 和 reduced_delta_dfdb.m。类似地，reduced_delta_love_dfdcc.m 实现了表3中的算法。

除了上述源文件，包中还有一些其他 *.m 文件值得一提。rayleighphase.m 和 lovephase.m 用来模拟多模式相速度频散曲线。四个文件名包含字符串"rodi"的 *.m 文件实现了半解析法。实际上，我们还提供了五个示例脚本文件，文件名以"demo"开头。所以用户可以通过运行这些示例来重现本文的所有结果，也能很快熟悉 SWPD 软件包的使用。

6 算例

6.1 勒夫波

首先选择一个两层介质模型（表4中模型 Nov71）来验证本文算法和软件包对勒夫波的有效性。图2给出了计算结果。虽然本软件包可以模拟多个模式，但为了与文献[30-31]中的结果对比，我们只展示了基阶模式。值得注意的是，在图2中画的是 $10\times\partial c/\partial h$ 和 $10\times\partial U/\partial h$ 而不是 $\partial c/\partial h$ 和 $\partial U/\partial h$，因为这两个偏导相对于其他物性参数的偏导小了一个数量级，所以为了更清晰地展示这两个偏导，乘上了因子10。另外，为了便于导出两层情况下的解析公式，Novotný[31]引入了一个无量纲量 $\rho=\rho_2/\rho_1$，他在文中画的曲线是 $\partial c/\partial\rho$ 和 $\partial U/\partial\rho$。所以为了得到同样的曲线，我们利用了链式法则：

$$\partial c / \partial \rho = \frac{\partial c}{\partial \rho_2}\frac{\partial \rho_2}{\partial \rho} = \rho_1\frac{\partial c}{\partial \rho_2} \text{ 和 } \partial U / \partial \rho = \frac{\partial U}{\partial \rho_2}\frac{\partial \rho_2}{\partial \rho} = \rho_1\frac{\partial U}{\partial \rho_2} \qquad （17）$$

表4　两个用于验证软件包的模型

Layer	横波速度（m/s）	层密度（kg/m³）	层厚度（m）
Model Nov71 Two layered model in Novotný[31]			
1	3500	2700	35，000
2	4500	3300	∞
Model Nov70 The model of the Canadian shield CANSD in Novotný[30]			
1	3470	2700	6000
2	3640	2800	10500

Layer	横波速度（m/s）	层密度（kg/m³）	层厚度（m）
3	3850	2850	18700
4	4720	3300	80000
5	4540	3440	100000
6	4510	3530	100000
7	4760	3600	80000
8	5120	3760	∞

显然图 2 中的计算结果与 Novotný[31] 是一致的（见他论文中的图 1 至图 3）。为了更清晰地展示我们结果的正确性，表 5（对应相速度）和表 6（对应群速度）进一步给出了周期为 20s、30s 和 40s 时的计算结果。如表所示，这些结果与 Novotný[31] 的结果相吻合（见他论文中的表 1 和表 2）。

表 5　模型 Nov71 的相速度计算结果

T（s）	c（m/s）		$\partial c/\partial\beta_1$		$\partial c/\partial\beta_2$	
	Novotný	本文	Novotný	本文	Novotný	本文
20	3790.45	3790.4529	1.05344	1.0534372	0.12405	0.1240473
30	4010.57	4010.5735	0.88083	0.8808288	0.33920	0.3392031
40	4176.65	4176.6474	0.62679	0.6267904	0.55832	0.5583233
			$\partial c/\partial h$		$\partial c/\partial\rho$	
			Novotný	本文	Novotný	本文
20			−0.01299	−0.0129940	0.10281	0.1028084
30			−0.01711	−0.0171069	0.21306	0.2130622
40			−0.01513	−0.0151307	0.25015	0.2501495

表 6　模型 Nov71 的群速度计算结果

T（s）	U（m/s）		$\partial U/\partial\beta_1$		$\partial U/\partial\beta_2$	
	Novotný	本文	Novotný	本文	Novotný	本文
20	3384.38	3384.3839	1.16642	1.1664245	−0.14784	−0.1478377
30	3489.61	3489.6075	1.42265	1.4226530	−0.20843	−0.2084253
40	3706.66	3706.6645	1.36767	1.3676722	−0.03879	−0.0387899

T（s）	U（m/s）		$\partial U/\partial\beta_1$		$\partial U/\partial\beta_2$	
	Novotný	本文	Novotný	本文	Novotný	本文
	$\partial U/\partial h$				$\partial U/\partial\rho$	
	Novotný	本文			Novotný	本文
20	−0.00094	−0.0009381			−0.08530	−0.0853015
30	−0.01576	−0.0157647			0.02334	0.0233376
40	−0.02588	−0.0258753			0.25547	0.2554651

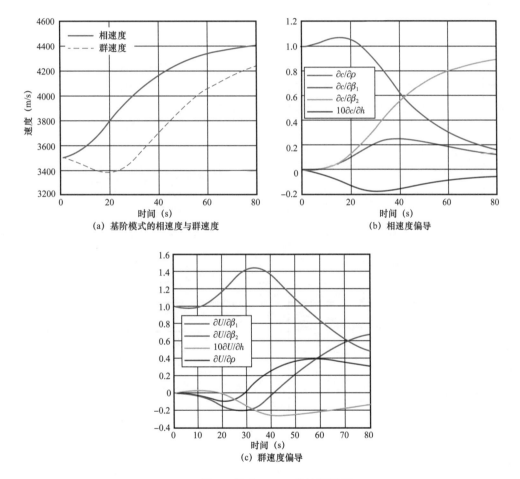

图 2　模型 Nov71 的计算结果

接下来，我们用一个八层模型（表 4 中的模型 Nov70）作进一步验证。图 3 给出了基阶模式相速度和群速度的偏导。表 7 和表 8 也同时给出了周期为 20s 和 40s 时对每层物性参数的偏导计算结果。需要指出的是，因为某些偏导的数值过小，Novotný[30]（他论文中

图 1 至图 5）没有画出这些偏导曲线，而我们在此画出了所有偏导结果。经过对比可知，这个多层模型的计算结果也是令人满意的。

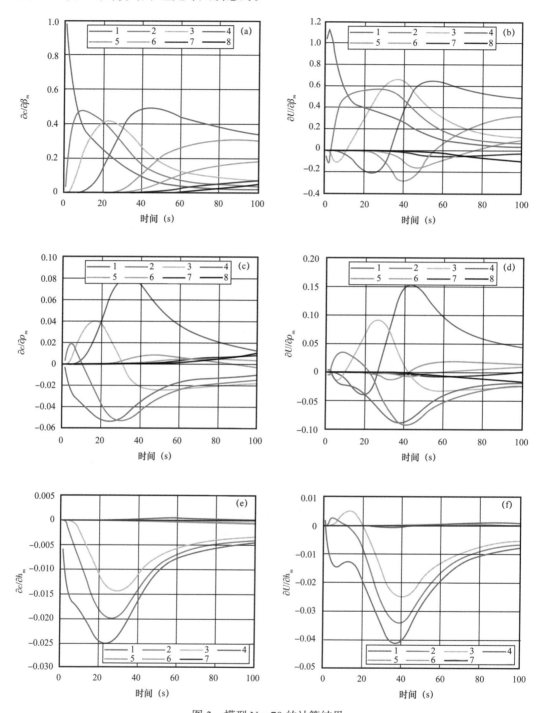

图 3　模型 Nov70 的计算结果

左列为相速度对横波速度（a），密度（c）和层厚度（e）的偏导；右侧（b），（d），
和（f）为相应的群速度偏导；图中数字为层序号

表 7　模型 Nov70 的相速度偏导结果

T（s）	$\partial c/\partial \beta_m$		$\partial c/\partial \rho_m$		$\partial c/\partial h_m$	
	Novotný	本文	Novotný	本文	Novotný	本文
20	0.25048	0.2504840	−0.05192	−0.0519198	−0.02455	−0.0245543
	0.40458	0.4045771	−0.03721	−0.0372102	−0.01807	−0.0180673
	0.40666	0.4066578	0.03642	0.0364167	−0.01113	−0.0111329
	0.13636	0.1363630	0.04255	0.0425454	0.00000	0.0000024
	0.00022	0.0002246	0.00005	0.0000537	0.00000	0.0000000
	0.00000	0.0000001	0.00000	0.0000000	0.00000	0.0000000
	0.00000	0.0000000	0.00000	0.0000000	0.00000	0.0000000
	0.00000	0.0000000	0.00000	0.0000000		
40	0.09234	0.0923393	−0.03562	−0.0356177	−0.01633	−0.0163304
	0.16802	0.1680152	−0.04359	−0.0435873	−0.01415	−0.0141500
	0.26171	0.2617060	−0.02070	−0.0206981	−0.01100	−0.0109961
	0.48998	0.4899821	0.07374	0.0737381	0.00037	0.0003742
	0.10746	0.1074640	0.00813	0.0081273	0.00000	−0.0000047
	0.01742	0.0174226	0.00136	0.0013618	−0.00001	−0.0000138
	0.00147	0.0014714	0.00027	0.0002728	0.00000	−0.0000016
	0.00011	0.0001118	0.00003	0.0000315		

表 8　模型 Nov70 的群速度偏导结果

T（s）	$\partial U/\partial \beta_m$		$\partial U/\partial \rho_m$		$\partial U/\partial h_m$	
	Novotný	本文	Novotný	本文	Novotný	本文
20	0.39610	0.3960951	−0.03708	−0.0370822	−0.01867	−0.0186684
	0.56217	0.5621708	0.01013	0.0101325	−0.00798	−0.0079819
	0.29970	0.2996970	0.06946	0.0694558	0.00043	0.0004303
	−0.17980	−0.1797986	−0.03776	−0.0377645	−0.00002	−0.0000189
	−0.00205	−0.0020513	−0.00046	−0.0004573	0.00000	0.0000000
	0.00000	−0.0000027	0.00000	−0.0000006	0.00000	0.0000000
	0.00000	0.0000000	0.00000	0.0000000	0.00000	0.0000000
	0.00000	0.0000000	0.00000	0.0000000		
40	0.26627	0.2662661	−0.08695	−0.0869520	−0.04030	−0.0402958
	0.47105	0.4710498	−0.09121	−0.0912147	−0.03377	−0.0337734
	0.64765	0.6476541	0.01359	0.0135921	−0.02506	−0.0250638
	0.37427	0.3742730	0.14947	0.1494679	−0.00050	−0.0004986

T（s）	$\partial U/\partial\beta_m$		$\partial U/\partial\rho_m$		$\partial U/\partial h_m$	
	Novotný	本文	Novotný	本文	Novotný	本文
40	−0.28059	−0.2805924	−0.00354	−0.0035408	0.00006	0.0000633
	−0.10107	−0.1010694	−0.00573	−0.0057344	0.00011	0.0001124
	−0.01280	−0.0128006	−0.00223	−0.0022296	0.00002	0.0000172
	−0.00132	−0.0013249	−0.00036	−0.0003618		

6.2 瑞雷波

6.2.1 两层模型

进一步考虑瑞雷波。在第一个算例中，我们选择一个和模型 Nov71 几乎一样的两层模型，只是也把地层纵波速度考虑了进来（α_1=6000m/s，α_2=8000m/s）[32]。图 4 给出了基阶相速度和群速度的有关结果，显然与文献 [32] 中图 1 至图 3 的结果是吻合的。表 9 也给出了三个不同周期时相速度有关结果以详细对比。值得指出的是，虽然在处理群速度偏导时使用了差分近似，但是半解析法得到的数值与完全解析法[32]相比仍然可以准确到小数点后五位（图 4c 和表 10）。所以半解析法是一种相当有效和准确的策略，当进行群速度频散曲线线性化反演时可以用来构建雅可比矩阵。

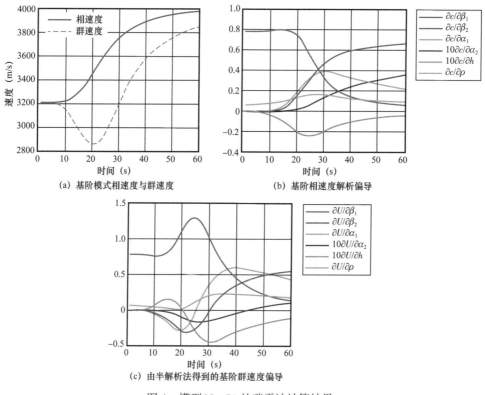

（a）基阶模式相速度与群速度

（b）基阶相速度解析偏导

（c）由半解析法得到的基阶群速度偏导

图 4　模型 Nov71 的瑞雷波计算结果

表 9 两层模型的相速度相关计算结果

T（s）	c（m/s）		$\partial c/\partial\beta_1$		$\partial c/\partial\beta_2$	
	Novotný	本文	Novotný	本文	Novotný	本文
20	3441.81	3441.8133	0.74250	0.7425026	0.15013	0.1501333
30	3755.73	3755.7307	0.33374	0.3337405	0.47141	0.4714082
40	3896.68	3896.6754	0.14381	0.1438077	0.59832	0.5983238
			$\partial c/\partial\alpha_1$		$\partial c/\partial\alpha_2$	
			Novotný	本文	Novotný	本文
20			0.14041	0.1404094	0.00231	0.0023095
30			0.16901	0.1690098	0.01454	0.0145360
40			0.13987	0.1398705	0.02492	0.0249162
			$\partial c/\partial h$		$\partial c/\partial\rho$	
			Novotný	本文	Novotný	本文
20			−0.01981	−0.0198137	0.18560	0.1856024
30			−0.01897	−0.0189727	0.39702	0.3970193
40			−0.00965	−0.0096475	0.34035	0.3403527

表 10 两层模型的群速度相关计算结果

T（s）	U（m/s）		$\partial U/\partial\beta_1$		$\partial U/\partial\beta_2$	
	Novotný	本文	Novotný	本文	Novotný	本文
20	2864.63	2864.6298	1.09993	1.0999266	−0.28108	−0.2810790
30	3191.45	3191.4546	1.05173	1.0517331	−0.01968	−0.0196826
40	3585.94	3585.9400	0.45706	0.4570642	0.36729	0.3672883
			$\partial U/\partial\alpha_1$		$\partial U/\partial\alpha_2$	
			Novotný	本文	Novotný	本文
20			0.02799	0.0279941	−0.00754	−0.0075417
30			0.21034	0.2103442	−0.01419	−0.0141852
40			0.23521	0.2352072	−0.00267	−0.0026709
			$\partial U/\partial h$		$\partial U/\partial\rho$	
			Novotný	本文	Novotný	本文
20			0.00492	0.0049175	−0.27858	−0.2785814
30			−0.04428	−0.0442750	0.35718	0.3571744
40			−0.03018	−0.0301845	0.60146	0.6014577

6.2.2 六层模型

所有上面使用的模型都属于天然地震尺度。在本例中，我们选择了一个工程尺度六层模型（表 11）以验证软件包在近地表地球物理学尺度上的实用性和有效性。之所以选择这个模型，还因为已经有一些学者报道了他们的计算结果[1, 35]。

表 11　一个六层模型[1]

地层	纵波速度（m/s）	横波速度（m/s）	密度（kg/m³）	层厚度（m）
1	650	194	1820	2.0
2	750	270	1860	2.3
3	1400	367	1910	2.5
4	1800	485	1960	2.8
5	2150	603	2020	3.2
6	2800	740	2090	∞

如图 5 所示，这个六层模型的基阶瑞雷波相速度频散曲线的解析偏导和文献[35]（图 3 至图 5）的结果是高度吻合的。为了展示更多细节，表 12 给出了 5 个不同频率处基阶相速度关于地层横波速度的偏导，也给出了其他学者已经发表的结果作为比较。表中这些矩阵的每一列对应一个层，而矩阵的每一行对应一个频率。很明显地，只有 Lai 和 Rix 的计算结果准确性较差[6]，因为他们使用了数值积分的手段，而其他学者的结果（包括本文的结果）都是相当吻合的。

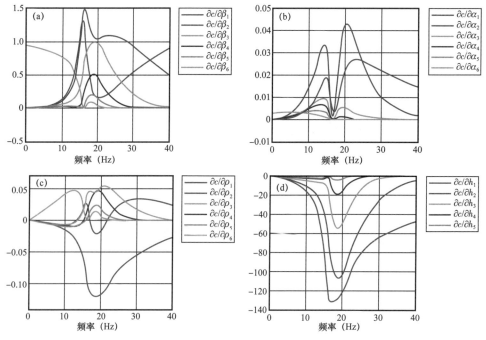

图 5　表 11 中六层模型的基阶相速度关于横波速度（a）、
纵波速度（b）、密度（c）和层厚度（d）的解析偏导

表 12　基阶相速度关于横波速度的偏导

频率（Hz）：[5, 10, 15, 20, 25, 30]（据文献 [1]）

$$
\begin{pmatrix}
0.018 & 0.018 & 0.022 & 0.021 & 0.017 & 0.872 \\
0.130 & 0.106 & 0.062 & 0.025 & 0.022 & 0.766 \\
1.067 & 0.925 & 0.313 & 0.034 & 0.017 & 0.262 \\
0.155 & 1.037 & 0.967 & 0.457 & 0.145 & 0.040 \\
0.293 & 1.072 & 0.517 & 0.102 & 0.012 & 0.001 \\
0.520 & 0.923 & 0.202 & 0.016 & 0.000 & 0.000
\end{pmatrix}
$$

据文献 [6]

$$
\begin{pmatrix}
0.01443 & 0.01300 & 0.01383 & 0.01193 & 0.01382 & 0.86939 \\
0.12161 & 0.08636 & 0.04675 & 0.02314 & 0.01812 & 0.76576 \\
0.95916 & 0.84527 & 0.28894 & 0.02847 & 0.01531 & 0.25958 \\
0.14780 & 0.96370 & 0.92731 & 0.45258 & 0.13932 & 0.03864 \\
0.28708 & 1.04603 & 0.49245 & 0.10321 & 0.01138 & 0.00070 \\
0.51321 & 0.89495 & 0.20270 & 0.01552 & 0.00060 & 0.00001
\end{pmatrix}
$$

据文献 [35]

$$
\begin{pmatrix}
0.01809 & 0.01834 & 0.02219 & 0.02036 & 0.01750 & 0.87242 \\
0.13002 & 0.10646 & 0.06174 & 0.02467 & 0.02225 & 0.76580 \\
1.06766 & 0.92490 & 0.31304 & 0.03359 & 0.01665 & 0.26204 \\
0.15460 & 1.03665 & 0.96729 & 0.45739 & 0.14507 & 0.04024 \\
0.29284 & 1.07203 & 0.51690 & 0.10261 & 0.01137 & 0.00074 \\
0.52024 & 0.92354 & 0.20196 & 0.01592 & 0.00060 & 0.00001
\end{pmatrix}
$$

（本文）

$$
\begin{pmatrix}
0.0180908 & 0.0183407 & 0.0221925 & 0.0203622 & 0.0174990 & 0.8724199 \\
0.1300197 & 0.1064578 & 0.0617429 & 0.0246696 & 0.0222537 & 0.7658011 \\
1.0676629 & 0.9249004 & 0.3130410 & 0.0335878 & 0.0166527 & 0.2620402 \\
0.1546003 & 1.0366473 & 0.9672942 & 0.4573936 & 0.1450729 & 0.0402373 \\
0.2928380 & 1.0720290 & 0.5168966 & 0.1026072 & 0.0113722 & 0.0007421 \\
0.5202410 & 0.9235443 & 0.2019644 & 0.0159170 & 0.0005995 & 0.0000107
\end{pmatrix}
$$

7　讨论与结论

　　准确可靠地计算面波频散曲线偏导是面波频散曲线线性化反演的重要环节。我们基于简化德尔塔矩阵法重新推导了面波（勒夫波和瑞雷波）相速度频散曲线的解析偏导计算公式和有关算法。此外，我们也使用这种解析法计算了勒夫波群速度偏导。虽然式（9）至式（15）构成了可以用于两种波的解析计算抽象框架，但是对于瑞雷波而言，所有二阶混合偏导项的推导是相当复杂的，所以我们实现了一种高精度的半解析法，它解析地计算所有一阶偏微分，但用中心差分格式来近似唯一的二阶混合偏导项。对于完全解析地计算瑞雷波群速度偏导问题，Novotný 等[32]是我们能找到的唯一公开发表文献，虽然由于问题的复杂性，他们只考虑了两层介质的情况。比较表明（6.2.1 节）这种混合计算策略是令人满意的，其精度可以达到完全解析法结果的小数点后五位，如表 10 所示。

我们开发了和本文成果配套的 MATLAB 软件包 SWPD。本文的所有算例都通过和前人的成果进行对比而得到了验证，表明所导出的解析公式和算法是有效的，该软件包的计算结果精度是满意的。同时，本文所有算例结果也可以由运行软件包中四个演示脚本而复现出来。当对该软件包熟悉之后，用户可以很方便地修改和扩展它，包括进一步开发线性化反演功能。我们认为本软件包可以成为从事近地表勘探地球物理，尤其是对面波勘探方法感兴趣的科技人员的一个有用工具。

附录 A

为了方便参考，将修改自 Buchen & Ben-Hador[23] 的符号和公式列在下方。所用基本物理量为：ω—角频率；c—相速度；$k=\omega/c$—角波数；$i=\sqrt{-1}$—虚数单位。

对于第 m 层需要用到的基本量为（为了简化表达，省略了下标 m）：

$$r = \begin{cases} \sqrt{1-c^2/\alpha^2}, & c < \alpha \\ i\sqrt{c^2/\alpha^2-1}, & c > \alpha \end{cases} \tag{A1}$$

$$s = \begin{cases} \sqrt{1-c^2/\beta^2}, & c < \beta \\ i\sqrt{c^2/\beta^2-1}, & c > \beta \end{cases} \tag{A2}$$

$$C_\alpha = \begin{cases} \cos h(krh), & c < \alpha \\ \cos(ikrh), & c > \alpha \end{cases} \tag{A3}$$

$$C_\beta = \begin{cases} \cos h(ksh), & c < \beta \\ \cos(iksh), & c > \beta \end{cases} \tag{A4}$$

$$S_\alpha = \begin{cases} \sin h(krh), & c < \alpha \\ -i\sin(ikrh), & c > \alpha \end{cases} \tag{A5}$$

$$S_\beta = \begin{cases} \sin h(ksh), & c < \beta \\ -i\sin(iksh), & c > \beta \end{cases} \tag{A6}$$

$$\gamma = \beta^2/c^2, \ t = 2-1/\gamma, \ \mu = \rho\beta^2 \tag{A7}$$

For Love waves: For Rayleigh waves:

$$\bar{X}_1^* = \begin{bmatrix} 0 & 1 \end{bmatrix} \qquad \bar{X}_1^* = \begin{bmatrix} 0 & 0 & 0 & 0 & 1 \end{bmatrix}$$

$$\bar{T}_m^* = \begin{bmatrix} C_\beta & \dfrac{S_\beta}{\mu s} \\ \mu s S_\beta & C_\beta \end{bmatrix}_m \qquad \bar{T}_m^* = \begin{bmatrix} \bar{T}_{11} & \bar{T}_{12} & \bar{T}_{13} & \bar{T}_{14} & \bar{T}_{16} \\ 2\bar{T}_{21} & 2\bar{T}_{22}-1 & 2\bar{T}_{23} & 2\bar{T}_{24} & 2\bar{T}_{26} \\ \bar{T}_{31} & \bar{T}_{32} & \bar{T}_{33} & \bar{T}_{34} & \bar{T}_{36} \\ \bar{T}_{41} & \bar{T}_{42} & \bar{T}_{43} & \bar{T}_{44} & \bar{T}_{46} \\ \bar{T}_{61} & \bar{T}_{62} & \bar{T}_{63} & \bar{T}_{64} & \bar{T}_{66} \end{bmatrix}_m \tag{A8}$$

$$\bar{V}_{n+1}^* = \begin{bmatrix} 1 & \mu s \end{bmatrix}_{n+1}^T \qquad \bar{V}_{n+1}^* = \begin{bmatrix} 1-rs & 2\mu(t-2rs) & \mu s(2-t) & -\mu r(2-t) & \mu^2(4rs-t^2) \end{bmatrix}_{n+1}^T$$

其中上标 T 表示矩阵转置。

对于瑞雷波，矩阵 $\bar{T}_m^*$ 的元素为

$$Q_j = \left(\frac{t^j}{rs} + 2^j rs \right) S_\alpha S_\beta, \quad 0 \leqslant j \leqslant 4 \tag{A9}$$

$$\bar{T}_{11} = \gamma^2 \left[-4t + \left(t^2 + 4 \right) C_\alpha C_\beta - Q_2 \right] \tag{A10}$$

$$\bar{T}_{12} = \frac{\gamma^2}{\mu} \left[(2+t)\left(1 - C_\alpha C_\beta \right) + Q_1 \right] \tag{A11}$$

$$\bar{T}_{13} = \frac{\gamma}{\mu} \left(\frac{C_\alpha S_\beta}{s - r S_\alpha C_\beta} \right) \tag{A12}$$

$$\bar{T}_{14} = \frac{\gamma}{\mu} \left(s C_\alpha S_\beta - \frac{S_\alpha C_\beta}{r} \right) \tag{A13}$$

$$\bar{T}_{16} = \frac{\gamma^2}{\mu^2} \left[2\left(1 - C_\alpha C_\beta \right) + Q_0 \right] \tag{A14}$$

$$\bar{T}_{21} = \mu \gamma^2 \left[-2t(t+2)\left(1 - C_\alpha C_\beta \right) - Q_3 \right] \tag{A15}$$

$$\bar{T}_{22} = 1 + C_\alpha C_\beta - \bar{T}_{11} \tag{A16}$$

$$\bar{T}_{23} = \gamma \left(\frac{t C_\alpha S_\beta}{s} - 2r S_\alpha C_\beta \right) \tag{A17}$$

$$\bar{T}_{24} = \gamma \left(2s C_\alpha S_\beta - \frac{t S_\alpha C_\beta}{r} \right) \tag{A18}$$

$$\overline{T}_{26} = \overline{T}_{12} \tag{A19}$$

$$\overline{T}_{31} = \mu\gamma\left(4sC_\alpha S_\beta - \frac{t^2 S_\alpha C_\beta}{r}\right) \tag{A20}$$

$$\overline{T}_{32} = -\overline{T}_{24} \tag{A21}$$

$$\overline{T}_{33} = C_\alpha C_\beta \tag{A22}$$

$$\overline{T}_{34} = \frac{-sS_\alpha S_\beta}{r} \tag{A23}$$

$$\overline{T}_{36} = -\overline{T}_{14} \tag{A24}$$

$$\overline{T}_{41} = \mu\gamma\left(\frac{t^2 C_\alpha S_\beta}{s} - 4rS_\alpha C_\beta\right) \tag{A25}$$

$$\overline{T}_{42} = -\overline{T}_{23} \tag{A26}$$

$$\overline{T}_{43} = \frac{-rS_\alpha S_\beta}{s} \tag{A27}$$

$$\overline{T}_{44} = \overline{T}_{33} \tag{A28}$$

$$\overline{T}_{46} = -\overline{T}_{13} \tag{A29}$$

$$\overline{T}_{61} = \mu^2\gamma^2\left[8t^2\left(1 - C_\alpha C_\beta\right) + Q_4\right] \tag{A30}$$

$$\overline{T}_{62} = \overline{T}_{21} \tag{A31}$$

$$\overline{T}_{63} = -\overline{T}_{41} \tag{A32}$$

$$\overline{T}_{64} = -\overline{T}_{31} \tag{A33}$$

$$\overline{T}_{66} = \overline{T}_{11} \tag{A34}$$

附录 B

下面所列表达式用于为勒夫波构建矩阵 $\overline{T}_m^*$ 和 $\overline{V}_{n+1}^*$ 的一阶偏导。为了清晰性，我们采用了 Cercato[35] 的符号，即上撇号用于专门表示对相速度的偏导（如 s'），而下标表示对

物性参数的偏导 [如 $s_\beta = \dfrac{\partial s}{\partial \beta}$ 和 $\left(C_\beta\right)_\beta = \dfrac{\partial C_\beta}{\partial \beta}$]。

定义中间变量

$$s_0 = 1 - \frac{c^2}{\beta^2} \qquad (B1)$$

对于 $\dfrac{\partial \overline{\boldsymbol{T}}_m^*}{\partial c}$:

$$s_0' = -2\frac{c}{\beta^2} \qquad (B2)$$

$$s' = \frac{0.5 s_0'}{s} \qquad (B3)$$

$$C_\beta' = S_\beta kh\left(s' - \frac{s}{c}\right) \qquad (B4)$$

$$S_\beta' = C_\beta kh\left(s' - \frac{s}{c}\right) \qquad (B5)$$

$$\frac{\partial \overline{\boldsymbol{T}}_m^*}{\partial c} = \begin{bmatrix} C_\beta' & \dfrac{S_\beta' s - S_\beta s'}{\mu s^2} \\ \mu\left(s' S_\beta + s S_\beta'\right) & C_\beta' \end{bmatrix} \qquad (B6)$$

对于 $\dfrac{\partial \overline{V}_{n+1}^*}{\partial c}$:

$$\frac{\partial \overline{V}_{n+1}^*}{\partial c} = \begin{bmatrix} 0 & s'\mu \end{bmatrix}^T \qquad (B7)$$

对于 $\dfrac{\partial \overline{\boldsymbol{T}}_m^*}{\partial \beta}$:

$$\left(s_0\right)_\beta = 2\frac{c^2}{\beta^3} \qquad (B8)$$

$$\mu_\beta = 2\rho\beta \qquad (B9)$$

$$s_\beta = \frac{0.5\left(s_0\right)_\beta}{s} \qquad (B10)$$

$$\left(C_\beta\right)_\beta = kh S_\beta s_\beta, \quad \left(S_\beta\right)_\beta = kh C_\beta s_\beta \qquad (B11)$$

$$\frac{\partial \bar{T}_m^*}{\partial \beta} = \begin{bmatrix} \left(C_\beta\right)_\beta & -\frac{\mu_\beta S_\beta}{\mu^2 s} + \frac{\left(S_\beta\right)_\beta s - S_\beta s_\beta}{\mu s^2} \\ \mu_\beta s S_\beta + \mu\left(s_\beta S_\beta + s\left(S_\beta\right)_\beta\right) & \left(C_\beta\right)_\beta \end{bmatrix} \qquad (B12)$$

对于 $\dfrac{\partial \bar{V}_{n+1}^*}{\partial \beta}$:

$$\frac{\partial \bar{V}_{n+1}^*}{\partial \beta} = \begin{bmatrix} 0 & \mu_\beta s + \mu s_\beta \end{bmatrix}^T \qquad (B13)$$

对于 $\dfrac{\partial \bar{T}_m^*}{\partial \rho}$:

$$\mu_\rho = \beta^2 \qquad (B14)$$

$$\frac{\partial \bar{T}_m^*}{\partial \rho} = \begin{bmatrix} 0 & -\frac{\mu_\rho S_\beta}{\mu^2 s} \\ \mu_\rho s S_\beta & 0 \end{bmatrix} \qquad (B15)$$

对于 $\dfrac{\partial \bar{V}_{n+1}^*}{\partial \rho}$:

$$\frac{\partial \bar{V}_{n+1}^*}{\partial \rho} = \begin{bmatrix} 0 & \mu_\rho s \end{bmatrix}^T \qquad (B16)$$

对于 $\dfrac{\partial \bar{T}_m^*}{\partial h}$:

$$\left(C_\beta\right)_h = S_\beta k s, \quad \left(S_\beta\right)_h = C_\beta k s \qquad (B17)$$

$$\frac{\partial \bar{T}_m^*}{\partial h} = \begin{bmatrix} \left(C_\beta\right)_h & \frac{\left(S_\beta\right)_h}{\mu s} \\ \mu s\left(S_\beta\right)_h & \left(C_\beta\right)_h \end{bmatrix} \qquad (B18)$$

附录 C

双撇号表示对勒夫波相速度的二阶偏导。

$$s_0'' = \frac{-2}{\beta^2} \qquad (C1)$$

$$s'' = \frac{\left[0.5 s_0'' - \left(s'\right)^2\right]}{s} \qquad (C2)$$

$$C_\beta'' = kh\left\{\left(S_\beta' - \frac{S_\beta}{c}\right)\left(s' - \frac{s}{c}\right) + S_\beta\left[s'' - \left(s' - \frac{s}{c}\right)\frac{1}{c}\right]\right\} \quad (\text{C3})$$

$$S_\beta'' = kh\left\{\left(C_\beta' - \frac{C_\beta}{c}\right)\left(s' - \frac{s}{c}\right) + C_\beta\left[s'' - \left(s' - \frac{s}{c}\right)\frac{1}{c}\right]\right\} \quad (\text{C4})$$

对于 $\dfrac{\partial^2 \bar{\boldsymbol{T}}_m^*}{\partial c^2}$:

$$y = S_\beta' s - S_\beta s' \quad (\text{C5})$$

$$y' = S_\beta'' s - S_\beta s'' \quad (\text{C6})$$

$$\frac{\partial^2 \bar{\boldsymbol{T}}_m^*}{\partial c^2} = \begin{bmatrix} C_\beta'' & \dfrac{y's^2 - 2yss'}{\mu s^4} \\ \mu\left(s''S_\beta + 2s'S_\beta' + sS_\beta''\right) & C_\beta'' \end{bmatrix} \quad (\text{C7})$$

对于 $\dfrac{\partial^2 \bar{V}_{n+1}^*}{\partial c^2}$:

$$\frac{\partial^2 \bar{V}_{n+1}^*}{\partial c^2} = \begin{bmatrix} 0 & s''\mu \end{bmatrix}^T \quad (\text{C8})$$

附录 D

表 D1　计算矩阵 $\bar{\boldsymbol{T}}_m^*$ 和其偏导的 MATLAB*.m 文件

功能	勒夫波	瑞雷波
$\bar{\boldsymbol{T}}_m^*$	get_T_love.m	get_T.m
$\dfrac{\partial \bar{\boldsymbol{T}}_m^*}{\partial \alpha}$		get_dTda.m
$\dfrac{\partial \bar{\boldsymbol{T}}_m^*}{\partial \beta}$	get_dTdb_love.m	get_dTdb.m
$\dfrac{\partial^2 \bar{\boldsymbol{T}}_m^*}{\partial \beta \partial c}$	get_dTdbc_love.m	
$\dfrac{\partial^2 \bar{\boldsymbol{T}}_m^*}{\partial \beta \partial \omega}$	get_dTdbw_love.m	
$\dfrac{\partial \bar{\boldsymbol{T}}_m^*}{\partial c}$	get_dTdc_love.m	get_dTdc.m

功能	勒夫波	瑞雷波
$\dfrac{\partial \bar{T}_m^*}{\partial c^2}$	get_dTdcc_love.m	
$\dfrac{\partial \bar{T}_m^*}{\partial \omega}$	get_dTdw_love.m	get_dTdw.m
$\dfrac{\partial^2 \bar{T}_m^*}{\partial \omega \partial c}$	get_dTdwc_love.m	
$\dfrac{\partial \bar{T}_m^*}{\partial h}$	get_dTdh_love.m	get_dTdh.m
$\dfrac{\partial^2 \bar{T}_m^*}{\partial h \partial c}$	get_dTdhc_love.m	
$\dfrac{\partial^2 \bar{T}_m^*}{\partial h \partial \omega}$	get_dTdhw_love.m	
$\dfrac{\partial \bar{T}_m^*}{\partial \rho}$	get_dTdrho_love.m	get_dTdrho.m
$\dfrac{\partial^2 \bar{T}_m^*}{\partial \rho \partial c}$	get_dTdrhoc_love.m	
$\dfrac{\partial^2 \bar{T}_m^*}{\partial \rho \partial \omega}$	get_dTdrhow_love.m	

表 D2　计算频散函数 F 和其偏导的 MATLAB*.m 文件

Role	Love waves	Rayleigh waves
F	reduced_delta_love.m	reduced_delta.m
$\dfrac{\partial F}{\partial \alpha}$		reduced_delta_dfda.m
$\dfrac{\partial F}{\partial \beta}$	reduced_delta_love_dfdb.m	reduced_delta_dfdb.m
$\dfrac{\partial^2 F}{\partial \beta \partial c}$	reduced_delta_love_dfdbc.m	
$\dfrac{\partial^2 F}{\partial \beta \partial \omega}$	reduced_delta_love_dfdbw.m	
$\dfrac{\partial F}{\partial c}$	reduced_delta_love_dfdc.m	reduced_delta_dfdc.m
$\dfrac{\partial^2 F}{\partial c^2}$	reduced_delta_love_dfdcc.m	

Role	Love waves	Rayleigh waves
$\dfrac{\partial F}{\partial h}$	reduced_delta_love_dfdh.m	reduced_delta_dfdh.m
$\dfrac{\partial^2 F}{\partial h \partial c}$	reduced_delta_love_dfdhc.m	
$\dfrac{\partial^2 F}{\partial h \partial \omega}$	reduced_delta_love_dfdhw.m	
$\dfrac{\partial F}{\partial \rho}$	reduced_delta_love_dfdrho.m	reduced_delta_dfdrho.m
$\dfrac{\partial^2 F}{\partial \rho \partial c}$	reduced_delta_love_dfdrhoc.m	
$\dfrac{\partial^2 F}{\partial \rho \partial \omega}$	reduced_delta_love_dfdrhow.m	
$\dfrac{\partial F}{\partial \omega}$	reduced_delta_love_dfdw.m	reduced_delta_dfdw.m
$\dfrac{\partial^2 F}{\partial \omega \partial c}$	reduced_delta_love_dfdwc.m	

参 考 文 献

[1] Xia J, Miller R D, Park C B. Estimation of near-surface shear-wave velocity by inversion of Rayleigh waves [J]. Geophysics. 1999, 64, 691–700.

[2] Socco L V, Foti S, Boiero D. Surface-wave analysis for building near surface velocity models—established approaches and new perspectives [J]. Geophysics. 2010, 75, 83–102.

[3] Yamanaka H, Ishida H. Application of genetic algorithms to an inversion of surface wave dispersion data [J]. Bull. Seism. Soc. Am. 1996, 86, 436–444.

[4] Beaty K S, Schmitt D R, Sacchi M. Simulated annealing inversion of multimode Rayleigh wave dispersion curves for geological structure [J]. Geophys. J. Int. 2002, 151, 622–631.

[5] Wilken D, Rabbel W. On the application of particle swarm optimization strategies on Scholte-wave inversion [J]. Geophys. J. Int. 2012, 190, 580–594.

[6] Lai C G, Rix G J. Simultaneous inversion of Rayleigh phase velocity and attenuation for near surface characterization. Research Report. 1998, Georgia Institute of Technology, Atlanta. Available online: https://pdfs.semanticscholar.org/7a5c/8eb282face291b1437dabb8d46c3f6874d6c.pdf (accessed on 28th July, 2019).

[7] Wu D S, Wang X W, Su Q, et al. Simultaneous inversion of shear wave velocity and layer thickness by surface-wave dispersion curves [M]. In Proceedings of the 81st EAGE Conference & Exhibition, London, UK, 3–6 June 2019.

[8] Thomson W T. Transmission of elastic waves through a stratified solid medium [J] . J. Appl. Phys. 1950, 21, 89–93.

[9] Haskell N A. Dispersion of surface waves on multilayered media [J] . Bull. Seism. Soc. Am. 1953, 43, 17–34.

[10] Press F, Harkrider D, Seafeldt C A. A fast, convenient program for computation of surface–wave dispersion curves in multilayered media [J] . Bull. Seism. Soc. Am. 1961, 51, 495–502.

[11] Knopoff, L. A matrix method for elastic wave problems [J] . Bull. Seism. Soc. Am. 1964, 54, 431–438.

[12] Thrower E N. The computation of the dispersion of elastic waves in layered media [J] . J. Sound Vib. 1965, 2, 210–226.

[13] Dunkin J W. Computation of modal solutions in layered, elastic media at high frequencies [J] . Bull. Seism. Soc. Am. 1965, 55, 335–358.

[14] Watson T H. A note on fast computation of Rayleigh wave dispersion in the multilayered elastic half–space [J] . Bull. Seism. Soc. Am. 1970, 60, 161–166.

[15] Schwab F, Knopoff L. Surface–wave dispersion computations [J] . Bull. Seism. Soc. Am. 1970, 60, 321–344.

[16] Schwab F. Surface–wave dispersion computations : Knopoff's method [J] . Bull. Seism. Soc. Am. 1970, 60, 1491–1520.

[17] Kennett B L N, Kerry N J. Seismic waves in a stratified halfspace [J] . Geophy. J. R. astr. Soc. 1979, 57, 557–583.

[18] Hisada Y. An efficient method for computing Green's functions for a layered half–space with sources and receivers at close depths [J] . Bull. Seism. Soc. Am. 1994, 84, 1456–1472.

[19] Chen, X. A systematic and efficient method of computing normal modes for multilayered half–space [J] . Geophys. J. Int. 1993, 115, 391–409.

[20] Abo–Zena A. Dispersion function computations for unlimited frequency values [J] . Geophy. J. R. astr. Soc. 1979, 58, 91–105.

[21] Kausel E, Roësset J M. Stiffness matrices for layered soils [J] . Bull. Seism. Soc. Am. 1981, 71, 1743–1761.

[22] Kumar J, Naskar T. A fast and accurate method to compute dispersion spectra for layered media using a modified Kausel–Roësset stiffness matrix approach [J] . Soil. Dyn. Earthq. Eng. 2017, 92, 176–182.

[23] Buchen P W, Ben–Hador R. Free–mode surface–wave computations [J] . Geophys. J. Int. 1996, 124, 869–887.

[24] Jeffreys H. Small corrections in the theory of surface waves [J] . Geophys. J. Roy. Astron. Soc. 1961, 6, 115–117.

[25] Takeuchi H, Saito M. Study of shear velocity distribution in the upper mantle by mantle Rayleigh and Love waves [J] . J. Geophys. Res. 1962, 67, 2831–2839.

[26] Takeuchi H, Dorman J. Paritial derivatives of surface wave phase velocity with respect to physical parameter changes within the Earth [J] . J. Geophys. Res. 1964, 69, 3429–3441.

[27] Anderson D L. Universal dispersion tables, 1, Love waves across oceans and continents on a spherical

earth [J] . Bull. Seism. Soc. Am. 1964, 54, 681–726.

[28] Harkrider D G. The perturbation of Love wave spectra [J] . Bull. Seism. Soc. Am. 1968, 58, 861–880.

[29] Aki K, Richards P G. Quantitative Seismology, 2nd ed [M] . University Science Books : Sausalito, CA, United States, 2002.

[30] Novotný O. Partial derivatives of dispersion curves of Love waves in a layered medium [J] . Studia geoph. et geod. 1970, 14, 36–50.

[31] Novotný O. Partial derivatives of dispersion curves of Love waves in a single–layered medium [J] . Studia geoph. et geod. 1971, 15, 24–35.

[32] Novotný O, Mufti I, Vicentini A G. Analytical partial derivatives of the phase– and group velocities for Rayleigh waves propagating in a layer on a half–space [J] . Stud. Geophy. Geod. 2005, 49, 305–321.

[33] Urban L, Cichowicz A, Vaccari F. Computation of analytical partial derivatives of phase and group velocities for Rayleigh waves with respect to structural parameters [J] . Studia geoph. et geod. 1993, 37, 14–36.

[34] Cercato M. Sensitivity of Rayleigh wave ellipticity and implications for surface wave inversion [J] . Geophys. J. Int. 2018, 213, 489–510.

[35] Cercato M. Computation of partial derivatives of Rayleigh–wave phase velocity using second–order subdeterminants [J] . Geophys. J. Int. 2007, 170, 217–238.

[36] Rodi W L, Glover P, Li T M C, Alexander, S S. A fast, accurate method for computing group-velocity partial derivatives for Rayleigh and Love modes [J] . Bull. Seism. Soc. Am. 1975, 65, 1105–1114.

新增强边界的聚焦稳定器在位场正则化反演

赵崇进 于 鹏 张罗磊

（同济大学海洋地质国家重点实验室）

摘 要： 为解决地球物理反问题的不稳定性与多解性，Tikhonov 正则化思想已被广泛的应用。Zhdanov 在其正则化思想下提出共轭梯度的迭代方法，讨论了不同稳定器的作用，并应用到不同的地球物理数据中，如最小模型稳定器、最小支撑和最小梯度支撑稳定器。对比不同稳定器的反演效果，聚焦反演能更好地反映地下异常体的位置和物性分界面。但是在聚焦反演中最小支撑和最小梯度支撑稳定器中聚焦因子的选择好坏会直接影响反演的效果，但是目前并没有较好的方式选择聚焦因子。故本文希望在达到聚焦结果的前提下，回避对聚焦因子的选择，提出了一种新的聚焦稳定器，并将该稳定器应用到重磁模型的实验中，得到与 Zhdanov 的模型实验相同的效果。本文的流程适用于重力异常数据和磁异常化极数据，并进行了模型实验。

关键词： 正则化反演；最小支撑；最小梯度支撑；稳定器；聚焦反演；位场反演

1 简介

地球物理反演可以定量得到地下的物性分布情况，是地球物理解释的重要工具之一。而位场的反演也从过去的定性解释到现在的定量反演解释，人们越来越重视位场的反演方法研究。但是在位场反演中解的非唯一性和不稳定性一直是重要的问题。Tikhonov 正则化思想为上面的问题提供了思路。Tikhonov 正则化思想认为目标函数包含数据拟合泛函和模型稳定泛函（稳定器）两个方面。不同稳定器决定了各种不同的反演方法。最初的稳定器是基于最小二乘准则（二范数）来描述模型的稳定器；Li 等[1-2]将最大光滑（Maximum Smooth）反演应用于三维重磁反演中，并加入了深度加权因子使反演结果不会趋于表面；Rudin 等[3]和 Vogel 等[4]提出了全变分（Total Variational，TV）稳定器虽然可以得到一个较为聚焦的结果，但不能较好地反映异常体的位置；Last 等[5]最先提出了最小支撑（Minimum Support，MS）的稳定泛函并将其应用到重力反演中；Barbosa 和 Silva 使用先验信息作为对异常源的约束进行聚焦反演，在模型实验和实际资料都得到很好的结果；后来 Portniaguine 等[6]提出了基于最小梯度支撑稳定器的聚焦反演并应用于重磁二维反演中，得到清晰且聚焦的反演结果。Zhdanov 等[7]将聚焦反演应用于重磁数据中有较好的效果，将聚焦反演方法应用重力与电磁（EM）的三维数据当中，得到尖锐的边界。Zhang 等[8-10]

基金项目：国家自然科学基金（41506053）；国家重点科技攻关项目（2016ZX05004–003）；国家自然科学基金面上项目（2016YF060110401）；技术专项项目（2016ZX05027008）

将最小梯度支撑（Minimum Gradient Support，MGS）稳定器应用于二维和三维 MT 反演中得到尖锐的电性分边界。

但是在聚焦反演中的最小支撑、最小梯度支撑稳定器存在小值 ε 的选择问题，而 ε 的选择直接影响反演结果的聚焦效果。故本文提出了一个新的聚焦稳定器，回避对 ε 的选择并得到聚焦的反演结果。

2 一般正则化反演及稳定器

由于地球物理反演通常是不适定的，为了减小解的非唯一性和提高解的稳定性，通常引入 Tikhonov 正则化思想，目标函数由两大部分组成：第一部分为数据拟合泛函，第二部分为模型稳定泛函，其形式为：

$$P(m)^{\alpha} = \phi(m) + \alpha S(m) = \left[A(m) - d, A(m) - d \right] + \alpha \left[W_m S(m), W_m S(m) \right] \tag{1}$$

其中，$P(m)^{\alpha}$ 为目标泛函；$\phi(m)$ 为数据拟合泛函；$S(m)$ 为模型稳定泛函也成为稳定器；α 为正则化因子；m 为模型参数；A 为正演算子；W_m 为综合灵敏度矩阵，$W_m = \text{diag}(A^T A)^{1/2}$

不同的稳定器可以获得不同的反演结果：

（1）最小模型稳定泛函（MM）：

$$S_{MM}(m) = \sum_{j=1}^{N_m} (m_j - m_j^{apr})^2 \tag{2}$$

（2）最大光滑稳定泛函（$\max sm$）：

$$S_{\max sm}(m) = \sum_{j=1}^{N_m} \nabla m_j \cdot \nabla m_j \tag{3}$$

（3）总变分稳定泛函（TV）：

$$S_{TV}(m) = \sum_{j=1}^{N_m} |\nabla m| \tag{4}$$

（4）最小支撑稳定泛函：该泛函可以快速地支撑出模型的非零区域并聚焦，得到一个很好的聚焦结果。

$$S_{MS}(m) = \sum_{j=1}^{N_m} \frac{(m_j - m_j^{apr})^2}{(m_j - m_j^{apr})^2 + \varepsilon^2} \tag{5}$$

其中，ε 为聚焦因子。如果 ε 不合适，那么就不能得到聚焦的反演结果，ε 太小会使反演结构不稳定，而 ε 太大则得到与最小模型稳定泛函类似的结果，Zhdanov 采样选取一系列的聚焦因子，将他们应用于模型 m_0 的聚焦反演，得到一条纵轴为模型误差泛函横轴为聚焦因子的曲线，取该曲线斜率最大的地方，即为最优的聚焦因子的值[11]。这种方式

大大的增加了反演的复杂性与不确定性

（5）最小梯度支撑稳定泛函：

$$S_{MGS}(m) = \sum_{j=1}^{N_m} \frac{\nabla m_j \nabla m_j}{\nabla m_j \nabla m_j + \varepsilon^2} \qquad （6）$$

其中，ε 为聚焦因子。从该稳定泛函的表达形式，可以发现 MGS 稳定泛函需要计算模型的梯度，即模型沿空间不同方向的导数，从而会增加反演的复杂性。

（6）指数稳定泛函

$$S_{\exp mm}(m) = \sum_{j=1}^{N_m} \exp(|m_j|^2) \qquad （7）$$

3 新的稳定器及相关正则反演

3.1 新指数稳定器

前面介绍了在重磁正则化反演中不同稳定泛函的作用，发现选择不同的聚焦因子的值对聚焦（MS 和 MGS）反演的结果影响很大，而且对合适聚焦因子的选取和模型空间的梯度计算都会增加反演的复杂性。故这一节我们提出一种新型的指数稳定泛函，并对不同模型进行试验，证明其有效性。

基于指数的变化性质，提出的新稳定泛函的形式为

$$S(m) = \sum_{j=1}^{N_m} \left(1 - e^{-\left|m_j - m_j^{apr}\right|}\right) = \sum_{j=1}^{N_m} \left[f(m_j) \right] \qquad （8）$$

已知 $|m(r) - m(r)^{apr}|$ 恒大于 0，因为 $-|m(r) - m(r)^{apr}|$ 恒小于 0，故 $1 - e^{-|m(r) - m(r)apr|}$ 在一个非负函数。

将该稳定泛函随模型参数 m 的变化曲线和聚焦稳定反演 MS（聚焦因子为 0.1 和 1）随模型参数 m 的变化曲线画出来（图 1）。可以发现新稳定泛函在随着模型参数 m 增大时，可以迅速地趋于 1，和 MS 具有相同的变化趋势，所以该稳定泛函同样具有尖锐边界的作用。

为了进一步说明新稳定泛函具有较好的聚焦作用，设计了如下的一个模型函数：

$$m(x) = \begin{cases} 0, 0 \leqslant x < 2 \\ \dfrac{1}{2}\left[\sin\left(\dfrac{x - 2dx}{2dx}\pi - \dfrac{\pi}{2}\right) + 1 \right], 2 \leqslant x \leqslant 4 \\ 1, 4 < x < 6 \\ \dfrac{1}{2}\left[\sin\left(\dfrac{x - 4dx}{2dx}\pi - \dfrac{3\pi}{2}\right) + 1 \right], 6 \leqslant x \leqslant 8 \\ 0, 8 < x \leqslant 10 \end{cases} \qquad （9）$$

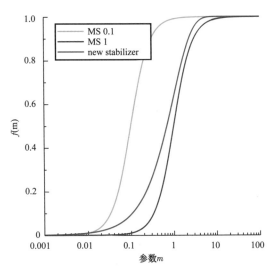

图 1 稳定泛函随模型参数的变化曲线

［红线为新稳定泛函、蓝线为 MS（$\varepsilon=1$）、青色线为 MS（$\varepsilon=0.1$）］

这里 x 可以认为是深度，该函数为物性随深度的变化关系，$dx=0.1$，先验模型为 0。计算不同的稳定泛函在该函数下的形态，如图 2 所示，可以发现 TV、MS、MGS 和新稳定泛函均可以较快地支撑出模型边界，而 MM、$\max sm$ 在边界位置变化较为平滑。

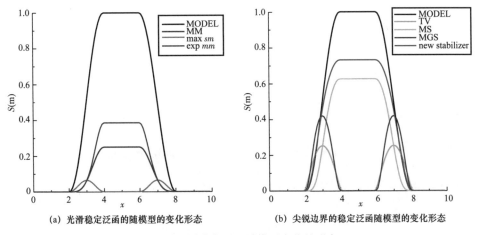

(a) 光滑稳定泛函的随模型的变化形态   (b) 尖锐边界的稳定泛函随模型的变化形态

图 2 不同稳定泛函随模型变化的形态

3.2 新聚焦稳定器的共轭梯度正则化反演

将新稳定泛函加入目标函数中，得到如下形式：

$$P\left(m\right)^{\alpha} = \sum_{i=1}^{N}\left[W_{d,i}\cdot\left(d_i^{cal}-d_i^{obs}\right)\right]^2 + \alpha\sum_{j=1}^{N_m}W_{m,j}^2\cdot\left(1-\mathrm{e}^{-\left|m_j-m_j^{apr}\right|}\right) \qquad （10）$$

其中，$W_d=\mathrm{diag}$（$1/\mathrm{error}_i$），error_i 为第 i 个测点的误差，$W_m=\mathrm{diag}\left[W_m\right]$，$W_m=\mathrm{diag}\left(A^TA\right)^{1/2}$。对新稳定泛函求偏导：

$$\delta P(m)^{\alpha} = 2\sum_{i=1}^{N}\left[w_{d,i}^2 \cdot \left(A_i(m) - d_i^{obs}\right)\right]\delta A_i(m) + \alpha w_m^2 e^{-\left|m_j - m_j^{apr}\right|}\delta m \tag{11}$$

带入到目标函数的偏导中，有：

$$\delta P(m)^{\alpha} = 2\left[\delta A(m), W_d^2\left(A(m) - d\right)\right]_M + \alpha\left(\delta m, W_m^2 D\right)_M \tag{12}$$

二维重力异常的算子为：

$$g_z(x_i, 0) = 2G\sum_{j=1}^{N_m}\rho_j \iint_{\Gamma_j}\frac{z}{(x - x_i)^2 + z^2}\mathrm{d}s \approx \sum_{j=1}^{N_m}a_{ij}^g\rho_j \tag{13}$$

这里 G 是重力常数，A 为一个线性算子，其元素的表达式为：

$$a_{ij}^g = 2G\frac{z_j\mathrm{d}x\mathrm{d}z}{(x_j - x_i)^2 + z_j^2} \tag{14}$$

二维垂直磁化可以从三维公式中简化而来：

$$z_a(x_i, 0) = \frac{\mu_0}{2\pi}\sum_{j=1}^{N_m}I_j\iint_{\Gamma_j}\cdot\left[\frac{2\cdot z^2}{\left[(x - x_i)^2 - z^2\right]^2} - \frac{1}{(x - x_i)^2 - z^2}\right]\mathrm{d}s \approx \sum_{j=1}^{N_m}a_{ij}^m\chi_j \tag{15}$$

其正演算子可以表示为：

$$a_{ij} = \frac{\mu_0 I_j}{2\pi}\left(\frac{2z_j}{((x_j - x_i)^2 - z_j^2)^2} - \frac{1}{(x_j - x_i)^2 - z_j^2}\right) \tag{16}$$

进而我们可以获得：

$$\delta P(m)^{\alpha} = 2\left[\delta m, A^*W_d^2(Am - d)\right]_M + \alpha(\delta m, W_m^2 D)_M \tag{17}$$

为让目标函数达到最小即使目标函数的梯度为零，可得到

$$A^*W_d^2(Am - d)_M + \frac{\alpha}{2}W_m^2 D = 0 \tag{18}$$

我们选取如下：

$$\delta m = kl(m) \tag{19}$$

设模型修正的梯度方向为

$$l(m) = A^*W_d^2(Am - d) + \frac{\alpha}{2}W_m^2 D \tag{20}$$

可利用共轭梯度的迭代流程[6]实现正则化反演的优化，具体流程如下：

$$r_n = Am_n - d, l_n^\alpha = l^\alpha(m_n) = A^*W_d^2(Am_n - d) + \frac{\alpha}{2}W_m^2 D_n \quad (21)$$

$$\beta_n^\alpha = (l_n^\alpha, l_n^\alpha) / (l_{n-1}^\alpha, l_{n-1}^\alpha), \tilde{l}_n^\alpha = l_n^\alpha + \beta_n^\alpha \tilde{l}_{n-1}^\alpha, \tilde{l}_0^\alpha = l_0^\alpha \quad (22)$$

$$k_n^\alpha = (\tilde{l}_n^\alpha, l_n^\alpha) / \{(W_d A\tilde{l}_n^\alpha, W_d A\tilde{l}_n^\alpha) + \alpha(W\tilde{l}_n^\alpha, W\tilde{l}_n^\alpha)\} \quad (23)$$

$$m_{n+1} = m_n - k_n^\alpha \tilde{l}_n^\alpha \quad (24)$$

其中，r_n 为数据残差；β 为共轭系数；k_n 为步长。

对于该迭代正则化反演流程，将以下原则作为反演的停止条件：

（1）误差达到 1 时停止反演，其误差的计算方式如下：

$$RMS = \sqrt{\frac{\sum_{i=1}^{N}\left(\frac{d_i^{cal} - d_i^{obs}}{error_i}\right)^2}{N}} \quad (25)$$

其中，d^{cal} 为计算数据；d^{obs} 为观测数据；d^{noise} 为噪声；N 为数据总个数；E_{rms} 为误差；

（2）迭代次数达到最大时停止反演。

3.3 正则化因子的选取

正则化因子是用于平衡数据误差泛函和模型稳定反演，如果正则化因子过大，反演结果非常接近先验模型[12]；如果正则化因子太小，那么数据中的噪声可能对反演结果造成很大的影响，使得反演结果不稳定。因此如何选择一个合适的正则化因子一直是正则化反演的讨论主题之一[13]。

对于定值正则化因子的选取，前人已经有了很多的研究：比如，采用无偏风险估计预测方法（UPRE）[14, 15]，由于该方法需要已知数据的噪声方差，限制了其使用；广义交叉验证（GCV），该方法不用对数据方差进行估计[16-18]；另外一种比较常见的正则化因子选取方式为 L 曲线[19-20]。L 曲线为通过采样正则化因子的值得到的所有数据误差和模型误差取对数做成的一个曲线图，由于不同的正则化因子得到的数据误差和模型误差形成的曲线类似"L"，所以被称为 L 曲线法，而最优的正则化因子即处于"L"曲线的拐点处。

图 3 为模型 I 使用不同正则化因子的最小模型反演所产生的 L 曲线：取正则化因子为 10^{-2}、$10^{-1.8}$、$10^{-1.6}$、…、10^3 来做出的一条 L 曲线，

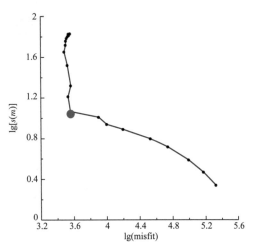

图 3 模型 I 最小模型反演的 L– 曲线

我们发现其拐点（红点所示）为 $\alpha = 10^{1.2}$，故认为该模型试验中的较为合适的正则化因子为 $10^{1.2}$。

4 模型实验

基于本文提出的新聚焦稳定泛函，并将其引入到共轭梯度的流程中，接下来对不同的重、磁模型进行试验，以证明新稳定泛函的优势及其稳定性。

为了测试新聚焦泛函的稳定性和适用性，首先对重力方法进行测试，设计了不同的模型。在模型 Ⅰ、Ⅱ、Ⅲ、Ⅳ中，目标区域为 10km×2.5km（横向为 10km，纵向为 2.5km），网格个数为 100×25，横纵向网格间距相同均为 100m。在重力的模型试验中先验模型均为 0g/cm³ 的无限半空间（图 4）。

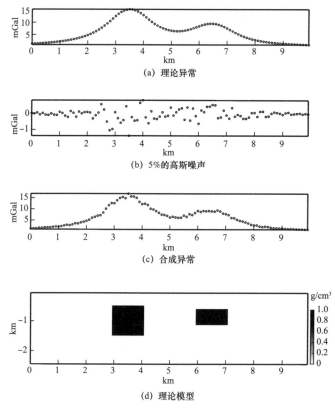

(a) 理论异常

(b) 5%的高斯噪声

(c) 合成异常

(d) 理论模型

图 4　模拟实验四种模型

4.1　模型Ⅰ

光滑的稳定泛函：最小模型（*MM*）、最大光滑（max*sm*）、指数模型（exp*mm*）在反演中依然可以得到一个光滑的反演结果。尖锐边界稳定泛函：总变分（*TV*）、最小支撑 [*MS*, ($\varepsilon = 0.1$)]、最小梯度支撑（*MGS*）、新稳定泛函可以在重力反演中得到一个尖锐边界的反演结果，但是从图 5h 和图 6d 可以发现总变分反演结果在表面有许多异常点；从图 5j 和图 6e 中发现最小支撑（*MS*）的反演结果有纵向被拉长了；从图 5n 和图 6g 中发现

MGS效果较好，但是背景会产生一些小异常；从图5l和图6f可以发现新稳定泛函的反演结果最为理想。对比表1中的模型差的 *RMS*，可以发现新稳定泛函的模型差 *RMS* 最小（为0.11），故在模型Ⅰ的对比试验，新稳定泛函得到的反演结果最好。

$$RMS(m) = \sqrt{\frac{\sum_{j=1}^{N_m}(m_j^{\text{model}} - m_j^{inv})^2}{N}} \qquad (26)$$

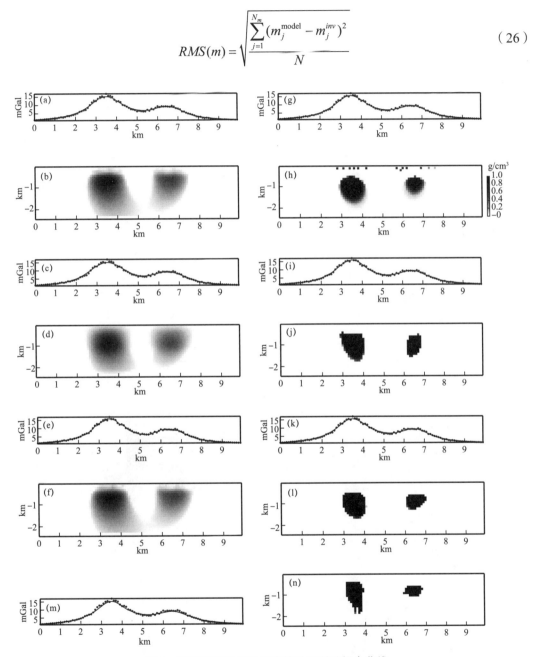

图 5　不同稳定泛函的反演结果及误差拟合曲线

（点为合成重力异常，线为计算重力异常，没有特殊说明，下同）

（a，b）*MM* 稳定泛函；（c，d）max*sm* 稳定泛函；（e，f）exp*mm* 稳定泛函；（g，h）*TV* 稳定泛函；（i，j）*MS*（ε=0.1）模型稳定泛函；（k，l）新稳定泛函；（m，n）*MGS* 模型稳定泛函

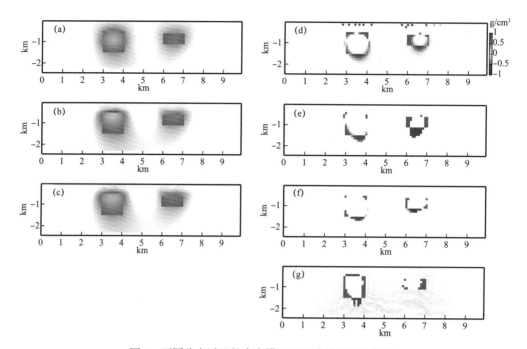

图 6　不同稳定泛函的真实模型和反演结果的差值图

（a）MM稳定泛函；（b）maxsm 稳定泛函；（c）expmm 稳定泛函；（d）TV 稳定泛函；
（e）MS（ε=0.1）稳定泛函；（f）新稳定泛函；（e）MGS 稳定泛函；

表 1　不同稳定泛函的数据拟合误差的 RMS 和模型差值的 RMS

稳定泛函	Data RMS	Model recovery RMS
MM	1.01	0.16
maxsm	1.01	0.16
expmm	1.01	0.16
TV	1.01	0.14
MS	1.01	0.16
MGS	1.01	0.20
新型指数稳定泛函	1.01	0.11

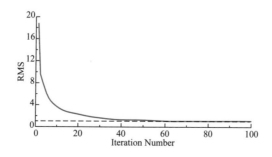

图 7　新稳定泛函的数据拟合 RMS 的收敛情况

4.2 模型Ⅱ

在模型Ⅰ的试验中，MS选取的聚焦因子为0.1，根据前人经验，不同的聚焦因子得到的反演结果了并不相同，这里为了说明不同的聚焦因子的影响，设计了模型Ⅱ。模型Ⅱ也是一个双块体的模型，其结构和模型Ⅰ完全相同，但物性不同，取两个异常体的物性为0.1g/cm³，背景密度为0g/cm³。

这里选取3个不同数量级的因子：$\varepsilon=0.001$、$\varepsilon=0.01$、$\varepsilon=0.1$。图8b为$\varepsilon=0.1$的最小支撑反演结果，在模型Ⅰ试验中的聚焦因子$\varepsilon=0.1$，但是模型Ⅱ试验的反演结果却是一个光滑的解。图8d为$\varepsilon=0.01$的最小支撑反演结果，其结果为一个尖锐边界的结果，结构上与模型Ⅰ试验中的$\varepsilon=0.1$反演结果类似。图8f为$\varepsilon=0.001$的最小支撑反演结果，其结果已经不稳定。图8h为新稳定泛函的反演结果，与模型Ⅰ试验中的新聚焦稳定泛函结果相似。图9为不同反演结果的模型还原度图。表2模型Ⅱ试验的数据泛函的*RMS*和模型还原度的RMS。

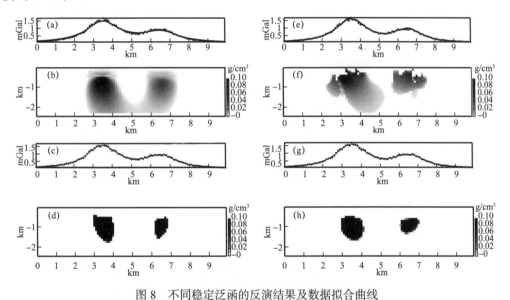

图8　不同稳定泛函的反演结果及数据拟合曲线

（a，b）MS稳定泛函$\varepsilon=0.1$；（c，d）MS稳定泛函$\varepsilon=0.01$；（e，f）MS稳定泛函$\varepsilon=0.001$；（g，h）新稳定泛函

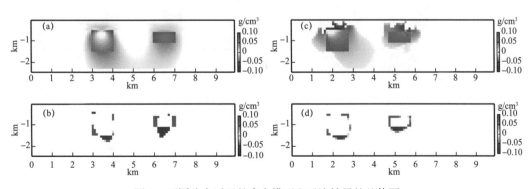

图9　不同稳定泛函的真实模型和反演结果的差值图

（a）MS稳定泛函（$\varepsilon=0.1$）；（b）MS稳定泛函（$\varepsilon=0.01$）；（c）MS稳定泛函（$\varepsilon=0.001$）；（d）新稳定泛函

表2 不同稳定泛函的数据拟合误差的 *RMS* 和模型差值的 *RMS*

稳定泛函	Data *RMS*	Model recovery
MS（$\varepsilon=0.1$）	1.01	0.016
MS（$\varepsilon=0.01$）	1.01	0.016
MS（$\varepsilon=0.001$）	1.01	0.020
新稳定泛函	1.01	0.013

在模型Ⅱ的最小支撑反演中，当 $\varepsilon=0.01$ 时可以得到一个尖锐边界的反演结果，和模型Ⅰ试验中 $\varepsilon=0.1$ 的最小支撑反演结果的结构类似；当 $\varepsilon=0.1$ 时的最小支撑反演结果与光滑反演结果相似；当 $\varepsilon=0.001$ 时，即该聚焦因子远远小于异常体本身物性时，反演结果不稳定，结果较为杂乱。而新稳定泛函反演可以得到一个较好且稳定的反演结果，同时避免了聚焦因子的选取。

4.3 模型Ⅲ和模型Ⅳ

以上的模型试验的物性参数均为正，只能说明新稳定泛函在正物性反演中有较好的作用。为了说明本论文提出的新稳定泛函具有普适性，进行了如下模型试验。模型Ⅲ和模型Ⅳ的结构和模型Ⅰ一样，但是物性为一正一负。模型Ⅲ中，左边块体的物性为 1g/cm³，右边块体的物性为 –1g/cm³。模型Ⅳ与模型Ⅲ正好相反：左边块体的物性为 –1g/cm³，右边块体的物性为 1g/cm³，如图 2.2.9a 和 2.2.9b 所示：

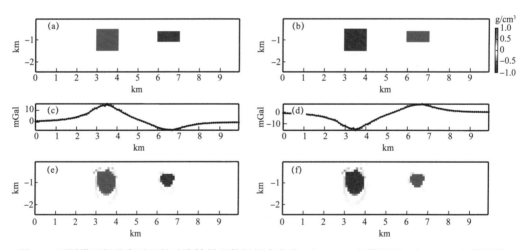

图10 不同模型新稳定泛函的反演结果及数据拟合曲线：（a、c、e）模型Ⅲ；（b、d、f）模型Ⅳ

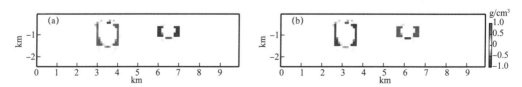

图11 不同模型反演结果的差值图：（a）模型Ⅲ；（b）模型Ⅳ

从图 10e、图 10f、图 11a 和图 11b 可以发现模型Ⅲ和模型Ⅳ的反演结果位置较为准确，且物性也得到了较好还原，说明新聚焦稳定泛函对于正负物性具有较好的聚焦效果，具有普适性。

4.4　模型Ⅴ

前面模型试验均为作者自己设计的模型，接着用 Portniaguine[6] 所讨论过的重力模型进行试验，模型Ⅴ为一组模型，含 3 个不同的模型。目标区域大小为 100m×75m，将其剖分为 20×15 个网格，网格间距 5m×5m，其中

（1）一个较大的矩形异常体模型，其密度为 1g/cm³（该异常体的大小为 50m×30m），如图 12b 所示；

（2）两个较小的异常体模型，其密度均为 1g/cm³（每个异常体的大小均为 5m×5m），如图 12e 所示；

（3）阶梯状模型，界面之上密度为 0g/cm³，界面之下密度为 1g/cm³，如图 12h 所示。

反演均从 0g/cm³ 的无限半空间开始，这里只应用新稳定泛函进行反演，其结果为图 12c、图 12f、图 12i 所示。图 13 为各组模型的模型差。

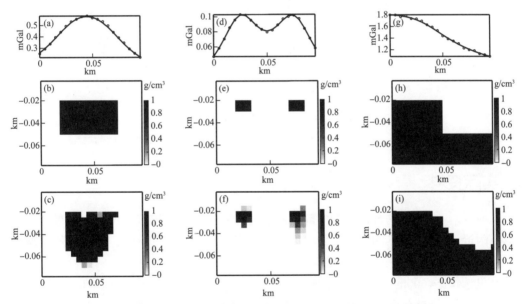

图 12　不同模型新稳定泛函的理论模型、反演结果及误差拟合曲线

（a，b，c）单个大块体模型；（d，e，f）两个小块体模型；（g，h，i）阶梯模型

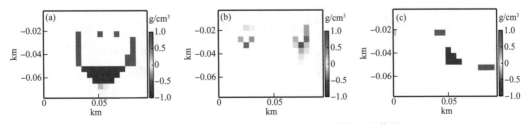

图 13　不同理论模型与新稳定泛函反演结果的差值图

（a）单大块体模型；（b）两个小块体模型；（c）阶梯模型

接着对磁异常模型试验进行说明。为了避免重复，这里仅讨论 Portniaguine[6] 所讨论过的磁异常模型：模型为一个双块体模型，目标区域为 200m×75m，其剖分为 41×15，网格大小为 5m×5m，模型的左边块体为一个 10m×10m 的块体，磁化强度为 0.5A/m，右边为一个不规格块体，磁化强度为 2A/m，背景磁化强度为 0A/m 的无限半空间，如图 14b 所示，合成的观测数据为图 14a 空心点所示，反演结果如图 14c 所示，模型差如图 14d 所示。

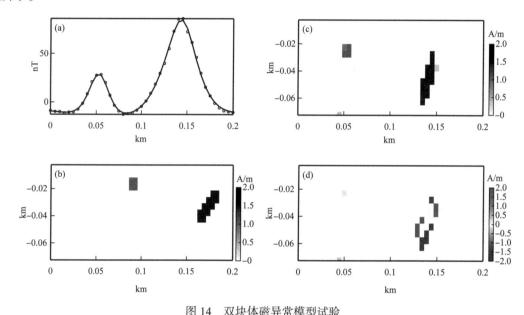

图 14　双块体磁异常模型试验

（a）重力拟合曲线（实线为计算异常）；（b）真实模型；（c）反演结果；（d）模型差

5　实际资料

下面针对 Li[1] 中的数据作为实际资料的处理对比说明。该区域位于中英哥伦比亚史帕克山附近，根据 Li[1] 的解释认为该区的二长岩侵入有较强的磁性，同时伴随着铜金矿的产生，也是磁性岩石的一个重要标志。

这里选择 x=600m 处的垂向剖面作为测试。该剖面大小为 1200m×450m，网格间距为 10m×10m，网格模型为 120×45。Li[1] 中采用的是最光滑反演，故首先用最光滑稳定泛函得到反演结果如图 15b（背景磁化率为 0），与 Li[1] 中的三维反演结果较为类似。然后分别采用 MS、MGS 和新聚焦稳定泛函的进行反演试验（背景磁化率为 0.01）其结果分别如图 15f、图 15h 和图 15d 所示，可以发现 MS 和新稳定泛函得到的结果较为类似，而 MGS 的结果在深部并不理想。但是三种方法均和地质解释 Li[1] 较为吻合：左边的高磁性体与 MBX 区域很好的吻合；中间的高磁性体与地质单元也较好的吻合；右边的高磁性体与彩虹岩脉较好的吻合。虽然 MS、MGS 和新聚焦稳定泛函均得到了较好的反演结果，但是其中 MS 和 MGS 中的聚焦因子选择不合适的话，并不能得到较好的反演结果，往往得到的结果较为光滑，如图 15i 和图 15j 所示。

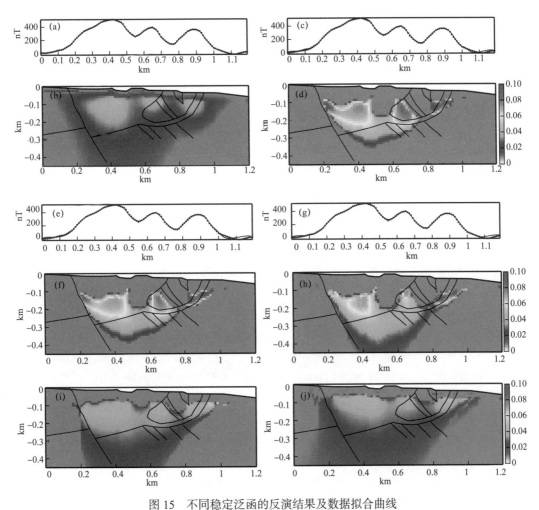

图 15　不同稳定泛函的反演结果及数据拟合曲线

（a，b）最光滑稳定泛函；（c、d）新稳定泛函；（e，f）MS（ε=0.5）；（g，h）MGS（ε=0.01）；

（i）MS（ε=0.1）；（j）MGS（ε=0.1）

6　结论

在 Tikhonov 的正则化思想下：本文分析了多种不同的稳定器在重力反演中的效果：最小模型和最光滑模型稳定器得到较模糊的反演结果；TV 稳定器虽然可以得到聚焦的结果，但是对于其他位置会出现奇异的异常源；聚焦稳定器虽然可以得到较好的聚焦反演结果，但是对于不同的物性，需要选择不同的聚焦因子 ε。故本文提出了一个新聚焦稳定器，将其引入到共轭梯度法的反演流程中，并进行了重磁方法的模型实验。新聚焦稳定器可以达到 Portniaguine 最小梯度支撑稳定器相类似的效果，且新的聚焦稳定器回避对小值 ε 的选择，减小了反演过程的人为因素。

参 考 文 献

［1］Li Y G，Oldenburg D W. 3–D inversion of magnetic data［J］. Geophysics，1996，61：394–408.

［2］ Li Y G, Oldenburg D W. 3–D inversion of gravity data［J］. Geophysics, 1998, 63: 109–119.

［3］ Rudin L I, Osher S, Fatemi E. Nonlinear total variation based noise removal algorithms［J］. Physica D: Nonlinear Phenomena, 1992, 60: 259–268.

［4］ Vogel C R, Oman M E. Fast, robust total variation–based reconstruction of noisy, blurred images［J］. Image Processing, IEEE Transactions on, 1998, 7: 813–824.

［5］ Last B, Kubik K. Compact gravity inversion［J］. Geophysics, 1983, 48: 713–721.

［6］ Portniaguine O, Zhdanov M S. Focusing geophysical inversion images［J］. Geophysics, 1999, 64: 874–887.

［7］ Zhdanov M S, Ellis R, Mukherjee S. Three–dimensional regularized focusing inversion of gravity gradient tensor component data［J］. Geophysics, 2004, 69: 925–937.

［8］ Zhang L, Yu P, Wang J, et al. Smoothest Model and Sharp Boundary Based Two–DimensionalMagnetotelluric Inversion［J］. Chinese Journal of Geophysics, 2009, 52: 1360–1368.

［9］ Zhang L, Yu P, Wang J, et al. A study on 2D magnetotelluric sharp boundary inversion［J］. Chinese Journal of Geophys, 2010, 53: 631–637.

［10］ Zhang L, Koyama T, Utada H, et al. A regularized three–dimensional magnetotelluric inversion with a minimum gradient support constraint［J］. Geophysical Journal International, 2012, 189: 296–316.

［11］ Zhdanov M S, Tolstaya E. Minimum support nonlinear parametrization in the solution of a 3D magnetotelluric inverse problem［J］. Inverse problems, 2004, 20: 937–952.

［12］ Oldenburg D W, Li Y. Inversion for applied geophysics: A tutorial［J］. Investigations in geophysics, 2005, 89–150.

［13］ Zhdanov M S, Liu X. 3–D Cauchy–type integrals for terrain correction of gravity and gravity gradiometry data［J］. Geophysical Journal International, 2013, 194: 249–268.

［14］ Wahba G. Practical approximate solutions to linear operator equations when the data are noisy［J］. SIAM Journal on Numerical Analysis, 1977, 14: 651–667.

［15］ Lin Y. Application of the UPRE method to optimal parameter selection for large scale regularization problems. In Image Analysis and Interpretation, 2008. SSIAI 2008. IEEE Southwest Symposium on, 2008: 89–92.

［16］ Chung J, Nagy J G, O'Leary D P. A weighted GCV method for Lanczos hybrid regularization［J］. Electronic Transactions on Numerical Analysis, 2008, 28: 149–167.

［17］ Golub G H, Heath M, Wahba G. Generalized cross–validation as a method for choosing a good ridge parameter［J］. Technometrics, 1979, 21: 215–223.

［18］ Haber E, Oldenburg D. A GCV based method for nonlinear ill–posed problems［J］. Computational Geosciences, 2000, 4: 41–63.

［19］ Hansen P C, O'Leary D P. The use of the L–curve in the regularization of discrete ill–posed problems［J］. SIAM Journal on Scientific Computing, 1993, 14: 1487–1503.

［20］ Vogel C R. Non–convergence of the L–curve regularization parameter selection method［J］. Inverse problems, 1996, 12: 535.

原英文刊于《Journal of Applied Geophysics》, 2016, 135, 356–366.

弹性波变阶数旋转交错网格数值
模拟频散压制的优化方法

王为中[1]　胡天跃[1]　宋建勇[2]　李艳东[2]　李劲松[2]　张　研[2]

（1. 北京大学地球与空间科学学院；2. 中国石油勘探开发研究院）

摘　要： 地震波场数值模拟是分析地下地质构造中地震波传播的有效方法。基于弹性波波动方程的有限差分正演模拟是一种能够有效描述弹性波传播的数值模拟方法。在弹性波有限差分数值模拟中，波场的数值频散会对地震记录中的波场信号造成污染，是数值模拟中的一项严重问题。结合变阶数方法和旋转交错网格数值模拟（RSM），形成变阶数旋转交错网格数值模拟方法（VRSM），可解决 RSM 在低速区域的数值频散问题。本文介绍了范数修正方法（NMM），该方法可以在不同的阈值约束条件下提供不同的有限差分系数，从而优化泰勒级数展开方法（TSM），一定程度抑制数值频散误差，提高数值模拟的精度。为了进一步提高 NMM 在数值模拟中的精度，本文提出了一种吸收 NMM 和 TSM 优势的优化范数修正方法（ONMM）。我们将 ONMM 应用到 VRSM，进一步提高了 VRSM 的模拟精度，抑制了数值频散误差，并将其命名为优化变阶数旋转交错网格数值模拟方法（OVRSM）。在数值实验中，我们从波形特性和数值频散分析等两方面对有限差分阶数分布进行了计算。实验结果证明了 OVRSM 新阶数分布的合理性和在压制数值频散方面的有效性。

关键词： 频散，弹性波，范数修正方法，变阶数，旋转交错网格

1　引言

地震波场数值模拟在理论地震学和勘探地震学中都具有重要的作用。它假设地下结构及其相应的物理参数是已知的，用数值计算技术刻画出其中地震波的传播规律，进而获得位于地下或者地面的检波点所收集到的地震记录和波场时间切片，能有效反映地下介质的构造变化特征。

在油气勘探开发中，为了探求油气藏结构对地下地震波场传播的影响，数值模拟方法应用广泛，研究内容包括地震波场模拟、网格划分、边界条件、频率分析、纵横波特性、差分系数、岩石物理性质等方面[1-9]。其中，有限差分方法被认为是最为高效的数值模拟方法之一，应用范围很广。在有限差分方法中，标准交错网格数值模拟方法（SSM）以它

基金项目：国家科技重大专项（2016 ZX 05004-003）；国家自然科学基金（41674122）；国家重点基础研究发展计划（2013 CB 228602）

的高效性和实用性，能够应用于多种介质中的复杂地震波场数值模拟[10-12]。然而，SSM定义相对复杂，不同的应力分量会在不同的网格节点上进行运算，同时，其受稳定性条件的约束较大。为了解决这个问题，Saenger 等[13]首先提出了旋转交错网格数值模拟方法（RSM），指出其将同类的物理量定义在相同的节点上，能简化交错网格的定义，并拓宽了稳定性条件的约束。该方法还有效地被应用到黏弹性介质、各向异性介质，以及频率域研究中[11, 14]。Wang 等[15]进一步针对二维各向异性介质中波场传播情况，进行了高阶算法研究。Saenger 等[16]继续针对微小复杂构造现象进行了深入研究。O'Brien 等[12]又讨论并分析了 RSM 在 Biot 介质下数值模拟的稳定性和频散特性。Zhang 等[17]同时也研究 Biot 孔隙介质中 RSM 计算的结果。Zhang 和 Liu[18]进一步研究 RSM 完全匹配层边界的问题。Yan 和 Liu[19]研究了地震波方程高阶 RSM 在黏弹性 TTI 介质中的计算效果。Di Bartolo 等[20]基于 RSM 和 SSM 在各向异性介质中的计算特点，研究等价交错网格理论。另外，Zhang 等[21]基于非分裂完全匹配层问题，再次研究改进了 RSM 的吸收边界。

RSM 能简化交错网格的定义，并拓宽了稳定性条件的约束，但由于对角线差分间距较大，需要面对更严重的数值频散问题。为了改善差分方法数值模拟中存在的频散，自适应空间算子长度方法提出在不同的速度区间使用不同长度的空间差分算子，能有效地避免空间差分所带来的频散误差，并保证计算的时间[19, 22]。为了更好地改善 RSM 的频散，并节约计算的时间，Wang 等[23]已将自适应空间算子长度方法推广到 RSM 上，并将方法的应用范围由声波推广到剪切波，由理论值推广到时变值。基于弹性波中的剪切波和波场传播时间进行了修改和优化，其能较准确地在 RSM 计算中估计不同的速度所适用的差分阶数，从而简化了计算的复杂性并保证计算的精度，称为变阶数旋转交错网格数值模拟（VRSM）方法。在实际应用中，主要目的是将变阶数方法应用到 RSM 上，优化、改进旋转交错网格的计算方式。另外，横波速度低，比纵波对频散更加敏感。通过旋度和散度求解的方法来分离横波[24-25]，基于横波速度计算差分阶数，实现弹性波动方程 VRSM。并通过理论推导和实验结果，验证了该方法在复杂地层弹性波波动方程模拟中的实用性和有效性。

传统的方法中，我们通常通过泰勒级数展开方法（TSM）计算差分系数，但计算误差会随着数据频率的提高而增加。Holberg[26]通过在特殊的频率区间内，最小化数据对应峰值的相对误差，来改进差分系数。Tam 和 Webb[27]在频率波数域对差分系数进行计算，并考虑了频散相关问题。Zhou 和 Zhang[28]通过在波数域中应用最小二乘法，优化差分系数。Chu 和 Stoffa[37]通过二项式截断窗口法，针对不同频散性质，进行了差分系数优化。Zhang 和 Yao[29]改进了差分系数来控制数值频散，即在给定的误差范围区间内，计算最大波数所对应的差分系数。Liu[30, 31]通过最小二乘法在宽频范围内，进行差分系数优化，并完成正演模拟计算，取得了较好的优化效果。Yang 等[32]最小二乘法应用于优化差分系数，整理了最小二乘差分系数计算的基本方法，并在实验中取得一定效果。Wang 等[33]用模拟退火的思想来改进差分系数。Yang 等[34]最小二乘法应用于旋转交错网格在 TTI 介质的计算中。目前在这些方法中，最小二乘法，即二范数方法，是范数修正方法（NMM）的基础，其优化效果较好，且算法灵活，易于修改，是一种有效的基于反演思想的差分系数优化方法。

本文以二范数方法为基础，对其误差范围加以控制，实现 NMM。结合 NMM 和 TSM 的优势改进计算差分系数，发展了优化范数修正方法（ONMM）。该方法能够提高 TSM 和 NMM 的计算精度，同时有效控制数值频散。我们将 ONMM 应用于 VRSM 来提高其计算精度，并称该方法为优化变阶数旋转交错网格模拟方法（OVRSM）。在实验中，我们首先基于 ONMM 的思想，通过波场传播的波形特征和数值频散分析来计算有限差分阶数的分布，并通过层状模型和真实速度模型来测试 OVRSM。数值计算实验结果很好地证明了：相比于 VRSM，OVRSM 能有效提高数值计算的精度，降低数值频散。

2 方法理论

2.1 RSM 理论基础

RSM 可应用于弹性波波动方程数值模拟。SSM 是基于弹性波应力—速度方程和交错网格对应力和速度的定义实现的，应用比较广泛。然而其变量定义相对复杂，不同的应力分量会在不同的网格节点上进行运算。同时，其受稳定性条件的约束较大。RSM 将同类的物理量定义在同一位置，使变量的计算在同一节点上完成，相比于 SSM 改变了差分格式，简化了交错网格的定义，拓宽了稳定性条件的约束，但同时也要面对较严重的数值频散[13]。由于旋转交错网格节点的计算均沿对角线方向，坐标变换的目的是将计算过程由笛卡尔坐标系变换到对角线坐标系下。旋转网格差分计算中，先计算沿网格对角线方向的相关物理量的差分，再用对角线元素的差分值按一定方式线性组合，完成迭代更新[13, 23]。

差分结构如图 1 所示，V_i 和 σ_{ij} 为弹性波波动方程中的速度和应力分量。

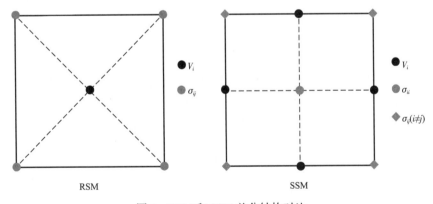

图 1　RSM 和 SSM 差分结构对比

波场差分情况如下[13]：

$$\begin{cases} \dfrac{\partial U}{\partial x} = \dfrac{\sqrt{\Delta z^2 + \Delta x^2}}{2\Delta x}\left(\dfrac{\partial U}{\partial q_1} + \dfrac{\partial U}{\partial q_2} \right) \\ \dfrac{\partial U}{\partial z} = \dfrac{\sqrt{\Delta z^2 + \Delta x^2}}{2\Delta z}\left(\dfrac{\partial U}{\partial q_1} - \dfrac{\partial U}{\partial q_2} \right) \end{cases} \qquad (1)$$

$$\begin{cases} \dfrac{\partial U}{\partial q_1} = \dfrac{1}{\sqrt{\Delta z^2 + \Delta x^2}} \sum_{n=1}^{M/2} m_n \left[U\left(z + \dfrac{2n-1}{2}\Delta z, x + \dfrac{2n-1}{2}\Delta x, t\right) - U\left(z - \dfrac{2n-1}{2}\Delta z, x - \dfrac{2n-1}{2}\Delta x, t\right) \right] \\[3mm] \dfrac{\partial U}{\partial q_2} = \dfrac{1}{\sqrt{\Delta z^2 + \Delta x^2}} \sum_{n=1}^{M/2} m_n \left[U\left(z - \dfrac{2n-1}{2}\Delta z, x + \dfrac{2n-1}{2}\Delta x, t\right) - U\left(z + \dfrac{2n-1}{2}\Delta z, x - \dfrac{2n-1}{2}\Delta x, t\right) \right] \end{cases}$$

$$(2)$$

其中，$q_i(i=1,2)$ 表示旋转交错网格对角线坐标系下的两个方向。Δx 和 Δz 是空间网格步长。t 为时间，U 为波场值，可表示弹性波应力—速度方程中的应力、速度分量。

上述为 M 阶差分方程，m_n 为差分系数[4]。

$$m_n = \frac{(-1)^{n+1}}{2n-1} \prod_{1 \leqslant r \leqslant (M/2), r \neq n} \left| \frac{(2r-1)^2}{(2n-1)^2 - (2r-1)^2} \right|$$

$$(3)$$

2.2 VRSM 方法理论

旋转交错网格的频散性质指出，波场的频散情况随速度增加而弱化并逐渐趋于稳定。VRSM 是基于该性质修改不同速度对应的差分阶数来实现的[23]。其主要用于解决 RSM 计算中的低速区波场模拟的频散问题和计算时间消耗问题。

结合实际波场，我们首先将波形能量定义为波场传播区域振幅绝对值关于面积的积分。VRSM 是通过计算波形能量的变化，来了解波形的改变并分析频散的误差。其不仅能够直观合理地定义频散误差，而不受量纲变换的影响。同时，还可以很好地考虑到波场的扩散衰减和传播时间特性[23]。实际频散误差 ε_R^S 计算公式如下所示：

$$\varepsilon_R^S = \frac{\displaystyle\int_0^{2\pi} \mathrm{d}\theta \int_{D(\beta,V)}^{D\left[T-\left(T'-\alpha_{\mathrm{wave}}\right),V\right]} \frac{|u(s,\theta,T,V)|s}{\mathrm{Max}|u(s,\theta,T,V)|} \mathrm{d}s}{\displaystyle\int_0^{2\pi} \mathrm{d}\theta \int_{D(\beta,V)}^{D(T,V)} \frac{|u(s,\theta,T,V)|s}{\mathrm{Max}|u(s,\theta,T,V)|} \mathrm{d}s}$$

$$(4)$$

其中，T 为波场传播时间，可以根据对误差的要求进行调控，T' 为子波时长，V 为介质中波场传播速度，θ 为波场传播方向与 x 正方向的夹角，s 为计算点相对于震源的位移。$D(T,V)$ 为介质中 T 时间波场传播距离，$u(s,\theta,T,V)$ 为极坐标下介质中 T 时间 (s,θ) 位置波场振幅值。α_{wave} 为频散控制量。它是一个针对子波时长而设定的提前时，可控制误差的测量范围，提前量一般设为子波结束点与子波尾部衰减区相对振幅值趋近于 10^{-6} 的点之间的时间差。β 为震源误差控制量，主要用在消除波场分离后震源处的微小误差。

根据 RSM 对角线误差最大的性质[23]，将计算简化为对角线方向实际频散误差 ε_R^L 如下：

$$\varepsilon_R^L = \frac{\displaystyle\int_{D(\beta,V)}^{D\left[T-\left(T'-\alpha_{\mathrm{wave}}\right),V\right]} \frac{|u(s,T,V)|}{\mathrm{Max}|u(s,T,V)|} \mathrm{d}s}{\displaystyle\int_{D(\beta,V)}^{D(T,V)} \frac{|u(s,T,V)|}{\mathrm{Max}|u(s,T,V)|} \mathrm{d}s} = \mathrm{Max}\left(\varepsilon_R^S\right)$$

$$(5)$$

变阶数方法在部分区域使用更低阶的方程，相对于高阶算法减少了计算的时间。由此可见，VRSM不但能够在保证计算的精度，同时也可以节约不必要的时间损耗。通常而言，由于实际模型中，横波速度小于纵波速度。故在计算中，以横波速度为测量评价的标准，基于横波波场，选择合适的阈值，为不同的速度分配合理的差分计算阶数，有效节约计算时间，并提高计算精度[23]。

2.3 VRSM优化范数修正方法（OVRSM）研究

在有限差分计算中，差分系数是决定计算精度和对频散控制的重要因素之一。相对于VRSM用计算差分系数的TSM，NMM能够提供较宽的频带、提高模拟计算的精度，同时，不需要额外的计算时耗。具体方法实现如下：

差分系数的计算基于有限差分方程展开：

$$\frac{\partial U}{\partial x} \approx \frac{1}{h}\sum_{n=1}^{M/2} m_n\left[U\left(h+\frac{2n-1}{2}h\right)-U\left(h-\frac{2n-1}{2}h\right)\right] \tag{6}$$

其中，h为网格大小。

代入平面波方程：

$$U(x) \approx Ae^{jkx} \tag{7}$$

其中，k为波数。

可得

$$\frac{kh}{2} \approx \sum_{n=1}^{M/2} m_n \sin\left(\frac{2n-1}{2}kh\right) \tag{8}$$

设$\beta = kh/2 \in [0,\pi/2]$，$b \in [0,\pi/2]$，基于二范数定义的目标函数为[32, 35]：

$$\min\left[F(m_n,M,b)\right] = \min\left\{\int_0^b\left\|\beta-\sum_{n=1}^{M/2}m_n\sin\left[(2n-1)\beta\right]\right\|_2^2\mathrm{d}\beta\right\} \tag{9}$$

误差方程为：

$$\varepsilon_t(\beta) = 1 - \sum_{n=1}^{M/2}\left\{m_n\sin\left[(2n-1)\beta\right]/\beta\right\} \tag{10}$$

但二范数方法计算差分系数的结果并不稳定，且误差存在波动的现象。为了让计算的结果更加稳定，同时，尽可能减小频散误差，本文修改二范数方法为范数修正方法（NMM），整体形式如下：

$$\min\left[F(m_n,M,b)\right] = \min\left\{\int_0^b\left\|\beta-\sum_{n=1}^{M/2}m_n\sin\left[(2n-1)\beta\right]\right\|_2^2\mathrm{d}\beta + \gamma(M,b)\int_0^{\beta_{\max}}\left\|\varepsilon_t(\beta)\right\|_1\mathrm{d}\beta\right\} \tag{11}$$

其中，$\gamma > 1$。但由于γ的取值需要通过大量测试得到，为了简化方程的计算，同时让一范数项取值更加灵活，本文将方程（12）写成如下形式。求解方程（12）可以重新计算 NMM 所对应的有限差分系数。同时，我们加入方程（13）、方程（14）和方程（15），作为优化约束条件。方程（13）是全局误差的控制函数；方程（14）是起始误差的控制函数；方程（15）是极值误差的控制函数。

$$\int_0^b \left\{ \sum_{n=1}^{M} m_n \sin\left[(2n-1)\beta \right] \right\} \sin\left[(2l-1)\beta \right] \mathrm{d}\beta = \int_0^b \left\{ \sin\left[(2l-1)\beta \right] \beta \right\} \mathrm{d}\beta \quad (l=1,2,...,M/2) \quad (12)$$

$$b = (b)_{\min\left[\int_0^{\pi/2} \|\varepsilon_t(\beta)\|_1 \mathrm{d}\beta \right]} \quad (13)$$

$$\left| \varepsilon_t \left[\min(\beta)_{\beta \neq 0} \right] \right| \leqslant D_s \quad (14)$$

$$\left| \varepsilon_t \left[\beta_{\partial \varepsilon_t(\beta)/\partial\beta=0} \right] \right| \leqslant D_w \quad (15)$$

其中，D_s 和 D_w 为理论误差的阈值。通过方程（13）、方程（14）和方程（15），能够很好地控制计算误差，取得阈值范围内的最优解。

$$D_{sw} = (D_s, \ D_w) \quad (16)$$

D_{sw} 为 D_s 和 D_w 的阈值组合。阈值是误差的允许范围，也是波数区域数值计算稳定性的约束范围。阈值越小，数值计算稳定越好；阈值越大，数值计算稳定性越差。经过多组试验，我们选取阈值组合为：

$$D_{sw}^{\min} = (D_s, \ D_w) = (0.04\%, \ 0.01\%) \quad (17)$$

在该阈值组合的约束下，误差曲线已趋于稳定的状态，能够保证计算结果的精确性，如图 2（a）所示。图 2 中，试验给出了不同阈值组合下的误差曲线。虽然，更大的误差阈值能够有更宽的频带，但不能保证计算结果的精确。图 2（a）对应的阈值组合能够保证误差曲线已趋于稳定，可计算得到合理精确的数值差分结果。相比于 TSM，在更大的波数范围内压制频散。

同时，对于实际频散误差而言，我们根据横波速度可以计算实际频散误差[23]。图 3 对比了 TSM 和 NMM 实际频散误差关于速度的变化曲线。误差越小，说明数值计算越稳定；当误差趋于零的时候，在该区域计算是稳定的。NMM 方法能让实际频散误差在更低的速度区域趋于稳定，相比于 TSM 更好地控制数值频散。

当放大频散曲线时，我们发现 NMM 在低波数域精度依然低于 TSM 的计算结果（图 4a）。通过方程（18）结合 NMM 和 TSM 的优势，可以压制 NMM 在低波数区域的误差，得到更有效的结果（图 4b）。这也说明了在同样阶数的情况下，低波数使用 TSM 并在高波数区域使用 NMM 能够更好地保证计算的精度。我们称这种方法为优化范数修正方法（ONMM）。

$$(\varepsilon_t)_{\mathrm{ONMM}} = \min\left\{ \left[\varepsilon_t(k) \right]_{\mathrm{TSM}}, \left[\varepsilon_t(k) \right]_{\mathrm{NMM}} \right\} \quad (18)$$

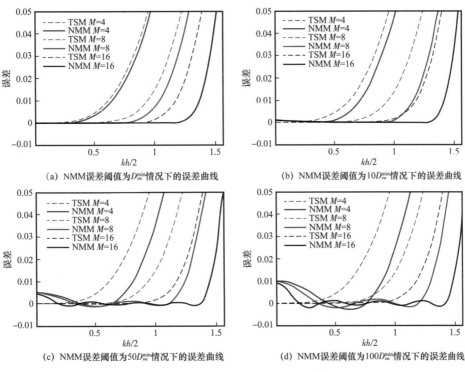

(a) NMM误差阈值为D_{zw}^{min}情况下的误差曲线

(b) NMM误差阈值为$10D_{zw}^{min}$情况下的误差曲线

(c) NMM误差阈值为$50D_{zw}^{min}$情况下的误差曲线

(d) NMM误差阈值为$100D_{zw}^{min}$情况下的误差曲线

图 2 TSM 和 NMM 的理论频散误差曲线

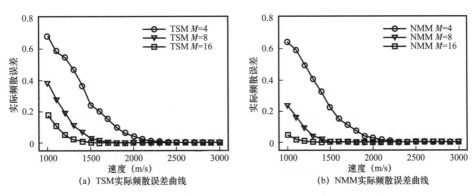

(a) TSM实际频散误差曲线

(b) NMM实际频散误差曲线

图 3 TSM、NMM 实际频散误差曲线（子波主频 25Hz，网格间距 5m）

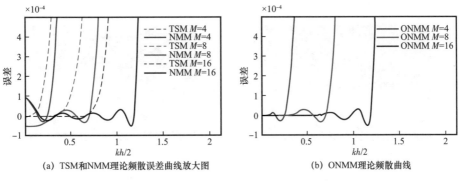

(a) TSM和NMM理论频散误差曲线放大图

(b) ONMM理论频散曲线

图 4 TSM、NMM 和 ONMM 频散曲线

因为低波数对应高波场传播速度，我们同样可以将理论结果应用于对实际频散误差的控制，结合 ONMM 和 VRSM，实现优化变阶数旋转交错网格正演模拟（OVRSM）。OVRSM 具体实现分为以下五步：

（1）从介质模型中提取横波波场传播速度，建立测试模型；

（2）测试并设定实际频散误差 ε_R^L 的阈值 e_R；

（3）根据预设的波场传播时间 T 和子波信息，分别用 TSM 和 LSM 搜索最低的差分阶数，使波场在整个传播时间上满足 $\varepsilon_R^L \leqslant e_R$；

（4）针对不同的阶数，使其满足如下阶数分配条件

$$\left[\varepsilon_r\left(V,M\right)\right]_{\text{OVRSM}} = \begin{cases} \left[\varepsilon_r\left(V,M\right)\right]_{\text{VRSM,TSM}} & \left(V \geqslant V_{\text{TSM},M}\right) \\ \left[\varepsilon_r\left(V,M\right)\right]_{\text{VRSM,NMM}} & \left(V < V_{\text{TSM},M}\right) \end{cases} \leqslant e_R\left(M \text{ is minimized}\right) \quad （19）$$

其中，$V_{\text{TSM},M}$ 是 TSM 方法 M 阶差分方程满足误差阈值 $\varepsilon_R \leqslant e_R$ 情况下的最小速度。整体而言，对于每一个速度，M 也需要适配最小值。

（5）针对整个模型完成搜索适配，最终导出差分阶数分配模型并应用于数值计算中。

OVRSM 方法在 VRSM 方法之上进一步改进优化，在控制其他数值计算参数条件不变的情况下，可以面对更加低速复杂的横波速度模型，保持数值计算时间的基础上，压制数值频散，提高计算结果的精度。

3 数值模拟实验及讨论

3.1 水平层状介质模型

水平层状介质模型具有模型结构简单、波场传播状态可预测等特点，往往被作为方法测试的基础模型。因而在本文中首先选择水平层状介质模型进行波场模拟试验并与 VRSM 计算结果对比，验证 OVRSM 的正确性和优化效果。模型大小为 $6 \times 2.4 \text{km}^2$。模型介质中波场速度如图 5 所示，速度依次递增，密度值取为 2000kg/m^3。模拟过程中，基于 OVRSM，导入横波速度模型，设置误差阈值 $\varepsilon_R^L \leqslant 0.4\%$，可以计算不同速度对应的 TSM 和 NMM 差分阶数（图 6）。边界条件为 PML 吸收边界，同时，震源位于浅地表中点处，震源子波为雷克子波，主频为 25Hz，时间步长 0.25ms，空间网格步长 5m。

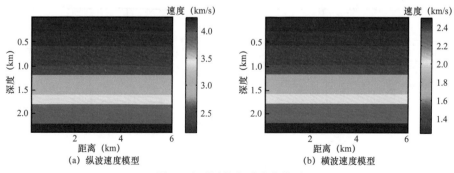

图 5 水平层状介质速度模型

通过 OVRSM 正演模拟，z 分量实验结果如图 7（b）和（e）所示。可以看到，弹性波波场经过界面后，反射、透射、转换、折射的现象都能清晰表达。高阶有限差分计算（HRSM）的波场（图 7a、d）是这里的参考结果，其结果的已得到前人反复验证[19, 25, 35, 36]。对比 OVRSM（图 7b、e）和高阶有限差分计算结果，两者保持一致，但高阶有限差分计算需要消耗更多的时间，实验证实了 OVRSM 的正确性和对时耗控制的效果。对比

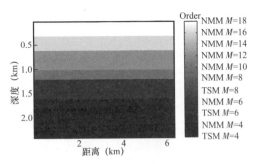

图 6　水平层状介质模型基于 OVRSM
的差分阶数分布

OVRSM 和相同计算时间 VRSM 计算结果（图 7c、f），我们发现 VRSM 会有较明显的拖尾现象，OVRSM 能更加合理地分配差分阶数，很好地在控制计算时间的同时，保证计算的精度，并压制数值频散。实验结果验证了 OVRSM 的有效性。

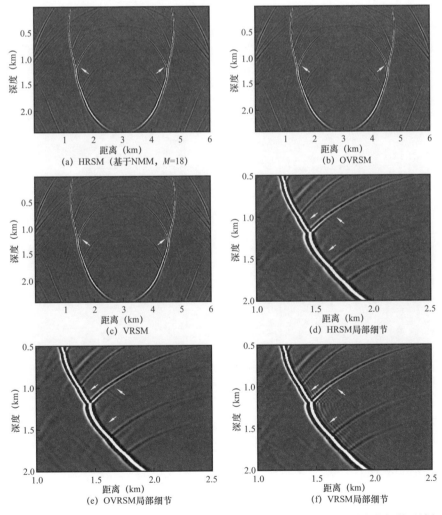

图 7　水平层状介质模型 z 分量 1.5s 波场切片对比（箭头所指的为对应的频散区域）

  x 分量实验结果如图 8 所示，其结果与 z 分量类似。OVRSM 计算结果（图 8b、e）和高阶有限差分计算结果（图 8a、d）保持一致，但高阶有限差分计算需要消耗更多的计算时间。对比 OVRSM 和相同计算时间 VRSM 计算结果（图 8c、f），VRSM 依然有较明显的拖尾现象，干扰我们对波场的认识。OVRSM 的结果能保证计算的精度，并压制数值频散。

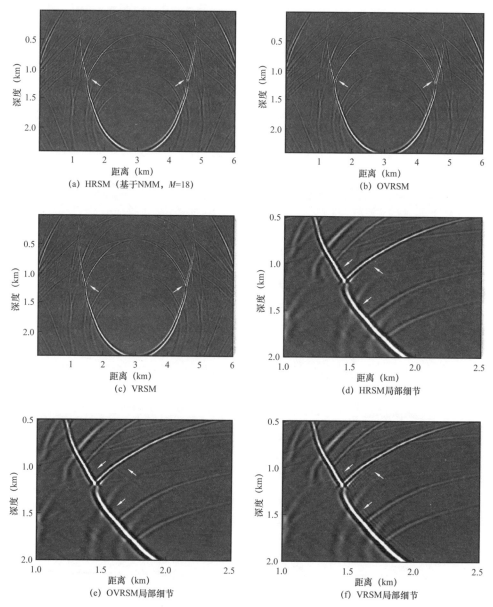

图 8 水平层状介质模型 x 分量 1.5s 波场切片对比（箭头所指的为对应的频散区域）

3.2 实际介质模型

  实际介质模型取自中国西部某地区速度建模的结果，速度结构相对而言更加复杂。本文中选择该模型的目的是进一步验证 OVRSM 波场模拟的效果，并说明其在复杂介质中的实用性。模型大小为 $6.29 \times 1.75 \text{km}^2$。模型介质中波场速度如图9所示，速度变化较为复杂，有一个明显的高速夹层，密度值取为 2000kg/m^3。模拟过程中，基于OVRSM，导入横波速度模型，设置误差阈值 $\varepsilon_R^L \leqslant 0.4\%$，可以计算不同速度对应的TSM和LSM差分阶数（图10）。边界条件为PML吸收边界，同时，震源位于浅地表中点处，震源子波为雷克子波，主频为25Hz，时间步长0.25ms，空间网格步长5m。

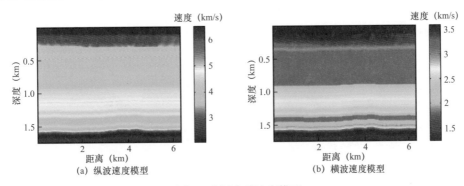

(a) 纵波速度模型   (b) 横波速度模型

图9 实际介质速度模型

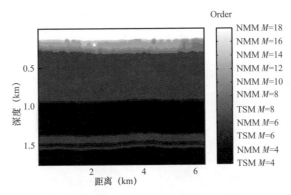

图10 实际介质模型基于OVRSM的差分阶数分布

通过OVRSM，z 分量数值模拟实验结果如图11（b）、（e）所示。可以看到，由于地下结构复杂，弹性波波场传播情况也很复杂，但主要地层的相关反射、透射、转换波场很清晰。高阶有限差分计算的波场（图11a、d）是这里的参考结果。对比OVRSM（图11b、e）和高阶有限差分计算结果，两者保持一致，实验结果证明OVRSM能减少计算时耗，并保证计算结果的精确。对比OVRSM和相同计算时间VRSM计算结果（图11c、f），我们发现VRSM会有一定的频散拖尾现象，OVRSM能更加合理地分配差分阶数，很好地控制计算的时间并保证计算的精度、压制数值频散。实验结果再次验证了OVRSM能够进一步改善VRSM方法，并在时耗控制和高精度计算中有更大的优势。

x 分量实验结果如图12所示，其结果与 z 分量近似。OVRSM计算结果（图12b、e）和高阶有限差分计算结果（图12a、d）保持一致，但高阶有限差分计算需要消耗更多的时间。对比OVRSM和相同计算时间VRSM计算结果（图12c、f），VRSM有较明显的拖尾现象。OVRSM的结果能保证计算的精度，并压制数值频散。

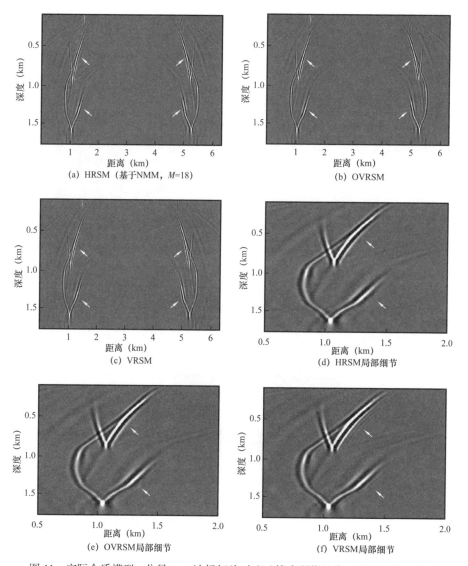

(a) HRSM（基于NMM，*M*=18）

(b) OVRSM

(c) VRSM

(d) HRSM局部细节

(e) OVRSM局部细节

(f) VRSM局部细节

图 11　实际介质模型 *z* 分量 1.4s 波场切片对比（箭头所指的为对应的频散区域）

　　地表 *z* 分量地震记录的结果如图 13 所示。其中，高阶有限差分计算得到的地震记录（图 13a、d）是这里的参考结果。对比 OVRSM（图 13b、e）和高阶有限差分计算结果，两者保持一致，地震记录的结果再次证明 OVRSM 能减少计算时耗，并保证计算的稳定和计算结果的精确。对比 OVRSM 和相同计算时间 VRSM 计算所得的地震记录（图 13c、f），我们发现 VRSM 在横波记录中会有较明显频散拖尾现象，频散的波场干扰了有效波场的信号。同时，图 14 所示的单道地震记录也显示了同样的结果。相比较而言，OVRSM 能更加合理地分配差分阶数，很好地控制计算的时间并保证计算的精度、压制地震记录中的数值频散。实验结果再次验证了 OVRSM 能够进一步改善 VRSM 方法，并在时耗控制和高精度计算中比 VRSM 有更大的优势。同时，OVRSM 能够很好地应用于复杂介质的计算之中。

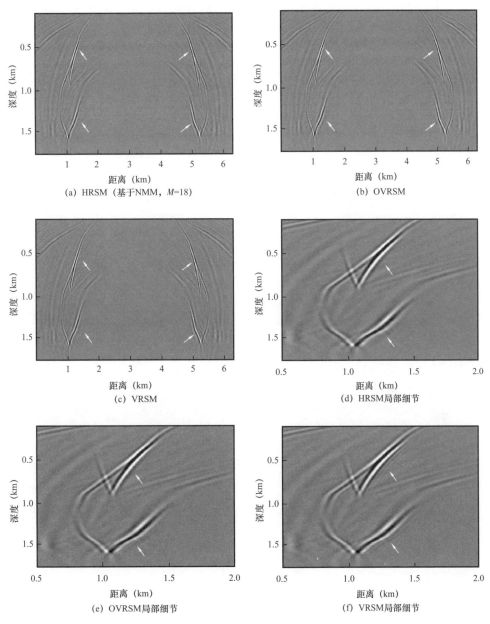

图 12　实际介质模型 x 分量 1.4s 波场切片对比

（箭头所指的为对应的频散区域）

地表 x 分量地震记录的结果如图 15 所示，结论同 z 分量地震记录。OVRSM 计算（图 15b、e、图 16a）能得到和高阶有限差分计算（图 15a、d、图 16）一致的结果，但高阶有限差分计算需要消耗更多的计算时间。相比于 OVRSM，相同计算时间 VRSM 计算结果（图 15c、f、图 16b）有较明显的拖尾现象。OVRSM 的记录结果能压制数值频散，避免频散干扰，保证复杂介质中地震波场的精度。

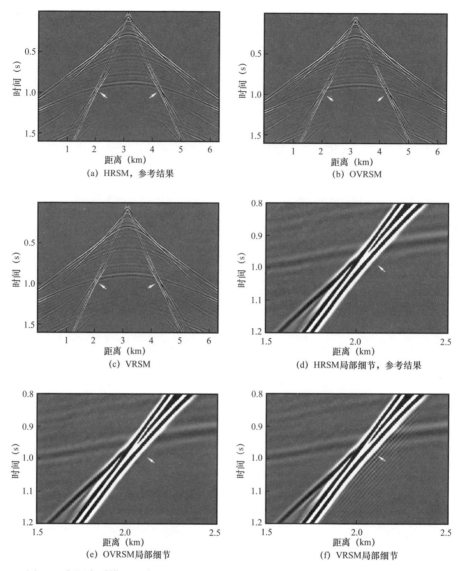

图 13　实际介质模型 z 分量 1.6s 地震记录对比（箭头所指的为对应的频散区域）

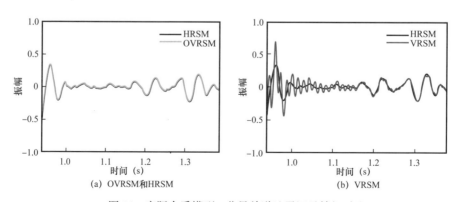

图 14　实际介质模型 z 分量单道地震记录精细对比

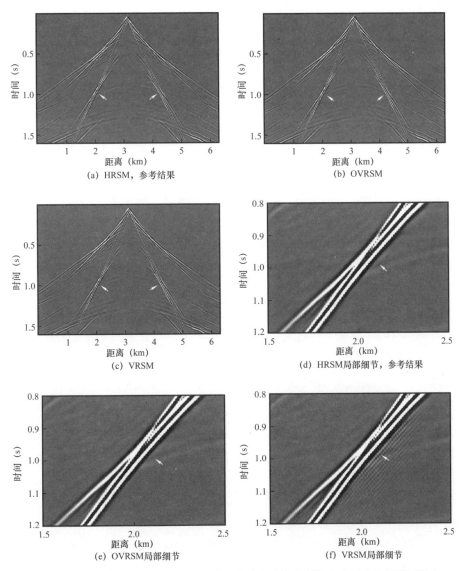

图 15　实际介质模型 x 分量 1.6s 地震记录对比（箭头所指的为对应的频散区域）

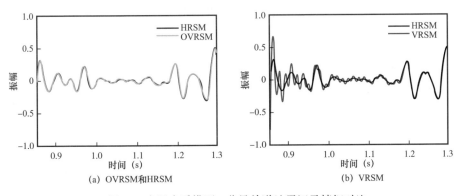

图 16　实际介质模型 x 分量单道地震记录精细对比

4 结论

弹性波波动方程包含着丰富的地下结构信息，能有效地计算地下介质中波场的实际情况。基于弹性波波动方程，RSM 简化了 SSM 关于交错网格的定义，拓宽了稳定性条件的约束，但是也会在低速区产生更严重的频散。VRSM 是一种有效的数值模拟方法，能够解决 RSM 在低速区域的频散问题，同时减少计算时间的消耗。NMM 基于范数优化的思想，能够提供不同阈值约束条件下的差分系数。文中选取了满足稳定性要求的阈值，实现了 NMM 相对于 TSM 的优化，更好地改善模拟中的数值频散问题。ONMM 结合了 NMM 和 TSM 的优势，在改善数值频散的基础上，更好地保证了计算的稳定性。本文通过结合 ONMM 和 VRSM，发展了 OVRSM，在相同计算时间内，优化了 VRSM 的计算精度和对数值频散的压制能力。理论推导和实验模拟的结果说明了 OVRSM 相对于 VRSM 在计算精度上的提高，同时，证实了 OVRSM 在解决耗时和频散问题中的有效性。在下一步研究中，OVRSM 可以被用于优化 RTM 计算，也可以被用于解决更加复杂的地表问题。

参 考 文 献

[1] Alterman Z, Karal F C. Propagation of elastic waves in layered media by finite difference methods [J]. Bulletin of the Seismological Society of America, 1968, 58 (1): 367–398.

[2] Tessmer E, Seismic finite–difference modeling with spatially varying time steps [J]. Geophysics, 2000, 65 (4): 1290–1293.

[3] Wang S X, Li X Y, Qian Z P, et al. Physical modeling studies of 3–D P–wave seismic for fracture detection [J]. Geophysical Journal International, 2007, 168 (2): 745–756.

[4] Liu Y, Sen M K. An implicit staggered grid finite–difference method for seismic modeling [J]. Geophysical Journal International, 2009, 179 (1): 459–474.

[5] Chen H M, Zhou H, Lin H, Wang S X. Application of perfectly matched layer for scalar arbitrarily wide–angle wave equations [J]: Geophysics, 2013, 78 (1): 29–39.

[6] Yuan S Y, Wang S X, Sun W. J, et al. Perfectly matched layer on curvilinear grid for the second–order seismic acoustic wave equation [J]. Exploration Geophysics, 2014, 45 (2): 94–104.

[7] Wang W Z, Qin Z, Hu T Y, et al. Elastic wave equation rotated–grid forward modeling and imaging based on wave separation method [J]. 76th EAGE Conference and Exhibition, Extended abstract, 2014.

[8] Zhang Y J, Gao J H. A 3D staggered–grid finite difference scheme for poroelastic wave equation [J]. Journal Applied Geophysics, 2014, 109: 281–291.

[9] An S P, Hu T Y, Peng G X. Three–Dimensional Cumulant–Based Coherent Integration Method to Enhance First–Break Seismic Signals [J]: IEEE Transactions on Geoscience and Remote Sensing, 2017, 55 (4): 2089 – 2096.

[10] Jastram C, Tessmer E, Elastic modeling on a grid with vertically varying spacing [J]. Geophysical Prospecting, 1994, 42 (4): 357–370.

[11] Hustedt B, Operto S, Virieux J, Mixed–grid and staggered–grid finite–difference methods for frequency–domain acoustic wave modeling [J].Geophysical Journal International, 2004, 157: 1269–

1296.

[12] O'Brien G S. 3D rotated and standard staggered finite–difference solutions to Biot's poroelastic wave equations : Stability condition and dispersion analysis [J] . Geophysics, 2010, 75（4）: 111–119.

[13] Saenger E H, Gold N, Shapiro S A. Modeling the propagation of elastic waves using a modified finite–difference grid [J] . Wave Motion, 2000, 31: 77–92.

[14] Saenger E H, Bohlen T. Finite–difference modeling of viscoelastic and anisotropic wave propagation using the rotated staggered grid [J] . Geophysics, 2004, 69: 583–591.

[15] Wang X, Dodds K, Zhao H. An improved high–order rotated staggered finite–difference algorithm for simulating elastic waves in heterogeneous viscoelastic/anisotropic media [J] . Exploration Geophysics, 2006, 37: 160–174.

[16] Saenger E H, Ciz R, Krüger O S, et al. Finite difference modeling of wave propagation on microscale : A snapshot of the work in progress [J] . Geophysics, 2007, 72（5）: 293–300.

[17] Zhang L X, Fu L Y, Pei Z L. Finite difference modeling of Biot's poroelastic equations with unsplit convolutional PML and rotated staggered grid [J] . Chinese Journal of Geophysics–Chinese Edition, 2010, 53（10）: 2470–2483.

[18] Zhang Y, Liu Y, 3D poroviscoelastic rotated staggered finite–difference modeling with PML absorbing boundary conditions [J] . 82nd SEG Annual International Meeting, Expanded Abstracts, 2012, 1–5.

[19] Yan H Y, Liu Y. Acoustic prestack reverse time migration using the adaptive high–order finite–difference method in time–space domain [J] . Chinese Journal of Geophysics–Chinese Edition, 2013, 56（3）: 971–984.

[20] Di Bartolo L, Dors C, Mansur W J. Theory of equivalent staggered–grid schemes : application to rotated and standard grids in anisotropic media [J] . Geophysical Prospecting, 2015, 63（5）: 1097–1125.

[21] Zhang B, Dai Q W, Yin X B, Feng D S. A New Approach of Rotated Staggered Grid FD Method With Unsplit Convolutional PML for GPR [J] . IEEE Journal of Selected Topics in Applied Earth Observations and Remote Sensing, 2016, 9（1）: 52–59.

[22] Liu Y, Sen M K. Finite–difference modeling with adaptive variable–length spatial operators [J] . Geophysics, 2011, 76（4）: 79–89.

[23] Wang W Z, Hu T Y, Lu X M, et al. Variable–order rotated staggered–grid method for elastic–wave forward modeling [J] . Applied Geophysics, 2015, 12（3）: 389–400.

[24] Sun R, McMechan G A, Hsiao H H, Chow J.Separating P– and S–waves in prestack 3D elastic seismograms using divergence and curl [J] . Geophysics, 2004, 69（1）: 286–297.

[25] Li Z C, Zhang H, Liu Q, Han W, Elastic wave high order staggered grid wave separation forward modeling [J] . Oil Geophysical Prospecting, 2007, 42（5）: 510–515

[26] Holberg O, Computational aspects of the choice of operator and sampling interval for numerical differentiation in large–scale simulation of wave phenomena [J] . Geophysical Prospecting, 1987, 35: 629–655.

[27] Tam C K W, Webb J C. Dispersion–relation–preserving finite difference schemes for computational acoustics [J] . Journal of Computational Physics, 1993, 107: 262–281.

［28］Zhou H, Zhang G, Prefactored optimized compact finite difference schemes for second spatial derivatives ［J］. Geophysics, 2011, 76: 87-95.

［29］Zhang J H, Yao Z X. Optimized finite-difference operator for broadband seismic wave modeling ［J］. Geophysics, 2013, 78: 13-18.

［30］Liu Y, Globally optimal finite-difference schemes based on least squares ［J］. Geophysics, 2013, 78: 113-132.

［31］Liu Y, Optimal staggered-grid finite-difference schemes based on least-squares for wave equation modelling ［J］. Geophysical Journal International, 2014, 197（2）: 1033-1047.

［32］Yang L, Yan H Y, Liu H. Least squares staggered-grid finite-difference for elastic wave modeling ［J］. Exploration Geophysics, 2014, 45: 255-260.

［33］Wang Y, Liu H, Zhang H, et al. A global optimized implicit staggered-grid finite-difference scheme for elastic wave modeling ［J］. Chinese Journal of Geophysics-Chinese Edition, 2015, 58（7）: 2508-2524.

［34］Yang L, Yan H Y, Liu H. Optimal rotated staggered-grid finite-difference schemes for elastic wave modeling in TTI media ［J］. Journal of Applied Geophysics, 2015, 122: 40-52.

［35］Wang W Z, Hu T Y, An S P, et al. Optimized least squares method for elastic-wave variable-order rotated staggered-grid forward modeling ［J］. 78th EAGE Conference and Exhibition, Extended abstract, 2016.

［36］Yan H Y, Liu Y. Rotated staggered grid high-order finite-difference numerical modeling for wave propagation in viscoelastic TTI media［J］. Chinese Journal of Geophysics-Chinese Edition,2012,55（4）: 1354-1365.

［37］Chu C, Stoffa P L. Determination of finite-difference weights using scaled binomial windows ［J］. Geophysics, 2012, 77: 17-26.

原英文刊于《Journal of Geophysics and Engineering》, 2017, 14, 1624-1638.

四川盆地灯影组沉积相／
微相测井识别方法及应用

冯庆付　　汪泽成　　冯　周　　田　翰　姜　华

（中国石油勘探开发研究院）

摘　要： 沉积相／微相类型与储层优劣有很好的对应关系，尤其在碳酸盐岩相控型储层测井评价中，沉积相／微相识别和评价至关重要，可有效指导油气勘探开发。以往基于常规测井信息建立的碳酸盐岩沉积相／微相识别技术方法多解性强。本文以四川盆地高磨地区灯影组灯四段储层为例，综合岩心、常规测井、电成像测井等数据信息建立了"岩心—常规测井—电成像测井—地质模式"沉积相／微相综合识别技术流程及方法。首先，利用岩心信息对不同类型沉积相／微相进行刻度，系统梳理每一类相／微相的常规及电成像测井响应特征；其次，优选敏感曲线建立判别标准，通过对常规测井两两相关性分析，优选出自然伽马、电阻率及中子测井曲线作为敏感曲线，建立三种测井方法的沉积微相判别标准；进而基于电成像测井建立了五种沉积相／微相测井响应模式及识别图版；最后在CIFlog平台上研发了沉积微相自动识别软件模块，实现了碳酸盐岩沉积相／微相识别与评价。利用该方法完成了60口探井单井沉积微相分析，编制了灯四段四个层组的沉积微相图，刻画了四川盆地高石梯—磨溪地区沉积微相平面分布规律，通过与多口井的试油或生产结果对比分析，揭示藻砂屑滩、藻凝块丘和藻叠层丘三类微相储层最有利，为该地区的勘探开发及井位部署提供了可靠的技术支撑。

关键词： 灯四段；岩心标定；沉积微相；电成像测井；测井相；岩溶储层

四川盆地震旦系灯影组是重要的天然气藏勘探层系之一，发育受岩溶作用改造的丘滩相储层，高石梯—磨溪地区位于加里东古隆起的东部斜坡区，该区灯影组地质储量规模已超万亿立方米[1-4]。目前，灯四段勘探从台缘区走向台内地区，台缘和台内储层品质差异较大，作为相控型储层，沉积微相的识别与平面展布规律研究是勘探开发的关键核心问题[5-10]，然而，纵向上的沉积微相序列和平面上的沉积微相类型刻画难度很大，已经成为制约该地区深化勘探开发的技术瓶颈。由于取心资料有限，依靠局部的取心资料很难刻画沉积相的纵横向展布规律，其沉积相的平面刻画主要依赖测井资料[11]。常规测井方法识别沉积微相前人已经做了大量的研究工作，也取得了一定的应用效果，但是由于常规测井方法只能从矿物成分或者响应特征入手去分析不同类型沉积微相的类型，识别类型有限，多解性强。电成像测井具有高分辨率、结构构造特征清晰等特点，但是如何准确建立沉积微相成像测井识别图版并尽可能排除多解性成为测井识别沉积微相的关键技术难题。

四川盆地灯影组主要为碳酸盐岩台缘及局限台地沉积。前人主要是利用岩心及薄片资料刻度常规测井，采用各种数理统计方法建立测井沉积微相模型，总结各种沉积微相类型的常规测井响应特征，这种方法的缺陷是分辨率低，多解性强。而利用野外剖面结合少量取心、薄片资料对地震资料进行标定，利用地震资料在空间上刻画沉积相，但是这种方法不能精细划分沉积微相，只能刻画到亚相级别，而且精度较低[12-17]。目前结合常规测井和成像测井刻画该地区沉积相/微相的研究较少，成像测井以扫描或阵列的方式，测量岩石的电阻率或声阻抗沿井壁或井周的二维或三维分布，形成井剖面的数字图像，间接显示出裂缝、缝合线、层理、孔洞、泥质充填、硅质团块等地质现象，具有直观性强，分辨率高等特点[18]。为此，本文在前人研究的基础上，利用20口取心井岩心描述与薄片鉴定的结果，通过岩心刻度测井，厘定了灯四段八大类微相电成像测井模式，建立了每类微相的测井识别图版和对应的地质模式及岩性特征模式。优选对沉积微相敏感的自然伽马测井、电阻率测井及中子测井等沉积微相交会图，总结了不同微相的常规测井响应特征。充分发挥电成像测井分辨率高，全井眼覆盖的优势，形成了全新的沉积微相测井识别方法与技术流程[19-22]（图1），其中最关键的是如何把测井相模式转化为地质沉积微相模式，最终能够准确刻画出沉积相的纵向发育序列及平面展布规律，在此基础上进行优质储层发育与沉积相的关系研究，实现优质储层预测，为该区块的勘探开发和地质研究提供技术支撑。

1 灯影组沉积相类型划分

以往，针对四川盆地灯影组天然气勘探的岩相古地理研究，除在资阳—威远构造发现颗粒滩外，其余地区均为蒸发潮坪与蒸发潟湖相而没有发现高能相带。2011年以来，基于大量钻录测井、地震和露头剖面，以及测试分析资料，通过构造、沉积相结合的岩相古地理编图研究，发现了以南北向德阳—安岳克拉通内裂陷为轴、两侧对称发育、呈"U"形展布的克拉通内台地边缘高能带，改变了以往上扬子克拉通内震旦纪构造稳定、沉积相单一的传统认识[23-26]。

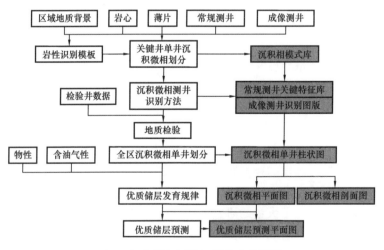

图1　沉积微相测井识别技术路线图

对于沉积环境，一般认为灯影组沉积期四川盆地沉积水体较浅并受限，具有向东变开阔的趋势，沉积相类型包括台坪、潮坪及缓坡、台地等；上扬子地区灯影组主要为缓坡相沉积与潮坪相沉积交互沉积；盆内以水体浅、相对闭塞的局限台地相沉积为主，并进一步细分为潟湖、潮坪、台内滩 3 个亚相[26-30]。在充分结合前人分类方案的基础上，结合高石梯—磨溪地区关键井的岩心及薄片鉴定结果，并充分考虑测井上容易识别的沉积相特征，对灯四段划分 7 类亚相和 12 类微相。划分结果如表 1 所示并依此建立了新的包涵 12 种沉积微相的高石梯—磨溪地区灯四段沉积微相组合模式图（图 2）。

表 1　四川盆地高石梯—磨溪地区沉积相划分

相	亚相	微相	岩性	关键井
台地边缘	台缘颗粒滩	藻砂屑滩	浅灰—褐灰色颗粒白云岩	磨溪 105 井、磨溪 22 井、磨溪 9 井、磨溪 108 井、磨溪 13 井、高石 1、高石 2、高石 101、高石 102 井
	台缘藻丘	藻纹层丘	硅质藻纹层白云岩	
		藻凝块丘	藻凝块云岩	
		藻叠层丘	藻叠层云岩	
	滩间海	云质滩间海	灰黑色泥晶云岩	
局限台地	台内颗粒滩	藻砂屑滩	浅灰—褐灰色藻屑砂屑白云岩	高石 21 井、高石 16 井、高石 18 井、高石 20 井、磨溪 51 井、磨溪 39 井
	台内藻丘	藻纹层丘	藻纹层云岩	
		藻凝块丘	藻凝块云岩	
	台坪	藻云坪	灰—褐灰色粉细晶藻云岩	
		云坪	灰—褐灰色粉细晶白云岩	
		泥云坪	灰—褐灰色泥质泥晶云岩	
	滩间海	云质滩间海	灰黑色泥晶云岩	

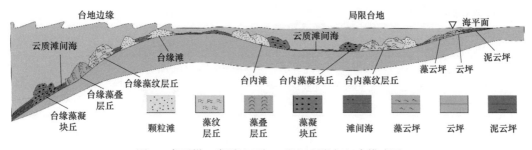

图 2　高石梯—磨溪地区灯四段沉积微相组合模式图

2　沉积微相常规测井特征

2.1　常规测井识别沉积微相

在碳酸盐岩中用使用常规测井进行沉积微相研究主要包括以下几个方面：（1）选择与

确定油气田的关键井；（2）建立碳酸盐岩地质沉积微相模型；（3）地质沉积与测井响应特征确定；（4）测井信息环境校正与归一化；（5）测井信息与地质微相相关分析；（6）采用各种数理统计方法建立测井沉积微相模型；（7）进行测井沉积微相划分反馈验证与模型修改。其中采用的数学方法包括模糊判识系统、逐步回归法、模糊专家系统、Bayes 逐步判别法、灰色关联分析方法等。

本文选取了 20 口取心井共计 520m 岩心鉴定沉积微相作为参考，优选了对沉积相较为敏感的 GR（自然伽马测井）、CNL（中子测井）、RT（深侧向电阻率测井）三条常规曲线，分别制作了台缘带及台内的 GR—RT、GR—CNL、RT—CNL 交会图，图 3（a）、（b）分别为台缘各沉积微相 GR—RT，CNL—GR 交会图，表明：各种沉积微相使用 CNL—GR 交会图可以区分藻纹层丘、滩间海及丘滩复合体微相，滩间海微相 GR 值相对较高，一般大于 20API，CNL 值也相对较高；藻纹层丘 GR 值和 CNL 值都相对较低。藻砂屑滩与藻凝块丘数据点重合，无法区分，只能统称为丘滩复合体而与其他两个相区分。通过沉积微相交会图分析，初步建立了高石梯—磨溪地区灯影组四段碳酸盐岩沉积微相常规测井识别标准（表 2），该方法存在的问题是多解性强，准确率较低。

表 2　高石梯—磨溪地区灯影组四段碳酸盐岩沉积微相常规测井识别标准

微相	GR（API）	RT（Ω·m）	CNL（%）
藻砂屑滩（台缘）	14～20	1000～4000	3.6～4.4
藻纹层丘（台缘）	14～22	>20000	0.2～2.8
藻凝块丘（台缘）	15～20	800～6000	2.8～5.1
藻叠层丘（台缘）	12～18	2000～6000	2.2～2.6
云质丘滩间（台缘）	20～30	600～3000	2.4～4.4
藻云坪	7～20	>30000	0.1～2.8
泥云坪	30～65	900～4000	1.7～2.7
云坪	10～20	6000～30000	0.6～2.7
藻砂屑滩（台内）	10～20	200～3000	3.2～5.3
藻凝块丘（台内）	10～20	300～3000	3.2～5.4
藻纹层丘（台内）	10～15	>30000	0.3～2.6
藻叠层丘（台内）	10～15	300～2000	2.9～5.7
云质滩间海（台内）	18～35	800～8000	2.6～3.6

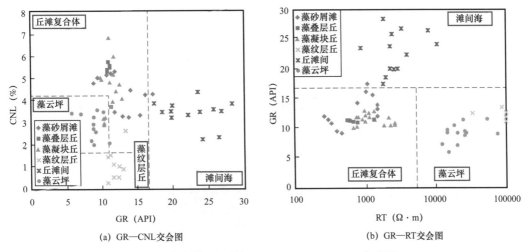

(a) GR—CNL交会图　　　　　　(b) GR—RT交会图

图3　台缘带沉积微相GR—CNL、GR—RT交会图

2.2　成像测井沉积微相相模式

按照成像测井图上表现特征是否包含地质信息进行分类，可将成像测井分为两类，即有地质意义模式和无地质意义模式。其中有地质意义模式又可分为：致密层、疏松层、互层、层面、冲刷面、不整合、层理、裂缝、断层、孔洞、砾石以及对称沟槽模式等类型；无地质意义模式又可分为：斜纹、木纹、不对称沟槽及白模式等类型。根据岩心和成像图上的典型特征并结合常规测井，本文针对灯四段岩心进行归位，使常规测井、岩心、成像测井三者实现深度匹配。针对不同的岩石类型，利用岩心标定成像测井的方法，综合分析化验资料，归纳总结出了灯四段成像测井相的典型岩心—成像测井响应图版60幅，将灯四段成像特征划分为五大相类型：（1）斑状模式；（2）块状模式；（3）层状模式；（4）线状模式；（5）条带模式（图4）。这五大模式通过与岩心进一步对比分析，又细分为九类微相模式，其中斑状模式又细分为杂乱暗斑状、层形暗斑状、洞穴暗斑状，块状分为亮块状与暗块状，线状模式分为规则线状与不规则线状。

通过岩心及薄片分析，九类微相模式分别代表不同的岩性及沉积微相，其中杂乱暗斑模式代表藻凝块云岩，藻凝块发生溶蚀而形成不规则的溶孔，其沉积环境为台地边缘或台内藻丘，属浅水高能沉积环境。层形暗斑状代表藻砂岩屑云岩，粒间孔及粒内孔发育，其沉积环境为台地边缘藻砂屑滩，属浅水高能沉积环境。洞穴充填一般代表角砾云岩，相对大的溶蚀孔洞发育，属高能沉积环境。亮块状代表硅质藻纹层原因，为致密非储层，形成于水动力相对较弱的藻纹层丘。暗块状代表黑色泥晶云岩，发育于台地边缘或局限台地丘滩间，属相对深水的低能沉积环境。规则线状代表黑色泥晶云岩，缝合线发育，为低能潮坪或者丘滩间的沉积产物。不规则线状代表含藻砂屑云岩，网状微裂缝发育，形成于台地边缘砂屑滩。层状模式代表黑色泥晶云岩，有时夹硅质条带，层界面常常是一组接近平行的高电导率异常且异常宽度较小均匀。条带状代表薄层的粉—细晶白云岩，形成于低能的云萍沉积环境。

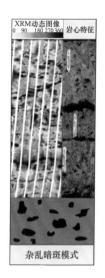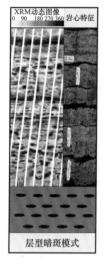

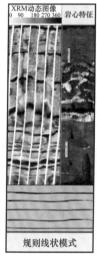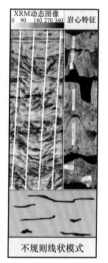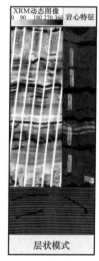

图 4　高磨地区灯四段沉积微相成像测井相模式图版

2.3　沉积微相测井识别图版

使用成像测井进行沉积微相识别的方法为：首先通过岩心刻度成像测井，并结合常规测井，进行沉积相划分；然后建立成像测井微相与沉积微相的对应图版；最后用软件或人工进行地层沉积微相的识别，是一个从岩心等地质资料对应到成像测井图像等测井资料，最后建立碳酸盐岩沉积相模式图版的过程。利用电成像测井，对 20 口取心井进行岩心归位及沉积相描述，主要是通过常规 GR 曲线与成像 GR 曲线、岩心典型特征与成像特征、常规测井计算孔隙度与岩心分析孔隙度的两两对应，实现常规测井、成像测井与岩心的深度匹配。对取心段沉积相类型进行总结，实现沉积微相与其测井响应特征的精细标定，建立沉积微相响应图版，并对非取心井段的沉积微相识别。图 5 为典型沉积微相识别图版及测井特征描述。

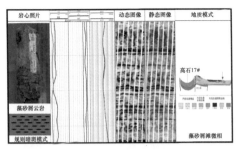

（a）藻砂屑微相，常规测井特征是低RT（200~3000Ω·m），低GR（14~20API），成像测井为规则的暗斑模式（顺层状或蜂窝状）

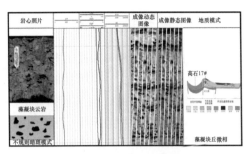

（b）藻凝块丘微相，常规测井特征是低GR（9~20API），较低RT（300~5000Ω·m），成像测井为不规则的暗斑模式

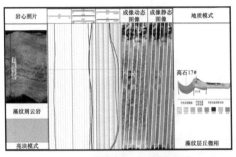

（c）藻纹层丘微相，常规测井特征是低GR（13~21API），高RT（＞20000Ω·m），成像测井上显示亮块模式

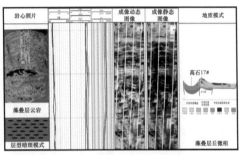

（d）藻叠层丘微相，常规测井特征是低GR（12~15API），低RT（2000~5000Ω·m），成像测井上显示暗色层型斑状模式

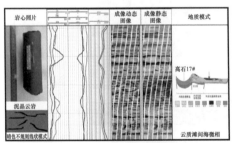

（e）云质滩间海微相，常规测井特征是高GR（17~28API），低RT（800~8000Ω·m），成像测井上显示暗色不规则线状模式

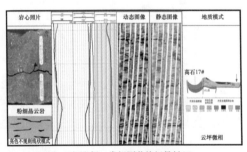

（f）云坪微相，常规测井特征是低GR（11~18API），较高RT（6400~27000Ω·m），成像测井上显示亮色线状模式

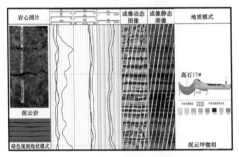

（g）泥云坪微相，常规测井特征是高GR（30~65API），较低RT（900~4000Ω·m），成像测井上显示暗色规则线状或条带状模式

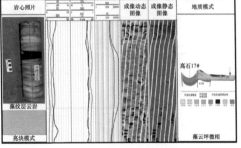

（h）藻云坪微相，常规测井特征是低GR（7~18API），较高RT（＞30000Ω·m），成像测井上显示亮块模式

图5　典型沉积微相识别图版

3 沉积微相平面分布规律

根据常规测井和成像测井的沉积微相判定标准，在 CIFlog 平台上研发了沉积微相自动识别软件模块，完成了对四川盆地灯四段 60 口井的单井全井段沉积微相划分，图 6 川中 A 井沉积相综合评价图，同时根据单井微相划分结果，建立了多条从台缘到台内、台缘内部及台地内部的连井剖面图，图 7 是从台缘到台内的连井沉积微相剖面图，可以看出从台缘到台内沉积微相的变化规律，台缘带顶部主要发育砂屑滩及藻丘，底部以云坪微相为主，而台内顶部砂屑滩及藻丘逐渐减少。

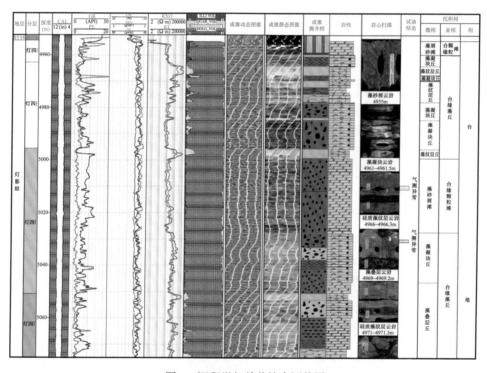

图 6　沉积微相单井综合评价图

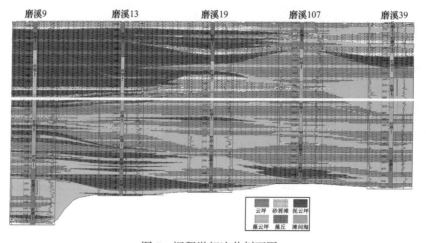

图 7　沉积微相连井剖面图

在勘探开发实践中，把灯四段分为上下两个亚段，每个亚段自上而下又进一步细分为灯四$_2^1$、灯四$_2^2$、灯四$_2^3$、灯四$_1^1$、灯四$_1^2$、灯四$_1^3$共 6 个小层[25-26]，结合四川盆地高石梯—磨溪地区 60 口探井沉积微相的纵向划分结果，利用井间插值技术，制作了各个小层沉积微相平面预测图（图 8）。从图中可以得到地质认识：灯四上亚段台缘丘滩体连片分布，储层连续性较好，尤其到灯四段顶部的灯四$_2^3$小层，丘滩体范围进一步扩大，滩间海缩小，该部位是勘探开发最有利的部位。

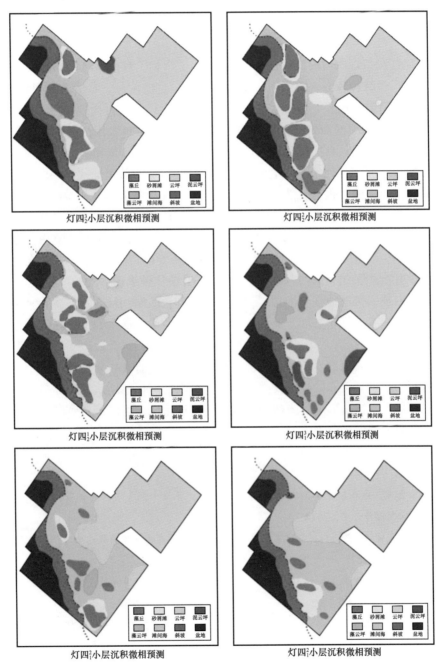

图 8　高石梯—磨溪地区基于测井评价的灯四段各小层沉积微相预测图

往台内走，灯四上亚段以云坪沉积为主，局部发育泥质云坪，在灯四$_2^2$小层云萍范围缩小，开始出现颗粒滩沉积，到灯四$_1^1$小层，颗粒滩范围进一步扩大。而对于灯四下亚段，台缘丘滩体零星分布，储层连续性差，滩间海广泛分布，局部发育藻云坪和泥云坪，但是在灯四$_1^3$小层的高石1井区有大面积的丘滩体发育，在灯四$_1^2$小层的高石109井区有较大面积的丘滩体发育。而整个台内的灯四下亚段以云坪和滩间海沉积为主，只有在灯四$_1^3$小层局部发育丘滩体。

4 结论

高磨地区灯影组灯四段的沉积相类型划分为：2个相（台地边缘、局限台地），7个亚相（台缘藻丘、台缘颗粒滩、滩间海、台内颗粒滩、台内藻丘、台坪、滩间海）；12个微相（台缘藻丘发育藻纹层丘、藻凝块丘、藻叠层丘3个微相；台缘颗粒滩发育藻砂屑滩微相；滩间海发育云质滩间海微相；台内颗粒滩发育藻砂屑滩微相；台内藻丘发育藻纹层丘、藻凝块丘2个微相；台坪发育藻云坪、泥云坪、云坪3个微相）。

形成了常规测井结合高分辨率电成像测井评价高石梯—磨溪地区灯四段碳酸盐岩沉积微相的技术思路和方法流程。自然伽马测井、中子测井和电阻率测井做沉积微相交会识别图版可以很好地区分藻纹层丘、滩间海及丘滩复合体微相。建立了9种沉积微相成像测井相模式图版，结合常规测井沉积微相响应特征，最终形成了8种沉积微相"岩心＋常规测井＋成像测井"识别图版。利用该图版对研究区内60口井进行了单井纵向沉积微相精细刻画。在单井沉积微相刻画的基础上，建立了10条从台缘到台内的沉积微相连井剖面。结果表明，高石梯—磨溪地区台地边缘以台缘藻丘和台缘滩相互叠置发育为特征，丘滩体发育规模：灯四上亚段好于灯四下亚段，台缘带好于台内，从下到上，丘滩体范围逐步扩大，从零星分布到连片分布，储层连续性变好；台内，灯四下亚段以云坪相和滩间海相沉积为主，在灯四上亚段顶部发育台内丘滩体的沉积。本文研究成果在该区多个开发区块的开发方案编制中提供了可靠的技术支撑，同时为台内的深化地质认识及储量评估研究提供精确的资料基础。本文所形成的方法技术具有普遍适用性，可以推广到其他层系海相碳酸盐岩储层沉积微相识别研究中。

参 考 文 献

[1] 邹才能，杜金虎，徐春春，等．四川盆地震旦系—寒武系特大型气田形成分布、资源潜力及勘探发现［J］．石油勘探与开发，2014，41（3）：278-293.

[2] 李凌，谭秀成，曾伟，等．四川盆地震旦系灯影组灰泥丘发育特征及储集意义［J］．石油勘探与开发，2013，40（6）：666-673.

[3] 魏国齐，谢增业，宋家荣，等．四川盆地川中古隆起震旦系—寒武系天然气特征及成因［J］．石油勘探与开发，2015，42（6）：702-711.

[4] 魏国齐，杜金虎，徐春春，等．四川盆地高石梯—磨溪地区震旦系—寒武系大型气藏特征与聚集模式［J］．石油学报，2015，36（1）：1-12.

[5] 罗文军，徐伟，朱正平，等．四川盆地高石梯地区震旦系灯影组四段硅质岩成因及地质意义［J］．

天然气勘探与开发，2019，42（3）：1-9.

［6］罗贝维，贾承造，魏国齐，等.四川盆地上震旦统灯影组风化壳古岩溶特征及模式分析［J］.中国石油大学学报（自然科学版），2015，39（3）：8-19.

［7］宋金民，刘树根，李智武，等.四川盆地上震旦统灯影组微生物碳酸盐岩储层特征与主控因素［J］.石油与天然气地质，2017，38（4）：741-752.

［8］单秀琴，张静，张宝民，等.四川盆地震旦系灯影组白云岩岩溶储层特征及溶蚀作用证据［J］.石油学报，2016，37（1）：17-28.

［9］姚根顺，郝毅，周进高，等.四川盆地震旦系灯影组储层储集空间的形成与演化［J］.天然气工业，2014，34（3）：34-37.

［10］兰才俊，徐哲航，马肖琳，等.四川盆地震旦系灯影组丘滩体发育分布及对储层的控制［J］.石油学报，2019，40（9）：1069-1082.

［11］李宁，肖承文，伍丽红，等.复杂碳酸盐岩储层测井评价：中国的创新与发展［J］.测井技术，2014，38（1）：2-6.

［12］Mancini E A，Benson D J，Hart B S，et al. Appleton field case study（eastern Gulf coastal plain）：Field development model for Upper Jurassic microbial reef reservoirs associated with paleotopographic basement structures［J］. AAPG Bulletin，2000，84（11）：1699-1717.

［13］Mancini E A，Parcell W C，Ahr W M，et al. Upper Jurassic updip stratigraphic trap and associated Smackover microbial and nearshore carbonate facies，Eastern Gulf Coastal Plain［J］. AAPG Bulletin，2008，92（4）：417-442.

［14］Moyra E J，et al. Development of a Papua New Guinean onshore carbonate reservoir：A comparative borehole image（FMI）and petrographic evaluation［J］.Marine and Petroleum Geology，2013，44：164-195.

［15］Riding R. Classification of microbial carbonates. In：Riding R.（Ed.），Calcareous Algae and Stromatolites［J］. Springer-Verlag，Berlin，1991，21-51.

［16］Riding R. Microbial carbonates：the geological record of calcified bacterial-algal mats and biofilms［J］. Sedimentology，2000，47（Suppl.1）：179-214.

［17］Thomas Hadlari. Seismic Stratigraphy and Depositional Facies Model［J］.Marine and Petroleum Geology，2014，54：82.

［18］杨雨，黄先平，张健，等.四川盆地寒武系沉积前震旦系顶界岩溶地貌特征及其地质意义［J］.天然气工业，2014，34（3）：38-43.

［19］杨威，魏国齐，赵蓉蓉，等.四川盆地震旦系灯影组岩溶储层特征及展布［J］.天然气工业，2014，34（3）：55-59.

［20］周进高，张建勇，邓红婴，等.四川盆地震旦系灯影组岩相古地理与沉积模式［J］.天然气工业，2017，37（1）：24-30.

［21］王文之，杨跃明，文龙，等.微生物碳酸盐岩沉积特征研究——以四川盆地高磨地区灯影组为例［J］.中国地质，2016，43（1）：306-318.

［22］耿会聚，王贵文，李军，等.成像测井图像解释模式及典型解释图版研究［J］.江汉石油学院学报，2002，24（1）：26-29.

［23］刘树根，宋金民，罗平，等.四川盆地深层微生物碳酸盐岩储层特征及其油气勘探前景［J］.成都理工大学学报（自然科学版），2016，43（2）：129-152.

［24］宋金民，刘树根，孙玮，等.兴凯地裂运动对四川盆地灯影组优质储层的控制作用［J］.成都理工大学学报（自然科学版），2013，40（6）：658-670.

［25］张玺华，彭瀚霖，田兴旺，等.川中地区震旦系灯影组丘滩相储层差异性对勘探模式的影响［J］.天然气勘探与开发，2019，42（2）：12-19.

［26］文龙，王文之，张健，等.川中高石梯—磨溪地区震旦系灯影组碳酸盐岩岩石类型及分布规律［J］.岩石学报，2017，33（4）：1285-1294.

［27］段金宝，代林呈，李毕松，等.四川盆地北部上震旦统灯影组四段储层特征及其控制因素［J］.天然气工业，2019，37（7）：9-19.

［28］吴煜宇，张为民，田昌炳，等.成像测井资料在礁滩型碳酸盐岩储层岩性和沉积相识别中的应用——以伊拉克鲁迈拉油田为例［J］.地球物理学进展，2013，28（3）：1497-1506.

［29］周进高，斯春松，张建勇，等.碳酸盐岩障壁台地与储层发育规律［M］.北京：石油工业出版社，2015.

［30］刘静江，张宝民，周慧，等.灰泥丘系统分类及石油地质特征［M］.北京：石油工业出版社，2016.

［31］闫建平，蔡进功，赵铭海，等.电成像测井在砂砾岩体沉积特征研究中的应用［J］.石油勘探与开发，2011，38（4）：444-451.